"十二五"普通高等教育本科国家级规划教材
2008年度普通高等教育精品教材
高等学校工程管理专业规划教材

建筑工程定额原理与概预算

（含工程量清单编制与计价）（第二版）

重庆大学　曹小琳　景星蓉　主编
重庆交通大学　晏永刚　副主编
重庆大学　张仕廉　主　审

中国建筑工业出版社

图书在版编目（CIP）数据

建筑工程定额原理与概预算（含工程量清单编制与计价）/曹小琳，景星蓉主编. —2版. —北京：中国建筑工业出版社，2015.10（2020.12重印）
“十二五”普通高等教育本科国家级规划教材. 2008年度普通高等教育精品教材. 高等学校工程管理专业规划教材
ISBN 978-7-112-18568-9

Ⅰ.①建… Ⅱ.①曹… ②景… Ⅲ.①建筑经济定额-高等学校-教材②建筑概算定额-高等学校-教材③建筑预算定额-高等学校-教材 Ⅳ.①TU723.3

中国版本图书馆CIP数据核字（2015）第248135号

本教材为适应新形势下，满足相关专业教学大纲的要求，较完整系统地介绍了建筑安装工程劳动定额、企业定额、预算定额、概算定额以及概算指标的编制原理与制定方法，并融建筑工程预算造价、电气安装工程预算造价（强、弱电）、水暖与燃气安装工程预算造价、通风与空调安装工程预算造价、工程量清单的编制与计价几门课程为一体，尤其是阐述了地方消耗量定额与计价规范接轨的计价方法、计价特点、计价程序和计价步骤等内容。

全书共分12章，其内容主要有概论；建设工程定额；建筑安装工程费用（预算造价）；工程量清单编制与计量；工程量清单计价；电气安装工程施工图预算；水、暖与燃气安装工程施工图预算；通风、空调安装工程施工图预算；工程量清单编制与投标案例；设计概算的编制；工程结算和竣工决算；工程量清单报价中模糊数学的应用。教材在工程造价基础知识一节中，介绍了英、美、日等国家较先进的计价模式和工程造价管理与思维方式。

本书通俗易懂、插图300余张、可操作性强。可作为高等院校土木工程、工程管理、工程造价及相关专业本科教学教材，亦可作为在职工程造价管理人员的培训教材、工程技术人员的自学用书等。

责任编辑：王 跃 张 晶 刘晓翠
责任设计：张 虹
责任校对：李美娜 党 蕾

“十二五”普通高等教育本科国家级规划教材
2008年度普通高等教育精品教材
高等学校工程管理专业规划教材

建筑工程定额原理与概预算
（含工程量清单编制与计价）（第二版）
重庆大学 曹小琳 景星蓉 主编
重庆交通大学 晏永刚 副主编
重庆大学 张仕廉 主 审
*
中国建筑工业出版社出版、发行（北京西郊百万庄）
各地新华书店、建筑书店经销
北京红光制版公司制版
北京市密东印刷有限公司印刷
*
开本：787×1092毫米 1/16 印张：29 字数：705千字
2015年12月第二版 2020年12月第十六次印刷
定价：**55.00**元
ISBN 978-7-112-18568-9
（27821）

第二版序言

随着我国改革开放的不断深化，国民经济快速发展，全社会固定资产投资总量同步大幅度增长，许多重大工程项目陆续启动，基础设施建设不断改善、城镇化进程进一步加快，我国已进入社会主义现代化建设的新时期。经济建设的快速发展和全社会投资力度的不断加大，为工程造价管理及工程造价咨询业的发展提供了更加广阔的空间和市场机遇。面临新的发展机遇和经济全球化的到来，培养和造就一批国际化、高素质的工程造价管理人才，优化造价人才资源的配置与组合，乃是促进我国工程造价事业快速发展并实现与国际接轨的根本保证和当务之急。

目前，国内急需编著一批能适应新时期工程造价管理发展需求，能与国家现行规范、标准和相关文件紧密结合，并能全面、系统反映工程造价理论、工程造价计价模式、企业定额、快速报价等内容的教材。该教材的修订正是为满足上述需求，按照突出应用性、实践性的原则重组课程结构，更新教学内容，注重教学内容改革与教学方法、教学手段改革相结合，突出基础理论知识的应用能力和实践能力的综合培养，以期为工程造价从业人员合理确定和有效控制工程造价，提升工程造价的管理水平等提供理论依据，为具备面向工程项目全寿命期造价管理执业能力人才队伍的培养，为提高工程项目的投资效益和促进国民经济的持续、健康发展起到积极的推动作用。

作者根据工程造价专业教学计划和课程教学的基本要求，更新教材内容、优化教材结构，并拓展了教材的深度、广度及适用性。其主要特点为：

1. 作者把原“建筑工程预算”、“管道安装工程预算”、“电气安装工程预算”以及工程量清单编制与计价、工程造价预算软件等多门课程的主要内容整合为一体，合编为《〈建筑工程定额原理与概预算〉(含工程量清单编制与计价)》。教材在编写中把前后相关联的专业基础课、专业课融合为一体，实现了课程体系设置和教学内容改革的重要突破。

2. 该教材在工程计价方面，将定额计价和工程量清单计价两种模式以相互对比的方式展示给读者，同时配套介绍了大量综合案例加以佐证，并介绍了美、英、日等国家的工程造价计价模式，为我国工程造价体系进一步与国际惯例接轨奠定了基础。本次修订还强调以统一的国家《建设工程工程量清单计价规范》GB 50500—2013 为准的计价方法，充分体现了工程量清单计价的共同性和普适性。

3. 工程造价的费用构成，采用了住建部《建筑安装工程费用项目组成》（建标［2013］44 号）中的规定，以及现行的［2013］《全国统一安装工程预算定额》作为工程造价计算有关费用的依据，凸显了教材的时效性和新颖性。

4. 作者根据多年的工程实践经验，在深入调研的基础上，收集整理、汇编了大量“建筑安装工程施工图预算”和“工程量清单编制与计价”的实例，并专门用一章介绍工程量清单编制与投标案例供读者参详，实现了教材内容理论和实践的有机融合。

综上所述，教材突出了理论知识的应用，体现了本科教学厚基础、宽口径的特色和宗旨，加强了实践能力的培养。鉴于教材具有很强的针对性、应用性和通读性，因此，它是适用于大专院校工程造价、工程管理、土木工程及相关专业本科教学的一本好教材。

高等学校工程管理和工程造价学科专业指导委员会主任 任宏

2015年6月10日

第一版序言

随着我国经济的快速发展和“十一五”期间工业化、城市化进程的不断推进，全社会固定资产投资急剧增加，大量耗资巨大的工程项目加速投入建设。同时，自1996年国家人事部、建设部在工程建设领域推行造价工程师执业资格制度以来，极大地促进了我国工程造价管理工作改革的不断深入。面临新的发展机遇和激烈挑战，培养和造就一批高素质的工程造价人才队伍，优化造价人才资源的配置与组合，乃是实现我国工程造价事业与国际接轨的根本保证和当务之急。

目前，国内能够全面、系统反映最新工程造价文件、造价理论进展、计价模式、企业定额、快速报价等内容的教材为数不多。本教材按照突出应用性、实践性的原则重组课程结构，更新教学内容，注重教学内容改革与教学方法、教学手段改革相结合，突出基础理论知识的应用能力和实践能力的综合培养，以期为我国工程建设领域有效控制工程成本、提高投资效率、提升管理水平，促进国民经济持续、健康发展起到推动和借鉴作用。

作者结合有关工程造价的主要精神和最新思想，根据专业教学计划和课程教学基本要求，重新构建了教材结构，更新整合了教材内容；突出了教材的特色，并拓展了教材的深度、广度以及适用性。其主要特点为：

1. 作者把原“建筑工程预算”、“管道安装工程预算”、“电气安装工程预算”以及工程量清单编制与计价、工程造价预算软件等多门课程的主要内容整合为一体，合编为《建筑工程定额原理与概预算》(含工程量清单编制与计价)。教材在编写中把前后相关联的专业基础课、专业课融合为一体，是课程体系设置和教学内容改革的重要突破。

2. 该教材在工程计价方面，将定额计价和工程量清单计价两种模式以相互对比的方式展示给读者，同时配套介绍了大量综合案例加以佐证，并介绍了美、英、日等国家的工程造价计价模式，为我国工程造价体系进一步与国际惯例接轨奠定了基础；

3. 工程造价的费用构成，采用了建设部建标［2004］206号文《建筑安装工程费用项目组成》中的规定，以及现行的［2000］《全国统一安装工程预算定额》，作为工程造价计算有关费用的依据，使该教材更新了新知识、新方法和新规定。

4. 作者将收集、整理和绘制的约300余幅插图列入教材中，使该教材具有“图文并茂”的特色，增强了教材的可读性。

5. 作者在深入调查研究的基础上，收集整理了大量“建筑安装工程施工图预算”和“工程量清单编制与计价”的实例，并专门用一章介绍工程量清单编制与报价案例以供读者参详。

综上所述，教材突出了理论知识的应用，体现了本科教学厚基础、宽口径的特色和宗旨，加强了实践能力的培养。鉴于教材具有很强的针对性、应用性和通读性，因此，它是适用于高等院校工程造价、工程管理、土木工程及相关专业本科教学的一本好教材。

高校工程管理专业指导委员会主任 任宏

2007年9月

第二版前言

本书第一版于2008年1月出版，是普通高等教育“十一五”国家级规划教材，面世以来深受广大读者的喜爱，2008年12月本书被教育部评为普通高等教育精品教材，2012年评为“十二五”普通高等教育本科国家级规划教材。本书出版以来国家标准、规范等发生了诸多变化，基于以下原因对本书作了新的修订。

1. 坚持教材编写与国家现行规范、标准和文件、紧密结合。根据现行国家最新标准、规范和相关文件进行较大幅度地修订，主要包括：《建设工程工程量清单计价规范》GB 50500—2013、《房屋建筑与装饰工程工程量计算规范》GB 50854—2013、《通用安装工程工程量计算规范》GB 50856—2013、《建筑安装工程费用项目组成》的通知（建标[2013] 44号）、《建筑工程施工发包与承包计价管理办法》（住房和城乡建设部2014年第16号令）、《建筑工程建筑面积计算规范》GB/T 50353—2013、《建设工程施工合同（示范文本）》GF—2013—0201（建市[2013] 56号）。本次修订将工程造价实践的最新成果与最新的国家法律法规及标准，融入到建设工程项目全生命期计价（即投资估算、概算、预算、招标控制价、投标报价、合同价款结算、竣工结算和竣工决算）的依据、程序、方法、原理和内容等层面上，重点强调“面向建设工程项目全生命期造价执业能力”的素质要求，从而力求教材内容做到时效性、前沿性和新颖性的有机结合。

2. 充分体现工程量清单计价的共同性和普适性。本次修订充分体现了工程量清单计价的共同性和普适性，本次修订不再强调对地方计价定额（例如重庆、四川地区的计价定额）进行较多的介绍，而是侧重现行工程量清单计价的一般性规律和普适性方法，即强调以统一的国家《建设工程工程量清单计价规范》GB 50500—2013为准。

3. 根据工程计价形势需要专门增加“招标控制价和投标报价编制”一节内容。由于目前许多省市工程建设领域在发承包阶段（例如在评标阶段）引入了“招标控制价”的概念和内容，故本次修订根据工程计价形势需要专门增加了“招标控制价和投标报价编制”一节，使读者能够对发承包阶段工程量清单计价的内容有所掌握，而且目前有关招标控制价的内容，现有工程造价类书籍的介绍并不多见。

4. 在教材编写中积极引入教学教研成果，注重工程量清单综合单价组价方法的系统性提炼。根据作者多年教学教研经验的总结分析，将工程量清单综合单价的组价方法归纳为两种：一是按“整体摊算”的综合单价组价法，二是按“要素构成汇总”的综合单价组价法。作者首次将这两种有关综合单价的组价方法写入到教材中，并辅之以计算实例进行案例阐释，从而确保教材内容实现理论与实践有机融合。

5. 强调突出工程量清单计价实务内容的操作性和运用性。《工程量清单计价》不仅是全书的重点章节内容，也是现行工程造价计价的主流和前沿性内容，因而作者不仅深入浅出地阐述了工程量清单计价最新的原理、方法和内容，而且增加了一个完整的工程量清单计价方法（工程量清单投标报价编制）的实务操作内容，从而凸显了工程量清单计价实务内容的操作性和运用性，希望能够对提升初学者在工程量清单计价层面的实际编制能力有所帮助。

6. 目前，全国各地已经开发出多种“工程概预算软件”和“工程量清单计价软件”，故本次修订删除了第一版中的第13章：“计算机在工程量清单计价中的应用”。

本书由重庆大学建设管理与房地产学院曹小琳教授和景星蓉副教授共同主编并统稿，重庆交通大学晏永刚博士、副教授担任副主编，张仕廉教授担任主审。全书共分为12章，其中：第1和第11章由曹小琳编写；第3章由曹小琳编写、武育秦教授修订；第6、7、8章由景星蓉编写、武育秦修订；第2、10章由武育秦编写；第4章由景星蓉和曹小琳共同编写；第5、9章由晏永刚和曹小琳共同编写；第12章由晏永刚编写。

非常感谢武育秦教授对本书的大力支持和辛勤劳动。在本书的写作过程中还参考了许多国内外专家学者的论著，已在主要参考文献中列出，作者向他们表示深深的谢意。

2015年6月

第一版前言

本书根据建设部高等学校工程管理专业指导委员会编制有关工程造价和工程管理专业《工程估价》教学大纲的要求，并结合作者长期从事《建筑与装饰工程定额与预算》、《安装工程定额与预算》、《工程项目管理》、《工程造价确定与控制》等相关课程的教学经验和体会编撰而成。

自中国加入 WTO 以后，全球经济一体化的趋势促使国内经济更多地融入世界经济中。在工程建设领域，许多国际资本进一步进入我国建筑市场，竞争日益激烈，而我国建筑市场也必然会更多地走向世界。因此，要在激烈的竞争中占有一席之地，必须熟悉其运作规律、游戏规则，以便适应建筑市场行业管理发展趋势，与国际惯例接轨。所以，我国工程造价价格体系发生的剧烈变化以及工程量清单计价模式的实施，是融入国际先进的计价模式的需要，是时代发展的需要。工程量清单计价的实行，正是遵循工程造价管理的国际惯例，亦是实现我国工程造价管理改革的终极目标——建立适合市场经济的计价模式的需要。同时亦是建筑市场化和国际化的需要。

教材包容并提炼出传统的工程概预算与定额原理中最精华部分的知识体系，但在传承和延续本门及其相关课程历史脉络的基础上，重新审视相关课程的教学大纲、重点内容乃至工程造价专业的未来培养模式，较完整地介绍了工程量清单编制和计量以及工程计价的较新知识结构体系；阐述了地方消耗量定额与计价规范接轨的计价方法、计价特点、计价程序和计价步骤等内容。

教材尝试将两种计价模式的计价方法以对比的方式推出，使初学者既容易掌握传统的定额计价方式，又能掌握在此基础上通过变革，且发展形成同国际接轨的工程量清单计价方式。其创意颇为新颖，可为构建工程造价专业体系，并设置和界定相关课程及其新知识结构体系的重点内容提出新的思维。

教材在工程造价基础知识一章中，介绍了英、美、日等国家较先进的计价模式和工程造价管理与思维方式；在工程建设定额中“企业定额”章节和“工程量清单报价中模糊数学的应用”等内容的介绍，为正在探索和思考中的企业提供了良好的测算思路和前进的方向，为工程数学在工程造价及其造价管理中的应用提供参详。同时期望提高相关课程知识结构体系建设中的技术含量，为决策部门提供参考。“计算机在工程量清单计价中的应用”一章的介绍，使本教材结构和内容更趋完善，适于未来建筑市场化的发展趋势。

全书共分为十三章，由重庆大学建设管理与房地产学院的曹小琳老师（教授）和景星蓉老师（副教授）共同主编，并进行统稿。其中第一、三、五和第十一章由曹小琳老师编写；第六、七、八章由景星蓉老师编写；第二、十章由武育秦教授编写；第四章由景星蓉和曹小琳老师共同编写；第九章由晏永刚、景星蓉、武育秦老师共同编写；第十二章由晏永刚、张亮老师共同编写；第十三章由景星蓉、李太奇老师共同编写。

本教材主要特点如下：

1. 创新性：教材在内容的介绍中，大胆改革与实践，扬弃了本门课程以往将教材的重心放在定额介绍上，并编写冗长内容的老套路，对定额章节的叙述，另辟蹊径，注重理性思维与工程实际案例的有机结合，并对内容加以高度浓缩。工程造价管理正处于转轨时期，对"工程建设定额"中企业定额章节的介绍，可同时满足定额计价和工程量清单计价两种计价模式的现状，并为在探索中的许多企、事业单位真正领会工程量清单计价与现行"定额"计价方式共存于招标投标计价活动中的现象，提供了指导。为学生适应社会实践奠定了坚实的基础。教材内容，均以国家最新颁布的规范、标准为准则，体现了创新性的编写原则。

2. 整合性：本教材在结构体系的构建中，重点突出、详略得当，内容较为完整和严谨，涉及一般土建工程造价、给排水和采暖、燃气工程造价、通风与空调工程造价、建筑强电以及弱电工程造价，同时强化了智能建筑工程造价专业相关知识的介绍，将满足工程造价与工程管理专业所需知识结构设置要求。此外还注意到相关知识的融贯性，体现了整合性的编写原则。本教材可适合各层次(本科生、专科生、工程造价管理工作者等)使用。

3. 针对性：教材的内容完全按照工程管理学科与相关专业教改的思路编写，并注意改变以往教材写法上文字叙述多于案例、图形的弊病，选用了大量具有代表性的案例、实例、习题和丰富的图形（选用图片三百多张），其大多来自于国家标准、工程实践和施工过程中，在科学整合的基础上，加强了理论和实践的联系。便于学生动手操作、实践、并系统、全面地掌握本门课程及相关知识结构和内容。体现了有所针对即适用性的编写原则，也构成本书的特色之一。

本教材可作为高等院校土木工程、工程管理、工程造价及相关专业本科教学教材，亦可作为在职工程造价管理人员的培训教材、工程技术人员的自学用书等。

对本书的编写，高等学校工程管理专业指导委员会主任委员任宏教授给予了大力的支持并撰写了序言，重庆大学毛鹤琴教授进行了审稿，分别给予了悉心的指导和帮助；武育秦教授在参与编写的同时，提出了宝贵的建设性意见，此外重庆大学建设管理与房地产学院的杨宇副院长、张仕廉副院长和教学培训中心的刘世平主任等均给予了热心的帮助，在此对他们表示最诚挚的感谢。

因编者水平有限，书中存在的一些缺点和错误在所难免，敬请广大读者和同行专家批评指正。

2007 年 10 月

目　录

1 概　　论

本书中的工程项目即指建设工程项目或建设项目，是一种既有投资行为又有建设行为的项目，是将投资转化为固定资产的经济活动过程。

1.1 工程项目的生命期和建设程序

1.1.1 工程项目的生命期

工程项目是指需要一定量的投资，在一定约束条件（时间、成本、质量等）下，经过决策、设计、施工等一系列程序，以形成固定资产为明确目标的一次性事业。

工程项目的时间限制和一次性决定了它有确定的开始和结束时间，具有一定的生命期。工程项目的生命期是指从项目的构思到整个项目竣工验收交付使用为止所经历的全部时间，可划分为概念、规划设计、实施和收尾四个阶段，如图 1-1 所示。

1. 概念阶段

概念阶段包括工程项目的前期策划和决策阶段，是从项目的构思到批准立项为止。

2. 规划设计阶段

规划设计阶段包括工程项目的设计和建设准备阶段，是从项目批准立项到现场开工为止。

3. 实施阶段

实施阶段即工程项目的施工安装阶段，是从项目开工建设到工程竣工并通过验收为止。

4. 收尾阶段

收尾阶段是从工程项目投入使用到进行项目的后评价为止。

1.1.2 建设项目的划分

一个建设项目必须在一个总体设计或初步设计范围内，由一个或若干个互有内在联系的单项工程构成，经济上实行统一核算，行政上实行统一管理。为适应工程项目管理和经济核算的需要，可将建设项目由大到小分解为单项工程、单位工程、分部工程和分项工程，如图 1-2 所示。了解建设项目的组成对研究工程计量与工程造价的确定具有重要意义。

1. 单项工程

单项工程一般指具有独立的设计文件，建成后能独立发挥生产能力或效益的工程。单项工程中一般包括建筑工程和安装工程，例如，工厂建设中的一个车间，学校建设中的一幢教学楼等。一个建设项目可包括多个单项工程，但也可能仅有一个单项工程，即该单项工程就是建设项目的全部内容。

2. 单位工程

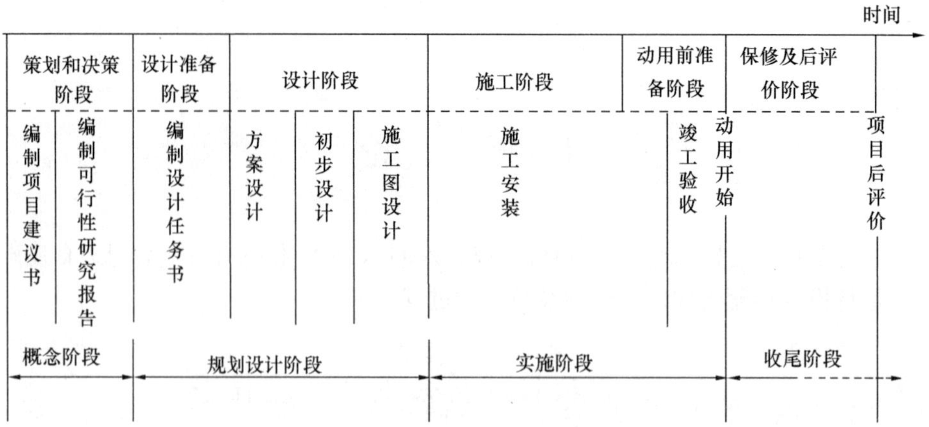

时间

策划和决策阶段 | 设计准备阶段 | 设计阶段 | 施工阶段 | 动用前准备阶段 | 保修及后评价阶段

编制项目建议书　编制可行性研究报告　编制设计任务书　方案设计　初步设计　施工图设计　施工安装　竣工验收　动用开始　项目后评价

概念阶段　规划设计阶段　实施阶段　收尾阶段

图 1-1　工程项目的生命期阶段划分

单位工程是指可以单独进行设计、独立组织施工，但竣工后不能单独形成生产能力或使用效益的工程，它是单项工程的组成部分。例如，工厂某一个车间建设中的土建工程、电气照明工程、给水排水与采暖工程、通风与空调工程等。一个单项工程由若干个单位工程组成。

3. 分部工程

在每一单位工程中，按工程部位、设备种类和型号、使用材料和工种不同进行的分类叫分部工程。分部工程是单位工程的组成部分，在建设工程中分部工程常按照工程结构的部位或性质划分。例如，土建工程的分部工程按照建筑工程的主要部位可划分为：基础、主体、屋面、装饰等分部工程；建筑安装工程的分部工程亦可根据《建筑工程施工质量验收统一标准》GB 50300—2013 将较大的建筑工程划分为：地基与基础；主体结构；建筑装饰装修；建筑屋面；建筑给水、排水及采暖；通风与空调；建筑电气；智能建筑；建筑节能；电梯共十个分部工程。单位工程由若干个分部工程组成。

4. 分项工程

在每一分部工程中，按不同施工方法、不同材料、不同规格、不同配合比、不同计量单位等进行的划分叫分项工程。如按照水泥砂浆 M25、混凝土 C30 等不同配合比进行的划分。分项工程是建筑产品最基本的构造要素。土建工程中的分项工程，多数以工种确定；安装工程中的分项工程，通常依据工程的用途、工程种类以及设备装置的组别、系统特征等确定。分项工程是分部工程的组成部分，分部工程由若干个分项工程组成。

某建设项目划分的过程及其相互关系，如图 1-2 所示。

1.1.3　工程项目的建设程序

建设程序是指工程项目从构思选择、分析论证、决策、设计、施工到竣工验收、交付使用等整个建设过程中，各项工作必须遵循的先后顺序和相互关系。建设程序是工程项目技术经济规律的要求和工程建设过程客观规律的反映，亦是工程项目科学决策和顺利进行的重要保证。按照我国现行规定及工程项目生命期的特点，政府投资项目的建设程序可以分为以下几个阶段：

1. 项目建议书阶段

项目建议书是拟建项目单位向有关决策部门提出要求建设某一项目的建议文件，是投

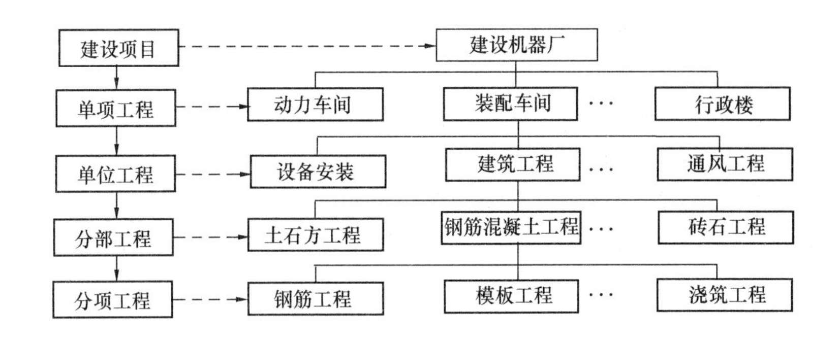

图 1-2　某建设项目划分示意图

资决策前通过对拟建设项目建设必要性、建设条件的可行性和获利的可能性等的轮廓设想与宏观性初步分析。其主要作用是推荐一个具体项目，供有关决策部门选择并确定是否进行下一步工作。该阶段的交付成果是形成书面的项目建议书，其内容视项目的不同情况有简有繁，一般包括以下内容：

（1）项目提出的背景、项目概况、项目建设的必要性和依据；

（2）产品方案、拟建规模和建设地点的初步设想；

（3）资源情况、建设条件与周边协调关系的初步分析；

（4）投资估算、资金筹措及还贷方案设想；

（5）项目的进度安排；

（6）经济效益、社会效益的初步估计和环境影响的初步评价。

对于政府投资项目，项目建议书按要求编制完后应根据建设规模和投资限额划分分别报送有关部门审批。项目建议书经批准后并不表明项目可以马上建设，还需要展开详细的可行性研究。

根据《国务院关于投资体制改革的决定》（国发［2004］20 号文），对于企业不使用政府投资建设的项目，一律不再实行投资决策性质的审批，根据项目不同情况实行核准制和备案制，企业不需要编制项目建议书而可以直接编制项目的可行性研究报告。

2. 可行性研究阶段

可行性研究是项目建议书批准后，对拟建项目在技术、工程和外部协作条件等方面的可行性、经济（包括宏观和微观经济）合理性进行全面分析和深入论证，为项目投资决策提供依据。

可行性研究的主要任务是通过多方案比较，提出评价意见，推荐最佳方案。可行性研究的主要内容可概括为：建设必要性、技术可行性和经济合理性等研究。一般工业项目可行性研究的主要内容包括：

（1）项目提出的背景、投资的必要性和经济意义、工作依据与范围；

（2）市场需求预测、拟建规模和产品方案的技术经济分析；

（3）资源、原材料、燃料和公用设施等情况分析；

（4）建设条件与项目选址（建设地点）方案；

（5）项目设计方案及协作配套工程；

（6）环境影响评价、人文、绿色生态环境保护措施等；

（7）企业组织机构设计与人力资源配置；

（8）项目建设工期及实施进度计划；

（9）投资估算和融资方案；

（10）经济效益、社会效益评价及风险分析。

在可行性分析论证的基础上编制可行性研究报告，它是确定建设项目和编制设计文件的重要依据，应按国家规定达到一定的深度和准确性。根据《国务院关于投资体制改革的决定》，对政府投资项目和非政府投资项目的可行性研究报告分别实行审批制、核准制和备案制。

3. 设计阶段

设计是对拟建项目的实施在技术上和经济上所作的详尽安排，是建设目标、水平的具体化和组织施工的依据，它直接关系着工程质量和将来的使用效果，是工程建设中的重要环节。

一般工程项目分两阶段设计，即初步设计和施工图设计。重大项目和技术复杂的项目需进行三阶段设计，即初步设计、技术设计和施工图设计。

（1）初步设计。是根据可行性研究报告的要求所作的具体实施方案，其目的是为了阐明在指定地点、时间和投资控制数额内，拟建项目在技术上的可行性和经济上的合理性，并通过对项目所作出的技术经济规定，编制项目总概算。

（2）技术设计。应根据初步设计和更详细的调查研究资料编制，以进一步解决初步设计中的重大技术问题，例如，建筑结构、工艺流程、设备选型及数量确定等，使工程项目的设计更具体、更完善，技术经济指标更好。在此阶段需要编制项目的修正概算。

（3）施工图设计。是按照批准的初步设计和技术设计的要求，完整地表现建筑物外形、内部空间分割、结构体系以及建筑群的组合和周围环境的配合关系等的设计文件，并由建设行政主管部门委托有关审查机构，进行结构安全、强制标准和规范执行情况等内容的审查。施工图一经审查批准，不得擅自进行修改，否则必须重新报请审查后再批准实施。在施工图设计阶段需要编制施工图预算。

4. 建设准备阶段

通过初步设计审查的项目可列为预备项目。在项目开工建设之前要切实做好各项准备工作，其主要内容包括：

（1）征地、拆迁和场地平整；

（2）完成施工用水、电、道路、通信等接通工作；

（3）组织招标，择优选定建设监理单位、施工承包单位及设备、材料供应商；

（4）准备必要的施工图纸；

（5）办理工程质量监督手续和施工许可证，做好施工队伍进场前的准备工作。

5. 建设实施阶段

工程项目经批准新开工建设，项目便进入了施工安装阶段。本阶段的主要任务是将设计“蓝图”变成工程实体，实现投资决策意图。本阶段的主要工作是针对建设项目或单项工程的总体规划安排施工活动；按照工程设计要求、施工合同条款、施工组织设计及投资预算等，在保证工程质量、工期、成本、安全目标的前提下进行施工；加强环境保护，处理好人、建筑、绿色生态建筑三者之间的协调关系，满足可持续发展的需要；项目达到竣工验收标准后，由施工承包单位移交给建设单位。

对于生产性建设项目，在建设实施阶段还要进行生产准备，它是建设程序中的重要环节，是衔接建设和生产的桥梁，是建设阶段转入生产经营的必要条件。在项目投产前建设单位应适时组成专门班子或机构，做好生产准备工作，以确保项目建成后能及时投产。

生产准备工作的内容根据项目或企业的不同而异，但一般包括以下主要内容：

(1) 组织管理机构、制定管理制度和有关规定；

(2) 招收并培训生产人员，组织生产人员参加设备的安装、调试和工程验收；

(3) 签订原料、材料、燃料、水、电等供应及运输的协议；

(4) 进行工器具、备品、备件等的制造或订货及其他必需的生产准备。

6. 竣工验收阶段

建设项目依据设计文件所规定的全部内容施工完成后，便可组织竣工验收。竣工验收是投资成果转入生产或使用的标志，也是全面考核建设成果、检验设计和工程质量的重要环节，它对促进建设项目及时投产或使用，发挥投资效益及总结建设经验具有重要作用。

竣工验收工作的主要内容包括：整理技术资料、绘制竣工图、编制竣工决算等。通过竣工验收可以检查建设项目实际形成的生产能力或效益，也可避免项目建成后继续耗费建设费用。

7. 项目后评价阶段

项目后评价是指工程项目建成投入使用并运行一段时间后，再对项目的立项决策、设计施工、竣工投产、生产运营等全过程进行系统分析；对项目实施过程、实际所取得的效益（经济、社会、环境等）与项目前期评估时预测的有关经济效果值（如净现值、内部收益率、投资回收期等）相对比，评价与原预期效益之间的差异及其产生的原因。项目后评价是建设项目投资管理的最后一个环节，通过项目后评价可达到肯定成绩、总结经验、吸取教训、改进工作、提高投资决策水平的目的，并为制定科学的建设计划提供依据。

1.1.4 建设程序与工程造价体系

根据我国的建设程序，工程造价的确定应与工程建设各阶段工作深度相适应，由粗到细逐渐形成一个完整的造价体系。以政府投资项目为例，工程造价体系形成一般分为以下几个阶段：

(1) 项目建议书阶段，按照有关规定，应编制初步投资估算，经主管部门批准，作为拟建项目列入国家中长期计划和开展前期工作的控制造价；本阶段所作出的初步投资估算与项目的实际造价误差率应控制在±20%左右。

(2) 在项目可行性研究阶段，按照有关规定编制项目的投资估算，经主管部门批准作为该项目国家计划控制造价，与项目的实际造价误差率应控制在±10%以内。

(3) 在初步设计阶段按照有关规定编制初步设计总概算，经主管部门批准后即为控制拟建项目工程投资的最高限额，未经批准不得随意突破。

(4) 在施工图设计阶段，按规定编制施工图预算，用以核实其造价是否超过批准的初步设计总概算，并作为结算工程价款的依据。若项目进行三阶段设计，即增加技术设计阶段，在设计概算的基础上编制修正概算。

(5) 施工准备阶段，按照有关规定确定项目的招标控制价，参与合同谈判，确定工程项目的承包合同价。

(6) 在工程施工阶段，根据施工图预算、合同价格，编制资金使用计划，作为工程价款支付、确定工程结算价的计划目标。

(7) 在竣工验收阶段，根据竣工图编制竣工决算，作为反映建设项目实际造价和建设成果的总结性文件，也是竣工验收报告的重要组成部分。

建设程序与各阶段工程造价体系的形成，如图 1-3 所示。

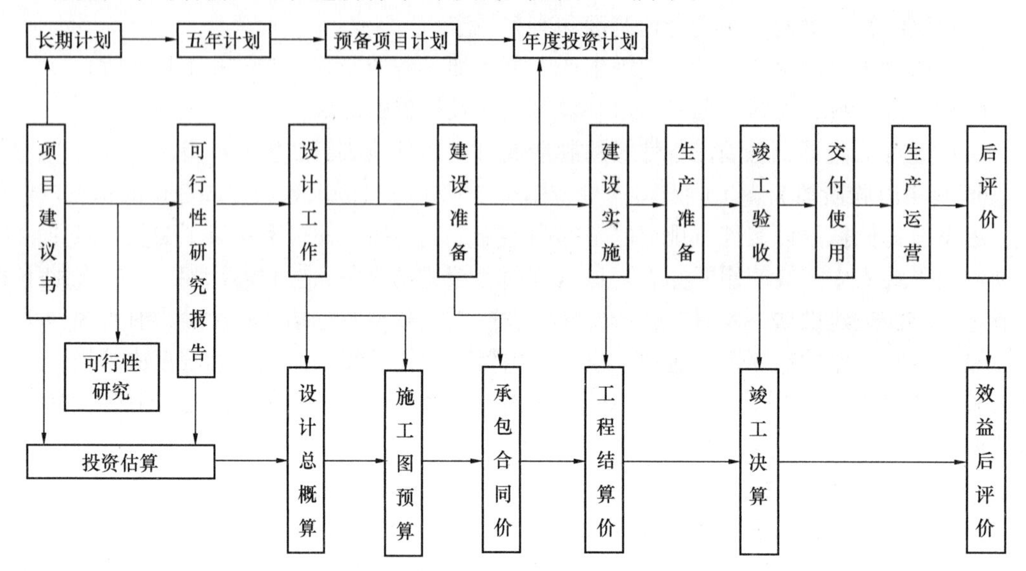

图 1-3 建设程序与工程造价体系示意图

1.2 工程造价基础知识

1.2.1 工程造价的起源与发展

1. 国内工程造价的起源与发展

工程造价的起源可以追溯到我国远古时期。早在我国东周中期，被土木工匠尊奉为“祖师”的鲁班，利用他的智慧创造出许多灵巧的工具，使木工工匠的劳动效率成倍提高。同时，鲁班对工料的计算能力也是无与伦比的，据记载，他负责建造的某项大型土木工程，在工程完工后仅剩余一块砖。北宋时期的土木建筑学家李诫所编著的《营造法式》被称为中国古代建筑行业的权威性巨著。《营造法式》共 34 卷，它全面、准确地反映了中国在 11 世纪末到 12 世纪初，整个建筑行业的科学技术水平和管理经验，其中对工程识图、施工工艺与工程量计算规则和工料定额等均有详细说明，汇集了北宋以前建筑造价管理技术的精华，宋徽宗将此书颁行天下，从此国内建筑工程有了统一的标准。清朝时期，清工部《工程做法则例》中亦有许多关于工程量与工程造价计算方法的内容，是一部优秀的工料计算著作。

新中国成立以来，百废待兴，全国进行大规模的工程建设活动，为用好有限的建设资金，合理地确定工程造价，我国建立了概预算定额管理制度、设立了概预算管理部门、建立了概预算工作制度，有效地促进了建设资金的合理安排和节约使用。改革开放以后，国内成立了“建设工程造价管理协会”，为推动工程造价计价方式的改革和发展发挥了巨大作用。随着我国社会主义市场经济的快速发展，住房和城乡建设部对传统的预算定额计价模式提出了“控制量，放开价，引入竞争”的基本改革思路，并于2003年以来会同有关部门先后颁布了《建设工程工程量清单计价规范》GB 50500—2003、2008、2013，开始推行工程量清单计价模式，使我国建设项目的工程造价管理体制日臻完善，并逐步与国际惯例的工程造价管理模式接轨。

2. 国外工程造价管理的发展

（1）工程造价管理的起源与发展

19世纪初，以英国为首的资本主义国家在工程建设中为了有效地控制工程费用的支出、加快工程进度，开始推行项目的招投标制度。这一制度需要工料测量师在设计完成后、开展建设施工前为业主或承包商进行整个工程工作量的测算和工程造价的预算，以便确定标底或投标报价，于是出现了正式的工程预算专业。随着人们对工程造价确定和工程造价控制理论与方法不断深入的研究，一种独立的职业和一门专门的学科——工程造价管理首先在英国诞生了。1868年，英国皇家特许测量师学会（RICS）成立，其中最大的一个分会是工料测量师分会，这一工程造价管理专业协会的创立，标志着现代工程造价管理专业的正式诞生，是工程造价及其造价管理发展史上的一次飞跃；到了20世纪80年代末和90年代初，人们对工程造价管理理论与实践的研究进入了综合与集成的阶段，各国纷纷在改进现有工程造价确定与控制理论和方法的基础上，借助其他管理领域在理论与方法上最新的发展，开始对工程造价管理进行更为深入而全面的研究。在这一时期中，以英国工程造价管理学界为主，提出了“全生命周期造价管理”（Life Cycle Costing，LCC）工程项目投资与造价管理的理论与方法；以美国工程造价管理学界为主则提出了“全面造价管理”（Total Cost Management，TCM）这一涉及工程项目战略资产管理、工程造价管理的概念和理论。从此，国际上的工程造价管理研究与实践进入了一个全新的阶段。

（2）工程造价的计价模式

目前，国际上在工程造价管理过程中，工程造价的确定普遍采用英、美、日三种计价模式。

1）英国工程造价的计价模式。英国是国际上实行工程造价管理最早的国家之一，其组织管理体系亦较完整。在英国，确定工程造价实行统一的工程量计算规则、相关造价信息指数和通用合同文本，进行自主报价，依据合同确定价格。英国的QS学会通常采用比较法、系数法估价等计价方法；承包商则建立起自己的成本库（信息数据库）、定额库等进行风险估计、综合报价。

2）美国工程造价的计价模式。美国对规范造价的管理，体现出高度的市场化和信息化。美国自身并没有统一的计价依据和计价标准，计价体系靠高度的信息化造价信息网络支撑，据此确定的工程造价是典型的市场化价格。即由各地区咨询公司制定本地区的单位建筑面积消耗量、基价和费用估算格式等信息，提供给业内人士使用，政府也定期发布相关的造价信息，用以实施宏观调控。

在美国，通常将工程造价称为“建设工程成本”，美国造价工程师协会（AACEI）将工程成本分为两部分。其一由设计范围内涉及的费用构成，通常称为“造价估算”，诸如勘察设计费，人工、材料和机械费用等；其二是业主方涉及的费用，通常称为“工程预算”，诸如场地使用费、资金的筹措费、执照费、保险费等。确定工程造价一般由设计单位或工程估价公司承担。在工程估价中不仅要对工程项目进行风险评估，而且还要贯彻

“全面造价管理”（TCM）的思想。在工程施工中，根据工程特点对项目进行 WBS 分解并编制详细的成本控制计划进行造价控制。

3）日本工程造价的计价模式。日本的工程造价管理具有三大特点，即行业化、系统化和规范化。日本在昭和 50 年（1945 年）民间就成立了“建筑积算事务所协会”，对工程造价实行行业化管理；20 世纪 90 年代，政府有关部门认可积算协会举办的全国统考，并对通过考试人员授予“国家建筑积算士”资格。日本对工程造价的管理拥有完整的法规、规章以及标准化体系，工程造价通常采取招标方式与合同方式确定，对其实行规范化管理。

1.2.2　工程造价的含义和特点

1. 工程造价的含义

工程造价通常指一个工程项目的建造价格。其含义有两种：

其一是从投资者（业主）的角度而言，工程造价是指一个建设项目从筹建到竣工验收、交付使用的整个建设过程所花费的全部固定资产投资费用。固定资产系指新建、改建、扩建和恢复工程及其附属的工作，其价值形态主要包括：建筑安装工程费、设备及工器具购置费和工程建设其他费用、预备费、建设期贷款利息等。

其二是从市场交易的角度而言，工程造价是指为建成一项工程，预计或实际在土地市场、设备市场、技术劳务市场以及工程承发包市场等交易活动中形成的建筑安装工程价格和建设工程总价格。这里的工程既可以是一个建设项目，也可以是其中的一个单项工程，甚至可以是整个工程建设中的某个阶段，如土地开发工程、建筑安装工程、装饰工程等。

通常，人们将工程造价的第二种含义认定为工程承发包价格，它是工程造价中一种重要的、最典型的价格形式。它是在建筑市场通过招投标，由需求主体（投资者）和供给主体（承包商）共同认可的价格。由于建安工程价格在项目固定资产投资中占有 50%～60%的份额，且建筑企业又是建设工程的实施者并具有重要的市场主体地位，因此，工程承发包价格被界定为工程造价的第二种含义具有重要的现实意义。

工程造价的两种含义是从不同角度把握同一事物的本质。对工程投资者而言，在市场经济条件下的工程造价就是项目投资，是投资者作为市场需求主体购买项目需要付出的价格；对承包商、供应商、规划设计等机构而言，工程造价是他们作为市场供给主体出售商品和劳务价格的总和，或者是特指范围的工程造价，如建筑安装工程造价。区别工程造价的两种含义可以为投资者和以承包商为代表的供应商的市场行为提供理论依据，为其不断充实工程造价的管理内容、完善管理方法及更好地实现各自的目标服务。

2. 工程造价的特点

由于工程项目具有一次性、产品的固定性、生产的流动性、有一定的生命期等特点，导致工程造价具有以下特点：

（1）大额性

工程项目实物形体庞大，尤其是现代建设工程项目更是具有建设规模日趋庞大、组成结构日趋复杂化、多样化、资金密集、建设周期长等特点。因此，工程项目在建设中消耗大量资源，造价高昂。其中特大型建设项目的工程造价可高达数百亿、千亿元人民币，对国民经济影响重大。

（2）个别性

任何一项工程都有其特定的用途、功能、建设规模和建设地点。因而使每项工程的建设内容、产品的实物形态等诸多方面千差万别，不重复，具有唯一性。产品的唯一性决定了工程造价的个别性，尤其每项工程所处的建设地区、地段不同，使得工程造价的个别性更加突出。

（3）动态性

建设项目产品的固定性、生产的流动性、费用的变异性和建设周期长等特点决定了工程造价具有动态性。项目在不同的建设地点和较长的建设周期内，工程造价将受到材料价格、工资标准、地区差异及汇率变化等多种因素的影响，始终处于不确定的状态，直到工程竣工决算后才能最终确定工程的实际造价。

（4）复杂性

工程造价的复杂性表现在其涉及的因素十分复杂。例如，工程造价的费用构成就较其他行业复杂、烦琐。除了建筑安装工程费用外，还涉及环境保护、资源再生利用、循环经济、水文地质条件、古建筑文物的保护、绿色生态建筑、社会效益、税收、金融政策等众多方面。工程造价的复杂性导致其必须具有相应的兼容性，即工程造价具有两重含义。

（5）阶段性

工程造价的阶段性十分明确，在建设工程项目生命期的不同阶段所确定的工程造价，其作用、费用名称及内容均不同。例如，在项目决策阶段，拟建工程的工程量尚不具体，工程造价不可能做到十分准确，故此阶段确定的工程造价被称为投资估算；在设计阶段初期，对应初步设计编制的是设计总概算；在施工图设计阶段确定的是施工图预算，且规定其不能突破设计总概算。这是长期大量工程实践的总结，也是工程造价管理的规定。

1.2.3 工程造价的职能

工程造价除具有一般商品的价格职能外，还具有其特殊的职能。

1. 预测职能

由于工程造价具有大额性和动态性的特点，无论是投资者还是承包商都要对拟建工程进行预先测算。投资者预先测算工程造价，可为项目决策提供科学依据，同时也是筹措资金、控制造价的需要。承包商测算工程造价，可为其投标决策、投标报价和成本管理提供依据。

2. 控制职能

工程造价的控制职能一方面体现在对业主投资的控制，即在项目投资的各个阶段根据对造价的多次性预估，对造价进行全过程、多层次的控制；另一方面是承包商在工程项目实施期间对成本进行控制，在价格一定的条件下，企业实际成本开支决定企业的盈利水平，成本越低盈利越高。

3. 评价职能

工程造价既是评价项目投资合理性和投资效益的主要依据，也是评价项目的偿贷能力、盈利能力、宏观效益、企业管理水平和经营成果的重要依据。

4. 调控职能

工程建设直接关系到国家的经济增长、资源分配和资金流向，对国计民生将产生重大影响。故工程造价作为经济杠杆，可以对工程建设中的物质消耗水平、建设规模和投资方向等进行调控和管理。

1.2.4 工程造价的作用和影响因素

建设项目工程造价涉及国民经济中的多个部门、多个行业及社会再生产中的多个环节，也直接关系到人们的生活和居住条件，其作用范围广、影响程度大。

1. 作用

(1) 是项目决策的依据

建设项目具有投资巨大、资金密集、建设周期长等特点，故在不同的建设阶段工程造价皆可作为投资者或承包商进行项目投资或报价的决策依据。

(2) 是制定投资计划和控制投资的依据

制定正确的投资计划有利于合理、有效地使用建设资金。建设项目的投资计划是按照项目的建设工期、工程进度及建造价格等制定的。工程造价可作为制定项目投资计划及对计划的实施过程进行动态控制的主要依据，并可作为控制投资的内部约束机制。

(3) 是筹集建设资金的依据

随着我国投资体制的改革和市场经济体制的建立，要求项目投资者具有很强的筹资能力，为工程建设提供资金保证。合理地确定工程造价也基本决定了建设资金的需要量，从而为项目投资者筹集建设资金提供了较准确的依据。当建设资金来源于金融机构的贷款时，金融机构在对项目的偿贷能力进行评估的基础上，也需要依据工程造价来确定给予投资者的贷款数额。

(4) 是评价投资效果的重要指标

工程造价既是建设项目的总造价，又包含单项工程和单位工程的造价，还包含单位生产能力的造价或单位建筑面积的造价等，它能够为评价投资效果提供多种评价指标，并能够作为新的价格信息，对今后类似项目的投资具有参考借鉴价值。

(5) 是合理分配利润的手段

工程造价的高低涉及国民经济各部门和企业之间的利益分配。合理地确定工程造价可成为项目投资者、承包商等合理分配利润并适时调节产业结构的手段。

2. 影响因素

由于构成工程造价的因素复杂，涉及人工、材料、施工机具设备、建设用地、工程地质、生态环境等多个方面，所以工程造价将受到众多因素的影响。例如，获得建设用地支出的费用，既有征地、拆迁、安置补偿等方面的费用，又有通过招标、拍卖、挂牌等方式获得土地的费用，这些费用将受到政府一定时期的产业政策、税收政策和地方性收费规定等的直接影响；此外，项目在不同的建设地区和建设时期，工程造价将受到地区差异、材料价格波动、工资标准、设备购置或租赁等费用的影响。对影响工程造价的有利因素和不利因素进行全面、细致的分析和预测，方能更加准确地确定工程造价和有效地控制建设项目投资。

1.2.5 工程造价的计价特征

1. 单件性

由于建筑产品具有固定性、实物形态上的差异性和生产的单件性等特征，导致每一项工程均需根据其特定的用途、功能、建设规模、建设地区和建设地点等单独进行计价。

2. 多次性

工程项目建设规模庞大、组成结构复杂、建设周期长、在工程建设中消耗资源多、造价高昂。因此，从项目的可行性论证到竣工验收、交付使用的整个过程需要按建设程序决策和分阶段实施。工程造价也需要在不同建设阶段多次进行计价，以保证工程造价计算的准确性和控制的有效性。多次计价是一个由粗到细、由浅入深，逐步接近工程实际造价的过程。如大型建设工程项目的计价过程，如图 1-4 所示。

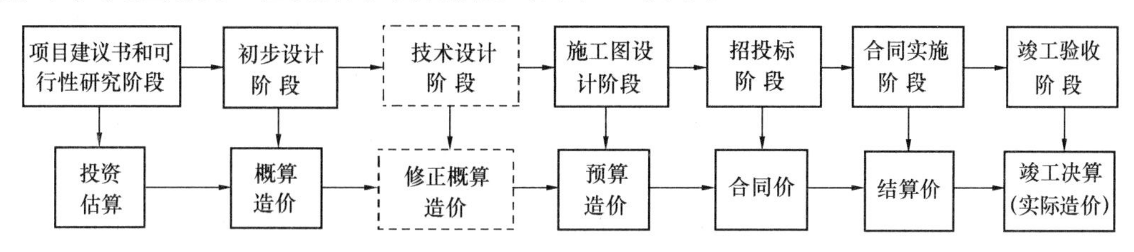

图 1-4 建设项目不同时期多次性计价示意图

3. 组合性

建设工程项目是一个工程综合体，它可以从大到小分解为若干有内在联系的单项工程、单位工程、分部工程和分项工程。建设项目的这种组合性决定了其工程造价的计算也是分部组合而成的，它既反映出确定概算造价和预算造价的逐步组合过程，亦反映出合同价和结算价的确定过程。通常工程造价的计算顺序为：分部分项工程造价→单位工程造价→单项工程造价→建设项目总造价，如图 1-5 所示。

4. 方法的多样性

在工程建设的不同阶段确定工程造价的计价依据、精度要求均不同，由此决定了计价方法的多样性。例如，当建设项目处于可行性研究阶段时，确定投资估算的方法主要有：生产能力指数法、系数估算法、比例估算法等，其精度要求能满足对初步设计概算的控制；在项目的设计阶段，可采用单价法和实物法来确定项目的总概算和预算造价，且对其精度要求较高；而住房和城乡建设部从 2003 年以来先后颁布了《建设工程工程量清单计价规范》GB 50500—2003、2008、2013（三个）版本，在确定招标控制价和投标报价时，可以采用工程量清单计价和定额计价两种方式确定工程造价。不同的计价方法各有利弊，其适用条件也有所不同，计价时应根据具体情况加以选择。

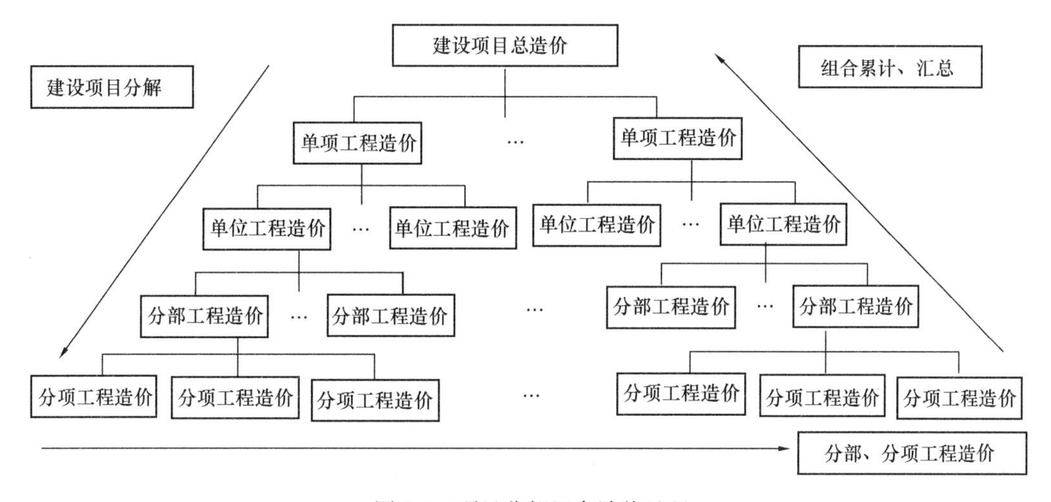

图 1-5 项目分部组合计价过程

5. 计价依据的复杂性

由于影响工程造价的因素多，计价依据复杂，种类繁多，因此，在确定工程造价时，必须熟悉各类计价依据，并加以正确利用。计价依据主要可分为以下七类：

（1）设备和工程量计算依据。包括项目建议书、可行性研究报告、设计文件、建设工程工程量清单计价规范、全国建筑工程基础定额、房屋建筑与装饰工程工程量计算规范、全国统一安装工程预算工程量计算规则、有关专业标准图、施工组织设计等。

（2）人工、材料、机械等实物消耗量计算依据。包括投资估算指标、概算定额、预算定额等。

（3）工料单价计算依据。包括人工单价、材料价格、材料运杂费、机械台班费等。

（4）设备单价计算依据。包括国产设备及进口设备的原价、设备运杂费、进口设备关税、增值税等。

（5）间接费、措施费、工程建设其他费用计算依据。主要是相关的费用定额和指标。

（6）物价指数、工程造价指数、工程造价信息及类似工程的资料等。

（7）政府规定的有关税、费标准计算依据。

1.2.6　工程造价的分类

1. 按静态投资和动态投资分类

（1）静态投资

静态投资指以某一基准年、月的建筑要素的价格为依据所计算出的建设项目投资的瞬时值。它包含了因工程量误差可能引起的工程造价的增减。静态投资由建筑安装工程费、设备和工器具购置费、工程建设其他费以及预备费中的基本预备费组成。

（2）动态投资

动态投资指为完成一个工程项目的建设，预计投资需要量的总和。它除了包括静态投资所含内容之外，还包括建设期贷款利息、涨价预备费以及汇率变动引起的费用增加等。动态投资考虑了时间因素对投资的影响，适应了市场价格运行机制的要求，使项目的投资估算、计划与控制更加符合实际。

动态投资包含静态投资，静态投资是动态投资最主要的构成部分，亦是动态投资的计算基础，并且二者概念的产生均与工程造价的确定直接相关。

2. 按建设项目构成的层次分类

（1）建设项目总投资和固定资产投资

建设项目总投资是指投资主体为获取预期收益，在拟建项目上所需要投入的全部资金。固定资产投资是投资主体为达到预期收益的资金垫付行为。建设项目按用途可分为生产性和非生产性建设项目。生产性建设项目总投资包括固定资产投资和流动资产投资两部分；非生产性建设项目总投资只有固定资产投资，不包含流动资产投资。建设项目总造价是指建设项目总投资中的固定资产投资总额，即建设项目的固定资产投资与其工程造价在量上相等。

（2）建筑安装工程造价

建筑安装工程造价亦称建筑安装工程产品价格，由建筑工程和安装工程投资两部分构成。建筑工程投资主要包括用于建筑物的建造及有关准备、清理等工程的费用；安装工程投资指用于需要安装设备的安置、装配工程的费用等。

（3）单项工程造价

单项工程造价指建筑单位工程造价、设备及安装单位工程造价及工程建设其他费用之和。当建设项目由若干个单项工程构成时，单项工程造价则不含工程建设其他费用。

（4）单位工程造价

单位工程造价指单位工程中的各分部分项工程造价之和，其中只包括建筑安装工程费，不包括设备及工器具购置费。无论是施工图预算、工程量清单，还是工程投标报价书，均是以单位工程为对象编制的。

3. 按建设顺序分类

按建设顺序可以将工程造价进行如下划分：

（1）投资估算——可行性研究阶段；

（2）设计总概算——初步设计阶段；

（3）修正概算——技术设计阶段；

（4）施工图预算——施工图设计阶段；

（5）承包合同价——招投标阶段；

（6）竣工结算价——竣工阶段；

（7）竣工决算价——业主编制决算文件阶段。

从不同角度对工程造价进行分类，可以更有针对性地进行造价管理，并提高管理水平。

复习思考题

1. 建设工程项目的生命期分为几个阶段？
2. 简述建设项目的组成。
3. 简述建设程序与工程造价体系的关系。
4. 简述工程造价的两种含义及其区别。
5. 工程造价具有哪些特点？
6. 简述工程造价的计价特点。
7. 什么是工程造价的职能？
8. 工程造价可以从哪些角度进行分类？

2 建设工程定额

2.1 定额概述

2.1.1 定额及定额的产生

1. 定额

(1) 定额的概念

所谓定，就是规定；额就是额度或限额。从广义理解，定额就是规定的额度或限额，又称为标准或尺度。

(2) 建设工程定额

建设工程定额是由国家授权部门和地区统一组织编制、颁发并实施的工程建设标准。

2. 定额的产生

定额是一定时期社会生产力发展的反映。

根据我国史书记载，在《大唐六典》中就有各种用工量的计算方法。北宋时期，分行业将工料限量与设计、施工、材料结合在一起的《营造法式》，是由国家所制定的一部建筑工程定额。到了清朝时期，为适应营造业的发展，专门设置了“洋房”和“算房”两个部门，“洋房”负责图样设计，“算房”则专门负责施工预算。可见，定额的使用范围被逐渐扩大，定额的功能也在不断增加。

19世纪末至20世纪初，西方资本主义国家生产日益扩大，生产技术迅速发展，劳动分工和协作也越来越细，对生产消耗进行科学管理的要求更加迫切。当时在美、法等国家中都有企业科学管理的活动开展，并逐渐形成了系统的经济管理理论。现在被称为“古典管理理论”代表人物的是美国人泰罗、法国人约尔和英国人威克等。

实际上，企业管理成为科学是从泰罗制开始的。当时，美国资本主义正处于上升时期，工业发展迅速，传统的企业管理已不适应生产能力的需要，阻碍着社会经济的发展，因此，改善企业管理成为生产发展的迫切需要。泰罗为适应当时的客观要求，首先开始了关于企业管理的研究，以解决提高工人劳动生产效率的问题。泰罗把工作时间分为若干组成部分，并测定每一操作过程的时间消耗，制定出工时定额，作为衡量工人工作效率的尺度。同时还研究工人劳动中的操作和动作，制定出工作时间的标准操作方法，从而制定出较高的工时定额。通过工时定额的制定，实行标准的操作方法，以及采用差别的计件工资，构成了泰罗制的主体。工时定额由此出现。

随着现代科学和技术的不断发展，运筹学、系统工程、电子计算机等科学技术作为管理手段的应用，并从社会学和心理学的角度研究管理，强调重视社会环境、人际关系对人行为的影响，主张采用诱导的方法鼓励工人发挥主动性和积极性，而不是对工人采用管束和强制的方法。20世纪70年代产生了系统论，从而把管理科学和行为科学结合起来，并通过对企业的人、物和环境等生产要素进行全面系统的分析研究，以实现企业管理的最优化。

综上所述，可知定额是随着管理科学而产生，也将随着管理科学的不断进步而发展，是企业实行科学管理的重要基础。

2.1.2 建设工程定额的作用与特性

1. 建设工程定额的作用

定额是科学管理的产物，是实行科学管理的基础，它在社会主义市场经济中具有以下的重要地位与作用：

（1）定额是投资决策和价格决策的依据。定额可以对建筑市场行为进行有效的规范，如投资者可以利用定额提供的信息提高项目决策的科学性，优化投资行为，还可以利用定额权衡自己的财务状况、支付能力，预测资金投入和预期回报，并在投标报价时作出正确的价格决策，以获取更多的经济效益。

（2）定额是企业实行科学管理的基础。企业利用定额促使工人节约社会劳动时间和提高劳动生产效率，获取更多利润；计算工程造价，把生产的各类消耗控制在规定的限额内，以降低工程成本。

（3）定额有利于完善建筑市场信息系统。它的可靠性和灵敏性是市场成熟和效率的标志。实行定额管理可对大量建筑市场信息进行加工整理，也可对建筑市场信息进行传递，同时还可对建筑市场信息进行反馈。

2. 建设工程定额的特性

在社会主义市场经济的条件下，定额一般具有以下几方面的特性：

（1）定额的科学性。主要表现为定额的编制是自觉遵循客观规律的要求，通过对施工生产过程进行长期的观察、测定、综合、分析，在广泛搜集资料和总结的基础上，实事求是地运用科学的方法制定出来的。定额的编制技术和方法上吸取了现代管理的成就，具有一整套既严密又科学的确定定额水平和行之有效的方法。

（2）定额的权威性。主要表现在定额是由国家主管机关或它授权的各地管理部门组织编制的，定额一经批准颁发，任何单位都必须严格遵守和贯彻执行。

（3）定额的群众性。主要表现在定额来源于群众，因此，定额的制定和执行都具有广泛的群众基础，并能为广大群众所接受。

（4）定额的时效性。定额的时效性主要表现在定额所规定的各种工料消耗量是由一定时期的社会生产力水平确定的。当生产条件发生较大变化时，定额制定授权部门必须对定额进行修订与补充。因此，定额具有一定的时效性。

（5）定额的相对稳定性。定额的相对稳定性主要表现在定额制定颁发后，有一个相对稳定的执行时期，通常为5～10年。

2.1.3 建设工程定额的分类

建设工程定额的种类较多，按照不同的划分方式与要求，分类方法有按生产要素分类、按编制单位与使用范围分类、按专业性质与适用对象分类等，如图2-1所示。

1. 按生产要素分类

物质资料生产所必须具备的三要素是劳动者、劳动手段和劳动对象。劳动者是指从事生产活动的生产工人，劳动手段是指劳动者使用的生产工具和机械设备，劳动对象是指原材料、半成品和构配件。按此三要素进行分类可以分为劳动定额、材料消耗定额和机械台班使用定额。

（1）劳动定额

劳动定额又称人工定额。是规定在一定生产技术装备、合理的劳动组织与合理使用材料的条件下，完成质量合格的单位产品所需劳动消耗量标准，或规定单位时间内完成质量合格产品的数量标准。劳动定额按其表示形式的不同又可分为时间定额和产量定额。

1）时间定额

时间定额又称工时定额。就是指在一定的技术装备、合理的劳动组织与合理使用材料的条件下，规定完成质量合格的单位产品所需消耗的劳动时间。时间定额一般是以“工日”或“工时”为计量单位。

2）产量定额

产量定额又称每工产量。是指在一定的技术装备、合理的劳动组织与合理使用材料的条件下，规定某工种某技术等级的工人（或工人班组）在单位时间内应完成质量合格的产品数量。由于建筑产品多种多样，产量定额一般是以 m、m^2、m^3、kg、t、块、套、组、台等为计量单位。

（2）材料消耗定额

材料消耗定额是指在节约与合理使用材料的条件下，完成质量合格的单位产品所需消耗各种建筑材料（包括各种原材料、燃料、成品、半成品、构配件、周转材料的摊销等）的数量标准。

（3）机械台班使用定额

机械台班使用定额又称机械台班消耗定额。就是指在合理施工组织与合理使用机械的正常施工条件下，规定施工机械完成质量合格的单位产品所需消耗机械台班的数量标准，或规定施工机械在单位台班时间内应完成质量合格产品的数量标准。机械台班使用定额按其表示形式的不同，亦可分为机械台班时间定额与机械台班产量定额。

1）机械台班时间定额

机械台班时间定额是指在合理施工组织与合理使用机械的正常施工条件下，规定某类施工机械完成质量合格的单位产品所需消耗的机械工作时间。一台施工机械工作一个工作班（即 8 小时）称为一个台班，一般是以“台班”为计量单位。

2）机械台班产量定额

机械台班产量定额是指在合理施工组织与合理使用机械的正常施工条件下，规定某种施工机械在单位台班时间内应完成质量合格的产品数量。

2. 按编制单位与使用范围分类

建设工程定额按编制单位与使用范围可分为全国统一定额、省（市）地区定额、行业专用定额和企业定额。

（1）全国统一定额

全国统一定额是指由国家主管部门（住房和城乡建设部）编制，作为各省（市）编制地区定额依据的各种定额。如《全国建筑安装工程统一劳动定额》、《全国统一建筑工程基础定额》、《全国统一建筑装饰工程消耗量定额》等。

（2）省（市）地区定额

省（市）地区定额是指由各省、市、自治区建设主管部门制定的各种定额，如《××

市建设工程消耗量定额》。可以作为该地区建设工程项目标底编制的依据，施工企业在没有自己的企业定额时也可以作为投标计价的依据。

（3）行业专用定额

行业专用定额是指由国家所属的主管部、委制定而行业专用的各种定额，如《铁路工程消耗量定额》、《交通工程消耗量定额》等。

（4）企业定额

企业定额是指建筑施工企业根据本企业的施工技术水平和管理水平，以及各地区有关工程造价计算的规定，并供本企业使用的《工程消耗量定额》。

3. 按专业分类

建设工程消耗量定额按其专业的不同分类如下：

（1）建筑工程消耗量定额

建筑工程即指房屋建筑的土建工程。建筑工程消耗量定额是指各地区（或企业）编制确定的完成每一建筑分项工程（即每一土建分项工程）所需人工、材料和机械台班消耗量标准的定额。它是业主或建筑施工企业（承包商）计算建筑工程造价主要的参考依据。

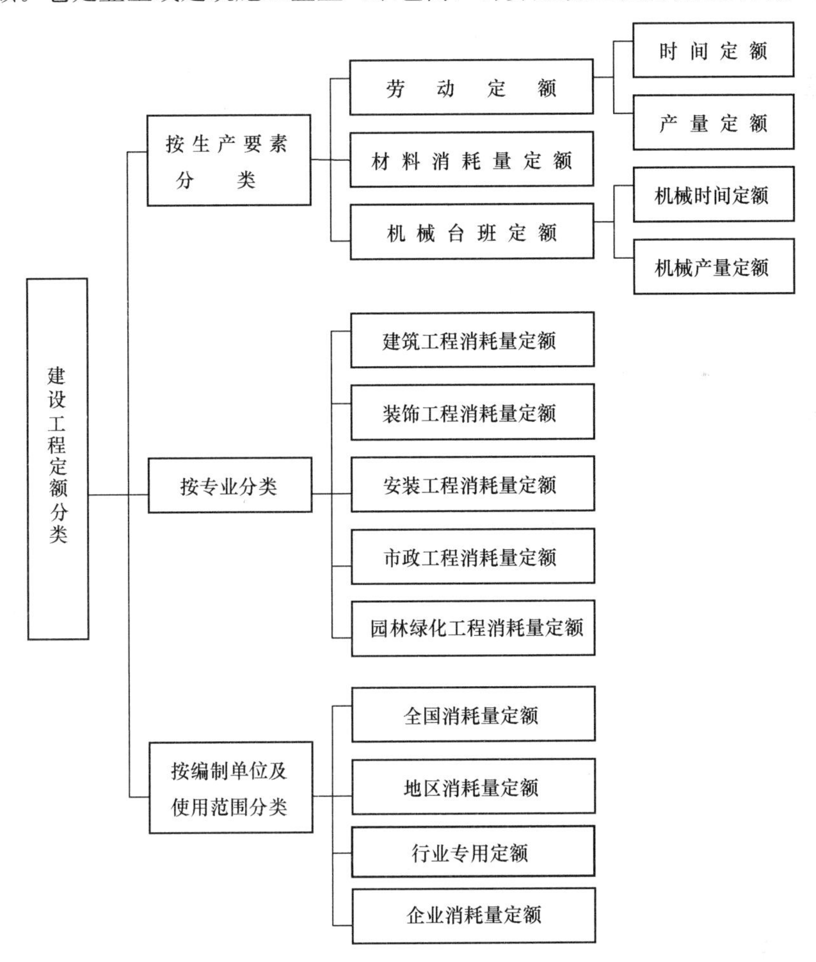

图 2-1　建设工程定额分类图

(2) 装饰工程消耗量定额

装饰工程即指房屋建筑室内外的装饰装修工程。装饰工程消耗量定额是指各地区（或企业 ）编制确定的完成每一装饰分项工程所需人工、材料和机械台班消耗量标准的定额。它是业主或装饰施工企业（承包商）计算装饰工程造价的主要参考依据。

(3) 安装工程消耗量定额

安装工程即指房屋建筑室内外各种管线、设备的安装工程。安装工程消耗量定额是指各地区（或企业）编制确定的完成每一安装分项工程所需人工、材料和机械台班消耗量标准的定额。它是业主或安装施工企业（承包商）计算安装工程造价主要的参考依据。

(4) 市政工程消耗量定额

市政工程即指城市道路、桥梁等公共公用设施的建设工程。市政工程消耗量定额是指各地区（或企业）编制确定的完成每一市政分项工程所需人工、材料和机械台班消耗量标准的定额。它是业主或市政施工企业（承包商）计算市政工程造价主要的参考依据。

(5) 园林绿化工程消耗量定额

园林绿化工程即指城市园林、房屋环境等的绿化通称。园林绿化工程消耗量定额是指各地区（或企业）编制确定的完成每一园林绿化分项工程所需人工、材料和机械台班消耗量标准的定额。它也是业主或园林绿化施工企业（承包商）计算园林绿化工程造价主要的参考依据。

此外，建设工程定额还可按建设用途和费用定额进行划分，前者包括施工定额、预算定额、概算定额和概算指标等，后者包括间接费用定额、其他工程费用定额等。

2.2 建筑工程消耗量定额

2.2.1 建筑工程消耗量定额概述

1. 建筑工程消耗量定额的概念

建筑工程消耗量定额指在正常组织施工生产的条件下，规定完成质量合格的单位建筑产品（即分项工程）所需人工、材料和机械台班的消耗量标准。

2. 建筑工程消耗量定额的作用

建筑工程消耗量定额的作用主要包括以下几个方面：

(1) 它是计算和确定工程项目的人工、材料和机械台班消耗数量的依据；

(2) 它是建筑施工企业编制施工组织设计，制定施工作业计划，确定人工、材料和机械台班使用量计划的依据；

(3) 它亦是业主编制工程标底、承包商计算投标报价的依据。

3. 建筑工程消耗量定额的组成

完成单位建筑产品必须消耗一定数量的人工、材料和机械台班，而建筑工程消耗量定额属于生产性定额，按照生产性定额的构成，它应由劳动定额、材料消耗定额和机械台班消耗定额三部分组成。

2.2.2 劳动定额

1. 劳动定额的概念

劳动定额是指在一定的技术装备、合理的劳动组织与合理使用材料的条件下，规定完成质量合格的单位产品所需劳动消耗量的标准，或规定在单位时间内完成质量合格产品的数量标准。

劳动定额的研究对象是生产过程中活劳动的消耗量，即劳动者所付出的劳动量。具体来说，它所要考虑的是完成质量合格单位产品的活劳动消耗量，是指产品生产过程的有效劳动，对产品有规定的质量要求，是符合质量规定要求的劳动消耗量。

2. 劳动定额的表现形式

劳动定额是衡量劳动消耗量的计量尺度。生产单位产品的劳动消耗量可以用劳动时间来表示，同样在单位时间内劳动消耗量也可以用生产的产品数量来表示。因此，劳动定额按其表示形式的不同，可分为时间定额和产量定额。

（1）时间定额。时间定额又称工时定额。是指在一定的生产技术装备、合理的劳动组织与合理使用材料的条件下，规定完成质量合格的单位产品所需消耗的劳动时间。时间定额一般是以“工日”或“工时”为计量单位。计算公式如下：

$$\text{时间定额} = \frac{\text{消耗的总工日数}}{\text{产品数量}} \tag{2-1}$$

（2）产量定额。产量定额又称每工产量。指在一定生产技术装备、合理的劳动组织与合理使用材料的条件下，规定某工种某技术等级的工人（或工人班组）在单位时间内应完成质量合格的产品数量。由于建筑产品的多样性，产量定额一般是以 m、m^2、m^3、kg、t、块、套、组、台等为计量单位。计算公式如下：

$$\text{产量定额} = \frac{\text{产品数量}}{\text{消耗的总工日数}} \tag{2-2}$$

时间定额和产量定额是同一劳动定额的不同表现形式，它们都表示同一劳动定额，但各有其用途。时间定额因为计量单位统一，便于进行综合，计算劳动量比较方便；而产量定额具有形象化的特点，目标直观明确，便于班组分配工作任务。

3. 时间定额与产量定额的关系

时间定额与产量定额，它们之间的关系可用下式来表示：

即

$$\text{时间定额} \times \text{产量定额} = 1 \tag{2-3}$$

$$\text{时间定额} = \frac{1}{\text{产量定额}} \quad \text{或} \quad \text{产量定额} = \frac{1}{\text{时间定额}}$$

也就是说，当时间定额减少时，产量定额就会增加；反之，当时间定额增加时，产量定额就会减少，然而其增加和减少的比例是不相同的。

4. 劳动定额的表示方法

劳动定额的表示方法，不同于其他行业的劳动定额，其表示方法有单式表示法、复式表示法及综合与合计表示法。

（1）单式表示法。在劳动定额表中，单式表示法一般只列出时间定额，或产量定额，即两者不同时列出。

（2）复式表示法。在劳动定额表中，复式表示法既列出时间定额，又列出产量定额。

（3）综合与合计表示法。在劳动定额表中，综合定额与合计定额都表示同一产品的各单项（工序或工种）定额的综合或合计，按工序合计的定额称为综合定额，按工种合计的定额称为合计定额。计算公式如下：

$$\text{综合时间定额} = \sum \text{各单项工序时间定额} \tag{2-4}$$

$$合计时间定额=\sum 各单项工种时间定额 \tag{2-5}$$

$$综合产量定额=\frac{1}{综合时间定额} \tag{2-6}$$

$$合计产量定额=\frac{1}{合计时间定额} \tag{2-7}$$

【例 2-1】《××市建筑（装饰）安装工程劳动定额》中规定，每砌 1 m^3的 1 砖半厚砖基础，其各工序时间定额如下：砌砖是 0.354 工日，运输是 0.449 工日，调制砂浆是 0.102 工日，试计算该分项工程的综合时间定额是多少？

【解】 $\sum$各单项工序时间定额 = 综合时间定额

0.354+0.449+0.102=0.905 工日/m^3

5. 劳动定额的作用

劳动定额的作用，主要表现在为企业组织施工生产和实行按劳分配提供依据。企业组织施工生产、下达施工任务、合理组织劳动力、推行经济责任制、实行计件工资和人工费承包等都是以劳动定额为基础。

（1）劳动定额是企业管理的基础

建筑施工企业施工计划的编制、施工作业计划和签发施工任务书的编制与管理，都以劳动定额为依据。造价人员根据施工图纸计算出分部分项工程量，再根据劳动定额计算出各分项工程所需要的劳动量，然后按照本企业拥有的各种工人数量安排施工工期及相应的施工管理。

（2）劳动定额是科学组织施工和合理组织劳动的依据

建筑施工企业要科学地组织施工生产，就要在施工过程中对劳动力、劳动工具和劳动对象做到科学有效的组合，以求获得最大的经济效益。现代施工企业的施工生产过程分工精细、协作密切。为确保施工过程紧密衔接和均衡，施工企业需要在时间和空间上合理组织劳动者协作与配合。因此，要以劳动定额为依据准确计算出每个工人的劳动量，规定不同工种工人之间的比例关系等。

（3）劳动定额是衡量劳动生产率的尺度

劳动生产率是指人们在生产过程中的劳动效率，是劳动者的生产成果与规定劳动消耗量的比率。劳动生产率增长的实质是指在单位时间内所完成质量合格产品数量的增加，或完成质量合格单位产品所需消耗劳动量的减少，最终可归结为劳动消耗量的节省。其计算公式如下：

$$L=\frac{W}{T}\times 100\% \tag{2-8}$$

式中 L——劳动生产率；

W——完成某单位产品的实际消耗时间；

T——时间定额。

（4）劳动定额是企业实行经济核算的基础

单位工程的用工数量与人工成本是企业经济核算的一项重要内容。为了考核、计算和分析工人在生产过程中的劳动消耗，必须以劳动定额为基础进行人工及其费用的核算。

6. 劳动定额的制定

（1）劳动定额的制定原则

劳动定额能否在企业管理中发挥其组织施工生产和按劳分配的双重作用，关键在于定额水平的高低和定额的制定质量。因此，在劳动定额制定时必须遵循以下制定原则：

1）定额水平要体现先进合理的原则。定额水平是指定额所规定的劳动消耗量额度的高低，它是生产技术水平、企业管理水平、劳动生产率水平的综合反映。所谓先进合理，就是指在正常的生产技术组织条件下，经过努力部分工人可以超额、多数工人可以达到或接近的定额水平。

2）定额结构要体现简明适用的原则。所谓简明适用，是指结构合理，步距长短适当。建筑业是劳动密集型的产业部门，分布地域辽阔，工程结构复杂，露天施工，影响因素颇多。建筑施工生产的这些特点，客观上要求劳动定额的结构形式与内容必须简明适用。

（2）劳动定额的制定依据

劳动定额既是技术定额，又是重要的经济法规。因此，劳动定额的制定必须以国家有关的技术、经济政策和可靠的科学技术资料为依据。其依据按性质可以分为以下两大类：

1）国家的经济政策和劳动制度。经济政策和劳动制度主要有：

①《建筑安装工人技术等级标准》和工资标准；

②工资奖励制度、劳动保护制度和8小时工作制度。

2）科学技术资料。科学技术资料可分为技术规范、技术测定和统计资料两部分：

① 技术规范类如《建筑安装工程施工验收规范》、《建筑安装工程操作规程》、国家建筑材料标准、机械设备说明书；

② 技术测定和统计资料如施工现场测定的有关技术数据、日常建筑产品完成情况和工时消耗的单项或综合统计资料。

（3）劳动定额的制定方法

劳动定额的制定随着建筑施工技术水平的不断提高而不断改进。目前采用的制定方法有技术测定法、统计分析法、比较类推法和经验估计法。

1）技术测定法

该方法是根据技术测定资料制定劳动定额。目前已发展成为一个多种技术测定体系，它包括计时观察测定法、工作抽样测定法、回归分析测定法和标准时间资料法四种，现分述如下：

① 计时观察测定法。该方法是一种最基本的技术测定方法，它是指在一定的时间内，对特定作业进行直接的连续观测、记录，从而获得工时消耗数据，并据以分析制定劳动定额的方法。按其测定的具体方法又分为秒表时间研究法和工作日写实法。计时观测法的优点是对施工作业过程的各种情况记录比较详细，数据比较准确，分析研究比较充分。但缺点是技术测定工作量大，一般适用于重复程度比较高的工作过程或重复性手工作业。

② 工作抽样测定法。该方法又称瞬间观测法，它是通过对操作者或机械设备进行随机瞬时观测，记录各种作业项目在生产活动中发生的次数和发生率，由此取得工时消耗资料，推断各观测项目的时间结构及其演变情况，从而掌握工作状况的一种测定方法。同计时观察测定方法比较，工作抽样测定法无需观测人员连续在现场记录，具有省力、省时、适应性广的优点。其缺点是不宜测定周期很短的作业，不能详细记录操作方法，观测结果不直观等。一般适用于测定间接生产工人的工时利用率和设备利用率。

③ 回归分析测定法。该法是应用数理统计中的回归与相关原理，对施工过程中从事

多种作业的一个或几个操作者的工作成果与工时消耗进行分析的一种工作测定方法。其优点是测定速度比较快，工作量小。

④ 标准时间资料法。该方法是利用计时观察测定法所获得的大量数据通过分析、综合、整理出用于同类工作的基本数据而制定劳动定额的一种方法。其优点是不进行大量的直接测定即可制定劳动定额，节约大量的观察工作量，加快定额制定的速度。由于标准资料是过去多次研究的成果，是衡量不同作业水平统一的标准，可提高制定定额的准确性，因而具有极大的适用性。

2）统计分析法

统计分析法是在过去完成同类产品或完成同类工序实际耗用工时的统计资料与当前生产技术组织条件的变化因素相结合的基础上，进行分析研究而制定劳动定额的一种方法。

由于统计资料反映的是工人过去已达到的水平，在统计时并没有剔除施工活动中的不合理因素，因而这个水平一般偏于保守。为了克服这个缺陷，可采用二次平均法作为确定定额水平的依据。其确定步骤如下：

① 剔除统计资料中明显偏高、偏低的不合理数据。

② 计算一次平均值。

$$\bar{t} = \sum_{i=1}^{n} \frac{t_i}{n} \tag{2-9}$$

式中 $\bar{t}$——一次平均值；

t_i——统计资料的各个数据；

n——统计资料的数据个数。

③ 计算平均先进值。

$$\bar{t}_{\min} = \sum_{i=1}^{x} t_{\min}/x \tag{2-10}$$

式中 $\bar{t}_{\min}$——平均先进值；

$t_{\min}$——小于一次平均值的统计数据；

x——小于一次平均值的统计数据个数。

④ 计算二次平均值

$$\bar{t}_0 = (\bar{t} + \bar{t}_{\min})/2 \tag{2-11}$$

【例 2-2】 某种产品工时消耗的资料为 21、40、60、70、70、70、60、50、50、60、60、105 工时/台，试用二次平均法制定该产品的时间定额。

【解】 剔除明显偏高、偏低值：21、105

计算一次平均值：

$$\bar{t} = \frac{(40+60+70+70+70+60+50+50+60+60)}{10} = 59 \text{ 工时/台}$$

计算平均先进值：$\bar{t}_{\min} = \dfrac{40+50+50}{3} = 46.67$ 工时/台

计算二次平均值：$\bar{t}_0 = \dfrac{59+46.67}{2} = 52.84$ 工时/台

3）比较类推法

比较类推法又称典型定额法，指以生产同类产品（或工序）的定额为依据，经过分析比较，类推出同一组定额中相邻项目定额水平的方法。这种方法简便，工作量小，只要典型定额选择恰当，具有代表性，类推出的定额水平一般比较合理。采用这种方法要特别注意工序和产品的施工工艺和劳动组织"类似"或"近似"的特征，防止将差别大的项目作为同类型产品项目进行比较类推。通常的方法是首先选择好典型定额项目，并通过技术测定或统计分析确定相邻项目或类似项目的比较关系，然后再算出定额水平。计算公式如下：

$$t = p\,t_0 \tag{2-12}$$

式中 t——所求项目的时间定额；

t_0——典型项目的时间定额；

p——比例系数。

【例 2-3】已知挖地槽的一类土的时间定额与二、三、四类土的比例关系，求二、三、四类土的时间定额。

【解】当地槽上口宽度在 0.8m 以内时，其比例系数见表 2-1。

二类土的时间定额 $t=pt_0=1.43\times0.133=0.190$ 工日/m³

三类土的时间定额 $t=pt_0=2.50\times0.133=0.333$ 工日/m³

四类土的时间定额 $t=pt_0=3.76\times0.133=0.500$ 工日/m³

地槽上口宽度在 1.5 m 以内、3.0 m 以内的二、三、四类土挖地槽的时间定额计算方法同上。

人工挖地槽时间定额表（工日/m³） **表 2-1**

项目	比例系数	地槽深度<1.5m		
		上口宽度（m）		
		<0.8	1.5	3.0
一类土	1.00	0.133	0.115	0.106
二类土	1.43	0.190	0.164	0.154
三类土	2.50	0.333	0.286	0.270
四类土	3.76	0.500	0.431	0.396

4）经验估计法

该方法是由相关专业人员，按照施工图纸和技术规范，通过座谈讨论反复平衡而确定定额水平的一种方法。应用经验估计法制定定额，应以工序（或单项产品）为对象，分别估算出工序中每一操作的基本工作时间，然后考虑辅助工作时间、准备与结束时间和休息时间，经过综合处理，并对处理结果予以优化处理，即得出该项产品（工作）的时间定额。

经验估计法只适用于不易计算工作量的施工作业，通常是作为一次性定额使用。其方法一般可用以下的经验公式进行优化处理：

$$t = \frac{a + 4m + b}{6} \tag{2-13}$$

式中 t——优化定额时间；

a——先进作业时间；

m——一般作业时间；

b——后进作业时间。

7. 劳动定额的应用

（1）劳动定额手册的内容组成

劳动定额手册是劳动定额的集中汇编，不仅包括所有的定额子目，还对影响定额水平的各种因素都作出了明确的规定与说明。《全国建筑安装工程统一劳动定额》的内容由目录、文字说明、分册（章、节）定额表、附录等内容组成。

1）文字说明。文字说明由总说明、分册说明和章、节说明所构成。

2）总说明。总说明是对全册定额中带共性的问题与规定进行解释说明。包括定额的适用范围、编制依据、工作内容、表现形式、计量单位、地面水平运距的计算、人力垂直运输的划分、建筑物高度的取定、各种系数的用法以及定额在实际应用中应掌握和注意的问题等。

3）分册说明。分册说明主要综合说明本册共性方面的内容与问题。主要包括工作内容、施工方法、质量安全要求、工程量计算规则、技术等级以及其他有关规定的说明等。

4）章、节说明。章、节说明主要是对本章、本节的某些项目作更详细的说明。

5）分册（章、节）定额表。《全国建筑安装工程统一劳动定额》共计有 18 分册，第 1 分册～第 14 分册是“土建工程”部分，第 15 分册～第 18 分册是“机械施工”部分。分册（章、节）定额表由劳动定额的核心内容组成，它详细列出了各个子项目的人工消耗量指标（工日），以及每个工日应完成质量合格产品的数量额度，并表明了定额的计量单位及定额编号等。

6）附录。主要包括对定额中的专业术语或名词所作的解释，专用名词的图示说明，以及增降工作量换算表等。

（2）劳动定额的具体应用

建筑产品的特点导致劳动定额的子项目繁多，而且针对性很强。因此，在实际应用时必须熟悉建筑施工技术和施工工艺，熟悉劳动定额手册的有关内容、说明及规定。

1）劳动定额的直接套用。当设计图纸（或施工组织设计）的内容要求与劳动定额子项目的工作内容一致时，可以直接套用定额中的各种消耗量指标，并据此计算出该项目的人工消耗量。

下面以《××市建筑（装饰）安装工程劳动定额》为例，说明劳动定额的使用方法（以后各例均采用该定额）。

【例 2-4】 ××工程钢筋混凝土独立基础（单个体积在 $2m^3$ 以内），按工程量计算规则已计算出木模板工程量为 $187m^2$，试计算该项目木模板制作、安装、拆除各工序的用工数量及综合用工数量。

【解】

第一步：确定定额编号　　　　7-2-134

第二步：查找定额最后用工量　　2.70 工日/$10m^2$

第三步：计算木模板工程人工消耗量

$$187m^2 \times 2.70\ 工日/10m^2 = 50.49\ 工日$$

第四步：查找制作工序定额用工量　0.909 工日/$10m^2$

第五步：计算制作工序人工消耗量

$$187m^2 \times 0.909\ 工日/10m^2 = 17\ 工日$$

第六步：查找安装工序定额用工量　1.41 工日/$10m^2$

第七步：计算安装工序人工消耗量

$$187m^2 \times 1.41\ 工日/10\ m^2 = 26.37\ 工日$$

第八步：查找拆除工序定额用工量　0.385 工日/$10m^2$

第九步：计算拆除工序人工消耗量

$$187m^2 \times 0.385\ 工日/10m^2 = 7.2\ 工日$$

2）附注、系数及附注增（减）工日的应用。该部分通常在分册说明或定额表下端予以注明，是对本节部分定额项目的工作内容、操作方法、材料和半成品规格等作进一步明确。系数及附注增加（减少）工日实际上是劳动定额另一种表现形式，系数在实际使用中针对性更强，因此，在劳动定额使用过程中一定要注意增（减）系数应乘在什么基数上。

【例 2-5】××住宅，设计图纸要求地面为 C10 混凝土面层 8cm 厚，最大房间面积为 14.8m^2，该分项工程量为 12.1m^3，试计算该分项工程的用工数量（施工采用机械搅拌、机械捣固、双轮车运输、混凝土搅拌机容量为 250L）。

【解】

第一步：确定定额编号　　9-1-32

第二步：查找定额用工量　　0.671 工日/m^3

第三步：根据分册说明 2.3.5 条及附注第 1 条的规定，每 1m^3混凝土应增加 0.033 工日，并乘以 1.3 的系数。

第四步：计算该分项工程用工数量

$$12.1 \times (0.671 + 0.033) \times 1.3 = 11.07\ 工日$$

2.2.3　机械台班消耗定额

1. 机械台班消耗定额的概念

机械台班消耗定额又称机械台班使用定额。有的是由人工完成的，有的则是由施工机械完成的，还有的是由人工和机械共同完成的。由施工机械完成的或由人工和施工机械共同完成的建筑产品，都需要消耗一定的施工机械工作时间。

机械台班消耗定额是指在合理施工组织与合理使用施工机械的正常施工条件下，规定完成质量合格的单位产品所需消耗施工机械台班的数量标准，或规定施工机械在单位台班内应完成质量合格产品的数量标准。一台施工机械工作一个工作班（即 8h）称为一个台班。

2. 机械台班消耗定额的表现形式

机械台班消耗定额按其表示形式的不同，亦可分为机械时间定额与机械产量定额。

（1）机械时间定额

机械时间定额是指在合理施工组织与合理使用机械的正常施工条件下，规定某类施工机械完成质量合格的单位产品所需消耗的机械工作时间。一台施工机械工作一个工作班（即 8h）称为一个台班，一般是以“台班”或“台时”为计量单位。

（2）机械产量定额

机械产量定额是指在合理施工组织与合理使用机械的正常施工条件下，规定某种施工机械在单位台班时间内应完成质量合格的产品数量。

机械时间定额与机械产量定额亦互为倒数或反比例关系。

即计算公式如下：

$$机械时间定额=\frac{1}{机械产量定额} \tag{2-14}$$

$$机械产量定额=\frac{1}{机械时间定额} \tag{2-15}$$

（3）操作机械或配合机械的人工时间定额

操作机械或配合机械的人工时间定额又称机械人工时间定额。是指规定操作或配合施工机械完成某一质量合格单位产品所必须消耗人工工作时间的数量标准。

即计算公式如下：

$$人工时间定额=\frac{小组成员工日数总和}{机械产量定额} \tag{2-16}$$

$$机械产量定额=\frac{小组成员工日数总和}{人工时间定额} \tag{2-17}$$

在机械台班消耗定额中，一般未表明机械时间定额，而表明的是人工时间定额。此定额包括操作或配合施工机械作业全部小组人员的工时消耗量，因此，在实际应用时要特别注意这一点。

【例 2-6】 一台 6t 塔式起重机吊装钢筋混凝土板，配合机械作业的小组成员有司机 1 人，起重和安装工 7 人，电焊工 2 人。查定额已知该机械产量定额为 40 块/台班，试计算吊装一块板的机械时间定额和机械人工时间定额。

【解】

$$机械时间定额=\frac{1}{机械产量定额}=\frac{1}{40}=0.025\ 台班/块$$

$$人工时间定额=\frac{小组成员工日数总和}{机械产量定额}=\frac{1+7+2}{40}=0.25\ 工日/块$$

或 $(1+7+2)\times 0.025=0.25$ 工日/块

从上式可以看出，机械时间定额与配合机械作业的人工时间定额之间的关系如下：

人工时间定额 ＝ 配合机械作业的人数×机械时间定额

3. 机械台班消耗定额的应用

（1）机械台班消耗定额的直接套用。当设计图纸（含施工组织设计）的内容与机械台班消耗定额的工作内容完全一致时，则可以直接套用定额。现举例如下：

【例 2-7】 ××单层工业厂房型钢吊车梁，质量为 6.75t/根，现有 48 根型钢吊车梁需要吊装在钢筋混凝土柱上，按施工组织设计规定，采用一台履带式起重机吊装，试计算该型钢吊车梁吊装所需的机械台班数。

【解】

第一步：确定定额编号　　15-4-68（三）

第二步：查找吊装人工时间定额　　1.385 工日/根

第三步：根据分册说明2.2.2.15条的规定，吊装小组成员为18人。

第四步：$机械产量定额=\frac{小组成员工日数总和}{人工时间定额}=\frac{18}{1.385}=12.996$ 根/台班

第五步：$所需机械台班数=\frac{工程量}{机械产量定额}=\frac{48}{12.996}=3.694$ 台班

(2) 附注、系数及附注增（减）工日的应用。附注是对本节部分定额项目的工作内容、操作方法等作进一步针对性的说明，实质上是机械台班消耗定额的另一种表现形式，它仅与机械台班产量有关。现举例如下：

【例 2-8】 ××工程平基土方量1830m^3（砂质黏土，含水率经测定为25%），施工方案中规定，采用120马力的推土机施工，推土距离为60m，试计算完成该平基土方的推土任务所需推土机的台班数。

【解】

第一步：确定定额编号　　　　12-1-13（一）

第二步：查找推土机人工时间定额　　0.681 工日/100m^3

第三步：根据分册说明2.2.5条的规定，砂质黏土的含水率超过22%时，其推土机人工时间定额乘以系数1.11。

第四步：在该项目中机械时间定额等同于人工时间定额，故

机械时间定额 $= 0.681\times1.11=0.756$ 台班/100m^3

第五步：$机械产量定额=\frac{1}{机械时间定额}=\frac{1}{0.756}=132.3$m^3/台班

第六步：计算推土机所需的台班数量

$$\frac{1830}{132.3}=13.83\text{ 台班}$$

2.2.4 材料消耗定额

1. 材料消耗定额的概念

材料消耗定额指在节约与合理使用材料的条件下，完成质量合格的单位产品所需消耗各种建筑材料（包括各种原材料、燃料、成品、半成品、构配件、周转材料的摊销等）的数量标准。

2. 材料消耗定额量的组成

完成质量合格单位产品所需消耗的材料数量，由材料净用量和材料损耗量两部分组成。

即　　　　　　　　材料消耗量=材料净用量+材料损耗量

材料净用量指构成产品实体的（即产品本身必须占有的）理论用量。材料损耗量是指完成单位产品过程中各种材料的合理损耗量，它包括各种材料从现场仓库（或堆放地）领出到完成质量合格单位产品过程中的施工操作损耗量、场内运输损耗量和加工制作损耗量（半成品加工）。计入材料消耗定额内的材料损耗量，应当是在正常施工条件下，采用合理施工方法时所需而不可避免的合理损耗量。

在建筑产品施工过程中，某种材料损耗量的多少，常用材料损耗率来表示。建筑材料损耗率见表2-2所列。材料损耗率计算公式如下：

$$材料损耗率=\frac{材料损耗量}{材料消耗量}\times100\% \tag{2-18}$$

则材料消耗量的计算公式如下：

$$材料消耗量=\frac{材料净用量}{1-材料损耗率} \tag{2-19}$$

或

$$材料消耗量=材料净用量\times(1+材料损耗率) \tag{2-20}$$

3. 材料消耗定额的制定方法

(1)直接性材料消耗定额的制定方法

直接构成工程实体所需的材料消耗称为直接性材料消耗。施工中直接性材料消耗的损耗量可分为两类，一类是完成质量合格产品所需各种材料的合理消耗；另一类则是可以避免的材料损失，而材料消耗定额中不应包括可以避免的材料损失。

直接性材料消耗定额的制定方法有理论计算法、观察法、试验法和统计法等。现分述如下：

1)理论计算法。理论计算法是利用理论计算公式计算出某种建筑产品所需的材料净用量，然后根据建筑材料损耗率表查找所用材料的损耗率，从而制定材料消耗定额的一种方法。理论计算法主要用于砌块、板材类等不易产生损耗，容易确定废料的材料消耗定额。如砖、钢材、玻璃、镶贴材料、混凝土块(板)等。

2)观察法。该方法属于技术测定法的一种方法，是指在施工现场对完成某一建筑产品的材料消耗量进行实际的观察测定。

3)试验法。该方法指在试验室内通过专门的仪器设备测定材料消耗量的一种方法。这种方法主要是对材料的结构、物理性能和化学成分进行科学测试和分析，通过整理计算制定材料消耗定额。该方法适用于试验测定的混凝土、砂浆、沥青膏、油漆、涂料等的材料消耗定额。

4)统计法。该方法指以已完工程实际用料的大量统计资料为依据，包括预付工程材料数量、竣工后工程材料剩余数量和完成建筑产品数量等，通过分析计算从而获得材料消耗的各项数据，然后制定出材料消耗定额。

(2)利用理论计算法计算材料消耗量

利用理论计算法计算材料消耗量，有以下常见的几种方法：

1)每立方米砖砌体(砖墙)材料消耗量计算

在砌砖工程中，每立方米砖砌体的标准砖和砌筑砂浆消耗量，可用以下公式进行计算(仅用于实砌墙体)。

① 每立方米砖砌体标准砖消耗量的计算

每立方米砖砌体标准砖净用量计算公式如下：

$$每立方米砖砌体标准砖净用量(块)=\frac{2\times墙厚砖数}{墙厚\times(砖长+灰缝)\times(砖厚+灰缝)} \tag{2-21}$$

上式中墙厚砖数是指用标准砖的长度标明墙体厚度，如半砖墙是指115mm厚墙，3/4砖墙是指180mm厚墙，1砖墙是指240mm厚墙等。

每立方米砖砌体标准砖消耗量计算公式如下：

$$每立方米砖砌体标准砖消耗量(块)=每立方米砖砌体标准砖净用量\times(1+损耗率) \tag{2-22}$$

材料损耗率表（摘录） 表 2-2

材料名称	产品名称	损耗率（%）
（一）砖、瓷砖、砌块类		
红、青砖	1. 地面、屋面、空花空斗墙	1
	2. 基础	0.4
	3. 实砌墙	1
	4. 方砖柱	3
	5. 圆砖柱	7
瓷砖		1.5
加气混凝土块		2
（二）块类、粉类		
炉渣、矿渣		1.5
碎砖		1.5
水泥		10
（三）砂浆、混凝土、毛石		
方石类	1. 砖砌体	1
	2. 空斗墙	5
	3. 黏土空心砖	10
	4. 泡沫混凝土墙	2
	5. 毛石、方石砌体	1
天然砂		2
抹灰砂浆	1. 抹墙及墙裙	2
	2. 抹梁、柱、腰线	2.5
	3. 抹混凝土顶棚	16
	4. 抹板条顶棚	26
现浇混凝土地面		1

② 每立方米砖砌体砌筑砂浆消耗量计算

每立方米砖砌体砌筑砂浆净用量计算公式如下：

$$\text{每立方米砖砌体砌筑砂浆净用量}(m^3)=1\text{立方米标准砖砌体}-\text{标准砖净用量}\times\text{单块标准砖体积} \quad (2\text{-}23)$$

每立方米砖砌体砌筑砂浆消耗量计算公式如下：

$$\text{每立方米砖砌体砌筑砂浆消耗量}(m^3)=1\text{立方米砖砌体砌筑砂浆净用量}\times(1+\text{损耗率}) \quad (2\text{-}24)$$

【例 2-9】 试计算 1 砖半厚墙每 1 立方米砌体中标准砖和砌筑砂浆的净用量及消耗量。损耗率查表 2-2 可知：砖为 1%，砌筑砂浆为 1%。

【解】

每 1 立方米砖砌体中标准砖消耗量计算：

$$\text{每 1 立方米砖砌体中标准砖净用量}=\frac{2\times1.5}{0.365\times(0.24+0.01)\times(0.053+0.01)}=521.8\text{块}$$

则每 1 立方米砖砌体中标准砖消耗量 $=521.8\times(1+0.01)=527.02$ 块

每 1 立方米砖砌体中砌筑砂浆消耗量计算：

$$\text{每 1 立方米砖砌体中砌筑砂浆净用量}=1-521.8\times0.24\times0.115\times0.053=0.2365m^3$$

所以每 1 立方米砖砌体中砌筑砂浆消耗量 $=0.2365\times(1+0.01)=0.2389m^3$

2）块料面层消耗量计算

块料面层中的块料是指瓷砖、锦砖、缸砖、大理石板、花岗石板、预制水磨石板等。块料面层定额是以100m²作为计量单位。

① 100m²块料面层中块料消耗量计算：

$$100\text{m}^2 \text{块料面层中块料净用量}=\frac{100}{(\text{块料长}+\text{灰缝})(\text{块料宽}+\text{灰缝})} \quad (2\text{-}25)$$

$$100\text{m}^2 \text{块料面层中块料消耗量}=\text{块料净用量}\times(1+\text{损耗率}) \quad (2\text{-}26)$$

② 100m² 块料面层中砂浆消耗量计算：

$$100\text{m}^2 \text{块料面层中砂浆净用量}=(100-\text{块料净用量}\times\text{块料长}\times\text{块料宽})\times\text{灰缝厚度} \quad (2\text{-}27)$$

$$100\text{m}^2 \text{块料面层中砂浆消耗量}=\text{砂浆净用量}\times(1+\text{损耗率}) \quad (2\text{-}28)$$

【例 2-10】 ××工程卫生间墙面贴瓷砖，瓷砖规格为150mm×150mm×8mm，灰缝宽1mm，试计算 100m² 墙面的瓷砖消耗量。损耗率查表 2-2 可知：瓷砖为 1.5％ ，砂浆为 2％。

【解】

100m² 墙面瓷砖中瓷砖消耗量计算：

$$100\text{m}^2 \text{墙面瓷砖中瓷砖净用量}=\frac{100}{(0.15+0.001)\times(0.15+0.001)}$$

$$=4385.77\text{块}$$

$$100\text{m}^2 \text{墙面瓷砖中瓷砖消耗量}=4385.77\times(1+0.015)=4451.56\text{块}$$

100m² 墙面瓷砖中砂浆消耗量计算：

$$100\text{m}^2 \text{墙面瓷砖中砂浆净用量}=(100-4385.77\times0.15\times0.15)\times0.008$$

$$=0.0106\text{m}^3$$

$$100\text{m}^2 \text{墙面瓷砖中砂浆消耗量}=0.0106\times(1+0.02)=0.011\text{m}^3$$

（3）周转性材料消耗量计算

周转性材料指在施工过程中多次周转使用而逐渐消耗的工具性材料。如脚手架、临时支撑、混凝土工程的模板等。因其在周转使用过程中，多次反复地使用，因此，周转性材料消耗量，应按多次使用、分次摊销的方法进行计算。根据现行的工程量清单计价方法，周转性材料的部分消耗支付已列入措施项目清单计价表中。

1）现浇混凝土构件模板摊销量计算

①一次使用量。一次使用量是指周转性材料在建筑产品第一次制作时（不再重复使用）的材料消耗量计算。计算公式如下：

$$\text{一次使用量}=\frac{10\text{m}^3 \text{混凝土构件模板接触面积}\times1\text{m}^2 \text{接触面积模板材料净用量}}{(1-\text{制作消耗量})} \quad (2\text{-}29)$$

② 周转使用量。周转使用量是指周转性材料，在生产后所需补充新材料的平均数量。计算公式如下：

$$\text{周转使用量}=\text{一次使用量}\times k_1 \quad (2\text{-}30)$$

式中 k_1——周转使用系数，见表 2-3。

$$k_1=\frac{1+(\text{周转次数}-1)\times\text{补损率}}{\text{周转次数}} \quad (2\text{-}31)$$

③ 周转使用次数。周转使用次数是指材料多次反复使用的次数，一般可用观测法或统计法来确定。

④ 回收量。回收量是指周转性材料在规定的周转次数下，平均每周转一次可以回收的材料数量。计算公式如下：

$$回收量=\frac{一次使用量\times(1-补损率)}{周转次数} \tag{2-32}$$

⑤ 摊销量。摊销量是指周转性材料使用一次应分摊在单位产品上的消耗量。计算公式如下：

$$摊销量=一次使用量\times k_2 \tag{2-33}$$

式中 k_2——摊销系数，见表 2-3。

$$k_2=k_1\frac{(1-补损率)\times 回收折价率}{周转次数} \tag{2-34}$$

k_1、k_2 表 **表 2-3**

模板周转次数	每次补损率（%）	k_1	k_2	模板周转次数	每次补损率（%）	k_1	k_2
4	15	0.3625	0.2726	8	10	0.2125	0.1649
5	10	0.2800	0.2039	8	15	0.2563	0.2114
5	15	0.3200	0.2481	9	15	0.2444	0.2044
6	10	0.2500	0.1866	10	10	0.1900	0.1519
6	15	0.2917	0.2318				

注：表中系数回收折价率按 42.3%计算，间接费率按 18.2%计算。

【例 2-11】××商住楼现浇钢筋混凝土圈梁，根据选定的模板设计图纸，每 $10m^3$ 混凝土模板接触面积为 $96m^2$，每 $10m^2$ 接触面积需要木枋板材共计 $0.705m^3$，损耗率 5%，周转次数为 8 次，每次周转补损率 10%，试计算模板摊销量。

【解】

木枋板材一次使用量计算：

$$一次使用量 = 96m^2\times 0.705m^3/10m^2\times(1+0.05) = 7.106m^3$$

木枋板材周转使用量计算：

查表 2-3，$k_1= 0.2125$

$$周转使用量=一次使用量\times k_1$$
$$= 7.106\times 0.2125 = 1.51m^3$$

木枋板材摊销量计算：

查表 2-3，$k_2= 0.1649$

$$摊销量=一次使用量\times k_2$$
$$= 7.106\times 0.1649=1.17m^3$$

2）预制混凝土构件模板摊销量计算

预制混凝土构件模板在使用过程中，虽然也是多次周转、反复使用，但由于每次周转损耗量极少，可以不考虑每次周转的补损（即可忽略不计），直接按多次使用平均分摊的办法计算。计算公式如下：

$$摊销量=\frac{一次使用量}{周转次数} \tag{2-35}$$

【例 2-12】 ××住宅预制钢筋混凝土过梁，根据选定的模板设计图纸，每 $10m^3$ 混凝土模板接触面积为 $85m^2$，每 $10m^2$ 接触面积需要木枋 $0.14m^3$，板材 $1.063m^3$，制作损耗率为 5%，周转次数为 30 次，试计算模板摊销量。

【解】

木枋板材一次使用量计算：

木枋一次使用量 $=[0.14m^3/10m^2\times85m^2\times(1+0.05)]=1.2495m^3$

板材一次使用量 $=[1.063m^3/10m^2\times85m^2\times(1+0.05)]=9.4873m^3$

木枋板材摊销量计算：

$$木枋摊销量=\frac{1.2495}{30}=0.0417m^3$$

$$板材摊销量=\frac{9.4873}{30}=0.3162m^3$$

$$该项目模板摊销量=0.0417+0.3162=0.3579m^3$$

2.3 企 业 定 额

2.3.1 企业定额概述

1. 企业定额的概念

所谓企业定额，指建筑安装企业根据企业自身的技术水平和管理水平所确定的完成单位合格产品必需的人工、材料和施工机械台班的消耗量，以及其他生产经营要素消耗的数量标准。

企业定额反映了企业的施工生产与生产消费之间的数量关系，能体现企业个别的劳动生产率和技术装备水平。每个企业均应拥有反映自己企业能力的企业定额，企业定额的企业水平与企业的技术和管理水平相适应。从一定意义上讲，企业定额是企业的商业秘密，是企业参与市场竞争的核心竞争能力的具体表现。

2. 企业定额的特点

企业定额具有以下特点：

(1) 企业定额的各项平均消耗量指标要比社会平均水平低，以体现企业定额的先进性；

(2) 企业定额可以体现本企业在某些方面的技术优势；

(3) 企业定额可以体现本企业局部或全面管理方面的优势；

(4) 企业所有的各项单价都是动态的、变化的，具有市场性；

(5) 企业定额与施工方案能全面接轨。

3. 企业定额的作用

(1) 企业定额是施工企业进行建设工程投标报价的重要依据

自 2003 年 7 月 1 日起，我国开始实行《建设工程工程量清单计价规范》。工程量清单计价，是一种与市场经济适应、通过市场形成建设工程价格计价模式，它要求各投标企业必须通过能综合反映企业的施工技术、管理水平、机械设备工艺能力、工人操作能力的企业定额来进行投标报价——这样才能真正体现出个别成本间的差距，实现市场竞争。因此，实现工程量清单计价的关键及核心就在于企业定额的编制和使用。

企业定额反映出企业的生产力水平、管理水平和市场竞争力。按照企业定额计算出的工程费用是企业生产和经营所需的实际成本。在投标过程中，企业首先按本企业的企业定额计算出完成拟投标工程的成本，在此基础上考虑预期利润和可能的工程风险费用，制定出建设工程项目的投标报价。由此可见，企业定额是形成企业个别成本的基础，根据企业定额进行的投标报价具有更大的合理性，能有效提升企业投标报价的竞争力。

（2）企业定额可提高企业的管理水平和生产力水平

随着我国加入 WTO 以及经济全球化的加剧，企业要在激烈的市场竞争中占据有利的地位，就必须降低管理成本。企业定额能直接对企业的技术、经营管理水平及工期、质量、价格等因素进行准确的测算和控制。而且，企业定额作为企业内部生产管理的数据库，能够结合企业自身技术力量和科学的管理方法，使企业的管理水平不断提高。编制企业定额是企业促进其科学管理水平提高的一个重要环节。同时，企业定额是企业生产力的综合反映。发挥优势，企业编制定额是加强企业内部监控、进行成本核算的依据，是有效控制造价的手段。

（3）企业定额是业内推广先进技术和鼓励创新的工具

企业定额代表企业先进施工技术水平、施工机具和施工方法。它实际上也是企业推动技术和管理创新的一种重要手段。

（4）企业定额可规范建筑市场秩序以及发承包方行为

施工企业的经营活动应通过工程项目的承建，谋求质量、工期、信誉的最优化。企业走向良性循环的发展道路，建筑业也才能走向可持续发展的道路。企业定额的应用，促使企业在市场竞争中按实际消耗水平报价。避免施工企业为在竞标中取胜，无节制地压价，造成企业效率低下、生产亏损，避免业主在招投标中发生腐败现象。

2.3.2 企业定额的编制

1. 企业定额编制情况的调查分析

在企业是否编制了企业定额的调查中，我们发现 34 家（85%）被调查企业没有编制企业定额。但是这并不表示这些企业对企业定额不重视，相反地，有 28 家（70%）被调查企业对企业定额非常重视；12 家（30%）企业重视程度一般；28 家（70%）被调查企业已经明确表示以后要尽快编制企业定额。

在没有编制企业定额的原因调查上，有 24 家（60%）被调查企业选择了“工作难度大”作为他们的回答；8 家（20%）被调查企业回答“成本方面的原因”；另外，4 家（10%）被调查企业回答“领导方面的原因”；4 家（10%）被调查企业回答是“其他原因”。

我国现阶段预算定额计价方法和工程量清单计价方法同时使用，一部分建筑承包商依赖政府职能部门制定的计价依据，这也是建筑承包商不制定企业定额的重要原因。随着建筑市场竞争的不断加剧，工程量清单计价方法的深入使用，企业定额已经变成了建筑承包商的核心竞争力，建筑承包商编制企业定额已经成为了一种趋势。

综上所述，多数建筑承包商没有编制企业定额，所以编制企业定额，是建筑承包商需要首先解决的问题。为此，我们通过访谈调查了一些建筑承包商编制企业定额的过程以及政府职能部门对建筑承包商编制企业定额的有关规定，为即将编制企业定额的建筑承包商提供指导。企业定额的制定需要考虑企业的经营规模和能力。访谈调查了三类建筑承包商。第一类是跨地区（国家、省、直辖市）经营的建筑工程总承包企业；第二类是在某一地区（省、直辖市）范围内经营的建筑承包商；第三类是专业施工公司。根据调查收集的数据，参考《建设工程工程量清单计价规范》、《××市工程消耗量定额》和编制企业定额的一些理论、规定和要求，确定了我国建筑承包商企业定额的编制原则、编制依据、编制方法和编制过程。现分述如下。

2. 企业定额的编制原则

（1）执行国家、行业的有关规定，适应《建设工程工程量清单计价规范》的原则。各类相关法律、法规、标准等是制定企业内部定额的前提和必备条件，在建立企业定额的过程中，细分工程项目、明确工艺组成、确定定额消耗构成均必须以此为前提。同时，企业定额的建立必须与《建设工程工程量清单计价规范》的具体要求相统一，以保证投标报价的实用性和可操作性。

（2）真实、平均先进性原则。企业定额应当能够真实地反映企业管理现状，真实地反映企业人工、机械装备、材料储备情况。同时还要依据成熟的以及推广应用的先进技术和先进经验确定定额水平，以促使生产者努力提高技术操作水平，节约工、料消耗。

（3）简明适用原则。是指企业定额必须满足适用于企业内部管理和对外投标报价等多种需要。简明是指企业定额必须做到项目齐全、划分恰当、步距合理，正确选择产品和材料的计量单位，适当确定系数，提供必要的说明和附注，达到便于查阅、便于计算、便于携带的目的。简明适用是方便定额的执行。

（4）时效性和相对稳定性原则。企业定额是一定时期内技术发展和管理水平的反映，所以在一段时期内表现出稳定的状态。这种稳定性又是相对的，它还有显著的时效性。当企业定额不再适应市场竞争和成本监控的需要时，就要重新编制和修订，同时，及时地将新技术、新结构、新材料、新工艺的应用编入定额中，满足实际施工需要也体现了时效性原则。

（5）独立自主编制原则。施工企业作为具有独立法人地位的经济实体，应根据企业的具体情况，结合价格政策和产业导向，自行编制企业定额。有利于减少对施工企业过多的行政干预，使企业更好地面对建筑市场的竞争环境。

（6）以专为主、专群结合的原则。编制施工企业定额的人员结构，应以专家、专业人员为主，并吸收工人和工程技术人员参与。这样既有利于制定出高质量的企业定额，也为定额的实施奠定了良好的群众基础。

3. 企业定额的编制依据

（1）现行劳动定额和施工定额。

（2）现行设计规范、施工及验收规范、质量评定标准和安全操作规程。

（3）国家统一的工程量计算规则、分部分项工程项目划分、工程量计算单位。

（4）新技术、新工艺、新材料和先进的施工方法等。

（5）有关的科学试验、技术测定和统计、经验资料。

（6）市场人工、材料、机械价格信息。

（7）各种费用、税金的确定资料。

4. 企业定额的编制内容

企业定额的编制内容包括：编制方案、总说明、工程量计算规则、定额项目划分、定额水平的测定（工、料、机消耗水平和管理成本费的测算和制定）、定额水平的测算（类似工程的对比测算）、定额编制基础资料的整理归类和编写。

按《建设工程工程量清单计价规范》要求，编制的内容包括：

（1）工程实体消耗定额，即构成工程实体的分部（项）工程的工、料、机定额消耗量。实体消耗量就是构成工程实体的人工、材料、机械台班的消耗量。其中，人工消耗量要根据本企业工人的操作水平确定；材料消耗量不仅包括施工材料的净消耗量，还应包括施工损耗；机械消耗量应考虑机械的摊销率。

（2）措施性消耗定额，即有助于工程实体形成的临时设施、技术措施等定额消耗量。措施性消耗量是指为保证工程正常施工所采用的措施的消耗，是根据工程当时当地的情况以及施工经验进行的合理配置。应包括模板的选择、配置与周转，脚手架的合理使用与搭拆，各种机械设备的合理配置等措施性项目。

（3）由计费规则、计价程序、有关规定及相关说明组成的编制规定。各种费用标准，是指为施工准备、组织施工生产和管理所需的各项费用。包括企业管理人员的工资、各种基金、保险费、办公费、工会经费、财务费用、经常费用等。

企业定额的构成及表现形式应视编制的目的而定，可参照统一定额，也可以采用灵活多变的形式，以满足需要和便于使用为准。例如，企业定额的编制目的如果是为了控制工耗和计算工人劳动报酬，应采取劳动定额的形式；如果是为了企业进行工程成本核算，以及为投标报价提供依据，应采取施工定额或定额估价表的形式。

5. 企业定额消耗量指标的确定

（1）人工消耗量的确定

1）搜集资料、整理分析，计算预算定额与企业实际人工消耗水平。

2）用预算定额人工消耗量与企业实际人工消耗量对比，计算工效增长率。

3）计算施工方法及企业技术装备对人工消耗量的影响。

4）计算施工技术规范及施工验收标准对人工消耗量的影响。

5）计算新材料、新工艺对人工消耗量的影响。

6）其他因素的影响。

7）对于关键项目和工序的调研。

8）确定企业定额项目水平，编制人工消耗量指标。

（2）材料消耗量的确定

1）以预算定额为基础，计算企业施工过程中材料消耗水平。

2）计算使用新型材料与老旧材料的数量，以备编制具体的企业定额子目时进行调整。

3）对重点项目和工序消耗的材料进行计算和调研。

4）周转性材料的计算。周转性材料的消耗量有一部分被综合在具体的定额子目中，有一部分作为措施项目费用的组成部分单独计取。

5）计算企业施工过程中材料消耗水平与定额水平的差异。

材料消耗差异率＝（预算材料消耗量/ 实际材料消耗量）×100％－1　　(2-36)

6）调整预算定额材料的种类和消耗量，编制施工材料消耗量指标。

（3）施工机械台班消耗量的确定

1）计算预算定额机械台班消耗量水平和企业实际机械台班消耗量的水平。

2）对本企业采用的新型施工机械进行统计分析。

3）计算设备综合利用指标，分析影响企业机械设备利用率的各种原因。

4）计算机械台班消耗的实际水平与预算水平的差异。

机械台班消耗差异率＝（预算机械台班消耗量/实际机械台班消耗量）×100％ －1　（2-37）

5）调整预算定额机械台班使用的种类和消耗量，编制施工机械台班消耗量指标。

（4）措施性消耗指标的确定

措施费用指标的编制方法一般采用方案测算法。即根据具体的施工方案，进行技术经济分析，将方案分解，对其每一步的施工过程所消耗的人、材、机等资源进行定性和定量分析，最后整理汇总编制。

（5）费用定额的确定

费用定额（即管理费指标）的制定方法一般采用方案测算法，其制定过程是选择有代表性的工程，将工程中实际发生的各项管理费用支出金额进行核实，剔除其中不合理的开支项目后汇总，然后与本工程生产工人实际消耗的工日数进行对比，计算每个工日应支付的管理费用。

（6）利润率的确定

利润率的确定是根据某些有代表性工程的利润水平，通过对比分析，结合建筑市场同类企业的利润水平以及本企业目前工作量的饱满程度进行综合取定。

6．企业定额的编制方法

企业定额编制的方法很多，与其他类型定额的编制方法基本一致。概括起来，主要有如下四种：

（1）技术测定法。是根据先进合理的生产技术、操作工艺，合理的劳动组织和正常的施工条件，对施工过程中的具体活动进行实地观察，详细地记录施工中工人和机械的工作时间消耗、完成产品的数量以及有关影响因素，将记录的结果加以整理，客观地分析各种因素对产品的消耗的影响，从而制定定额的方法。

（2）统计分析法。是利用过去施工中同类工程或同类产品工时消耗的统计资料，并考虑当前生产技术组织条件的变化因素，进行科学的分析研究后制定定额的方法。

（3）比较类推法。是借助同类型或相似类型的产品或工序已经精确测定好的典型定额项目的定额水平，经过分析比较，类推出同类相邻项目定额水平的方法。

（4）经验估计法。是由有丰富经验的定额人员、工程技术人员和工人，根据个人或集体的实践经验，经过分析图纸和现场观察，了解施工的生产技术组织条件和操作方法的繁简、难易程度等，通过座谈讨论制定定额的方法。

7．企业定额的编制程序

企业定额的编制需要工程技术、工程预算、工程财务、工程造价管理、工程项目管理等技术业务比较过硬的人员参与，需要投入大量的人力、物力、财力才能编制初步成形，成形以后还要经过多次反复检查与验证其是否合理才能最后确定。建筑施工企业（承包商）通过努力完全可以在短期内，经过筹备、积累、调研、编制、审核、试行等阶段，达到建立企业定额的目的。其编制的主要程序是：

（1）规划阶段

首先，应把建立企业定额作为提高企业管理水平和竞争能力的大事，提到领导团队的议事日程中。确定组成由1名副总经理或总经济师负责的，有财务、材料设备、造价、劳资、技术等专业人员5～7人的工作团队，具体实施企业定额的编制工作。工作团队应根据要求，提出建立企业定额的整体计划和各阶段的具体计划，确定编制的原则和方法。

（2）积累阶段

由各专业人员负责收集、积累本专业有关定额调研和测定内容的资料，了解企业劳动生产率、执行劳动定额情况、一线工人比例、项目及公司管理人员、材料人员、劳保人员等比例等；一线工人的工资情况、项目和公司管理费用收支情况、利润、技术措施费、文明施工费、劳保支出情况等；常用材料的采购成本，包括材料供应价格、运杂费、采购保管费情况；周转材料和现场材料的使用，包括领退料情况以及损耗等；技术设备水平、设备完好率及折旧情况、设备净值、设备维修费用及工器具情况等；采用新技术、新工艺、新材料和推广技术革新降低成本的情况等。

（3）调研阶段

整体研究分析企业最近几年的工程承包经济效益，调研企业的人工费、材料费、机械设备使用费、现场经费、企业管理费、施工技术措施费、施工组织措施费、社会保险费用、利润、税金等费用的收支情况和现行定额相应费用的差异及原因分析。

（4）编制阶段

应根据编制的原则和方法进行，以能实事求是计算实际成本，满足施工需要和投标计价需要为前提，按照国家计价规范的要求，统一工程量计算规则、统一项目划分、统一计量单位、统一编码并参照造价管理部门发布的工、料、机消耗量标准进行编制。

（5）审核、试行阶段

试行前的审核，只是停留在领导的书面审核阶段，试行阶段才是付诸实践的审核阶段。试行一般应该选择管理水平较高的一两个项目部的两三个工程，重点应该考察分部分项工程的工、料、机消耗量和费用，周转材料使用费，项目部和公司机关应分摊在工程上的管理费，利润等。

2.4 预算定额

2.4.1 预算定额概述

1. 预算定额的概念

预算定额指完成一定计量单位质量合格的分项工程或结构构件所需消耗的人工、材料和机械台班的数量标准。

预算定额是由国家主管部门或被授权的省、市有关部门组织编制并颁发的一种法令性指标，也是一项重要的经济法规。预算定额中的各项消耗量指标，反映了国家或地方政府对完成单位建筑产品基本构造要素（即每一单位分项工程或结构构件）所规定的人工、材料和机械台班等消耗的数量限额。

2. 预算定额与企业定额的区别

编制预算定额的目的主要是确定建筑工程中每一单位分项工程或结构构件的预算基价。而任何产品价格都应按照生产该产品的社会必要劳动量来确定。因此，预算定额中的人工、材料、机械台班的消耗量指标，应体现社会平均水平的消耗量指标。编制企业定额的目的主要是为了提高建筑施工企业的管理水平，进而推动社会生产力向更高的水平发展。企业定额中的人工、材料、机械台班的消耗量指标，应是平均先进水平的消耗量指标。

预算定额和企业定额虽然都是一种综合性生产定额，但是企业定额比预算定额的项目划分要细，而预算定额比企业定额综合的内容要多。预算定额不仅考虑了企业定额中未包含的多种因素，如材料在现场内的超运距、人工幅度差用工等，而且还包括了为完成该分项工程或结构构件全部工序的内容。

3. 预算定额的作用

在按定额计价模式的条件下，预算定额体现了国家、业主和建筑施工企业（承包商）之间的一种经济关系。按预算定额所确定的工程造价，为拟建工程提供必要的投资资金，施工企业（承包商）则在预算定额的范围内，通过施工活动，按照质量、工期完成工程任务。因此，预算定额在建筑工程施工活动中具有以下的重要作用：

（1）预算定额是编制施工图预算，合理确定工程造价的依据。

（2）预算定额是建设工程招标投标中确定标底和标价的主要依据。

（3）预算定额是施工企业编制人工、材料、机械台班需要量计划，统计完成工程量，考核工程成本，实行经济核算，加强施工管理的基础。

（4）预算定额是编制计价定额（即单位估价表）的依据。

（5）预算定额是编制概算定额和概算指标的基础。

2.4.2 预算定额的编制

1. 预算定额的编制原则

（1）社会平均必要劳动量确定定额水平的原则

在社会主义市场经济条件下，确定预算定额的各种消耗量指标，应遵循价值规律的要求，按照产品生产中所消耗的社会平均必要劳动量确定其定额水平。即在正常施工的条件下，以平均的劳动强度、平均的劳动熟练程度、平均的技术装备水平，确定完成每一单位分项工程或结构构件所需要的劳动消耗量，并据此作为确定预算定额水平的主要原则。

（2）简明扼要，适用方便的原则

预算定额的内容与形式，既要体现简明扼要、层次清楚、结构严谨、数据准确，还应满足各方面使用的需要，如编制施工图预算、办理工程结算、编制各种计划和进行成本核算等的需要，使其具有多方面的适用性，且使用方便。

2. 预算定额的编制依据

预算定额的编制依据如下：

（1）《全国统一建筑工程基础定额》和《全国统一建筑装饰装修工程消耗量定额》。

（2）现行的设计规范、施工验收规范、质量评定标准和安全操作规程。

（3）通用的标准图集、定型设计图纸和有代表性的设计图纸。

（4）有关科学实验、技术测定和可靠的统计资料。

（5）已推广的新技术、新材料、新结构和新工艺等资料。

（6）现行的预算定额基础资料、人工工资标准、材料预算价格和机械台班预算价格等。

3. 预算定额各项消耗量指标的确定

（1）定额计量单位与计算精度的确定

1）定额计量单位的确定。定额计量单位应与定额项目内容相适应，要能确切反映各分项工程产品的形态特征、变化规律与实物数量，并便于计算和使用。

① 当物体的断面形状一定而长度不定时，宜采用延长米“m”为计量单位，如木装饰、落水管安装等。

② 当物体有一定的厚度而长与宽变化不定时，宜采用“m^2”为计量单位，如楼地面、墙面抹灰、屋面工程等。

③ 当物体的长、宽、高均变化不定时，宜采用“m^3”作为计量单位，如土方、砖石、混凝土和钢筋混凝土工程等。

④ 当物体的长、宽、高均变化不大，但其重量与价格差异却很大时，宜采用“kg”或“t”为计量单位，如金属构件的制作、运输等。

在预算定额项目表中，一般都采用扩大的计量单位，如 100m、100m^2、10m^3 等，以便于预算定额的编制和使用。

2）计算精度的确定。预算定额项目中各种消耗量指标的数值单位和计算时小数位数的取定如下：

① 人工以“工日”为单位，取小数点后 2 位。

② 机械以“台班”为单位，取小数点后 2 位。

③ 木材以“m^3”为单位，取小数点后 3 位。

④ 钢材以“t”为单位，取小数点后 3 位。

⑤ 标准砖以“千匹”为单位，取小数点后 2 位。

⑥ 砂浆、混凝土、沥青膏等半成品以“m^3”为单位，取小数点后 2 位。

（2）人工消耗量指标的确定

预算定额中的人工消耗量指标，包括完成该分项工程所必需的基本用工和其他用工数量。这些人工消耗量是根据多个典型工程综合取定的工程量数据和《全国统一建筑工程基础定额》计算求得。

1）基本用工。基本用工指完成质量合格单位产品所必须消耗的技术工种用工。可按技术工种相应劳动定额的工时定额计算，以不同工种列出定额工日数。

2）其他用工。其他用工包括辅助用工、超运距用工和人工幅度差。

①辅助用工。辅助用工指技术工种劳动定额内不包括而在预算定额内又必须考虑的用工。如机械土方工程配合、材料加工（包括筛砂子、洗石子、淋石灰膏等）、模板整理等用工。

②超运距用工。超运距用工指预算定额中材料及半成品的场内水平运距超过了劳动定额规定的水平运距部分所需增加的用工。

超运距＝预算定额取定的运距－劳动定额已包括的运距

③人工幅度差。人工幅度差指预算定额与劳动定额的定额水平不同而产生的差异。它是劳动定额作业时间之外，预算定额内应考虑的、在正常施工条件下所发生的各种工时损

失。其内容包括：

A. 工种间的工序搭接、交叉作业及互相配合所发生停歇的用工；

B. 现场内施工机械转移及临时水电线路移动所造成的停工；

C. 质量检查和隐蔽工程验收工作而影响工人操作的时间；

D. 工序交接时对前一工序不可避免的修整用工；

E. 班组操作地点转移而影响工人操作的时间；

F. 施工中不可避免的其他零星用工。

人工幅度差计算公式如下：

人工幅度差=（基本用工+超运距用工+辅助用工）×人工幅度差系数　　(2-38)

人工幅度差系数一般取10%～15%。

（3）材料消耗量指标的确定

预算定额中的材料消耗量指标由材料净用量和材料损耗量构成。其中材料损耗量包括材料的施工操作损耗、场内运输损耗、加工制作损耗和场内管理损耗。

1）主材净用量的确定。预算定额中主材净用量的确定，应结合分项工程的构造做法，按照综合取定的工程量及有关资料进行计算确定。关于材料净用量的具体计算方法详见本教材2.2节所述。

2）主材损耗量的确定。预算定额中主材损耗量的确定，是在计算出主材净用量的基础上乘以损耗系数就可求得损耗量。在已知主材净用量和损耗的条件下，要计算出主材损耗量就需要找出它们之间的关系系数，这个关系系数称为损耗系数。其主材损耗量和损耗系数的计算公式如下：

$$\text{主材损耗量}=\text{主材净用量}\times\text{损耗系数} \tag{2-39}$$

$$\text{损耗系数}=\frac{\text{损耗量}}{\text{净用量}}=\frac{\text{损耗率}}{1-\text{损耗率}} \tag{2-40}$$

【例2-13】 已知每$10m^3$的一砖墙砌体中的标准砖净用量为5143块，砌筑砂浆为$2.2603m^3$，从材料损耗率表2-2查得，砖墙中的标准砖及砂浆的损耗率均为1%。试计算每$10m^3$一砖厚墙砌体中标准砖和砌筑砂浆的损耗量和消耗量。

【解】

损耗系数计算：

$$\text{损耗系数}=\frac{\text{损耗率}}{1-\text{损耗率}}=\frac{1\%}{1-1\%}=0.0101$$

每$10m^3$一砖厚墙体中标准砖损耗量和消耗量计算：

标准砖损耗量=5143×0.0101=52块

标准砖消耗量=5143+52块=5195块

每$10m^3$一砖厚墙体中砌筑砂浆损耗量和消耗量计算：

砌筑砂浆损耗量 = 2.2603×0.0101 = $0.0228m^3$

砌筑砂浆消耗量 = 2.2603+ 0.0228 = $2.2831m^3$

3）次要材料消耗量的确定。预算定额中对于用量很少、价值又不大的建筑材料，在估算其用量后，合并成“其他材料费”，以“元”为单位列入预算定额表内。

4）周转性材料摊销量的确定。预算定额中的周转性材料，是按多次使用、分次摊销的方式计入预算定额表内，其具体计算方法见本章2.2节的计算。

4. 人工工资标准、材料预算价格和机械台班预算单价的确定

工程造价费用的多少，除取决于预算定额中的人工、材料和机械台班消耗量以外，还取决于人工工资标准、材料预算价格和机械台班预算单价。因此，合理确定人工工资标准、材料预算价格和机械台班预算单价，是正确计算工程造价的重要依据。

（1）人工工资标准的确定

人工工资标准又称为人工工日单价。指一个建筑工人在一个工作日内应计入预算定额中的全部人工费用。合理确定人工工资标准，是正确计算人工费和工程造价的前提和基础。

1）人工工日单价的构成

人工工日单价的构成内容如下：

① 生产工人基本工资。生产工人基本工资指发放给建安工人的基本工资。现行的生产工人基本工资执行岗位工资和技能工资制度。根据《全民所有制大中型建筑安装企业的岗位技能工资试行方案》中的规定，其基本工资是按岗位工资、技能工资和年限工资（按职工工作年限确定的工资）计算的。工人岗位工资标准设8个岗次，技能工资分初级工、中级工、高级工、技师和高级技师五类，工资标准分33个档次。计算公式如下：

$$基本工资(G_1)=\frac{生产工人平均月工资}{年平均每月法定工作日} \tag{2-41}$$

式（2-41）中：

$$年平均每月法定工日作=(全年日历日-法定假日)/12$$

② 生产工人工资性补贴。生产工人工资性补贴指按规定标准发放的物价补贴，煤、燃气补贴，交通费补贴，住房补贴，流动施工津贴和地区津贴等。计算公式如下：

$$工资性补贴(G_2)=\frac{\Sigma 年发放标准}{全年日历日-法定假日}+\frac{\Sigma 月发放标准}{年平均每月法定工作日}+每工作日发放标准 \tag{2-42}$$

式（2-42）中：法定假日是指双休日和法定节日。

③ 生产工人辅助工资。生产工人辅助工资指生产工人年有效施工天数以外非作业天数的工资，包括职工学习、培训期间的工资，调动工作、探亲、休假期间的工资，因天气影响的停工工资，女工哺乳时间的工资，病假在6个月以内的工资及产、婚、丧假期的工资。计算公式如下：

$$生产工人辅助工资(G_3)=\frac{全年无效工作日\times(G_1+G_2)}{全年日历日-法定假日} \tag{2-43}$$

④ 职工福利费。该费用指按规定计提的职工福利费。计算公式如下：

$$职工福利费(G_4)=(G_1+G_2+G_3)\times 福利费计提比例(\%) \tag{2-44}$$

⑤ 生产工人劳动保护费。生产工人劳动保护费指按规定标准发放的劳动保护用品的购置费及修理费，徒工服装补贴，防暑降温费，在有碍身体健康的环境中施工的保健费用等。计算公式如下：

$$生产工人劳动保护费(G_5)=\frac{生产工人年平均支出劳动保护费}{全年日历日-法定假日} \tag{2-45}$$

2）人工工日单价的确定

人工工日单价等于上述各项费用之和。计算公式如下：

$$人工工日单价(G)=G_1+G_2+G_3+G_4+G_5 \quad (2\text{-}46)$$

近年来，国家陆续出台了养老保险、医疗保险、失业保险、住房公积金等社会保障的改革措施，新的人工工资标准会逐步将上述费用纳入人工预算单价中。

（2）材料预算价格的确定

在建筑工程费用中，材料费大约占工程总造价的60%左右，在金属结构工程费用中所占的比重还要大，它是工程造价直接费的主要组成部分。因此，合理确定材料预算价格，正确计算材料费用，有利于工程造价的计算、确定与控制。

1）材料预算价格的概念与组成内容

① 材料预算价格的概念

材料预算价格指材料（包括成品、半成品及构配件等）从其来源地（或交货地点、仓库提货地点）运至施工工地仓库（或施工现场材料存放地点）后的出库价格。

② 材料预算价格的组成内容

从上述概念可知，材料从来源地到材料出库这段时间与空间内，必然会发生材料的运杂费、运输损耗费、采购及保管费等。在计价时，材料费用中还应包括单独列项计算的材料检验试验费。因此，材料预算价格应由以下费用组成：

A. 材料原价；

B. 材料运杂费；

C. 材料运输损耗费；

D. 材料采购及保管费；

E. 材料检验试验费。

2）材料预算价格的确定

① 材料原价的确定。材料原价指材料的出厂价、交货地价、市场批发价、进口材料抵岸价或销售部门的批发价、市场采购价或市场信息价。

在确定材料原价时，凡同一种材料，因来源地、交货地、生产厂家、供货单位不同而有几种原价（价格）时，应根据不同来源地的不同单价、供货数量（或供货比例），采用加权平均的方法确定其综合原价（即加权平均原价）。计算公式如下：

$$C=(K_1C_1+K_2C_2+\cdots+K_nC_n)/(K_1+K_2+\cdots+K_n) \quad (2\text{-}47)$$

式中 C——综合原价或加权平均原价；

K_1，K_2，…，K_n——材料不同来源地的供货数量或供货比例；

C_1，C_2，…，C_n——材料不同来源地的不同单价（或价格）。

② 材料运杂费的确定。材料运杂费指材料自来源地（或交货地）运至工地仓库或指定堆放地点所发生的全部费用，并含外埠中转运输过程中所发生的一切费用和过境过桥费用。包括调车和驳船费、装卸费、运输费及附加工作费等。

同一品种的材料有若干个来源地时，应采用加权平均的方法计算材料运杂费。计算公式如下：

$$T=(K_1T_1+K_2T_2+\cdots K_nT_n)/(K_1+K_2+\cdots+K_n) \quad (2\text{-}48)$$

式中 T——加权平均运杂费；

K_1，K_2，…，K_n——材料不同来源地的供货数量；

T_1，T_2，…，T_n——材料不同运输距离的运费。

在材料运杂费中需要考虑便于材料运输和保护而实际发生的包装费（但不包括已计入材料原价的包装费，如水泥纸袋等），应计入材料预算价格内。

③材料运输损耗费。材料运输损耗费指材料在装卸、运输过程中不可避免的损耗费用。计算公式如下：

材料运输损耗费=(材料原价+材料运杂费)×相应材料运输损耗率 (2-49)

④ 材料采购保管费。材料采购及保管费是指各材料供应管理部门在组织采购、供应和保管材料过程中所需的各项费用。包括材料的采购费、仓储管理费和仓储损耗费。计算公式如下：

材料采购保管费=(材料原价+材料运杂费+材料运输损耗费)×材料采购保管费率 (2-50)

建筑材料的种类、规格繁多，采购保管费不可能按每种材料在采购保管过程中所发生的实际费用计算，只能规定几种综合费率进行计算。目前现行的综合费率为2.5%，各地区可根据不同的情况确定其费率。如有的地区规定：钢材、木材、水泥为2.5%，水电材料为1.5%，其余材料为3%。由建设单位（业主）供应到现场仓库的材料，施工企业（承包商）不收采购费，只收保管费。

⑤ 材料检验试验费。材料检验试验费是指建筑材料、构件和建筑安装物进行一般鉴定、检查所发生的费用，包括自设试验室进行试验所耗用的材料和化学药品等费用。不包括新结构、新材料的试验费和建设单位对具有出厂合格证明的材料进行检验，对构件做破坏性试验及其他特殊要求检验试验的费用。计算公式如下：

材料检验试验费=单位材料量检验试验费×材料消耗量 (2-51)

或 材料检验试验费=材料原价×材料检验试验费率

⑥ 材料预算价格计算及案例。

材料预算价格的计算公式如下：

材料预算价格=(材料原价+材料运杂费+材料运输损耗费)

×(1+材料采购保管费率)+ 材料原价×材料检验试验费率 (2-52)

【例 2-14】 ××教学楼水磨石楼地面工程需要白石子材料（表2-4），试计算白石子的材料预算价格。

白石子材料采购情况表 **表 2-4**

材料来源地	数量（t）	出厂价（元/t）	运杂费（元/t）
A	20	160	96
B	30	140	104
C	50	120	112

注：运输损耗率为1.5%，采购保管费率为2.5%，检验试验费率为2%。

【解】

材料原价计算：

$$材料原价=\frac{160\times20+140\times30+120\times50}{20+30+50}=\frac{13400}{100}=134.00 元/t$$

材料运杂费计算：

$$材料运杂费=\frac{96\times20+104\times30+112\times50}{20+30+50}=\frac{10640}{100}=106.40\ 元/t$$

材料运输损耗费计算：

$$材料运输损耗费=(134.00+106.40)\times1.5\%=3.61\ 元/t$$

材料采购保管费计算：

$$材料采购保管费=(134.00+106.40+3.61)\times2.5\%=6.10\ 元/t$$

材料检验试验费计算：

$$材料检验试验费=134.00\times2\%=2.68\ 元/t$$

材料预算价格计算：

$$材料预算价格=134.00+106.40+3.61+6.10+2.68=252.79\ 元/t$$

(3) 施工机械台班单价的确定

1) 施工机械台班单价的概念

施工机械台班单价指一台施工机械在正常运转条件下一个工作台班所需支出和分摊的各项费用之总和。施工机械台班费的比重，将随着施工机械化水平的提高而增加，相应人工费也随之逐步减少。

2) 施工机械台班单价的组成

施工机械台班单价按其规定由七项费用组成，这些费用按其性质不同划分为第一类费用（即需分摊费用）、第二类费用（即需支出费用）和其他费用。

① 第一类费用（又称不变费用）

第一类费用指不分施工地点和条件的不同，也不管施工机械是否开动运转都需要支付，并按该机械全年的费用分摊到每一个台班的费用。内容包括折旧费、大修理费、经常修理费、安拆费及场外运输费。

② 第二类费用（又称可变费用）

第二类费用指常因施工地点和条件的不同而有较大变化的费用。内容包括机上人员工资、动力燃料费、养路费及车船使用税、保险费。

3) 施工机械台班单价的确定

① 第一类费用的确定

A. 台班折旧费。台班折旧费指施工机械在规定使用期限内收回施工机械原值及贷款利息而分摊到每一台班的费用。计算公式如下：

$$台班折旧费=\frac{施工机械预算价格\times(1+残值率)+贷款利息}{耐用总台班} \tag{2-53}$$

上式中，施工机械预算价格按照施工机械原值、购置附加费、供销部门手续费和一次运杂费之和计算。

施工机械原值可按施工机械生产厂家或经销商的销售价格计算。

供销部门手续费和一次运杂费可按施工机械原值的 5%计算。

残值率指施工机械报废时回收的残值占施工机械原值的百分比。残值率按目前有关规定执行：即运输机械 2%，掘进机械 5%，特大型机械 3%，中小型机械 4%。

耐用总台班指施工机械从开始投入使用到报废前使用的总台班数。计算公式如下：

$$耐用总台班 = 修理间隔台班 \times 大修理周期$$

B. 台班大修理费。台班大修理费指施工机械按规定的大修理间隔台班必须进行的大修理，以恢复施工机械正常功能所需的费用。计算公式如下：

$$台班大修理费 = \frac{一次大修理费 \times (大修理周期 - 1)}{耐用总台班} \tag{2-54}$$

C. 台班经常修理费。经常修理费指施工机械除大修理以外的各级保养和临时故障排除所需的费用。包括为保障施工机械正常运转所需替换设备，随机使用工具，附加的摊销和维护费用；机械运转与日常保养所需润滑与擦拭材料费用；以及机械停置期间的正常维护和保养费用等。为简化起见，一般可用以下公式计算：

$$台班经常修理费 = 台班大修理费 \times K \tag{2-55}$$

式中　K——施工机械台班经常维修系数。

K 等于台班经常维修费与台班大修理费的比值。如超重汽车 6 以内为 5.61，6 以上为 3.93；自卸汽车 6 以内为 4.44，6 以上为 3.34；塔式起重机为 3.94 等。

D. 安拆费及场外运费

安拆费指施工机械在现场进行安装与拆卸所需的人工、材料、机械和试运转费，以及机械辅助设施的折旧、搭设、拆除等费用。

场外运费指施工机械整体或分体，从停放地点运至施工现场或由一个施工地点运至另一个施工地点，运输距离在 25km 以内的施工机械进出场及转移费用。包括施工机械的装卸、运输辅助材料及架线等费用。

安拆费及场外运费根据施工机械的不同，可分为计入台班单价、单独计算和不计算三种类型。

② 第二类费用的确定

A. 机上人员工资。机上人员工资指施工机械操作人员（如司机、司炉等）及其他操作人员的工资、津贴等。

B. 动力燃料费。该费用指施工机械在运转作业中所耗用的固体燃料（煤、木柴）、液体燃料（汽油、柴油）及水、电等费用。计算公式如下：

$$台班动力燃料费 = 台班动力燃料消耗量 \times 相应单价 \tag{2-56}$$

C. 养路费及车船使用税。养路费及车船使用税指施工机械按照国家有关规定应缴纳的养路费和车船使用税。计算公式如下：

$$台班养路费 = \frac{核定吨位 \times 每月每吨养路费 \times 12 个月}{年工作台班} \tag{2-57}$$

$$台班车船使用税 = \frac{每年每吨车船使用税}{年工作台班} \tag{2-58}$$

D. 保险费。该费用指按照有关规定应缴纳的第三者责任险、车主保险费等。

2.4.3 预算定额的应用

由于预算定额的形式和内容与计价定额（即单位估价表）的形式和内容基本相同，所以将预算定额的应用与单位估价表的应用统称为预算定额的应用。要正确使用预算定额，首先必须熟悉预算定额手册的结构形式和内容组成。

1. 预算定额手册的内容组成

预算定额手册由目录、总说明、分部工程说明、工程量计算规则、定额项目表、附注和附录等内容组成。具体内容可归纳为文字说明、定额项目表和附录三大主要部分。

（1）文字说明

1）总说明。在总说明中主要阐述预算定额的用途、编制依据、适用范围、定额中考虑和未考虑的因素、使用时应注意的事项和相关问题说明。

2）分部工程说明。它是预算定额手册的重要组成部分，主要阐述本分部工程所包括的定额项目、定额使用时的具体规定和处理方法等。

3）分节说明。它是对本节所包含的工程内容及使用的有关规定。

上述文字说明是预算定额手册正确使用的重要依据和原则，使用前必须仔细阅读，熟悉定额内容和使用规定，否则在套用定额时就会造成错套、漏套及重套定额项目。

（2）定额项目表

定额项目表列有每一单位分项工程中人工、材料、机械台班消耗量及相应的各项费用，它是预算定额手册的核心内容。其主要内容有分项工程内容，定额计量单位，定额编号，预算单价（基价），人工、材料、机械台班消耗量及相应的人工费、材料费、机械台班使用费等。

（3）附录

附录一般列在预算定额手册的最后部分，主要有建筑施工机械台班预算价格，混凝土、砂浆和沥青膏的配合比，门窗五金用量表及钢筋用量参考表等。这些资料可给定额使用和定额换算提供依据，是预算定额应用时的重要补充资料。

2. 预算定额的直接套用

当设计图纸与定额项目的内容相一致时，可直接套用预算定额中的预算单价（基价）的工料消耗量，并据此计算该分项工程的工程直接费及工料需用量。

现以1999年《全国统一建筑工程基础定额××市基价表》为例，说明预算定额手册的具体使用方法（后面各例均采用该《基价表》）。

【例2-15】××招待所工程现浇C10毛石混凝土条形基础80m³，试计算完成该分项工程所需要的工程直接费及主要材料消耗量。

【解】

第一步　确定定额编号　　1E0001

第二步　分项工程直接费计算

分项工程直接费＝预算定额单价×工程量

1 162.55元/10m³×80m³＝93004元

第三步　主要材料消耗量计算

主要材料消耗量＝定额耗用量×工程量

水泥32.5级　　2554.48kg/10m³×80m³＝20435.84kg

特细砂　　4.57t/10m³×80m³＝36.56t

碎石5～40　　12.48t/10m³×80m³＝99.84t

毛石　　2.72m³/10m³×80m³＝21.76m³

3. 预算定额的换算

（1）预算定额换算的原因

当设计图纸要求与定额项目的内容不一致时，为了能计算出设计图纸内容要求项目的工程直接费及工料消耗量，必须对预算定额项目与设计内容要求之间的差异进行调整。这种使预算定额项目内容适应设计内容要求的差异调整就是产生预算定额换算的原因。

（2）预算定额换算的依据

预算定额的换算实际上是预算定额应用的进一步扩展和延伸，为保持预算定额水平，在定额说明中制定了若干条预算定额换算的具体规定，该规定是预算定额换算的主要依据。

（3）预算定额换算的内容

预算定额换算包括人工费和材料费的换算。人工费换算主要是由用工量的增减而引起的；而材料费换算则是由材料消耗量的改变及材料代换所引起的，特别是材料费和材料消耗量的换算占预算定额换算相当大的比重。预算定额换算内容的一般规定如下：

1）当设计图纸要求的砂浆、混凝土强度等级与预算定额不同时，可按附录中半成品（即砂浆、混凝土）的配合比进行换算。

2）预算定额规定抹灰厚度不得调整。如果设计内容要求的砂浆种类或配合比与预算定额不同时可以换算，但定额中的人工、机械消耗量不得调整。

3）木楼地楞定额是按中距40cm、断面5cm×18cm、每100m^{2}木地板的楞木313.3m计算的，如果设计内容要求与预算定额不同时，楞木料可以换算，其他不变。

4）预算定额中木地板厚度是按2.5cm毛料计算的，如果设计内容要求与预算定额不同时，可按比例进行换算，其他不变。

5）设计内容要求与预算定额规定不同的其他情况，若与定额分部说明中所列的情况相同时，则按预算定额分部说明中的各种系数及工料增减进行换算。

（4）预算定额换算的类型

1）混凝土强度等级的换算；

2）砂浆强度等级的换算；

3）木材材积的换算；

4）系数换算；

5）其他换算。

（5）预算定额换算的方法

1）混凝土的换算

混凝土的换算分为构件混凝土和楼地面混凝土的换算。

① 构件混凝土的换算

构件混凝土的换算主要是混凝土强度和石子品种不同的换算。其特点是：当混凝土用量不发生变化，只换算强度或石子品种时，换算公式如下：

换算价格＝原定额单价＋定额混凝土用量×（换入混凝土单价－换出混凝土单价）

换算步骤如下：

第一步　选择换算定额编号及单价，确定混凝土品种、粗骨料粒径及水泥强度等级。

第二步　确定混凝土品种（即是塑性混凝土还是低流动性混凝土、石子粒径、混凝土强度等级），从附录中查出换入与换出混凝土的单价。

第三步　换算价格计算。

第四步　确定换入混凝土品种需考虑以下因素：

是塑性混凝土还是低流动性混凝土，以及混凝土强度等级；

可根据规范要求确定混凝土中石子的最大粒径；

按照设计要求确定采用的是砾石混凝土还是碎石混凝土，以及水泥强度等级。

【例 2-16】 ××商会大厦工程框架薄壁柱，设计要求采用现浇 C35 钢筋混凝土，试计算框架薄壁柱的换算价格及单位材料用量。

【解】

第一步　确定换算定额编号　　1E0045

（该项定额规定，采用的是低流动性、特细砂、C30 碎石混凝土，其定额单价为 2007.62 元/ $10m^3$，混凝土用量 10.15m^3/$10m^3$）

第二步　确定换入、换出混凝土的单价（低流动性、特细砂、碎石混凝土）

查附录 2 可知：C35 混凝土单价　　163.41 元 /m^3

C30 混凝土单价　　151.41 元 /m^3

第三步　价格换算计算

换算单价＝2007.62＋10.15×（163.41－151.41 元/m^3）

＝2007.62 ＋ 121.80＝2129.42 元/$10m^3$

第四步　换算后材料用量分析

水泥 52.5 级　472.00kg/m^3×10.15m^3/$10m^3$＝ 4790.80kg/$10m^3$

特细砂　0.383t/m^3×10.15m^3/$10m^3$＝ 3.887t/$10m^3$

碎石 5～20　1.377tm^3×10.15m^3/$10m^3$＝ 13.977t/$10m^3$

② 楼地面混凝土的换算

当楼地面混凝土面层厚度和强度的设计要求与预算定额规定不同时，应首先按设计要求的厚度确定石子的粒径，然后以整体面层中的某一项定额以增加减少厚度定额为依据，进行混凝土面层厚度及强度的换算。换算方法及公式与构件混凝土的换算方法及公式相同。

2）砂浆的换算

砂浆换算包括砌筑砂浆的换算和抹灰砂浆的换算。

① 砌筑砂浆的换算

砌筑砂浆的换算方法及计算公式与构件混凝土的换算方法及计算公式基本相同。

② 抹灰砂浆的换算

在预算定额装饰分部说明第 1 条中规定：本分部定额中规定的抹灰厚度不得调整。如设计图纸规定的砂浆种类或配合比不同时可以换算，但定额中的人工、机械消耗量不变。这里所说的抹灰厚度是指抹灰的总厚度，也就是说当各层的砂浆厚度与定额中的相应砂浆厚度不同时，亦可进行换算。在这种条件下的砂浆换算，可以归纳为以下 3 种情况：

第 1 种情况是当设计要求的各层砂浆抹灰厚度与定额相同，只是砂浆品种或配合比与定额不同，这种情况的换算与砌筑砂浆的换算相同。

第 2 种情况是当设计要求的各层砂浆抹灰厚度与定额不同，但砂浆品种和配合比与定额相同，这种情况的换算特点是：由于不同品种的砂浆用量发生变化，从而引起材料费的变化。

第 3 种情况是上述两种情况同时出现，其特点是砂浆品种和砂浆用量都需要进行换算。

以上3种情况的通用换算公式如下：

$$换算价格=原定额价格+\sum[(换入砂浆单价\times换入砂浆用量)-(换出砂浆单价\times换出砂浆用量)] \quad (2\text{-}59)$$

上式中

$$换入砂浆用量=\frac{定额用量}{定额厚度}\times设计厚度 \quad (2\text{-}60)$$

$$换出砂浆用量=定额规定的砂浆用量$$

【例2-17】××住宅工程砖墙面抹灰，设计要求为一般抹灰，底层采用1∶0.5∶2.5混合砂浆，厚度为9mm；中间层用1∶2.5石灰膏砂浆加1.5%麻刀，厚度9mm；面层用纸筋石灰膏浆，厚度2mm。试计算该分项工程的换算价格及单位材料用量。

【解】

第一步　确定换算定额编号　　1K0001

该项定额规定，

定额单价：432.43元/100m^2；

底层：采用1∶3石灰膏砂浆（加5%麻刀），厚度8mm，用量为0.905m^3/100m^2；

中间层：同底层；

面层：纸筋石灰膏浆，厚度2mm，用量为0.22m^3/100m^2。

第二步　计算换入砂浆的用量

底层：1∶0.5∶2.5混合砂浆用量(100m^2)$=\frac{0.905m^3}{8mm}\times 9mm=1.018m^3$

中间层：1∶2.5石灰膏砂浆用量(100m^2)$=\frac{0.905m^3}{8mm}\times 9mm=1.018m^3$

面层：纸筋石灰膏浆设计厚度2mm与定额规定的厚度2mm相同，不需进行换算。

第三步　确定换入与换出砂浆的单价

查附录2可知：1∶0.5∶2.5混合砂浆单价为129.78元/m^3

1∶2.5石灰膏砂浆（加5%麻刀）的单价为67.47元/m^3

1∶3石灰膏砂浆（加5%麻刀）的单价为62.36元/m^3

第四步　换算价格计算（每100m^2中）

换算单价=432.43元＋（129.78元/m^3×1.018m^3＋67.47元/m^3×1.018m^3

－62.36元/m^3×0.905m^3－62.36元/m^3×0.905m^3）

＝520.36元（即520.36元/100m^2）

第五步　换算后的材料用量分析（每100m^2中）

水泥32.5级　463kg/m^3×1.018m^3＋635kg/m^3×0.03m^3＝490.38kg

石灰膏　0.166m^3/m^3×1.018m^3＋0.458m^3/m^3×1.018m^3＋1.143m^3/m^3×0.22m^3

＝0.887m^3

特细砂　1.399t/m^3×1.018m^3＋1.273t/m^3×0.03m^3＝1.462t

麻刀　4.410kg/m^3×1.018m^3＝4.49kg

纸筋　8.36kg(用量不变)

3)系数换算

系数换算是按预算定额说明中所规定的系数乘以相应的定额基价(或定额中工、料之一部分)后，得到一个新单价的换算。

【例 2-18】 ××工程平基土石方，施工组织设计规定采用机械开挖，在机械不能施工的死角有湿土 121m³需要人工开挖，试计算完成该分项工程的直接费。

【解】 根据土石方工程分部说明中的规定，人工挖湿土时，按相应定额项目乘以系数 1.18 计算；机械不能施工死角的土方，按相应人工挖土方定额乘以系数 1.5。

第一步　确定换算定额编号　1A0001

定额单价为：699.60 元/100m³

第二步　换算单价计算

$$699.60 \text{ 元}/100\text{m}^3 \times 1.18 \times 1.5 = 1238.29 \text{ 元}/100\text{m}^3$$

第三步　完成该分项工程直接费计算

$$1238.29 \text{ 元}/100\text{m}^3 \times 121\text{m}^3 = 1498.33 \text{ 元}$$

4)其他换算

其他换算是指上述几种换算类型不包括的定额换算，如水泥砂浆中加防水粉、混凝土中加掺合剂等。现举例说明其换算过程。

【例 2-19】 ××工程墙基防潮层，设计要求采用 1：2 水泥砂浆加 8%的防水粉进行施工，试计算该分项工程的换算价格。

【解】

第一步　确定换算定额编号　　1I0058

定额单价为：　　585.76 元/100m²

第二步　换入与换出防水粉计算

换入用量　　1295.40×8% ＝ 103.63kg

换出用量　　55.00kg(查定额可知)

防水粉单价　1.17 元/kg

第三步　换算价格计算(每 100m²中)

$$\text{换算单价} = 585.76 \text{ 元} + 1.17 \text{ 元/kg} \times (103.63\text{kg} - 55\text{kg}) = 642.66 \text{ 元}$$

虽然其他换算没有固定的换算公式，但其换算的方法仍然是在原定额价格的基础上，加上换入部分的费用，减去换出的费用。

预算定额手册中规定，还有部分费用需要单独进行计算，如预应力钢筋的人工时效费、建筑物超高人工、机械降效费、钢筋价差调整等，具体应用时可按照预算定额手册中的有关说明与规定进行计算。

2.5 安装工程预算定额概述

2.5.1 安装工程预算定额

1. 安装工程预算定额的概念

安装工程预算定额指由国家或授权单位组织编制并颁发执行的具有法律性的数量指标。它反映出国家对完成单位安装产品基本构造要素（即每一单位安装分项工程）所规定的人工、材料和机械台班消耗的数量额度。

2. 全国统一安装工程预算定额的种类

目前，由原建设部批准，原机械工业部主编，2000 年 3 月 17 日颁布的《全国统一安装工程预算定额》共分 12 册：

第一册　机械设备安装工程 GYD—201—2000；

第二册　电气设备安装工程 GYD—202—2000；

第三册　热力设备安装工程 GYD—203—2000；

第四册　炉窑砌筑工程 GYD—204—2000；

第五册　静置设备与工艺金属结构制作安装工程 GYD—205—2000；

第六册　工业管道工程 GYD—206—2000；

第七册　消防及安全防范设备安装工程 GYD—207—2000；

第八册　给排水、采暖、燃气工程 GYD—208—2000；

第九册　通风空调工程 GYD—209—2000；

第十册　自动化控制仪表安装工程 GYD—210—2000；

第十一册　刷油、防腐蚀、绝热工程 GYD—211—2000；

第十二册　建筑智能化系统设备安装工程 GYD—213—2003（另行发布）。

此外，还有《全国统一安装工程施工仪器仪表台班费用定额》GFD—201—1999 和《全国统一安装工程预算工程量计算规则》GYD_{GZ}－201－2000 作为第一册～第十一册定额的配套使用。

3. 安装工程预算定额的组成

全国统一安装工程预算定额通常由以下内容组成：

（1）册说明

介绍关于定额的主要内容、适用范围、编制依据、适用条件、工作内容以及工料、机械台班消耗量和相应预算价格的确定方法、确定依据等。

（2）目录

目录是为查、套定额提供索引。

（3）各章说明

介绍本章定额的适用范围、内容、计算规则以及有关定额系数的规定等。

（4）定额项目表

它是每册安装定额的核心内容。其中包括：分节工作内容，各分项定额的人工、材料和机械台班消耗量指标以及定额基价、未计价材料等内容。

（5）附录

一般置于各册定额表的后面，其内容主要有材料、元件等重量表、配合比表、损耗率表以及选用的一些价格表等。

2.5.2　安装工程预算定额消耗量指标的确定

1. 定额人工消耗量指标的确定

安装工程预算定额人工消耗量指标，是在劳动定额基础上确定的完成单位分项工程必须消耗的劳动量。其表达式如下：

分项工程人工消耗量＝基本用工＋其他用工

＝(技工用工＋辅助用工＋超运距用工)×(1＋人工幅度差率)　(2-61)

式中，技工指某分项工程的主要用工；辅助用工指现场材料加工等用工；超运距用工指材料运输中，超过劳动定额规定距离外增加的用工；人工幅度差率指预算定额所考虑的工作场地的转移、工序交叉、机械转移以及零星工程等用工，国家规定在10%左右。

2. 定额材料消耗量指标的确定

安装工程施工，进行设备安装时要消耗材料，有些安装工程就是由施工加工的材料组装而成的。构成安装工程主体的材料称为主要材料，次要材料则称为辅助材料（或计价材料）。完成定额分项工程必须消耗的材料可以按本章2.4节介绍的方法计算，所不同的是要计算计价材料。

3. 定额机械台班消耗量的确定

安装工程定额中的机械费通常为配备在作业小组中的中、小型机械，与工人小组产量密切相关，可按下式确定，不考虑机械幅度差。

$$\text{机械台班消耗量}=\frac{\text{分项定额计量单位值}}{\text{小组总产量}} \tag{2-62}$$

2.5.3　安装工程预算定额基价的确定

1. 预算定额基价

预算定额基价指预算定额中确定消耗在工程基本构造要素上的人工、材料、机械台班消耗量，在定额中以价值形式反映，其组成有三部分。

（1）定额人工费

表达式为：

定额人工费＝分项工程消耗的工日总数×相应等级日工资标准　　(2-63)

日工资标准应根据目前《全国统一建筑工程基础定额》中规定的完成单位合格的分项工程或结构构件所需消耗的各工种人工工日数量乘以相应的人工工资标准确定。但在具体执行中要注意地方规定，尤其是地区调整系数的处理。

（2）定额材料费

定额材料费指施工过程中耗用的构成工程实体的原材料、辅助材料、构配件、零件、半成品的费用和周转材料的摊销费，按相应的价格计算的费用之和。

安装工程材料分计价材料和未计价材料，定额材料费表达式如下：

定额材料费＝计价材料费＋未计价材料费　　(2-64)

计价材料费＝∑分项项目材料消耗量×相应材料预算价格

未计价材料费＝分项项目未计价材料消耗量×材料预算价格

（3）定额机械台班费

定额机械台班费指使用施工机械作业所发生的机械使用费以及机械安、拆和进出场费用。其表达式为：

定额机械台班费＝∑分项项目机械台班消耗量×相应机械台班单价　　(2-65)

所以，安装工程预算定额基价的表达式为：

预算定额基价＝人工费＋材料费＋机械台班费　　(2-66)

2. 单位估价表

执行预算定额地区，根据定额中三个消耗量（人工、材料、机械台班）标准与本地区相应三个单价相乘计算得到分项工程（子目工程）预算价格称为“估价表单价”或工程预算“单价”。若将以上单价、基价等列入定额项目表中，并且汇总、分类成册，即为单位估价表。

预算定额与估价表的关系是，前者为确定三个消耗量的数量标准，是执行定额地区编制单位估价表的依据，后者则是“量、价”结合的产物。

2.5.4 安装工程预算定额的应用

1. 材料与设备的划分

安装工程材料与设备界限的划分，目前国家尚未正式规定，通常凡是经过加工制造，由多种材料和部件按各自用途组成独特结构，具有功能、容量及能量传递或转换性能的机器、容器和其他机械、成套装置等均称为设备。但在工艺生产过程中不起单元工艺生产作用的设备本体以外的零配件、附件、成品、半成品等均称为材料。

2. 计价材料和未计价材料的区别

计价材料指编制定额时，把所消耗的辅助性或次要材料费用，计入定额基价中。主要材料指构成工程实体的材料，又称为未计价材料，该材料规定了其名称、规格、品种及消耗数量，它的价值是根据本地区定额，按地区材料预算单价（即材料预算价格）计算后汇总在工料分析表中。计算方法为：

某项未计价材料数量＝工程量×某项未计价材料定额消耗量 (2-67)

未计价材料定额消耗量通常列在相应定额项目表中。而未计价材料费用的计算式为：

某项未计价材料费＝工程量×某项未计价材料定额消耗量×材料预算价格 (2-68)

3. 运用系数计算的费用

预算造价计价表或计费程序表中某些费用，要经过定额规定的系数来计算。有些系数在费用定额中不便列出，而是通过在原定额基础上乘以一个规定系数计算，计算后属于直接费系数的有章节系数、子目系数、综合系数三种。

（1）章节系数

有些子目（分项工程项目）需要经过调整，方能符合定额要求。其方法是在原子目基础上乘以一个系数即可。该系数通常放在各章说明中，称为章、节系数。

（2）子目系数

子目系数是费用计算中最基本的系数，又是综合系数的计算基础，也构成工程直接费。子目系数由于工程类别不同，各自的要求亦不同，列在各册说明中。如高层建筑工程增加系数、单层房屋工程超高增加系数以及施工操作超高增加系数等。计取方法可按地方规定执行。

（3）综合系数

它是列入各册说明或总说明内，通常出现在计费程序表中，如脚手架搭拆系数、采暖工程中的系统调试计算系数、安装与生产同时进行时的降效增加系数、在有害健康环境中施工时要收取的降效增加系数以及在特殊地区施工中应收取的施工增加系数等。

4. 安装工程预算定额表的查阅

预算定额表的查阅，就是指定额的使用方法，即熟练套用定额。其步骤为：

（1）确定工程名称，要与定额中各章、节工程名称相一致。

（2）根据分项工程名称、规格，从定额项目表中确定定额编号。

（3）按照所查定额编号，找出相应工程项目单位产品的人工费、材料费、机械台班费和未计价材料数量。

在查阅定额时，应注意除了定额可直接套用外，定额的使用中，还存在定额的换算问题。安装工程中如出现换算定额时，一般有定额的人工、材料、机械台班及其费用的换算，多数情况下，采用乘以一个系数的办法解决。但各地区可根据具体情况酌情处理。

(4) 将套用的单位产品的人工费、材料费、机械台班费、未计价材料数量和定额编号，按照施工图预算表的格式及要求，填写清楚。

至于定额中查阅不到的项目，业主和施工方可根据工艺和图纸的要求，编制补充定额，双方必须经当地造价站仲裁后方可执行。

5. 定额各册（地方定额为篇）的联系和交叉性

(1) 第二册（篇）没有的项目应执行其他册（篇）定额

1) 金属支架除锈、刷油、防腐执行第十一册（篇）《刷油、防腐蚀、绝热工程》中第一章、第二章、第三章定额有关子目。

2) 火灾自动报警系统中的探测器、报警控制器、联动控制器、报警联动一体机、重复显示器、警报装置、远程控制器、火灾事故广播、消防通信、报警备用电源安装等执行第七册（篇）《消防及安全防范设备安装工程》中第一章定额有关子目。水灭火系统、气体灭火系统和泡沫灭火系统分别执行第七册（篇）第二章、第三章、第四章相应子目。自动报警系统装置、水灭火系统控制装置、火灾事故广播、消防通信等系统调试可套用第七册（篇）第五章定额相应子目。

3) 设备安装用的地脚螺栓按土建预埋考虑，不包括二次灌浆。

(2) 第二册（篇）与其他册（篇）定额的分界

1) 与第一册（篇）“机械设备”定额的分界

① 各种电梯的机械设备部分主要指：轿厢、配重、厅门、导向轨道、牵引电机、钢绳、滑轮、各种机械底座和支架等，均执行第一册（篇）有关子目。而电气设备安装主要指：线槽、配管配线、电缆敷设、电机检查接线、照明装置、风扇和控制信号装置的安装和调试，均执行第二册（篇）《电气设备安装工程》定额。

② 起重运输设备的轨道、设备本体安装、各种金属加工机床等的安装均执行第一册（篇）《机械设备安装工程》定额有关子目。而其中的电气盘箱、开关控制设备、配管配线、照明装置以及电气调试执行第二册（篇）定额相应子目。

③ 电机安装执行第一册（篇）定额有关子目，电机检查接线则执行第二册（篇）定额相应子目。

2) 与第六册（篇）《工业管道工程》定额的分界

大型水冷变压器的水冷系统，以冷却器进出口的第一个法兰盘划界。法兰盘开始的一次阀门以及供水母管与回水管的安装执行第六册（篇）《工业管道工程》定额有关子目。而工业管道中的电控阀、电磁阀等执行第六册（篇）定额，至于其电机检查接线、调试等项目，分别执行第二册（篇）、第七（册）篇以及第十（册）篇定额相应子目。

(3) 注意定额各册（篇）之间的关系

在编制单位工程施工图预算中，除需要使用本专业定额及有关资料外，还涉及其他专业定额的套用。而具体应用中，有时不同册（篇）定额所规定的费用等计算有所不同，解决这一类问题，原则上按各定额册（篇）规定的计算规则计算工程量及有关费用，并且套用相应定额子目。如果定额各册（篇）规定不一样，此时要分清工程主次。采用“以主代次”的原则计算有关费用。比如，主体工程使用的是第二册（篇）《电气设备安装工程》定额，而电气工程中支架的除锈、刷油等工程量需要套用第十一册（篇）《刷油、防腐蚀、绝热工程》中的相应子目，只能按第二册（篇）定额规定计算有关费用。

2.6　概算定额与概算指标

2.6.1　概算定额

1. 概算定额的概念

概算定额是指规定完成合格的单位扩大分项工程或单位扩大结构构件所需消耗的人工、材料和施工机械台班的数量标准。概算定额又称为扩大结构定额。

概算定额是在预算定额所确定的各种消耗量的基础上制定的，概算定额是预算定额的合并与扩大。如砌砖基础这个概算定额项目，就是以砌砖基础为主，综合了平整场地、挖地槽（坑）、铺设垫层、砌砖基础、铺设防潮层、回填土及运土等预算定额中的分项工程项目。又如砌砖墙这个概算定额项目，就是以砌砖墙为主，综合了砌砖墙，钢筋混凝土过梁制作、运输、安装，勒脚，内外墙面抹灰，内墙面刷白等预算定额中的分项工程项目。

2. 概算定额的作用

1957年，我国开始在全国试行统一的《建筑工程扩大结构定额》之后，各省、市、自治区都根据本地区的特点，相继制定了本地区的概算定额。为了适应建筑业的改革与发展，原国家计委和建设部规定，概算定额和概算指标由各省、市、自治区在所制定的预算定额基础上组织编制，分别由各地主管部门审批，报国家计委和建设部备案。概算定额的主要作用如下：

（1）是初步设计阶段编制设计概算，技术设计阶段编制设计修正概算的依据。

（2）是对建设项目设计进行技术经济分析比较的基础资料之一。

（3）是建设项目主要材料需要量计划编制的依据。

（4）是编制概算指标的依据。

3. 概算定额的编制依据

概算定额的编制依据包括：

（1）现行的设计规范和建筑安装工程预算定额。

（2）具有代表性的标准设计图纸和其他设计资料。

（3）现行的人工工资标准、材料预算价格、机械台班预算价格及概算定额。

4. 概算定额的编制步骤

概算定额的编制一般分三阶段进行，即准备阶段、编制初稿阶段和审查定稿阶段。

（1）准备阶段

该阶段主要是确定编制机构和人员组成，进行调查研究，了解现行概算定额执行情况和存在的问题，明确编制的目的，制定概算定额的编制方案和确定概算定额的项目。

（2）编制初稿阶段

该阶段是根据已确定的编制方案和概算定额项目，收集和整理各种编制依据，对各种资料进行深入细致的测算和分析，确定人工、材料和机械台班的消耗量指标，最后编制出概算定额初稿。

（3）审查定稿阶段

该阶段的主要工作是测算概算定额的水平，即测算新编概算定额与原概算定额及现行预算定额之间的水平差距。测算的方法，既要分项进行测算，又要通过编制单位工程概算，并以单位工程为对象进行综合测算。概算定额水平与预算定额水平之间应有一定的幅度差，幅度差一般在5%以内。

概算定额经测算比较后，即可报送国家授权机关审批。

5. 概算定额手册的内容

（1）文字说明部分

文字说明部分有总说明和各章说明。在总说明中，主要阐述概算定额的编制依据、使用范围、包括的内容及作用、建筑面积计算规则等。各章说明主要阐述本章包括的综合工作内容及工程量计算规则等。

（2）定额项目表

1）定额项目的划分。概算定额项目一般按以下两种方法划分：

①按工程结构划分。通常按基础、墙体、梁板柱、门窗、楼地面、屋面、装饰、构筑物等工程结构划分。

②按工程部位划分。通常是按基础、墙体、梁柱、楼地面、屋面、其他工程部位等划分。各工程部位又可作具体项目细分，如基础工程中可划分为砖基础、条石基础、混凝土基础等项目。

2）定额项目表。定额项目表是概算定额手册的主要内容，由若干分节定额组成。各分节定额由工程内容、定额表及附注说明组成。定额表中有定额编号、计量单位、概算价格、人工材料机械台班消耗量指标。概算定额表见表2-5。

基　础　工　程　　　　表2-5

项目名称		单位	砖基础深2m内		毛石基础M15水泥砂浆		C10混凝土带形基础	C15钢筋混凝土柱基
			M5混合砂浆	M5水泥砂浆	深2m内	深4m内		
			2-18	2-19	2-20	2-21	2-24	2-28
概算价格		元	40.13	43.26	31.94	37.15	52.84	101.25
人工机械及主要材料	工资	元	6.64	6.64	5.89	10.94	7.21	7.34
	机械	元	0.34	0.34	0.4	0.57	1.39	1.90
	水泥	kg	68.74	73.36	92.74	92.74	205.00	257.80
	石灰	kg	17.55					
	中砂	m^3	0.02	0.32	0.43	0.43	0.50	0.50
	细砂	m^3	0.31					
	标砖	块	510	510				
	锯材	m^3					0.020	0.011
	钢筋	kg						
	砾石20～80	m^3					1.01	0.714
	砾石5～50	m^3						0.36

续表

项目名称			单位		砖基础深2m内		毛石基础M15水泥砂浆		C10混凝土带形基础	C15钢筋混凝土柱基
					M5混合砂浆	M5水泥砂浆	深2m内	深4m内		
					2-18	2-19	2-20	2-21	2-24	2-28
综合项目	编号	项目名称	单位	单价						
	2-4	基础土方深4m以内	m^3	2.12						
	2-3	基础土方深2m以内	m^3	1.74	2.50			4.10		2.00
	81	M5混合砂浆砖基础	m^3	34.44	1	2.56	2.00		2.00	
	82	M5水泥砂浆砖基础	m^3	35.67						
	180	M5水泥砂浆毛石基础	m^3	27.12		1				
	127	水泥砂浆防潮层	m^2	1.68	0.8		1	1		
	209	C10混凝土带形基础	m^3	49.36		0.8	0.8	0.8	1	
	207	C15钢筋混凝土带形基础	m^3	97.77						1

2.6.2 概算指标

1. 概算指标的概念

概算指标是指以每100m^2建筑物面积或每1000m^3建筑物体积（如是构筑物，则以座为单位）为对象，确定其所需消耗人工、材料和机械台班的数量标准。

从上述概念可以看出，概算定额与概算指标的主要区别如下：

（1）确定各种消耗量指标的对象不同，概算定额是以单位扩大分项工程或单位扩大结构构件为对象，而概算指标则是以整个建筑物（如100m^2或1000m^3建筑物）和构筑物（如座）为对象。因此，概算指标比概算定额更加综合与扩大。

（2）确定各种消耗量指标的依据不同，概算定额是以现行预算定额为基础，通过计算之后才综合确定出各种消耗量指标，而概算指标中各种消耗量指标的确定，则主要来自各种预算或结算资料。

2. 概算指标的表现形式

（1）综合概算指标

综合概算指标是指按工业或民用建筑及其结构类型而制定的概算指标。综合概算指标的概括性较大，其准确性、针对性不如单项指标。表2-6～表2-11，是按预算和结算资料确定的一些综合概算指标。

某砖混结构住宅概算指标

建筑面积：2785.78m^2　　建筑层数：6层

工程概况：钢筋混凝土钻孔灌注桩基础；水泥焦渣保温层，二毡三油防水层；钢窗、木门；水泥砂浆地面；室内墙、顶一般抹灰；室外装修清水墙勾缝和干粘石、水刷石；闭式散热器采暖；户厕，坐式便器，浴盆和脸盆；塑料管暗配电线，白炽灯、日光灯照明。

宿舍工程建筑实物量综合指标　　**表2-6**

序号	项目	单位	工程量		直接费		
			每km^2	每万元	元/km^2	占直接费比率（%）	占造价比率（%）
1	土方工程	m^3	364	32	1009	1.21	0.89
2	基础工程	m^3	131	11.58	9030	10.87	7.96
3	砖砌体工程	m^3	427	37.67	21531	25.94	18.98
4	混凝土工程	m^3	120	10.66	21252	25.61	18.74
	其中：预制构件制作	m^3	96	8.50	(170927)	(15.54)	(11.37)

续表

序号	项　目	单位	工程量		直接费		
			每 km^2	每万元	元/ km^2	占直接费比率（%）	占造价比率（%）
5	木作工程	m^2			11309	13.63	9.97
	其中：门制作	m^2	278	25	(6264)	(7.55)	(5.52)
	窗制作	m^2	107	9.48	(1735)	(2.09)	(1.53)
6	楼地面工程	m^2	899	79.51	2678	3.28	2.36
7	屋面工程	m^2	216	19.10	1851	2.25	1.63
8	装饰工程	m^2			8095	7.74	7.13
	其中：顶棚抹灰	m^2	1078	95.34	(936)	(1.23)	(0.38)
	内墙抹灰	m^2	2898	256	(9793)	(4.57)	(3.34)
	外墙抹灰	m^2	1704	151	(3196)	(3.85)	(2.82)
9	金属工程	t	0.61	0.54	547	0.70	0.48
10	其他（包括调价）	元		503	5694	6.84	5.02
11	直接费	元		7316	82996	100	73.16
12	间接费	元		2864	30438	—	26.84
13	合计	元		10000	113434	—	100.00

（2）单项概算指标

单项概算指标是指为某种建筑物或构筑物编制的概算指标。其针对性较强，故指标中对工程结构形式要作介绍。只要工程项目的结构形式及工程内容与单项指标中的工程概况相吻合，编制出的设计概算就比较准确。单项工程概算指标形式见表 2-6～表 2-13（摘自北京建筑工程单项概算指标）。

宿舍工程直接费、间接费占工程总造价的综合指标　　表 2-7

费用名称	人工费	材料费	机械费	间接费	合　计
占直接费比率（%）	8～10	80～85	5～8	31～36	100
占总造价比率（%）	6～9	60～63	4～5	12～26	100

注：建筑特征：6层，层高 3m，带形基础，木门，木窗，磋砂外抹，混合砂浆内抹，刚性屋面。

单层工业建筑实物量综合指标　　表 2-8

序　号	项　目	单　位	工程量		工作量	
			每 km^2	每万元	占造价比率（%）	占直接费比率（%）
1	土方工程	m^3	833	42	2.09	2.84
2	基础工程	m^3	84	4	2.44	3.31
3	砖砌体工程	m^3	644	32	14.49	19.64
4	混凝土工程	m^3	200	10	18	24.4
5	门工程	m^2	146	7.3	2.56	3.46
6	窗工程	m^2	640	32	11.22	15.13
7	楼地面工程	m^2	957	48	2.29	3.11
8	屋面工程	m^2	1077	54	4.68	6.35
9	装饰工程	m^2	7673	384	6.90	9.36
	其中：抹灰、粉刷	m^2	(6418)	(521)	(5.37)	(7.29)
10	金属工程	t	1.98	0.1	0.89	1.21
11	其他工程	元	16414	821	8.21	11.13
12	直接费	元	147535	7377	73.77	100
13	间接费	元	52465	2623	26.23	
14	合计	元		10000	100.00	

按用途、结构分的房屋建筑单方造价资料　　表 2-9

序号	项目名称	本年竣工房屋单方造价（元·m^{-2}）	按结构分				
			钢结构	钢筋混凝土结构	混合结构	砖木结构	其他结构
1	高层建筑	266	259	282	205		247
2	住宅	205		225	145		207
3	厂房	247	484	245	213	123	188
4	多层厂房	246	560	241	220	151	239
5	仓库	174	150	198	147	134	126
6	多层仓库	186	254	193	149	83	144
7	商业服务业	199		232	173	143	180
8	住宅	141		165	140	152	144
9	集体宿舍	126		188	123	136	109
10	家属宿舍	144		167	143	156	142
11	办公室	168		218	150	172	125
12	文化教育用房	179	369	208	170	145	273
13	医疗用房	226		284	198	172	183
14	科学实验用房	208	275	288	179	267	286

宿舍工程每 1000m^2 建筑面积主要材料消耗量综合参考指标　　表 2-10

序号	材料名称	单位	每 1000m^2 数量	序号	材料名称	单位	每 1000m^2 数量
1	钢材	t	16～19	6	石子	m^3	180～200
2	锯材	m^3	30～40	7	油毡	m^2	560
	其中：木门窗	m^3	15～20	8	玻璃	m^2	210～250
3	水泥	t	130～150	9	油漆	kg	150～200
4	标砖	千块	240～280	10	沥青	t	1.2～1.6
	其中：基础	千块	50～60	11	铁钉	kg	100～150
5	砂	m^3	280～350	12	生石灰	t	25～30

多层现浇框架建筑每 1000m^2 建筑面积主要材料消耗量综合参考指标　　表 2-11

序号	材料名称	单位	每 1000m^2 数量	序号	材料名称	单位	每 1000m^2 数量
1	钢材	t	40～45	6	石　子	m^3	550～650
2	锯　材	m^3	60～70	7	油　毡	m^2	600
	其中：木门	m^3	10～15	8	玻　璃	m^2	280～310
3	水　泥	t	184～200	9	油　漆	kg	200～300
4	标　砖	千块	146～190	10	沥　青	t	1.3～1.7
5	砂	m^3	700～800	11	铁　钉	kg	120～160

工程造价及工程费用组成　　表 2-12

项目		单方指标（元·m^{-2}）	其中各种费用占造价比率（%）							
			直接费					施工管理费	成本外独立费	法定利润
			人工费	材料费	机械费	其他直接费	直接费小计			
工程造价		164.68	6.35	66.53	3.02	4.36	83.26	9.13	5.66	1.95
其中	土建工程	141.74	6.35	68.07	3.46	4.80	82.86	9.30	5.84	2.00
	采暖工程	5.45	4.69	80.78	0.33	1.50	87.30	7.17	4.13	1.40
	上下水工程	11.53	3.77	84.34	0.26	1.20	89.57	5.75	3.55	1.13
	电照工程	5.96	8.69	65.38	0.61	2.78	77.46	13.30	6.63	2.61

土建工程预算分部构成比率及主要工程量见表 2-13。工料消耗指标见表 2-14。

土建工程预算分部构成比率及主要工程量表　　表 2-13

项　　目	单位	每 m^2 工程量	占直接费比率（%）	说　　明
一、基础工程			18.14	
挖土	m^3	0.332		
现浇钢筋混凝土桩基础	m^3	0.137		
现浇钢筋混凝土承台梁	m^3	0.024		
混凝土垫层	m^3	0.0003		包括室外平台
砖基础	m^3	0.054		
钢筋混凝土基础圈梁	m^3	0.005		
钢筋混凝土构造柱基础	m^3	0.002		
回填土	m^3	0.324		
二、结构工程			44.79	
砖砌外墙	m^3	0.158		
砖砌内墙	m^3	0.187		
砖砌隔墙	m^3	0.032		
加气混凝土墙	m^3	0.005		
其他砌砖	m^3	0.0002		
现浇钢筋混凝土构造柱	m^3	0.02		包括女儿墙
现浇钢筋混凝土圈梁	m^3	0.021		包括水箱间
现浇钢筋混凝土平板	m^3	0.002		包括压顶
现浇钢筋混凝土阳台锚固梁	m^3	0.0004		
现浇钢筋混凝土叠合梁	m^3	0.006		
板缝混凝土	m^3	0.012		
其他现浇混凝土	m^3	0.001		
预制钢筋混凝土构件	m^3	0.078		
预制钢筋混凝土阳台栏板	m^3	0.003		
三、屋面工程			1.86	
水泥焦渣保温层	m^3	0.031		
二毡三油防水层	m^2	0.183		
四、门窗工程			19.23	
木门	m^2	0.25		
木窗	m^2	0.001		
钢窗	m^2	0.170		
五、楼地面工程			2.26	
灰土垫层	m^2	0.013		包括楼梯
混凝土地面	m^2	0.672		
水泥砂浆地面	m^2	0.241		
六、室内装修工程			7.41	
墙面抹灰	m^2	0.203		
顶板抹灰	m^2	0.796		
墙裙抹灰	m^2	0.318		
窗台抹灰	m^2	0.027		
水磨石台板	m^2	0.009		
浴盆贴瓷砖	m^2	0.013		
楼梯栏杆	kg	0.535		

续表

项　　目	单位	每 m^2 工程量	占直接费比率（%）	说　　明
七、外墙装饰工程			6.31	
墙面勾缝	m^2	0.619		
墙面干粘石	m^2	0.039		
勒脚水刷石	m^2	0.039		
门套水刷石	m^2	0.009		
腰线干粘石	m^2	0.024		
窗台抹灰	m^2	0.038		包括室外平台
檐下抹灰	m^2	0.024		包括女儿墙
雨篷干粘石	m^2	0.005		
阳台干粘石	m^2	0.107		
阳台隔板抹灰	m^2	0.042		
阳台抹灰	m^2	0.061		
其他抹灰	m^2	0.048		
台阶抹灰	m^2	0.007		
散水抹灰	m^2	0.02		

工料消耗指标　　　　表 2-14

项目	单位	每 m^2 耗用量	每万元耗用量	备注	项目	单位	每 m^2 耗用量	每万元耗用量	备注
一、定额用工	工日	4.11	249.27		加气混凝土	m^3	0.003	0.19	
土建工程	工日	3.57	216.55		石渣	kg	1.396	84.15	
设备工程	工日	0.54	32.72		焦渣	m^3	0.013	0.81	
二、材料消耗					马赛克	m^2	0.013	0.78	
标准砖	千块	0.231	14.02		镀锌铁皮	kg	0.014	0.84	
砂	t	0.45	27.35		钢板	kg	0.045	0.74	
石子	t	0.314	19.06		型钢	kg	0.505	30.64	
石灰	t	0.03	1.80		散热器	kg	0.044	2.70	
钢筋	t	0.139	8.47		焊接钢管	kg	0.843	51.19	闭式
木材	m^3	0.01	0.63		镀锌钢管	kg	0.512	31.09	
玻璃	m^2	0.01	0.58		铸铁管	kg	0.252	197.48	
沥青	kg	0.182	11.04		穿线钢管	m	0.004	0.22	
油毡	m^2	1.07	64.96		硬塑料管	m	0.121	7.37	
各种油漆	kg	0.462	26.03		塑料软管	m	0.95	57.71	
纤维板	m^2	0.285	19.47		电线	m	2.819	171.34	

注：本表不包括外加工预制钢筋 0.154 混凝土 9.37 构件、钢木门窗工料。

3. 概算指标的应用

(1) 概算指标的直接套用

直接套用概算指标时，应注意以下问题：

1）拟建工程的建设地点与概算指标中的工程地点在同一地区；

2）拟建工程的外形特征和结构特征与概算指标中的工程地点在同一地区；

3）拟建工程的建筑面积、层数与概算指标中工程的建筑面积、层数相差不大。

（2）概算指标的调整

用概算指标编制工程概算时，不易选到与概算指标中工程结构特征完全相同的概算指标，实际工程与概算指标的内容存在一定的差异。此时，需对概算指标进行调整，调整的方法如下：

1）每 $100m^2$ 造价调整思路。同定额换算，即从原每 $100m^2$ 概算造价中，减去每 $100m^2$ 造价调整指标，再将每 $100m^2$ 造价调整指标乘以设计对象的建筑面积，得到拟建工程的概算造价。

2）每 $100m^2$ 造价调整公式。

每 $100m^2$ 建筑面积造价调整指标＝所选概算造价－每 $100m^2$ 换出结构构件的价值＋每 $100m^2$ 换入结构构件的价值 （2-69）

式中 换出结构构件的价值＝原指标中结构构件工程量×地区概算定额基价 （2-70）

换入结构构件的价值＝拟建工程中结构构件的工程量×地区概算定额基价 （2-71）

【例 2-20】 某拟建工程，建筑面积为 $3580m^2$，按图算出一砖外墙为 $646.97m^3$，木窗 $613.72m^2$。所选定的概算指标中，每 $100m^2$ 建筑面积有一砖半外墙 $25.71m^3$，钢窗 $15.50m^2$，每 $100m^2$ 概算造价为 29767 元，试求调整后每 $100m^2$ 概算造价及拟建工程的概算造价。

【解】 概算指标调整详见表 2-15。

概算指标调整计算表 **表 2-15**

序号	概算定额编号	构件	单位	数量	单价	复价	备注
	换入部分						
1	2-78	1 砖外墙	m^3	18.07	88.31	1596	
2	4-68	木窗	m^2	17.143	39.45	676	
						2272	
	换出部分						
3	2-78	1.5 砖外墙	m^3	25.71	87.20	2242	
4	4-90	钢窗	m^2	15.5	74.2	1150	
	小计					3392	

建筑面积调整概算造价＝(29767＋2272－3392)＝28647 元/$100m^2$

拟建工程的概算造价为：

$$35.8 \times 100\ m^2 \times 28647\ 元/100m^2 = 1025562\ 元$$

3）每 $100m^2$ 中工料数量的调整。调整的思路是，从所选定指标的工料消耗量中，换出与拟建工程不同的结构构件的工料消耗量，换入所需结构构件的工料消耗量。

关于换出换入的工料数量，是根据换入结构全部的工程量乘以相应的概算定额中工程消耗量指标而得出的。

根据调整后的工料消耗量和地区材料预算价格、人工工资标准、机械台班预算单价，计算每 $100m^2$ 的概算基价，然后依据有关取费规定，计算每 $100m^2$ 的概算造价。

单项工程指标一般以单项工程生产能力单位投资，如元/t 或其他单位表示。如，变配电站：元/kW；锅炉房（按蒸汽计量）：元/t；供水站：元/m^3；办公室、仓库、住宅等房屋则区别不同结构形式以元/ m^2 表示。

复习思考题

1. 什么是定额，什么是建设工程定额，定额有何特性？

2. 建设工程定额是怎样进行分类的，它们各分为哪几种？

3. 什么是劳动定额，有哪几种表示方法，相互之间有何关系？

4. 劳动定额的制定方法有哪几种，各有哪些优缺点？

5. 什么是机械台班使用定额，有哪几种表示方法，相互之间有何关系？

6. 人工挖 $1m^3$ 地槽（深 1m，槽宽 0.8m，三类土）的时间定额和产量定额是多少？如果槽深在 3m 时，时间定额和产量定额又是多少？

7. 某瓦工班 12 人砌双面清水 1 砖外墙 $120m^3$，运输采用机吊。已知定额规定技工每工日砌 $1.8m^3$，运输每工日 $2.11m^3$，调制砂浆每工日 $12.2m^3$。试计算该班需要几天完成任务，技工、普工各需要多少人？

8. 88.2kW 推土机平整场地 $500m^3$ 土方，推土距离 60m 以内，三类土，试计算需要多少台班才能完成？

9. 什么是材料消耗定额，它由哪几部分组成，它们之间有何关系？

10. 材料消耗定额的编制方法有哪几种，它们各有哪些优缺点？

11. 什么是周转性材料，编制其材料消耗量时需要考虑哪些因素？

12. 采用 1∶1 水泥砂浆贴 150mm×150mm×5mm 瓷砖墙面，结合层厚度 10mm。试计算每 $100m^2$ 墙面瓷砖和砂浆的总消耗量（灰缝宽 2mm）。瓷砖损耗率为 1.5%，砂浆损耗率为 1%。

13. 什么是企业定额，它有何特点，有哪些重要作用？

14. 企业定额的编制包括哪些主要内容，其主要消耗量是如何确定的？

15. 编制企业定额的方法有哪几种，编制程序是什么？

16. 什么是预算定额，其作用有哪些？

17. 预算定额中人工消耗量指标包括哪些用工，主要材料消耗用量是如何确定的？

18. 预算定额中的人工工资标准由哪几部分组成？

19. 材料预算价格由哪些费用构成，如何正确确定材料的原价？

20. 什么是机械台班使用费，它由哪些费用构成？

21. 按照各地区预算定额的规定，试计算 120mm 厚水泥砂浆砖基础的预算价值（直接费）、人工费、材料费、机械费和主要材料用量。

22. 某工字柱断面最小处为 80mm，每根混凝土柱体积在 $2m^3$ 以内，设计要求用 C_{25} 碎石混凝土预制。试计算每 $10m^3$ 的换算价格。

23. 某车间混凝土墙面抹灰工程，设计图纸要求用 1∶0.5∶2.5 水泥石灰砂浆 20mm 厚，麻刀灰面层 2mm 厚。试计算该项 $100m^2$ 抹灰面积的换算价格。

24. 什么叫概算定额，它有哪些作用？

25. 什么叫概算指标，有何特点？

26. 概算定额与概算指标区别在哪里？

3 建筑安装工程费用（预算造价）

3.1 总 费 用 构 成

3.1.1 工程造价的理论构成

价格是以货币形式表现的商品价值。价值是价格形成的基础。商品的价值是由社会必要劳动所耗费的时间来确定的。商品生产中社会必要劳动时间消耗越多，商品中所含的价值量就越大；反之，商品中凝结的社会必要劳动时间越少，商品的价值量就越低。

（1）建设工程物质消耗转移价值的货币表现。包括建筑材料、燃料、设备等物化劳动和建筑机械台班、工具的消耗。

（2）建设工程中，劳动工资报酬支出即劳动者为自己的劳动创造的价值的货币表现。包括劳动者的工资和奖金等费用。

（3）盈利即劳动者为社会创造价值的货币表现。如设计、施工、建设单位的利润和税金等。

理论上工程造价的基本构成如图 3-1 所示。

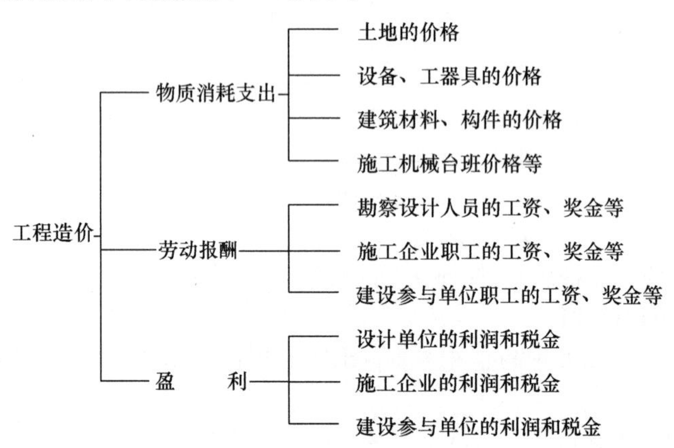

图 3-1 理论上工程造价的基本构成

3.1.2 我国现行建设项目总投资与工程造价构成

建设项目总投资包括固定资产投资和流动资产投资两部分，建设项目总投资中的固定资产投资与建设项目的工程造价在量上相等，具体内容如图 3-2 所示。

我国现行工程造价的构成主要划分为：设备及工器具购置费用、建筑安装工程费用、工程建设其他费用、预备费、建设期贷款利息等。其中，设备及工器具购置费用是指业主购置设备的原价及运杂费和工器具的购置费用。建筑安装工程费用是业主支付给承包商的全部生产费用，包括建筑物或构筑物的建造及相关准备、清理工程的费用、设备的安装费用等。工程建设其他费用系指工程建设期间为确保工程顺利进行，未纳入上述两项的有关费用，主要包含三类：第一类是土地使用费；第二类是与工程建设有关的其他费用；第三类是与未来企业生产经营有关的其他费用。工程造价中的预备费在世界银行和国际咨询工程师联合会中将其称为“应急费”。我国现行规定的预备费主要由基本预备费和涨价预备费两项构成。基本预备费是指因设计发生重大变更、一般性自然灾害或对隐蔽工程进行必要的修复及挖掘造成损失等所增加的费用；涨价预备费则是在建设期间因价格变化所引起的工程造价增减的预测预留费用，例如，人工、设备、材料、机械台班的价差费，建安工程费用及工程建设其他费用的调整，利率、汇率等的调整所增加的费用。建设期贷款利息指项目在建设期间借贷工程建设资金所产生的全部利息总和，可按规定的利率进行计算。固定资产投资方向调节税，是为了引导投资方向，调节投资结构，对国内进行固定资产投资的单位和个人征收的固定资产投资方向调节税（目前停止征收）。

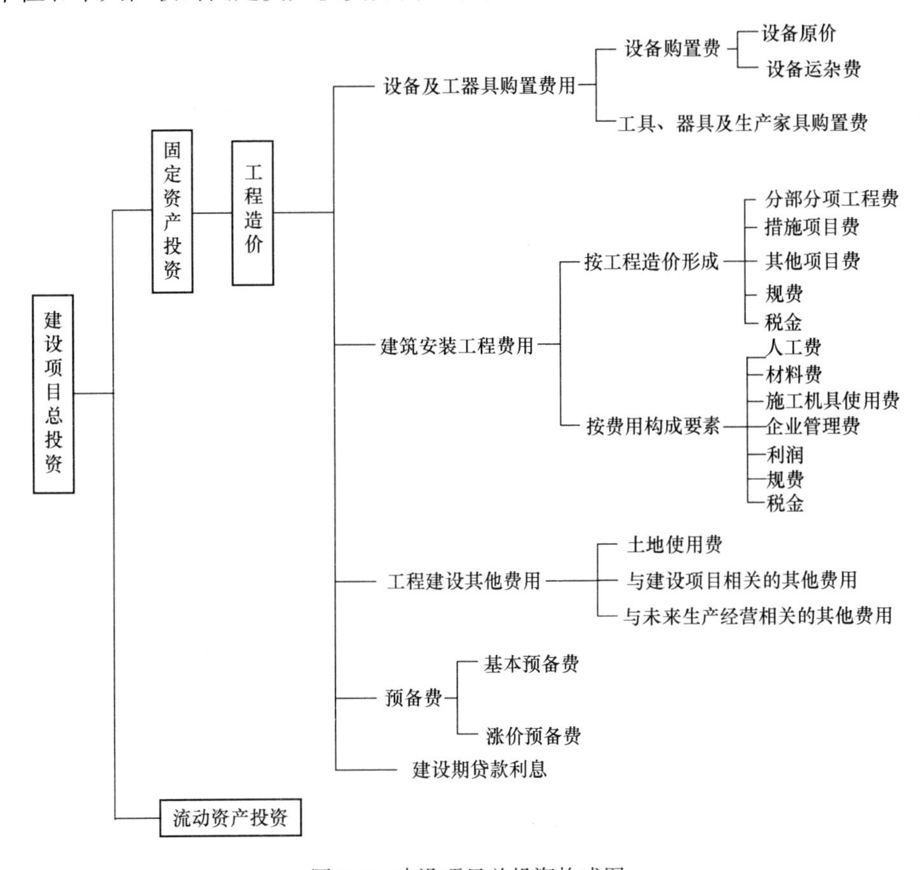

图 3-2 建设项目总投资构成图

3.2 建筑安装工程费用项目组成

关于建筑安装工程费用项目组成，我国规定应按照住房和城乡建设部、财政部颁布的建标［2013］44 号文《建筑安装工程费用项目组成》通知中的内容规定进行各相关费用的计算。

3.2.1 关于《费用项目组成》的调整

为了适应建设工程造价计价改革工作的需要，按照国家有关法律、法规，并参照国际惯例，在总结建设部、财政部关于印发《建筑安装工程费用项目组成》的通知（建标[2003] 206号）文执行情况的基础上，住房和城乡建设部、财政部对《建筑安装工程费用项目组成》进行了修订（以下简称《费用项目组成》），并要求各地区、各部门认真做好颁发后的贯彻实施工作。现将《费用项目组成》调整的主要内容和贯彻实施有关事项分述如下：

1.《费用项目组成》调整的主要内容

（1）建筑安装工程费用项目按费用构成要素组成划分为人工费、材料费、施工机具使用费、企业管理费、利润、规费和税金。

（2）为指导工程造价专业人员计算建筑安装工程造价，将建筑安装工程费用按工程造价形成顺序划分为分部分项工程费、措施项目费、其他项目费、规费和税金。

（3）按照国家统计局《关于工资总额组成的规定》，合理调整了人工费构成及内容。

（4）依据国家发展改革委、财政部等9部委发布的《标准施工招标文件》的有关规定，将工程设备费列入材料费；原材料费中的检验试验费列入企业管理费。

（5）将仪器仪表使用费列入施工机具使用费；大型机械进出场及安拆费列入措施项目费。

（6）按照《社会保险法》的规定，将原企业管理费中劳动保险费中的职工死亡丧葬补助费、抚恤费列入规费中的养老保险费；在企业管理费中的财务费和其他中增加担保费、投标费、保险费。

（7）按照《社会保险法》、《建筑法》的规定，取消原规费中危险作业意外伤害保险费，增加工伤保险费、生育保险费。

（8）按照财政部的有关规定，在税金中增加地方教育附加。

2. 贯彻实施有关事项

（1）为指导各部门、各地区按照本通知开展费用标准测算等工作，我们对原《通知》中建筑安装工程费用参考计算方法、公式和计价程序等进行了相应的修改完善，统一制定了《建筑安装工程费用参考计算方法》和《建筑安装工程计价程序》。

（2）《费用项目组成》自2013年7月1日起施行，原建设部、财政部《关于印发〈建筑安装工程费用项目组成〉的通知》（建标[2003] 206号）同时废止。

3.2.2 建筑安装工程费用项目组成

1. 按费用构成要素的费用项目组成

建筑安装工程费按照费用构成要素划分：由人工费、材料（包含工程设备，下同）费、施工机具使用费、企业管理费、利润、规费和税金组成。其中人工费、材料费、施工机具使用费、企业管理费和利润包含在分部分项工程费、措施项目费、其他项目费中。

（1）人工费

是指按工资总额构成规定，支付给从事建筑安装工程施工的生产工人和附属生产单位工人的各项费用。内容包括：

1）计时工资或计件工资。是指按计时工资标准和工作时间或对已做工作按计件单价支付给个人的劳动报酬。

2）奖金。是指对超额劳动和增收节支支付给个人的劳动报酬。如节约奖、劳动竞赛奖等。

3）津贴补贴。是指为了补偿职工特殊或额外的劳动消耗和因其他特殊原因支付给个人的津贴，以及为了保证职工工资水平不受物价影响，支付给个人的物价补贴。如流动施工津贴、特殊地区施工津贴、高温（寒）作业临时津贴、高空津贴等。

4）加班加点工资。是指按规定支付的在法定节假日工作的加班工资和在法定日工作时间外延时工作的加点工资。

5）特殊情况下支付的工资。是指根据国家法律、法规和政策规定，因病、工伤、产假、计划生育假、婚丧假、事假、探亲假、定期休假、停工学习、执行国家或社会义务等原因按计时工资标准或计时工资标准的一定比例支付的工资。

（2）材料费

是指施工过程中耗费的原材料、辅助材料、构配件、零件、半成品或成品、工程设备的费用。内容包括：

1）材料原价。是指材料、工程设备的出厂价格或商家供应价格。

2）运杂费。是指材料、工程设备自来源地运至工地仓库或指定堆放地所发生的全部费用。

3）运输损耗费。是指材料在运输装卸过程中不可避免的损耗。

4）采购及保管费。是指为组织采购、供应和保管材料、工程设备的过程中所需要的各项费用。包括采购费、仓储费、工地保管费、仓储损耗。

工程设备是指构成或计划构成永久工程一部分的机电设备、金属结构设备、仪器装置及其他类似的设备和装置。

（3）施工机具使用费

是指施工作业所发生的施工机械、仪器仪表使用费或其租赁费。

1）施工机械使用费。以施工机械台班耗用量乘以施工机械台班单价表示，施工机械台班单价应由下列七项费用组成：

① 折旧费。指施工机械在规定的使用年限内，陆续收回其原值的费用。

② 大修理费。指施工机械按规定的大修理间隔台班进行必要的大修理，以恢复其正常功能所需的费用。

③ 经常修理费。指施工机械除大修理以外的各级保养和临时故障排除所需的费用。包括为保障机械正常运转所需替换设备与随机配备工具附具的摊销和维护费用，机械运转中日常保养所需润滑与擦拭的材料费用及机械停滞期间的维护和保养费用等。

④ 安拆费及场外运费。安拆费指施工机械（大型机械除外）在现场进行安装与拆卸所需的人工、材料、机械和试运转费用以及机械辅助设施的折旧、搭设、拆除等费用；场外运费指施工机械整体或分体自停放地点运至施工现场或由一施工地点运至另一施工地点的运输、装卸、辅助材料及架线等费用。

⑤ 人工费。指机上司机（司炉）和其他操作人员的人工费。

⑥ 燃料动力费。指施工机械在运转作业中所消耗的各种燃料及水、电等。

⑦ 税费。指施工机械按照国家规定应缴纳的车船使用税、保险费及年检费等。

2）仪器仪表使用费。是指工程施工所需使用的仪器仪表的摊销及维修费用。

（4）企业管理费

是指建筑安装企业组织施工生产和经营管理所需的费用。内容包括：

1）管理人员工资。是指按规定支付给管理人员的计时工资、奖金、津贴补贴、加班加点工资及特殊情况下支付的工资等。

2）办公费。是指企业管理办公用的文具、纸张、账表、印刷、邮电、书报、办公软件、现场监控、会议、水电、烧水和集体取暖降温（包括现场临时宿舍取暖降温）等费用。

3）差旅交通费。是指职工因公出差、调动工作的差旅费、住勤补助费，市内交通费和误餐补助费，职工探亲路费，劳动力招募费，职工退休、退职一次性路费，工伤人员就医路费，工地转移费以及管理部门使用的交通工具的油料、燃料等费用。

4）固定资产使用费。是指管理和试验部门及附属生产单位使用的属于固定资产的房屋、设备、仪器等的折旧、大修、维修或租赁费。

5）工具用具使用费。是指企业施工生产和管理使用的不属于固定资产的工具、器具、家具、交通工具和检验、试验、测绘、消防用具等的购置、维修和摊销费。

6）劳动保险和职工福利费。是指由企业支付的职工退职金、按规定支付给离休干部的经费、集体福利费、夏季防暑降温、冬季取暖补贴、上下班交通补贴等。

7）劳动保护费。是企业按规定发放的劳动保护用品的支出。如工作服、手套、防暑降温饮料以及在有碍身体健康的环境中施工的保健费用等。

8）检验试验费。是指施工企业按照有关标准规定，对建筑以及材料、构件和建筑安装物进行一般鉴定、检查所发生的费用，包括自设试验室进行试验所耗用的材料等费用。不包括新结构、新材料的试验费，对构件做破坏性试验及其他特殊要求检验试验的费用和建设单位委托检测机构进行检测的费用，对此类检测发生的费用，由建设单位在工程建设其他费用中列支。但对施工企业提供的具有合格证明的材料进行检测不合格的，该检测费用由施工企业支付。

9）工会经费。是指企业按《工会法》规定的全部职工工资总额比例计提的工会经费。

10）职工教育经费。是指按职工工资总额的规定比例计提，企业为职工进行专业技术和职业技能培训，专业技术人员继续教育、职工职业技能鉴定、职业资格认定以及根据需要对职工进行各类文化教育所发生的费用。

11）财产保险费。是指施工管理用财产、车辆等的保险费用。

12）财务费。是指企业为施工生产筹集资金或提供预付款担保、履约担保、职工工资支付担保等所发生的各种费用。

13）税金。是指企业按规定缴纳的房产税、车船使用税、土地使用税、印花税等。

14）其他。包括技术转让费、技术开发费、投标费、业务招待费、绿化费、广告费、公证费、法律顾问费、审计费、咨询费、保险费等。

（5）利润

是指施工企业完成所承包工程获得的盈利。

（6）规费

是指按国家法律、法规规定，由省级政府和省级有关权力部门规定必须缴纳或计取的费用。包括：

1）社会保险费。

① 养老保险费。是指企业按照规定标准为职工缴纳的基本养老保险费。

② 失业保险费。是指企业按照规定标准为职工缴纳的失业保险费。

③ 医疗保险费。是指企业按照规定标准为职工缴纳的基本医疗保险费。

④ 生育保险费。是指企业按照规定标准为职工缴纳的生育保险费。

⑤ 工伤保险费。是指企业按照规定标准为职工缴纳的工伤保险费。

2）住房公积金。是指企业按照规定标准为职工缴纳的住房公积金。

3）工程排污费。是指按规定缴纳的施工现场工程排污费。

其他应列而未列入的规费，按实际发生计取。

（7）税金

是指国家税法规定的应计入建筑安装工程造价内的营业税、城市维护建设税、教育费附加以及地方教育附加。

2. 按工程造价形成的费用项目组成

建筑安装工程费按照工程造价形成由分部分项工程费、措施项目费、其他项目费、规费、税金组成，分部分项工程费、措施项目费、其他项目费包含人工费、材料费、施工机具使用费、企业管理费和利润。

（1）分部分项工程费

是指各专业工程的分部分项工程应予列支的各项费用。

1）专业工程。是指按现行国家计量规范划分的房屋建筑与装饰工程、仿古建筑工程、通用安装工程、市政工程、园林绿化工程、矿山工程、构筑物工程、城市轨道交通工程、爆破工程等各类工程。

2）分部分项工程。指按现行国家计量规范对各专业工程划分的项目。如房屋建筑与装饰工程划分的土石方工程、地基处理与桩基工程、砌筑工程、钢筋及钢筋混凝土工程等。

各类专业工程的分部分项工程划分见现行国家或行业计量规范。

（2）措施项目费

是指为完成建设工程施工，发生于该工程施工前和施工过程中的技术、生活、安全、环境保护等方面的费用。内容包括：

1）安全文明施工费。

① 环境保护费。是指施工现场为达到环保部门要求所需要的各项费用。

② 文明施工费。是指施工现场文明施工所需要的各项费用。

③ 安全施工费。是指施工现场安全施工所需要的各项费用。

④ 临时设施费。是指施工企业为进行建设工程施工所必须搭设的生活和生产用的临时建筑物、构筑物和其他临时设施费用。包括临时设施的搭设、维修、拆除、清理费或摊销费等。

2）夜间施工增加费。是指因夜间施工所发生的夜班补助费、夜间施工降效、夜间施工照明设备摊销及照明用电等费用。

3）二次搬运费。是指因施工场地条件限制而发生的材料、构配件、半成品等一次运输不能到达堆放地点，必须进行二次或多次搬运所发生的费用。

4）冬雨季施工增加费。是指在冬季或雨季施工需增加的临时设施、防滑、排除雨雪，人工及施工机械效率降低等费用。

5）已完工程及设备保护费。是指竣工验收前，对已完工程及设备采取的必要保护措施所发生的费用。

6）工程定位复测费。是指工程施工过程中进行全部施工测量放线和复测工作的费用。

7）特殊地区施工增加费。是指工程在沙漠或其边缘地区、高海拔、高寒、原始森林等特殊地区施工增加的费用。

8）大型机械设备进出场及安拆费。是指机械整体或分体自停放场地运至施工现场或由一个施工地点运至另一个施工地点，所发生的机械进出场运输及转移费用及机械在施工现场进行安装、拆卸所需的人工费、材料费、机械费、试运转费和安装所需的辅助设施的费用。

9）脚手架工程费。是指施工需要的各种脚手架搭、拆、运输费用以及脚手架购置费的摊销（或租赁）费用。

措施项目及其包含的内容详见各类专业工程的现行国家或行业计量规范。

（3）其他项目费

1）暂列金额。是指建设单位在工程量清单中暂定并包括在工程合同价款中的一笔款项。用于施工合同签订时尚未确定或者不可预见的所需材料、工程设备、服务的采购，施工中可能发生的工程变更、合同约定调整因素出现时的工程价款调整以及发生的索赔、现场签证确认等的费用。

2）计日工。是指在施工过程中，施工企业完成建设单位提出的施工图纸以外的零星项目或工作所需的费用。

3）总承包服务费。是指总承包人为配合、协调建设单位进行的专业工程发包，对建设单位自行采购的材料、工程设备等进行保管以及施工现场管理、竣工资料汇总整理等服务所需的费用。

（4）规费是指按国家法律、法规规定，由省级政府和省级有关权力部门规定必须缴纳或计取的费用。包括：

1）社会保险费。

① 养老保险费。是指企业按照规定标准为职工缴纳的基本养老保险费。

② 失业保险费。是指企业按照规定标准为职工缴纳的失业保险费。

③ 医疗保险费。是指企业按照规定标准为职工缴纳的基本医疗保险费。

④ 生育保险费。是指企业按照规定标准为职工缴纳的生育保险费。

⑤ 工伤保险费。是指企业按照规定标准为职工缴纳的工伤保险费。

2）住房公积金。是指企业按照规定标准为职工缴纳的住房公积金。

3）工程排污费。是指按规定缴纳的施工现场工程排污费。

其他应列入而未列入的规费，按实际发生计取。

（5）税金是指国家税法规定的应计入建筑安装工程造价内的营业税、城市维护建设税、教育费附加及地方教育附加。

3.3 建筑安装工程费用计算方法

按照住房和城乡建设部、财政部颁发的建标［2013］44号文《建筑安装工程费用项目组成》中的内容规定，建筑安装工程费用计算方法，分为按各费用构成要素的费用计算方法和按建筑安装工程计价的费用计算方法，现分述如下。

3.3.1 按各费用构成要素的费用计算方法

1. 人工费

人工费计算分为计算公式1和计算公式2，其计算公式如下所示。

（1）人工费计算公式1

计算公式1主要适用于施工企业投标报价时自主确定人工费，也是工程造价管理机构编制计价定额确定定额人工单价或发布人工成本信息的参考依据。即：

$$\text{人工费} = \Sigma(\text{工日消耗量} \times \text{日工资单价}) \tag{3-1}$$

（2）人工费计算公式2

计算公式2适用于工程造价管理机构编制计价定额时确定定额人工费，是施工企业投标报价的参考依据。即：

$$\text{人工费} = \Sigma(\text{工程工日消耗量} \times \text{日工资单价}) \tag{3-2}$$

（3）日工资单价计算公式

日工资单价是指施工企业平均技术熟练程度的生产工人在每工作日（国家法定工作时间内）按规定从事施工作业应得的日工资总额。其计算公式如下所示：

$$\text{日工资单价} = \frac{\begin{array}{c}\text{生产工人平均月工资(计时、计件)} + \text{平均月(奖金} + \\ \text{津贴补贴} + \text{特殊情况下支付的工资)}\end{array}}{\text{年平均每月法定工作日}} \tag{3-3}$$

工程造价管理机构确定日工资单价应通过市场调查、根据工程项目的技术要求，参考实物工程量人工单价综合分析确定，最低日工资单价不得低于工程所在地人力资源和社会保障部门所发布的最低工资标准的：普工1.3倍、一般技工2倍、高级技工3倍。

工程计价定额不可只列一个综合工日单价，应根据工程项目技术要求和工种差别适当划分多种日人工单价，确保各分部工程人工费的合理构成。

2. 材料费

（1）材料费

1）材料费计算公式如下所示：

$$\text{材料费} = \Sigma(\text{材料消耗量} \times \text{材料单价}) \tag{3-4}$$

2）材料单价计算公式如下所示：

$$\text{材料单价} = (\text{材料原价} + \text{运杂费}) \times [1 + \text{运输损耗率}(\%)] \times [1 + \text{采购保管费费率}(\%)] \tag{3-5}$$

（2）工程设备费

1）工程设备费计算公式如下所示：

$$\text{工程设备费} = \Sigma(\text{工程设备单价} \times \text{工程设备量}) \tag{3-6}$$

2）工程设备单价计算公式如下所示：

$$\text{工程设备单价} = (\text{设备原价} + \text{运杂费}) \times [1 + \text{采购保管费费率}(\%)] \tag{3-7}$$

3. 施工机具使用费

（1）施工机械使用费

1）施工机械使用费计算公式如下所示：

$$施工机械使用费 = \Sigma(施工机械台班单价 \times 施工机械台班消耗量) \quad (3\text{-}8)$$

2）施工机械台班单价计算公式如下所示：

$$\begin{aligned}机械台班单价 = {} & 台班折旧费 + 台班大修费 + 台班经常修理费 + 台班安拆费及场外运费 \\ & + 台班人工费 + 台班燃料动力费 + 台班车船税费\end{aligned} \quad (3\text{-}9)$$

3）租赁施工机械使用费计算公式如下所示：

$$施工机械使用费 = \Sigma(施工机械台班租赁单价 \times 施工机械台班消耗量) \quad (3\text{-}10)$$

工程造价管理机构在确定计价定额中的施工机械使用费时，应根据《建筑施工机械台班费用计算规则》结合市场调查编制施工机械台班单价。施工企业可以参考工程造价管理机构发布的台班单价，自主确定施工机械使用费的报价。

（2）仪器仪表使用费

仪器仪表使用费计算公式如下所示：

$$仪器仪表使用费 = 工程使用的仪器仪表摊销费 + 维修费 \quad (3\text{-}11)$$

4. 企业管理费费率

企业管理费费率，可以分别按以下的公式计算：

（1）以分部分项工程费为计算基础

计算公式如下所示：

$$企业管理费费率(\%) = \frac{生产工人年平均管理费}{年有效施工天数 \times 人工单价} \times 人工费占分部分项工程费比例(\%) \quad (3\text{-}12)$$

（2）以人工费和机械费合计为计算基础

计算公式如下所示：

$$企业管理费费率(\%) = \frac{生产工人年平均管理费}{年有效施工天数 \times (人工单价 + 每一工日机械使用费)} \times 100\% \quad (3\text{-}13)$$

（3）以人工费为计算基础

计算公式如下所示：

$$企业管理费费率(\%) = \frac{生产工人年平均管理费}{年有效施工天数 \times 人工单价} \times 100\% \quad (3\text{-}14)$$

上述企业管理费费率计算公式，主要适用于施工企业投标报价时自主确定管理费，是工程造价管理机构编制计价定额确定企业管理费的参考依据。

工程造价管理机构在确定计价定额中企业管理费时，应以定额人工费或（定额人工费＋定额机械费）作为计算基数，其费率根据历年工程造价积累的资料，辅以调查数据确定，列入分部分项工程和措施项目中。

5. 利润

（1）施工企业根据企业自身需求并结合建筑市场实际自主确定，列入报价中。

（2）工程造价管理机构在确定计价定额中利润时，可分别按以下公式计算：

1）以定额人工费作为计算基数，其计算公式如下所示：

$$利润 = \Sigma定额人工费 \times 利润率 \quad (3\text{-}15)$$

2）以定额人工费和定额机械费之和作为计算基数，其计算公式如下所示：

$$利润 = \Sigma(定额人工费 + 定额机械费) \times 利润率 \tag{3-16}$$

利润费率由各地工程造价管理机构，根据历年工程造价积累的资料，并结合建筑市场实际确定，以单位（单项）工程测算，利润在税前建筑安装工程费的比重可按不低于5%且不高于7%的费率计算。利润应列入分部分项工程和措施项目中。

6. 规费

（1）社会保险费和住房公积金

社会保险费和住房公积金应以定额人工费为计算基础，根据工程所在地省、自治区、直辖市或行业建设主管部门规定费率计算。

$$社会保险费和住房公积金 = \Sigma(工程定额人工费 \times 社会保险费和住房公积金费率) \tag{3-17}$$

上式中，社会保险费和住房公积金费率可以每万元发承包价的生产工人人工费和管理人员工资含量与工程所在地规定的缴纳标准综合分析取定。

（2）工程排污费

工程排污费等其他应列而未列入的规费应按工程所在地环境保护等部门规定的标准缴纳，按实计取列入。

7. 税金

（1）税金计算

税金计算公式如下所示：

$$税金 = 税前造价 \times 综合税率(\%) \tag{3-18}$$

（2）综合税率（%）：

1）纳税地点在市区的企业，其综合税率计算公式如下所示：

$$综合税率(\%) = \frac{1}{1 - 3\% - (3\% \times 7\%) - (3\% \times 3\%) - (3\% \times 2\%)} - 1 \tag{3-19}$$

2）纳税地点在县城、镇的企业，其综合税率计算公式如下所示：

$$综合税率(\%) = \frac{1}{1 - 3\% - (3\% \times 5\%) - (3\% \times 3\%) - (3\% \times 2\%)} - 1 \tag{3-20}$$

3）纳税地点不在市区、县城、镇的企业，其综合税率计算公式如下所示：

$$综合税率(\%) = \frac{1}{1 - 3\% - (3\% \times 1\%) - (3\% \times 3\%) - (3\% \times 2\%)} - 1 \tag{3-21}$$

4）实行营业税改增值税的，按纳税地点现行税率计算。

3.3.2 按建筑安装工程计价的费用计算方法

1. 分部分项工程费

分部分项工程费计算公式如下所示：

$$分部分项工程费 = \Sigma(分部分项工程量 \times 综合单价) \tag{3-22}$$

上式中，综合单价包括人工费、材料费、施工机具使用费、企业管理费和利润以及一定范围的风险费用（下同）。

2. 措施项目费

（1）国家计量规范规定应予计量的措施项目，其计算公式为：

$$措施项目费 = \Sigma(措施项目工程量 \times 综合单价) \tag{3-23}$$

（2）国家计量规范规定不宜计量的措施项目，其计算方法如下：

1）安全文明施工费计算公式如下所示：

$$安全文明施工费 = 计算基数 \times 安全文明施工费费率(\%) \tag{3-24}$$

计算基数应为定额基价（定额分部分项工程费＋定额中可以计量的措施项目费）、定额人工费或（定额人工费＋定额机械费），其费率由工程造价管理机构根据各专业工程的特点综合确定。

2）夜间施工增加费计算公式如下所示：

$$夜间施工增加费 = 计算基数 \times 夜间施工增加费费率(\%) \tag{3-25}$$

3）二次搬运费计算公式如下所示：

$$二次搬运费 = 计算基数 \times 二次搬运费费率(\%) \tag{3-26}$$

4）冬雨季施工增加费计算公式如下所示：

$$冬雨季施工增加费 = 计算基数 \times 冬雨季施工增加费费率(\%) \tag{3-27}$$

5）已完工程及设备保护费计算公式如下所示：

$$已完工程及设备保护费 = 计算基数 \times 已完工程及设备保护费费率(\%) \tag{3-28}$$

上述2)～5）项措施项目的计费基数应为定额人工费或（定额人工费＋定额机械费），其费率由工程造价管理机构根据各专业工程特点和调查资料综合分析后确定。

3. 其他项目费

（1）暂列金额由建设单位根据工程特点，按有关计价规定估算，施工过程中由建设单位掌握使用、扣除合同价款调整后如有余额，归建设单位。

（2）计日工由建设单位和施工企业按施工过程中的签证计价。

（3）总承包服务费由建设单位在招标控制价中根据总包服务范围和有关计价规定编制，施工企业投标时自主报价，施工过程中按签约合同价执行。

4. 规费和税金

建标［2013］44号文规定，建设单位和施工企业均应按照省、自治区、直辖市或行业建设主管部门发布标准计算规费和税金，不得作为竞争性费用。

5. 相关问题的说明

（1）各专业工程计价定额的编制及其计价程序，均按本通知实施。

（2）各专业工程计价定额的使用周期原则上为5年。

（3）工程造价管理机构在定额使用周期内，应及时发布人工、材料、机械台班价格信息，实行工程造价动态管理，如遇国家法律、法规、规章或相关政策变化以及建筑市场物价波动较大时，应适时调整定额人工费、定额机械费以及定额基价或规费费率，使建筑安装工程费能反映建筑市场实际。

（4）建设单位在编制招标控制价时，应按照各专业工程的计量规范和计价定额以及工程造价信息编制。

（5）施工企业在使用计价定额时除不可竞争费外，其余仅作参考，由施工企业投标时自主报价。

3.3.3 建筑安装工程费用项目组成及费用计算表

1. 按费用构成要素的费用项目组成及计算表

按费用构成要素的费用项目组成及计算表，详见表3-1所列。

按费用构成要素的费用项目组成及计算表　　表 3-1

	费用项目		计算方法
建筑安装工程费用	人工费	1. 计时工资或计件工资 2. 奖金 3. 津贴、补贴 4. 加班加点工资 5. 特殊情况下支付的工资	1. 公式 1：主要适用于施工企业投标报价时自主确定人工费 人工费=Σ（日工资单价×工日消耗量） 2. 公式 2：主要适用于工程造价管理机构编制计价定额时确定定额人工费 人工费=Σ（日工资单价×工程工日消耗量）
	材料费	1. 材料原价 2. 运杂费 3. 运输损耗费 4. 采购及保管费	1. 材料费=Σ（材料单价×材料消耗量） 材料单价=(材料原价+运杂费)×[1+运输损耗率(%)]×[1+采购保管费费率(%)] 2. 工程设备费=Σ(工程设备单价×工程设备量) 工程设备单价 =(设备原价+运杂费)×[1+采购保管费费率(%)]
	施工机具使用费	1. 施工机械使用费 ① 折旧费 ② 大修理费 ③ 经常修理费 ④ 安拆费及场外运费 … 2. 仪器仪表使用费	1. 施工机械使用费=Σ(机械台班单价×施工机械台班消耗量) 施工机械台班单价=台班折旧费+台班大修费+台班经常修理费+台班安拆费及场外运费+台班人工费+台班燃料动力费+台班车船税费 如采用租赁施工机械：施工机械使用费=Σ(机械台班租赁单价×施工机械台班消耗量) 2. 仪器仪表使用费 = 工程使用的仪器仪表摊销费+维修费
	企业管理费	1. 管理人员工资 2. 办公费 3. 差旅交通费 4. 固定资产使用费 5. 工具用具使用费 6. 劳动保险和职工福利费 7. 劳动保护费 … 14. 其他费用	1. 以分部分项工程费为计算基础 企业管理费费率(%)=生产工人年平均管理费×人工费占分部分项工程费比例(%)/年有效天数×人工单价 2. 以人工费+机械费为计算基础 企业管理费费率(%)=生产工人年平均管理费×100%/年有效天数×(人工单价+每一工日机械使用费) 3. 以人工费为计算基础 企业管理费费率(%)=生产工人年平均管理费×100%/年有效天数×人工单价
	利润		按税前建筑安装工程费的 5%~7%的费率计算，并应列入分部分项工程和措施项目中
	规费	1. 社会保险费 ① 养老保险费 ② 失业保险费 ③ 医疗保险费 … 2. 住房公积金 3. 工程排污费	1. 社会保险费和住房公积金应以定额人工费为计算基础，并根据工程所在地省、自治区、直辖市或行业建设主管部门规定的费率计算。 社会保险费和住房公积金=Σ(工程定额人工费×社会保险费和住房公积金费率) 2. 工程排污费(未列入规费)应按工程所在地环境保护部门规定的标准缴纳，并按实计取列入规费中
	税金	1. 营业税 2. 城市维护建设费 3. 教育费附加 4. 地方教育附加	1. 税金=税前工程造价×综合税率 综合税率：按纳税地点在市区的企业，在县城、镇的企业，不在市区、县城、镇的企业所规定的不同综合税率进行计算。 2. 实行营业税改增值税的，按纳税地点现行税率计算

2. 按工程造价形成的费用项目组成及计算表

按工程造价形成的费用项目组成及计算表，详见表3-2所列。

按工程造价形成的费用项目组成及计算表　　表3-2

<table>
<tr><th></th><th colspan="2">费用项目</th><th>计算方法</th></tr>
<tr><td rowspan="5">建筑安装工程费用</td><td>分部分项工程费</td><td>1. 房屋建筑和装饰工程
① 土石方工程
② 桩基工程
…
2. 仿古建筑工程
3. 通用安装工程
4. 市政工程
5. 园林绿化工程
…</td><td>1. 分部分项工程费：
分部分项工程费=Σ(综合单价×分部分项工程量)
2. 综合单价：
综合单价包括人工费、材料费、施工机具使用费、企业管理费和利润，以及一定范围的风险费用。即：
综合单价=人工费+材料费+施工机具使用费+企业管理费+利润+风险费用</td></tr>
<tr><td>措施项目费</td><td>1. 安全文明施工费
2. 夜间施工增加费
3. 二次搬运费
4. 冬雨季施工增加费
5. 已完工程及设备保护费
6. 工程定位复测费
7. 特殊地区施工增加费
8. 大型机械进出场及安拆费
9. 脚手架工程费
…</td><td>1. 国家计量范围过大应予计量的措施项目，其计算公式如下：
措施项目费=Σ(综合单价×措施项目工程量)
2. 国家计量范围过大不宜计量的措施项目，其计算方法如下：
① 安全文明施工费 = 计算基数×安全文明施工费费率(%)
② 夜间施工增加费 = 计算基数×夜间施工增加费费率(%)
③ 二次搬运费 = 计算基数×二次搬运费费率(%)
④ 冬雨季施工增加费 = 计算基数×冬雨季施工增加费费率(%)
⑤ 已完工程及设备保护费 = 计算基数×已完工程及设备保护费费率(%)
3. 上述②～⑤项措施项目的计算基数应为定额人工费或(定额人工费+定额机械费)，其费率由工程造价管理机构根据各专业工程特点和调查资料综合分析后确定</td></tr>
<tr><td>其他项目费</td><td>1. 暂列金额
2. 计日工
3. 总承包服务费
…</td><td>1. 暂列金额由建设单位根据工程特点，按有关规定估算，施工过程中由建设单位掌握使用、扣除合同价款调整后如有余额，归建设单位。
2. 计日工由建设单位和施工企业按施工过程中的签证计价。
3. 总承包服务费由建设单位在招标控制价中根据总包服务范围和有关计价规定编制，施工企业投标时自主报价，施工过程中按签约合同价执行</td></tr>
<tr><td>规费</td><td>1. 社会保险费
① 养老保险费
② 失业保险费
③ 医疗保险费
④ 生育保险费
⑤ 工伤保险费
2. 住房公积金
3. 工程排污费</td><td rowspan="2">规费和税金：
建设单位和施工企业均应按照省、自治区、直辖市或行业建设主管部门发布的标准计算规费和税金，不得作为竞争性费用</td></tr>
<tr><td>税金</td><td>1. 营业税
2. 城市维护建设费
3. 教育费附加
4. 地方教育附加</td></tr>
</table>

3.4 建筑安装工程费用标准和计算程序

3.4.1 建筑安装工程费用标准

建筑安装工程费用标准，在住房和城乡建设部、财政部建标[2013]44号文颁发以后，各地区都依据该文件的规定重新对费用计算标准进行了调整，可详见各地区的相关规定。

3.4.2 建筑安装工程计价程序

根据住房和城乡建设部、财政部建标[2013]第44号文《建筑安装工程费用项目组成》的内容规定，其建筑安装工程(费用)计价程序，分为建设单位工程招标控制价计价程序、施工企业工程投标报价计价程序和竣工结算计价程序，现将上述三种计价程序及计价程序表分述如下：

1. 建设单位工程招标控制价计价程序

招标控制价计价是以综合单价分别乘以相应的分部分项工程量后得到分部分项工程费，将各分部分项工程费合计汇总后，按计价规定的费率标准分别计算出措施项目费(包括安全文明施工费)、并按计价规定估算其他项目费(包括估算暂列金额、计日工等)，再按计价规定的标准、税率分别计算规费和税金，然后将其相加即是工程招标控制价合计。其招标控制价计价程序详见表3-3所列。

2. 施工企业工程投标报价计价程序

工程投标报价计价是以综合单价分别乘以相应的分部分项工程量后得到分部分项工程费，将各分部分项工程费合计汇总后，按计价规定自主报价计算出措施项目费(包括按规定标准计算安全文明施工费)、并按计价规定自主报价计算其他项目费(包括计日工等费用)，再按计价规定的标准、税率分别计算规费和税金，然后将其相加即是工程投标报价计价合计。其工程投标报价计价程序详见表3-4所列。

3. 竣工结算计价程序

竣工结算计价是以综合单价分别乘以相应的分部分项工程量后得到分部分项工程费，将各分部分项工程费合计汇总后，按合同约定计算出措施项目费(包括按规定标准计算安全文明施工费)、并按合同约定和现场签证计算其他项目费(包括专业工程计价、计日工、施工索赔等费用)，再按计价规定的标准、税率分别计算规费和税金，然后将其相加即是工程竣工结算计价合计。其工程竣工结算计价程序详见表3-5所列。

建设单位工程招标控制价计价程序 **表3-3**

工程名称： 标段：

序号	内　容	计 算 方 法	金 额(元)
1	分部分项工程费	按计价规定计算	
1.1			
1.2			
1.3			
1.4			

续表

序号	内　　容	计　算　方　法	金　额(元)
1.5			
2	措施项目费	按计价规定计算	
2.1	其中：安全文明施工费	按规定标准计算	
3	其他项目费		
3.1	其中：暂列金额	按计价规定估算	
3.2	其中：专业工程暂估价	按计价规定估算	
3.3	其中：计日工	按计价规定估算	
3.4	其中：总承包服务费	按计价规定估算	
4	规费	按规定标准计算	
5	税金(扣除不列入计税范围的工程设备金额)	(1+2+3+4)×规定税率	
招标控制价合计=1+2+3+4+5			

施工企业工程投标报价计价程序　　表 3-4

工程名称：　　　　　　　　　　　　标段：

序号	内　　容	计算方法	金　额（元）
1	分部分项工程费	自主报价	
1.1			
1.2			
1.3			
1.4			
1.5			
2	措施项目费	自主报价	
2.1	其中：安全文明施工费	按规定标准计算	

续表

序号	内　　容	计算方法	金　额（元）
3	其他项目费		
3.1	其中：暂列金额	按招标文件提供金额计列	
3.2	其中：专业工程暂估价	按招标文件提供金额计列	
3.3	其中：计日工	自主报价	
3.4	其中：总承包服务费	自主报价	
4	规费	按规定标准计算	
5	税金（扣除不列入计税范围的工程设备金额）	（1＋2＋3＋4）×规定税率	
投标报价合计＝1＋2＋3＋4＋5			

竣工结算计价程序　　**表 3-5**

工程名称：　　标段：

序号	汇总内容	计算方法	金　额（元）
1	分部分项工程费	按合同约定计算	
1.1			
1.2			
1.3			
1.4			
1.5			
2	措施项目费	按合同约定计算	
2.1	其中：安全文明施工费	按规定标准计算	
3	其他项目费		
3.1	其中：专业工程结算价	按合同约定计算	
3.2	其中：计日工	按计日工签证计算	
3.3	其中：总承包服务费	按合同约定计算	
3.4	索赔与现场签证	按发承包双方确认数额计算	
4	规费	按规定标准计算	
5	税金（扣除不列入计税范围的工程设备金额）	（1＋2＋3＋4）×规定税率	
竣工结算总价合计＝1＋2＋3＋4＋5			

3.5 两种计价模式的计价方法

3.5.1 传统计价模式下施工图预算的计价

1. 施工图预算的概念

以施工图为依据，按现行预算定额、费用定额、材料预算价格、地区工资标准以及有关技术、经济文件编制的确定工程造价的文件称为施工图预算。

2. 施工图预算的作用

在社会主义市场经济条件下，施工图预算的主要作用有：

（1）根据施工图预算调整建设投资

施工图预算根据施工图和现行预算定额等规定编制，所确定的单位工程造价是该工程的计划成本，投资方或业主按照施工图预算调整筹集建设资金，并控制资金的合理使用。

（2）根据施工图预算确定标底

对于采用施工招标的工程，施工图预算是编制标底的依据，亦是承包企业投标报价的基础文件。

（3）根据施工图预算拨付和结算工程价款

业主向银行贷款、银行拨款、业主同承包商签订承包合同，双方进行工程结算、决算等均要依据施工图预算。

（4）施工企业根据施工图预算进行运营和经济核算

施工企业进行施工准备，编制施工计划和建筑安装工作量的统计工作，进行经济内部核算，其主要的依据便是施工图预算。

3. 计价依据

建筑与安装工程施工图预算的计价依据主要有：

（1）经会审后的施工图纸（包含施工说明书）；

（2）现行建筑和安装工程预算定额和配套使用的各省、市、自治区的单位计价表；

（3）地区材料预算价格；

（4）费用定额，亦称为安装工程取费标准；

（5）施工图会审纪要；

（6）工程施工及验收规范；

（7）工程承包合同或协议书；

（8）施工组织设计或施工方案；

（9）国家标准图集和相关技术经济文件、预算或工程造价手册、工具书等。

4. 计价条件

建筑与安装工程施工图预算的计价条件主要有：

（1）施工图纸已经会审；

（2）施工组织设计或施工方案已经审批；

（3）工程承包合同已经签订生效。

5. 计价步骤

建筑与安装工程施工图预算的计价步骤主要有：

（1）熟悉施工图纸（读图）；

（2）熟读施工组织设计或施工方案；

（3）熟悉工程合同所划分的内容及范围；

（4）按照施工图纸计算工程量（列项）；

（5）汇总工程量，套用相应定额（填写工、料分析表）；

（6）计算直接工程费；

（7）计算间接费；

（8）计算计划利润；

（9）计算按规定计取的有关税费；

（10）计算含税工程造价；

（11）计算相关技术、经济指标（如单方造价：元/m^2，单方消耗量：钢材 t/ m^2、水泥 kg/ m^2、原木 m^3/ m^2）；

（12）写编制说明（内容包括本单位工程施工图预算编制依据、价差的处理、工程图纸中存在的问题等）；

（13）对施工图预算进行校核、审核、审查、签字并盖章。

6. 施工图预算书的装订顺序

施工图预算书的装订顺序为：封面→编制说明→费用计算程序表→工程计价表等。

7. 施工图预算价差的调整

价差产生原因是各地区在执行统一定额基价时，执行地区相应同编制地区产生一个“价格上的差异”，可经过测算后用“价差”调整处理从而形成执行地区的预算单价。价差种类如下：

（1）人工工资价差的调整

长期以来我国各省、市、自治区编制的预算定额或基价表中对日工资单价通常采用工资调整系数进行调整。可由各地区造价部门在某段时期，根据实际情况，经测算后发布执行。其调整公式通常为：

$$日工资单价 = 基价人工费 \times 人工工资地区调整系数 \tag{3-29}$$

（2）材料预算单价价差的调整

安装工程预算在使用材料预算价格时，因材料种类繁多，规格亦复杂，市场经济对材料价格的影响很大，故材料调差必须适应形势需要。价差一般分为四种情况。即：

1）地区差，反映省与各市、县地区基价的差异，由省、直辖市造价部门测算后公布执行。如成、渝价差。市区内分区价差等一般由本市造价站测算后公布执行。其调整公式为：

$$分区价差额 = 主材数量 \times 分区价差值 \times (1 + 采购保管费率) \tag{3-30}$$

2）时差（时间差），指定额编制的年度与执行的年度，因时间变化，市场价格波动而产生的材料价差。一般由造价站测算调整系数来计算价差。

3）制差（制度差），指在现行管理体制，实行双轨制度下，计划价格（预算价格）同市场价格之差。通常由物价局公布调差系数。

4）势差，因供求关系引起市场价格波动，从而形成的价差。

上述材料价差对于地方材料或定额中的辅助性材料（计价材料）的调整多数情况下采

用综合系数法。故应及时测算出综合系数，以便进行价差的调整。其测算公式一般为：

$$材料综合调整系数=\frac{\Sigma(某材料地区预算价-基价)\times 比重\times 100\%}{基价} \quad (3\text{-}31)$$

单位工程计价材料综合调差额=单位工程计价材料费×材料综合调差系数

对工程进度款进行动态结算时，按照国际惯例，亦可采用调值公式法实行合同总价调整价差。并在双方签订工程合同时就加以明确。其调值公式如下：

$$P=P_0(a_0+a_1A/A_0+a_2B/B_0+a_3C/C_0+a_4D/D_0+\cdots) \quad (3\text{-}32)$$

式中 P——调值后合同价款或工程实际结算价款；

P_0——合同价款中工程预算进度款；

a_0——固定要素，合同支付中不能调整部分的权重；

a_1、a_2、a_3、a_4——合同价款或工程进度款中分别需要调整的因子（如人工费、钢材费用、水泥费用、未计价材料费用、机械台班费用等）在合同总价中所占的比重，其和 $a_0+a_1+a_2+a_3+a_4+\cdots$应为 1；

A_0、B_0、C_0、$D_0\cdots$——投标截止日期前 28 天与 a_1、a_2、a_3、$a_4\cdots$相对应的各项费用的基期价格指数或价格；

A、B、C、$D\cdots$——在工程结算月份（报告期）与 a_1、a_2、a_3、$a_4\cdots$相对应的各项费用的现行价格指数或价格。

在采用该调值公式进行工程价款价差的调整时，首先需要注意固定要素一般的取值范围为 0.15～0.35；其次各部分成本的比重系数，在招标文件中要求承包方在投标中提出，但亦可由发包方（业主）在招标文件中加以规定，由投标人在一定范围内选定。此外还需注意调整有关各项费用要与合同条款规定相一致，以及调整有关费用的时效性。举一例加以说明。

【例 3-1】某市建筑工程，合同规定结算款为 100 万元，合同原始报价日期为 1995 年 3 月，工程于 1996 年 5 月建成并交付使用。根据表 3-6 所列数据，计算工程实际结算款。

【解】实际结算价款=100×(0.15+0.45×110.1/100+0.11×98.0/100.8+0.11×112.9/102.0+0.05×95.5/93.6+0.06×98.9/100.2+0.03×91.1/95.4+0.04×117.9/93.4)=100×1.064=106.4 万元

经过调值，1996 年 5 月实际结算的工程价款为 106.4 万元，比原始合同价多 6.4 万元。安装工程中对于主要材料，也就是未计价材料，采取“单项调差法”逐项按实调整价差。即：

工程人工费、材料费构成比例以及有关造价指数 **表 3-6**

项目	人工费	钢材	水泥	骨料	一级红砖	砂	木材	不调值费用
比例	45%	11%	11%	5%	6%	3%	4%	15%
1995 年 3 月指数	100	100.8	102.0	93.6	100.2	95.4	93.4	
1996 年 5 月指数	110.1	98.0	112.9	95.5	98.9	91.1	117.9	

$$某项材料价差额=某项材料预算总消耗量\times(某项材料地区指导价-某项材料定额预算价) \quad (3\text{-}33)$$

其中，材料指导价，是指“结算指导价”，通常是当地工程造价部门和物价部门共同测定公布的当时某项材料的市场平均价格。

(3) 机械台班单价价差的调整

施工机械台班单价价差的调整，是由当地工程造价部门测算出涨跌百分比，并公布执行。其调差公式为：

$$\text{施工机械台班单价价差} = \text{单位工程机械台班数量} \times \text{机械台班预算价格} \times \text{机械台班调差率} \tag{3-34}$$

3.5.2 工程量清单计价模式下工程造价的计价

发包与承包价的计算方法分为工料单价法和综合单价法。因此可按这两种计价方法确定计价程序。

1. 工料单价法计价程序

工料单价法是以分部分项工程量乘以单价后的合计为直接工程费，直接工程费以人工、材料、机械的消耗量及其相应价格确定。直接工程费汇总后另加间接费、利润、税金生成工程发承包价，其计算程序分为三种：

(1) 以直接费为计算基础时，其工程造价计算程序见表 3-7。

以直接费为计算基础的工程造价计算程序表　　表 3-7

序号	费用项目	计算方法	备注
1	直接工程费	按预算表	
2	措施费	按规定标准计算	
3	小计	1+2	
4	间接费	3×相应费率	
5	利润	(3+4)×相应利润率	
6	合计	3+4+5	
7	含税造价	6×(1+相应税率)	

(2) 以人工费和机械费为计算基础时，其工程造价计算程序见表 3-8。

以人工费和机械费为计算基础的工程造价计算程序表　　表 3-8

序号	费用项目	计算方法	备注
1	直接工程费	按预算表	
2	其中人工费和机械费	按预算表	
3	措施费	按规定标准计算	
4	其中人工费和机械费	按规定标准计算	
5	小计	1+3	
6	人工费和机械费小计	2	
7	间接费	6×相应费率	
8	利润	6×相应利润率	
9	合计	5+7+8	
10	含税造价	9×(1+相应税率)	

（3）以人工费为计算基础时，其工程造价计算程序见表3-9。

以人工费为计算基础的工程造价计算程序表 **表3-9**

序号	费用项目	计算方法	备注
1	直接工程费	按预算表	
2	直接工程费中人工费	按预算表	
3	措施费	按规定标准计算	
4	措施费中人工费	按规定标准计算	
5	小计	1+3	
6	人工费小计	2	
7	间接费	6×相应费率	
8	利润	6×相应利润率	
9	合计	5+7+8	
10	含税造价	9×(1+相应税率)	

2. 综合单价法计价程序

综合单价法是以全费用单价作为分部分项工程单价的计算方法，全费用单价经综合计算后生成，其内容包括直接工程费、间接费和利润（措施费也可按照此方法生成全费用价格）。

各分项工程量乘以综合单价的合价汇总后，生成工程发承包价。由于各分部分项工程中的人工、材料、机械含量的比例不同，各分项工程可根据其材料占人工费、材料费、机械费合计的比例（以“C”代表该项比值），在以下三种计算程序中选择一种计算其综合单价。

（1）当$C>C_0$（C_0为本地区原费用定额测算所选典型工程材料费占人工费、材料费和机械费合计的比例）时，可采用以人工费、材料费和机械费合计为基数计算该分项的间接费和利润。其工程造价计算程序见表3-10。

$C>C_0$时的工程造价计算程序表 **表3-10**

序号	费用项目	计算方法	备注
1	分项直接工程费	人工费+材料费+机械费	
2	间接费	1×相应费率	
3	利润	(1+2)×相应利润率	
4	合计	1+2+3	
5	含税造价	4×(1+相应税率)	

（2）当$C<C_0$值的下限时，可采用以人工费和机械费合计为基数计算该分项的间接费和利润。其工程造价计算程序见表3-11。

$C<C_0$ 时的工程造价计算程序表 **表 3-11**

序 号	费用项目	计算方法	备 注
1	分项直接工程费	人工费＋材料费＋机械费	
2	其中人工费和机械费	人工费＋机械费	
3	间接费	2×相应费率	
4	利润	2×相应利润率	
5	合计	1＋3＋4	
6	含税造价	5×(1＋相应税率)	

(3) 当该分项的直接费仅为人工费，无材料费和机械费时，可采用以人工费为基数计算该分项的间接费和利润。其工程造价计算程序见表 3-12。

直接费仅为人工费的工程造价计算程序表 **表 3-12**

序 号	费用项目	计算方法	备 注
1	分项直接工程费	人工费＋材料费＋机械费	
2	直接工程费中人工费	人工费	
3	间接费	2×相应费率	
4	利润	2×相应利润率	
5	合计	1＋3＋4	
6	含税造价	5×(1＋相应税率)	

3.5.3 预算书与报价书的内容组成

1. 预算书内容组成

(1) 封面：见表 3-13；

(2) 编制说明：见表 3-14；

(3) 费用计算程序表见表 3-15 ；

(4) 价差调整表（可自行设计）；

(5) 工程计价表（亦称工料分析表，它是施工图预算表格中的核心内容），见表 3-16；

(6) 材料、设备数量汇总表（可自行设计）；

(7) 工程量计算表（它是施工图预算书的最原始数据、基础资料，预算人员要留底，以便备查），见表 3-17。

建设工程造价预（结）算书 **表 3-13**

建设单位：＿＿＿＿＿＿＿ 单位工程名称：＿＿＿＿＿＿＿ 建设地点：＿＿＿＿＿＿＿

施工单位：＿＿＿＿＿＿＿ 施工单位取费等级：＿＿＿＿＿＿＿ 工程类别：＿＿＿＿＿＿＿

工程规模：＿＿＿＿＿＿＿ 工程造价：＿＿＿＿＿＿＿ 单位造价：＿＿＿＿＿＿＿

建设（监理）单位：＿＿＿＿＿＿＿ 施工（编制）单位：＿＿＿＿＿＿＿

技术负责人：＿＿＿＿＿＿＿ 技术负责人：＿＿＿＿＿＿＿

审核人：＿＿＿＿＿＿＿ 编制人：＿＿＿＿＿＿＿

资格证章： 资格证章：

年 月 日

编制说明 **表 3-14**

编制依据	施工图号	
	合　　同	
	使用定额	
	材料价格	
	其　　他	
说　明		

建筑工程造价计算程序 **表 3-15**

序号	费用名称	计　算　式
1	基价直接费	按基价表计算
2	综合费	1×规定费率
3	劳动保险费	1×规定费率
4	利润	1×规定费率
5	允许按实计算的费用及材料价差	按规定
6	定额编制管理费和劳动定额测定费	(1+2+3+4+5+6)×规定费率
7	税金	(1+2+3+4+5+6)×规定费率
8	工程造价	1+2+3+4+5+6+7

工程计价表 **表 3-16**

序号	定额编号	项目名称	单位	工程量	单价	复价	人工费	机械费	水泥 32.5 级 (kg)	水泥 42.5 级 (kg)		

工程量计算表 **表 3-17**

序号	分项工程名称	单位	数量	计　算　式

其他基础表格：国家没有统一的规定，自行设计。如基数计算表；门窗统计表；混凝土构件统计表；钢筋计算表。

2. 报价书的内容组成

(1) 封面；

(2) 投标总价；

(3) 工程项目总价表；

(4) 单项工程费汇总表；

(5) 单位工程费汇总表；

(6) 分部分项工程量清单计价表；

(7) 措施项目清单计价表；

(8) 其他项目清单计价表；

(9) 零星工作项目计价表；

(10) 分部分项工程量清单综合单价分析表；

(11) 措施项目费分析表；

(12) 主要材料价格表。

上述表格及内容见第5章。

3.5.4　传统费用定额费率等的拟订

1. 工程类别划分

以重庆市为例，建筑与安装工程取费是以工程类别为标准的。表3-18、表3-19即为该市建筑和安装工程类别划分标准。

建筑工程类别划分标准　　　表3-18

项目				一类	二类	三类	四类
工业建筑	单层厂房	跨度	m	＞24	＞18	＞12	≤12
		檐高	m	＞20	＞15	＞9	≤9
	多层厂房	面积	m^2	＞8000	＞5000	＞3000	≤3000
		檐高	m	＞36	＞24	＞12	≤12
民用建筑	住宅	层数	层	＞24	＞15	＞7	≤7
		面积	m^2	＞12000	＞8000	＞3000	≤3000
		檐高	m	＞67	＞42	＞20	≤20
	公共建筑	层数	层	＞20	＞13	＞5	≤5
		面积	m^2	＞12000	＞8000	＞3000	≤3000
		檐高	m	＞67	＞42	＞17	≤17
	特殊建筑			Ⅰ级	Ⅱ级	Ⅲ级	Ⅳ级
构筑物		烟囱	高度 m	＞100	＞60	＞30	≤30
		水塔	高度 m	＞40	＞30	≤30	砖水塔
		筒仓	高度 m	＞30	＞20	≤20	砖筒仓
		贮池	容量 m^3	＞2000	＞1000	＞500	≤500

安装工程类别划分标准 表 3-19

编号	一 类	二 类	三 类
一	1. 切削、锻压、铸造、压缩机设备工程； 2. 电梯设备工程	1. 起重（含轨道），输送设备工程； 2. 风机、泵设备工程	1. 工业炉设备工程； 2. 煤气发生设备工程
二	1. 变配电装置工程； 2. 电梯电气装置工程； 3. 发电机、电动机、电气装置工程； 4. 全面积的防爆电气工程； 5. 电气调试	1. 动力控制设备、线路工程； 2. 起重设备电气装置工程； 3. 舞台照明控制设备、线路、照明器具工程	1. 防雷、接地装置工程； 2. 照明控制设备、线路、照明器具工程； 3. 10kV 以下架空线路及外线电缆工程
三	各类散装锅炉及配套附属辅助设备工程	各类快装锅炉及配套附属、辅助设备工程	
四	1. 各类专业窑炉工程； 2. 含有毒气体的窑炉工程	1. 一般工业窑炉工程； 2. 室内烟、风道砌筑工程	室外烟、风道砌筑工程
五	1. 球形罐组对安装工程； 2. 气柜制作安装工程； 3. 金属油罐制作安装工程； 4. 静置设备制作安装工程； 5. 跨度 25m 以上桁架制安工程	金属结构制作安装工程，总量 5t 以上	零星金属结构（支架、梯子、小型平台、栏杆）制作安装工程，总量 5t 以下
六	1. 中、高压工艺管道工程； 2. 易燃、易爆、有毒、有害介质管道工程	低压工艺管道工程	工业排水管道工程
七	1. 火灾自动报警系统工程； 2. 安全防范设备工程	1. 水灭火系统工程； 2. 气体灭火系统工程； 3. 泡沫灭火系统工程	
八	1. 燃气管道工程； 2. 采暖管道工程	1. 室内给水排水管道工程； 2. 空调循环水管道工程	室外给水排水管道工程
九	1. 净化工程； 2. 恒温恒湿工程； 3. 特殊工程（低温低压）	1. 一类范围的成品管道、部件安装工程； 2. 一般空调工程； 3. 不锈钢风管工程； 4. 工业送、排风工程	1. 二类范围的成品管道、部件安装工程； 2. 民用送、排风工程
十	仪表安装、调试工程	1. 仪表线路、管路工程； 2. 单独仪表安装不调试工程	
十一		单独防腐蚀工程	1. 单独刷油工程； 2. 单独绝热工程
十二	通信设备安装工程	通信线路安装工程	

2. 费用项目及计算顺序的拟订

各个地区按照国家规定的建筑安装工程费用划分和计算，还要根据本地区具体情况拟订需要计算的费用项目。建安工程费用中的直接工程费、间接费、计划利润和税金四个部分是费用计算程序中最基本的组成部分。各地区可结合当地实际情况，在此基础上增加按实计算的费用以及材料价差调整费用等项目，然后根据确定的项目来排列计算顺序。

3. 费用计算基础和费率的拟订

（1）建筑工程是以直接工程费为基础计算间接费用和计划利润的。安装工程是以人工费为基础计算间接费用和利润的。

工程费用费率的拟订，各地区不尽相同，但多数地区是按照工程的类别规定费用费率。如重庆市的建筑安装工程费率的计取就是如此。

（2）建筑和安装工程费用标准

以重庆市为例，建筑工程综合费、利润标准见表3-20、表3-21，建筑工程综合费构成见表3-22；安装工程综合费、利润标准见表3-23，安装工程综合费构成见表3-24。

建筑工程综合费用标准 **表3-20**

工程类别	建筑工程				机械土石方	人工土石方
	一类	二类	三类	四类		
取费基础	基价直接费					基价人工费
取费标准（%）	20.21	18.42	15.73	12.61	17.30	68.82

建筑工程利润标准 **表3-21**

工程类别	建筑工程				机械土石方	人工土石方
	一类	二类	三类	四类		
取费基础	基价直接费+综合费					基价人工费
取费标准（%）	10	8.5	5.6	3.8	5.70	17.72
取费基础	基价直接费					基价人工费
取费标准（%）	12.45	10.37	6.64	4.35	6.77	17.72

建筑工程综合费构成比例（%） **表3-22**

费用名称 \ 比例 \ 工程名称	建筑工程				机械土石方	人工土石方
	一类	二类	三类	四类		
其他直接费	18.56	18.57	16.53	16.34	18.61	18.58
临时设施费	12.37	12.49	13.67	14.67	12.43	12.35
现场管理费	22.51	22.15	23.39	22.52	22.14	22.62
企业管理费	40.28	40.55	40.31	41.24	40.17	40.01
财务费用	6.28	6.24	6.10	5.23	6.65	6.44

安装工程综合费、计划利润标准 **表3-23**

工程项目	取费基础	费用名称	工程类别标准（%）		
			一类	二类	三类
安装工程	基价人工费	综合费	137.92	128.01	113.09
		利　润	65.20	52.16	32.98

续表

工程项目	取费基础	费用名称	工程类别标准（%）		
			一类	二类	三类
炉窑砌筑工程	基价直接费	综合费	21.17	19.69	18.17
		利　润	12.19	9.58	5.88

安装工程综合费构成　　表 3-24

费率（%） 费用名称	安装工程类别		
	一类	二类	三类
其他直接费	47.12	43.86	39.34
临时设施费	24.90	23.70	22.49
现场管理费	20.67	19.28	16.21
企业管理费	38.83	35.61	30.42
财务费	6.40	5.56	4.63
合　计	137.92	128.01	113.09

复 习 思 考 题

1. 简述工程造价的理论构成。
2. 简述我国现行建设项目总投资与工程造价的构成。
3. 简述传统计价模式下施工图预算的计价。
4. 简述施工图预算的概念及其作用。
5. 简述施工图预算的计价依据、计价条件与计价步骤。
6. 简述施工图预算书的装订顺序。
7. 简述施工图预算价差的调整。
8. 工程量清单计价模式下工程造价的计价采用什么方法？
9. 预算书与报价书的内容组成有哪些？
10. 传统费用定额对于工程类别划分、费用项目及计算顺序的拟订有哪些规定？
11. 传统费用定额计算基础和费率的拟订有哪些规定？

4 工程量清单编制与计量

4.1 概　　述

4.1.1 工程量清单及其计价规范

1. 工程量清单

工程量清单是载明建设工程分部分项工程项目、措施项目、其他项目的名称和相应数量以及规费、税金项目等内容的明细清单，由招标人按照“计算规范”附录中统一的项目编码、项目名称、计量单位和工程量计算规则、招标文件以及施工图、现场条件计算出的构成工程实体、可供编制标底及其投标报价的实物工程量的汇总清单。其内容包括分部分项工程量清单、措施项目清单、其他项目清单、规费项目清单和税金项目清单。

（1）招标工程量清单

招标人依据国家标准、招标文件、设计文件以及施工现场实际情况编制的，随招标文件发布供投标报价的工程量清单。

（2）已标价工程量清单

构成合同文件组成部分的投标文件中已标明价格，经算术性错误修正（如有）且承包人已确认的工程量清单，包括其说明和表格。

工程量清单——BOQ 始于 19 世纪 30 年代，那时西方一些国家把工程量的计量、提供工程量清单专业作为业主估价师的职责。所有的投标都要以业主提供的工程量清单为基础，从而使得最终投标结果具有相应的可比性。

我国现今已进入 WTO，必然应与国际惯例接轨，在 2001 年 10 月 25 日建设部召开的第四十九次常务会议审议通过，自 2001 年 12 月 1 日起，施行的《建筑工程发包与承包计价管理办法》标志着工程量清单报价的开始。

2. 计价规范

《建设工程工程量清单计价规范》（简称《计价规范》）是统一工程量清单编制，调整建设工程工程量清单计价活动中发包人与承包人各种关系的规范文件。国家标准《建设工程工程量清单计价规范》GB 50500—2013 于 2012 年 12 月 25 日发布，2013 年 7 月 1 日正式实施。此外，《建设工程工程量清单计价规范》和宣贯辅导教材的推出，介绍了计价规范的编制情况、内容以及依据和在招标投标中如何应用上述规范编制工程量清单、编制招标控制价、投标报价以及竣工结算价。GB 50500—2013 计价规范的内容包括 16 章。主要有总则、术语、一般规定、工程量清单编制、招标控制价、投标报价、合同价款约定、工程计量、合同价款调整、合同价款期中支付、竣工结算与支付、合同解除的价款结算与支付、合同价款争议的解决、工程造价鉴定、工程计价资料与档案、工程计价表格。其中 3.1.1 使用国有资金投资的建设工程发承包，必须采用工程量清单计价。3.1.4 工程量清单应采用综合单价计价。3.1.5 措施项目中的安全文明施工费必须按国家或省级、行业建设主管部门的规定计算，不得作为竞争性费用。3.1.6 规费和税金必须按国家或省级、行业建设主管部门的规定计算，不得作为竞争性费用。3.4.1 建设工程发承包，必须在招标文件、合同中明确计价中的风险内容及其范围，不得采用无限风险、所有风险或类似语句规定计价中的风险内容及范围。4.1.2 招标工程量清单必须作为招标文件的组成部分，其准确性和完整性应由招标人负责。4.2.1 分部分项工程项目清单必须载明项目编码、项目名称、项目特征、计量单位和工程量。4.2.2 分部分项工程项目清单必须根据相关工程现行国家计量规范规定的项目编码、项目名称、项目特征、计量单位和工程量计算规则进行编制。4.3.1 措施项目清单必须根据相关工程现行国家计量规范的规定编制。5.1.1 国有资金投资的建设工程招标，招标人必须编制招标控制价。6.1.3 投标报价不得低于工程成本。6.1.4 投标人必须按招标工程量清单填报价格。项目编码、项目名称、项目特征、计量单位、工程量必须与招标工程量清单一致。8.1.1 工程量必须按照相关工程现行国家计量规范规定的工程量计算规则计算。8.2.1 工程量必须以承包人完成合同工程应予计量的工程量确定。11.1.1 工程完工后，发承包双方必须在合同约定时间内办理工程竣工结算。

本规范上述条款为强制性条文，必须严格执行。

此外，颁布了九个专业的计算规范。如房屋建筑与装饰工程计算规范。2013 年 7 月 1 日起执行。2013 建设工程计价计量规范辅导从第三篇到第十一篇中各专业的计算规则是编制工程量清单与计价的重要依据之一。

与 2013 计价规范配套的辅导教材对本规范进行了剖析和进一步说明，同时附有部分计算案例。

广义讲《计价规范》适用于建设工程工程量清单计价活动，但就承发包方式而言，主要适用于建设工程招标投标的工程量清单计价活动。工程量清单计价是与现行“定额”计价方式共存于招标投标计价活动中的另一种计价方式。本规范所称建设工程是指建筑与装饰装修工程、安装工程、市政工程和园林绿化工程以及矿山工程等。凡是建设工程招标投标实行工程量清单计价，不论招标主体是政府、国有企事业单位、集体企业、私人企业和外商投资企业，还是资金来源是国有资金、外国政府贷款以及援助资金、私人资金等都应遵守本规范。

4.1.2 工程量清单的作用

1. 工程量清单可作为编制标底、招标控制价和投标报价的依据

工程量清单作为信息的载体，为潜在的投标者提供必要的信息，可作为计价、询价、评标和编制标底价、招标控制价和投标报价书的依据。

2. 工程量清单可作为支付工程进度款和办理工程结算的依据

工程量清单作为招标文件的重要组成部分，可作为编制招标控制价、投标报价、计算工程量的依据，并为工程招投标合同价的确定奠定了基础，同时也为合同的签订和调整以及未来工程形象进度款的支付、工程完工后办理竣工结算提供了重要依据。

3. 工程量清单还可作为调整工程量以及工程索赔的依据

当工程量清单出现漏项或误算，或者由于设计更改引发新的工程量项目时，此时，承包人可就因工程设计的变更，导致实际发生量与合同规定的用量产生的增加或减少，提出索赔，并提供所测算的综合单价，在同业主方和业主委托的工程师商议确认后，由业主方给予经济补偿，即产生索赔。但前提是应扣除合同部分的价值，所以，工程量清单应作为

调整工程量以及工程索赔的依据。

4.1.3　工程量清单的编制原则

1. 政府宏观调控、企业自主报价、市场竞争形成价格

工程量清单的编制应具备《计价规范》所规定的工程量计算规则、项目编码、计量单位、项目名称和工程量五大要件的原则。企业自主进行报价，反映企业自身的施工方法、工料机消耗量水平以及价格、取费等由企业自定或自选，在政府宏观控制下，由市场全面竞争形成，从而形成工程造价的价格运行的良性机制。

既要统一工程量清单工程量计算规则，规范建筑安装工程的计价行为，亦要统一建筑安装工程量清单的计算方法。投标报价由投标人自主确定，这意味着投标人在报价时，可以自主来确定人工、材料和机械台班的消耗量，并进一步自主测定三者的相应单价，自主来确定除安全文明施工费和规费、税金等强制性规定以外的费用的内容以及相关费率，从而实现量价分离、清单工程量和计价工程量分离的原则。

2. 与现行预算定额既有机结合又有明显区别的原则

《计价规范》在编制过程中，以现行的建筑工程基础定额、"全国统一安装工程预算定额"、相应的机械台班定额、施工与设计规范、相应标准等为基础，尤其在项目划分、计量单位、工程量计算规则等方面，尽可能与预算定额衔接。因为预算定额是我国工程造价工作者经过几十年总结，其内容具有一定的科学性和实用性。与工程预算定额有区别的地方是：预算定额是按照计划经济的要求制定颁布，贯彻执行的，主要表现在：其一，定额项目是国家规定以单一的工序为划分项目的原则的；其二，施工工艺、施工方法是根据大多数企业的施工方法综合取定的；其三，人工、材料、机械台班消耗量是根据"社会平均水平"综合测定的；其四，取费标准是根据不同地区平均测算的。因此，企业的报价难免表现出平均主义，不利于充分调动企业自主管理的积极性。而工程量清单项目的划分，一般是以一个"综合实体"考虑的，通常包括了多项工程内容，依次规定了相应的工程量计算规则。因此，两者的工程量计算规则是有着区别的。

3. 利于进入国际市场竞争，并规范建筑市场计价管理行为

《计价规范》是根据我国当前工程建设市场发展的形势，逐步解决定额计价中与当前工程建设市场不相适应的问题，适应我国市场经济的发展需要，适应与国际接轨的需要，积极稳妥地推行工程量清单计价。借鉴了世界银行、FIDIC、英联邦诸多国家以及香港地区等的一些做法，同时，亦结合了我国现阶段的具体情况。如实体项目的设置，就结合了当前按专业设置的一些情况。

4. 按照统一的格式实行工程量清单计价

工程量清单项目的设置、计算规则、工程量清单编制或报价书（编制招标控制价）等均推行统一格式化形式。

（1）工程量清单编制使用表格

按照2013《计价规范》的要求，通常工程量清单表格在运用中有如下规定：封-1、扉-1、表-01、表-08、表-11、表-12（不含表-12-6～表-12-8）、表-13、表-20、表-21或表-22。详见2013《计价规范》。

（2）招标控制价使用表格

按照2013《计价规范》的要求，通常招标控制价在运用中有如下规定：封-2、扉-2、

表-01、表-02、表-03、表-04、表-08、表-09、表-11、表-12（不含表-12-6～表-12-8）、表-13、表-20、表-21或表-22。详见2013《计价规范》。

（3）投标报价使用表格

按照2013《计价规范》的要求，通常投标报价使用表格在运用中有如下规定：封-3、扉-3、表-01、表-02、表-03、表-04、表-08、表-09、表-11、表-12（不含表-12-6～表-12-8）、表-13、表-16，招标文件提供的表-20、表-21或表-22。详见2013《计价规范》。

（4）竣工结算使用表格

按照2013《计价规范》的要求，通常竣工结算使用表格在运用中有如下规定：封-4、扉-4、表-01、表-05、表-06、表-07、表-08、表-09、表-10、表-11、表-12、表-13、表-14、表-15、表-16、表-17、表-18、表-19、表-20、表-21或表-22。详见2013《计价规范》。

4.1.4 工程量清单的编制依据

1. 计价规范及相配套宣贯辅导教材

依据国家标准《建设工程工程量清单计价规范》GB 50500—2013以及相配套的宣贯辅导教材、前建设部206号文件；依据统一工程量计算规则和标准格式。

2. 招标文件规定的相关内容

依据招标文件及其补充通知、答疑纪要的内容进行工程量清单的编制。

3. 国家及行业颁布的计价方式

依据国家或省级、行业建设主管部门颁布的计价依据和办法。

如依据1999年建筑工程基础定额、2000年《全国统一安装工程预算定额》结合地方现行建筑与安装工程预算定额或现行计价定额、《全国统一安装工程施工仪器、仪表台班定额》、现行劳动定额及其相关专业定额；现行设计、施工验收规范、安全操作规程、质量评定标准等。

4. 依据设计图纸、现行标准图集

依据施工设计图纸、现行标准图集可同时满足工程量清单计价和定额计价两种模式，依据《计价规范》所规定的标准计价格式。

5. 相关标准、规范、技术资料

依据与建设工程项目有关的标准、规范、技术资料。

6. 施工现场与施工方案

依据施工现场情况、工程特点以及常规施工方案。

7. 其他相关资料

其他相关资料应包括补充定额、补充说明等。

4.1.5 建筑安装工程计价定额划分

定额作为确定工程造价的基础，尤其在我国，在推行采用国际通用的工程量清单计价的同时，不能全盘否定预算定额计价。根据《计价规范》的特征（强制性、实用性、竞争性和通用性），目前许多省、市是采取现行的预算定额体系同工程量清单计价办法相结合的方式，进行工程量清单的报价。因为《计价规范》中对人工、材料和机械台班无具体消耗量，投标企业可根据企业的定额和市场价格信息，也可参照建设行政主管部门发布的社会平均消耗量定额进行报价，就是说，《计价规范》将报价权交给了企业。投标企业可结合自身的生产率、消耗量水准以及管理能力与已储备的本企业的报价资料，按照《计价规范》规定的原则和方法，进行投标报价。工程造价的最终确定，由承发包双方在市场竞争中按价值规律通过合同来确定。例如，重庆市为贯彻《计价规范》的精神，适应工程量清单编制与报价而制定了建筑工程计价定额、装饰工程计价定额、安装工程计价定额等。定额从 2008 年 4 月 1 日开始执行。

2008 建筑、装饰、安装工程计价定额等适合于作为该市辖区内建筑安装工程编制招标控制价、编制投标报价、计算工程量、支付工程款、调整合同价款、办理竣工结算以及工程索赔等的依据。

4.1.6 工程量清单编制综合案例

【例 4-1】 某多层砖混结构住宅楼基础平面布置图、基础断面图如图 4-1、图 4-2 所示。

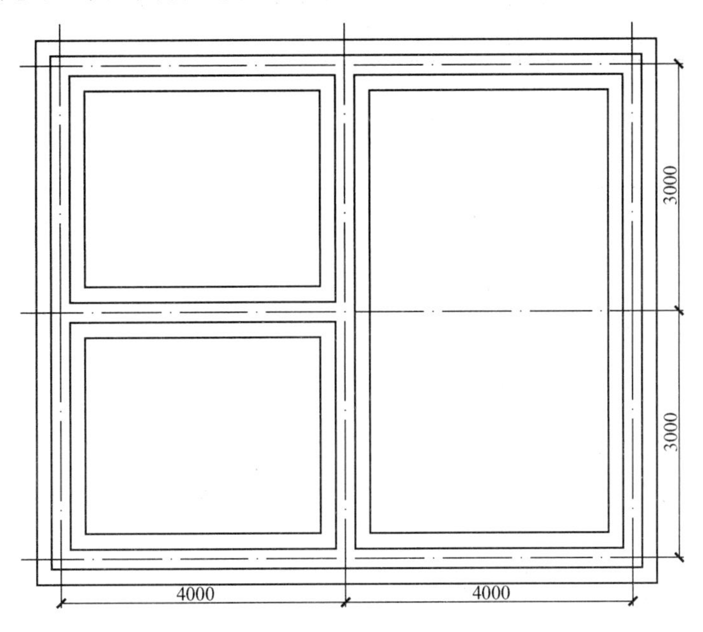

图 4-1 砖基础平面布置图

本工程采用条形基础，建筑内外墙及基础 M5 水泥石灰砂浆砌筑，且内外墙厚均为 240mm，无防潮层，条形基础为三级等高大放脚砖基础，砖基础深 1.5m。砖基础垫层为 C10 混凝土（现场搅拌），厚 100mm，垫层底宽 815mm，垫层底标高为－1.600m。

试编制砖基础工程量清单。

【解】 编制砖基础工程量清单

（1）业主根据条形砖基础断面图、平面布置图以及《建设工程工程量清单计价规范》求出砖基础的工程量。

$$V_{砖基}=基础长度(L_{中}+L_{内})\times 宽度\times(设计高度+大放脚折加高度)$$

$$L=L_{内}+L_{中}=[(4-0.24)+(6-0.24)+(6+8)\times 2]=37.52\text{m}$$

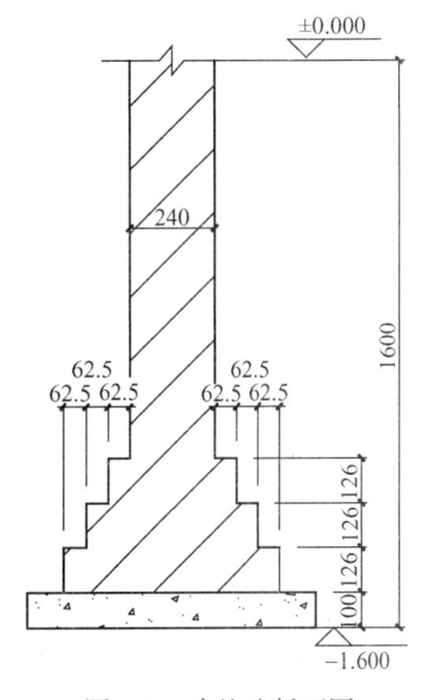

图 4-2 砖基础断面图

大放脚折加高度＝增加断面面积(大放脚两边)／基顶宽度(墙厚)

$= 2 \times (126 \times 62.5 \times 3 + 126 \times 62.5 \times 2 + 126 \times 62.5)/240$

$= 393.75\text{mm}$

故 $V_{砖基} = 37.52 \times 0.24 \times (1.5 + 0.394) = 17.06\text{m}^3$

$V_{垫层} = [(4 - 0.815) + (6 - 0.815) + (6 + 8) \times 2] \times 0.815 \times 0.1$

$= 36.37 \times 0.815 \times 0.1 = 2.96\text{m}^3$

（2）根据《计价规范》，进行砖基础项目编码、项目特征描述，编制砖基础工程量清单、砖基础分部分项工程和单价措施项目清单与计价表，见表4-1所列。

分部分项工程和单价措施项目清单与计价表 **表4-1**

工程名称：某多层砖混结构住宅楼（建筑工程） 第1页 共1页

项目编码	项目名称	项目特征描述	计量单位	工程数量	金额（元）		
					综合单价	合价	其中：暂估价
	A.3 砌筑工程						
010401001001	砖基础	MU10 机制红砖 基础类型：砖大放脚条形基础 基础深度：1.5m 砂浆强度等级：M5 水泥石灰砂浆	m³	17.06			

【例 4-2】 某电话机房照明系统中一回路，如图4-3所示。此照明工程相关费用按表4-2规定计算。

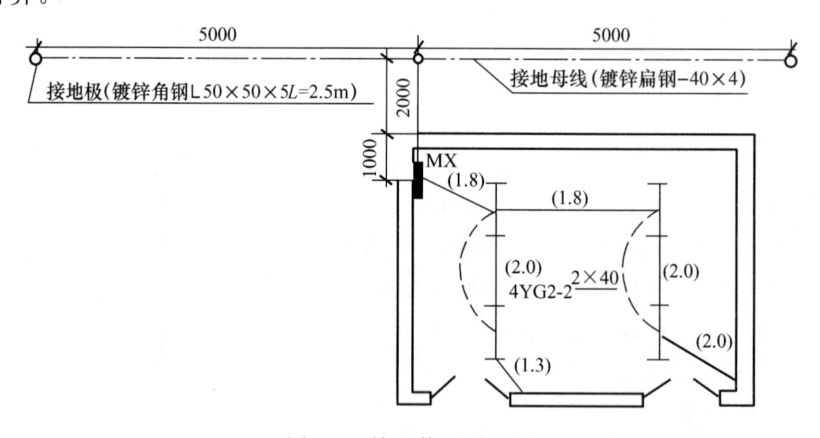

图4-3 接地装置平面图

工程说明：

（1）照明配电箱MX为嵌入式安装，箱体尺寸为600mm×400mm×200mm（宽×高×厚），安装高度为下口离地1.60m。

（2）管路均为电线管Φ20沿砖墙、顶板内暗配，顶板内管标高为4m。

（3）接地母线采用－40×4镀锌扁钢，埋深0.7m，由室外进入外墙皮后的水平长度为1m，进入配电箱后预留0.5m。室内外地坪无高差。

（4）单联单控暗开关安装高度为下口离地 1.4m。

（5）接地电阻要求小于 4Ω。

（6）配管水平长度见图示括号内数字，单位为 m。

照明工程相关费用表 **表 4-2**

序号	项目名称	单位	安装费单价（元）					主材	
			人工费	材料费	机械费	管理费	利润	单价(元)	损耗率
1	镀锌钢管Φ20 沿砖、混凝土结构，暗配	m	1.98	0.58	0.20	1.09	0.89	4.5	1.03
2	管内穿阻燃绝缘导线为 ZR-BV1.5mm^2	m	0.30	0.18	0.00	0.17	0.14	1.20	1.16
3	接线盒暗装	个	1.20	2.20	0.00	0.66	0.54	2.40	1.02
4	开关盒暗装	个	1.20	2.20	0.00	0.66	0.54	2.40	1.02
5	角钢接地极制作与安装	根	14.51	1.89	14.32	7.98	6.53	42.40	1.03
6	接地母线敷设	m	7.14	0.09	0.21	9.92	3.21	6.30	1.05
7	接地电阻测试	组	30.00	1.49	14.52	25.31	20.71		
8	配电箱 MX	台	18.22	3.50	0.00	10.02	8.20	58.50	
	荧光灯 4YG2-2 2×40	套	4	2.50	0.00	2.20	1.80	120.00	1.02

分部分项工程的统一编码见表 4-3。

建设工程工程量清单计价规范编码 **表 4-3**

项目编码	项目名称	项目编码	项目名称
030204018	配电箱	030212001	电气配管（镀锌钢管Φ20 沿砖、混凝土结构，暗配）
030204019	控制开关	030212003	电气配线（管内穿阻燃绝缘导线 ZRBV1.5mm^2）
030204031	小电器（单联单控暗开关）	030213004	荧光灯 4YG2-2 2×40
030209001	接地装置		
030211008	接地装置电阻调整试验		

要求根据图示内容和《建设工程工程量清单计价规范》的规定，计算相关工程量和编制分部分项工程量清单与计价表。

【解】 列表计算工程量，见表 4-4。

工程量计算表 **表 4-4**

序号	分项工程名称	单位	数量	计 算 式
1	照明配电箱	台	1	
2	单联单控暗开关	套	2	
3	接地母线敷设	m	16.42	(5+5+2+1+0.7+1.6+0.5)×1.039

续表

序号	分项工程名称	单位	数量	计 算 式
4	角钢接地极	根	3	
5	接地装置电阻调整试验	组	1	
6	电气配管（镀锌钢管Φ20沿砖、混凝土结构，暗配）	m	18.10	[4－1.6－0.4＋1.8×2＋2×3＋(4－1.4)]×2＋1.3
7	管内穿阻燃绝缘导线 ZR-BV1.5mm²	m	42.20	(4－1.6－0.4＋1.8×2)×2＋(2＋2)×3＋(4－1.4)×2×2＋(2＋1.3)×2＋(0.6＋0.4)×2 或配线长＝[18.10＋(0.6＋0.4)]×2＋2×2
8	荧光灯	套	4	

编制电话机房电气照明分部分项工程量清单与计价表，见表4-5。

分部分项工程和单价措施项目清单与计价表 **表4-5**

工程名称：电话机房电气照明

序号	项目编码	项目名称	项目特征描述	计量单位	工程数量	金额（元）		
						综合单价	合价	其中：暂估价
1	030204018001	照明配电箱	XRM型	台	1			
2	030204031001	小电器	单联单控暗开关	个(套)	2			
3	030209001001	接地装置	角钢接地极3根，接地母线16.42m	项	1			
4	030211008001	接地装置电阻调整试验	接地电阻调试	组	1			
5	030212001001	电气配管	镀锌钢管Φ20沿砖、混凝土结构，暗配，含接线盒4个、开关盒2个	m	18.10			
6	030212003001	电气配线	管内穿阻燃绝缘导线ZRBV1.5mm²	m	42.20			
7	030213004001	荧光灯	4YG2-2 2×40	套	4			

4.2 工程量清单的内容

4.2.1 《计价规范》颁布期间

在《计价规范》颁布期间，各省、直辖市采用的工程量清单报价，大多由以下内容组成：

（1）分部分项工程名称以及相应的计量单位和工程数量。

(2) 说明。

1) 分部分项工程工作内容的补充说明;

2) 分部分项工程施工工艺特殊要求的说明;

3) 分部分项工程中主要材料规格、型号以及质量要求的说明;

4) 现场施工条件、自然条件;

5) 其他。

4.2.2 《计价规范》颁布之后

1. 工程量清单编制人

即工程量清单由具有编制招标文件能力的招标人或委托具有资质的工程造价咨询机构、招标代理机构编制。工程量清单包括由承包人完成工程施工的全部项目。

2. 强制性规定

在《计价规范》推出以后,各地区要采用统一的工程量清单格式。详见《计价规范》第32~75页。

2013《计价规范》规定,工程量清单按照以下格式组成:

封面,见表4-6;扉-1,见表4-7;总说明(表-01),见表4-8;

分部分项工程和单价措施项目清单与计价表(表-08),见表4-9;

总价措施项目清单与计价表(表-11),见表4-10;

其他项目清单与计价汇总表(表-12),见表4-11;

暂列金额明细表(表-12-1),见表4-12;

材料暂估单价表(表-12-2),见表4-13;

专业工程暂估价表(表-12-3),见表4-14;

计日工表(表-12-4),见表4-15;

总承包服务费计价表(表-12-5),见表4-16;

索赔与现场签证计价汇总表(表-12-6),见表4-17;

规费、税金项目计价表(表-13),见表4-18;

发包人提供材料和工程设备一览表(表-20),见表4-19;

承包人提供主要材料和工程设备一览表(表-21),见表4-20。

即:《计价规范》规定用于工程量清单编制使用的表格主要有封面、扉-1、表-01、表-08、表-11、表-12(表-12-1~表-12-6)、表-13、表-20、表-21等。

封　面　　　　**表4-6**

____________工程 工 程 量 清 单 招　标　人:____________(单位盖章) 造价咨询人:____________(单位盖章) 年　　月　　日

扉-1 表 4-7

××电气设备安装 工程 工 程 量 清 单 招标人：×××（单位盖章） 造价咨询人：×××（单位资质专用章） 法定代表人或其授权人：×××（签字或盖章） 法定代表人或其授权人：×××（签字或盖章） 编制人：×××（造价人员签字盖专用章） 复核人：×××（造价工程师签字盖专用章） 编制时间：××年××月××日 复核时间：××年××月××日 造价咨询人：重庆市××造价咨询有限公司（单位盖章） ××年××月 ××日

总 说 明 表 4-8

工程名称：××电气设备安装 第 页 共 页

1. 工程概况： 2. 工程招标范围： 3. 工程量清单编制依据 4. 资金来源 5. 质量、价差（暂估价） 6. 环保要求

表-01

总说明要求投标人填写，应包括：工程概况，如建设规模、工程特征、计划工期、施工现场实际情况、交通运输情况、自然地理条件、环境保护要求等；工程招标和分包范围；工程量清单编制依据；工程质量、材料、施工等特殊要求；招标人自行采购材料的名称、规格型号、数量等；暂定金额、自行采购材料的金额数量；其他需说明的问题。此表在招标人发给投标人时可以是空表。

分部分项工程和单价措施项目清单与计价表 表 4-9

工程名称：××电气设备安装工程 标段： 第 页 共 页

序号	项目编码	项目名称	项目特征描述	计量单位	工程量	金额（元）		
						综合单价	合价	其中：暂估价
		C. 2 电气设备安装工程						
1	030201001001	油浸式电力变压器	SL1-1000kVA/10kV	台	2			
2	030204004001	低压开关柜	低压配电盘 基础槽钢 [10 手工除锈 红丹防锈漆两遍	台	10			
3	030204018001	配电箱	总照明配电箱 XL-1	台	1			
4	30204018002	配电箱	总照明配电箱 AL-1	台	1			

续表

序号	项目编码	项目名称	项目特征描述	计量单位	工程量	金额（元）		
						综合单价	合价	其中：暂估价
5	030204031001	小电器	板式暗开关单控双联	套	6			
6	030204031002	小电器	板式暗开关单控单联	套	10			
7	030204031003	小电器	单相暗插座 15A	套	30			
8	030204031004	小电器	三相暗插座 15A	套	6			
9	030208001001	电力电缆	35mm^{2}内铜芯电力电缆	km	4.00			
10	030212001001	电气配管	PVC15 管	m	300.00			
11	030212003001	电气配线	BV-2.0×1.5mm^2	m	750.00			
12	030213001001	白炽灯	60W	套	80.00			
13	030213004001	荧光灯	40W	套	100.00			
		其他略						
		分部小计						
		本页小计						
		合　计						

注：根据建设部、财政部颁布的《建筑安装工程费用组成》（建标［2003］206 号文件）的规定，为计取规费等的使用，可在表中增设其中："直接费"、"人工费"或"人工费+机械费"。

表-08

分部分项工程量清单所包含的内容，主要分五个方面，即分部分项工程量清单；措施项目清单；其他项目清单；规费项目清单和税金项目清单。《计价规范》诠释，每个分部分项工程量清单项目又由项目编码、项目名称、项目特征、计量单位和工程量这五大基本要件组成。在编制工程量清单时，需满足两方面的要求，一是规范管理，二是满足计价要求。分部分项工程量清单项目编码的定义为："项目编码——分部分项工程量清单项目名称的数字标识。"2013《计价规范》中说明，分部分项工程量清单的项目编码，应采用十二位阿拉伯数字表示。一至九位应按附录的规定设置，十至十二位应根据拟建工程的工程量清单项目名称设置，同一招标工程的项目编码不得有重码，由清单编制人根据设置的清单项目编制。而分部分项工程量清单的项目名称亦应按照《计价规范》附录中的项目名称，并结合拟建工程的实际情况确定。编制工程量清单出现附录中未包括的项目，编制人应作补充，并报省级或行业工程造价管理机构备案，省级或行业工程造价管理机构应汇总报住房和城乡建设部标准定额研究所。

补充项目的编码由附录的顺序码与 B 和三位阿拉伯数字组成，并应从×B001 起顺序编制，同一招标工程的项目不得重码。工程量清单中需要附有补充项目的名称、项目特征、计量单位、工程量计算规则、工程内容。

总价措施项目清单与计价表 **表 4-10**

工程名称：××电气设备安装工程　　标段：　　第　页　共　页

序号	项目编码	项目名称	计算基础	费率（%）	金额（元）	调整费率（%）	调整后金额（元）	备注
1		安全文明施工费						
2		夜间施工费						
3		二次搬运费						
4		冬雨季施工费						
5		已完工程及设备保护费						
合　计								

注：本表适用于以“项”计价的措施项目。　　表-11

措施项目清单反映为完成分项实体工程所必须进行的措施性工作。措施项目清单应根据拟建工程的实际情况列项。通用措施项目可按总价措施项目清单与计价表和单项措施项目清单与计价表选择列项。若出现本规范未列的项目，可根据工程实际情况补充。其内容设置可按照住建部 44 号文件规定的项目列入。规定措施项目中可以计算工程量的项目清单宜采用分部分项工程量清单的方式编制，列出项目编码、项目名称、项目特征、计量单位和工程量计算规则；不能计算工程量的项目清单，以“项”为计量单位。

其他项目清单与计价汇总表 **表 4-11**

工程名称：××电气设备安装工程　　标段：　　第　页　共　页

序号	项目名称	计量单位	金额（元）	备　注
1	暂列金额	项	10000.00	明细详见表-12-1
2	暂估价			
2.1	材料暂估单价			明细详见表-12-2
2.2	专业工程暂估价	项		明细详见表-12-3
3	计日工			明细详见表-12-4
4	总承包服务费			明细详见表-12-5
5	索赔与现场签证			明细详见表-12-6
合　计				

注：材料暂估单价进入清单项目综合单价，此处不汇总。　　表-12

其他项目清单反映的是招标人提出的一些与拟建工程有关的特殊要求，并且按照招标人部分的金额可估算确定；按照投标人部分的总承包服务费应根据招标人提出的所发生的费用确定。其他项目清单主要内容为暂列金额、暂估价（包括材料暂估单价、专业工程暂估价）、计日工和总承包服务费等。

暂列金额，03《计价规范》称为预留金，是招标人在工程量清单中暂定并包括在合同价款中的一笔款项，用于施工合同签订时尚未确定或者不可预见的所需材料、设备、服务的采购，施工中可能发生的工程变更、合同约定调整因素出现时的工程价款调整以及发生的索赔、现场签证确认等的费用。

暂估价指招标人在工程量清单中提供的用于支付必然发生但暂时不能确定的材料单价以及专业工程的金额。

计日工指施工过程中，完成发包人提出的施工图纸以外的零星项目或工作，可按合同中约定的综合单价计价。在表格中应列出人工、材料、机械台班的名称、计量单位和相应数量。

总承包服务费是指总承包人为配合协调发包人进行的工程分包自行采购的设备、材料等进行管理、服务以及施工现场管理、竣工资料汇总整理等服务所需的费用。

暂列金额明细表 **表 4-12**

工程名称：××电气设备安装工程　　标段：　　第　页　共　页

序号	项目名称	计量单位	金额（元）	备　注
1	材料价格风险	项	6000.00	
2	设备价格风险	项	4000.00	
3				
合　计			10000.00	

注：此表由招标人填写，如不能详列，也可只列暂定金额总额，投标人应将上述暂列金额计入投标总价中。表-12-1

材料暂估单价表 **表 4-13**

工程名称：××电气设备安装工程　　标段：　　第　页　共　页

序 号	材料名称	计量单位	单价（元）	备　注
1	型钢	kg	5.00	
2	XL-型配电箱	台	3500.00	

注：1. 此表由招标人填写，并在备注栏说明暂估价的材料拟用在哪些清单项目上，投标人应将上述材料暂估单价计入工程量清单综合单价报价中。

2. 材料包括原材料、燃料、构配件以及按规定应计入建筑安装工程造价的设备。　　表-12-2

专业工程暂估价表 **表 4-14**

工程名称：××电气设备安装工程　　标段：　　第　页　共　页

序号	工程名称	工程内容	暂估金额（元）	结算金额（元）	差额±（元）	备　注
合　计						

注：此表由招标人填写，投标人应将上述专业工程暂估价计入投标总价中。　　表-12-3

计日工表 **表 4-15**

工程名称：××电气设备安装工程 标段： 第 页 共 页

序号	项目名称	单位	暂定数量	综合单价（元）	合价（元）	
一	人工				暂定	实际
1	高级焊工	工日	8			
2	木工	工日	10			
	人工小计					
二	材料					
1	电焊条	kg	6.00			
2	油毡	m^2	30			
	材料小计					
三	机械					
1	直流电焊机	台班	2			
2	灰浆搅拌机（400L）	台班	1			
	施工机械小计					
	总 计					

注：此表项目名称、数量由招标人填写，编制招标控制价时，单价由招标人按有关计价规定确定；投标时，单价由投标人自主报价，计入投标总价中。

表-12-4

总承包服务费计价表 **表 4-16**

工程名称：××电气设备安装工程 标段： 第 页 共 页

序号	项目名称	项目价值（元）	服务内容	计算基础	费率（%）	金额（元）
1	发包人发包专业工程		1. 按专业工程承包人的要求提供施工工作面并对施工现场进行统一管理；对竣工资料进行统一整理汇总； 2. 为专业工程承包人提供垂直运输机械和焊接电源接入点，并承担垂直运输费和电费			
2	发包人供应材料		对发包方供应的材料进行验收及保管和使用发放			
	合 计					

注：此表项目名称、服务内容由招标人填写，编制招标控制价时，费率及金额由招标人按有关计价规定确定；投标时，费率及金额由投标人自主报价，计入投标总价中。

表-12-5

索赔与现场签证计价汇总表 **表 4-17**

工程名称：××电气设备安装工程　　　标段：　　　第　页　共　页

序号	签证及索赔项目名称	计量单位	数量	单价（元）	合价（元）	索赔及签证依据

注：签证及索赔依据是指经双方认可的签证单和索赔依据的编号。　表-12-6

规费、税金项目计价表 **表 4-18**

工程名称：××电气设备安装工程　　　标段：　　　第　页　共　页

序号	项目名称	计算基础	费率（%）	金额（元）
1	规费	定额人工费		
1.1	社会保险费	定额人工费		
(1)	养老保险费	定额人工费		
(2)	失业保险费	定额人工费		
(3)	医疗保险费	定额人工费		
(4)	工伤保险费	定额人工费		
(5)	生育保险费	定额人工费		
1.2	住房公积金	定额人工费		
1.3	工程排污费	按工程所在地环境保护部门收取标准，按实计入		
2	税金	分部分项工程费＋措施项目费＋其他项目费＋规费－按规定不计税的工程设备金额		
合　计				

注：根据住建部、财政部颁布的44号文，“计算基础”可以是“直接费”、“人工费”或“人工费＋机械费”。　表-13

发包人提供材料和工程设备一览表 表 4-19

序号	材料（工程设备）名称、规格、型号	单位	数量	单价（元）	交货方式	送达地点	备注
1							
2							

注：此表由招标人填写，供投标人在投标报价确定总承包服务费时参考。 表-20

承包人提供主要材料和工程设备一览表 表 4-20

序号	名称、规格、型号	单位	数量	风险系数（%）	基准单价（元）	投标单价	发承包人确认单价（元）	备注
1								
2								
3								

注：1. 此表由招标人填写除“投标单价”栏的内容，投标人在投标时自主确定投标单价。
2. 招标人应优先采用工程造价管理机构发布的单价作为基准单价，未发布的，通过市场调查确定其基准单价。 表-21

4.3 建筑工程计量

4.3.1 工程量的概念

工程量是以物理计量单位或自然计量单位所表示的各个具体工程和构配件的数量。物理计量单位是指以公制度量表示的长度、面积、体积和重量等。如建筑面积用“m^2”表示、砖石砌体以及混凝土和钢筋混凝土等用“m^3”表示。而“m”、“m^2”、“m^3”通常可用来表示电气和管道安装工程中管线的敷设长度，管道的展开面积，管道的绝热、保温厚度等。用“t”或“kg”作单位来表示电气安装工程中一般金属构件的制作安装重量等。自然计量单位，通常指用物体的自然形态表示的计量单位，如电气和管道设备通常以“台”，各种开关、元器件以“个”，电气装置或卫生器具以“套”或“组”等单位表示。

4.3.2 工程量计量依据和条件

1. 工程量计量依据

（1）经会审后的施工图纸、标准图集、现行预算定额或单位基价表；

（2）现行施工及技术验收规范、规程、施工组织设计或施工方案等；

（3）有关建筑安装工程施工、计算和预算手册、造价资料等，如数学手册、建材手册、五金手册、工长手册等；

（4）其他有关技术、经济资料，如招、投标工程文件或合同、协议等，应注意划分计算范围和内容。

2. 工程量计量应具备的条件

（1）图纸已经会审；

（2）施工组织设计或施工方案已经审批；

（3）工程承包合同已签订生效；

（4）工程项目划分范围已经明确，特别是实施工程建设监理的项目各方责任已落实。

4.3.3 工程量计量的基本要求

1. 计量口径一致

计算口径一致指根据现行预算定额计算出的工程量必须同定额规定的子目口径统一，这需要预算人员对定额和图纸非常熟悉，对定额中子目所包括的工作范围和工作内容必须清楚。

2. 计量单位一致

在计算建筑安装工程量时，按照施工图列出的项目的计量单位，要同定额中相应的计量单位相一致，以加强工程量计算的准确性。特别要注意建筑安装工程中扩大计量单位的含义和用法。

3. 计量内容一致

工程量的计量内容必须以施工图和合同界定的内容和范围为准，同时还要与现行预算定额的册（篇）、章、节、子目等保持一致。要注意定额各册（篇）的具体规定。

4.3.4 工程量计量的一般原理

1. 熟悉图纸、定额及有关技术经济资料，按图算量；

2. 执行工程量计算规则；

3. 尽量采用统筹法，安排计算顺序，并利用基数如下：

$L_{中}$——外墙中心线、$L_{内}$——内墙净长、$L_{外}$——外墙外边线 称为“三线”，另外和$S_{建}$——建筑面积，合称“三线一面”。由 $S_{建}$ 可引申出 $S_{结}$——结构面积和 $S_{净}$——净面积，其关系是 $S_{建}-S_{结}=S_{净}$。

4.3.5 工程量计量方法

1. 按工艺顺序列项

如基础工程：平场—挖地槽、地坑—基础垫层—砌砖、石基础—现浇混凝土基础—基础防潮层—基础回填土—余土外运等。

2. 按定额顺序列项

如土石方、砖石、脚手架、混凝土及钢筋混凝土等。

3. 利用统筹法计算工程量

统筹法作用如下：

利用 $L_{中}$ 计算外槽及其垫层、基础、外墙、防潮层和圈梁等；

利用 $L_{内}$ 计算内槽及其垫层、基础、内墙、防潮层和圈梁等；

利用 $L_{外}$ 计算人工平场、散水和外抹灰等；

利用 $S_{建}$ 计算综合脚手架等；

利用 $S_{净}$ 计算地、楼面及顶棚抹灰等。

4.3.6 工程量计量的总体步骤

工程量计量的总体步骤以建筑工程为例，应是先结构—后建筑；先平面—后立面；先室内—后室外。

4.3.7 建筑工程主要工程量计量规则及计算式

1. 建筑面积计量

（1）建筑面积的概念

建筑面积即建筑展开面积，是建筑物各层面积之和。建筑面积包括使用面积、结构面积、辅助面积等。使用面积指建筑物各层平面中直接为生产或生活使用的净面积之和，如建筑住宅中的各个居室、客厅等；结构面积指建筑物各层平面中的墙、柱等结构占用的面积；辅助面积是为辅助生产或辅助生活所占净面积之和，如建筑住宅中的楼梯、走道、厨厕等。使用面积和辅助面积之和称为有效面积。

（2）计量建筑面积的作用

1）计量建筑面积将会对建设项目投资估算、可行性研究、勘察设计、项目评估、建筑施工和工程竣工以及工程建设全过程的造价确定与控制、工程造价信息管理等诸多方面产生重要的作用。因此，建筑面积是工程造价管理中一项重要的指标。

2）计量建筑面积是为计算开工面积、竣工面积、优良工程率等提供重要指标依据。

3）计量建筑面积可作为计算单方造价（单位面积造价）、单方消耗量指标（人工、材料、机械台班、工程量）的依据。上述消耗量指标计算如下式：

$$工程单位面积造价 = \frac{工程造价}{建筑面积} \tag{4-1}$$

$$人工单方消耗量指标 = \frac{工程人工工日消耗量}{建筑面积} \tag{4-2}$$

$$材料单方消耗量指标 = \frac{工程材料消耗量}{建筑面积} \tag{4-3}$$

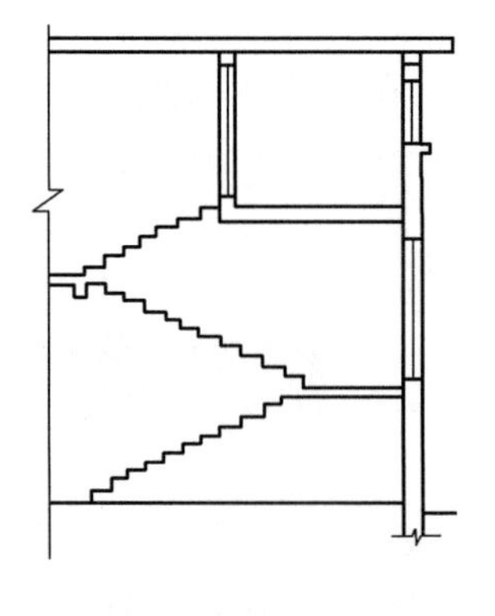

图 4-4 隔楼建筑示意图

（3）建筑面积计算规则

按照《建筑工程建筑面积计算规范》GB/T 50353—2013 中关于“建筑面积计算规则”，建筑面积的计算包括应计算建筑面积的范围和不计算建筑面积的范围两大组成部分。其计算要点如下。

1）应计算建筑面积范围

① 单层建筑。高度在 2.2m 及以上者计算全部面积；不足 2.2m 者计算 1/2 面积。按一层水平投影面积计算；按外墙勒脚外边线所围面积；楼隔层单独计量。如图 4-4 所示。高低联跨的单层建筑，分别计量，并以高跨结构外边线为界分别计量。

高低跨建筑如果需要分别计量建筑面积时，当高跨为边跨时，其建筑面积应按勒脚以上两端山墙外表面间的水平投影长度乘以勒脚以上外墙表面至高跨中柱外边线水平宽度计量，如图 4-5（a）所示，其高跨宽为 b_1；如果高跨为中跨时，其建筑面积应按勒脚以上两端山墙外表面水平投影长度，乘以中柱外边线水平宽度计量，如图 4-5（b）所示的高

跨宽为 b_4；高低跨内部连通时，其变形缝应计算在低跨部分的面积内。

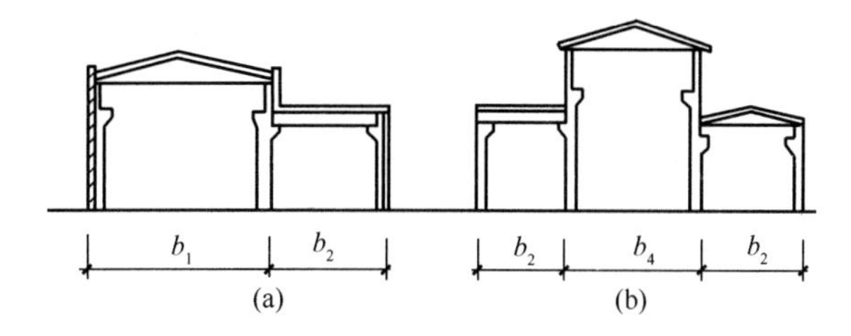

图 4-5 高低跨单层建筑示意图

② 多层建筑面积：
- 首层为外墙勒脚以上外围水平面积计量；
- 二层及以上楼层按外墙结构外围水平面积计量；
- 各层水平投影面积之和计量。

层高在 2.2m 及以上者计算全部面积；不足 2.2m 者计算 1/2 面积。

【例 4-3】 计算如图 4-6 中多层建筑面积（六层，层高 3.0m）。

【解】 根据计算规则②，二层及以上按外墙结构外围水平面积计量，并以各层水平投影面积之和计量。则：

$S_{建} = 18.24 \times 12.24 \times 6 = 1339.55\text{m}^2$

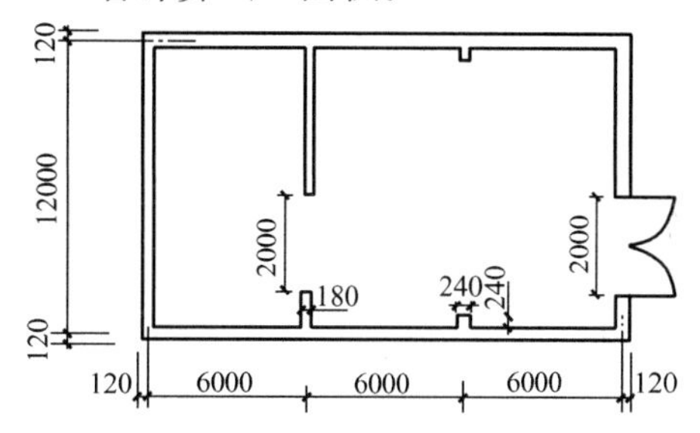

图 4-6 多层建筑示意图

③ 单（多）层建筑物的坡屋顶内空间，当设计加以利用时其净高超过 2.1m 的部位应计算全面积；净高在 1.2～2.1m 的部位应计算 1/2 面积；净高不足 1.2m 的部位不计算面积。净高是指楼面或地面至上部楼板（屋面板）底或吊顶底面之间的垂直距离。

④ 地下建筑、架空层。地下室、半地下室（包括相应的有永久性顶盖的出入口）建筑面积，应按其外墙上口（不包括采光井、外墙防潮层及其保护墙）外边线所围水平面积计算。层高在 2.2m 及以上者应计算全面积；层高不足 2.2m 者应计算 1/2 面积。房间地平面低于室外地平面的高度超过该房间净高的 1/2 者为地下室；房间地平面低于室外地平面的高度超过该房间净高的 1/3，且不超过 1/2 者为半地下室；永久性顶盖是指经规划批准设计的永久使用的顶盖。如图 4-7 所示。

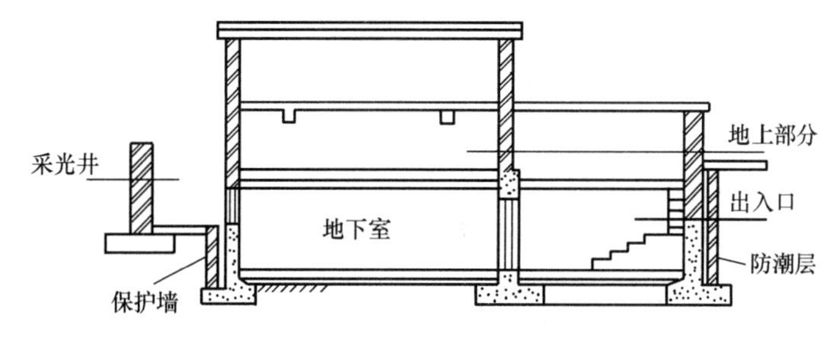

图 4-7 地下室剖面图

⑤ 坡地建筑物吊脚架空层和深基础架空层的建筑面积，设计加以利用并有围护结构的，按围护结构外围水平面积计算。层高在 2.2m 及以上者应计算全部面积；层高不足

2.2m 者应计算 1/2 面积。设计加以利用、无围护结构的建筑吊脚架空层，应按其利用部位水平面积的 1/2 计算；设计不利用的建筑吊脚架空层和深基础架空层，不计算面积。如图 4-8 所示。

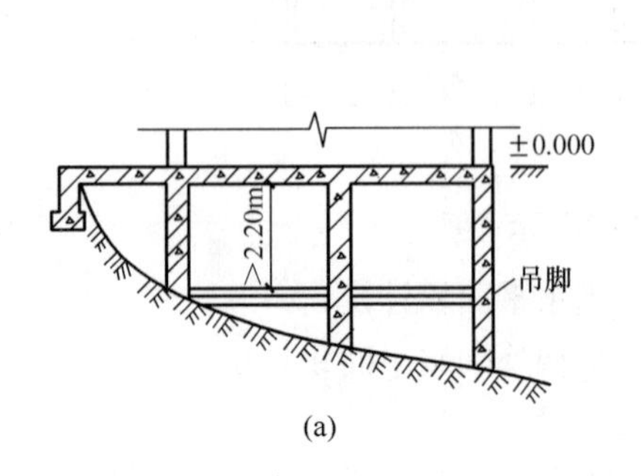

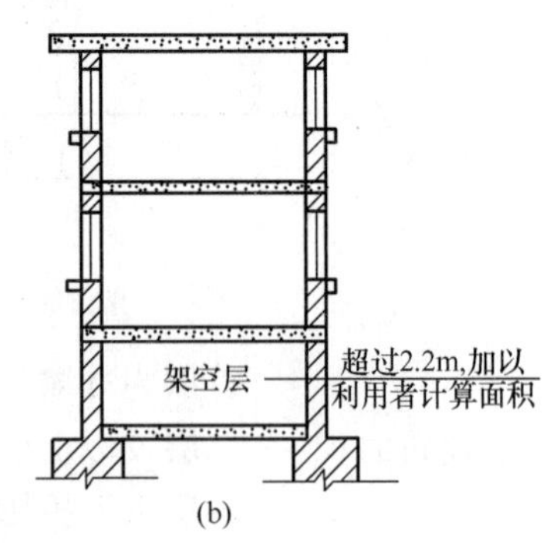

图 4-8 坡地和深基础地下架空层剖面图
(a) 坡地架空层；(b) 深基础地下架空层

⑥ 建筑物的门厅、大厅、回廊。建筑物的门厅、大厅按一层计算建筑面积。门厅大厅内设有回廊时，应按其结构底板水平面积计算。层高在 2.2m 及以上者应计算全部面积；层高不足 2.2m 者应计算 1/2 面积。回廊是指在建筑物门厅、大厅内设置在二层或二层以上的回形走廊。穿过建筑物的通道与回廊计算方法相同。如图 4-9 所示。

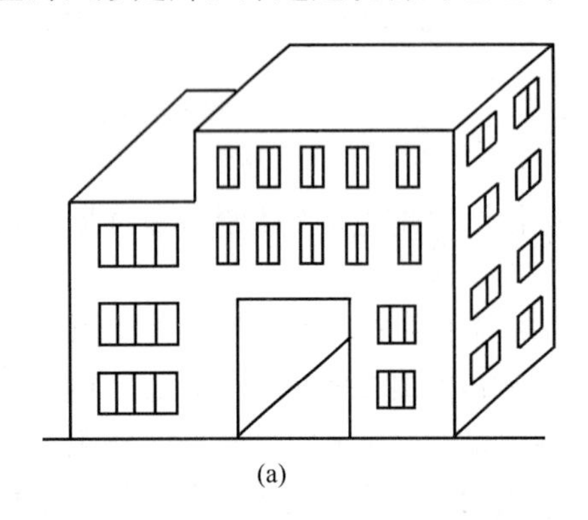

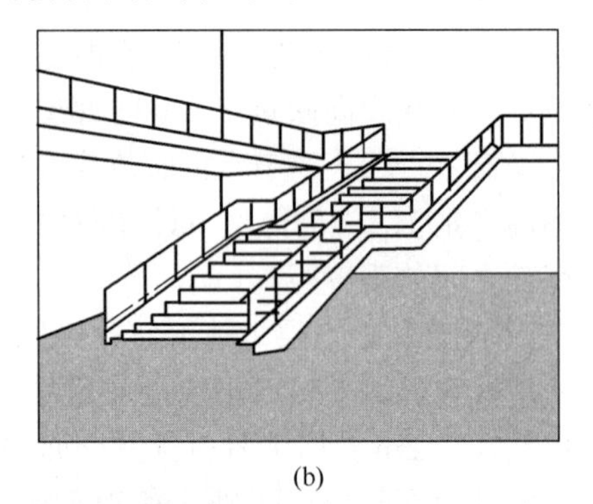

图 4-9 通道、回廊透视图
(a) 穿过建筑物的通道；(b) 回廊

【例 4-4】 计算如图 4-10 中大厅和回廊的建筑面积（五层，层高 3.0m）。

【解】 根据计算规则⑥，穿过建筑物的通道、门厅按一层计算；厅内回廊，按自然层的水平投影面积计算。

$$S_{建} = S_{大厅} + S_{回廊} = aL + (L + a - 2b) \times 2 \times b \times 5 \quad (4\text{-}4)$$

⑦ 室内楼梯间、电梯井、观光电梯井、提物井、管道井、通风排气竖井、垃圾道、附墙烟囱等应按建筑物自然层计量，并入建筑物面积内。自然层是指按楼板、地板结构分层的楼层。如遇跃层建筑，其共用的室内楼梯应按自然层计算；上下错层户室共用的室内楼梯，应选上一层的自然层计算面积。

⑧ 建筑物内技术层（如设备管道、储藏室），当层高超过 2.2m 时，计算建筑面积。如图 4-11 所示。

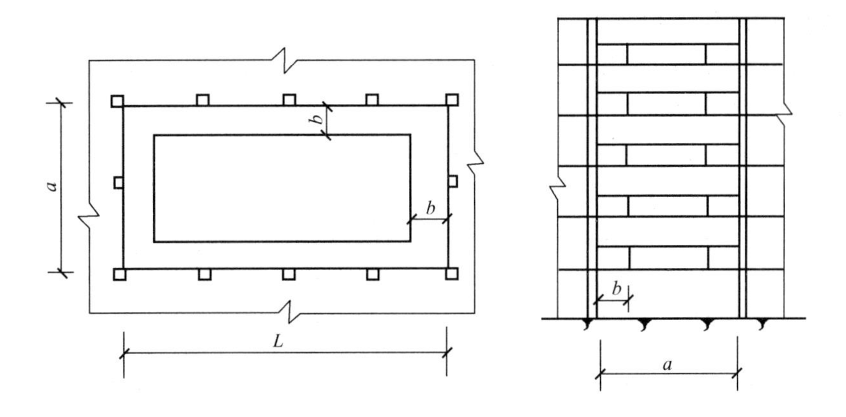

图 4-10 大厅带回廊

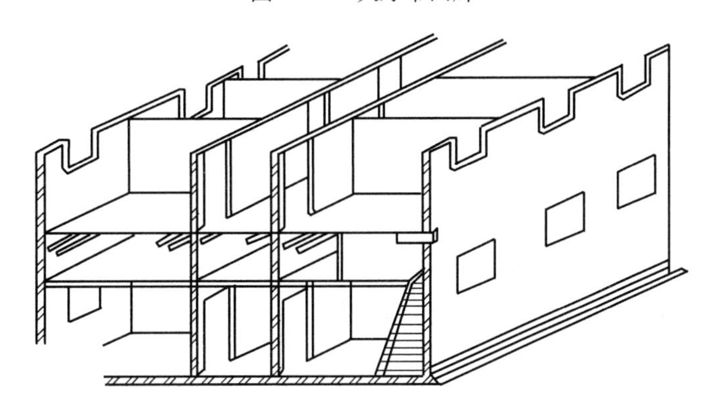

图 4-11 建筑物技术层透视图

⑨ 有柱的雨篷、车棚、货棚、站台等：按柱外围水平面积计算，如图 4-12、图 4-13 所示；
单排柱、独立柱的车棚、货棚、站台等：按顶盖水平投影面积的一半计算建筑面积，如图 4-14、图 4-15 所示。

【例 4-5】 计算如图 4-12 中有柱雨篷的建筑面积。

【解】 根据计算规则，有柱的雨篷、车棚、货棚、站台等，按柱外围水平面积计算，则：

$$S_{建} = a \times b \tag{4-5}$$

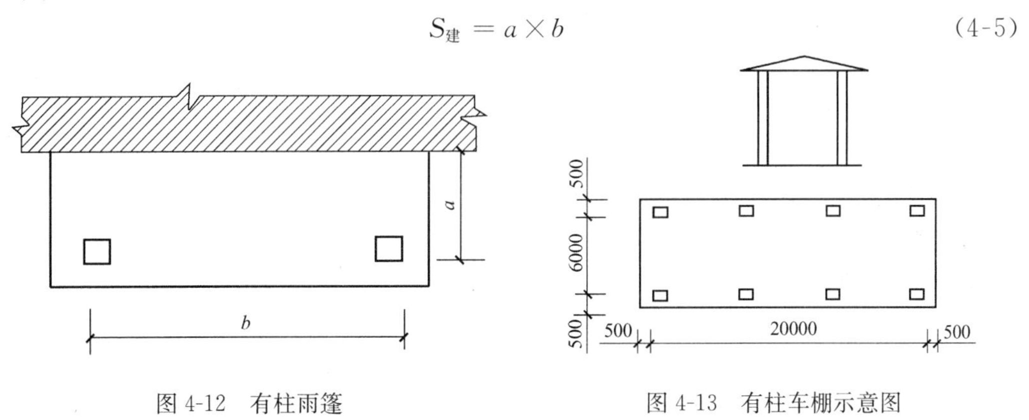

图 4-12 有柱雨篷

图 4-13 有柱车棚示意图

【例 4-6】计算图 4-14 中单排柱站台的建筑面积。

【解】根据计算规则，单排柱、独立柱的车棚、货棚、站台等，按顶盖水平投影面积的一半计算建筑面积，则：

$$S_{建} = 1/2 \times 2.0 \times 5.50 = 5.5\text{m}^2$$

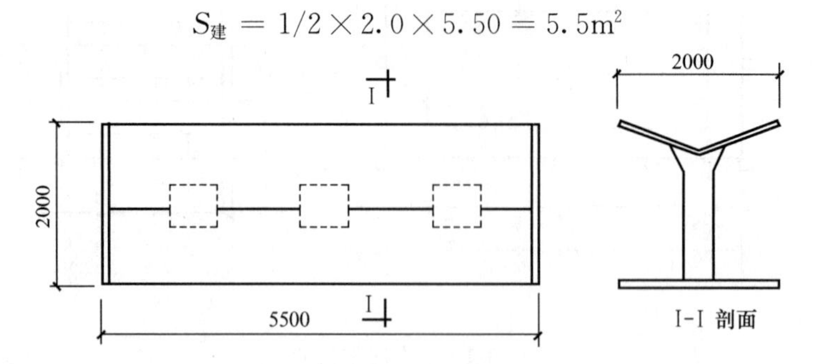

图 4-14 单排柱站台平面图

【例 4-7】计算图 4-15 独立柱车棚的建筑面积。

【解】根据计算规则，独立柱的车棚、货棚、站台等，按顶盖水平投影面积的一半计算建筑面积，则：

$$S_{建} = 1/2 \times 12.0 \times 12.0 = 72\text{m}^2$$

⑩ 建筑物顶部有围护结构的楼梯间、水箱间、电梯机房等，按围护结构外围水平面积计算。层高在 2.2m 及以上者应计算全部面积；层高不足 2.2m 者应计算 1/2 面积。如图 4-16 所示。

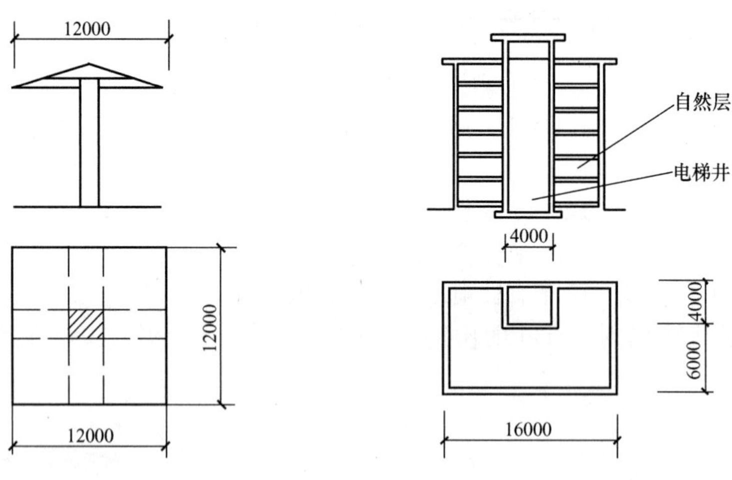

图 4-15 独立柱车棚示意图

图 4-16 带楼梯间的建筑示意图

【例 4-8】计算图 4-16 中带楼梯间的建筑面积（凸出屋面的电梯井高度大于 2.20m）。

【解】凸出屋面的楼梯间、水箱间、电梯机房等，若层高超过 2.20m，按围护结构外围面积计算，则：

$$S_{建} = 16.0 \times (6+4) \times 6 + 4 \times 4 = 976.00\text{m}^2$$

⑪门斗、眺望间、观望电梯间、阳台、挑廊、走廊和高于 2.20m 的橱窗等：按围护结构外围水平面积计算。如图 4-17～图 4-19 所示。

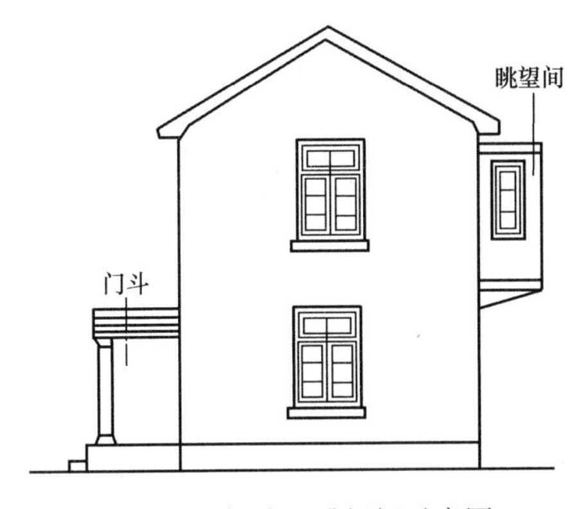

图 4-17 门斗、眺望间示意图

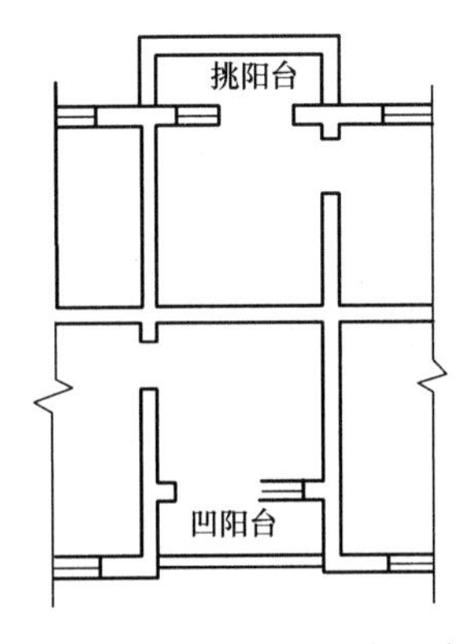

图 4-18 挑阳台、凹阳台示意图

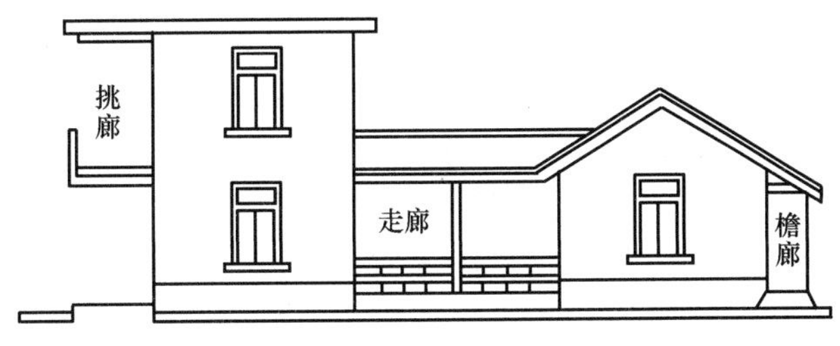

图 4-19 挑廊、走廊等示意图

⑫
- 建筑物外有盖的走廊、檐廊，按柱外边线水平面积计量，如图 4-20 所示；
- 有盖无柱的挑廊、走廊、檐廊，按其顶盖投影面积 1/2 计量，如图 4-21 所示；
- 无围护结构的凹阳台、挑阳台、封闭阳台、敞开式阳台，按其水平面积 1/2 计量，如图 4-22 所示；
- 阳台两端壁柜按水平投影面积，并入阳台面积，如图 4-23 所示；
- 建筑物间有顶盖的架空走廊，按走廊水平投影面积计量建筑面积，如图 4-24 所示。

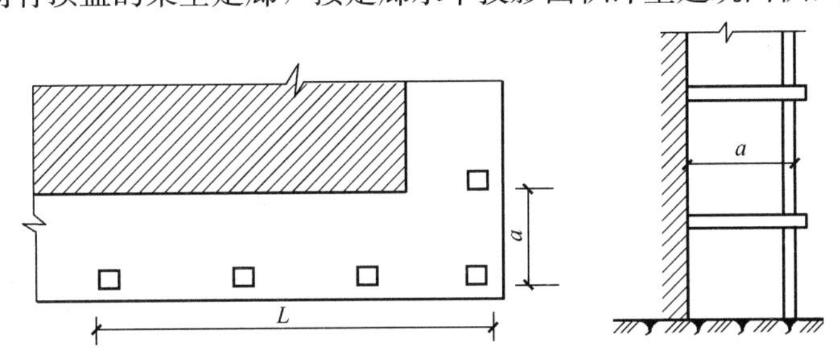

$S_{建} = aL$（L 为柱长边外边线）× 层数

图 4-20 建筑物外有柱和顶盖下做走廊、上做檐廊

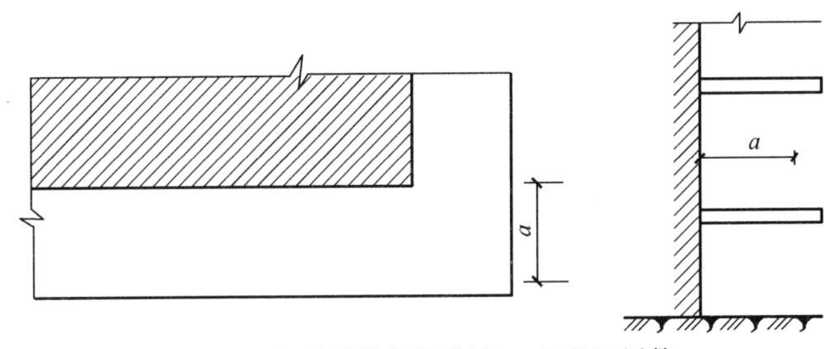

$S_{建} = aL$（L 为顶盖外边线长）× 1 /2 × 层数

图 4-21 有盖无柱的走廊、檐廊（挑廊）

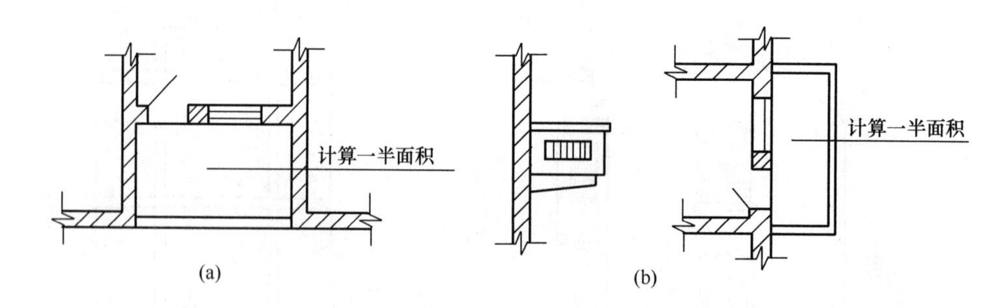

图 4-22　无围护结构的凹阳台、挑阳台

(a) 凹阳台示意图（敞开式）；(b) 挑阳台示意图

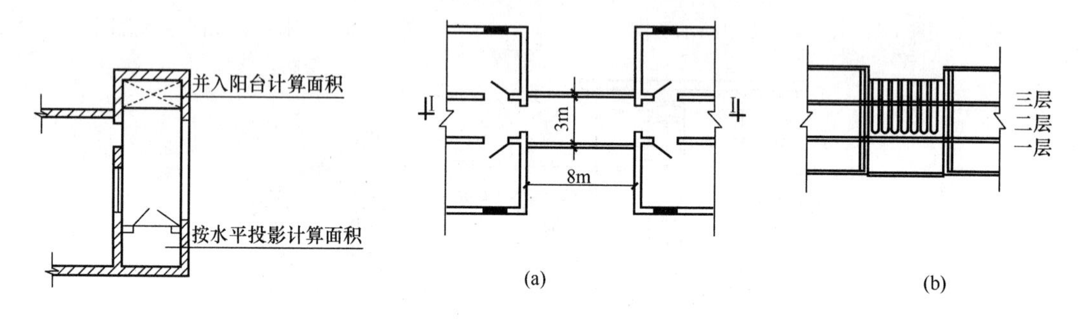

图 4-23　阳台两端壁柜示意图

图 4-24　架空走廊（通廊）

(a) 平面图；(b) Ⅰ-Ⅰ剖面图

【例 4-9】 计算图 4-24 中架空走廊的建筑面积。

【解】 根据计算规则，建筑物间有顶盖的架空走廊，按走廊水平投影面积计算建筑面积，有盖无柱的挑廊、走廊、檐廊按其顶盖投影面积一半计量，则：

$$S_{二} = 8 \times 3 = 24\text{m}^2\text{(二层)}$$

$$S_{三} = 8 \times 3 \times 0.5 = 12\text{m}^2\text{(三层无柱走廊)}$$

$$S_{建} = 24 + 12 = 36\text{m}^2$$

⑬ 室外楼梯，按其自然层投影面积之和计量，如图 4-25 所示。

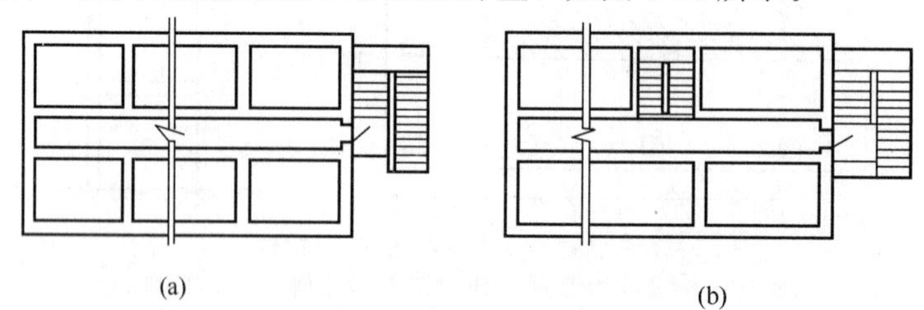

图 4-25　建筑物楼梯

(a) 室内无楼梯；(b) 室内有楼梯

⑭ 各种变形缝、沉降缝等，凡缝宽在 0.3m 以内者，均按自然层计算建筑面积。建筑物透视图如图 4-26 所示。

2）不计算建筑面积范围

① 凸出外墙的构件、配件、附墙柱、垛、勒脚、台阶、悬挑雨篷、墙面抹灰、镶贴块材、装饰面等，如图 4-27、图 4-28 所示。

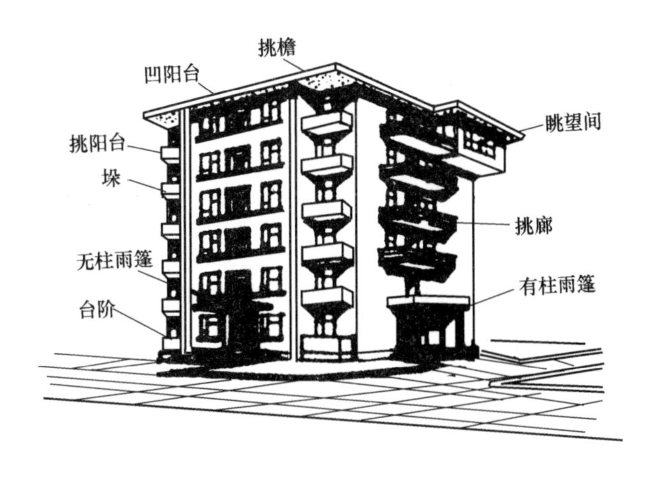

图 4-26 建筑物透视图

② 用于检修、消防等室外爬梯，如图 4-28 所示。

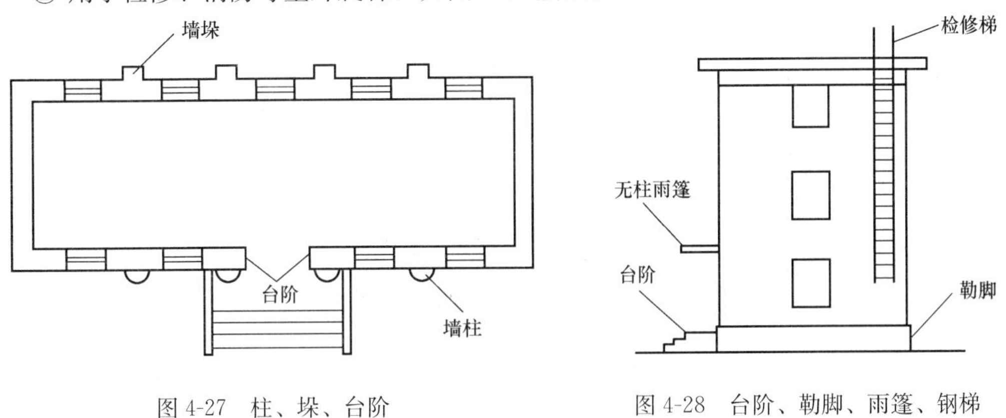

图 4-27 柱、垛、台阶

图 4-28 台阶、勒脚、雨篷、钢梯

③ 层高不大于 2.20m 的技术层（设备管道层、贮藏室）等，如图 4-29 所示。

④ 建筑物内外操作平台、上料平台、安装箱或罐体平台；没有围护结构的屋顶水箱、花架、凉棚等。如图 4-30 所示。

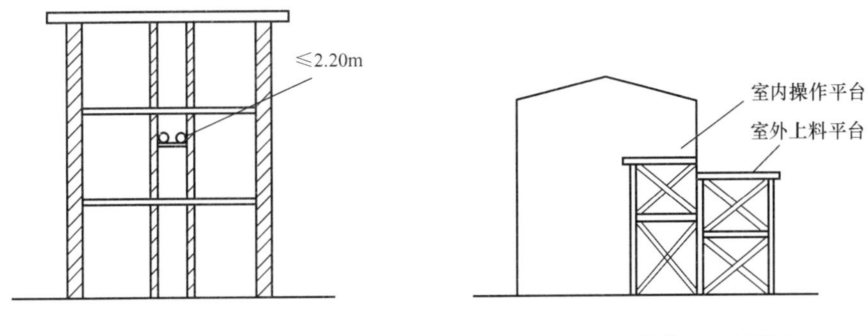

图 4-29 设备管道层

图 4-30 操作、上料平台

⑤ 自动扶梯、自动人行道。

⑥ 屋顶水箱、花架、凉棚、露台、露天游泳池。

⑦ 单层建筑物内分隔单层房间（如操作室、控制室等），舞台及后台悬挂的幕布、布

景天桥、挑台，如图 4-31、图 4-32 所示。

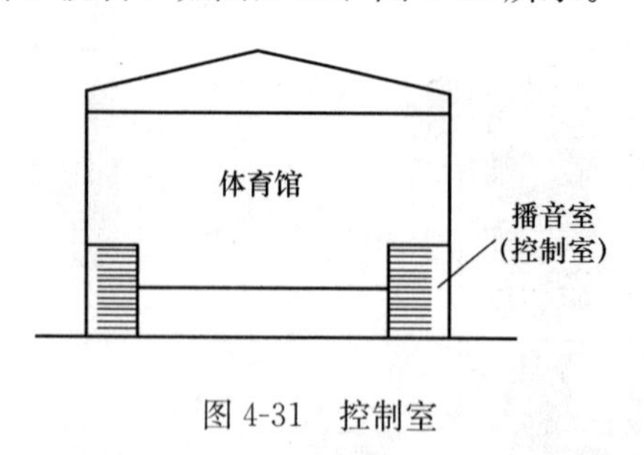

图 4-31 控制室

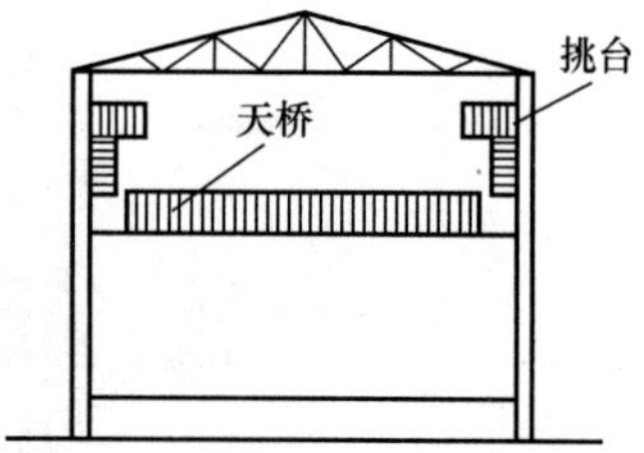

图 4-32 天桥、挑台

⑧ 独立烟囱、烟道、地沟、油（水）罐、气柜、水塔、贮油（水）贮仓、栈桥、地下人防通道、地铁隧道。

⑨ 建筑物内宽度大于 0.3m 的变形缝、沉降缝。

2. 土石方工程计量

（1）土石方工程常列主要项目平整场地（m^2）；人工挖基槽（坑）土方或石方（m^3）；挖土方（m^3）；人工平基石方（m^3）；回填土（m^3）；人工运土（m^3）；石方爆破（m^3）；支挡土板等。

（2）计量规定及相关信息综合确认

1）土的类别分为 12 个级别，预算定额中采用的土及岩石分类是根据普氏分类法编制的，即将岩石的极限压碎强度 R 除以 100，得出岩石的坚固系数 f，$f=R/100$。例如，第Ⅶ级岩石的极限压碎强度为 400～600kPa，其坚固系数 $f=\frac{400\sim600}{100}=4\sim6\text{kPa}$。

同时认为，虽然无法测出土的极限压碎强度，但可在岩石的级别下把土分为 4 级，故土及岩石共分为 16 级。预算定额将其综合为普通土、坚土、松石、次坚石、普坚石和特坚石等，分类可见消耗量定额第一章说明。

2）施工方法，如人工开挖、机械挖土、地下水位及排水方法，技术措施如放坡或支挡土板，挖、填、运土等方式，这些均关系到量的计量和选套定额。

3）干、湿土的划分，亦关系到选套定额和系数的计算，当含水率大于 25%时，为湿土；当含水率不大于 25%时，为干土。

4）确定挖土放坡否，机械挖土或人工挖土，放坡系数 k 值的选用不同。

5）确定起点标高：挖土一律按设计室外地坪标高为准计算。

（3）计算规则、说明与计算式

1）平整场地，厚度在±30cm 内的就地挖、填、找平，其工程量按建筑物（构筑物）底面积的外边线每边各加 2m 计算，如图 4-33 所示，计算式为：

$$S_{\text{平场}}=S_{\text{底面积}}+L_{\text{外}}\times2+16 \tag{4-6}$$

或

$$S_{\text{平场}}=(L_{\text{外长边}}+4)\times(L_{\text{外宽边}}+4) \tag{4-7}$$

式中 $S_{\text{底面积}}=a\times b$；

$L_{\text{外}}$——外墙外边线；

16——四角面积之和，m^2。

【例 4-10】 计算如图 4-33 中平整场地的工程量。

$a=30.24\text{m}$，$b=15.24\text{m}$。

【解】

$$
\begin{aligned}
S_{平场} &= S_{底面积} + L_{外}\times 2 + 16 \\
&= \overbrace{(30.24\times 15.24)}^{S_{底面积}} \\
&\quad + \overbrace{(30.24+15.24)\times 2}^{L_{外}}\times 2+16 \\
&= 460.86+181.92+16 \\
&= 658.78\text{m}^2
\end{aligned}
$$

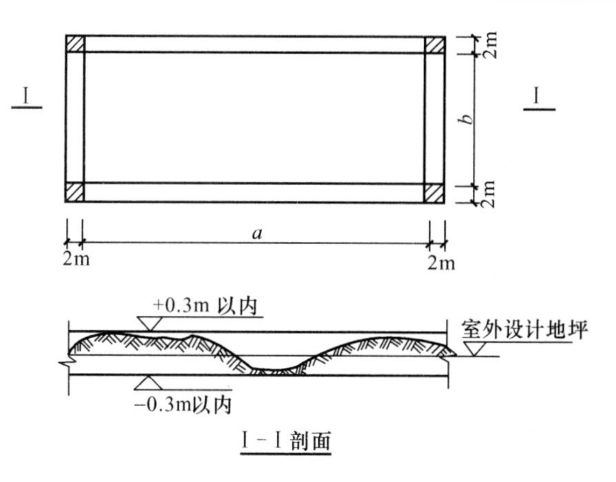

图 4-33　平整场地范围示意

2）人工土石方。

① 槽长大于槽底宽 3 倍，槽底宽小于 3m（不含加宽工作面），按挖地槽土、石方计量，套相应消耗量定额项目；

② 槽底宽大于 3m（不含加宽工作面），按平基计量，套相应消耗量定额项目；

③ 坑底面积 20m^2 以内（不含加宽工作面），按挖地坑土、石方计量；

④ 坑底面积 20m^2 以上（不含加宽工作面），如水池、游泳池，按平基计量。

上述列项需要注意：确定沟槽长度，外墙沟槽及管道沟槽按槽底中心线长度 $L_{中}$ 计算，内墙沟槽按槽底净长 $L_{内}$ 计算；确定挖土深度，不明确自然地面标高时，可用室外设计地面标高代替自然地面标高，如图 4-34 所示；管道沟的深度，按分段间的平均自然地面标高减去管底皮或基础底的平均标高计算，即：$\frac{(360+365+370)}{3}-350$，如图 4-35 所示；确定挖地槽（坑）宽度，若原槽做基础垫层，与垫层同宽，如图 4-36 所示。

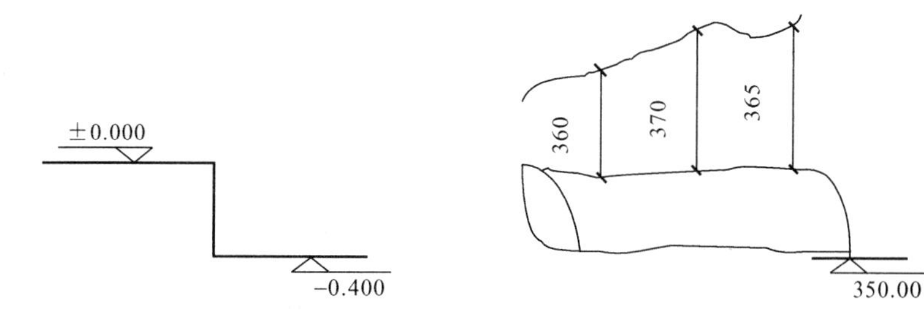

图 4-34　室外设计地面标高　　图 4-35　管道沟的深度

若垫层支模，应以垫层宽度两边加工作面后的尺寸为槽、坑底宽，如图 4-37 所示；工作面的增加以组织设计规定计算，若无规定，可按定额第一章说明表查阅。见表 4-21 所列。

设工作面和支挡土板，此方案的沟槽宽度除按基础底宽加工作面外，槽底宽每边另加 100mm 支挡土板宽度，如图 4-38（a）、（b）所示；设工作面和放坡，放坡起点深度为 1.50m，采用有放坡的体积计算公式，原槽做基础垫层，且要放坡，放坡应自垫层上表面开始计算，如图 4-39（a）、（b）所示。

开挖地槽、坑的放坡或支挡土板，均是为防止土方垮塌采取的安全措施，放坡工程量和支挡土板工程量不得重复计算，即计算了支挡土板的挖方量，不再计算放坡工程量，深度小于 1.5m 不放坡。

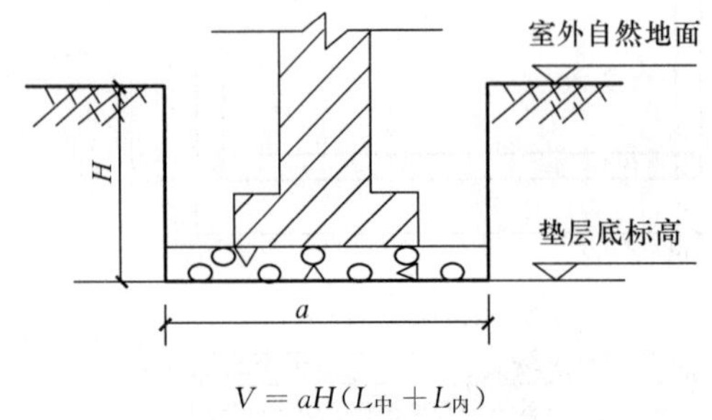

图 4-36 原槽基础垫层示意图

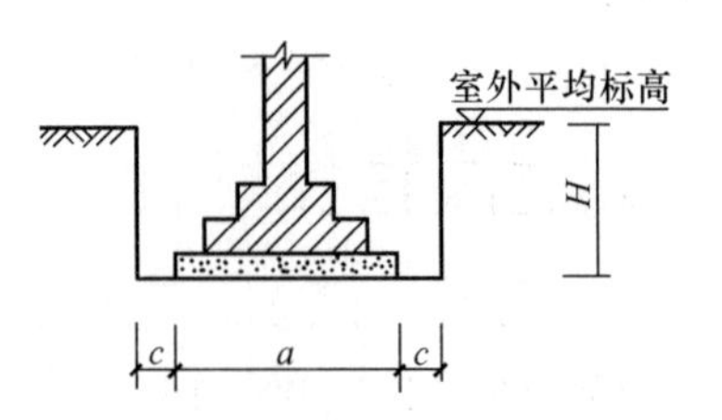

图 4-37 垫层支模土方计算示意图

基础施工所需工作面宽度计算表 **表 4-21**

基础类型	每边各增加工作面宽度（mm）	基础类型	每边各增加工作面宽度（mm）
砖基础	200	基础垂直面做防水层	800
浆砌毛石、条石基础	150	坑底打钢筋混凝土预制桩	3000
混凝土基础及垫层支模板	300	坑底螺旋一钻孔桩	1500

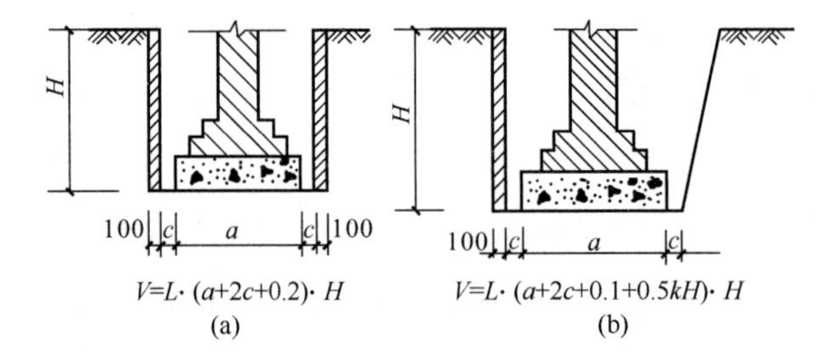

图 4-38 沟槽支挡土板

(a) 双面支挡土板；(b) 单面支挡土板

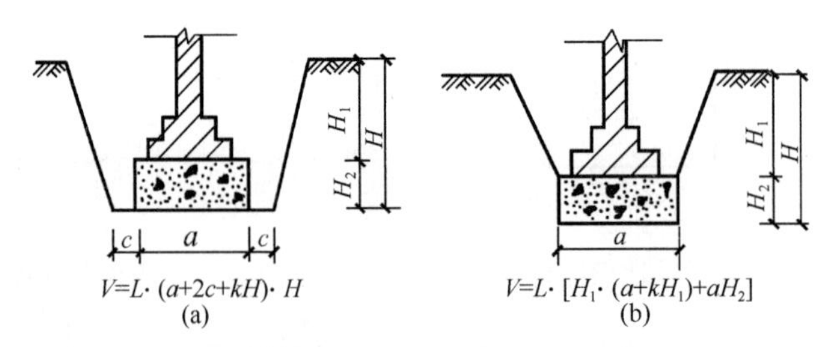

图 4-39 沟槽放坡图

(a) 垫层底面放坡；(b) 垫层顶面放坡

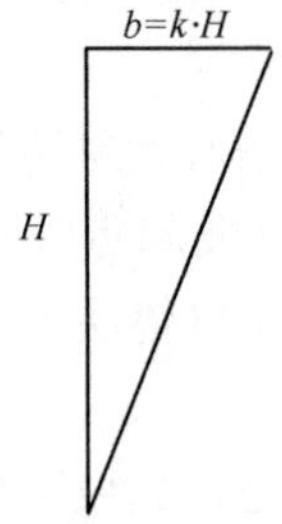

b=k·H

H

图 4-40 坡度系数图

L 由（$L_{中}+L_{内}$）组成，坡度系数如图 4-40 所示。

挖土方常列计算公式：

地槽无放坡体积 $V=(L_{中}+L_{内})\cdot a\cdot H$ (4-8)

地槽有放坡体积 $V=(L_{中}+L_{内})(a+k\cdot H)\cdot H$ (4-9)

地坑无放坡体积 $V=a\cdot b\cdot H$ (4-10)

地坑有放坡体积 $V=a\cdot b\cdot H+k\cdot H^2(a+b+4/3k\cdot H)$ (4-11)

留工作面（图 4-41）

$$V = H(a + 2c + k \cdot H)(b + 2c + k \cdot H) + 1/3k^2 \cdot H^3 \quad (4\text{-}12)$$

放坡时地坑体积 $V = 1/3H \times (S_1 + S_2 + \sqrt{S_1 S_2})$（棱台公式） (4-13)

$$(a + k \cdot H)(b + k \cdot H) \cdot H + 1/3k^2 \cdot H^3$$
$$= (a \cdot b + k \cdot H \cdot b + a \cdot H \cdot k + k^2 H^2)H + 1/3 \cdot k^2 \cdot H^3$$
$$= a \cdot b \cdot H + k \cdot H^2 \cdot b + a \cdot H^2 \cdot k + k^2 \cdot H^3 + 1/3 \cdot k^2 \cdot H^3$$
$$= a \cdot b \cdot H + k \cdot H^2(b + a + k \cdot H + 1/3k \cdot H)$$
$$= a \cdot b \cdot H + k \cdot H^2(a + b + 4/3k \cdot H)$$

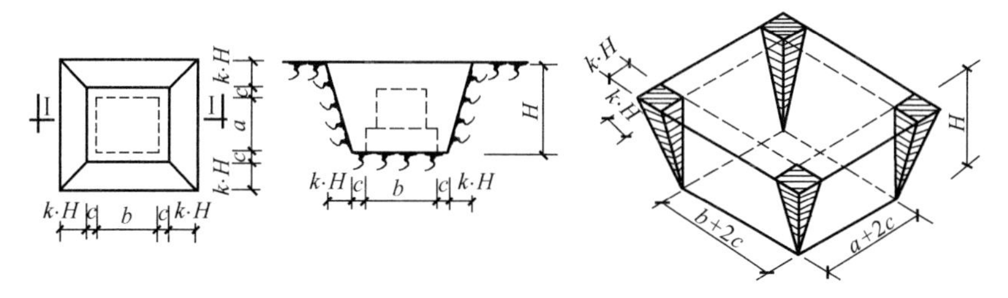

图 4-41 放坡矩形基坑图

地槽、地坑需放坡时，可按施工组织设计规定放坡，若无规定，可按表 4-22 规定计算。

地槽、地坑放坡系数表 **表 4-22**

人工挖土	机械挖土		放坡起点深度（m）
	在槽、坑底	在槽、坑边	
1∶0.30	1∶0.25	1∶0.67	1.5

3）回填土。基础完工后，为达到地面垫层下的设计标高，必须按照设计要求进行土方回填，其项目包括松填和夯填。而建筑回填土对象一般指基础回填和室内房心回填土，其计算式如下：

$$V_{槽、坑回填} = V_{挖} - 设计室外标高以下埋设的基础及垫层等工程量 \quad (4\text{-}14)$$

式中，埋设的工程量包括：混凝土垫层、墙基、柱基、Φ 500mm 以上管道以及地下建筑物、构筑物等体积，见第一章定额说明。

$$V_{室内回填} = 墙与墙间净面积 \times 填土厚度 \quad (4\text{-}15)$$

填土厚度＝室内外设计标高－垫层和面层厚度

基础回填土示意如图 4-42 所示。

上述公式具体化：

$$V_{槽、坑回填} = V_{挖土} - V_{垫层} - V_{砖基} \quad (4\text{-}16)$$

（砖基为室外地坪标高以下的工程量）

$$V_{室内回填} = S_{净} \times h_{地} \quad (4\text{-}17)$$

式中 $S_{净}$——主墙间净面积；

$h_{地}$——室内外设计标高差-地坪面层和垫层厚度。

另有一种简便的方法，将槽坑回填土同室内回填土结合起来，不扣减室外地坪以上体积，也不减主墙所占体积，两相抵消。即：

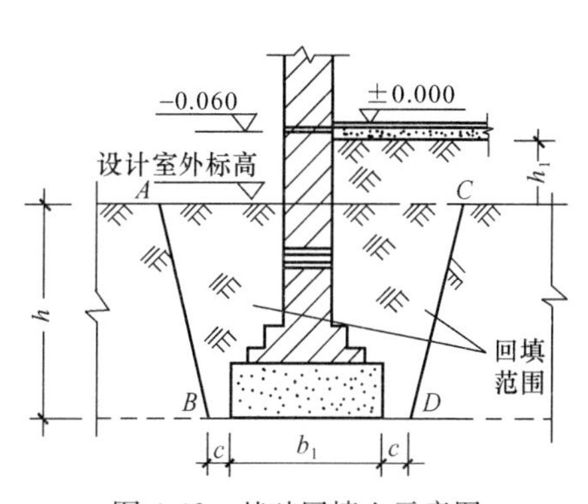

图 4-42 基础回填土示意图

$$V_{回填土} = 挖土体积 - 全部基础体积 + S_{底建} \times h_{地} \quad (4\text{-}18)$$

【例 4-11】某基础，室内外高差 0.45m，地坪面层厚 0.02m，垫层厚 0.06m，合计厚 0.08m；$S_{净}$已算为 202.65m^2，$S_{底建}=228.6m^2$，$V_{挖土}=332.48m^3$，$V_{砖基}=57.30m^3$，$V_{垫层}=18.64m^3$。求回填土体积。

【解】计算如下：$h_{地}=0.45-0.08=0.37m$

$$V_{回填土}=V_{挖}-V_{垫}-V_{砖基}+S_{底建}\times h_{地}$$

$$V_{回填土}=332.48-18.64-57.30+228.6\times 0.37=341.12m^3$$

4）土石方运输。余土运输是指把开挖后，做基础以及各种回填土以后，有剩余的余土运至指定地点；而取土运输，是指挖出的土方不够回填用，必须由场外运入土方。土石方运输列项时需要注意以下三方面的因素：

① 运土方式：人工；机械。

② 运距：基本段（20m）；超运段（200m 内每增加 20m）。

③ 计算式：

$$V_{挖运}=挖土体积-回填土体积 \quad (4\text{-}19)$$

$$V_{取运}=回填土体积-挖土体积(当挖土少于回填土) \quad (4\text{-}20)$$

土石方工程列项还需注意土方平衡：挖出的土堆在场内，以备回填，当使用不完，运出场外，称为余土外运；若回填量大，场内留土不够，就产生借土回填，即为土方平衡。计算式如下：

$$V_{平衡}=V_{挖土}-V_{回填土} \quad (4\text{-}21)$$

上式结果为正数，称为余土外运；为负则叫借土回填。

【例 4-12】计算【例 4-11】中土方平衡情况。

【解】

$$V_{平衡}=332.48-341.64=-9.16m^3$$

因此，借土回填工程量为$-9.16m^3$。

列项中还要注意系数的运用：通常出现在章、节说明中。如挖地槽、地坑深度超过 6m 时，按深 6m 项目乘以系数 1.4；深度超过 8m 时，按深 6m 项目乘以系数 2.0。机械土石方施工，定额系数的运用颇多，需要注意。

3. 脚手架工程计量

分综合脚手架和单项脚手架两大类，列项时需要考虑单层、多层和檐高 h 等因素。如图 4-43 所示。

（1）分类

综合脚手架指凡能按建筑物计算规则计算建筑面积的，可列此项；而单项脚手架指不能计算建筑面积，又必须搭设脚手架的项目可列此项。

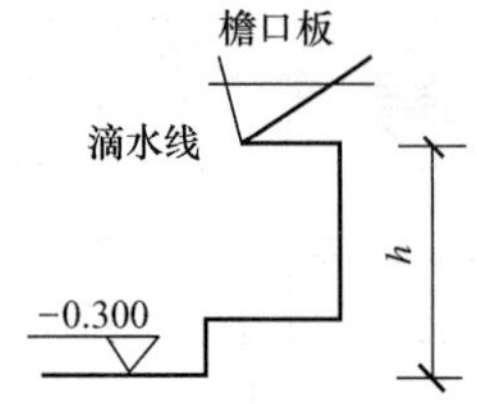

图 4-43　h 高度示意图

（2）常列主要项目

外脚手架、里脚手架、满堂脚手架、建筑物垂直封闭（按 8 个月施工期，搭、拆，超过规定时乘以系数）、悬空脚手架、挑脚手架（从建筑物内部经过窗洞口向外挑出的脚手架）、水平和垂直防护架（适于人行道、临街防护等）、电梯井字架按“单孔，座”计量；烟囱、水塔脚手架按“座”计量。

（3）计算规则与计算式

1）外脚手架：搭设在建筑物周边（墙外）的脚手架，可分单排和双排，主要用在外墙砌筑和外墙抹灰装修等。

① 建筑物外墙脚手架：设计室外地坪至檐口（或女儿墙上表面）砌筑高 15m 以下，按单排脚手架计算；砌筑高 15m 以上，按双排脚手架计算。

② 砌筑外脚手架：按外墙外边线长，乘以外墙砌筑高以“m^2”计算。

③ 石墙砌体高超过 1m 时，按外脚手架计算。

④ 砌筑独立柱，按柱结构外围周长加 3.6m，乘以柱高，以“m^2”计算。

⑤ 现浇钢筋混凝土柱按柱外围周长加 3.6m，乘以柱高，以“m^2”计算。

⑥ 现浇钢筋混凝土梁、墙，按设计室外地坪（或楼板上表面）至楼板底之间高度，乘以梁、墙净长以“m^2”计算，套双排外脚手架定额。

【例 4-13】计算如图 4-44 所示建筑物外墙脚手架工程量。

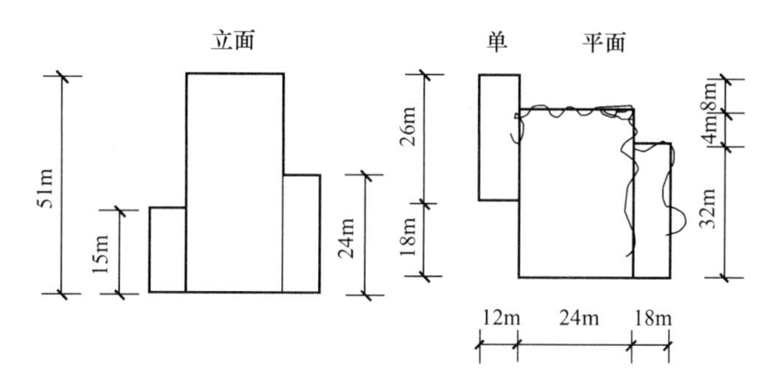

图 4-44 外墙脚手架搭设示意图

【解】计算如下：

单排脚手架(15m)工程量＝(26＋12×2＋8)×15＝870m^2 $\sum_{单外}$＝870×0.7(AC0002)

双排外脚手架(24m) 工程量＝（32＋18×2）×24＝1632m^2(AC0002)

双排外脚手架[(51－24)m]工程量＝32×27＝864m^2(AC0003)

双排外脚手架[(51－15)m]工程量＝(26－8)×36＝936(648)m^2(AC0003)

双排外脚手架(51m)工程量＝(18＋24×2＋4)×51＝3570m^2(AC0005)，大于 48m，套高层提升架

2）里脚手架：主要是指沿室内墙面搭设的脚手架，多用于内墙砌筑、不能利用原钢筋混凝土框架脚手架的框架间墙和围墙砌筑等项目。

① 设计室内地坪至顶板下表面（或山墙 1/2 处）的砌筑高在 3.6m 以下，套里脚手架；3.6m 以上，按单排脚手架计算。

② 围墙脚手架，室外自然地坪至围墙顶的砌筑高在 3.6m 以内，套里脚手架；砌筑高 3.6m 以上，按单排脚手架计算。

③ 砌砖高度在 1.35m 以上，砌石高超过 1.0m 时，可计算脚手架。｝（计算条件）
④ 不扣除门、窗、洞口和空圈面积。

【例 4-14】一砖砌围墙长 39.6m，高 2.5m，其中一门宽 3.0m，两根门柱平截面为 490mm×615mm，高度与围墙等高，计算脚手架工程量。

【解】计算如下：

$$S = 39.6 \times 2.5 = 99\text{m}^2(\text{AC0006})$$

3）满堂脚手架：是指在工作面内满搭设的脚手架，主要用于满堂基础和装饰工程中。搭设形式如无梁式满堂基础、有梁式满堂基础等。

① 天棚抹灰室内地坪至天棚 3.6m 以上，按满堂脚手架计算。

② 整体满堂钢筋混凝土基础宽度大于 3.0m，装饰（天棚）高超过 3.60m 时，可套满堂脚手架定额计算。

③ 基础满堂脚手架按满堂脚手架基本层定额子目的 50%计算。

④ 满堂脚手架划分 A. 基本层：3.6～5.2m（计算条件）；

增加层：$h>5.2\text{m}$，每增加 1.20m，按增加一层计算，增加高度 $h\leqslant 0.6\text{m}$，舍去不计（计算条件）。

B. 计算式：

$$\text{满堂脚手架增加层} = \frac{\text{室内净高} - 5.20}{1.20} \tag{4-22}$$

C. 计算方法：按搭设水平投影面积计算。

【例 4-15】如图 4-45 所示一满堂基础，高 9.2m，面积 180 m^2，计算基本层和增加层。

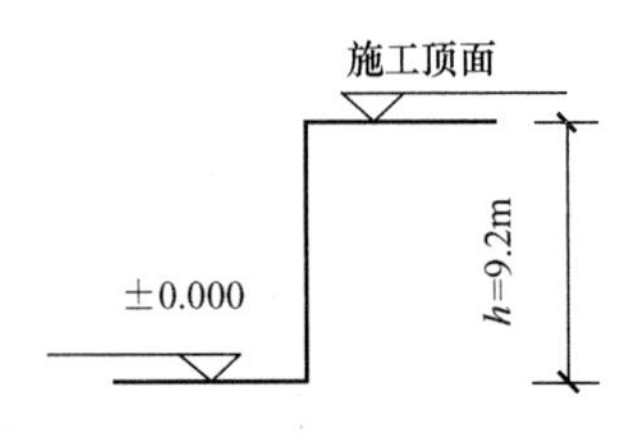

图 4-45 满堂基础高度示意图

【解】计算如下：

$$\text{满堂基础增加层} = \frac{9.20 - 5.2}{1.2} = 3\text{层}$$

余 0.4m 舍去。

定额套用：工程量 180m^2，1 个基本层（AC0007），3 个增加层（3×AC0008）。

（4）上述列项需要注意的计算方法

按垂直投影面积（m^2）计算的脚手架有：外、里、单排、垂直封闭工程、室外管道支架的脚手架等；按水平投影面积计算的有满堂、水平防护架、悬空脚手架等；按长度计算的有挑架等（按各层实搭长度乘以搭设层数以“m”计算）。

（5）计算条件和范围

如满堂脚手架符合两个条件，基本层和增加层。

（6）系数运用

如单排外脚手架应按外脚手架项目乘以 0.7 系数；水塔脚手架按相应烟囱脚手架人工工日乘以系数 1.11 等。

4. 砌筑工程计量

（1）分类

分砌砖、砌块以及砌石等类别。

（2）常列主要项目

砖基础、清水砖墙、混水砖墙、砖柱、空花墙、砌块墙、石基础、石勒脚等多数以“m^3”计量；石表面勾缝及加工按“m^2”计量；砌体钢筋加固按“t”计量。

（3）计算规则与计算式

1）砖基础：其与墙、柱界线，以防潮层为界，如图 4-46 所示；以室内地坪为界（无防潮层时），如图 4-47 所示。

$$V_{砖基} = (L_{中} + L_{内}) \times 基础断面面积 \tag{4-23}$$

式中　砖基础断面面积＝标准墙厚×(砖基础高＋大放脚折加高度)

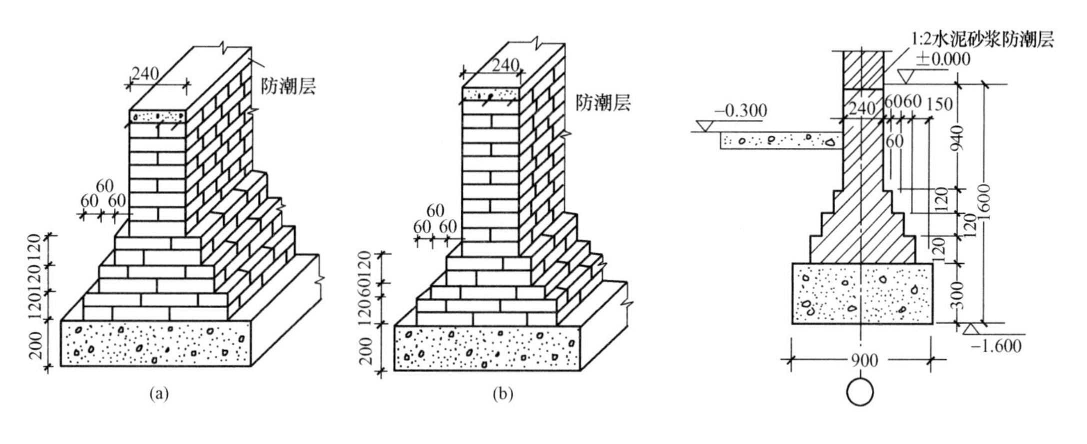

图 4-46　砖基础大放脚

（a）等高式大放脚；（b）不等高式大放脚

图 4-47　砖基础详图

大放脚折加高度为大放脚增加的断面积除以基础墙厚的商，即把大放脚增加的面积折合成标准墙宽后应有的高度。

其计算公式为：

$$折加高度\ M = \frac{A}{Z} = \frac{增加断面面积(大放脚两边)}{基顶宽度(墙厚)}$$

可按折加高度法、折加面积法查表计算砖基础体积，见表 4-23。

标准砖大放脚折加高度及增加面积表　　表 4-23

放脚层数	折加高度（m）								增加面积	
	1/2 砖 (0.115)		1 砖 (0.24)		3/2 砖 (0.365)		2 砖 (0.490)		m^2	
	等高	不等高	等高	不等高	等高	不等高	等高	不等高	等高	不等高
一	0.137	0.137	0.066	0.066	0.043	0.043	0.032	0.032	0.01575	0.01575
二	0.411	0.342	0.197	0.164	0.129	0.108	0.096	0.08	0.04725	0.03938
三			0.394	0.328	0.259	0.216	0.193	0.161	0.0945	0.07875
四			0.656	0.525	0.432	0.345	0.321	0.253	0.1575	0.126
五			0.984	0.788	0.647	0.518	0.482	0.38	0.2363	0.189
六			1.378	1.083	0.906	0.712	0.672	0.53	0.3308	0.2599

砖基础和砖柱计算公式如下：

$$V_{砖基} = 基础长度(L_{中} + L_{内}) \times 宽度 \times (设计高度 + 大放脚折加高度) \tag{4-24}$$

$$V_{砖基} = 基础长度(L_{中} + L_{内}) \times (砖墙厚度 \times 基础高度 + 大放脚增加断面积) \tag{4-25}$$

$$V_{砖柱} = 柱高 \times 柱断面面积 - 梁垫体积 \tag{4-26}$$

【例 4-16】 某工程如图 4-48 所示，3/2 砖基础，$L=50\text{m}$，$h=0.9\text{m}$，大放脚三层等高式，计算基础体积（分别采用两种方法）。

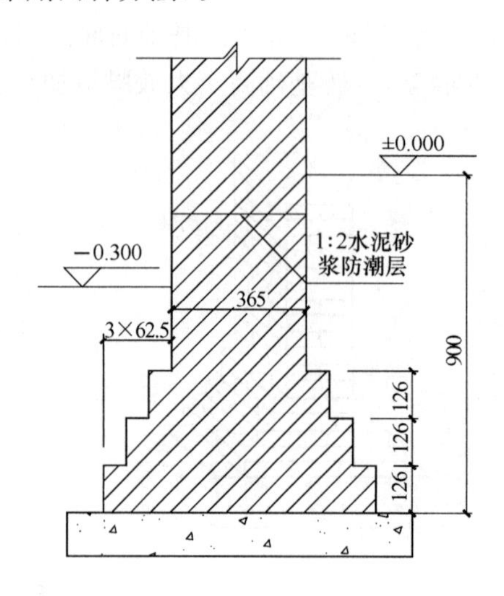

图 4-48　3/2 砖基础大样图

【解】 方法 1 计算如下：

由公式并查表：$V_{砖基}$＝基础长度×宽度×（设计高度＋大放脚折加高度）（查表）

$=50\times0.365\times(0.9+0.259)$

$=21.15\text{m}^3$

方法 2 计算如下：

由公式并查表：$V_{砖基}$＝基础长度×（砖墙厚度×基础高度＋大放脚增加断面积）（查表）

$=50\times(0.365\times0.9+0.0945)$

$=21.15\text{m}^3$

折加计算如下式：

$$2\times(0.0625\times0.126+0.0625\times0.252+0.0625\times0.378)$$
$$=2\times0.0625\times0.756$$
$$=0.0945\text{m}^2\text{（即为大放脚增加面积）}$$

$$M=\frac{A}{Z}=\frac{0.0945}{0.365}$$
$$=0.259\text{m（即为大放脚折加高度）}$$

2）石基础
- 毛石基础与墙身界线：内墙以设计室内地坪，外墙以设计室外地坪为界；
- 条石基础界线：
  - 与勒脚以室外地坪为界（室内外地坪高差）；
  - 勒脚与墙身以设计室内地坪为界。

3）围墙基础
- 砖围墙与墙身界线：以室外地坪为界；
- 石围墙与墙身界线：内外标高不同时，较低标高为界，且以下为基础；内外标高之差为挡土墙；挡土墙以上为墙身。

计算式：

$$V_{石基}=L_{中石}\times\text{室外地坪标高以下基础断面面积}+L_{内石}\times\text{室内地坪标高以下基础断面面积}\qquad(4\text{-}27)$$

$$V_{勒脚}=L_{中}\times 基础勒脚宽\times 室内外地坪高差 \quad (4\text{-}28)$$

上述列项计算规则规定工程量（m^3），不扣 0.3m^2 以内孔洞以及嵌入的钢筋、铁件、基础防潮层、大放脚 T 形接头部分等部分。

上述列项需要注意，砖石基础长度：外墙墙基以外墙中心线长度 $L_{中}$ 计算；内墙基础，砖砌则以内墙净长 $L_{内墙}$ 计算，如图 4-49 所示；石砌，控制内墙基净长 $L_{内石}$。台阶式断面，计算基础平均宽，其计算式

$$B=A/H \quad (4\text{-}29)$$

式中 B——基础断面平均宽（m）；

A——基础断面面积（m^2）；

H——基础深（m）。

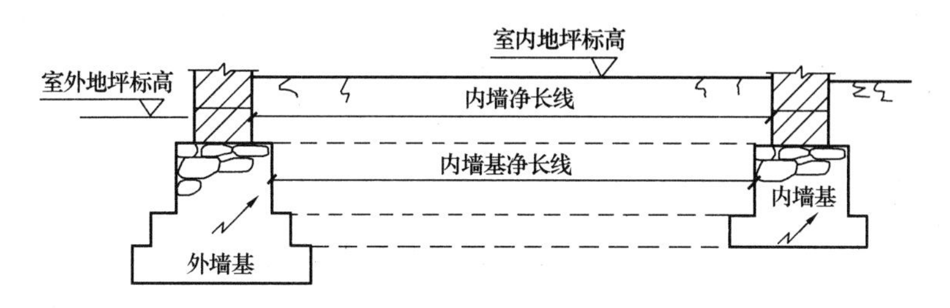

图 4-49 内墙基础和内墙身的净长线

4）砖墙（砌块）按“m^3”计量；定额套用：不分清水、混水、内外墙，不同砂浆强度等级。

① 扣除人洞、空圈、门窗洞口和 0.3m^2 以上孔洞体积，以及嵌入墙内的钢筋柱、梁（圈梁、过梁）。

② 砖垛、三匹砖以上的挑檐和腰线体积，并入墙体积计算，如图 4-50 所示。

③ 砖地下室内外墙与其基础工程量合并，按砖墙项目计算。

④ 框架间墙以净空面积乘以墙厚，女儿墙高：自屋面板上表面算至图示高度，均套砖墙定额。

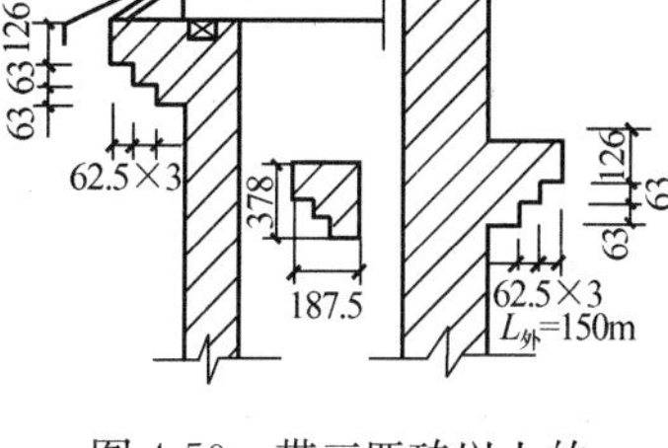

图 4-50 带三匹砖以上的腰线、挑檐示意图

⑤ 空花墙空洞不扣除。

无山墙：

$$V_{墙体}=[(L_{中}+L_{内})\times 外(内)墙高-门窗洞及 0.3m^2 以上孔洞面积]\times 墙厚-嵌入墙的混凝土体积等 \quad (4\text{-}30)$$

有山墙：

$$V_{墙体}=[(L_{中}+L_{内})\times 外(内)墙高+山尖墙面积-门窗洞及 0.3m^2 以上孔洞面积]\times 墙厚-嵌入墙的混凝土体积等 \quad (4\text{-}31)$$

上述列项需要注意，墙长：外墙以外墙中心线 $L_{中}$ 计算；内墙以内墙净长 $L_{内}$ 计算。墙厚见表 4-24。

墙高：
- 外墙高：
  - 有屋架的斜屋面，室内外均有天棚，算至屋架下弦另加200mm，如图 4-51 所示；
  - 无天棚者，算至屋架下弦另加 300mm；
  - 平屋面算至钢筋混凝土顶板面；
- 内墙高：
  - 位于屋架下弦者，算至屋架底；
  - 无屋架者，算至天棚另加 100mm；
  - 钢筋混凝土楼板，算至板顶。

标 准 砖 墙 厚 **表 4-24**

墙厚	1/4	1/2	3/4	1	$1\frac{1}{2}$	2	$2\frac{1}{2}$
计算厚度（mm）	53	115	180	240	365	490	615

【例 4-17】 某建筑物平面、立面图如图 4-52 所示，墙为 M2.5 混合砂浆，M-1 为 1200mm×2500mm，M-2 为 900mm×2000mm，C-1 为 1500mm×1600mm，过梁断面为 240mm×120mm，长为洞口宽度加 500mm，构造柱断面为 240mm×240mm，檐口处圈梁断面为 240mm×200mm，试看图计量工程量。

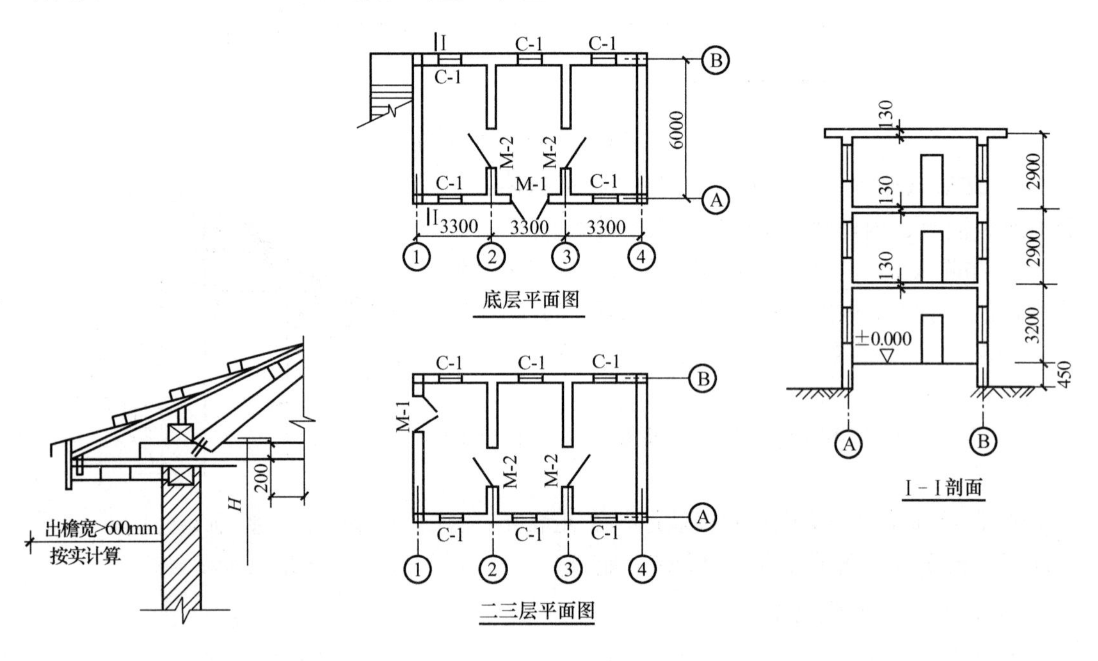

图 4-51 有屋架的斜屋面示意图

图 4-52 三层楼房的平、立面图

【解】 计算如下：

$$L_{中} = (3.3\times3+6)\times2-0.24\times4(\text{构造柱}) = 30.84\text{m}$$

$$L_{内} = (6-0.24)\times2 = 11.52\text{m}$$

$$S_{外墙} = 30.84\times[0.45+3.2+2.9\times2-0.2(\text{圈梁})]$$

$$= 285.27\text{m}^2$$

$$S_{内墙} = 11.52\times[3.2+2.9\times2-0.13\times3(\text{板厚})-0.2(\text{圈梁})]$$

$=96.88\text{m}^2$

门窗的面积 $S_{门窗}=1.2\times2.5\times3(\text{M}-1)+0.9\times2\times6(\text{M}-2)+1.5\times1.6\times17(\text{C}-1)$

$=60.60\text{m}^2$

过梁体积 $V_{过梁}=0.24\times0.12\times[(1.2+0.5)\times3+(0.9+0.5)\times6+(1.5+0.5)\times17]$

$=1.368\text{m}^3$

$\Sigma V_{砖墙}=0.24\times(285.27+96.88-60.60)-1.368$

$=75.80\text{m}^3$

5）其他砌体

① 砖砌锅灶不分大小，以“m³”计量；砌台阶（不含梯带）以水平投影面积计量。

② 零星砌砖：主要为厕所蹲位、池槽腿、台阶梯带、阳台栏杆、花台、花池、房上烟囱、窗台虎头砖、砖过梁、架空隔热板砖蹲等，以“m³”计量。

③ 墙面勾缝：按垂直投影面积

以“m²”计量，其计算式：

$$S_{外墙面}=L_{中}\times H(墙高)-S_{外墙裙} \tag{4-32}$$

$$S_{内墙面}=S_{内展}-S_{内墙裙} \tag{4-33}$$

$$S_{柱面}=L_{柱周长}\times h(柱高)\times n(根数) \tag{4-34}$$

④ 砖挖孔桩护壁：以“m³”计量。

⑤ 砌体加筋计算有2个特点：多为Φ6钢筋；间距为500mm模数。如图4-53所示。

上述列项中注意专业术语的含义，清水砖墙指墙面平整、勾缝均匀、不抹灰的外墙砖

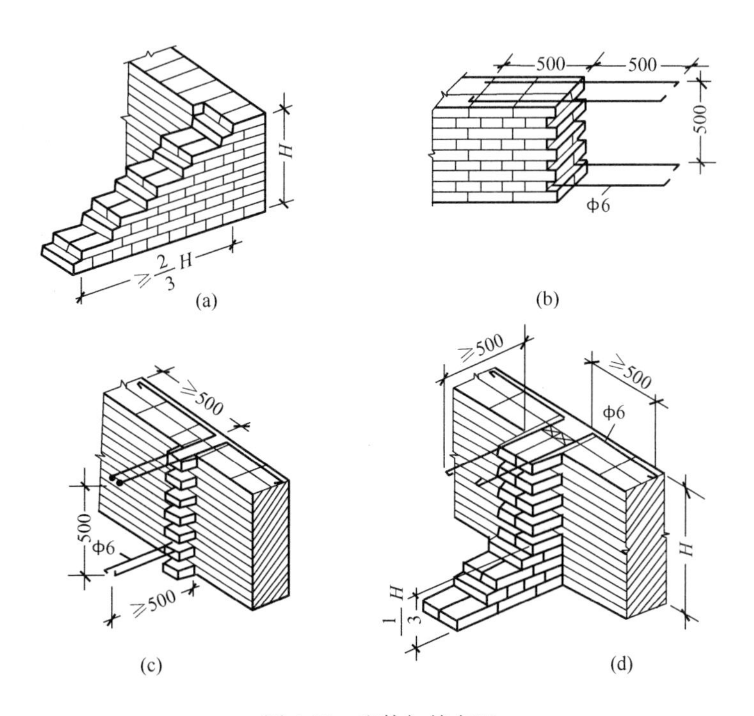

图4-53 砌体加筋布置

(a) 斜槎；(b) 直槎；(c) 隔墙与墙的接槎；(d) 承重墙丁字接头处接槎

墙；混水砖墙指抹灰或贴面的砖墙；虎头砖指平砌砖的窗台板改为将砖侧立扇砌，称窗台虎头砖；台阶指连接两个高低地面的交通踏步阶梯；平台指采用一定技术措施，筑高供远望或其他用途的专门空间平面（架空和实心）；石表面加工指石砌体露面部分，进行钉麻面（粗、细）或扁光、打钻路以及开槽勾缝；腰线指窗台以下，沿外墙水平通长设置，为增加建筑立面效果而突出前面的装饰线。

5. 混凝土、钢筋混凝土工程计量

分项项目划分在定额中约289个，涉及基础、上部主体、现浇与预制构件、楼地面等分部分项工程或实体。某市同《计价规范》相配套的建筑工程消耗量定额进行的划分如下。

（1）定额分类

混凝土（现浇和预制）；模板（现浇、预制和构筑物）；钢筋（现浇、预制、先张法预应力、后张法预应力、无粘结预应力、有粘结预应力、预埋铁件制作安装、电渣压力焊和套筒钢筋接头）；构筑物（贮水池、贮仓、水塔、烟囱和筒仓）以及构件运输、安装等类别。其中尤以现浇构件、预制构件、预应力构件和钢筋、预埋件等分部分项工程项目为最常见。

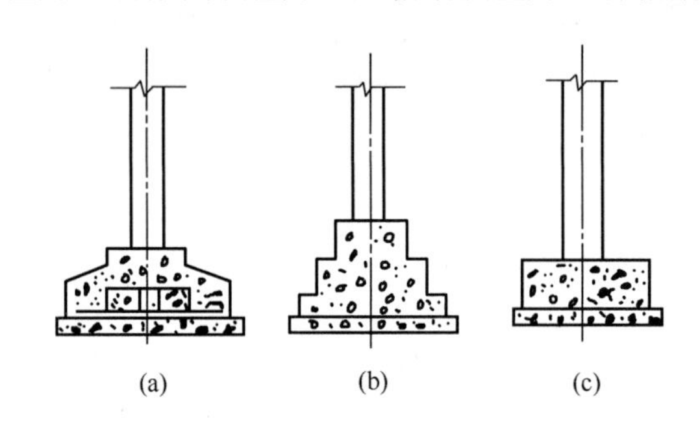

图 4-54　带形基础

（a）梯形；（b）阶梯形；（c）矩形

（2）主要分部项目的计算规则

1）现浇构件

① 现浇带形基础：当墙下基础和柱与柱间相距较近，荷重较大或有松软不均匀土层时，将单独基础互相连接组成带形结构，亦称条形基础。断面形式有梯形、阶梯形和矩形等，如图4-54所示。工程量计算式：

$$带形基础体积 = 基础长度(L_{中} + L_{内}) \times 基础断面(S) \tag{4-35}$$

基础长度 { 外墙基：按中心线长度 $L_{中}$；
内墙基：按内墙净长线 $L_{内}$，如图4-55所示。

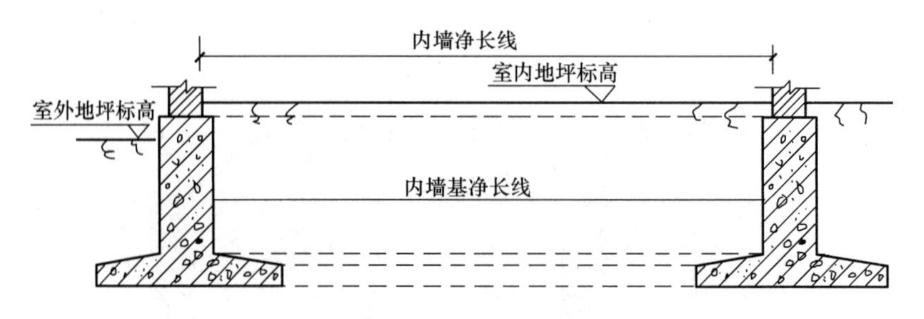

图 4-55　内墙基础净长线

② 现浇独立基础：独立柱下的基础都称为独立基础，断面形式有矩形、阶梯形、锥形等，如图4-56、图4-57等所示。

工程量：矩形和阶梯形独立基础，为各阶矩形体积之和。

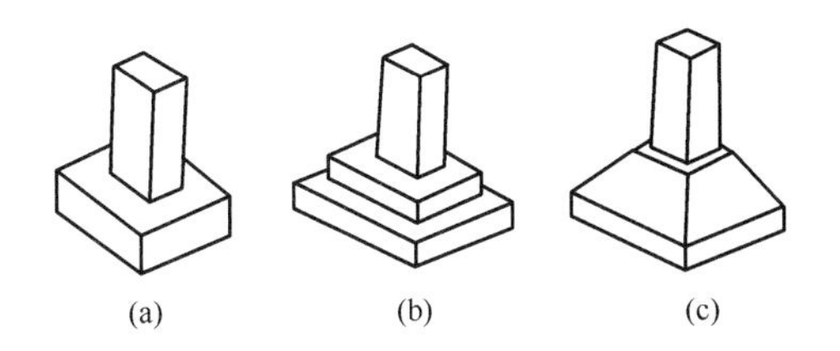

图 4-56 独立基础
(a) 矩形；(b) 阶梯形；(c) 锥台形

图 4-57 锥台基础
(a) 长方形；(b) 正方形

锥台基础计算式

$$V_{长方形}=a\cdot b\cdot h+h_1/6[a\cdot b+(a+a_1)(b+b_1)+a_1\cdot b_1] \quad (4\text{-}36)$$

$$V_{正方形}=a^2\cdot h+h_1/3(a^2+a\cdot a_1+a_1^2) \quad (4\text{-}37)$$

式中 h_1——锥台基础阶高。

以上基础计算需注意：

有肋带形基础，肋高与肋宽之比 5∶1 以上时，其肋部分套墙定额；其以下者，按基础计算。

③ 杯形基础：独立基础的一种，但其在中心预留有安装预制钢筋混凝土柱的孔槽（杯口槽，形如水杯）。主要用在排架、框架的预制柱下，计算方法基本同独立基础，但计量时要扣杯口体积，如图 4-58 所示。

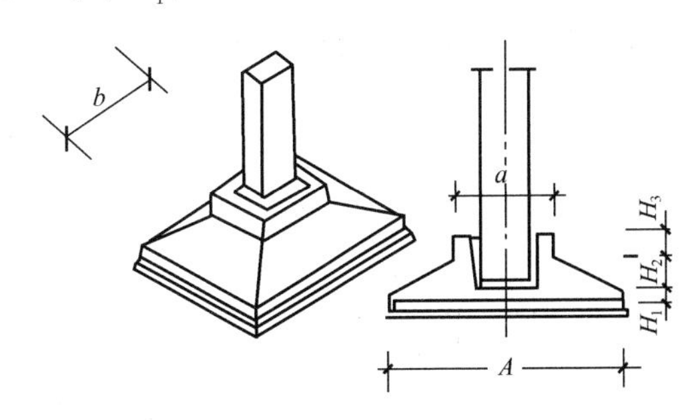

图 4-58 角锥形杯形基础

杯形基础计算式：

$$V_{杯基}=A\cdot B\cdot H_1+1/3H_2\times(A\cdot B+\sqrt{A\cdot B\cdot a\cdot b}+a\cdot b)+a\cdot b\cdot H_3-杯孔体积 \quad (4\text{-}38)$$

式中 b——横截面长边；

H_3——杯颈高（当杯颈高大于长边三倍时，套高杯基础项目）。

【例 4-18】计算如图 4-59 中钢筋混凝土杯形基础工程量和细石混凝土二次灌浆工

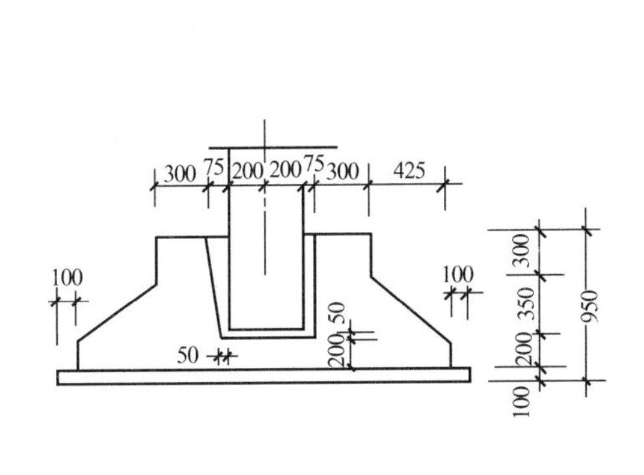

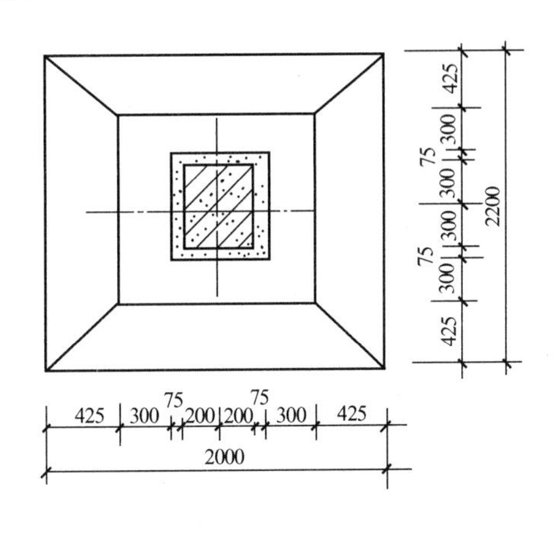

图 4-59 钢筋混凝土杯形基础实例图

程量。

【解】计算如下：

$$V_{杯基}=2\times2.2\times0.2+1/3\times0.35\times(2\times2.2+\sqrt{2\times2.2\times1.15\times1.35}+1.15\times1.35)+1.15\times1.35\times0.3-1/3\times0.65\times(0.5\times0.7+\sqrt{0.5\times0.7\times0.55\times0.75}+0.55\times0.75)$$
$$=0.467+0.880+1.0-0.248=2.009\text{m}^3\text{(AE0006)}$$

二次灌浆工程量：

$$V_{灌}=杯孔体积-柱脚体积=0.248-0.4\times0.6\times0.6=0.104\text{m}^3$$

④ 满堂基础：由成片的混凝土板和柱、梁组合浇筑，支承着整个建筑物，板直接由地基土层承担，形式有筏式和箱形，按结构方式分无梁式和有梁式满堂基础。形状有如无梁楼板的倒转，适用于地基承载力较弱，建筑物重量大时使用。如图4-60所示。

工程量：按 m^3 计量，定额套用满堂基础项目。

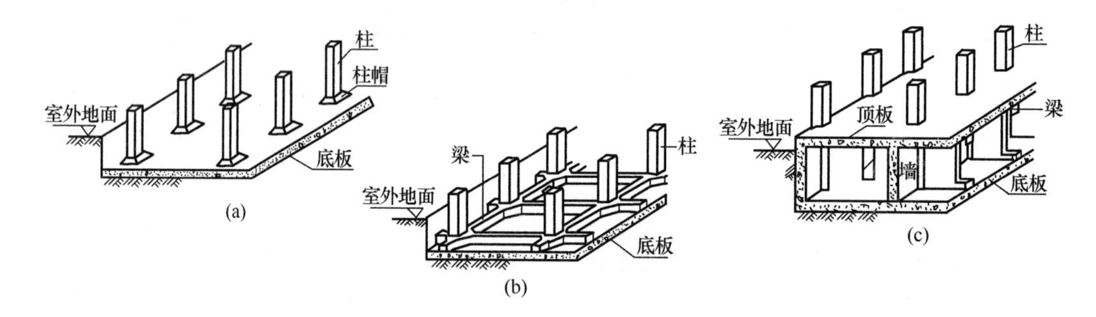

图4-60　满堂基础

(a) 无梁式；(b) 有梁式（筏式）；(c) 箱式

计算式：

无梁式满堂基础体积＝底板面积×板厚＋柱帽体积　　(4-39)

有梁式满堂基础体积＝底板面积×板厚＋梁截面积×梁长　　(4-40)

箱式满堂基础体积，分别按满堂基础柱、墙、梁、板相应项目计量。

⑤ 桩承台：在群桩基础上，将桩顶用钢筋混凝土平台或平板连成一个整体基础，以承受整个建筑物荷载，并通过桩传递给地基。如图4-61所示。

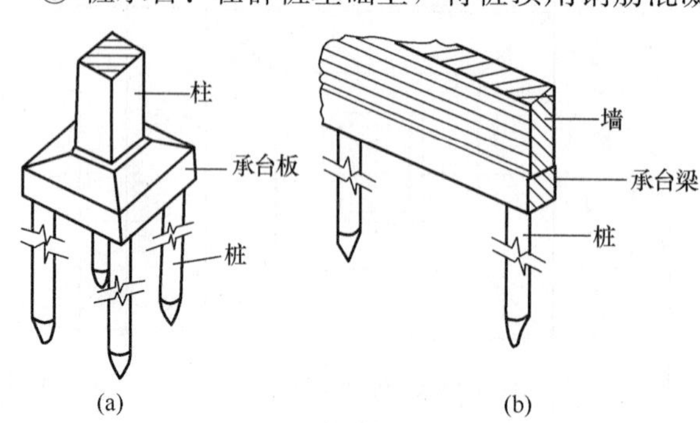

图4-61　桩承台

分为 {承台板（独立式）：可用棱台公式计算；承台梁：沿墙通长设置，代替条形基础作为墙下基础使用。}

⑥设备基础：框架式设备基础，分别按基础、柱、梁、板等计算，套设备基础相应子目。注意地

脚螺栓的计量通常出现在安装工程中。

【例 4-19】 已知双层箱形基础如图 4-62、图 4-63 所示，求其工程量，并查套定额。

【解】 计算如下：$V=$ 箱顶板体积 V_1+ 箱中板体积 V_2+ 箱底板体积 V_3+ 箱侧板体积 V_4

$V_1=(10\times2+2\times0.15)\times(6\times2+2\times0.15)\times0.2=20.3\times12.3\times0.2=49.94\text{m}^3$

$V_2=V_1=49.94\text{m}^3$

$V_3=(10\times2+2\times0.6)\times(2\times6+2\times0.6)\times0.4=21.2\times13.2\times0.4=111.94\text{m}^3$

$V_4=(2.5\times2-2\times0.2)\times(2\times6+2\times0.15)\times0.3\times3+(2\times10-2\times0.3)$

$\quad\times(2\times2.5-2\times0.2)\times0.3\times3=50.922+80.316$

$\quad=131.238\text{m}^3$

$\therefore V=V_1+V_2+V_3+V_4=2\times49.94+111.94+131.238=343.058\text{m}^3$

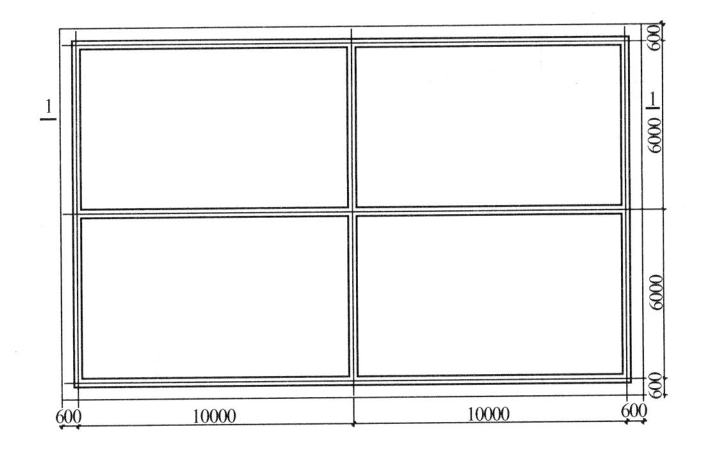

图 4-62 箱形基础平面图

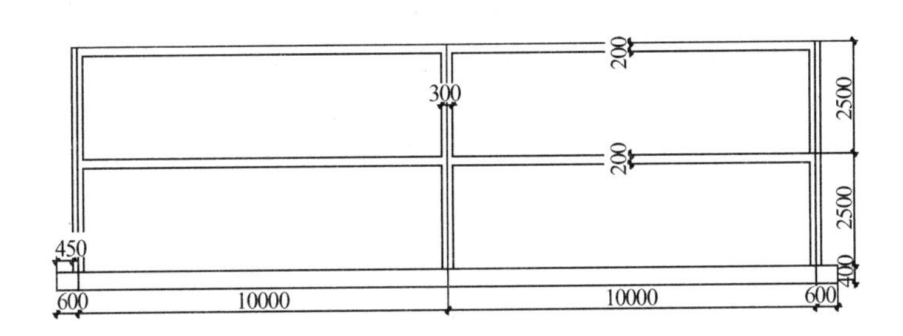

图 4-63 箱形基础 1-1 剖面图

⑦ 桩基础：地基处于软质地带时，必须对自然土进行处理，可考虑采用桩基础从而提高地基的承载力。桩基础工程的主要工程项目内容有打桩、接桩、送桩以及截桩等。

A. 预制钢筋混凝土桩：分实心桩和管桩。

打桩，工程量按设计桩长（包括桩尖，不扣除桩头虚体积，管桩空心体积应扣除）乘以桩截面积计量。管桩的空心部分按照设计要求灌注混凝土或其他填充材料时，要另计。预制桩、桩靴如图 4-64 所示。

接桩，当桩的设计长度大于预制桩长度时，就要接桩，设计要求两根或两根以上桩连接后才能达到桩底标高。接桩方法主要有焊接和浆锚法（硫磺胶泥），电焊接桩工程量按

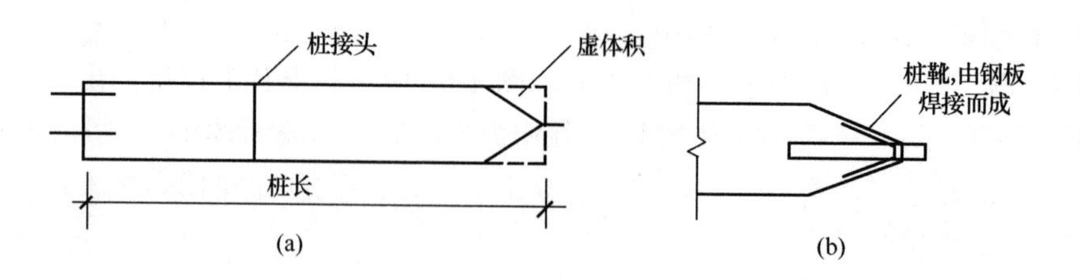

图 4-64 预制桩、桩靴示意图
（a）预制桩；（b）桩靴

设计接头以“个”计量，硫磺胶泥接桩，按桩断面以“m^2”计量。如图 4-65、图 4-66 所示。

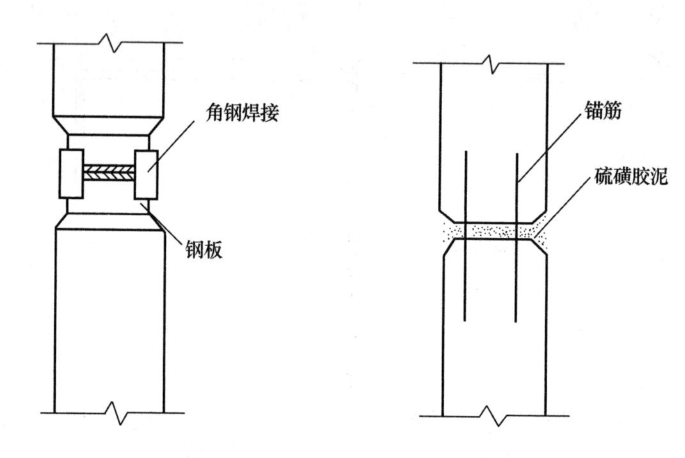

图 4-65 电焊接桩示意图　　图 4-66 硫磺胶泥接桩示意图

送桩，指设计要求把钢筋混凝土桩桩顶打入地面以下，打桩时，为使桩顶达到设计标高，打桩必须借助于工具桩才能完成，此工具桩一般 2～3m 长，由硬木或金属制成，就叫送桩。送桩工程量按桩截面面积乘以送桩长度，即设计桩顶面标高至自然地坪另加 500mm 以“m^3”计量。

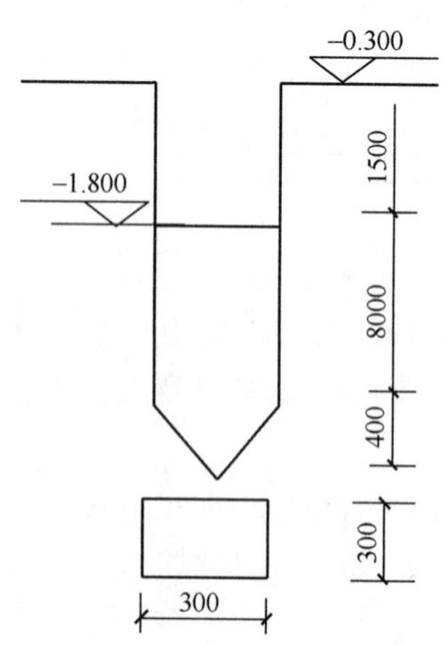

图 4-67 现场预制混凝土方桩示意图

【例 4-20】某工程桩基础为现场预制混凝土方桩，如图 4-67 所示，室外地坪标高－0.30m，桩顶标高－1.80m，共 150 根，计算与打桩有关的工程量。

【解】计算如下：

打桩：桩长＝桩身＋桩尖＝8＋0.4＝8.40m

$$V_{打}=0.3\times0.3\times8.4\times150=113.40m^3$$

送桩：　　长度＝1.50＋0.5＝2.0m

$$V_{送}=0.3\times0.3\times2\times150=27.00m^3$$

凿桩头：150 根

截桩，预制桩打入地下之后，会有部分凸出于地面，此时为满足下一道工序要求，必须将凸出部分的桩头截去，此即为截桩工程。截桩工程量可按单桩截面直径以根数计量。

B. 灌注桩

灌注桩分钻孔灌注桩、灌注桩钢筋以及灌注桩的泥浆运输等工程项目。

钻孔灌注桩，其桩钻孔按设计桩长以延长米计量。

钻孔灌注桩，其灌注混凝土工程量按单根桩设计桩长另加 0.25m 乘以桩断面以“m^3”计量。桩长包括桩尖，但不扣除桩尖虚体积。

灌注桩钢筋，灌注桩钢筋笼按“t”计量。

泥浆运输，灌注桩的泥浆运输工程量按实体积以“m^3”计量。

C. 钻孔锚杆

钻孔锚杆按设计长度以延长米计量。如果同一钻孔内有土层和岩层时，可分别计量其长度；

钻孔锚杆的钢筋或钢丝束可按“t”计量。

⑧ 现浇柱：

有梁板的柱高，以柱基上表面至楼板上表面计算，如图 4-68（a）所示。

无梁楼板的柱高，应以柱基上表面至柱帽的高度计算，如图 4-68（b）所示。

有楼隔层的柱高，应以柱基上表面至梁上表面的高度计算，如图 4-68（c）所示。

无楼隔层的柱高，应以柱基上表面至柱顶的高度计算，如图 4-68（d）所示。

框架柱的柱高应自柱基上表面至柱顶高度计算，如图 4-68（e）所示；

构造柱（抗震柱）包括“马牙槎”并入体积内，如图 4-68（f）所示。

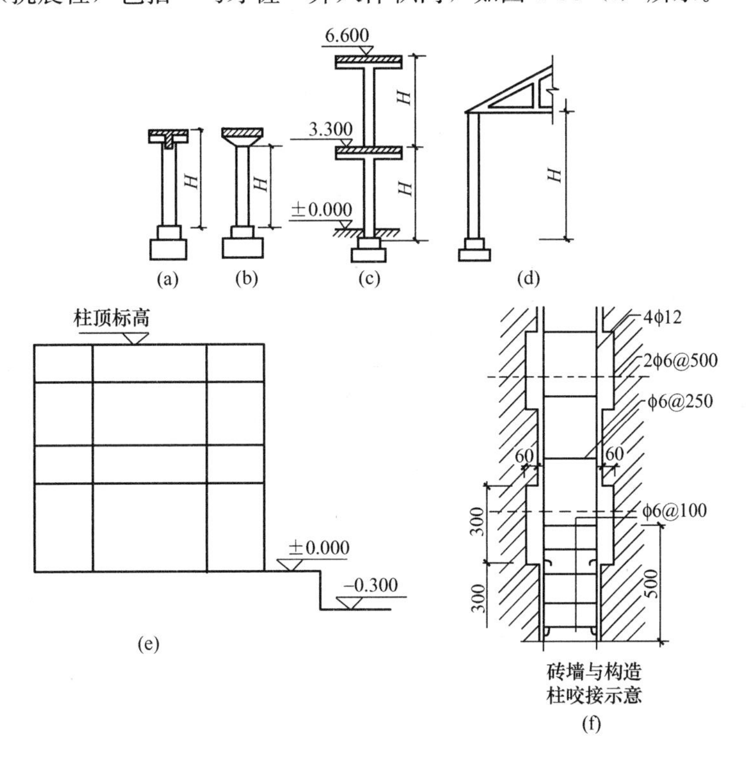

图 4-68　柱高的计算示意图

（a）有梁板的柱；（b）无梁楼板的柱；（c）有楼隔层的柱；（d）无楼隔层的柱；（e）框架柱；（f）构造柱

$$V_{柱} = 柱高 \times 柱截面积 \quad (4\text{-}41)$$

【例 4-21】 计算如图 4-69 所示牛腿柱、工字形柱的混凝土工程量。

【解】 计算如下：

$$V_{柱} = 6.35 \times 0.60 \times 0.40 + 3.05 \times 0.40 \times 0.40 + (0.25 + 0.65) \times 0.40 \times 0.40 \div 2$$
$$- 1/3 \times 0.14 \times (0.35 \times 3.55 + 0.40 \times 3.60 + \sqrt{0.35 \times 3.55 \times 0.40 \times 3.60}) \times 2$$
$$= 1.524 + 0.488 + 0.072 - 0.375 = 1.709\text{m}^3$$

【例 4-22】 计算如图 2-68（f）所示构造柱的混凝土工程量，构造柱高 12m，宽 0.24m。

【解法 1】 计算如下

$$V_1 = 0.36 \times 0.24 \times 12/2 = 0.518\text{m}^3$$
$$V_2 = 0.24 \times 0.24 \times 12/2 = 0.346\text{m}^3$$
$$V = V_1 + V_2 = 0.518 + 0.346 = 0.864\text{m}^3$$

【解法 2】 计算如下：

$$V = 0.30 \times 0.24 \times 12 = 0.864\text{m}^3$$

⑨ 现浇梁：

矩形梁按"m^3"计量，定额套用现浇矩形梁项目。

异形梁，如图 4-70 所示。

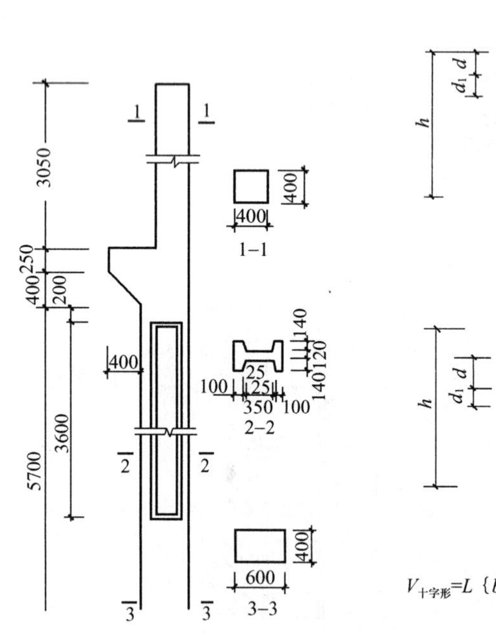

图 4-69 钢筋混凝土工字形柱、牛腿柱

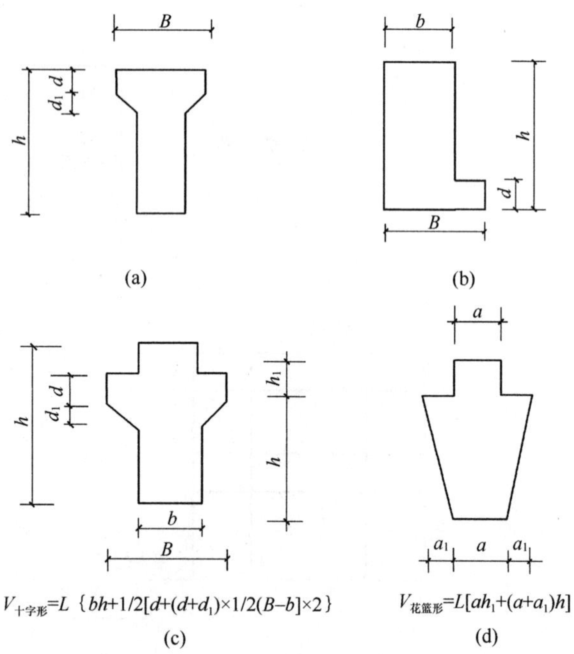

图 4-70 异形梁断面示意图

（a）T 形梁；（b）L 形梁；（c）十字形梁；（d）花篮形梁

基础梁，如图 4-71 所示，可查阅标准图集计量；单梁按图计量；连系梁可查阅标准图集计量；屋面梁可查阅标准图集计量。

吊车梁、托架梁、吊车轨道连接及车挡、吊车梁走道板等用于工业厂房，可查阅标准图集计量；

圈梁计量同图 4-71，图 4-72 为圈梁与过梁连接示意图。

过梁等可查阅国家标准或地方标准等标准图集计量。

计算通式：

$$V_{梁} = 梁长 L \times 梁断面 S \tag{4-42}$$

异形梁体积计算公式见图 4-70 异形梁断面示意图中所列。

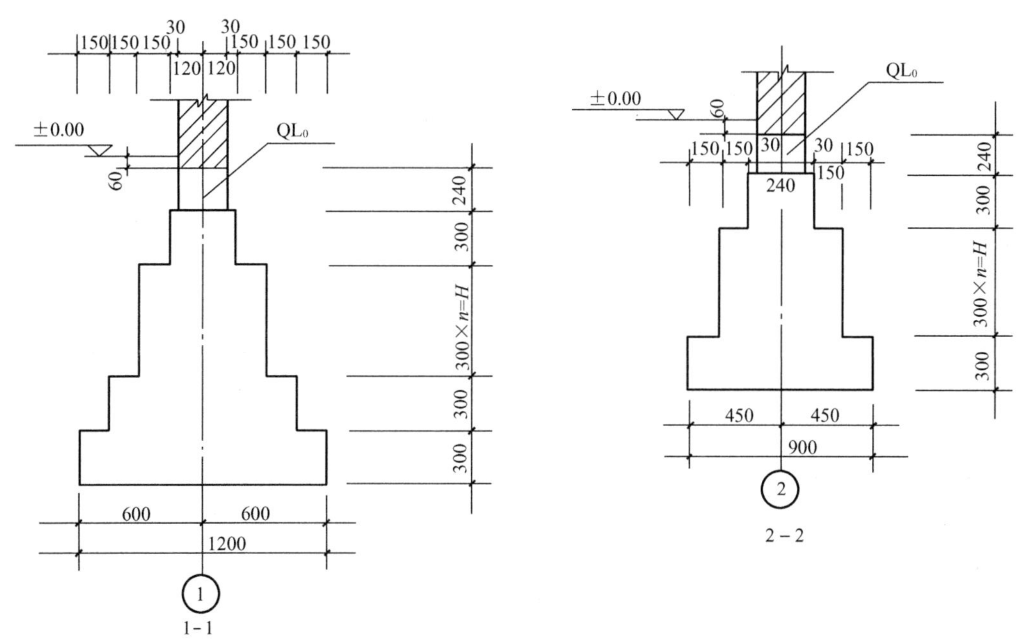

$V_{基础梁}=(L_{中}+L_{内})\times$基础梁断面（图中为$QL_0$的截面积）

图 4-71 基础梁（现浇地圈梁）剖面图

以上计量需注意，梁高：为梁底至梁顶面的距离。梁长：若梁同柱连接时，梁长算至柱侧面，伸入墙内的梁头，应计算在梁的长度内；同主梁连接的次梁，长度算至主梁的侧面，如图 4-73 所示。现浇梁头处有现浇垫块者，垫块体积并入梁内计算。圈梁带挑梁，挑梁以墙结构外皮为界，伸出墙外部分按梁计算，如图 4-74 所示。梁带线脚，宽度不大

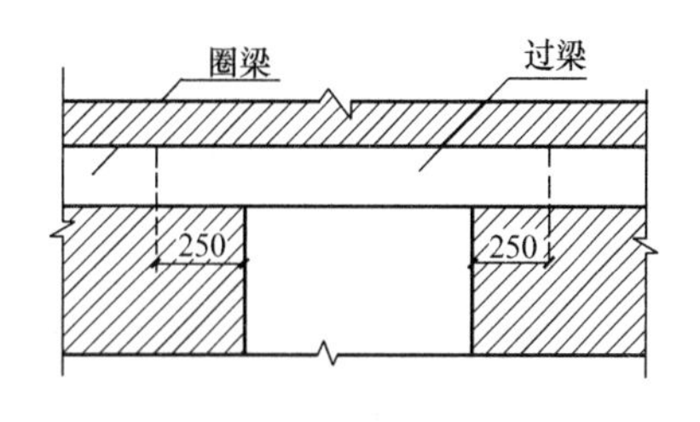

图 4-72 圈梁与过梁连接示意

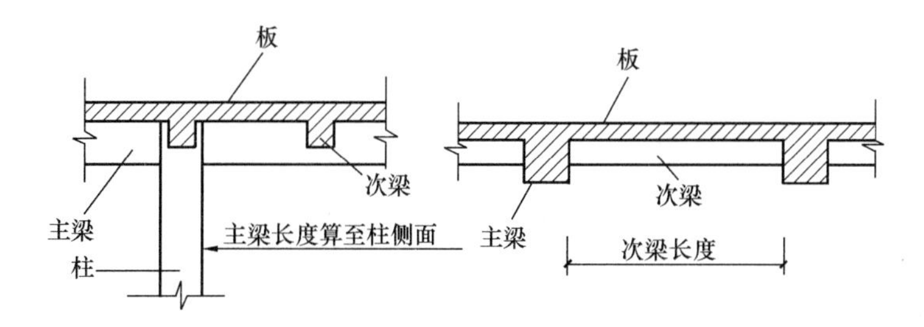

图 4-73 肋形楼盖梁计算长度示意图

于 300mm 线脚按梁计算，大于 300mm 时，按有梁板计算，如图 4-75 所示。

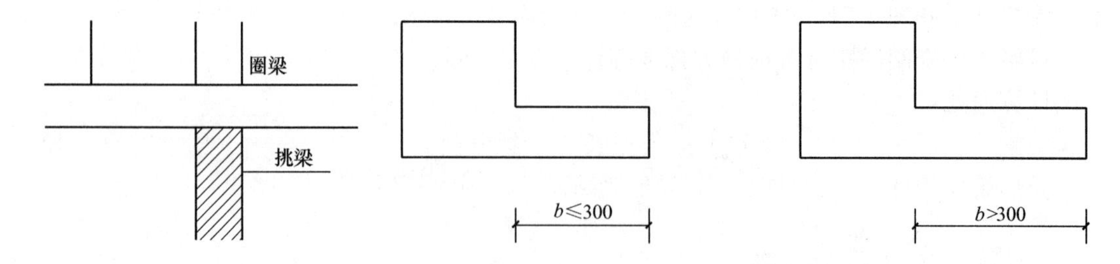

图 4-74 圈梁带挑梁示意图　　　图 4-75 梁带线脚示意

⑩ 现浇板：

有梁板：指梁（主、次梁，圈梁除外）、板构成整体，按梁、板体积之和按“m^3”计量，套用现浇有梁板定额相应项目。板长算至梁侧面，有梁板分肋形板、密肋板和井式板，如图 4-76、图 4-77 所示。

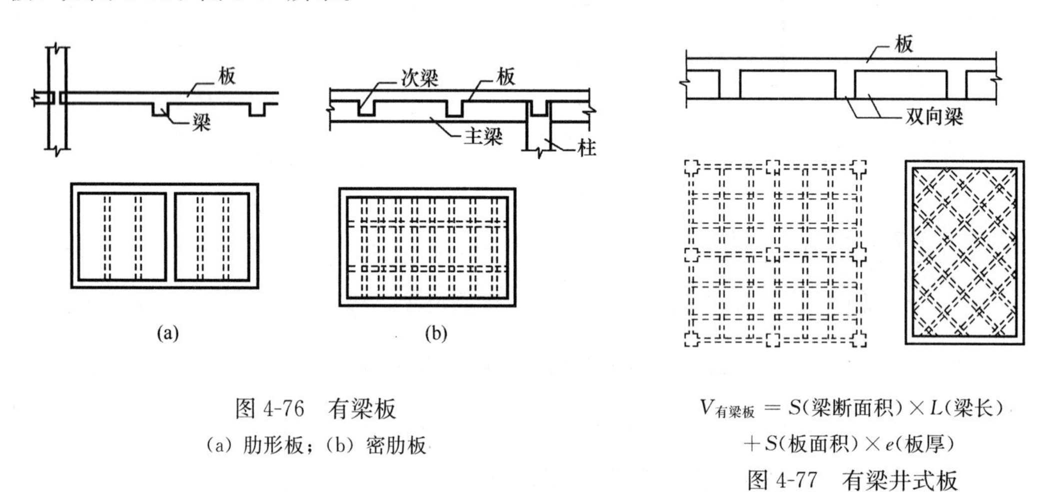

图 4-76 有梁板
(a) 肋形板；(b) 密肋板

$V_{有梁板}=S$(梁断面积)$\times L$(梁长)$+S$(板面积)$\times e$(板厚)

图 4-77 有梁井式板

无梁板：不带梁，直接由柱支承的板，如图 4-78 所示。

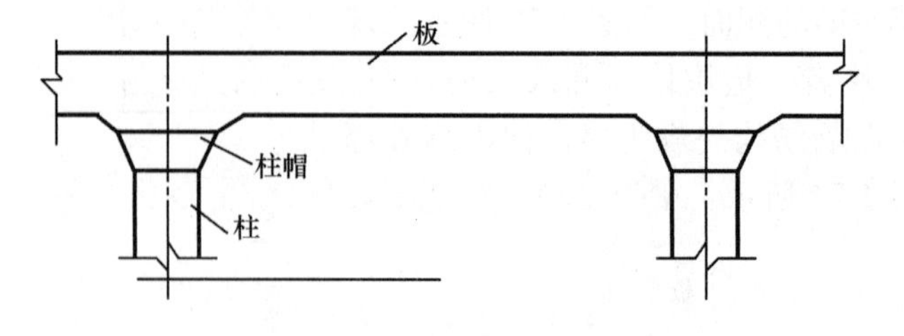

$V_{无梁板}=S$(板面积)$\times e$(板厚)$+$柱帽

图 4-78 无梁板

平板：无柱、梁，直接由墙支承的板，如图 4-79 所示。

多种板连接的界线划分：此时，有明确分界线时，以各种板的相接处划分，反之，以墙的中心线为界。

现浇板缝：当预制钢筋混凝土板需补板缝（带）时，宽度超过 4cm 时，工程量按图计量，套平板定额。

现浇挑檐天沟与板（含屋面板、楼板）连接时，以外墙为界，外墙边线以外为挑檐天沟。如图 4-80 所示。

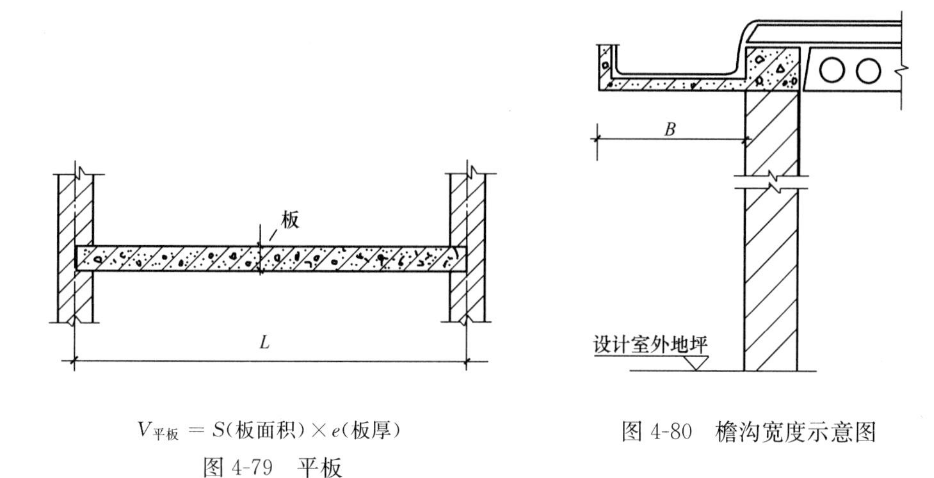

$V_{平板} = S$(板面积)$\times e$(板厚)

图 4-79 平板

图 4-80 檐沟宽度示意图

⑪ 墙按图示中心线长度乘以墙高“m^3”计量，需要扣除门窗洞口及 0.3m^2 以外孔洞体积，墙垛和凸出部分可并入墙体积。

⑫ 其他：

整体楼梯按“m^2”计量（包括休息平台、平台梁、斜梁及楼梯连接梁），分层按水平投影面积计算，伸入墙内部分不另增加，不扣除宽度小于 500mm 的楼梯井，如图 4-81 所示。

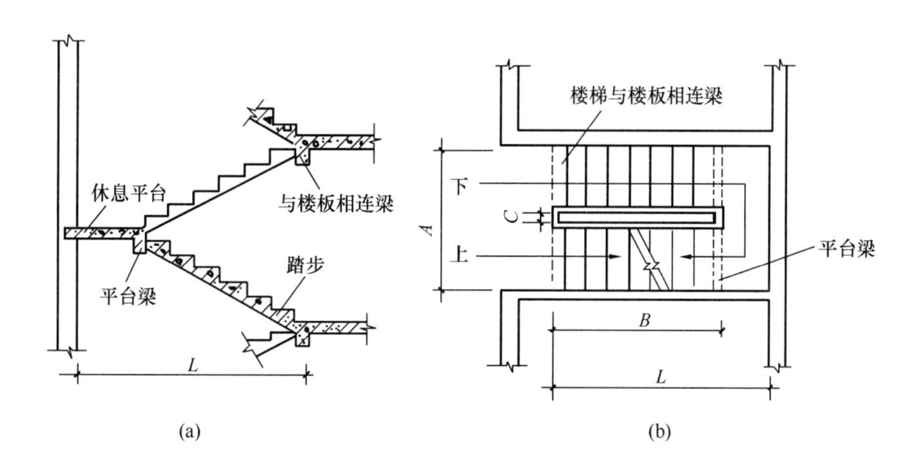

图 4-81 整体楼梯

当 $C \leqslant 50$cm 时，$S_{楼梯} = A \cdot L$；当 $C > 50$cm 时，$S_{楼梯} = A \cdot L - B \cdot C$ (4-43)

式中 L——楼梯水平投影长；

A——楼梯间净宽；

B——楼梯井长度；

C——楼梯井宽度；

S——每层楼梯投影面积。

钢筋混凝土阳台、雨篷（悬挑板）按伸出外墙的水平投影面积计量；

伸出外墙的牛腿不另计。带反边的雨篷按展开面积计算（高乘以长，不包括阳台栏板、栏杆、嵌入墙内的梁），如图4-82所示。

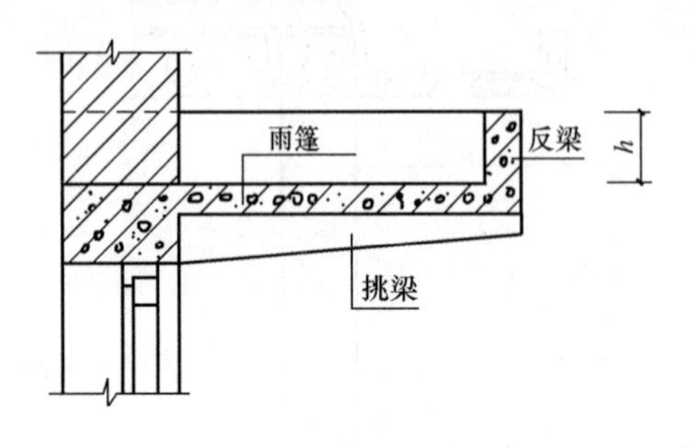

图4-82 带反边的普通雨篷

钢筋混凝土栏板、扶手按"m^3"计量，伸入墙内部分合并计算。

钢筋混凝土挑檐、天沟按"m^3"计量。

混凝土台阶按"m^3"计量。

现浇零星构件按"m^3"计量。

现浇构件列项需注意如下问题：

混凝土工程量按"m^3"计算，不扣构件中钢筋、预埋件及墙、板中0.3m^2以内孔洞所占体积。

整体直形楼梯折算厚度为20cm，弧形楼梯（螺旋型、艺术型）折算厚度为16cm，实际折算厚度不同时，按每增减10mm厚度的工、料项目调整，其计算式为：

$$增减厚度\ \delta = \frac{混凝土工程量(m^3)}{水平投影面积(m^2)} \times 100(cm) - 20(16)(cm) \tag{4-44}$$

套相应增减厚度项目。

现浇柱、墙、梁、板支撑高度大于4.5m编制，每超过1m增加工、料以层高计算，不足1m按1m计算，套用相应项目。

系数运用：如第五章说明一中5，室外毛石混凝土挡土墙，超过3.6m高时，其超过部分混凝土每10 m^3 增加垂直运输用工3.05工日。

现浇零星项目（小型构件）包括：小型池槽、压顶、垫块、扶手、门框等。

现浇混凝土结构目前多采用施工图平面整体表示法制图规则和构造详图，实际使用中请查阅国家相关建筑标准设计图集。

【例4-23】 计算如图4-83所示，现浇C20钢筋混凝土螺旋楼梯的工程量。

【解】 ①楼梯混凝土工程量C20计算如下：

$$L_{外侧} = 3/4 \times \pi D = 3.5 \times 3.1416 \times 3/4 = 8.247\text{m}(AB\ 投影长度)$$

楼梯踏步：立面步数=22×0.15=3.30m 或 3.30÷0.15（踏步高）=22步

每踏步宽度为：8.247÷21=0.395m

$$L_{内侧} = 3/4 \times \pi D = 0.5 \times 3.1416 \times 3/4 = 1.178\text{m}(CD\ 投影长度)$$

同理，楼梯每踏步宽度为1.178÷21=0.056m

螺旋楼梯体积＝踏步体积＋楼梯板体积

楼梯踏步体积＝1/2×(外侧踏步截面积＋内侧踏步截面积)×踏步长×踏步数

＝1/2（1/2×0.395×0.15＋1/2×0.056×0.15）

×(3.5×1/2－0.5×1/2)×21

＝0.530m^3

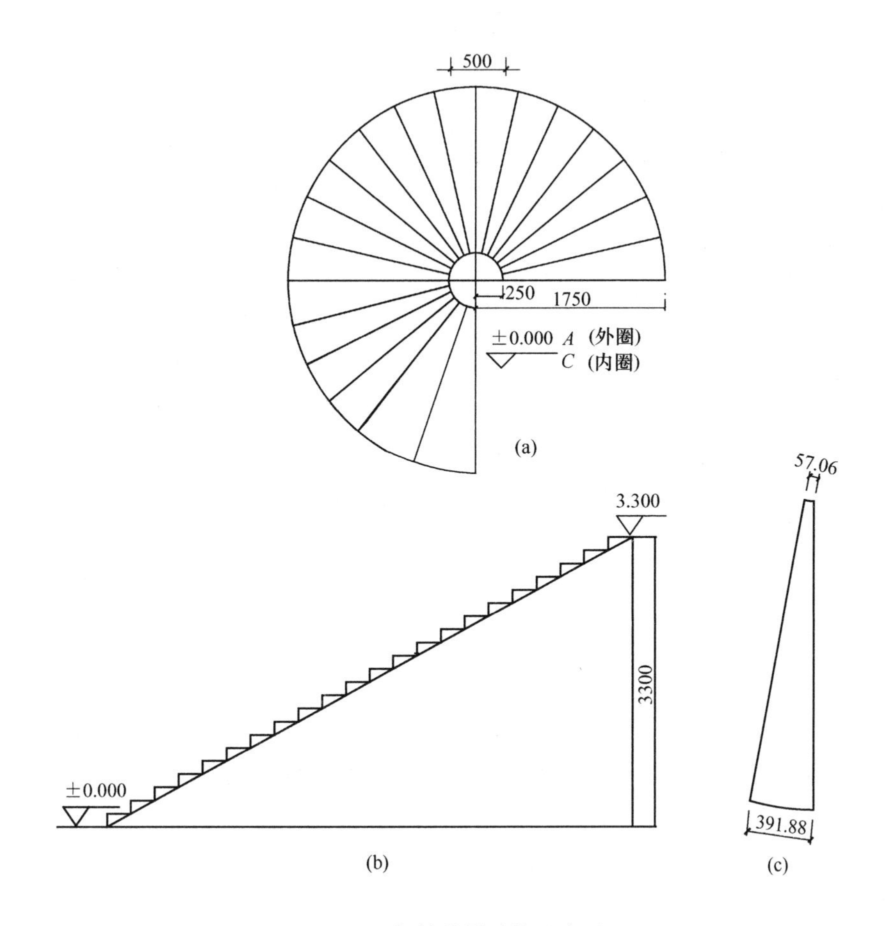

图 4-83 螺旋楼梯计算示意图

(a) 螺旋楼梯平面投影图；(b) 螺旋楼梯踏步图；(c) 螺旋楼梯踏步内外侧示意图

楼梯板体积 =(楼梯内侧斜长 + 楼梯外侧斜长) × 1/2 × 楼梯板宽 × 楼梯板厚

$=(\sqrt{1.178^2+3.3^2}+\sqrt{8.247^2+3.3^2})\times 1/2\times(3.5\times 1/2-0.5\times 1/2)\times 0.12$

$=(3.505+8.883)\times 1/2\times 1.5\times 0.12=1.115\text{m}^3$

C20 螺旋式楼梯体积 = 踏步体积 + 梯板体积 = $0.530+1.115=1.645\text{m}^3$

② 按水平投影面积计算如下：

全部投影面积－楼梯井水平投影面积 $=(3.5^2\times 0.7854-0.5^2\times 0.7854)\times 3/4=(9.621-0.196)\times 3/4$

$=7.07\text{m}^2$(注：$\pi/4=0.7854$)

所以增减厚度为 $\dfrac{1.645}{7.07}\times 100-16=7.27\text{cm}$，另套增减厚度相应定额项目。

【例 4-24】 计算如图 4-84 所示，C15 现浇钢筋混凝土雨篷的工程量。

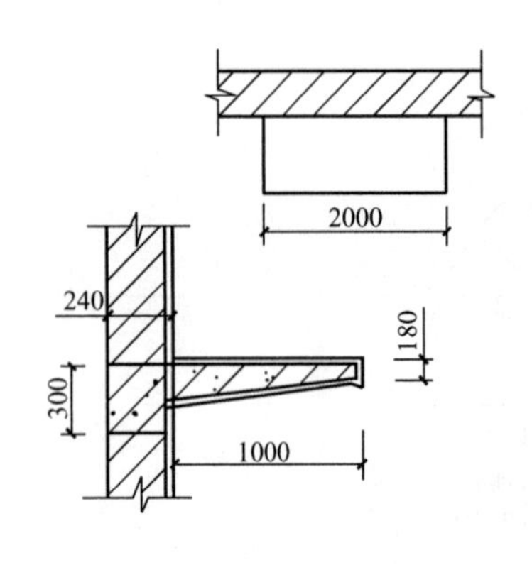

图 4-84 雨篷计算示意图

【解】计算如下：

$$S_{雨篷}=1.0\times2.0=2m^2$$

$$V_{雨篷过梁}=0.3\times0.24\times2=0.144m^3$$

2）预制、预应力构件

预制混凝土和钢筋混凝土构件包括制作、运输、安装和灌浆等工程量的计算，除预制钢筋混凝土屋架、桁架、托架及 9m 以上的梁、柱外，其余的预制钢筋混凝土构件，定额中均未考虑构件的制作、运输堆放及安装损耗。其制、运、安损耗工程量计算应按施工图计算后，再按表 4-25 规定的损耗率分别计算。

预制钢筋混凝土构件制作、运输、安装损耗率表 **表 4-25**

名 称	制作废品率	运输堆放损耗率	安装（打桩）损耗率
各类预制构件	0.2%	0.8%	0.5%
预制钢筋混凝土桩	0.1%	0.4%	1.5%
预制水磨石零星构件	0.4%	1.6%	1%

【例 4-25】计算 $1m^3$ 预制混凝土制作、运输和安装工程消耗量。

【解】计算如下：

制作：1×(1+0.2%+0.8%+0.5%)=1.015

运输：1×(1+0.8%+0.5%)=1.013

安装：1×(1+0.5%)=1.005

列项及计算规则：

① 制作：

混凝土工程量按“m^3”计算，不扣构件中钢筋、预埋件及墙、板中 $0.3m^2$ 以内孔洞所占体积。

预制混凝土构件制作损耗率 0.015、运输损耗率 0.013、安装损耗率 0.005。

空心板、空心楼梯段应扣除空洞体积，按“m^3”计量，可查阅标准图集。

制桩按桩全长（包括桩尖）乘以桩断面（空心桩应扣除孔洞体积）按“m^3”计量。

混凝土和钢杆件组合，其混凝土部分按“m^3”计量。

预制空心花格，按每 $10m^3$ 花格折算为 $0.5m^3$ 混凝土，即应套小型构件子目。

预制小型构件：包括小型池槽、扶手、压顶、空心花格、架空隔热槽板、壁柜、垫块和单件体积在 $0.05m^3$ 内的未列出项目的构件。

② 运输：

预制混凝土运输、安装按 m^3 计量，钢构件按设计图以“t”计量，螺栓、电焊条等重量不另计；

预制构件运输类别分三类：Ⅰ、Ⅱ、Ⅲ，见表 4-26。运距在 1km 内为基本段，25km 内为增运段。

预制构件运输类别 **表 4-26**

构件分类	构件名称
Ⅰ	天窗架、挡风架、侧板、端壁板、天窗上下挡、预制水磨石窗台板、隔断板、池槽、楼梯踏步、花格、单件体积在 0.1m³ 以内的小型构件等
Ⅱ	空心板、实心板、6m 以内的桩、屋面板、梁、吊车梁、楼梯段、槽板、薄腹梁等
Ⅲ	6m 以上至 14m 梁、板、柱、桩、各类屋架、桁架、托架（14m 以上的另行处理）等

③ 安装：

小型构件安装适于单件体积小于 0.1 m³ 的构件安装。

预制混凝土构件接头灌缝：包括构件坐浆、灌缝、堵板头、塞板梁缝等。

空心板堵孔的工、料包括在接头灌缝项目内，若不堵孔，应扣除项目中堵孔材料（预制混凝土块）和堵孔用工，每 10m³ 空心板含 22.2 工日。

3）钢筋、预埋件

可分为现浇构件钢筋、预制构件钢筋、预应力构件钢筋（先张法和后张法）以及预埋件等，一律按 t 计量。

① 列项时，在施工工艺上需要区别以下情况，以便套用定额：

所谓预应力混凝土是指在构件的受拉区施加预压应力，当构件在荷载作用下产生拉应力时，首先抵消预压应力，然后随着荷载的不断增加，受拉区混凝土才逐渐受拉开裂，从而推迟裂缝出现并限制其开展，提高构件的抗裂度和刚度，此种施加预应力的混凝土，称预应力混凝土。所谓先张法是指先张拉预应力筋，临时锚固在台座或钢模上，然后浇筑混凝土，待其达到一定强度，一般不低于设计强度的 70%，使预应力筋同混凝土之间有足够的粘结力时，再放松预应力筋，使其弹性回缩，从而对混凝土产生预压应力。所谓后张法是先制作构件，预留孔道，等到构件混凝土达到规定强度时，在孔道内穿入预应力筋进行张拉并实施锚固，必须达到设计规定控制应力后，借助于锚具才能把预应力筋锚固在构件端部，最后对孔道灌浆，主要张拉设备有千斤顶，张拉前，先把装好锚具的预应力筋穿入千斤顶的中心孔道，并在张拉油缸的端部用工具锚加以锚固，常用于现场拼装的大型构件，如预应力屋架、吊车梁、托架等。所谓后张无粘结预应力工艺是在混凝土浇灌前，将涂有防锈油脂表面裹一层塑（涂）料的钢丝束或钢绞线束，先进行绑扎，埋置在混凝土构件内，待达到设计规定强度时，用张拉机具对钢丝束或钢绞线束进行张拉和锚固，该体系借助构件两端的锚具传递预应力，不需预留孔道，不必灌浆，该工艺多用于大型基础、框架、电视塔等。此外，应注意预埋铁件和加工铁件的区别：预埋铁件用于钢筋混凝土构件上，而加工铁件用在木结构和金属结构上。预埋件详图如图 4-85 所示。

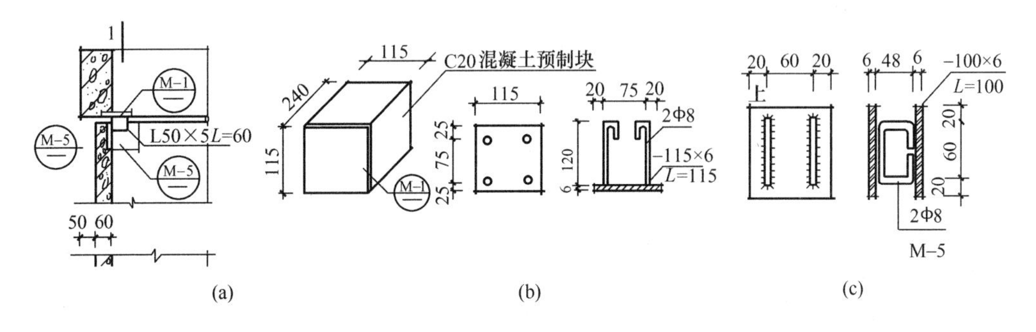

图 4-85 隔板构件预埋件详图

② 列项及计算规则

设计未规定搭接长度的，盘圆按组织设计规定长度计算接头，Φ25 以内的条圆每 8m 长计算一个接头，Φ25 以上的条圆每 6m 长计算一个接头，接头长度按规范规定计算，见表 4-27。

绑扎骨架钢筋搭接时的最小搭接长度表　　　　**表 4-27**

钢筋种类	混凝土强度等级			
	C15		≥C20	
	受力情况			
	受拉	受压	受拉	受压
HPB300 级钢筋	35*d*（直径）	25*d*（直径）	30*d*（直径）	20*d*（直径）
HRB335 级钢筋	40*d*（直径）	30*d*（直径）	35*d*（直径）	25*d*（直径）
HRB400 级钢筋	45*d*（直径）	35*d*（直径）	40*d*（直径）	30*d*（直径）
冷拉低碳钢丝	250mm	200mm	250mm	200mm

钢筋、铁件工程量按图及理论重量计算，损耗在项目中已综合考虑，不另计。

钢筋保护层厚度应按照表 4-28 扣除。

钢筋保护层厚度（mm）　　　　**表 4-28**

项　目		保护层厚度
墙和板	厚度≤100	10
	厚度＞100	15
梁和柱	受力钢筋	25
	箍筋和构造钢筋	15
基础	有垫层	35
	无垫层	70
钢筋端头	预制钢筋混凝土受弯构件	10

预应力构件的吊钩、现浇构件中固定钢筋位置的支撑钢筋、双层钢筋的“铁马”伸出构件的锚固钢筋并入钢筋工程计算。

弧形构件钢筋，按相关子目人工×1.2。

注意低合金钢筋采用螺杆锚具或镦头插片及帮条锚具或后张自锚等，需要另外进行螺杆和预应力筋增加长度的计算。

钢筋电渣压力焊接头按“个”计量（用于现场竖向或斜向钢筋接头，比电弧焊工效高、成本低）。

③ 钢筋配置在混凝土结构中，计算时除要根据计算规则和设计要求外，还需注意设计规范的规定，并依据其受力情况和作用的不同加以识别并计量。

受力筋：承受拉、压应力的钢筋。用于梁、板、柱等各种钢筋混凝土构件。梁板的受力筋还分为直筋和弯起筋两种。

钢筋（箍筋）：承受部分斜拉应力，并固定受力筋的位置。多用于梁和柱内。

架立筋：用以固定梁内钢筋位置，构成梁内的钢筋骨架；

分布筋：用于屋面板、楼板内，与板的受力筋垂直布置，将承受的重量均匀传给受力筋，并固定受力筋的位置，以抵抗因热胀冷缩而引起的温度变形。

附加筋：因构件几何形状或受力情况变化而增加附加筋。

钢筋结构形式和增加长度：钢筋弯钩及增加长度，通常螺纹钢筋、焊接网片及焊接骨架可不必弯钩。对于光圆钢筋，为提高其与混凝土的粘结力，两端应弯钩。其弯钩形式一般有三种，如图 4-86 所示。

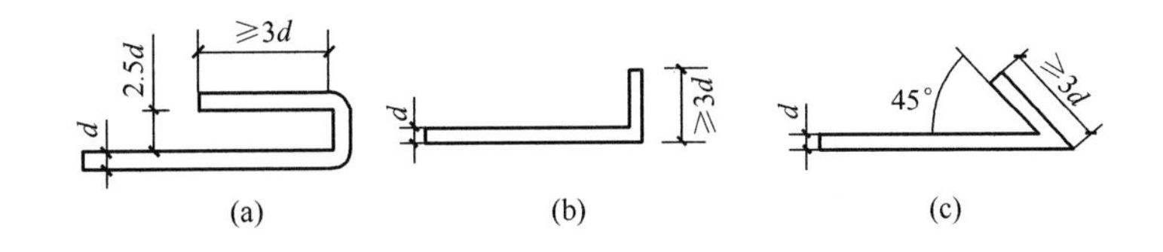

图 4-86 钢筋弯钩形式

弯钩长度按设计规定计算，若无规定，可参考表 4-29 计量。

钢筋弯钩增加长度值（mm） **表 4-29**

钢筋直径 d	半圆弯钩（6.25d）	斜弯钩（4.9d）	直弯钩（3d）
6	40	30	18
8	50	40	24
10	62.5	49	30
12	75	58.8	36
14	87.5	68.6	42
16	100	78.5	48
18	112	88	54
20	125	98	60
22	137.5	108	66
25	156.25	122.5	75
28	175	137	84
30	187.5	147	90

箍筋长度调整值：即箍筋弯钩长度增加值，可按表 4-30 计量。

箍筋长度调整值表（mm） **表 4-30**

箍筋直径	4	5	6	8	10	12
长度调整值	70	80	100	130	160	200

钢筋弯起增加长度：在钢筋混凝土梁中，因受力需要，经常采用将钢筋弯起的方法，其弯起的角度有 30°、45°和 60°三种形式。钢筋弯起增加的长度是指斜长 S 与水平长 L 之差，H 为梁高减上下保护层厚度之和。

$$\text{当钢筋弯为 } 30^\circ \text{ 时}, S-L=0.27H \tag{4-45}$$

$$\text{当钢筋弯为 } 45^\circ \text{ 时}, S-L=0.41H \tag{4-46}$$

$$\text{当钢筋弯为 } 60^\circ \text{ 时}, S-L=0.57H \tag{4-47}$$

钢筋弯起增加的长度见表 4-31。

弯起钢筋长度计算表　　　　表 4-31

弯起钢筋形状				H (cm)	α=30°			H (cm)	α=45°			H (cm)	α=60°		
					S	L	S−L		S	L	S−L		S	L	S−L
				6	12	10	2	20	28	20	8	75	86	44	42
				7	14	12	2	25	35	25	10	80	92	46	46
				8	16	14	2	30	42	30	12	85	98	49	49
				9	18	16	2	35	49	35	14	90	104	52	52
				10	20	17	3	40	56	40	16	95	109	55	54
				11	22	19	3	45	63	45	18	100	115	58	57
				12	24	21	3	50	71	50	21	105	121	61	60
				13	26	22	4	55	78	55	23	110	127	64	63
				14	28	24	4	60	85	60	25	115	132	67	65
上图有关的基本数值				15	30	26	4	65	92	65	27	120	138	70	68
α	S	L	S−L	16	32	28	4	70	99	70	29	125	144	73	71
30°	2H	1.73H	0.27H	17	34	29	5	75	106	75	31	130	150	75	75
45°	1.41H	1.00H	0.41H	18	36	31	5	80	113	80	33	135	155	78	77
60°	1.15H	0.58H	0.57H	19	38	33	5	85	120	85	35	140	161	81	80

钢筋图示用量计算：可直接查阅标准图，亦可直接按图所示钢筋混凝土几何尺寸，区别钢筋的级别和规格，并根据定额计算规则规定分别计量，然后汇总钢筋工程量，其长度和重量计算式如下：

直钢筋长度 = 构件长度 − 2 × 保护层厚度 + 弯钩增加长度　　(4-48)

弯起钢筋长度 = 直段钢筋长度 + 斜段钢筋长度 + 弯钩增加的长度　　(4-49)

钢筋箍筋长度 =［(构件宽 + 构件高) − 4 × 保护层厚度］× 2 + 弯钩增加长度　　(4-50)

钢筋图式重量 = Σ(单根钢筋长 × 根数 × kg/m)　　(4-51)

钢筋理论重量计算可查阅表 4-32。

钢筋每米长的理论重量表　　　　表 4-32

规格	重量（kg）	规格	重量（kg）	规格	重量（kg）
Φ4	0.099	Φ12	0.888	Φ25	3.853
Φ5	0.154	Φ14	1.210	Φ28	4.834
Φ6	0.222	Φ16	1.587	Φ30	5.549
Φ6.5	0.260	Φ18	1.998	Φ32	6.313
Φ8	0.395	Φ20	2.470	Φ36	7.990
Φ10	0.617	Φ22	2.984	Φ40	9.865

预应力钢筋不包括人工时效处理，如设计要求进行人工时效处理时，另计费用（按照地方定额规定计量）。

非预应力钢筋不包括冷加工，如设计要求冷加工时，另计费用（按照地方定额规定计量）；

钢筋分部套用定额时常遇到的专业术语：如自然时效，指钢筋冷拉后，由于内应力的存在，使钢筋晶体组织自行调整，该过程叫时效。

【例 4-26】 计算如图 4-87 所示预制梁 YL-1 矩形单梁（10 根）的钢筋工程量。

【解】 计算如下：

① 号钢筋计算长度＝6000－2×10＝5980mm

③ 号钢筋计算长度＝6000－2×10＝5980mm

② 号弯起钢筋计算长度＝构件长度－保护层厚度＋弯起增加长度

＝6000－2×10＋0.41×400×2＝6308mm

④ 号箍筋计算长度＝箍筋周长＋长度调整值＝（170＋420）×2＋100＝1280mm

$$箍筋数量=\frac{构件长度-混凝土保护层}{箍筋间距}+1=\frac{(6000-20)}{200}+1\approx 31\ 根$$

钢筋工程量计算见表 4-33。

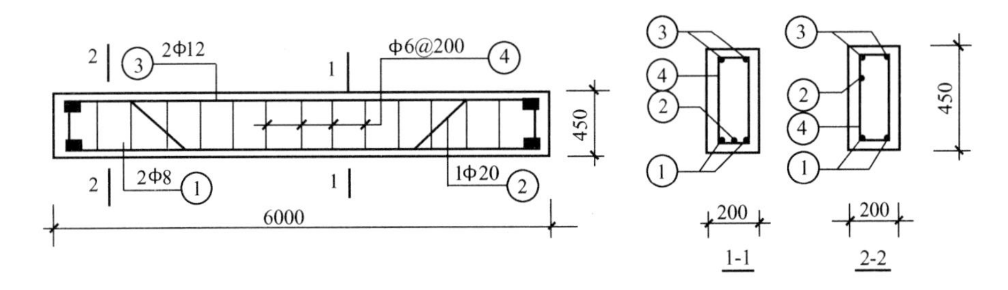

图 4-87 YL-1 梁配筋图

钢筋工程量计算表 **表 4-33**

构件名称	筋号	简图	钢号	直径 (mm)	单根长度 (mm)	单件配筋×梁根数	总长度 (m)	重量 (kg)
预制 YL-1 矩形单梁（10 根）	①	5980	Φ	18	5980＋6.25×18×2	2×10	124.10	124.1×1.998＝247.82
	②	6312	Φ	20	6308＋6.25×20×2	1×10	65.58	65.58×2.47＝161.98
	③	5980	Φ	12	5980＋6.25×12×2	2×10	122.60	122.60×0.888＝108.87
	④		Φ	6	1280	31×10	396.80	396.8×0.222＝88.09
		小计						606.76

4）模板工程：分现浇构件模板、预制构件模板和构筑物模板，按“m^2”计量。列项及计算规则如下：

① 按混凝土与构件模板接触面积，以“m^2”计量，模板每 $100m^2$ 接触面积的混凝土用量参考见表 4-34。

现浇构件模板每 $100m^2$ 接触面积的混凝土用量参考表 **表 4-34**

项目名称		模板种类	支撑种类	混凝土体积（m^3）
带形基础	毛石混凝土	钢	钢	32.55
	无筋混凝土			27.28
	钢筋混凝土（有梁式）			45.51
	钢筋混凝土（板式）			168.27
独立基础	毛石混凝土	钢	木	49.14
	钢筋混凝土			47.45
满堂基础	无梁式	钢	木	217.37
	有梁式		钢	77.23
杯形基础		钢	钢	54.47
高杯基础		钢	钢	22.20
桩承台基础		钢	钢	50.15
挖孔桩护壁		木	木	13.07
基础垫层		木	木	72.29
设备基础	$5m^3$ 以内	钢	钢	31.16
	$20m^3$ 以内			60.88
	$100m^3$ 以内			76.16
	$100m^3$ 以外			224.00
矩形柱	周长 2m 内	钢	钢	9.50
	周长 3m 内			15.80
	周长 3m 外			21.30
异形柱		钢	钢	10.73
圆形柱		木	木	12.76
框架薄壁柱		钢	钢	10.00
构造柱		钢	钢	15.46
基础梁		钢	木	12.66
矩形梁		钢	钢	11.83
异形梁		钢	钢	11.40
弧形梁		木	钢	11.45
拱形梁		木	钢	13.12
过梁		钢	木	10.30
圈梁		钢	木	15.20
弧形圈梁		木	木	15.87

续表

项目名称		模板种类	支撑种类	混凝土体积（m^3）
直形墙	200mm 内	钢	钢	8.32
	300mm 内			13.44
	5000mm 内			20.63
	500mm 内			37.98
弧形墙		钢	钢	14.20
有梁板		钢	钢	14.49
无梁板		钢	钢	20.60
平板		钢	钢	13.44
拱板		木	木	12.44
直形楼梯（10m^2 投影面积）		钢	钢	1.68
圆弧形楼梯（10m^2 投影面积）		木	木	1.88
悬挑板（10m^2 投影面积）		木	木	1.05
台阶（10m^2 投影面积）		木	木	1.64
地沟、电缆沟		钢	钢	9.00
挑檐、天沟		钢	钢	6.99
栏板		木	木	2.95
小型构件		木	木	3.28
扶手（100 延长米）		木	木	1.34
池槽（10m^2 外形体积）		木	木	3.50

② 现浇钢筋混凝土墙、板单孔面积在 0.3m^2 以内的孔洞不扣除。

③ 现浇钢筋混凝土柱、梁、墙、板是按照支模高度（楼地面至梁板顶面）4.5m 编制，若超过 4.5m，可分柱、梁、板另按每超高 1m 增加工料列项。

④ 构造柱按图示外露部分计算模板面积。

⑤ 现浇钢筋混凝土悬挑板（挑檐、雨篷、阳台）按图示外挑部分尺寸的水平投影面积计算，挑出墙外的牛腿及板边不另计量，雨篷的反边按高度乘以长度，并入雨篷水平投影面积内计量。

⑥ 现浇钢筋混凝土楼梯按水平投影面积计算，不扣除宽度小于 500mm 的楼梯井所占面积，楼梯踏步、踏步板、平台梁等侧面模板不另计量，伸入墙内部分不增加。

⑦ 台阶按图示尺寸的水平投影面积计算，台阶两端侧模亦不增加，楼梯带模板另列项计量。

⑧ 现浇、预制钢筋混凝土小型池槽按构件外围体积计量。

⑨ 预制钢筋混凝土构件模板除定额规定者外，均按“m^3”计量。

6. 金属结构工程计量

(1) 分类

主要有钢结构制作、钢结构安装和金属构件汽车运输（分Ⅰ、Ⅱ和Ⅲ）等类别。

(2) 常列主要项目

钢柱制作，钢屋架制作，钢托架制作，钢吊车梁制作，钢支撑制作，钢平台制作，钢梯子制作（型钢为主），钢栏杆制作（钢管为主），加工铁件制作［圆（方）钢为主］，钢柱（梁）安装，钢屋架（拼装、安装），钢天窗架（拼装、安装），钢托架梁等安装，钢屋架支撑安装，走道休息台等安装，钢扶手，平台踏步式扶梯等安装，加工铁件安装，Ⅰ、Ⅱ、Ⅲ类构件运输（分1km内和每增加1km）等项目。

（3）计算规则与计算式

1）制 作

① 构件制作工程量通常按“t”计量。

② 钢柱制作工程量，依附其身的牛腿及悬臂梁的主材重量，并入柱身主材重量中。

③ 钢墙架制作工程量，应包括墙架柱、墙架梁及连系拉杆主材重量。

④ 实腹柱、吊车梁、H型钢的腹板及翼板宽度按图示尺寸每边增加25mm计量。

⑤ 钢屋架、钢托架制作平台摊销工程量按钢屋架、钢托架工程量计量。

2）运输、安装工程量按“t”计量。其运输类别可按表4-35计取。

金属构件运输种类表 **表4-35**

类别	项　目
Ⅰ	钢柱、屋架、托架梁、防风桁架
Ⅱ	吊车梁、制动梁、型钢檩条、钢支撑、上下挡、钢拉杆、栏杆、盖板、垃圾出灰门、倒灰门、箅子、爬梯、零星构件、平台、操作台、走道休息台、扶梯、钢吊车梯台、烟囱紧固箍
Ⅲ	墙架、挡风架、天窗架、组合檩条、轻型屋架、滚动支架、悬挂支架、管道支架

3）计算式：

金属构件制作工程量＝相应几何尺寸计算公式×折算重量，如：

$$\text{钢板}=\text{长}\times\text{宽}\times\text{相应板厚的质量}\quad(\text{查五金、工长、建材手册})\tag{4-52}$$

$$\text{槽钢}=\text{总长}\times\text{相应型号、规格的质量}\tag{4-53}$$

【例4-27】 计算如图4-88、图4-89所示楼梯栏杆工程量，运距7km。并查找相应定额。

【解】 计算如下：

① 扶手Φ50钢管（斜长）

$$\text{钢管长度}=\sqrt{(2.16+0.27)^2+1.5^2}$$
$$=2.86\text{m}$$

查五金手册Φ50钢管4.88kg/m，则钢管重量为：

$$2.86\times4.88\times4(\text{三层两跑，每跑两段})=55.83\text{kg}$$

② 计算立柱Φ50钢管重量

（分析：每根立柱长0.9m，首尾各1根，共2根）则：

$$0.9\times2\times4.88=8.784\text{kg}$$

③ 计算栏杆横担扁钢－40×4重量

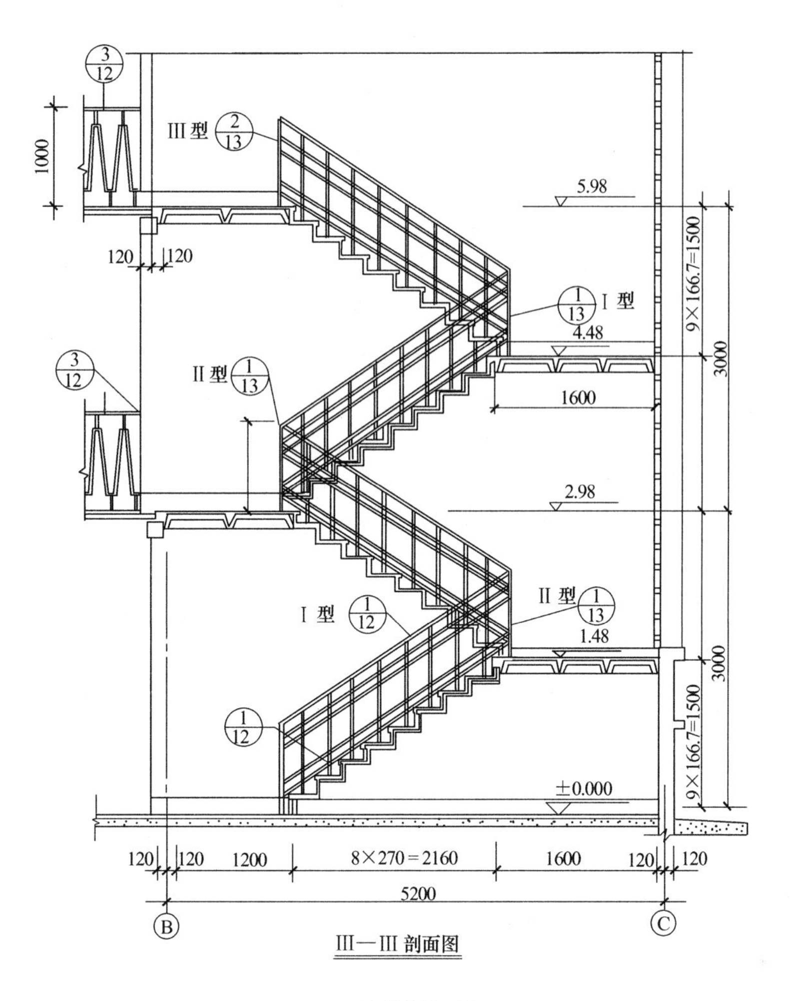

图 4-88 楼梯栏杆剖面图

（分析：三层两跑楼梯，每跑两段，每段扁钢共 4 根，每根长度同钢管扶手长，为 2.86m）则：

跑 段 根 （m^2：长×宽）

$$2\times2\times4\times(2.86\times0.04)\times31.40=57.47\text{kg}$$

④计算立柱Φ 14 钢筋重量

（分析：每段楼梯立柱根数＝踏步块数＝8 根）

每根立柱长度为 900－50（钢管直径）＝850mm，则：

跑 段 根 平台处

$$\{[(2\times2\times8)]+3\}\times0.85\times1.208=35.94\text{kg}$$

⑤计算预埋件 50×120×6 扁钢重量：

$$\{[(2\times2\times8)]+3\}\times0.12\times0.05\times47.10$$
$$=9.89\text{kg}$$

型钢为主

Σ钢栏杆制作：①＋②＋③＋④＝158.02kg　　定额：AF0022

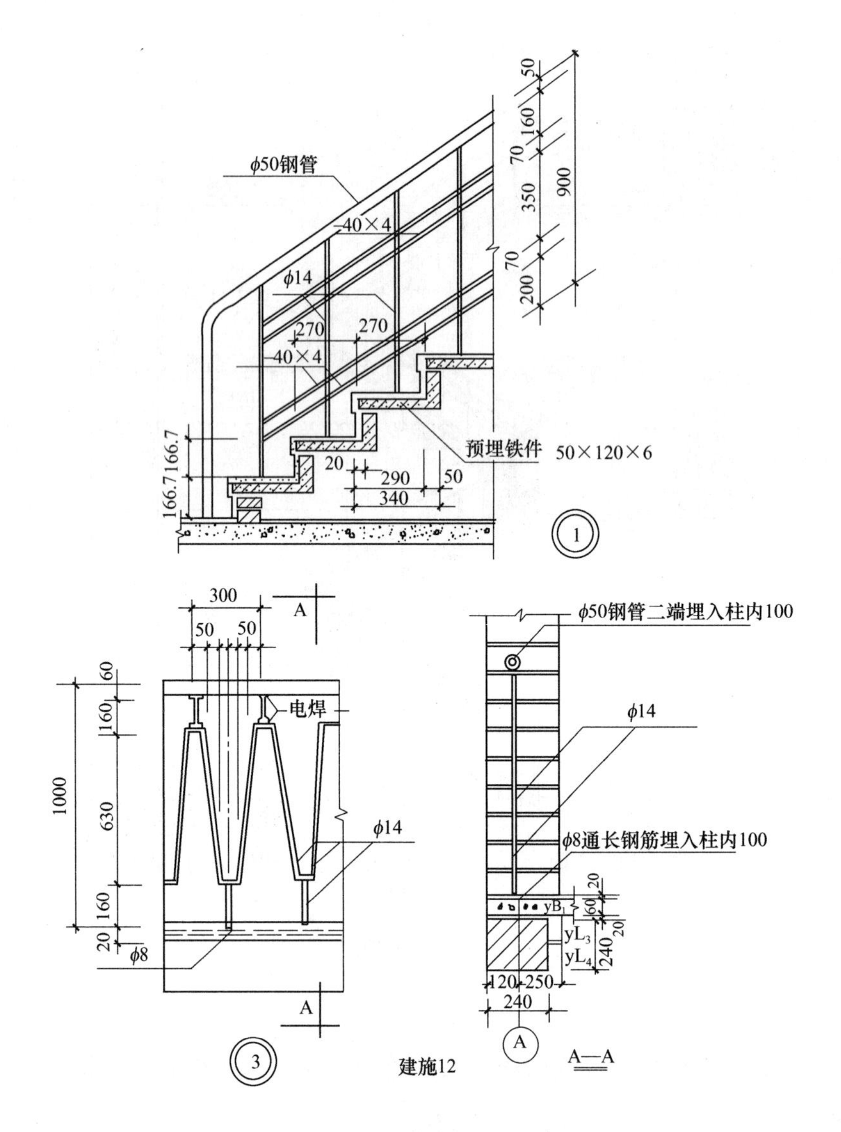

图 4-89 楼梯栏杆、栏板大样图

钢栏杆、扶手安装	158.02kg	定额：AF0046
钢栏杆、扶手运输	1km 内	定额：AF0050
Ⅱ类构件，158.02kg	每增加 1km	AF0051×6

7. 门窗、木结构工程计量

(1) 分类

该分部工程主要分为木门窗制作、木门窗安装和木结构（制作与安装）等类别。

(2) 常列主要项目

镶板门制作、胶合板门制作、半截玻璃门制作（镶板、胶合板）、全玻璃门制作、门带窗制作、拼板门制作、浴室厕所隔断制作、木门安装、浴室厕所隔断安装、木窗安装、木窗安铁窗栅、门窗贴脸、门窗钉镀锌铁三角、门锁安装、木门窗运输（汽车、人力）、木楼梯等项目。

(3) 计量注意与综合知识

1) 门的分类和区别

① 镶板门：上、中、下冒头和左右边梃为骨架，中间镶薄板成扇，如图 4-90 (a) 所示。

② 半截玻璃门：镶板门或胶合板门门扇上部安玻璃，且玻璃面积不小于镶板 1/2 者，如图 4-90 (b) 所示。

③ 全玻门：镶板门的薄板全部改为安玻璃，或胶合板门除冒头外，全安玻璃者，如图 4-90 (c) 所示。

④ 拼板门：冒头钉企口板，板面起三角槽者，如图 4-90 (d) 所示。

⑤ 胶合板门：木枋做骨架，面贴胶合板成扇，如图 4-90 (e) 所示。

⑥ 百叶门：采用冒头结构，中间镶百叶（斜装板）的门扇，如图 4-90 (f) 所示。

⑦ 门带窗：上面各种门并与窗共用一条立框者，如图 4-90 (g) 所示。

⑧ 带纱门：上面各种门再加一扇纱门。

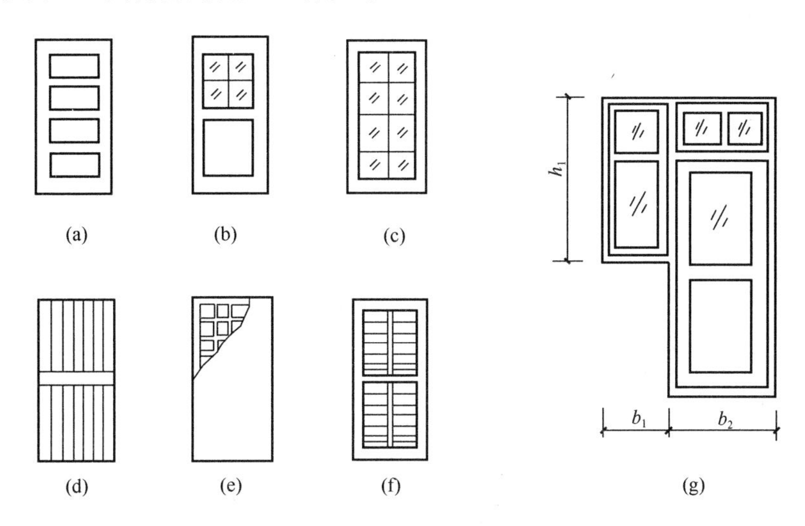

图 4-90 常见门分类

(a) 镶板门；(b) 半截玻璃门；(c) 全玻门；(d) 拼板门；(e) 胶合板门；(f) 百叶门；(g) 门带窗

2) 窗的分类与区别

① 普通窗：主要分普通扇和框上镶玻璃两种，如图 4-91 所示。

② 组合窗：主要分进框式和框上镶玻璃两种。

③ 异形窗：包括圆形、半圆形、多边形等，如图 4-92 所示。

④ 天窗：主要包括全中悬、中悬带固定等。

3) 门窗普通五金

门窗普通五金安装定额已经包含费用，但要弄清哪些是普通五金，除此之外的贵重五金如门锁、弹簧等需要单独列项或计算费用。

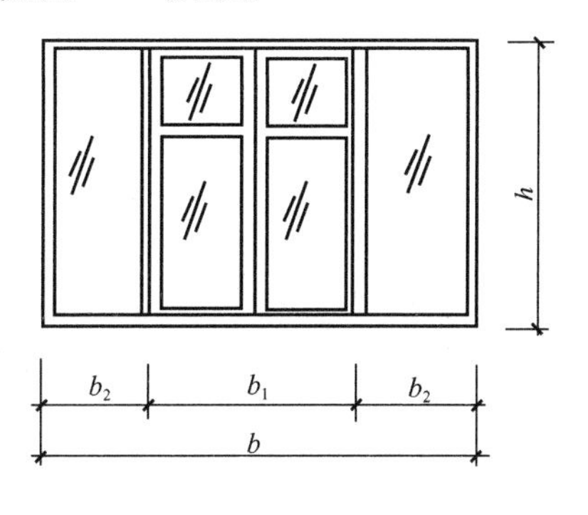

图 4-91 窗框上镶玻璃

① 普通折页：如图 4-93（a）所示。
② 插销：如图 4-93（b）所示。
③ 风钩：如图 4-93（c）所示。
④ 普通翻窗铰链：如图 4-93（d）所示。
⑤ 搭扣：如图 4-93（e）所示。
⑥ 镀铬弓背拉手：如图 4-93（f）所示。

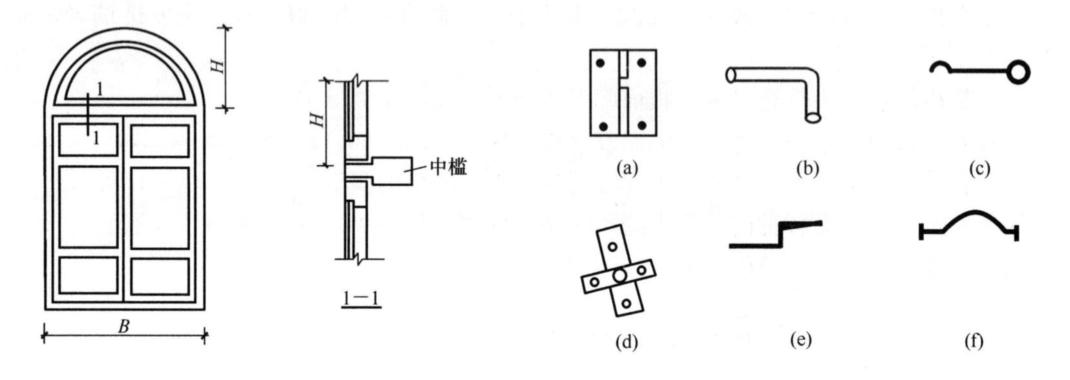

图 4-92　普通窗上部带半圆窗

图 4-93　普通五金
（a）普通折页；（b）插销；（c）风钩；（d）普通翻窗铰链；（e）搭扣；（f）镀铬弓背拉手

窗的组成及开启方式如图 4-94、图 4-95 所示。

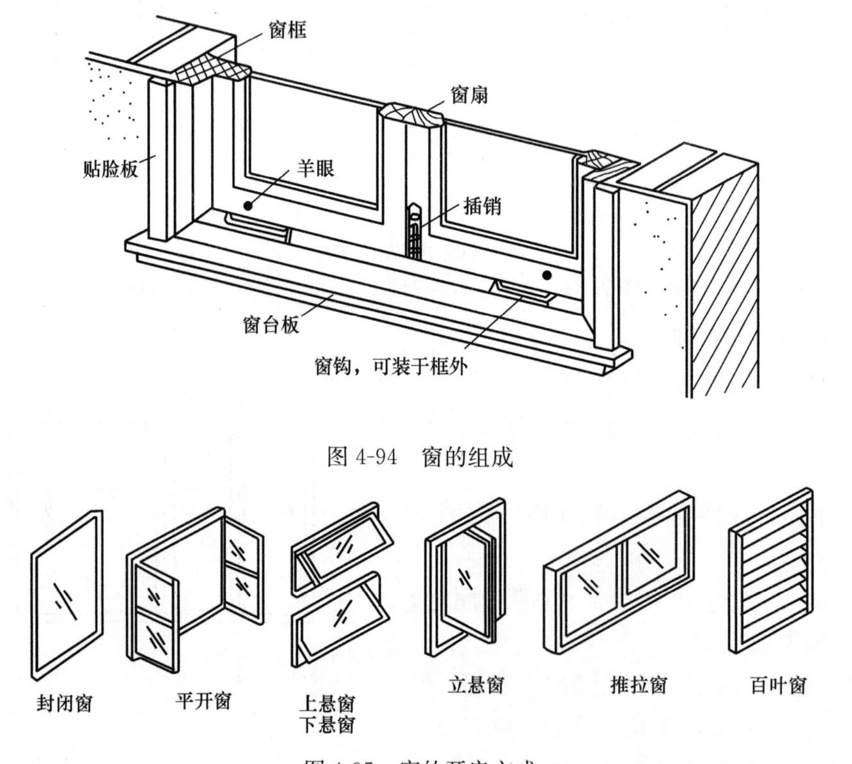

图 4-94　窗的组成

图 4-95　窗的开启方式

（4）计算规则与计算式

1）门窗制作与安装

① 各种木、钢门窗制作、安装工程量按门窗洞口面积以“m^2”计量。

② 单独制作、安装木门窗框，亦按门窗洞口面积以“m^2”计量；单独制作、安装木门窗扇按扇外围面积以“m^2”计量。

③ 有框厂库房大门和特种门按洞口面积以“m^2”计量；无框厂库房大门和特种门按扇外围面积以“m^2”计量。

④ 普通窗上部带有半圆窗的工程量应分别按半圆窗和普通窗计算，以普通窗和半圆窗之间的横框上的裁口线为分界线。

⑤ 门锁安装按“把”计量；门窗钉铁三角按“个”计量；门窗贵重五金另计，套装饰定额。

⑥ 门窗贴脸、披水条按图示尺寸以“m”计量。

⑦ 木窗上安铁窗栅、钢筋御棍按洞口面积以“m^2”计量。

⑧ 木搁板、木格踏板按“m^2”计量。

⑨ 成品门窗塞缝按门窗洞口尺寸以“m”计量。

2）门窗运输工程量

门窗运输工程量按门窗洞口面积以“m^2”计量（包括框、扇）。若单运框，定额项目乘以系数 0.4，单运扇时，定额项目乘以系数 0.6。

3）木结构

① 木楼梯按水平投影面积计量，应扣大于 300mm 楼梯井所占的面积，定额包括踢脚板、平台和伸入墙内部分的工料。

② 屋面木基层按屋面斜面积计量（m^2），天窗挑檐重叠部分按设计规定计量，屋面烟囱及斜沟部分的面积不扣。

③ 木屋架制作、安装按设计断面竣工工料以“m^3”计量，如图 4-96 所示。

④ 檩木按竣工木料以“m^3”计量。

⑤ 屋架的马尾、折角和正交部分的半屋架，并入相连接屋架体积中，如图 4-97 所示。

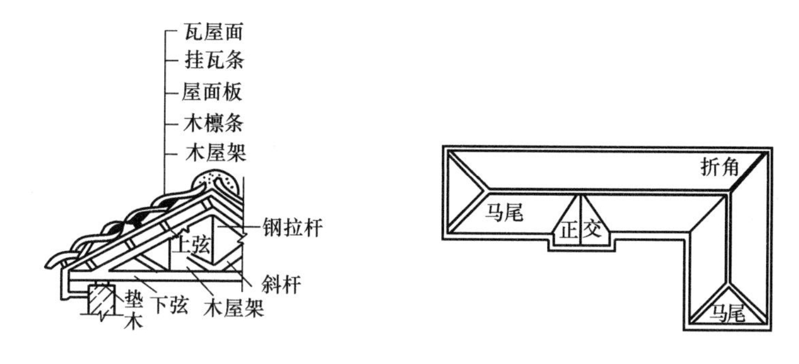

图 4-96　木屋架及木基层　　图 4-97　马尾、折角、正交示意图

屋架竣工料体积计算公式如下：

$$\text{屋架竣工料体积} = \text{图示屋架各杆件体积} + \text{木夹板、垫木、挑檐木等体积} \quad (4\text{-}54)$$

$$屋架各杆件的长度 = 屋架跨度 L \times 杆件长度系数 \tag{4-55}$$

式中 L——屋架两端上、下弦中心线交点之间的长度。

杆件长度系数可查表 4-36 计取。

屋架杆件长度系数表 **表 4-36**

形式	高跨比	杆件编号										
		1	2	3	4	5	6	7	8	9	10	11
甲 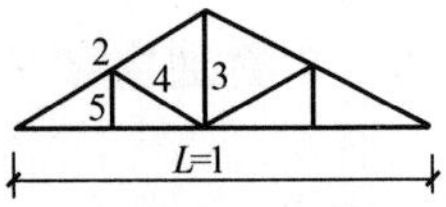	1/4	1	0.559	0.250	0.280	0.125						
	1/5	1	0.539	0.200	0.269	0.100						
	1/6	1	0.527	0.167	0.264	0.083						
乙 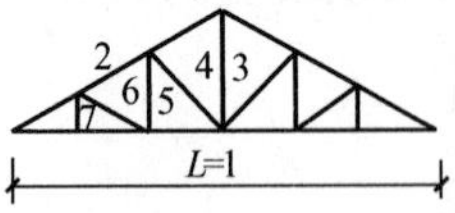	1/4	1	0.559	0.250	0.236	0.167	0.186	0.083				
	1/5	1	0.539	0.200	0.213	0.133	0.180	0.067				
	1/6	1	0.527	0.167	0.200	0.111	0.176	0.056				
丙 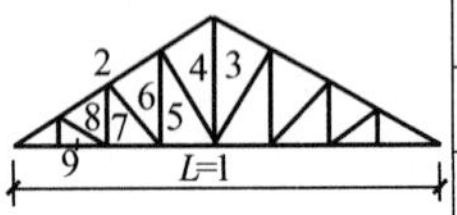	1/4	1	0.559	0.250	0.225	0.188	0.177	0.125	0.140	0.063		
	1/5	1	0.539	0.200	0.195	0.150	0.160	0.100	0.135	0.050		
	1/6	1	0.527	0.167	0.177	0.125	0.150	0.083	0.132	0.042		
丁 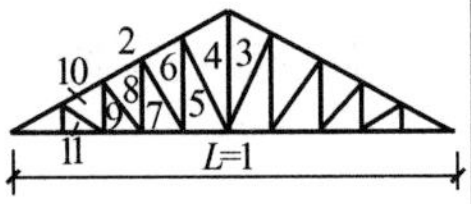	1/4	1	0.559	0.250	0.224	0.200	0.180	0.150	0.141	0.100	0.112	0.050
	1/5	1	0.539	0.200	0.189	0.160	0.156	0.120	0.128	0.080	0.108	0.040
	1/6	1	0.527	0.167	0.167	0.133	0.141	0.100	0.120	0.067	0.105	0.033

列项需注意：以框断面分档次，套相应定额；注意运输、运距、运输方式；列出门窗构件统计表；同时，关注系数的运用。

【例 4-28】某工程列出木门窗构件统计见表 4-37（框断面 52cm），汽车运输 17km，试计算工程量。

木门窗构件统计表 **表 4-37**

代号	名称	樘数	洞口尺寸	标准图集	部位
M-1	镶板门	10	1000×2400	西南 J601	各层内墙
M-2	镶板门	15	1200×2400	西南 J601	各层外墙
M-3	半玻镶板门	8	1800×2700	西南 J601	各层外墙
C-1	单层玻璃窗	4	1800×1800	西南 J601	各层外墙
C-2	单层玻璃窗	2	1800×600	西南 J601	1、2 层内墙

【解】计算如下：

M-1 $10\times1.0\times2.4=10\times2.4=24m^2$

M-2 $15\times1.20\times2.4=15\times2.88=43.20m^2$ 制作 安装

∑普通镶板门 $67.20m^2$，查阅定额：（AG0001）（AG0022）

M-3 $8\times1.8\times2.70=8\times4.86=38.88m^2$ 制作 安装

∑半玻门 $38.88m^2$ （AG0007）（AG0026）

C-1 $4\times1.8\times1.8=4\times3.24=12.96m^2$

C-2 $2\times1.8\times0.6=2\times1.08=2.16m^2$ 制作 安装

Σ单层玻璃窗 15.12m^2 (AG0047)(AG0038)

【例 4-29】 某厂房方木屋架如图 4-98 所示，共 4 榀，现场制作，不刨光，拉杆为Φ 10 的圆钢，铁件刷防锈漆一遍，轮胎式起重机安装，安装高度 6m。根据以上背景资料及现行国家标准《建设工程工程量清单计价规范》、《房屋建筑与装饰工程工程量计算规范》，试列出该工程方木屋架以立方米计量的分部分项工程量清单。

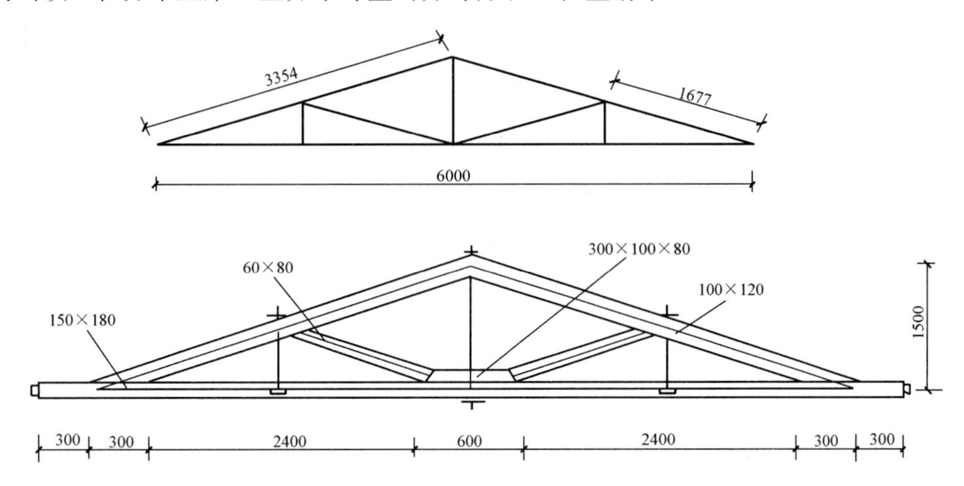

图 4-98 方木屋架示意图

【解】 计算结果见表 4-38、表 4-39 所列。

清单工程量计算表 **表 4-38**

工程名称：某厂房

序号	清单项目编码	清单项目名称	计 算 式	工程量合计	计量单位
1	010701001001	方木屋架	① 下弦杆体积＝0.15×0.18×6.6×4＝0.713m^3 ② 上弦杆体积＝0.10×0.12×3.354×2×4＝0.322m^3 ③ 斜撑体积＝0.06×0.08×1.677×2×4＝0.064m^3 ④ 元宝垫木体积＝0.3×0.1×0.08×4＝0.010m^3 体积＝0.713＋0.322＋0.064＋0.010＝1.11 m^3	1.11	m^3

分部分项工程和单价措施项目清单与计价表 **表 4-39**

序号	项目编码	项目名称	项目特征描述	计量单位	工程量	金额（元）	
						综合单价	合价
1	010701001001	方木屋架	1. 跨度：6.00m 2. 材料品种、规格：方木、规格详图 3. 刨光要求：不刨光 4. 拉杆种类：Φ 10 圆钢 5. 防护材料种类：铁件刷防锈漆一遍	m^3	1.11		

8. 楼地面工程计量

(1) 楼地面的分类

楼地面主要分为垫层、找平层、整体面层、明沟、排水坡、防滑坡道等类别。

(2) 常列主要项目

混凝土垫层、三合土（碎砖、砾石、碎石）垫层、水泥砂浆找平层、细石混凝土找平层、水泥砂浆楼地面、楼梯面层、台阶、踢脚板、混凝土面层、瓜米石楼地面、瓜米石楼梯、水磨石楼地面、防滑条（金刚砂、金属条、缸砖）、整体面层打蜡（楼地面、楼梯、台阶、踢脚板）、砖明沟、排水坡（混凝土、三合土）、防滑坡道等分部分项工程项目。

(3) 计量注意与综合知识

1）基槽坑 $\delta \leqslant 300$mm 的基础垫层，可套用垫层定额。

2）整体面层水泥砂浆、瓜米石楼梯项目已包括水泥砂浆踢脚线工料，水磨石楼梯项目已包括水磨石踢脚线工料，但楼梯侧面及板底抹灰，另列项计算。

3）楼梯面层防滑条另列项计算。

4）踢脚线的高度定额按 150mm 编制，若设计高度与定额项目不同时，可按高度比例增减调整。

5）各种本章未列的块料面层和栏杆扶手等项目，可按装饰工程消耗量项目套用。

6）凿石及砖明沟，若设计规定平均净空断面与定额不同，可按比例调整。

7）水磨石整体面层若采用金属嵌条时，应取消项目中玻璃消耗量，金属嵌条用量按设计要求计算，执行相应金属嵌条项目。

8）防潮层、伸缩缝套屋面工程相应定额；如图 4-101、图 4-102 为楼、地面变形缝和屋面变形缝剖面图。

9）$S_{净}$应分别归类。

(4) 计算规则与计算式

1）基础垫层按图示尺寸以“m^3”计量，地面垫层按主墙间净空面积乘以设计厚度以“m^3”计量，应扣凸出地面的构筑物、设备基础、室内管道、地沟所占体积，不扣柱、垛、间壁墙等及 $0.3m^2$ 以内孔洞所占体积，但不增加门洞、空圈、壁龛开口部分。

2）整体面层、找平层按主墙间净空面积以“m^2”计量，扣除内容同（4）中 1）。

3）楼梯面层应包括梯踏步、休息平台、梯梁等，并按水平投影面积计量，整体面层楼梯井宽度不大于 500mm 不扣除。其中单跑楼梯面层水平投影面积几何尺寸计算如图 4-99所示。

$$S = (a + d) \times b + 2b \cdot c \tag{4-56}$$

当 $c > b$ 时，c 按 b 计算；当 $c \leqslant b$ 时，c 按设计尺寸计算；

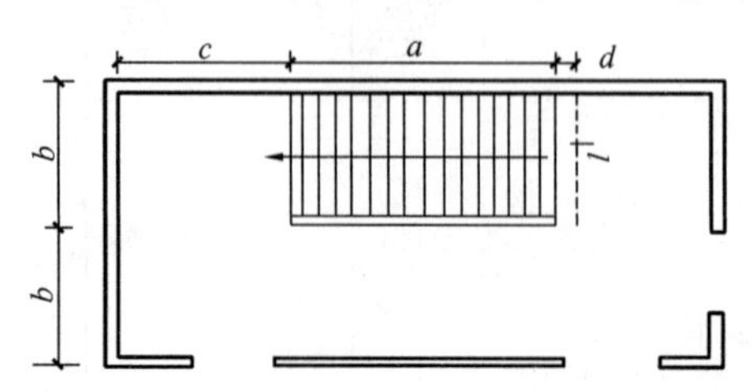

图 4-99 单跑楼梯水平投影面积计算示意图

有锁口梁时，d=锁口梁宽度；无锁口梁时，d=300mm。

4）踢脚线按主墙间净长以“m”计量，不扣洞口空圈长度，且附墙烟囱、垛等侧壁长度亦不增加。

5）防滑条按楼梯踏步两端距离减 300mm，以“m”计量；排水坡按“m^2”

计量，垫层另列项，散水、台阶垫层亦然，套地面垫层项目。

6）台阶可按水平投影面积计量，可加最上层踏步 300mm。

7）明沟按图示几何尺寸以“m”计量。

楼地面工程常列计算公式如下：

$$S_{楼梯} = 一层楼梯水平投影面积 \times 楼层数(楼层数 = 层数 - 1) \quad (4\text{-}57)$$

$$S_{散} = [L_{外} - (台阶长度 + 坡道 + 花台等)] \times 散水宽 + 4 \times 散水宽 \times 散水宽 \quad (4\text{-}58)$$

$$S_{净} = S_{建} - S_{结} \quad 或 \ S_{净} = S_{建} - [(L_{中} \times 墙厚 + L_{内} \times 墙厚)] - 应扣除的面积 \quad (4\text{-}59)$$

$$L_{沟} = L_{外} + 8 \times (檐宽 + 0.5 沟宽) = L_{外} + 8 \times 檐宽 + 4 \times 沟宽 \quad (4\text{-}60)$$

【例 4-30】计算如图 4-100 所示水磨石整体面层（带玻璃嵌条）。

【解】计算如下：

$$S_{净} = (8 - 0.24 \times 2)(8 - 0.24) - 1 \times (4 - 0.24) = 54.60\text{m}^2$$

① 水磨石地面：54.60m^2，定额：AH0043

② 1∶3 水泥砂浆找平层：54.60m^2，定额：AH0023

③ C10 混凝土，δ=60mm 地面垫层：54.60×0.06=3.28m^3，定额：AH0020

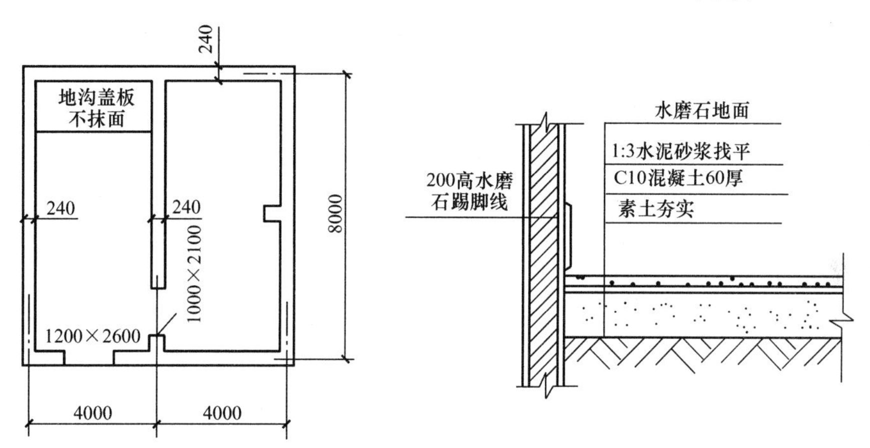

图 4-100 带玻璃嵌条的水磨石面层

楼地面、屋面变形缝的构造如图 4-101、图 4-102 所示。

9. 屋面及防水工程计量

屋面防水工程主要防止雨、雪对屋面间歇性渗透作用，而地下防水是防止地下水对构筑物经常性渗透作用。

（1）分类

按照施工工艺做法可分为刚性防水、柔性防水（卷材、涂料）；按照建筑材料划分有小青瓦

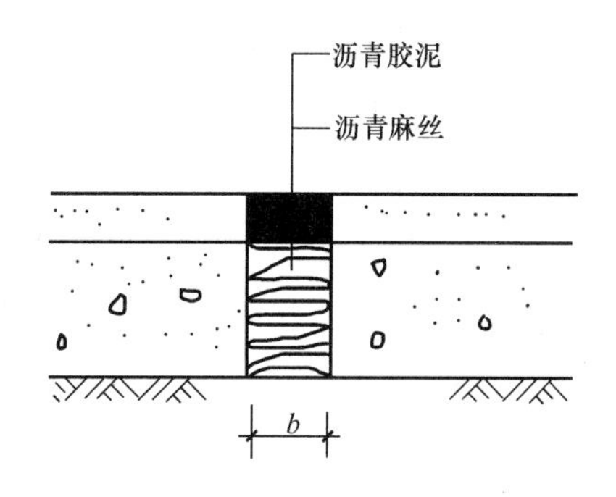

图 4-101 楼、地面变形缝

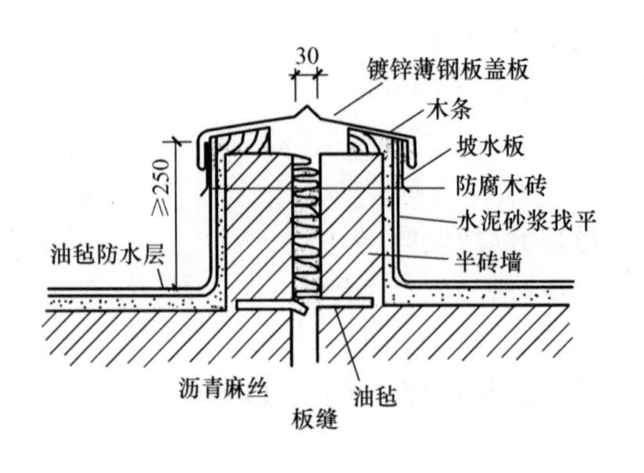

图 4-102　屋面变形缝

屋面、石棉瓦屋面、玻璃钢瓦屋面等；按照结构形式可分为坡屋面和平屋面等。通常平屋面设计为卷材防水、刚性防水居多。在结构层上一般要进行找坡、做保温层、找平层、防水层等工序。因此列项时，必须注意采用的防水做法，只有非常熟悉其构造层次，将工程计量规定融会贯通，才不容易漏项。

（2）常列主要项目

瓦屋面（小青瓦、石棉瓦、玻璃钢瓦等）、柔性屋面（油毡、氯丁橡胶、SBS改性沥青卷材）、氯丁胶乳沥青卷材防水层、塑料油膏玻璃纤维布、屋面满涂塑料油膏、屋面分格缝（宽5～30mm，内嵌密封料，上设保护层）、塑料油膏嵌缝、塑料油膏贴玻璃布盖缝、刚性屋面、防潮层（二毡三油、二布三油玛𤧛脂玻璃纤维布、刷冷底子油）、防水砂浆、变形缝（油浸麻丝、油浸木丝板、玛𤧛脂、沥青砂浆）、盖缝（木板盖面、薄钢板盖面）、屋面排水（铸铁水落管、铸铁雨水口、铸铁水斗等）。

（3）计量注意与综合知识

1）瓦屋面的屋脊和瓦出线均已包括在定额项目中，不单列。

2）柔性屋面的附加层、接缝、收头、找平层的嵌缝油膏、冷底子油已包括在项目中，不另列项。

3）防潮层亦适用于墙基、墙身、楼地面、构筑物等防水、防潮层工程。

4）防潮层项目亦适用于立面和平面。

5）变形缝填缝：建筑油膏断面为30mm×20mm，油浸木丝板为25mm×150mm等，若设计断面不同，材料换算，人工不变。

6）盖板：木盖板断面为200mm×25mm，若设计断面不同，材料可换算，人工不变。

7）塑料水斗、塑料弯管已综合在塑料水落管项目内，不另计算。

8）铸铁水落管、铸铁落水口、铸铁水斗、铸铁弯头刷沥青或油漆时，另列项计算。

9）屋面砂浆找平层套用楼地面工程相应项目。

10）屋面保温层套防腐、保温、隔热工程相应项目，按 m^3 计量。

11）延尺系数 C 和隅延尺系数 D 的运用。

12）注意屋面构造大样的阅读和计算规则的理解、定额中工序内容与《计价规范》内容的接轨。

13）$i=\dfrac{坡高}{坡长}$

结构找坡　　$V=S\cdot H$　　(4-61)

保温层找坡　　$V=S\cdot H_{平均}$　　(4-62)

式中，$H_{平均}=\dfrac{h_{最小厚度}+h_{最大厚度}}{2}$

（4）计算规则与计算式

1）瓦屋面等按图示尺寸用水平投影面积乘以屋面坡度系数以“m^2”计量，不扣房上烟囱、风帽底座、风道、小气窗、斜沟等面积，小气窗的出檐部分亦不增加。屋面坡度系数见表4-40，其图形如图4-103所示，烟囱出屋面如图4-104所示，风管出屋面如图4-105所示。

屋面坡度系数表　　表4-40

坡度			延尺系数 C (A=1)	隅延尺系数 (A=1)
B (A=1)	$B/2A$	角度（θ）		
1	1/2	45°	1.4142	1.7321
0.75		36°52′	1.2500	1.6008
0.70		35°	1.2207	1.5779
0.666	1/3	33°40′	1.2015	1.5620
0.65		33°01′	1.1926	1.5564
0.60		30°58′	1.1662	1.5362
0.577		30°	1.1547	1.5270
0.55		28°49′	1.1413	1.5170
0.50	1/4	26°34′	1.1180	1.5000
0.45		24°14′	1.0966	1.4839
0.40	1/5	21°48′	1.0770	1.4697
0.35		19°17′	1.0594	1.4569
0.30		16°42′	1.0440	1.4457
0.25		14°02′	1.0308	1.4362
0.20	1/10	11°19′	1.0198	1.4283
0.15		8°32′	1.0112	1.4221
0.125		7°8′	1.0078	1.4191
0.100	1/20	5°42′	1.0050	1.4177
0.083		4°45′	1.0035	1.4166
0.066	1/30	3°49′	1.0022	1.4157

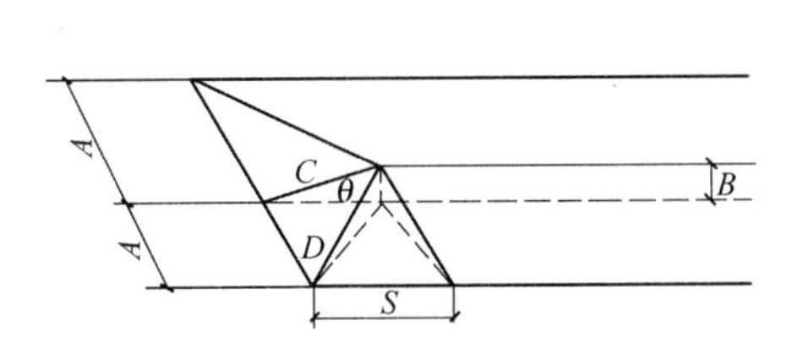

图4-103　屋面平面投影图

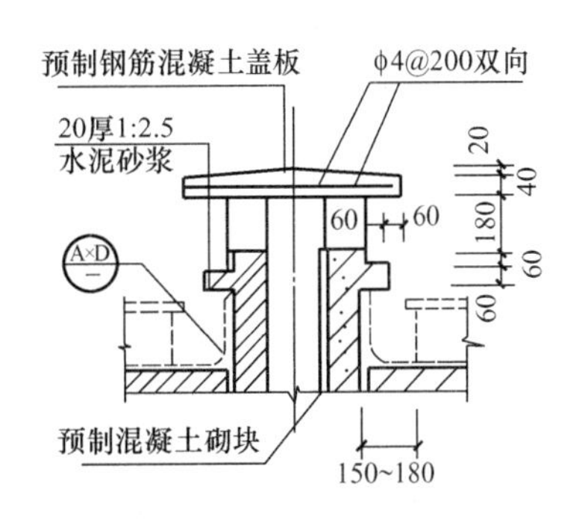

图4-104　烟囱出屋面

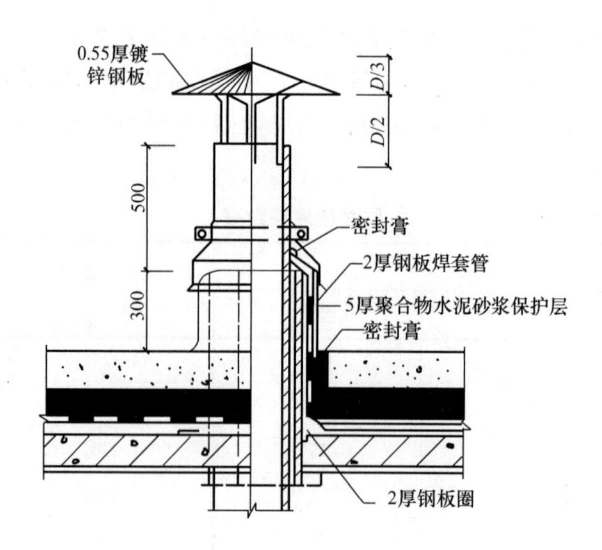

图 4-105　风管出屋面

2）柔性屋面按实铺面积以"m^2"计量，不扣房上烟囱、风帽底座、风道、小气窗、斜沟、变形缝等所占面积，屋面的女儿墙、伸缩缝和天窗等弯起部分，可按图示几何尺寸并入屋面工程量中。如图纸无规定，伸缩缝、女儿墙的弯起部分可按 250mm 计算，天窗弯起部分按 500mm 计算。

3）涂抹屋面的油膏嵌缝、玻璃布盖缝、屋面分格缝按"m"计量。

4）刚性防水屋面按实铺水平投影面积以"m^2"计量，泛水和刚性屋面变形缝等弯起部分或加厚部分已包括在项目中。挑出墙外的出檐和屋面天沟，另列项计算，套相应项目。

5）防潮层：建筑物地面防水、防潮层，可按主墙间净空面积计量，应扣除凸出地面的构筑物、设备基础等面积，不扣除柱、垛、间壁墙、烟囱及 0.3m^2 以内孔洞所占面积，与墙面连接上卷部分按展开面积计量，并入相应工程量中。

6）墙基防水、防潮层，外墙长度按中心线，内墙按净长，乘以墙宽以"m^2"计量。

7）构筑物及建筑物地下室防潮层，按实铺面积计量，不扣除 0.3m^2 以内孔洞所占面积。

8）变形缝按"m"计量。

9）铸铁水落管、玻璃钢水落管、塑料水落管按图示尺寸以"m"计量，雨水口、水斗、弯头等按"个"计量。

10）铁皮排水按图示尺寸以展开面积（m^2）计量，若图纸未标注，可按表 4-41 折算成面积。

铁皮排水单体零件折算表（m^2/m）　　**表 4-41**

项目名称	天 沟	斜沟、天窗窗台、泛水	天窗侧面泛水	烟囱泛水	通气管泛水	滴水檐头泛水	滴水
折算面积	1.30	0.50	0.70	0.80	0.22	0.24	0.11

11）屋面保温层按图示尺寸以"m^3"计量。

计算式：

两坡排水屋面面积 ＝屋面水平投影面积 $\times C$（C 为延尺系数） (4-63)

四坡排水屋面斜脊长度 $=A\times D$（当 $S=A$ 时，D 为隅延尺系数） (4-64)

沿山墙泛水长度 $=A\times C$ (4-65)

$S_{瓦}=(S_{屋}+L_{外}\times 檐宽+4\times 檐宽\times 檐宽)\times 延尺系数$ (4-66)

【例 4-31】 计算如图 4-106 所示瓦屋面工程量。已知屋面坡度高跨比为 1/4（$\theta=26°34'$）。

【解】 计算如下：查表 4-40，屋面延尺系数 $C=1.118$

则工程量 $S_{瓦}=(S_{屋}+L_{外}\times 檐宽+4\times 檐宽\times 檐宽)\times 延尺系数$

$=[(32\times 14)+(2\times 32+2\times 14)\times 0.5+4\times 0.5^2]\times 1.118$

$=553.41m^2$

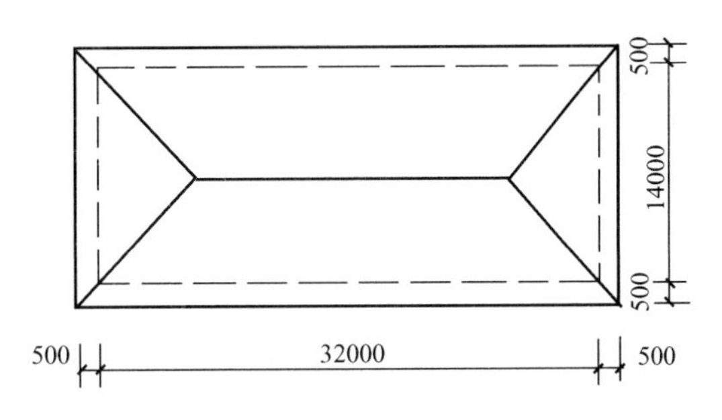

图 4-106 瓦屋面平面图

【例 4-32】 计算如图 4-107、图 4-108 所示屋面工程（刚性屋面，$\delta=40mm$，C20 细石

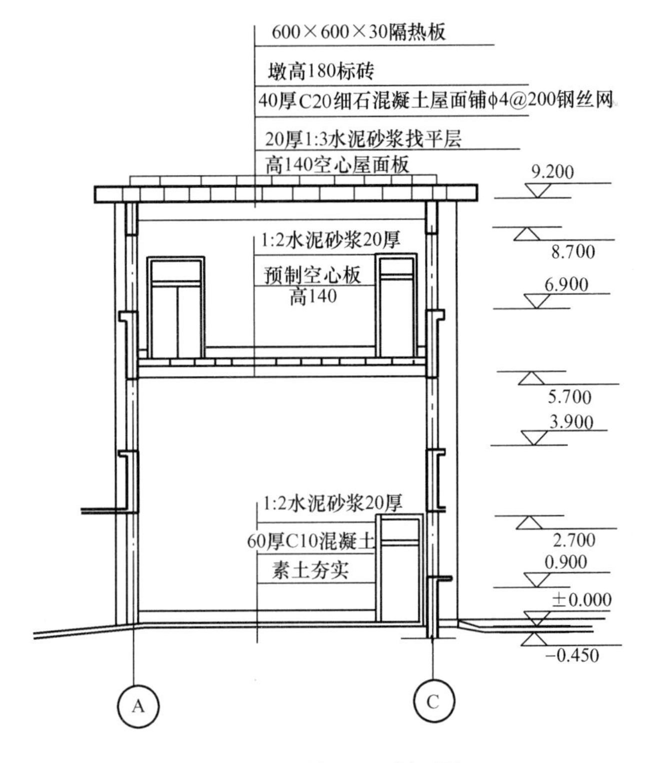

图 4-107 屋面 1-1 剖面图

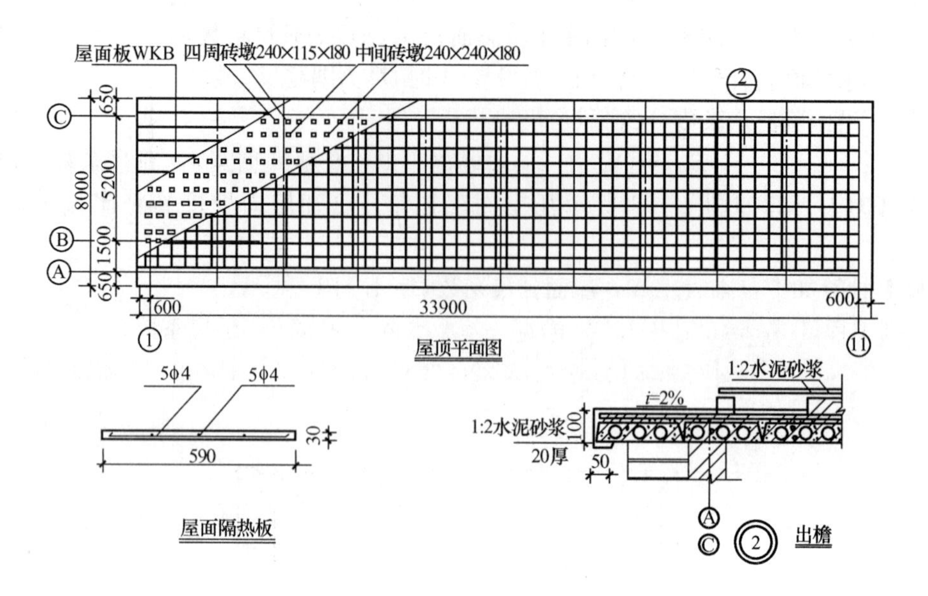

图 4-108 屋顶平面图

混凝土，内设Φ4@200）方格网筋，钢筋混凝土板上做1∶3水泥砂浆找平层，$\delta=20$mm，屋面为自由排水，预制构件运输15km，计算工程量。

【解】工程量计算如下：

$$S_{刚屋}=\text{屋面长度}\times\text{屋面宽度}=33.90\times 8=271.20\text{m}^2$$

① $\delta=40$mm，C20细石混凝土刚性层271.20m^2 定额：AI0038

② $\delta=20$mm，1∶3水泥砂浆找平层 $S_{找}=S_{刚}=271.20\text{m}^2$ 定额：AH0023

③ Φ4@200钢筋重量：

长度方向钢筋根数 $=8\div 0.2+1=41$ 根

长度方向钢筋长度 $33\times 41=1353$m

宽度方向钢筋根数 $=33\div 0.2+1=166$ 根

宽度方向钢筋长度 $=8\times 166=1328$m

钢筋重量 $=(1353+1328)\times 0.098=262.74$kg 定额:AE0297

④ C20钢筋混凝土预制隔热板：

块数 $=[(33.9-2\times 0.6)\times(8-2\times 0.6)]\div 0.59^2$

$=32.70\times 6.8\div 0.3481=639$ 块

C20钢筋混凝土预制隔热板制作 $639\times 0.59^2\times 0.03\times 1.015=6.673\times 1.015$

$=6.773\text{m}^3$ 定额：AE0195

C20钢筋混凝土预制隔热板运输（15km）$6.673\times 1.013=6.760\text{m}^3$

定额：AE0287+AE0288×14

C20钢筋混凝土预制隔热板安装 $6.673\times 1.005=6.706\text{m}^3$ 定额：AE0284

预制隔热板配筋：$\delta<100$mm时，板保护层厚度为10mm，

则每块板配筋长度 $=590-2\times 10+12.5\times 4=620$mm

$639\times 5\times 2\times 0.62\times 0.098=388.26$kg 定额:AE0297

⑤ 架空隔热板砖墩：

A. 四周砖墩个数＝(隔热板排数＋行数)×2

＝[(8－1.2)÷0.59＋(33.9－1.2)÷0.59]×2

＝(11＋55)×2＝132 个

四周砖墩体积＝132×0.24×0.115×0.18＝0.656m^3

B. 中间砖墩个数＝(隔热板排数－1)×(隔热板行数－1)

＝(11－1)×(55－1)＝540 个

中间砖墩体积＝540×0.24×0.24×0.18＝5.60m^3

砖墩总体积＝0.656＋5.60＝6.256m^3　定额：AD0037

【例 4-33】某工程 SBS 改性沥青卷材防水屋面平面、剖面图如图 4-109 所示，其自结构层由下向上的做法为：钢筋混凝土板上用 1∶12 水泥珍珠岩找坡，坡度 2%，最薄处 60mm；保温隔热层上 1∶3 水泥砂浆找平层反边高 300mm，在找平层上刷冷底子油，加热烤铺，贴 3mm 厚 SBS 改性沥青防水卷材一道（反边高 300mm），在防水卷材上抹 1∶2.5水泥砂浆找平层（反边高 300mm）。求相应工程量。

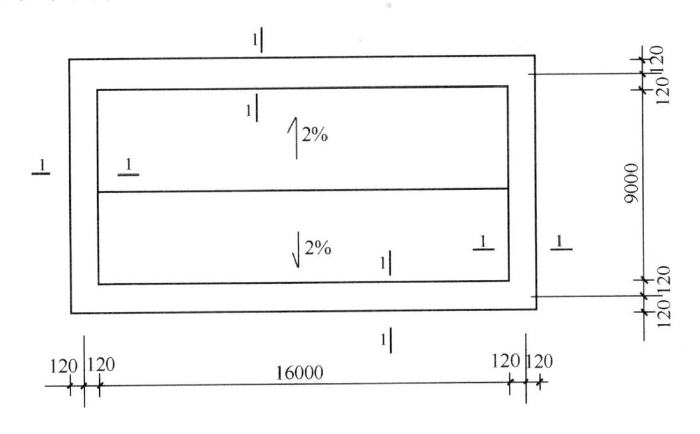

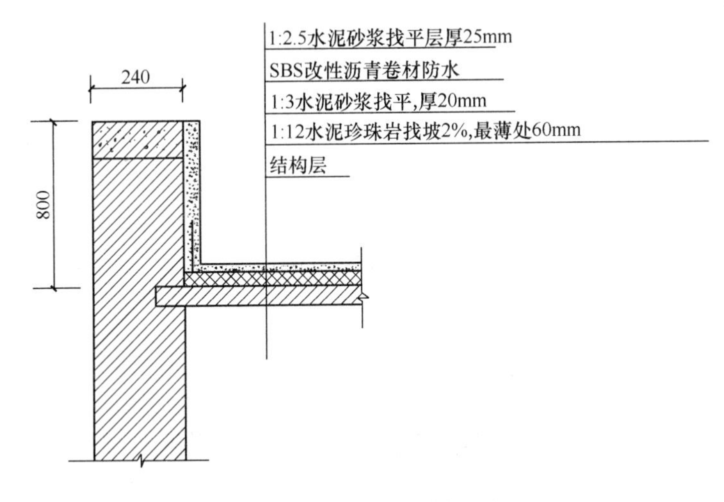

图 4-109　卷材屋面平、剖面图

【解】清单工程量计算表见表 4-42，分部分项工程和单价措施项目清单与计价表见表 4-43。

清单工程量计算表 **表 4-42**

工程名称：某工程

序号	清单项目编码	清单项目名称	计算式	工程量合计	计量单位
1	011001001001	屋面保温	$S=16\times9$	144	m^2
2	010902001001	屋面卷材防水	$S=16\times9+(16+9)\times2\times0.3$	159	m^2
3	011101006001	屋面找平层	$S=16\times9+(16+9)\times2\times0.3$	159	m^2

分部分项工程和单价措施项目清单与计价表 **表 4-43**

工程名称：某工程

序号	项目编码	项目名称	项目特征描述	计量单位	工程量	综合单价	合价
1	011001001001	屋面保温	1. 材料品种：1∶12 水泥珍珠岩 2. 保温厚度：最薄处 60mm	m^2	144		
2	010902001001	屋面卷材防水	1. 卷材品种、规格、厚度：3mm 厚 SBS 改性沥青防水卷材 2. 防水层数：一道 3. 防水层做法：卷材底刷冷底子油、加热烤铺	m^2	159		
3	011101006001	屋面找平层	找平层厚度、砂浆配合比：20mm 厚 1∶3 水泥砂浆找平层(防水底层)、25mm 厚 1∶2.5 水泥砂浆找平层(防水面层)	m^2	159		

（5）几种屋面常见的做法

屋面的构造层次非常多，在列项时，务必对图纸和设计、施工规范等知识进行较详细的了解，以便熟知相关内容，正确结合计量知识加以运用。

1）刚性层：采用现浇细石混凝土做屋面防水层，称刚性防水屋面，是为提高刚性防水层的抗裂性能，通常配筋细石混凝土防水层的厚度不小于 40mm，并配置Φ 4～Φ 6、间距 100～200mm 的双向钢筋网片，钢筋网片在分格缝处应断开，保护层不小于 10mm。刚性防水主要适用于防水等级为Ⅲ级的屋面防水，亦适用于Ⅰ、Ⅱ级屋面多道防水设防中的一道防水层；刚性防水层不适用于受较大振动或冲击的建筑屋面。

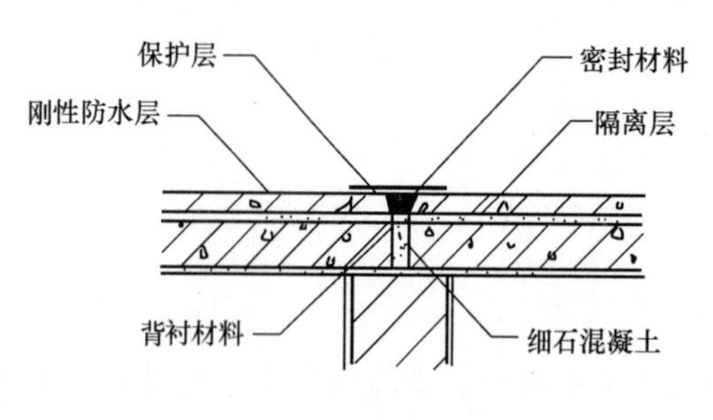

图 4-110　屋面分格缝做法

2）刚性防水层应设置分格缝，分格缝内应嵌填密封材料，其屋面分格缝的做法如图 4-110 所示。屋面泛水的做法如图 4-111 所示：刚性防水层与山墙、女儿墙交接处，应留宽 30mm 的缝隙，并采用密封材料嵌填，泛水处应铺设卷材或涂膜附加层。

3）变形缝通常出现在屋面、檐沟、楼地面、内外墙面、顶棚及吊顶等处。建筑材料上可根据构造要求采用橡胶、铝合金、不锈钢甚至黄铜等材料。屋面、檐沟或楼面等盖缝处亦多使用24号镀锌薄钢板。檐沟变形缝的做法如图4-112、图4-113所示。如图4-114所示为屋面泛水、天沟、压顶构造大样图。如图4-115、图4-116所示为屋面排水铸铁雨水斗平、剖面图及其立面图图形。

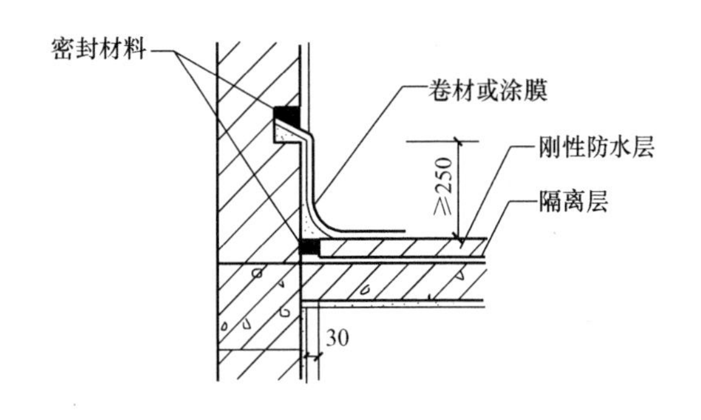

图4-111 屋面泛水做法

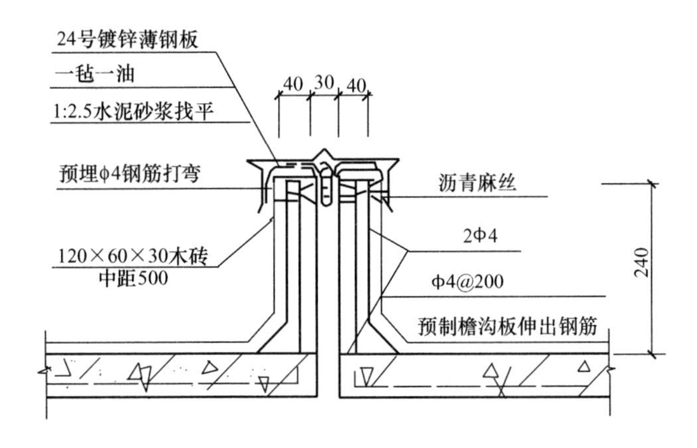

图4-112 檐沟变形缝做法

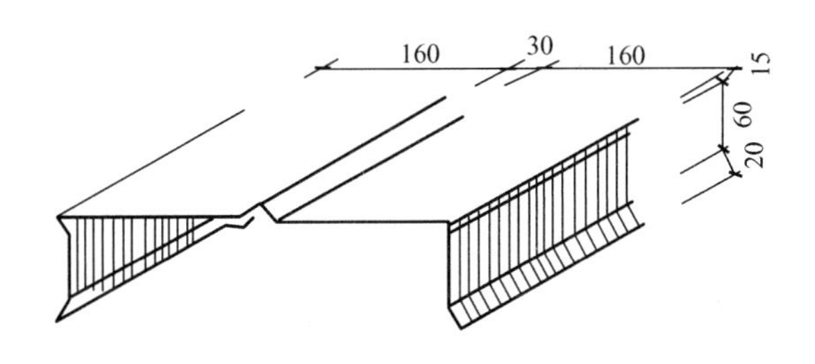

图4-113 24号镀锌薄钢板盖缝板

10. 抹灰工程计量

（1）分类

抹灰工程根据建筑材料、施工方法、工程部位和配合比，主要划分为墙、柱面和天棚抹灰。随着专业化的分工越来越细，不断深入，人们将抹灰分为普通抹灰和装饰抹灰，本节介绍的是普通抹灰，装饰抹灰将在装饰工程中介绍。

（2）常列主要项目

墙面墙裙石灰砂浆底、纸筋灰浆面、独立柱面石灰砂浆、毛石墙面石灰砂浆、石灰砂浆装饰线条、墙面墙裙水泥砂浆、水泥砂浆装饰线条、独立柱面水泥砂浆、墙面墙裙混合

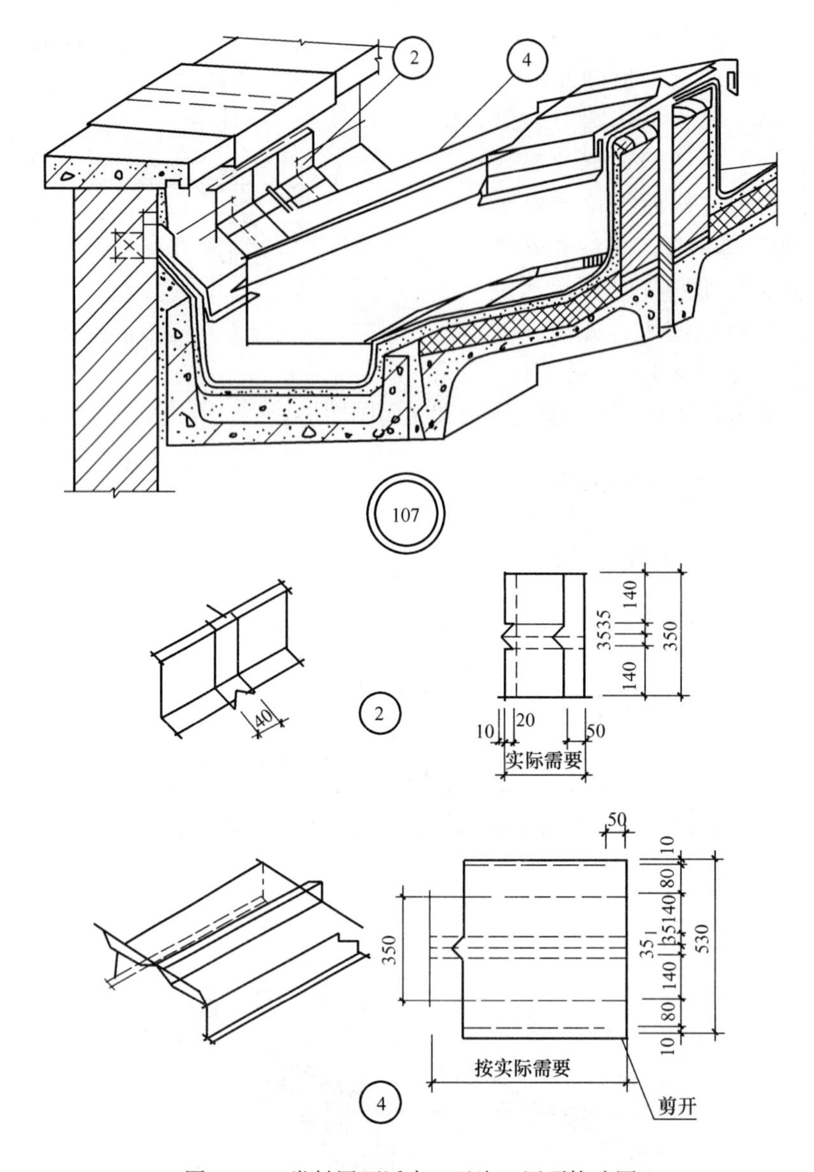

图 4-114 卷材屋面泛水、天沟、压顶构造图

砂浆、混合砂浆装饰线条、独立柱面混合砂浆、石膏砂浆、石膏砂浆装饰线条、搓砂墙面、水刷石墙面、天棚抹灰（混合砂浆、水泥砂浆、勾缝、三或五道装饰线）等分部分项工程项目。

（3）计量注意与综合知识

1）若砂浆种类、配合比与设计有别，可调整，人工不变。

2）抹灰项目 δ 为“底＋中＋面（层）厚度”，同类砂浆为总厚度。

3）3.6m 以下简易操作脚手架的搭设定额已经包含。

4）护角工料不单列。

5）圆、弧形墙面抹灰，套相应定额×1.15 系数。

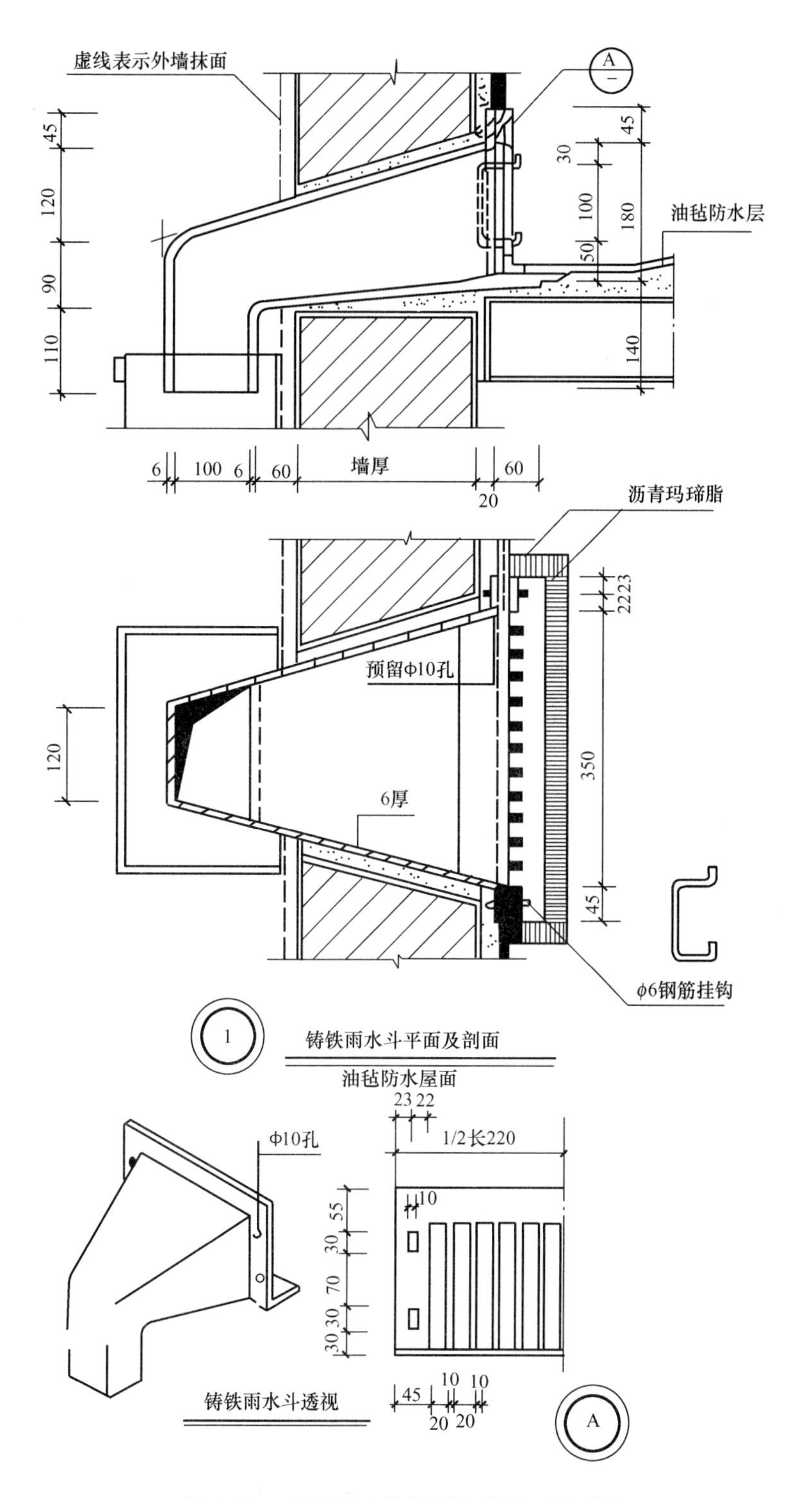

图 4-115 屋面排水铸铁雨水斗平、剖面图

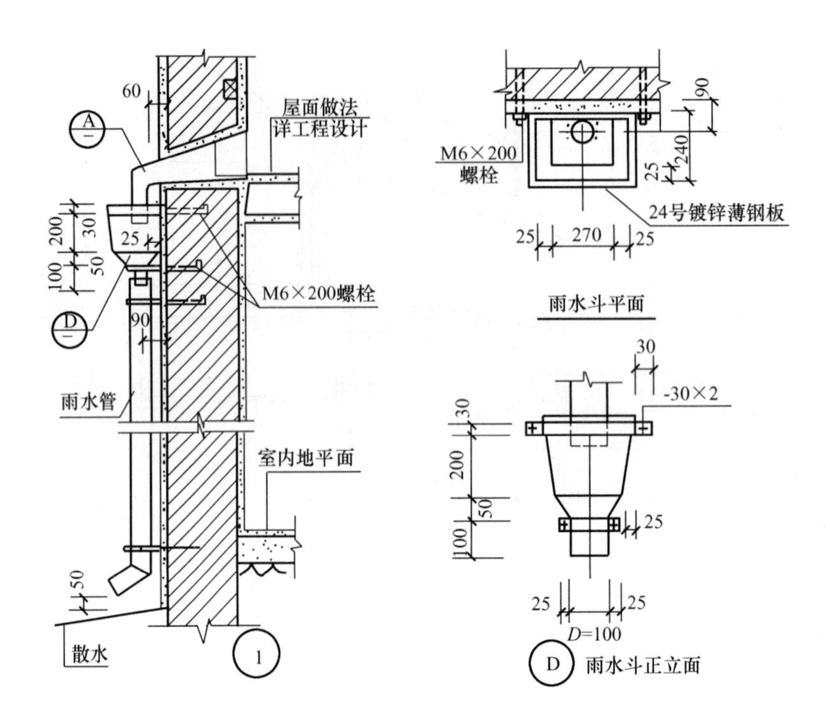

图 4-116 屋面排水铸铁雨水斗及雨水管立面图

6）“零星项目”抹灰适于：各种壁柜、碗柜、池槽、暖气壁龛、过人洞、花台和 1m^2 内的抹灰、展开宽度在 300mm 以上的线条抹灰。

7）“装饰线条”项目适于：挑檐线、腰线、窗台线、门窗套、压顶、遮阳板、天沟、压顶、栏杆、扶手等。

8）装饰工程的块料面层、墙柱面装饰、除抹灰面层以外的其他天棚装饰、油漆涂料裱糊，可按装饰工程消耗量定额相应项目计量。

9）使用要求分：普通抹灰，一遍底层，一遍中层，一遍面层，三遍成活，δ 在 20mm 内；高级抹灰，二遍底层，一遍中层，一遍面层，四遍成活，δ 在 25mm 内。

（4）计算规则与计算式

1）抹灰工程按设计结构尺寸以 m^2 计量；

2）内墙和内墙裙面抹灰，要扣除门窗洞口和空圈所占面积，不扣除踢脚板、挂镜线、0.3m^2 内孔洞和墙与梁头交接处的面积，但门窗洞口、空圈侧壁等不增加。墙垛和附墙烟囱侧壁面积与内墙抹灰工程量合并计量。

3）内墙抹灰长度（$L_{内}$）：以墙与墙间的图示净尺寸计算。

4）内墙高度 H
- ① 无墙裙，按室内地面或楼面至天棚底计算。
- ② 有墙裙，按墙裙顶至天棚底计算。
- ③ 有吊顶天棚的内墙抹灰，按室内地面或楼面至天棚底面再加 100mm 计量。

5）外墙抹灰长度：按 $L_{外}$ 计量。

6）外墙抹灰高度：

① 有挑檐时，算至挑檐下皮，如图 4-117(a)所示。

② 无挑檐时，算至压顶下皮，如图 4-117(b)所示。

③ 坡屋顶带檐口天棚时，算至檐口天棚下皮，如图 4-117(c)所示。

④ 坡屋顶无檐口天棚时，算至屋面板下皮，如图 4-117(d)所示。

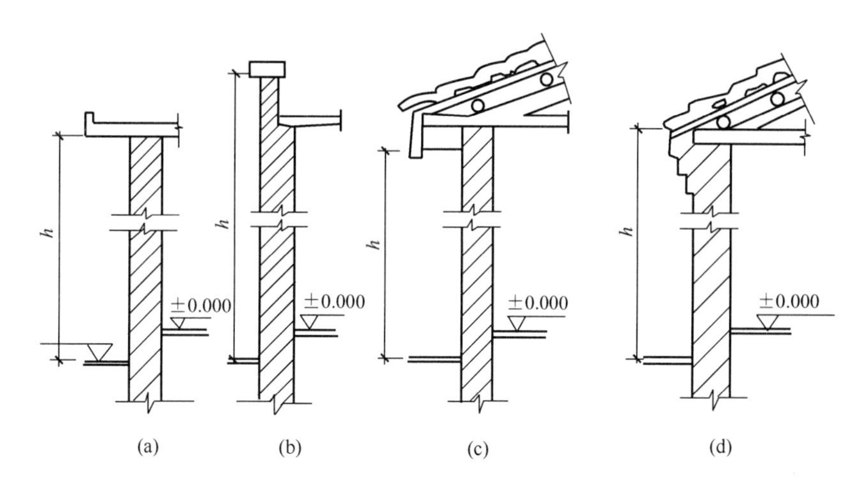

图 4-117　外墙抹灰高度

（a）有挑檐；（b）无挑檐；（c）有檐口天棚；（d）无檐口天棚

7）外墙面抹灰面积，应扣除门窗洞口、空圈和 0.3m^2 以上孔洞面积。门窗洞口、空圈侧壁顶面、墙垛、附墙烟囱侧壁面积与外墙抹灰工程量合并，以“m^2”计量。

8）外墙裙抹灰面积，应扣除门窗洞口、空圈和 0.3m^2 以上孔洞面积。墙垛、附墙烟囱侧壁面积与外墙裙工程量合并，以“m^2”计量。

9）抹灰零星项目按展开面积以“m^2”计量；

10）单独外窗台抹灰长度，按窗洞口宽两边共加 200mm 计量；

11）天棚抹灰工程量按净面积以“m^2”计量，不扣间壁墙、柱、垛、附墙烟囱、管道孔、检查口及窗帘盒所占面积。槽形板底、有梁板底、密肋板底、井字梁板底抹灰、梁肋按展开面积计算，并入天棚抹灰工程量中，檐口天棚抹灰亦并入其中。

12）阳台底面抹灰按水平投影面积以“m^2”计量，并入相应天棚抹灰工程量中，阳台若带悬臂梁，工程量乘以系数 1.30。

13）雨篷底面或顶面抹灰分别按水平投影面积以“m^2”计量，并入相应天棚抹灰工程量中，雨篷顶面带反梁时，底面带悬臂梁的，其顶面和底面工程量乘以系数 1.20，如图 4-82 所示。

14）楼梯底面抹灰工程量（含休息平台）按水平投影面积以“m^2”计量，斜平顶的乘以系数 1.1，锯齿形顶乘以系数 1.5，并入相应天棚抹灰工程量中。

15）装饰线条抹灰按延长米计量，如图 4-118 示。

抹灰一般计算公式如下：

$$S_{内墙抹} = L_{内} \times H_{内墙} - (\text{门窗洞及 } 0.3\text{m}^2 \text{ 以上孔洞面积} + \text{空圈面积}) + S_{垛} - S_{内墙裙} \tag{4-67}$$

$$S_{内墙裙}=L_{内墙裙}\times H_{内墙裙} \tag{4-68}$$

$$S_{外}=L_{外}\times H_{外}-(门窗洞及0.3m^2以上孔洞面积+空圈面积)+S_{垛、梁、柱侧面} \tag{4-69}$$

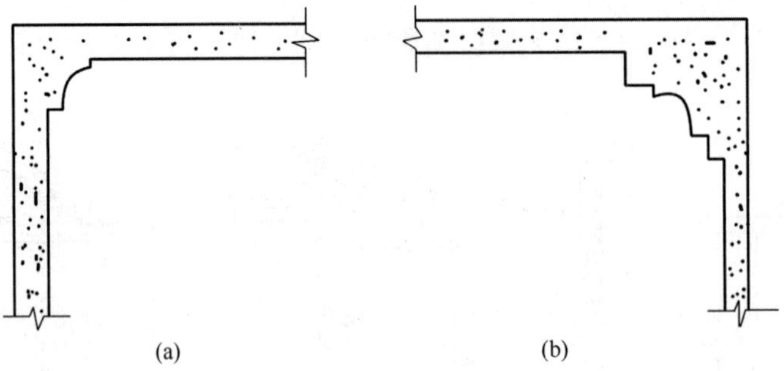

(a)　　(b)

图 4-118　天棚装饰线

(a) 二道线；(b) 三道线

【例 4-34】计算如图 4-119 所示混凝土内墙面、外墙面和天棚抹灰工程量。建筑层高 3.60m，女儿墙高 0.9m，内墙为水泥砂浆抹灰，外墙为水刷石抹灰，天棚为水泥砂浆抹灰，门窗框尺寸见表 4-44。

门窗框尺寸表　　**表 4-44**

门窗代号	尺　寸	备　注	门窗代号	尺　寸	备　注
C1	1800×1800	木	M1	1000×1960	纤维板
C2	1750×1800	铝合金	M2	2000×2400	铝合金
C3	1200×1200	木			

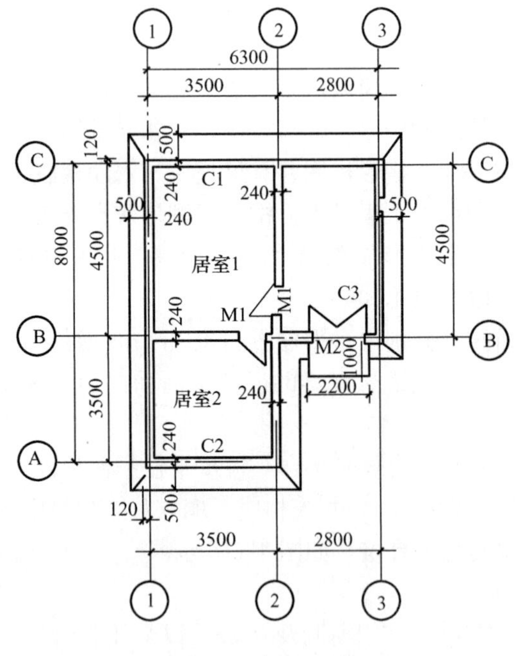

图 4-119　平面图

【解】工程量计量如下：

计算 $L_{内}$、$L_{外}$；

①～②,Ⓑ;Ⓑ～Ⓒ,②

$L_{内}$ =(3.26+4.26)×2+4.26+3.26+2.56+4.26+2.56+3×3.26=41.72m

Ⓐ～Ⓒ;①～③,Ⓒ;Ⓒ～Ⓑ,③;③～②,Ⓑ;Ⓑ～Ⓐ,②

$L_{外}$ =8+6.3+4.5+2.8+2×3.5+8×0.12

=28.60+0.48=29.08m

① 内墙抹水泥砂浆：41.72×(3.6−0.12)=145.19m² 定额：AK0013

② 天棚抹水泥砂浆：3.26×4.26+2.56×4.26+3.26×3.26=35.42m² 定额：AK0054

③ 外墙抹水刷石：29.08×(3.60+0.9)=130.86m² 定额：AK0043

扣除门窗等面积 16.55m²

11. 垂直运输计量

(1) 定额中不计量垂直运输的内容为 3.6m 以内的单层建筑。

(2) 定额中计量垂直运输的内容：

1) 超高人工、机械降效及超高加压水泵台班。

2) 塔式起重机基础及轨道铺拆。

3) 特、大型机械安装、拆卸
- ① 自升式塔吊以塔高 45m 为界，超过 45m，每增高 10m，安拆定额项目增加 20%；
- ② 安拆台班中已含机械安装完毕后的试运转台班，不另计算。

4) 特、大型机械场外运输
- ① 机械场外运输按 25km 运距考虑；
- ② 机械场外运输已综合考虑了机械施工结束后回程台班，不另计算；
- ③ 自升式塔吊以塔高 45m 为界，超过 45m，每增高 10m，场外运输定额项目增加 10%。

(3) 计算规则："按建筑面积计算规则"计量（区别檐口高度）。

1) 超高人工、机械降效费
- ① 计量条件：檐口高大于 20m；
- ② 计量方法：按规定内容全部人工费以定额规定系数计算；
- ③ 计量实例：见【例 4-35】。

2) 超高加压水泵台班：同 1)，计量实例见【例 4-36】。

【例 4-35】某工程人工费为 25 万元，檐高 30m，试计算人工降效费。

【解】人工降效费=250000×3.33%=8250 元 定额：AL0029

【例 4-36】某工程建筑面积 40000m²，檐高 40m，试计算加压水泵台班数。

【解】加压水泵台班数=40000×1.57（台班/100 m²）=628 台班 定额：AL0043

12. 装饰工程计量

装饰工程项目，在套用地方装饰工程消耗量定额时，可同 GB 50500—2013 附录 B 装饰工程工程量计算规则结合使用。

装饰工程分部通常有楼地面工程、墙柱面工程、天棚工程、门窗工程、油漆和涂料以及裱糊工程、其他工程以及装饰装修脚手架、垂直运输和超高增加费等分部。现以某市现行装饰工程消耗量定额为依据，对上述分部进行介绍。

（1）楼地面工程

楼地面工程中的主要构成部分为块料面层饰面以及楼梯栏杆、栏板、扶手等。块料饰面包括大理石、花岗石楼地面、陶瓷地砖、玻璃地砖、缸砖、陶瓷锦砖、木地板、防静电活动地板地毯等项目；楼梯防护部分有铝合金或钢栏杆（栏板）、硬木或大理石扶手、金属分格嵌条、金属（金刚砂）防滑条等项目。楼地面垫层按 m^3 计量，查套建筑工程消耗量定额相应项目；找平层、结合层、面层的工程量计算规则同建筑工程楼地面的计算，并套用建筑工程相应项目，但块料面层套用装饰工程楼地面工程分部相应项目。楼梯栏杆按 m 计量，并查套装饰工程楼地面工程相应项目。分隔嵌条以及防滑条工程量按 m 计量，查套装饰工程楼地面工程相应项目。踢脚线（板）按 m^2 计量，成品踢脚线按实贴延长米计量，查套装饰工程楼地面工程相应项目。

在本分部工程中的零星项目主要适于楼梯侧面、台阶的牵边、小便池、蹲台、池槽以及面积在 $1m^2$ 以内且定额没有列出的项目。如果遇到螺旋式楼梯的楼地面装饰项目，其人工、机械以及块料可乘以相应系数。

【例 4-37】计量如图 4-120 所示花岗石台阶面层的工程量（水泥砂浆粘结）。

【解】根据计算规则规定，台阶面层（包括踏步及最上一层踏步沿 300mm）按水平投影面积计算。

花岗石台阶面层＝台阶中心线长度×台阶宽

$$=[(0.30\times2+2.1)+(0.30+1.0)\times2]\times(0.30\times2)$$

$$=5.30\times0.60=3.18m^2$$ 定额：BA0032

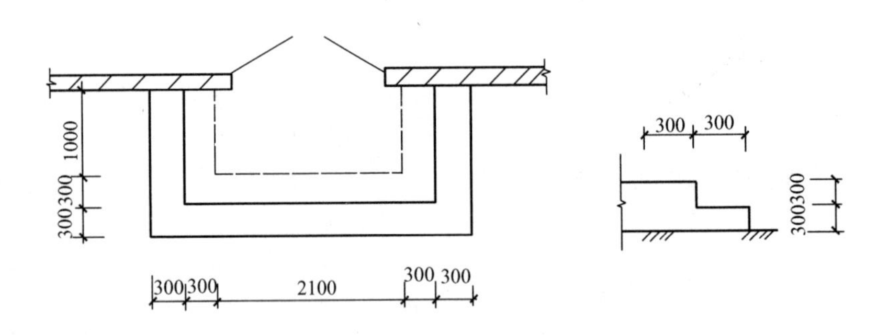

图 4-120 花岗石台阶示意图

（2）墙柱面工程

墙柱面工程根据饰面材料和龙骨类型，可分为：水刷石、干粘石、斩假石，块料面层又分大理石、花岗石、陶瓷锦砖、面砖，龙骨墙面有轻钢龙骨墙面、木龙骨墙面等项目。面层的工程量计算规则同建筑工程抹灰工程中相应项目的规定基本相同，多按“m^2”计量，只是套用装饰工程墙柱面工程的相应项目。柱（梁）饰面，按设计图示饰面外围尺寸以相应面积计量。隔断按设计图示框外围尺寸以面积计量，扣除单个 $0.3m^2$ 以上的孔洞所占面积；浴厕门的材质与隔断相同时，门的面积并入隔断面积内。与幕墙同材质的窗所占面积不扣除。全玻幕墙按设计图示尺寸以面积计量。带肋全玻幕墙按展开尺寸以面积计量；玻璃幕墙、铝板幕墙等以框外围面积计量。装饰抹灰分格、嵌缝按装饰抹灰面积计量。

【例 4-38】计量如图 4-121 所示室内某一墙面大理石墙裙和木龙骨（断面 7.5cm^{2}内，平均中距 40cm）、木工板基层、榉木板面层的工程量。

【解】① 大理石墙裙 $S_{大}=(5.80-0.9)\times0.8=3.92\text{m}^2$　定额：BB0031

② 木龙骨基层 $S_{龙骨}=5.80\times1.85-(2.0-0.15-0.8)\times0.9=9.79\text{m}^2$　定额：BB0129

③ 木工板基层 $S_{基}=5.80\times1.85-(2.0-0.15-0.8)\times0.9=9.79\text{m}^2$　定额：BB0152

④ 榉木板面层 $S_{榉}=9.79\text{m}^2$　定额：BB0174

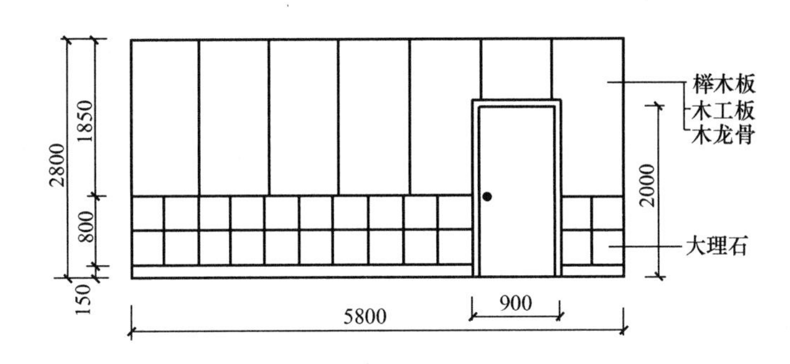

图 4-121　墙裙装饰示意图

（3）天棚工程

天棚工程，根据不同材料和构造可分为天棚龙骨和天棚饰面两大部分。吊顶龙骨根据材料不同可分为木龙骨、轻钢龙骨、铝合金龙骨。如图 4-122 所示为木龙骨的连接构造示意图，如图 4-123 所示为铝合金龙骨的连接示意图。

天棚基层材料多为胶合板、石膏板等。天棚面层材料多为胶合板、石膏板和金属板

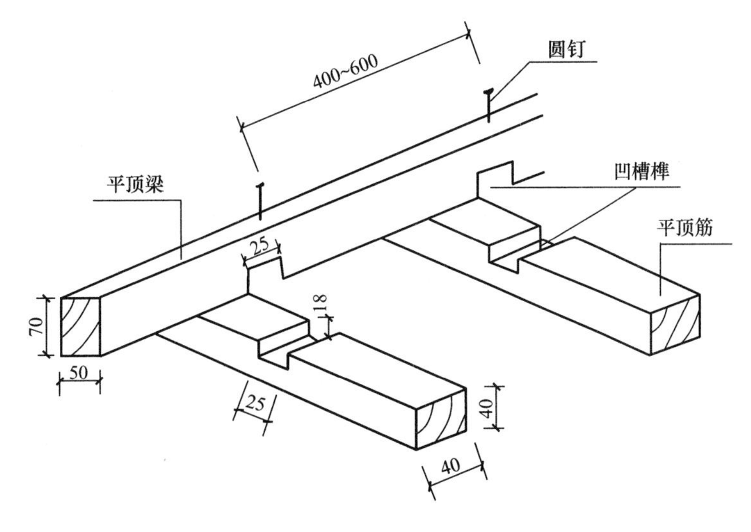

图 4-122　木龙骨的连接构造示意图

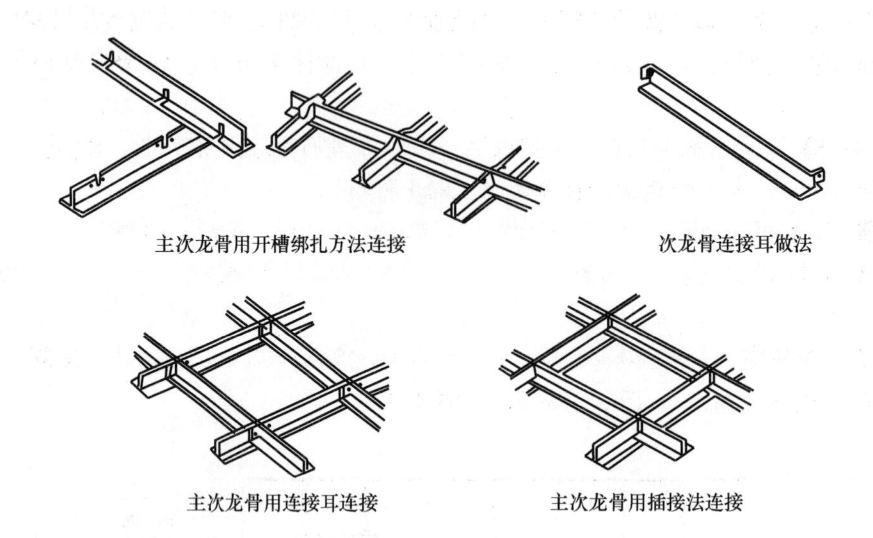

图 4-123 铝合金龙骨的连接

材等。天棚龙骨、基层、面层应根据不同设计材料分别列项。各种吊顶天棚龙骨按主墙间净面积计量，不扣除间壁墙、检查洞、附墙烟囱、柱、垛和管道所占面积；天棚基层按照展开面积计量；天棚装饰面层，按照主墙间实钉（胶）面积以 m^2 计量；保温层按实铺面积计量；网架按水平投影面积计量；灯光槽按延长米计量；嵌缝按延长米计量。

【例 4-39】 计量如图 4-124 所示某饭店大厅天棚装饰工程量。

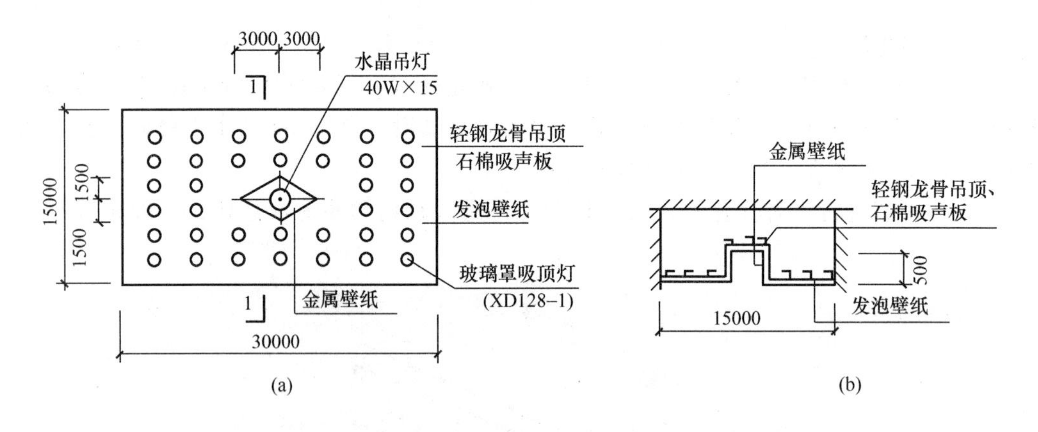

图 4-124 天棚平面、剖面图

(a) 天棚平面图；(b) 1-1 剖面图

【解】 ① 轻钢龙骨工程量 $S_{龙骨}=30.0\times15.0=450m^2(300\times300)$ 定额：BC0021

② 轻钢龙骨及石棉吸声板面层工程量 $S_{吸声}=30.0\times15.0=450m^2$ 定额：BC0112

③ 金属壁纸工程量 $S_{壁纸}=1/2\times3.0\times3.0\times2+4\times(\sqrt{3^2+1.5^2})\times0.5$ 定额：BE0301(对花)

$=9+2\times3.354=15.708m^2$

④ 贴发泡壁纸工程量 $S_{壁纸}=30.0\times15.0-1/2\times3\times3\times2=441m^2$ 定额：BE0301(对花)

（4）门窗工程

门窗工程中，铝合金门窗、塑钢门窗按安装洞口尺寸以 m^2 计量；卷闸门按实际设计尺寸计量；防盗门、防盗窗、不锈钢格栅门按框外围面积以 m^2 计量；木门窗套、不锈钢包门框工程量按展开面积以 m^2 计量；门窗贴脸按延长米计量；木门扇、木门扇包金属面及软包面的工程量，均以木门扇单面外围面积以 m^2 计量；窗台板按实铺面积计量；窗帘轨、窗帘盒、挂衣板、挂镜线等按延长米计量。

（5）油漆、涂料、裱糊工程

该分部工程主要有木材面油漆、金属面油漆和抹灰面油漆。涂料可按照刷涂部位分天棚、墙面、柱面、梁面刷涂料等项目。喷塑可按照压花点的大小分大压花、中压花和喷中点、幼点等项目。裱糊可按照对花、不对花以及墙面、柱面、天棚等不同部位和所用材料划分项目。

楼地面、天棚、墙面、柱面、梁面的油漆、涂料、裱糊工程量可按照表 4-45 所规定的计算规则乘以相应系数计量；木材面的油漆工程量可按照表 4-46 规定计量；木门窗油漆工程量可按照表 4-47 规定计量；执行木扶手定额项目油漆工程量可按照表 4-48 规定计量；其余参见当地装饰工程定额本分部工程量计算规则规定计量。

抹灰面油漆、涂料、裱糊　　表 4-45

项目名称	系　数	工程量计算方法
混凝土楼梯底（板式）	1.15	水平投影面积
混凝土楼梯底（梁式）	1.00	展开面积
混凝土花格窗、栏杆花饰	1.82	单面外围面积
楼地面、天棚、墙、柱、梁面	1.00	展开面积

木材面油漆　　表 4-46

项目名称	系数	工程量计算方法
木板、纤维板、胶合板天棚	1.00	长×宽
木护墙、木墙裙	1.00	
窗台板、筒子板、盖板、门窗套、踢脚线	1.00	
清水板条天棚、檐口	1.07	
木方格吊顶天棚	1.20	
吸声板墙面、天棚面	0.87	
暖气罩	1.28	
木间壁、木隔断	1.90	单面外围面积
玻璃间壁露明墙筋	1.65	
木栅栏、木栏杆（带扶手）	1.82	
衣柜、壁柜	1.00	按实刷展开面积
零星木装修	1.10	展开面积
梁柱饰面	1.00	展开面积

木门窗油漆　　表 4-47

项目名称	系数	工程量计算方法
单层木门	1.00	按单面洞口面积计算
双层（一玻一纱）木门	1.36	
双层（单裁口）木门	2.00	
单层全玻门	0.83	
木百叶门	1.25	
单层玻璃窗	1.00	
双层（一玻一纱）木窗	1.36	
双层框扇（单裁口）木窗	2.00	
双层框三层（二玻一纱）木窗	2.60	
单层组合窗	0.83	
双层组合窗	1.13	
木百叶窗	1.50	

执行木扶手定额油漆项目　　表 4-48

项目名称	系数	工程量计算方法
木扶手（不带托板）	1.00	按延长米计算
木扶手（带托板）	2.60	
窗帘盒	2.04	
封檐板、顺水板	1.74	
挂衣板、黑板框、单独木线条 100mm 以外	0.52	
挂镜线、窗帘棍、单独木线条 100mm 以外	0.35	

（6）其他工程

本分部工程项目其他工程是指招牌、灯箱基层、美术字、压条以及装饰线、暖气罩、镜面玻璃安装、货架、柜类、拆除以及零星装饰（窗台板、窗帘盒、窗帘轨、窗帘、挂镜线、挂衣板、卫生间内小配件）等分部分项工程项目。平面招牌基层按正立面计量，复杂凹凸造型部分不增减；沿雨篷、檐口或阳台走向的立式招牌基层，按展开面积计算，执行平面招牌复杂型项目；箱式招牌和竖式标箱的基层，按外围体积计量，凸出箱外的灯饰、店徽以及其他艺术装潢等另列项计量；灯箱的面层按展开面积以 m^2 计量；广告牌钢骨架以 t 计量；美术字安装按字的最大外围矩形面积以个计量；压条、装饰线条、不锈钢旗杆、窗帘盒、窗帘轨、挂镜线等按延长米计量；暖气罩（包括脚的高度）按边框外围尺寸以垂直投影面积计量；镜面玻璃安装、盥洗室木镜箱以立面面积计量；卫生间内小配件安装（金属帘子杆、毛巾杆、嵌入式皂盒安装）分别按根或个计量；货架、柜橱以正立面的高（包括脚的高度）乘以宽以 m^2 计量；收银台、试衣间等按个计量；拆除项目的工程量多按面积或长度计量，套相应定额项目。

（7）装饰装修脚手架

本分部工程包括满堂脚手架、外脚手架、内墙面粉饰脚手架、安全过道、封闭式安全笆、斜挑式安全笆、满挂安全网等项目。满堂脚手架的计算方法同建筑工程脚手架工程量计算方法。装饰装修外脚手架，是按外墙外边线长度乘墙高以 m^2 计量；内墙面粉饰脚手架，按内墙面垂直投影面积计量，不扣除门窗洞口的面积；封闭式安全笆按实际封闭的垂直投影面积计量；斜挑式安全笆按实际搭设的斜面面积（长×宽）计量；满挂安全网按实际满挂的垂直投影面积计量。

（8）垂直运输和超高增加费

本分部的计量基本同建筑工程垂直运输分部的规定。装饰装修楼层（包括楼层内所有装饰装修工程量）应区别不同垂直运输高度（单层建筑物为檐口高度）按定额工日分别计量；地下层超过二层或高度超过 3.6m 时，应计算垂直运输费，工程量按照地下层全部面积计量；超高增加费的计量亦然。

复 习 思 考 题

1. 土石方分部工程中，常见的基槽、基坑、平场概念及计算公式有哪些？

2. 什么是三线一面，如何利用，应计算建筑面积的内容有哪些，不应计算建筑面积的内容又有哪些？

3. 砖石分部工程中，常见的计算公式有哪些？试分别用折加高度法和折加面积法计算砖基础大放脚工程量。

4. 试用棱台公式计算混凝土杯形基础。

5. 计算钢筋工程量时，需要注意哪些因素？

6. 现浇构件和预制构件在列项时，需要注意哪些问题？

7. 计算螺旋式楼梯时需要注意哪些问题？

8. 现浇构件模板、预制构件模板和构筑物模板工程量计算是否一样？

9. 加工铁件和预埋件有何区别？

10. 计算楼梯栏杆时，常用哪些计算公式？

11. 小五金和贵重五金的区别在哪里，是否均要列项并套相应定额？

12. 常用的楼地面计算公式有哪些？

13. 屋面刚性防水的常见做法和常列项目有哪些？

14. 屋面工程中构造大样通常出现在哪些部位，列项时应注意哪些问题？

15. 装饰工程主要有哪些分部？

5 工程量清单计价

5.1 推行工程量清单计价的意义与作用

5.1.1 工程量清单计价的概念

工程量清单计价应包括按《建设工程工程量清单计价规范》GB 50500—2013 以及招标文件的规定，完成工程量清单所列项目的全部费用，包括分部分项工程费、措施项目费、其他项目费、规费和税金。其中，分部分项工程费是指完成分部分项工程量所需的实体项目费用。措施项目费是指分部分项工程费以外，为完成工程项目施工，发生于该工程施工准备和施工过程中的技术、生活、安全、环境保护等方面的项目所需费用。其他项目费是指因招标人的特殊要求而发生的与拟建工程有关的其他费用。规费是指按国家法律、法规规定，由省级政府和省级有关权力部门规定必须缴纳或计取的费用。税金是指国家税法规定的应计入建筑安装工程造价内的营业税、城市维护建设税、教育费附加和地方教育附加。工程量清单计价应采用综合单价计价。实行工程量清单计价的建筑工程，鼓励发承包双方采用单价方式确定合同价款。

工程量清单计价包括三个层面的含义：一是招标人根据国家或省级、行业建设主管部门颁发的有关计价依据和办法，以及拟订的招标文件和工程量清单，结合工程具体情况编制的招标工程的最高投标限价（即招标控制价）；二是投标人投标时，根据工程特点并结合自身的施工技术、装备和管理水平，响应招标文件要求所报出的对已标价工程量清单（或项目涉及的工作内容）汇总后标明的总价（即投标报价）；三是发承包双方根据《建设工程施工合同（示范文本）》GF—2013—0201、《建设工程工程量清单计价规范》GB 50500—2013 进行工程量清单合同价款的约定、调整、索赔与现场签证，以及工程竣工结算等活动。有关工程量清单计价的概念示意图如图 5-1 所示。

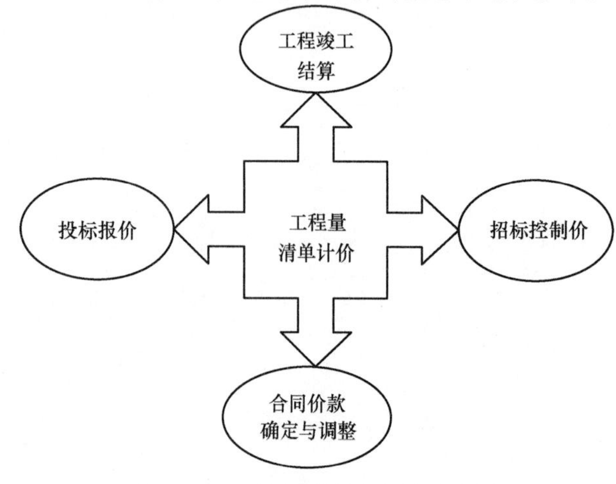

图 5-1 工程量清单计价概念示意图

就狭义层面而言，工程量清单计价是在建设工程招标、投标过程中，招标人依据《建设工程工程量清单计价规范》GB 50500—2013 的规定编制招标控制价，以及投标人按照招标人提供的工程量清单及计价规范的要求编制投标报价。

就广义层面而言，工程量清单计价是工程建设项目在发承包阶段及实施阶段，无论是招标控制价编制、投标报价、合同价款的确定，还是工程完工后进行的竣工结算等工程计价活动，一律实行工程量清单计价模式计价。

5.1.2 工程量清单计价的意义

1. 适应与国际惯例接轨的需要

自从我国加入 WTO 以后，全球经济一体化的趋势促使国内经济更多地融入世界经济中。在建筑业，许多国际资本进一步进入我国工程建筑市场，从而使得我国工程建筑市场竞争日益激烈。改革开放以来，尤其是实施“走出去”发展战略后，我国对外承包工程企业的经营规模、技术含量不断扩大提高。根据美国《工程新闻记录》（ENR）2011 年度国际承包商和全球承包商前 225 强排行榜，我国企业进入国际承包商 225 强的共 51 家。对外承包工程合同金额从 1980 年的 1.85 亿美元增加到 2011 年的 2000 亿美元，年均增长率高达 37.9%。鉴于此，要想顺利进入国际建筑市场，在强大的竞争对手中占有一席之地，必须熟悉其运作规律，以便适应建筑市场行业管理发展趋势，与国际惯例接轨。所以，我国工程造价价格体系发生的剧烈变化以及工程量清单计价模式的实施，是融入国际先进计价模式的需要；是时代发展的需要。工程量清单计价的实行，既是遵循工程造价管理的国际惯例，亦是实现我国工程造价管理改革的终极目标——建立适合社会主义市场经济计价模式的需要。国际工程招标、投标必须采用工程量清单计价形式。

2. 面向建筑市场化和国际化的需要

市场经济的计价模式，简言之，就是国家制定统一的工程量计算规则，在招标时，由招标人提供工程量清单，各投标人依据企业自身实力，按照竞争策略自主报价，业主择优定标，采用工程量清单计价合同文本以确保工程报价法定化。当施工中出现与招标文件或合同规定不符的情况或工程量发生变化时，依据相关技术经济资料据实索赔，调整支付。而这种计价模式，实质上就是一种国际惯例，广东省顺德区早在 2000 年 3 月就已经实施了这种计价模式，它当时的具体内容是“控制量，放开价，由企业自主报价，最终由市场形成价格”。这种竞争相对公平，打破垄断建筑市场的地方保护主义，不允许排斥潜在的投标人。市场化促使工程量清单计价势在必行。

在国际上，工程量清单计价方法是通用的计价规则，是大多数国家所采用的工程计价方式。为适应在建筑行业方面的国际交流，实现国际化，我国在加入 WTO 谈判中，在建设领域方面作了多项承诺，并拟废止部门规章、规范性文件 12 项，拟修订部门规章、规范性文件 6 项。并在适当的时候，允许设立外商投资建筑企业，外商投资建筑企业一经成立，便有权在中国境内承包建筑工程，形成国际性竞争。

3. 降低工程造价和节约投资的需要

对于国有资金和国有控股的投资建设项目，在充分竞争的基础上确定的工程造价，有着相应的合理性，可防止国有资产流失，使投资效益得到最大的发挥，并且也增加了招标、投标的透明度，进一步体现出招标过程中公平、公正、公开的“三公”原则，以防暗箱操作，利于遏制腐败的产生。此外，因为招标的原则是合理低标中价，因此施工企业在投标报价时，就要掌握一个合理的临界点，这就是既要报价最低，又要有一定的利润空间，这就促使施工企业采取一切手段提高自身竞争能力，例如在施工中采用新的工艺技术、新的材料设备和较为先进的管理手段以降低工程成本、增加利润，确保在同行业中保持领先地位。

5.1.3 工程量清单计价的作用

1. 有利于规范建设市场管理行为

虽然工程量清单计价形式上只是要求招标文件中列出工程量表，但在具体计价过程中涉及造价构成、计价依据、评标办法等一系列问题，这些与定额预结算的计价形式有着根本的区别，因而工程量清单计价又是一种全新的计价形式。《计价规范》中工程量清单项目以及计算规则的项目名称表现的是工程实体项目，项目名称明确清晰，工程量计算规则简洁，尤其还列有项目特征和工程内容，这就有利于编制工程量清单时确定其具体项目名称和投标报价。工程量清单计价不仅适应市场定价机制，亦是规范建设市场秩序的治本措施之一。实行工程量清单计价，并将其作为招标文件和合同文件的重要组成部分，可规范招标人、投标人的计价行为，从技术层面上避免在招标投标环节中弄虚作假，从而确保工程价款的合理、及时支付。

2. 有利于工程造价管理机构的职能转变

工程量清单计价模式的实施，促使我国工程造价从业人员转变以往单一的管理方式和业务适应范围，有利于提高造价工程师的素质和促进工程造价管理机构的职能转变，有助于转变工程造价管理机构的管理思路和管理模式，进而全面提高我国工程造价行业的管理水平。

3. 有利于控制建设项目投资

采用施工图预算方式，业主对因设计变更、工程量增减因素所引起的工程造价变化通常不太敏感，往往等到竣工结算时才知道这些变更对项目投资的影响有多大，但此时常常是为时已晚。而采用工程量清单计价方式则可对投资变化一目了然，当要进行设计变更时，即可测算其对工程造价的影响，因而业主就能根据投资情况做出正确的决策，从而有利于合理利用建设资源和有效控制建设投资。

4. 为不同投标人提供平等的竞争条件

采用施工图预算方式来投标报价，由于设计图纸的缺陷，不同施工企业的人员理解不一致，计算出的工程量也不同，不同施工企业的投标报价就更是相去甚远，也容易引起纠纷。而工程量清单报价就为投标人提供了一个平等竞争的条件，即按照相同的工程量，由企业根据自身的实力来填报不同的综合单价。投标人的这种自主报价，可使其技术实力和自身优势体现到投标报价中，进而在一定程度上规范建筑市场秩序、确保工程质量安全。

5. 有利于工程款的拨付和工程造价的最终结算

中标后，业主要与中标单位签订施工合同，中标价就是确定合同价的基础，已标价工程量清单上的单价就构成了拨付工程款的依据。业主根据施工企业完成的工程量，可以较为容易地计算工程进度款的拨付数额。工程竣工后，根据设计变更、工程量增减等，业主也能够较为容易地确定出工程最终造价，从而在一定程度上可以有效减少业主和施工单位之间的纠纷。

5.1.4 工程量清单计价特点

1. 统一性

工程量清单计价，全国统一采用综合单价形式。工程量清单计价在我国作为一种全新的计价模式，较之于传统定额计价方法，其综合单价内容有相当大的不同。其综合单价中包含了人工费、材料费、施工机具使用费、企业管理费和利润。如此综合后，工程量清单计价更为简洁，更易于适应工程招标投标行业发展的现实需要。

2. 规范性

工程量清单计价要求招标人、投标人根据市场行情和自身实力编制招标控制价或投标报价。通过采用工程量清单计价方式，有助于约束发包人、承包人的建筑市场行为。对于使用国有资金投资建设工程的发包人、承包人而言，工程量清单计价规则和工程量清单计价方法的规范性效力是强制性的，发包人、承包人双方必须严格遵循。这种强制性具体表现在：全部使用国有资金或以国有资金投资为主的大、中型建设工程应按照《计价规范》执行；并且明确了工程量清单是招标文件的组成部分；此外，规定了招标人在编制工程量清单时应在项目编码、项目名称、计量单位、工程量计算规则方面做到“四个统一”；同时，工程量清单的计价过程需要按照规定的标准格式。

3. 法令性

工程量清单计价具有合同化的法定性。从其统一性和规范性均反映出其法制特征。许多发达国家的经验表明，合同管理在市场机制运行中作用非常重大。通过竞争形成的工程造价，以合同形式确定，合同约束双方在履约过程中的具体行为（例如工程造价的计价行为）要受到法律保护，不得任意更改，如果违反了规则，将受到法律质疑或制裁。

4. 竞争性

工程量清单中的措施项目，在工程量清单中只列“措施项目”一栏，具体采用什么措施，如模板、脚手架、临时设施、施工排水等详细内容由投标人根据本企业的施工组织设计，视具体情况报价，为投标人留有相应的竞争空间；此外，工程量清单中人工、材料和施工机械没有具体的消耗量，而将工程消耗量定额中的工、料、机价格和利润、管理费全面放开，由市场供求关系自行确定价格。投标企业可依据企业定额和市场价格信息，亦可参照建设行政主管部门发布的社会平均消耗量定额进行报价，这就充分体现了施工企业自主报价的竞争性特征。

5.1.5 工程量清单计价与传统定额计价的区别

1. 计价形式不同

两种计价方式的区别之一首先体现在单位工程造价的构成形式方面，从第3章内容中可看出工程量清单计价与传统定额计价在工程造价构成上是存在着相当大的差异的。按定额计价时单位工程造价由直接工程费、间接费、利润、税金构成，计价时先计算直接费，再以直接费（或其中的人工费）为基数计算出间接费用、利润、税金等各项费用，汇总为单位工程造价。工程量清单计价时，造价由分部分项工程费（$=\sum$清单工程量×项目综合单价）、措施项目费、其他项目费、规费、税金五部分构成，作这种划分的考虑是将施工过程中的实体性消耗和措施性消耗分开，对于措施性消耗费用只列出项目名称，由投标人根据招标文件要求和施工现场情况、施工方案自行确定，从而体现出以施工方案为基础的造价竞争；对于实体性消耗费用，则列出具体的工程数量，投标人要报出每个清单项目的综合单价，以便在投标中比较。

2. 分项工程单价构成不同

按照传统定额计价规定，分项工程单价属于工料机单价，只包括人工、材料、机械费用。而工程量清单计价中分项工程单价一般为综合单价，除了人工、材料、机械费，还包含企业管理费、利润和相应的风险金等。实行综合单价有利于工程价款的支付、工程造价的调整及其工程结算，同时避免了因为“取费”不同而产生的纠纷。综合单价中的人工费、材料费及施工机具使用费、企业管理费、利润等由投标人根据本企业实际支出及利润预期、投标策略确定，是施工企业实际成本费用的反映，是工程的个别价格。综合单价的报价是诸多个别计价、市场竞争的过程。

3. 单位工程项目划分不同

按定额计价的工程项目划分即预算定额中的项目划分，一般土建定额有几千个项目，其划分原则是按工程的不同部位、不同材料、不同工艺、不同施工机械、不同施工方法和材料规格型号进行划分，且十分详细。工程量清单计价的工程项目划分较之定额项目的划分有较大的综合性，例如，《房屋建筑与装饰工程工程量计算规范》GB 50854—2013 中的分部分项工程的项目划分，主要考虑了工程部位、材料、工艺特征因素，但不考虑具体的施工方法或措施，如人工或材料、施工机具的不同型号等。同时，对于同一项目不再按阶段或过程分为几项，而是综合在一起，如混凝土分项工程，可将同一项目的搅拌（制作）、运输、振捣、养护等具体施工工序综合为一项；门窗分项工程也可以将制作、运输、安装、刷油、五金等综合到一起，这样就能够减少原来定额对于施工企业工艺方法选择的限制，报价时有更多的自主性。工程量清单中的量应该是综合的工程量，而不是按定额计算的“预算工程量”。综合的量有利于企业自主选择施工方法并以此为基础竞价，也能使企业摆脱对定额的依赖，逐渐建立起企业内部报价以及管理企业定额和企业价格的体系。

4. 计价依据不同

工程量清单计价方式和定额计价方式的最根本区别在于计价依据不同。按定额计价的唯一依据就是定额，而工程量清单计价的主要依据是企业定额，包括企业生产要素消耗量标准、材料价格、施工机械配备及管理状况、各项管理费支出标准等。目前，可能多数企业没有企业定额，但随着工程量清单计价形式的全面推广和清单报价实践的逐渐深化，企业将逐步建立起自身的企业定额和相应的项目单价，当企业都能根据自身状况和市场供求关系报出综合单价时，企业自主报价、市场竞争（通过招投标）定价的计价格局也将形成，这也正是工程量清单计价所要促成的目标。工程量清单计价的本质是要改变政府定价模式，建立起市场形成造价机制，只有计价依据个别化，这一目标才能实现。

5.1.6 工程量清单计价方法

1. 采用综合单价计价方法

为简化计价程序，实现与国际接轨，工程量清单计价采用综合单价的计价方法。综合单价计价是有别于定额（工料机）单价法计价的另一种单价计价方法，应包括完成规定计量单位、合格产品所需的全部费用，考虑我国的现状，综合单价包括除规费、税金以外的全部费用。综合单价不但适用于分部分项工程量清单计价，亦适用于措施项目清单和其他项目清单计价。对于综合单价的编制，各省、自治区、直辖市工程造价管理机构，制定具体办法，统一规定综合单价的计算和编制办法。

分部分项工程量清单计价为不可调整的闭口清单，投标人对招标文件提供的分部分项工程量清单必须逐一计价，对清单列出的内容不允许作任何更改变动。投标人如果认为清单内容有不妥或遗漏，只能通过质疑的方式由清单编制人作统一的修改更正，并将修正后的工程量清单发往所有投标人。分部分项工程量清单的综合单价，不包括招标人自行采购材料的价款。

2.《计价规范》与地方消耗量定额接口

《计价规范》采用项目编码制，如第4章所述，《计价规范》提出了分部分项工程量清单的“四个统一”(即项目编码统一、项目名称统一、计量单位统一、工程量计算规则统一)。因此，分部分项工程量清单必须载明项目编码、项目名称、项目特征、计量单位和工程量。分部分项工程项目清单与计价表必须根据各专业工程计量规范规定的项目编码、项目名称、项目特征、计量单位和工程量计算规则进行编制。

项目编码是分部分项工程和措施项目清单名称的阿拉伯数字标识。分部分项工程量清单项目编码以五级编码设置，用十二位阿拉伯数字表示。一、二、三、四级编码为全国统一，即一至九位应按《计价规范》附录的规定设置；第五级（即第十至十二位）为清单项目编码，应根据拟建工程的工程量清单项目名称设置，不得有重号，这三位清单项目编码由招标人根据招标工程项目的具体情况予以编制，并应自001起顺序编制。

各级编码代表的含义如下：

(1) 第一级表示专业工程代码（分两位）。例如，01表示房屋建筑与装饰工程，02表示仿古建筑工程，03表示通用安装工程，04表示市政工程，05表示园林绿化工程，06表示矿山工程，07表示构筑物工程，08表示城市轨道交通工程，09表示爆破工程。

(2) 第二级表示附录分类顺序码（分两位）。例如，房屋建筑与装饰工程中的01表示土石方工程，02表示地基处理与边坡支护工程，03表示桩基工程，04表示砌筑工程，05表示混凝土及钢筋混凝土工程，06表示金属结构工程，07表示木结构工程，08表示门窗工程，09表示屋面及防水工程，10表示保温、隔热、防腐工程，与前级代码结合表示为0101、0102、0103、0104、0105、0106、0107、0108、0109、0110。

(3) 第三级表示分部工程顺序码（分两位）。例如，混凝土及钢筋混凝土工程中的01表示现浇混凝土基础，02表示现浇混凝土柱，03表示现浇混凝土梁，04表示现浇混凝土墙，05表示现浇混凝土板，06表示现浇混凝土楼梯，加上前面两级代码则分别为010501、010502、010503、010504、010505、010506。

(4) 第四级编码表示分项工程项目名称顺序码（分三位）。例如，现浇混凝土柱又分为矩形柱、构造柱、异形柱三个分项工程，其编码分别为010502001、010502002、010502003。

(5) 第五级编码表示工程量清单项目名称顺序码（分三位）。第五级编码由工程量清单编制人自行编制，从001起开始编码。例如，某多层现浇框架政府办公楼，其现浇混凝土矩形框架柱按照混凝土的强度等级可分为两种，一种是C35的现浇混凝土矩形框架柱（基顶～7.20m标高），另一种是C30的现浇混凝土矩形框架柱（7.20m标高～柱顶）。因此，可以按照现浇混凝土柱的项目特征之一（混凝土强度等级）来进行第五级项目编码，可将C35的现浇混凝土矩形框架柱编为010502001001，C30的现浇混凝土矩形框架柱编为010502001002。

工程量清单项目编码结构如图5-2所示（以房屋建筑与装饰工程为例）。

当同一标段（合同段）的一份工程量清单中含有多个单位工程且工程量清单是以单位工程为编制对象时，在编制工程量清单时应特别注意对项目编码第十至十二位的设置不得有重码的规定。例如，一个标段（合同段）的工程量清单中含有三个单位工程，每一个单

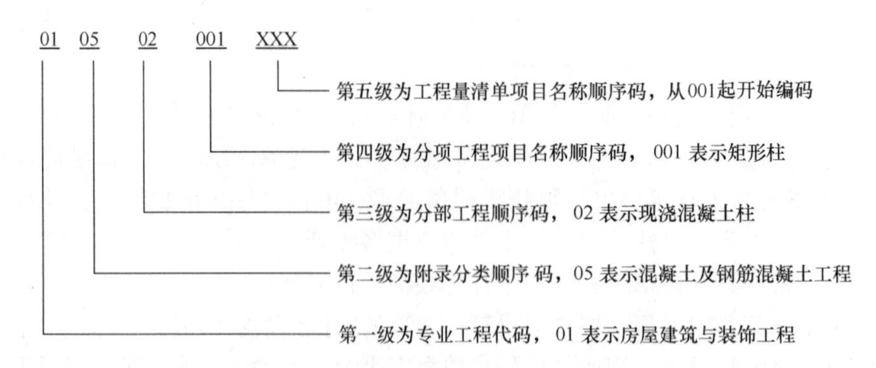

图 5-2 工程量清单项目编码结构图

位工程中都有项目特征相同的实心砖墙砌体，在工程量清单中又需反映三个不同单位工程的实心砖墙砌体工程量时，则第一个单位工程的实心砖墙的项目编码应为 010401003001，第二个单位工程的实心砖墙的项目编码应为 010401003002，第三个单位工程的实心砖墙的项目编码应为 010401003003，并分别列出各单位工程实心砖墙的工程量。

随着工程建设行业各种新材料、新技术、新工艺等的不断涌现，专业工程计量规范附录中所列的工程量清单项目不可能包含所有项目。在编制工程量清单时，当出现计量规范中未包括的清单项目时，编制人应作补充。在编制补充项目时应注意以下三个方面：一是补充项目的编码应按计量规范的规定确定。具体做法为：补充项目的编码由计量规范的代码与 B 和三位阿拉伯数字组成，并应从 001 起顺序编制。例如，房屋建筑与装饰工程如需补充项目，则其编码应从 01B001 开始起顺序编制，同一招标工程的项目不得重码。二是在工程量清单中应附补充项目的项目名称、项目特征、计量单位、工程量计算规则和工作内容。三是将编制的补充项目报省级或行业工程造价管理机构备案。

此外，对分部分项工程量清单项目名称的设置，应考虑三个因素：一是附录中的项目名称；二是附录中的项目特征；三是拟建工程的实际情况。工程量清单编制时，以附录中的项目名称为主体，考虑该项目的规格、型号、材质等特征要求，并考虑拟建工程具体实际条件，从而使得工程量清单项目名称尽量具体化。

值得注意的是，现行“预算定额”的项目一般是按照施工工艺进行设置，工程所包括的内容是单一的，依此规定了相应的工程量计算规则。但是，工程量清单项目的划分，一般是以一个“综合实体”，且包括了许多项工程的内容考虑实施，依此规定了工程量计算规则。所以，两者在工程量计算规则上的区别决定了工程量清单计价与传统定额计价模式上的较大差别。

3. 地方消耗量定额编码应与《计价规范》接轨

编制分部分项工程量清单与计价表时，其项目编码的编号必须是地方消耗量定额编码与《计价规范》项目编码相接口。换言之，地方消耗量定额编码所规定的项目，必须与《计价规范》项目编码相一致。以分部分项工程量清单综合单价分析表为例，综合单价除招标文件或合同约定外，结算时不得调整。

例如：项目为平整场地，工程量计算为 500m^2，试分析项目。

查套（转换）步骤如下：

（1）查《计价规范》06 页，表 A.1（编码：010101）。

(2) 在表中查得 010101001 其对应的项目名称为平整场地，同时注意项目特征以及计量单位“m^2”、项目工程量计算规则为按设计图示尺寸以建筑物首层面积计算。

(3) 查看工程内容：①土方挖填；②场地找平；③运输。

(4) 在地方定额中组装工作内容相对应的项目。组装项目编码为 010101001001（在此例中，使用的是重庆市建筑工程消耗量定额 AA0036），分别进行人工、材料、施工机具使用费和企业管理费、利润等项目的分析，即查阅与 AA0036 相对应的综合单价为 116.17 元/100m^2。则：平整场地项目的分项工程费用＝5×116.17＝580.85 元。

4. 工程量清单计价方式下工程量调整及其变更单价的规定

根据《建设工程工程量清单计价规范》GB 50500—2013 的有关规定及《建设工程施工合同（示范文本）》GF—2013—0201 通用合同条款的约定内容，关于工程量清单计价方式下工程量调整及其变更单价确定的规定如下：

(1) 对于工程量清单中的工程量，在工程竣工结算时，可根据招标文件规定对实际完成的工程量进行调整。但要经工程师或发包方核实确认后，方可作为进行结算的依据。

(2) 对于工程量变更单价的确定，除专用合同条款另有约定外，可按照以下原则变更合同估价：

1) 已标价工程量清单中有相同项目的，按照相同项目单价认定；

2) 已标价工程量清单中无相同项目的，但有类似项目的，参照类似项目的单价认定；

3) 变更导致实际完成的变更工程量与已标价工程量清单中列明的该项目工程量的变化幅度超过 15%的，或已标价工程量清单中无相同项目及类似项目单价的，按照合理的成本与利润构成的原则，由合同当事人商定或确定变更工作的单价。

5.2 工程量清单计价依据及适用范围

5.2.1 工程量清单计价依据

根据目前我国的工程建设行业发展现状，工程定额主要用于在项目建设前期各阶段对于建设投资的预测和估计，在工程建设交易阶段，工程定额通常只能作为建设产品价格形成的辅助依据。工程量清单计价依据主要适用于合同价格形成以及后续的合同价格管理阶段。工程量清单计价相关规章规程则根据其具体内容可能适用于不同阶段的计价活动。工程造价信息亦是完成工程量清单计价活动所必需的依据之一。具体而言，工程量清单计价依据主要包括工程量清单计价和计量规范、计价活动的相关规章规程、工程定额及计价办法、工程造价信息、工程设计文件及相关资料、工程现场特点及施工组织设计等方面。

1. 工程量清单计价规范和各专业工程计量规范

工程量清单计价规范主要为《建设工程工程量清单计价规范》GB 50500—2013。

各专业工程计量规范主要包括：《房屋建筑与装饰工程工程量计算规范》GB 50854—2013、《仿古建筑工程工程量计算规范》GB 50855—2013、《通用安装工程工程量计算规范》GB 50856—2013、《市政工程工程量计算规范》GB 50857—2013、《园林绿化工程工程量计算规范》GB 50858—2013、《矿山工程工程量计算规范》GB 50859—2013、《构筑物工程工程量计算规范》GB 50860—2013、《城市轨道交通工程工程量计算规范》GB 50861—2013、《爆破工程工程量计算规范》GB 50862—2013 等。

2. 与工程量清单计价相关的规章规程

现行与工程量清单计价相关的规章规程主要包括：《建筑工程施工发包与承包计价管理办法》（住房和城乡建设部 2014 年第 16 号令）、《建设项目投资估算编审规程》、《建设项目设计概算编审规程》、《建设项目施工图预算编审规程》、《建设工程招标控制价编审规程》、《建设项目工程结算编审规程》、《建设项目全过程造价咨询规程》、《建设工程造价咨询成果文件质量标准》、《建设工程造价鉴定规程》等。

3. 工程定额和计价办法

工程定额主要是指国家或省级、行业有关专业部门制定的各种定额，包括工程消耗量定额和工程计价定额等。工程计价办法是指国家或省级、行业建设主管部门颁发的针对各地方、各行业具体情况的计价实施办法。需要说明的是，在编制投标报价时，需要运用的工程定额主要为企业定额，而编制招标控制价主要采用国家或省级、行业建设主管部门颁发的计价定额。

4. 工程造价信息

工程造价信息主要包括工程造价管理机构发布的价格信息、工程造价指数和已完工程信息。工程造价信息没有发布的，参照市场价格信息。

5. 工程设计文件及相关资料

工程设计文件及相关资料主要包括有关拟建项目的设计说明、设计图纸及图纸会审意见、相关设计参数及计算书等资料。

6. 工程现场特点及施工组织设计

除了基于上述依据之外，工程量清单计价还需要结合施工现场情况、工程特点及投标时拟订的施工组织设计或施工方案予以计价。

7. 其他计价依据

工程量清单计价的其他计价依据主要包括：招标文件、招标工程量清单及其补充通知、答疑纪要，与建设项目相关的标准、规范等技术资料。

5.2.2 工程量清单计价适用范围

工程量清单计价适用于建设工程发承包及实施阶段的计价活动。使用国有资金投资的建设工程发承包，必须采用工程量清单计价；非国有资金投资的建设工程，宜采用工程量清单计价；不采用工程量清单计价的建设工程，应执行计价规定中除工程量清单等专门性规定之外的其他规定。

国有资金投资的项目包括全部使用国有资金（含国家融资资金）投资或国有资金投资为主的工程建设项目。

1. 国有资金投资的工程建设项目

国有资金投资的工程建设项目主要包括：

（1）使用各级财政预算资金的项目；

（2）使用纳入财政管理的各种政府性专项建设资金的项目；

（3）使用国有企事业单位自有资金，并且国有资产投资者实际拥有控制权的项目。

2. 国家融资资金投资的工程建设项目

国家融资资金投资的工程建设项目主要包括：

(1) 使用国家发行债券所筹资金的项目；

(2) 使用国家对外借款或者担保所筹资金的项目；

(3) 使用国家政策性贷款的项目；

(4) 国家授权投资主体融资的项目；

(5) 国家特许的融资项目。

3. 国有资金投资为主的工程建设项目

国有资金投资为主的工程建设项目是指国有资金占投资总额50%以上，或虽不足50%但国有投资者实质上拥有控股权的工程建设项目。

5.3 工程量清单计价表格、程序及基本原理

5.3.1 工程量清单计价表格

根据《建设工程工程量清单计价规范》GB 50500—2013，工程量清单计价应采用统一表格格式。现行的工程量清单计价表格根据《建设工程工程量清单计价规范》GB 50500—2013 中的附录 B～附录 L，包括了工程量清单、招标控制价、投标报价、竣工结算和工程造价鉴定等各个阶段计价使用的 5 种封面 22 种（类）表样。限于篇幅的因素，以下只列举最基本的编制招标控制价及投标报价使用的表格，其他表格详见《建设工程工程量清单计价规范》GB 50500—2013。

1. 封面

《建设工程工程量清单计价规范》GB 50500—2013 中工程计价文件中的招标工程量清单封面（表 5-1）、招标控制价封面（表 5-2）、投标总价封面（表 5-3），应按规定的内容填写、盖章。倘若委托工程造价咨询人编制，还应由其加盖相应单位公章。

招标工程量清单封面 **表 5-1**

＿＿＿＿＿＿＿＿＿＿工程 **招标工程量清单** 招　标　人：＿＿＿＿＿＿＿＿ （单位盖章） 造价咨询人：＿＿＿＿＿＿＿＿ （单位盖章） 年　　月　　日

招标控制价封面 表 5-2

<table>
<tr><td>

__________________工程

招标控制价

招　标　人：__________________
（单位盖章）

造价咨询人：__________________
（单位盖章）

年　　月　　日

</td></tr>
</table>

投标总价封面 表 5-3

<table>
<tr><td>

__________________工程

投标总价

投　标　人：__________________
（单位盖章）

年　　月　　日

</td></tr>
</table>

2. 扉页

扉页即签字盖章页，应按规定的内容填写、签字、盖章，除承包人自行编制的投标报价和竣工结算外，受委托编制的招标控制价、投标报价、竣工结算，由造价员编制的应有负责审核的造价工程师签字、盖章以及工程造价咨询人盖章。招标工程量清单扉页、招标控制价扉页、投标总价扉页分别见表 5-4～表 5-6 所示。

招标工程量清单扉页 **表 5-4**

______________________工程

招标工程量清单

招　标　人：______________________
（单位盖章）

造价咨询人：______________________
（单位资质专用章）

法定代表人
或其授权人：______________________
（签字或盖章）

法定代表人
或其授权人：______________________
（签字或盖章）

编　制　人：______________________
（造价人员签字盖专用章）

复　核　人：______________________
（造价工程师签字盖专用章）

编 制 时 间：　　年　　月　　日

复 核 时 间：　　年　　月　　日

招标控制价扉页 **表 5-5**

______________________工程

招标控制价

招标控制价（小写）：______________________

（大写）：______________________

招　标　人：______________________
（单位盖章）

造价咨询人：______________________
（单位资质专用章）

法定代表人
或其授权人：______________________
（签字或盖章）

法定代表人
或其授权人：______________________
（签字或盖章）

编　制　人：______________________
（造价人员签字盖专用章）

复　核　人：______________________
（造价工程师签字盖专用章）

编 制 时 间：　　年　　月　　日

复 核 时 间：　　年　　月　　日

投标总价扉页 **表 5-6**

<table>
<tr><td>

____________________工程

投标总价

投标人：____________________

工程名称：____________________

投标总价（小写）：____________________

（大写）：____________________

投标人：____________________

（单位盖章）

法定代表人

或其授权人：____________________

（签字或盖章）

编制人：____________________

（造价人员签字盖专用章）

时间： 年 月 日

</td></tr>
</table>

3. 总说明

总说明适用于工程计价的各个阶段。在工程计价的不同阶段，说明的内容有差别，要求也有所不同，工程计价总说明的表样见表 5-7 所示。

总说明应按下列内容填写：

（1）工程概况：建设规模、工程特征、计划工期、施工现场实际情况、自然地理条件、环境保护要求等。

（2）工程招标和专业工程发包范围。

（3）工程量清单编制（计价）依据。

（4）工程质量、材料、施工等的特殊要求。

（5）其他需要说明的问题。

总 说 明 **表 5-7**

工程名称： 第 页 共 页

4. 招标控制价/投标报价汇总表

招标控制价/投标报价汇总表包括：建设项目招标控制价/投标报价汇总表（表5-8）、单项工程招标控制价/投标报价汇总表（表5-9），以及单位工程招标控制价/投标报价汇总表（表5-10）。

建设项目招标控制价/投标报价汇总表 **表5-8**

工程名称： 第 页 共 页

序号	单项工程名称	金额（元）	其中：（元）		
			暂估价	安全文明施工费	规费
合计					

注：本表适用于建设项目招标控制价或投标报价的汇总。

单项工程招标控制价/投标报价汇总表 **表5-9**

工程名称： 第 页 共 页

序号	单项工程名称	金额（元）	其中：（元）		
			暂估价	安全文明施工费	规费
合计					

注：本表适用于单项工程招标控制价或投标报价的汇总。暂估价包括分部分项工程中的暂估价和专业工程暂估价。

单位工程招标控制价/投标报价汇总表 **表5-10**

工程名称： 标段： 第 页 共 页

序号	汇总内容	金额（元）	其中：暂估价（元）
1	分部分项工程		
1.1			
1.2			
…			
2	措施项目		
2.1	其中：安全文明施工费		

续表

序号	汇总内容	金额（元）	其中：暂估价（元）
3	其他项目		
3.1	其中：暂列金额		
3.2	其中：专业工程暂估价		
3.3	其中：计日工		
3.4	其中：总承包服务费		
4	规费		
5	税金		
招标控制价/(投标报价)合计＝1＋2＋3＋4＋5			

注：本表适用于单位工程招标控制价或投标报价的汇总，如无单位工程划分，单项工程也可使用本表汇总。

5. 分部分项工程和措施项目计价表

分部分项工程和措施项目计价表包括：分部分项工程和单价措施项目清单与计价表（表5-11）、综合单价分析表（表5-12）、总价措施项目清单与计价表等（见表5-13）。

分部分项工程和单价措施项目清单与计价表　　表5-11

工程名称：　　　　标段：　　　　第　页　共　页

序号	项目编码	项目名称	项目特征描述	计量单位	工程量	金额（元）		
						综合单价	合价	其中
								暂估价
本页小计								
合计								

注：为计取规费等的使用，可在表中增设其中："定额人工费"。

综合单价分析表　　表5-12

工程名称：　　　　标段：　　　　第　页　共　页

项目编码			项目名称				计量单位		工程量		
清单综合单价组成明细											
定额编号	定额名称	定额单位	数量	单价				合价			
				人工费	材料费	机械费	管理费和利润	人工费	材料费	机械费	管理费和利润
人工单价		小计									
元/工日		未计价材料费									
清单项目综合单价											

续表

	主要材料名称、规格、型号	单位	数量	单价（元）	合价（元）	暂估单价（元）	暂估合价（元）
材料费明细							
	其他材料费			—		—	
	材料费小计			—		—	

注：1. 如不使用省级或行业建设主管部门发布的计价依据，可不填定额编号、名称等。

2. 招标文件提供了暂估单价的材料，按暂估的单价填入表内“暂估单价”栏及“暂估合价”栏。

总价措施项目清单与计价表 **表 5-13**

工程名称： 标段： 第 页 共 页

序号	项目编码	项目名称	计算基础	费率（%）	金额（元）	调整费率（%）	调整后金额（元）	备注
		安全文明施工费						
		夜间施工增加费						
		二次搬运费						
		冬雨季施工增加费						
		已完工程及设备保护费						
合计								

编制人（造价人员）： 复核人（造价工程师）：

注：1.“计算基础”中安全文明施工费可为“定额基价”、“定额人工费”或“定额人工费＋定额机械费”，其他项目可为“定额人工费”或“定额人工费＋定额机械费”。

2. 按施工方案计算的措施费，若无“计算基础”和“费率”的数值，也可只填“金额”数值，但应在备注栏说明施工方案出处或计算方法。

6. 其他项目计价表

其他项目计价表由其他项目清单与计价汇总表（表 5-14）以及汇总表中相关项目组成表构成。相关项目组成表包括：暂列金额明细表（表 5-15）、材料（工程设备）暂估单价及调整表（表 5-16）、专业工程暂估价及结算价表（表 5-17）、计日工表（表 5-18）、总承包服务费计价表（表 5-19）等组成。

其他项目清单与计价汇总表 **表 5-14**

工程名称： 标段： 第 页 共 页

序号	项目名称	金额（元）	结算金额（元）	备注
1	暂列金额			明细详见表 5-15
2	暂估价			

续表

序号	项目名称	金额（元）	结算金额（元）	备注
2.1	材料（工程设备）暂估价	—		明细详见表 5-16
2.2	专业工程暂估价			明细详见表 5-17
3	计日工			明细详见表 5-18
4	总承包服务费			明细详见表 5-19
5	索赔与现场签证	—		明细详见《建设工程工程量清单计价规范》GB 50500—2013 表 12-6
合计				—

注：1. 材料（工程设备）暂估单价进入清单项目综合单价，此处不汇总。

2. 由于本节主要介绍编制招标控制价和投标报价使用的表格，关于竣工结算使用的表格本节不作详细介绍，故“索赔与现场签证”一栏的明细具体请参见《建设工程工程量清单计价规范》GB 50500—2013 表 12-6。

暂列金额明细表 **表 5-15**

工程名称： 标段： 第 页 共 页

序号	项目名称	计量单位	暂定金额（元）	备注
1				
2				
…				
	合计			—

注：此表由招标人填写，如不能详列，也可只列暂列金额总额，投标人应将上述暂列金额计入投标总价中。

材料（工程设备）暂估单价及调整表 **表 5-16**

工程名称： 标段： 第 页 共 页

序号	材料（工程设备）名称、规格、型号	计量单位	数量		暂估（元）		确认（元）		差额±（元）		备注
			暂估	确认	单价	合价	单价	合价	单价	合价	
合计											

注：此表由招标人填写“暂估单价”，并在备注栏说明暂估价的材料、工程设备拟用在哪些清单项目上，投标人应将上述材料、工程设备暂估单价计入工程量清单综合单价报价中。

专业工程暂估价及结算价表 **表 5-17**

工程名称： 标段： 第 页 共 页

序号	工程名称	工程内容	暂估金额（元）	结算金额（元）	差额±（元）	备注
	合计					

注：此表“暂估金额”由招标人填写，投标人应将“暂估金额”计入投标总价中。结算时按合同约定金额填写。

计日工表 **表 5-18**

工程名称： 标段： 第 页 共 页

编号	项目名称	单位	暂定数量	实际数量	综合单价（元）	合价（元）	
						暂定	实际
一	人工						
1							
2							
…							
人工小计							
二	材料						
1							
2							
…							
材料小计							
三	施工机械						
1							
2							
…							
施工机械小计							
四、企业管理费和利润							
总计							

注：此表项目名称、暂定数量由招标人填写，编制招标控制价时，单价由招标人按有关计价规定确定；投标时，单价由投标人自主报价，按暂定数量计算合价计入投标总价中。结算时，按发承包双方确认的实际数量计算合价。

总承包服务费计价表 **表 5-19**

工程名称： 标段： 第 页 共 页

序号	项目名称	项目价值（元）	服务内容	计算基础	费率（%）	金额（元）
1	发包人发包专业工程					
2	发包人提供材料					
…						
	合计	—	—		—	

注：此表项目名称、暂定数量由招标人填写，编制招标控制价时，费率及金额由招标人按有关计价规定确定；投标时，费率及金额由投标人自主报价，计入投标总价中。

7. 规费、税金项目计价表

有关规费、税金项目清单与计价表的内容，参见表 5-20。

规费、税金项目计价表 表 5-20

工程名称： 标段： 第 页 共 页

序号	项目名称	计算基础	计算基数	计算费率（%）	金额（元）
1	规费	定额人工费			
1.1	社会保险费	定额人工费			
(1)	养老保险费	定额人工费			
(2)	失业保险费	定额人工费			
(3)	医疗保险费	定额人工费			
(4)	工伤保险费	定额人工费			
(5)	生育保险费	定额人工费			
1.2	住房公积金	定额人工费			
1.3	工程排污费	按工程所在地环境保护部门的收取标准，按实计入			
2	税金	分部分项工程费＋措施项目费＋其他项目费＋规费－按规定不计税的工程设备金额			
	合计				

编制人（造价人员）： 复核人（造价工程师）：

8. 主要材料、工程设备一览表

主要材料、工程设备一览表分别见表 5-21、表 5-22 所列。

发包人提供材料和工程设备一览表 表 5-21

工程名称： 标段： 第 页 共 页

序号	材料（工程设备）名称、规格、型号	单位	数量	单价（元）	交货方式	送达地点	备注

注：此表由招标人填写，供投标人在投标报价、确定总承包服务费时参考。

承包人提供材料和工程设备一览表 表 5-22

（适用于造价信息差额调整法）

工程名称： 标段： 第 页 共 页

序号	名称、规格、型号	单位	数量	风险系数（%）	基准单价（元）	投标单价（元）	发承包人确认单价（元）	备注

注：1. 此表由招标人填写除“投标报价”栏的内容，投标人在投标时自主确定投标单价。

2. 招标人应优先采用工程造价管理机构发布的单价作为基准单价，未发布的，通过市场调查确定其基准单价。

3. 本表仅适用于造价信息差额调整法，有关承包人提供主要材料和工程设备一览表（适用于价格指数差额调整法），具体请参见《建设工程工程量清单计价规范》GB 50500—2013 表 22。

5.3.2 工程量清单计价的基本程序

工程量清单计价的过程主要分为两个阶段：一是工程量清单的编制过程；二是工程量清单的应用过程。工程量清单的编制程序如图 5-3 所示，工程量清单的应用程序如图 5-4 所示。

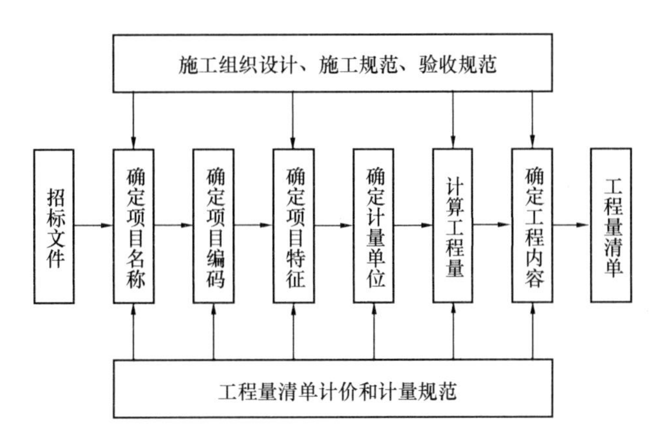

图 5-3 工程量清单编制程序

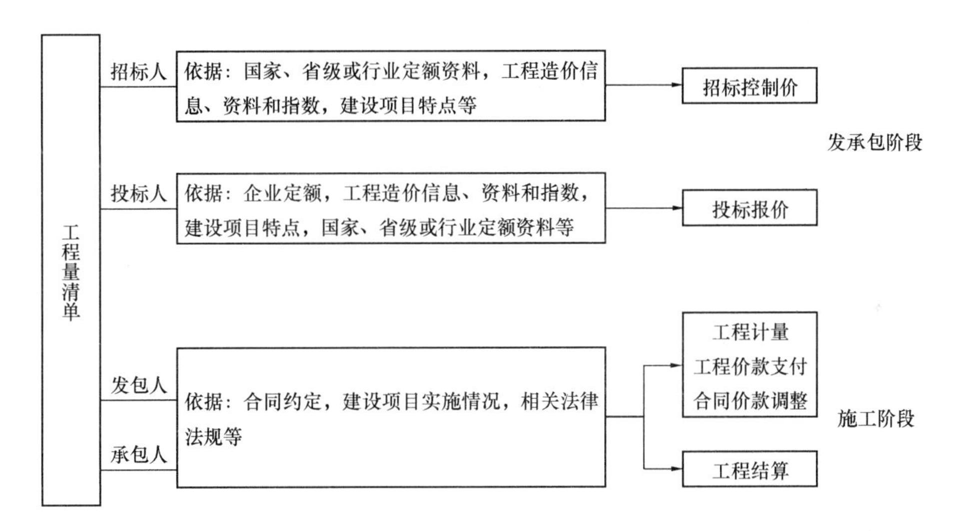

图 5-4 工程量清单应用程序

5.3.3 工程量清单计价的基本原理

1. 按费用构成要素划分和按造价形成划分的建筑安装费用项目构成

工程量清单计价是按照工程造价的构成分别计算各类费用，再经过逐级汇总而得。根据住房和城乡建设部、财政部颁布的“关于印发《建筑安装工程费用项目组成》的通知”（建标［2013］44 号），我国现行建筑安装工程费用项目构成可以按两种方式进行分解：一是按费用构成要素划分，二是按造价形成划分。其具体构成如图 5-5 所示。

2. 工程量清单计价的基本原理

根据前述按造价形成划分的建筑安装工程费用项目的构成内容，基于工程造价确定“逐级汇总求和”的思维，工程量清单计价的基本原理可以表述为：首先，按照工程量清单计价规范规定，在各相应专业工程量计算规范规定的工程量清单项目设置和工程量计算

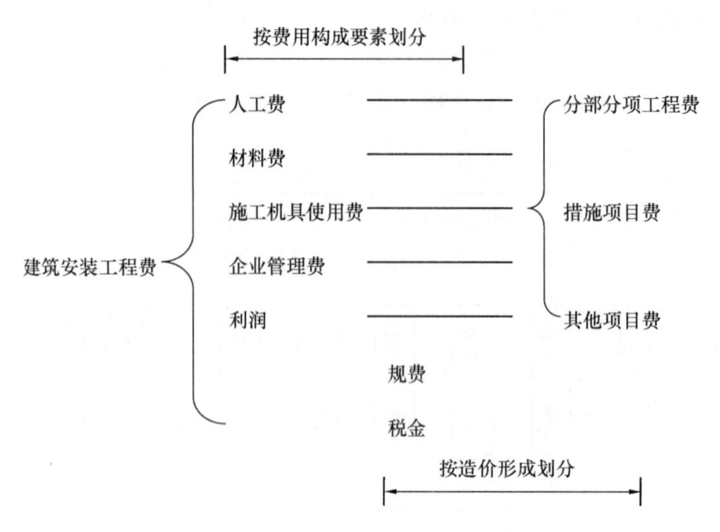

图 5-5 建筑安装工程费用项目构成

规则的基础上，针对具体工程项目的施工图纸和施工组织设计计算出各个清单项目的工程量；其次，根据规定的方法计算出分部分项工程量清单和以单价方式计价的措施项目清单的综合单价；再次，将分部分项工程量清单计价合计（分部分项工程费）、措施项目清单计价合计（措施项目费）、其他项目清单计价合计（其他项目费），以及规费和税金进行汇总求和得出工程总造价。

具体而言，有关工程量清单计价的基本原理，可以通过以下几个计算公式来予以阐释：

$$分部分项工程费=\Sigma分部分项工程量\times相应分部分项工程综合单价 \tag{5-1}$$

$$措施项目费=\Sigma措施项目工程量\times措施项目综合单价+\Sigma单项措施费 \tag{5-2}$$

$$其他项目费=暂列金额+暂估价+计日工+总承包服务费 \tag{5-3}$$

$$单位工程造价=分部分项工程费+措施项目费+其他项目费+规费+税金 \tag{5-4}$$

$$单项工程造价=\Sigma单位工程造价 \tag{5-5}$$

$$建设项目造价=\Sigma单项工程造价 \tag{5-6}$$

公式中：综合单价是指完成一个规定清单项目所需的人工费、材料费和工程设备费、施工机具使用费和企业管理费、利率以及一定范围内的风险费用。风险费用隐含于已标价工程量清单综合单价中，以用于化解发承包双方在工程合同中约定内容和范围内的市场价格波动风险。

5.4 招标控制价及投标报价的编制

5.4.1 招标控制价的编制

1. 招标控制价的概念

招标控制价是指招标人根据国家或省级、行业建设主管部门颁发的有关计价依据和办法，以及拟订的招标文件和工程量清单，结合工程具体情况编制的招标工程的最高投标限价。根据《建设工程工程量清单计价规范》GB 50500—2013 和《建筑工程施工发包与承包计价管理办法》的有关规定，国有资金投资的建设工程招标，招标人必须编制最高投标限价（招标控制价），非国有资金投资的建设工程招标，招标人可以设有最高投标限价或者招标标底。招标控制价及其成果文件，应当由招标人报工程所在地县级以上人民政府住房城乡建设主管部门备案。

2. 编制招标控制价的相关规定

根据《建设工程工程量清单计价规范》GB 50500—2013 和《建筑工程施工发包与承包计价管理办法》编制招标控制价的相关规定，具体包括以下几个方面：

（1）国有资金投资的工程建设项目应实行工程量清单招标，招标人应编制招标控制价，并应当拒绝高于招标控制价的投标报价，即投标人的投标报价若超过公布的招标控制价，则其投标作为废标处理。

（2）招标控制价应由具有编制能力的招标人或受其委托具有相应资质的工程造价咨询人编制和复核。工程造价咨询人不得同时接受招标人和投标人对同一工程的招标控制价和投标报价的编制。

（3）招标控制价应当在招标文件中公布，对所编制的招标控制价不得进行上浮或者下调。在公布招标控制价时，除公布招标控制价的总价外，还应公布各单位工程的分部分项工程费、措施项目费、其他项目费、规费和税金。

（4）招标控制价超过批准的概算时，招标人应将其报原概算审批部门审核。这是由于我国对国有资金投资项目的投资控制实行设计概算审批制度，国有资金投资的工程原则上不能超过批准的设计概算。

（5）投标人经复核认为招标人公布的招标控制价未按照《建设工程工程量清单计价规范》GB 50500—2013 的规定进行编制的，应在招标控制价公布后 5 天内向招标投标监督管理机构和工程造价管理机构投诉。工程造价管理机构受理投诉后，应立即对招标控制价进行复查，组织投诉人、被投诉人或其委托的招标控制价编制人等单位人员对投诉问题逐一核对。当招标控制价复查结论与原公布的招标控制价误差大于±3%时，应责成招标人改正。招标人根据招标控制价复查结论需要重新公布招标控制价时，若重新公布之日起至原投标截止期不足 15 天的应相应延长投标文件的截止时间。

3. 招标控制价的编制依据

招标控制价应当依据工程量清单、工程计价有关规定和市场价格信息等编制，主要包括：

（1）现行国家标准《建设工程工程量清单计价规范》GB 50500—2013 及各专业工程计量规范。

（2）国家或省级、行业建设主管部门颁发的计价定额和计价办法。

（3）建设工程设计文件及相关资料。

（4）拟订招标文件及招标工程量清单。

（5）与建设项目相关的标准、规范及技术资料。

（6）工程施工现场情况、工程特点及常规性施工方案。

（7）工程造价管理机构发布的工程造价信息；工程造价信息没有发布的，参照市场价格。

（8）其他相关的资料。

4. 招标控制价的编制内容

招标控制价的编制内容包括分部分项工程费、措施项目费、其他项目费、规费和税金，各个组成部分有不同的计价要求。

（1）分部分项工程费的编制要求

1）分部分项工程费应根据招标文件中的分部分项工程量清单及有关要求，按照《建设工程工程量清单计价规范》GB 50500—2013 有关规定确定综合单价计价。

2）工程量应依据招标文件中提供的分部分项工程量清单确定。

3）招标文件提供了暂估单价的材料，应按暂估的单价计入综合单价。

4）为使招标控制价与投标报价所包含的内容一致，综合单价中应包括招标文件中要求投标人所承担的风险内容及其范围（幅度）产生的风险费用。

（2）措施项目费的编制要求

1）措施项目应按照招标文件中提供的措施项目清单确定，措施项目分为以“量”计算（单价措施项目）和以“项”计算（总价措施项目）两种。对于可精确计量的措施项目，以“量”计算即按其工程量费用与分部分项工程量清单单价相同的方式确定综合单价；对于不可精确计量的措施项目，则以“项”为单位，采用费率法按有关规定综合取定，采用费率法时需确定某项费用的计费基础及其费率，计算结果应是包括除规费、税金之外的全部费用。计算公式为：

以“项”计算的措施项目清单费＝措施项目计费基础×费率　　(5-7)

2）措施项目费中的安全文明施工费应当按照国家或省级、行业建设主管部门的规定标准计价，该部分应作为不可竞争性费用。

（3）其他项目费的编制要求

1）暂列金额

暂列金额是指招标人在工程量清单中暂定并包括在工程合同价款中的一笔款项。用于工程合同签订时尚未确定或者不可预见的所需材料、工程设备、服务的采购，施工中可能发生的工程变更、合同约定调整因素出现时的合同价款调整以及发生的索赔、现场签证确认等的费用。

暂列金额可根据工程的复杂程度、设计深度、工程环境条件（包括工程地质、水文、气候条件等）进行估算，一般可以分部分项工程费的10％～15％为参考。暂列金额由建设单位根据工程特点，按有关计价规定估算，施工过程中由建设单位掌握使用、扣除合同价款调整后如有剩余，归建设单位。

2）暂估价

暂估价是指招标人在工程量清单中提供的用于支付必然发生但暂时不能确定价格的材料、工程设备的单价以及专业工程的金额。

暂估价中的材料单价应按照工程造价管理机构发布的工程造价信息中的材料单价计算，工程造价信息未发布单价的材料，其单价参考市场价格估算；暂估价中的专业工程应分为不同专业，按有关计价规定估算。暂估价中专业工程金额应按招标工程量清单中列出的金额填写。

3）计日工

计日工是指在施工过程中，承包人完成发包人提出的工程合同范围以外的零星项目或工作，按合同中约定的单价计价的一种方式。

在编制招标控制价时，对计日工中的人工单价和施工机械台班单价应按省级、行业建设主管部门或其授权的工程造价管理机构公布的单价计算；材料应按工程造价管理机构发布的工程造价信息中的材料单价计算，工程造价信息未发布单价的材料，其价格应按市场调查确定的单价计算。在工程价款结算阶段，计日工由建设单位和施工企业按施工过程中的签证计价。

4）总承包服务费

总承包服务费是指总承包人为配合、协调发包人进行的专业工程发包，对发包人自行采购的材料、工程设备等进行保管以及施工现场管理、竣工资料汇总整理等服务所需的费用。总承包服务费由发包人在招标控制价中根据总承包服务范围和有关计价规定编制，施工企业投标时自主报价，施工过程中按签约合同价执行。

在编制招标控制价时，总承包服务费应按照省级、行业建设主管部门的规定计算，或参考相关规范计算。在现行《计价规范》条文的说明中，总承包服务费的参考值如下：

①当招标人仅要求总包人对其发包的专业工程进行现场协调和统一管理、对竣工资料进行统一汇总整理等服务时，总承包服务费按发包的专业工程估算造价的1.5%左右计算。

②当招标人要求总包人对其发包的专业工程既进行总承包管理和协调，又要求提供相应配合服务时，总承包服务费根据招标文件中列出的配合服务内容，按发包的专业工程估算造价的3%～5%计算。

③招标人自行供应材料、设备的，按招标人供应材料、设备价值的1%计算。

（4）规费的编制要求

规费是指按国家法律、法规规定，由省级政府和省级有关权力部门规定必须缴纳或计取的费用。规费主要包括社会保险费、住房公积金和工程排污费。

1）规费的内容

① 社会保险费

社会保险费包括养老保险费、失业保险费、医疗保险费、生育保险费、工伤保险费。

养老保险费：是指企业按规定标准为职工缴纳的基本养老保险费。

失业保险费：是指企业按规定标准为职工缴纳的失业保险费。

医疗保险费：是指企业按规定标准为职工缴纳的基本医疗保险费。

生育保险费：是指企业按规定标准为职工缴纳的生育保险费。

工伤保险费：是指企业按规定标准为职工缴纳的工伤保险费。

② 住房公积金

住房公积金是指企业按规定标准为职工缴纳的住房公积金。

③ 工程排污费

工程排污费是指企业按规定标准缴纳的施工现场工程排污费。

2）规费的编制

① 社会保险费和住房公积金

社会保险费和住房公积金应以定额人工费为计算基础，根据工程所在地省、自治区、直辖市或行业建设主管部门规定费率计算。

$$社会保险费和住房公积金=\Sigma(工程定额人工费\times社会保险费率和住房公积金率) \tag{5-8}$$

式中，社会保险费率和住房公积金率可按每万元发承包价的生产工人人工费和管理人员工资含量与工程所在地规定的缴纳标准综合分析取定。

② 工程排污费

工程排污费等其他应列入而未列入的规费应按工程所在地环境保护等部门规定的标准缴纳，按实计取列入。其他应列而未列入的规费，按实际发生计取列入。

（5）税金的编制要求

建筑安装工程税金是指按国家税法规定的应计入建筑安装工程费用的营业税、城市维护建设税、教育费附加和地方教育附加。

$$税金=税前造价\times综合税率 \tag{5-9}$$

综合税率的计算，因纳税地点所在地的不同而不同。

1）纳税地点在市区的企业

$$综合税率(\%)=\frac{1}{1-3\%-(3\%\times7\%)-(3\%\times3\%)-(3\%\times2\%)}-1=3.48\% \tag{5-10}$$

2）纳税地点在县城、镇的企业

$$综合税率(\%)=\frac{1}{1-3\%-(3\%\times5\%)-(3\%\times3\%)-(3\%\times2\%)}-1=3.41\% \tag{5-11}$$

3）纳税地点不在市区、县城、镇的企业

$$综合税率(\%)=\frac{1}{1-3\%-(3\%\times1\%)-(3\%\times3\%)-(3\%\times2\%)}-1=3.28\% \tag{5-12}$$

4）实行营业税改增值税的，按纳税地点现行税率计算。

有关规费和税金的计价方法见5.3节表5-20所示。

5. 招标控制价的计价程序

建设项目招标控制价反映的是单位工程费用的汇总，而各单位工程费用是由分部分项工程费、措施项目费、其他项目费、规费和税金组成。单位工程招标控制价的计价程序见表5-23所示。为方便将招标控制价计价程序与投标报价计价程序对比分析，该表一并列出了基于招标人视角的招标控制价计价程序，以及基于投标人视角的投标报价计价程序。

招标控制价/投标报价计价程序 **表 5-23**

工程名称： 标段： 第 页 共 页

序号	汇总内容	计算方法	金额（元）
1	分部分项工程	按计价规定计算/(自主报价)	
1.1			
1.2			
…			

续表

序号	汇总内容	计算方法	金额（元）
2	措施项目	按计价规定计算/(自主报价)	
2.1	其中：安全文明施工费	按规定标准估算/(按规定标准计算)	
3	其他项目		
3.1	其中：暂列金额	按计价规定估算/(按招标文件提供金额计列)	
3.2	其中：专业工程暂估价	按计价规定估算/(按招标文件提供金额计列)	
3.3	其中：计日工	按计价规定估算/(自主报价)	
3.4	其中：总承包服务费	按计价规定估算/(自主报价)	
4	规费	按规定标准计算	
5	税金(扣除不列入计税范围的工程设备金额)	(1+2+3+4)×规定税率	
招标控制价/(投标报价)合计=1+2+3+4+5			

注：1. 本表适用于单位工程招标控制价或投标报价的汇总，如无单位工程划分，单项工程也可使用本表汇总。
2. 表格栏目中斜线后带括号的内容用于投标报价，其余为通用栏目。

6. 编制招标控制价的注意事项

在编制招标控制价时，应当注意以下几个方面的问题：

(1) 采用的材料价格应是工程造价管理机构通过工程造价信息发布的材料价格，工程造价信息未发布单价的材料，其价格应通过市场调查确定。此外，当未采用工程造价管理机构发布的工程造价信息时，需在招标文件或答疑补充文件中对招标控制价采用与造价信息不一致的市场价格予以说明，采用的市场价格则应通过市场调查、分析确定，确保有可靠的价格信息来源。

(2) 施工机械设备的选型直接关系到综合单价水平，应根据工程项目特点和施工条件，本着经济实用、先进高效的原则确定。

(3) 应该正确、全面地使用行业和地方的计价定额与相关工程造价文件。

(4) 不可竞争费用（主要包括安全文明施工费、规费和税金等）的计算则属于强制性的条款，编制招标控制价时应按照国家有关规定计算。

(5) 由于不同工程项目、不同施工单位所采用的施工组织方法可能存在差异，故所发生的措施项目费也会有所不同。因此，对于竞争性措施费用的确定，招标人应首先编制常规的施工组织设计或施工方案，然后经专家论证确认后再合理确定措施项目与费用。

5.4.2 投标报价的编制

1. 投标报价的概念

投标报价是指投标人投标时，根据工程特点并结合自身的施工技术、装备和管理水平，响应招标文件要求所报出的对已标价工程量清单（或项目涉及的工作内容）汇总后标明的总价。投标报价是投标人希望达成工程承包交易的期望价格，它不能高于招标人设定的招标控制价。作为投标报价计算的必要条件，应当预先确定施工方案和施工进度。此外，投标报价的计算还需要与采用的合同计价形式相协调。

2. 编制投标报价的相关规定

投标报价是投标的关键性工作，报价是否合理不仅直接关系到工程投标的成败，而且还决定着工程中标后投标企业的盈亏。根据《建设工程工程量清单计价规范》GB 50500—2013和《建筑工程施工发包与承包计价管理办法》，编制投标报价时，应当遵循以下相关规定：

（1）投标价应由投标人或受其委托具有相应资质的工程造价咨询人编制。

（2）投标报价应依据国家、省级或行业部门的相关规定由投标人自主确定。

（3）执行工程量清单招标的，投标人必须按照招标工程量清单填报价格。项目编码、项目名称、项目特征、计量单位、工程量必须与招标工程量清单一致。

（4）投标报价不得低于工程成本，不得高于最高投标限价（招标控制价）。投标报价低于工程成本或者高于最高投标限价（招标控制价）的，评标委员会应当否决投标人的投标。

3. 投标报价的编制依据

投标报价应当依据工程量清单、工程计价有关规定、企业定额和市场价格信息等编制，具体包括：

（1）《建设工程工程量清单计价规范》GB 50500—2013。

（2）国家或省级、行业建设主管部门颁发的计价办法。

（3）企业定额，国家或省级、行业建设主管部门颁发的计价定额。

（4）招标文件、招标工程量清单及其补充通知、答疑纪要。

（5）建设工程设计文件及相关资料。

（6）工程施工现场情况、工程特点及投标时拟订的施工组织设计或施工方案。

（7）与建设项目相关的标准、规范及技术资料。

（8）市场价格信息或工程造价管理机构发布的工程造价信息。

（9）其他相关的资料。

4. 投标报价的编制内容

（1）分部分项工程和措施项目清单与计价表的编制

1）分部分项工程和单价措施项目清单与计价表的编制

承包人投标报价中的分部分项工程费和以单价计算的措施项目费，投标人应根据招标文件和招标工程量清单项目中的特征描述确定综合单价。因此，确定综合单价是分部分项工程和单价措施项目清单与计价表编制过程中最主要的内容。综合单价包括了完成一个规定清单项目所需的人工费、材料和工程设备费、施工机具使用费、企业管理费、利润，并考虑风险费用的合理分摊。

①分 部分项和单价措施项目清单中的综合单价确定

综合单价的确定依据。在招标投标过程中，当出现招标工程量清单项目特征描述与设计图纸不符时，投标人应以招标工程量清单的项目特征描述为准，确定投标报价的综合单价。倘若在施工中施工图纸或设计变更导致项目特征与招标工程量清单项目特征描述不一致时，发承包双方应根据实际施工的项目特征，依据合同约定重新确定综合单价。

材料、工程设备暂估价。招标工程量清单中提供了暂估单价的材料、工程设备，应按暂估的单价计入清单项目的综合单价中。

风险费用。招标文件中要求投标人承担的风险内容和范围，投标人应将其考虑到综合单价中。在施工过程中，当出现的风险内容及范围（幅度）在招标文件规定的范围（幅度）内时，综合单价不得变动，合同价款不作调整。

② 综合单价的组价方法

有关综合单价的组价方法详见5.5节的内容。

③ 确定分部分项工程费和单价措施项目清单合价

按照“量价相乘”的思想，结合5.3节的内容，基于前述式（5-1）、式（5-2）确定分部分项工程费和单价措施项目清单合价，并将计算结果填入到分部分项工程和单价措施项目清单与计价表中。

④ 编制工程量清单综合单价分析表

为说明综合单价确定的合理性，投标人应进行综合单价分析，并以此作为评标时的判断依据。综合单价分析表的编制应符合综合单价编制的过程和方法，并按照规定的格式进行。

2）总价措施项目清单与计价表的编制

对于不能精确计量的措施项目，应编制总价措施项目清单与计价表。由于招标人提出的措施项目清单是根据一般情况确定的，而各投标人拥有的施工装备、技术水平和采用的施工方法各有差异，故投标人对措施项目中的总价项目投标报价时应遵循以下原则：

① 措施项目的内容应依据招标人提供的措施项目清单和投标人投标时拟订的施工组织设计或施工方案。

② 措施项目费由投标人自主确定，但其中安全文明费应按照国家或省级、行业建设主管部门的规定计价，不可作为竞争性费用。招标人不得要求投标人对该项费用进行优惠，投标人也不得将该项目参与市场竞争。

（2）其他项目清单与计价表的编制

其他项目费主要由暂列金额、暂估价、计日工和总承包服务费等组成。投标人对其他项目费报价应遵循以下规定：

1）暂列金额应按招标人提供的其他项目清单中列出的金额填写，不得变动。

2）暂估价不得变动和更改。投标时，暂估价中的材料、工程设备暂估价必须按照招标人提供的暂估单价计入清单项目的综合单价；专业工程暂估价必须按照招标人提供的其他项目清单中列出的金额填写。材料、工程设备暂估单价和专业工程暂估价均由招标人提供，属于暂估价格，在工程实施过程中，对于不同类型的材料与专业工程需要采用不同的计价方法。

3）计日工应按照招标人提供的其他项目清单列出的项目和估算的数量，自主确定各项综合单价并计算计日工金额。

4）总承包服务费应根据招标人在招标文件中列出的分包专业工程暂估价内容和供应材料、设备情况，按照招标人提出的协调、配合与服务要求和施工现场管理需要自主确定。

（3）规费、税金项目清单与计价表的编制

规费和税金必须按照国家或省级、行业建设主管部门的规定计算，不得作为竞争性费用。这是由于规费和税金的计取标准是依据有关法律、法规和政策规定制定的，具有强制性和统一性。

(4) 投标报价的汇总

投标人的投标总价应当与组成工程量清单的分部分项工程费、措施项目费、其他项目费和规费、税金的合计金额相一致。即投标人在进行工程量清单招标的投标报价时，不能进行投标总价优惠（或降价、让利），投标人对投标报价的任何优惠（或降价、让利）均应反映在相应清单项目的综合单价中。

5. 投标报价的计价程序

投标报价的计价程序与招标控制价的计价程序，两者在计价内容方面大致相同，但造价构成项目的计算方法各有不同，具体请参见表 5-23。

6. 编制投标报价的注意事项

在编制投标报价时，应当注意以下几点：

(1) 招标工程量清单与计价表中列明的所有需要填写单价和合价的项目，投标人均应填写并且只允许有一个报价。未填写单价和合价的项目，视为此项费用已经包含在已标价工程量清单中其他项目的单价和合价中。当竣工结算时，此项目不得重新组价予以调整。

(2) 投标报价要以招标文件中设定的发承包双方责任划分，作为考虑投标报价费用项目和费用计算的基础，发承包双方的责任划分不同，会导致合同风险不同的分摊，从而导致投标人选择不同的报价；根据工程发承包模式考虑投标报价的费用内容和计算深度。

(3) 以施工方案、技术措施作为投标报价计算的基本条件；以反映企业技术、装备和管理水平的企业定额作为计算人工、材料和机械台班消耗量的基本依据；充分利用现场考察、调研成果、市场价格信息和行情资料，编制基础标价。

(4) 投标报价的计算方法要科学严谨、简明适用。

5.5 工程量清单综合单价组价

5.5.1 工程量清单综合单价的构成

综合单价的组价是工程量清单计价的关键性内容，综合单价组价过程及计算结果的准确性，直接影响到招标控制价与投标报价编制的正确性和可靠性。

根据《建设工程工程量清单计价规范》GB 50500—2013，综合单价是指完成一个规定清单项目所需的人工费、材料费和工程设备费、施工机具使用费、企业管理费、利润以及一定范围内的风险费用。

5.5.2 工程量清单综合单价的组价方法

工程量清单计价规范规定了综合单价必须包括完成清单项目的全部费用（不含规费和税金），即施工方案等导致的增量费用应包含在综合单价内。由于工程量清单中的工程量不能变动，因此，在计算综合单价时，需要将增量费用分摊，进行组价，即由预算工程量乘以企业定额基价得出的总价应与清单工程量乘以综合单价得出的总价相等，两者的关系如图 5-6 所示。

综合单价的组价方法，可以归纳为两种：一是按“整体摊算”的综合单价组价法，二是按“要素构成汇总”的综合单价组价法。

1. 按“整体摊算”的综合单价组价法

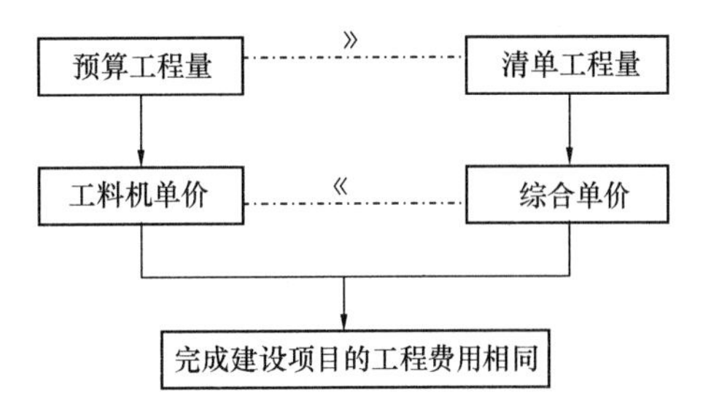

图 5-6　清单计价与预算计价的关系

按“整体摊算”的综合单价组价法的基本原理是预算工程量乘以企业定额基价得出的总价应与清单工程量乘以综合单价得出的总价相等。其组价过程可以表述为：首先依据所提供的工程量清单和施工图纸，按照工程所在地区颁发的计价定额的规定，确定所组价的定额项目名称，并计算出相应的工程量；其次，依据工程造价政策规定或工程造价信息确定其人工、材料、机械台班单价；同时在考虑风险因素确定企业管理费率和利润率的基础上，按规定程序计算出所组价定额项目的合价（见式5-13），然后将若干项所组价的定额项目合价相加除以工程量清单项目工程量，即可得到工程量清单项目综合单价。该过程实质上充分体现了“整体摊算”的思维，即将定额项目合价“整体摊算”到每一计量单位的清单工程量上。对于未计价材料费（包括暂估单价的材料费）应计入综合单价。“按整体摊算”的工程量清单综合单价的组价方法，见式（5-14）。

$$\begin{aligned}\text{定额项目合价} =& \text{定额项目工程量} \times [\Sigma(\text{定额人工消耗量} \times \text{人工单价}) \\ &+ \Sigma(\text{定额材料消耗量} \times \text{材料单价}) + \Sigma(\text{定额机械台班消耗量} \\ &\times \text{机械台班单价}) + \text{价差调整(基价或人工、材料、} \\ &\text{施工机具使用费用)} + \text{企业管理费} + \text{利润}]\end{aligned} \tag{5-13}$$

$$\begin{matrix}\text{工程量清单}\\\text{综合单价}\end{matrix} = \frac{\Sigma(\text{定额项目合价}) + \text{未计价材料费}}{\text{工程量清单项目工程量}} \tag{5-14}$$

需要说明的是，按“整体摊算”的综合单价组价法实质上是先算定额项目合价，再根据定额项目合价与清单项目合价相等的原理，将定额项目合价摊算到每一计量单位的工程量清单上。按“整体摊算”的综合单价组价法，通常适用于一个清单项目的工作内容包含有多个定额项目（即一个清单项目的工作内容对应多个定额项目的工作内容，简称为“一对多”，当然也适用于“一对一”的情形），其计算实例请参见本节【例 5-1】及 5.6【例 5-2】。

2. 按“要素构成汇总”的综合单价组价法

按“要素构成汇总”的综合单价组价法的计算原理是根据综合单价的构成要素进行汇总计算。按“要素构成汇总”的综合单价组价法的计算过程如下：

（1）确定计算基础。计算基础主要包括消耗量指标和生产要素单价。例如，投标报价时，应根据本企业的企业实际消耗量水平，并结合拟订的施工方案确定完成清单项目所需要消耗的各种人工、材料、机械台班的数量。计算时应采用企业定额，在没有企业定额或企业定额缺项时，可参照与本企业实际水平相近的国家、地区、行业定额，并通过调整来确定清单项目的人、材、机单位用量。各种人工、材料、机械台班的单价，则应根据询价的结果和市场行情综合确定。

（2）分析每一清单项目的工程内容。在招标文件提供的招标工程量清单中，招标人已对项目特征进行了准确、详细的描述，投标人应根据项目特征描述，再结合施工现场情况和拟订的施工方案确定完成各清单项目实际发生的工程内容。

（3）计算工程内容的工程数量与清单单位的含量。每一项工程内容都应根据所选定额的工程量计算规则计算其工程数量，当定额的工程量计算规则与清单的计算规则相一致时，可直接以工程量清单中的工程量作为工程内容的工程数量。

当采用清单单位含量计算人工费、材料费、施工机具使用费时，还需要计算出每一计量单位的清单项目所分摊的工程内容的工程数量，即清单单位含量。

$$清单单位含量=\frac{某工程内容的定额工程量}{清单工程量} \tag{5-15}$$

(4) 分部分项工程人工、材料、施工机具使用费用的计算。以完成每一计量单位的清单项目所需的人工、材料、机械用量为基础计算，即可求出：

$$\begin{aligned}每一计量单位清单项目某种资源的使用量&=该种资源的定额单位用量\\&\times相应定额条目的清单单位含量\end{aligned} \tag{5-16}$$

再根据预先确定的各种生产要素的单位价格，计算出每一计量单位清单项目的分部分项工程的人工费、材料费及施工机具使用费。

$$人工费=完成单位清单项目所需人工的工日数量\times人工工日单价 \tag{5-17}$$

$$\begin{aligned}材料费=&\Sigma完成单位清单项目所需各种材料、半成品的数量\\&\times各种材料、半成品单价\end{aligned} \tag{5-18}$$

$$\begin{aligned}施工机具使用费=&\Sigma完成单位清单项目所需各种机械的台班数量\\&\times各种机械的台班单价+仪器仪表使用费\end{aligned} \tag{5-19}$$

当招标人提供的其他项目清单中列出了材料暂估价时，应根据招标人提供的价格计算材料费，并在分部分项工程量清单与计价表中体现出来。

(5) 按“要素构成汇总”计算综合单价。企业管理费和利润的计算按人工费、材料费、施工机具使用费之和按照一定的费率计算。

$$企业管理费=(人工费+材料费+施工机具使用费)\times企业管理费费率(\%) \tag{5-20}$$

$$利润=(人工费+材料费+施工机具使用费+企业管理费)\times利润率(\%) \tag{5-21}$$

$$综合单价=人工费+材料和工程设备费+施工机具使用费+企业管理费+利润 \tag{5-22}$$

需要说明的是，按“要素构成汇总”的综合单价组价法实质上是每一计量单位的清单工程量对应的人工费、材料和工程设备费、施工机具使用费、企业管理费和利润的汇总求和。按“要素构成汇总”的综合单价组价法，通常适用于一个清单项目的工作内容仅包含一个定额项目（即一个清单项目的工作内容对应一个定额项目的工作内容，简称为“一对一”），其计算实例见【例 5-1】。

值得注意的是，初学者在进行综合单价组价时，首先需要判断所要开展的综合单价组价案例究竟属于何种情形（即是属于“一对一”情形，还是属于“一对多”情形），然后再选择合适的组价方法及组价公式。

5.5.3 工程量清单综合单价组价的实例分析

【例 5-1】已知某带形基础分项工程的挖基础土方清单工程量为 956.80m^3，为简化计算需要，假设挖基础土方清单项目的工作内容仅为土方开挖（不含排地表水、基底钎探和运输等工作内容）。投标人拟采用人工放坡开挖的施工方案开挖基础土方，经估算定额工程量（即采用放坡开挖基础土方的工程量）为 1510.40m^3。经查阅投标人的企业定额，人工挖土方的人工消耗为 0.661 工日/m^3（假设不涉及材料和机械的消耗量）。假定经过市场询价，市场人工工日单价为 80 元/工日，投标人结合本企业的管理水平确定企业管理费费率为 12%，利润率和风险系数为 4.5%（以工料机和企业管理费为计算基础），试确定该带形基础挖基础土方的综合单价。

【问题解析】本案例主要考核工程量清单计价中综合单价的组价计算，由于本案例作了适当简化（即假设挖基础土方清单只有一项定额工作内容，但工程计价实践中实际可能存在多项定额工作内容，这点请初学者注意），因而本案例属于“一对一”的情形（即一个清单项目的工作内容对应一个定额项目的工作内容），故采用“整体摊算”法与“要素构成汇总”法均可完成综合单价的组价。

【答题要点】

（1）方法一：采用按“整体摊算”的综合单价组价法进行综合单价的确定。

1）定额项目合价＝定额项目工程量×[Σ(定额人工消耗量×人工单价)＋
Σ(定额材料消耗量×材料单价)＋
Σ(定额机械台班消耗量×机械台班单价)＋
价差调整(基价或人工、材料、施工机具使用费用)＋企业管理费和利润]
＝1510.40×(0.661×80＋0＋0)×(1＋12%)×(1＋4.5%)＝93479.79 元

2）工程量清单综合单价＝定额项目合价÷清单项目工程量
＝93479.79÷956.80＝97.70 元/m^3

（2）方法二：采用按“要素构成汇总”的综合单价组价法进行综合单价的确定。

1）计算清单单位含量：

1510.40÷956.80＝1.57859

2）计算单位清单项目的人工费、材料费、施工机具使用费：

① 每一计量单位清单项目人工费的使用量＝人工费的定额单位用量×清单单位含量＝0.661×1.57859＝1.0434 工日

② 人工费＝完成单位清单项目所需人工的工日数量×人工工日单价
＝1.0434×80＝83.47 元/m^3

③ 材料费：0 元

④ 施工机具使用费：0 元

3）计算单位清单项目的企业管理费、利润：

① 企业管理费＝(人工费＋材料费＋施工机具使用费)×企业管理费费率(%)
＝(83.47＋0＋0)×12%＝10.02 元/m^3

② 利润＝(人工费＋材料费＋施工机具使用费＋企业管理费)×利润率(%)
＝(83.47＋0＋0＋10.02)×4.5%＝4.21 元/m^3

4）综合单价＝人工费＋材料和工程设备费＋施工机具使用费＋企业管理费＋利润
＝83.47＋0＋0＋10.02＋4.21＝97.70 元/m^3

根据上述综合单价的计算结果，可将其对应填入到人工挖基础土方工程量清单综合单价分析表中（表 5-24）。同时注意到，采用按“整体摊算”的综合单价组价法与按“要素构成汇总”的综合单价组价法，尽管两者在计算过程上有所差异，但两者在综合单价的最终计算结果上却是一致的。

人工挖基础土方综合单价分析表 **表 5-24**

项目编码	010101003001		项目名称		人工挖基础土方		计量单位		m^3	工程量	956.80
清单综合单价组成明细											
定额编号	定额名称	定额单位	数量	单价				合价			
				人工费	材料费	机械费	管理费和利润	人工费	材料费	机械费	管理费和利润
	基础挖土方	m^3	1510.40	52.88 (=0.661×80)			9.01 (=52.88×1.12×1.045−52.88)	79869.95 =(1510.40×52.88)			13608.70 (=1510.40×9.01)
人工单价		小计									
元/工日		未计价材料费									
清单项目综合单价(元/m^3)							(79869.95+13608.70)÷956.80=97.70				
材料费明细	主要材料名称、规格、型号				单位	数量	单价(元)	合价(元)	暂估单价(元)	暂估合价(元)	
	其他材料费						—		—		
	材料费小计						—		—		

注：本案例报价采用企业定额，不使用省级或行业建设主管部门发布的计价定额，故可不填定额编号。

5.6 工程量清单计价综合案例

5.6.1 编制建筑工程计价综合案例

【例 5-2】根据本教材第 4 章【例 4-1】中多层砖混结构住宅楼基础施工图 4-1、图 4-2 所示及其相应条件，依据《建设工程工程量清单计价规范》GB 50500—2013 和《房屋建筑与装饰工程工程量计算规范》GB 50854—2013 完成：

问题一

（1）计算砖基础清单项目综合单价的组价（假设企业管理费费率为 11.61%，利润率为 8.4%，企业管理费、利润的计算基础均为人工费、材料费和施工机具使用费的总和）。

（2）编制砖基础工程量清单综合单价分析表。

（3）已知挖基础土方、有梁板、直行楼梯清单项目工程量分别为 478.40m^3、189.00m^3、31.60m^2，其综合单价分别为 66.39 元/m^3、387.85 元/m^3、114.40 元/m^2。其他分项工程（含钢筋工程）清单项目合价（不含规费和税金）金额为 1071036.30 元。单价措施项目清单中基础模板、有梁板模板、楼梯模板、综合脚手架、垂直运输机械的清单工程量分别为：224.00m^2、1260.00m^2、31.60m^2、1600.00m^2、1600.00m^2，其综合单价分别为 48.85 元/m^2、64.85 元/m^2、126.61 元/m^2、27.70 元/m^2、29.76 元/m^2。试编制分部分项工程和单价措施项目清单与计价表。

问题二

已知总价措施费项目清单中安全文明施工费（含环境保护、文明施工、安全施工和临时设施）、夜间施工增加费、二次搬运费、冬雨季施工增加费、已完工程和设备保护费的计取费率分别为：3.12%、0.7%、0.6%、0.8%、0.15%，其计取基础均为分部分项工程量清单合计价，试编制总价措施项目清单与计价表。

问题三

招标人在其他项目清单与计价表中明确：暂列金额为300000元，业主采购钢材暂估价为300000元（总承包服务费按1%计取）。专业工程暂估价为500000元（总承包服务费按4%计取）。计日工中暂估60个工日，单价为80元/工日。试编制其他项目清单与计价汇总表。

问题四

（1）若纳税人所在地为城市市区，按照《建筑安装工程费用组成》（建标[2013]）44号），计算该工程应纳营业税、城市维护建设税、教育费附加和地方教育附加的综合税率。

（2）若现行规费费率为5%（为简化计算，假定规费的计算基础为分部分项工程费、措施项目费和其他项目费之和），试编制规费与税金项目计价表。

（3）编制该住宅楼单位工程（建筑工程）投标报价汇总表。

【问题解析】

问题一主要考察根据《建设工程工程量清单计价规范》GB 50500—2013来进行综合单价的组价计算，以及综合单价分析表、分部分项工程量和单价措施项目清单与计价表的编制。对于综合单价的组价，投标人根据招标人提供的工程量清单、施工图纸，参照投标单位的企业定额（若无企业定额或企业定额缺项时，可参照国家、地区、行业建设主管部门颁发的消耗量定额），并结合投标人自身的技术、装备及管理水平进行综合单价的组价。本工程砖基础清单项目包括三项工作内容，即砖基础砌筑、混凝土垫层浇筑、混凝土垫层制作，因此本案例属于“一对多”情形，因而可采用按“整体摊算”的综合单价组价法进行综合单价的确定。具体而言，需要对清单项目的三项定额工作内容分别套企业定额（或消耗量定额），计算出其相应的人工费、材料费、施工机具使用费，并予以汇总，在此基础上计算出企业管理费和利润，从而可求出清单项目所包括的各项工作内容的定额项目合价，也即清单项目合价，最后将其除以砖基础的清单工程量即可得到砖基础清单项目的综合单价。

问题二、问题三主要考察根据《建设工程工程量清单计价规范》GB 50500—2013中有关总价措施项目清单与计价表、其他项目清单与计价表、规费和税金项目计价表，以及单位工程投标报价汇总表的编制实务。

【答题要点】

问题一

（1）计算砖基础清单项目综合单价的组价。

1）砖基础砌筑。

人工费：17.06÷10×10.96×30=560.93元

材料费：17.06÷10×1225.81=2091.23元

施工机具使用费：17.06÷10×13.71=23.39元

人工费、材料费及施工机具使用费合计：560.93+2091.23+23.39=2675.55元

企业管理费：2675.55×11.61%=310.63 元

利润：2675.55×8.4%=224.75 元

2）混凝土垫层浇筑。

人工费：2.96÷10×10.07×30=89.42 元

材料费：2.96÷10×2.55=0.75 元

施工机具使用费：0 元

人工费、材料费及施工机具使用费合计：89.42+0.75+0=90.17 元

企业管理费：90.17×11.61%=10.47 元

利润：90.17×8.4%=7.57 元

3）混凝土垫层制作。

人工费：2.96÷10×0.74×30=6.57 元

材料费：2.96÷10×1639.31=485.24 元

施工机具使用费：2.96÷10×91.08=26.96 元

人工费、材料费及施工机具使用费合计：6.57+485.24+26.96=518.77 元

企业管理费：518.77×11.61%=60.23 元

利润：518.77×8.4%=43.58 元

4）汇总求和。

人工费、材料费及施工机具使用费合计：2675.55+90.17+518.77=3284.49 元

企业管理费合计：310.63+10.47+60.23=381.33 元

利润合计：224.75+7.57+43.58=275.90 元

清单项目所包括的各个定额项目合价：3284.49+381.33+275.90=3941.72 元。

5）按“整体摊算”的综合单价组价法计算清单项目综合单价。

清单项目综合单价=清单项目合价÷清单项目工程量

=Σ(清单项目所包含的各定额项目工程量×定额综合单价)÷清单项目工程量

=3941.72÷17.06=231.05 元/m^3

各项费用计算结果详见表 5-25。

砖基础工程量清单项目各项工作内容费用计算结果表（元）　　表 5-25

	项目名称	单位	数量	人工费	材料费	施工机具使用费	人工费、材料费及施工机具使用费合计	企业管理费	利润
定额数据	砖基础砌筑	m^3	10.00	328.80	1225.81	13.71	1568.32	182.08	131.74
	混凝土垫层浇筑	m^3	10.00	302.10	2.55	0.00	304.65	35.37	25.59
	混凝土垫层制作	m^3	10.00	22.20	1639.31	91.08	1752.59	203.48	147.22
实际数据	砖基础砌筑	m^3	17.06	560.93	2091.23	23.39	2675.55	310.63	224.75
	混凝土垫层浇筑	m^3	2.96	89.42	0.75	0.00	90.17	10.47	7.57
	混凝土垫层制作	m^3	2.96	6.57	485.24	26.96	518.77	60.23	43.58
	合计			656.93	2577.22	50.35	3284.49	381.33	275.90
清单项目综合单价=清单项目综合合价÷清单项目工程量=3941.72÷17.06=231.05 元/m^3									

（2）根据砖基础综合单价组价的计算结果，可以编制砖基础工程量清单综合单价分析表（表 5-26）。

砖基础综合单价分析表 **表 5-26**

工程名称：某多层砖混结构住宅楼（建筑工程） 第 1 页 共 1 页

项目编码	010401001001		项目名称		砖基础		计量单位		m³	工程量	17.06
清单综合单价组成明细											
定额编号	定额名称	定额单位	数量	单价				合价			
				人工费	材料费	机械费	管理费和利润	人工费	材料费	机械费	管理费和利润
	砖基础砌筑	m³	17.06	32.88	122.58	1.37	31.38	560.93	2091.21	23.37	535.37
	混凝土垫层浇筑	m³	2.96	30.21	0.26	0	6.1	89.42	0.75	0	18.04
	混凝土垫层制作	m³	2.96	2.22	163.93	9.11	35.07	6.57	485.24	26.96	103.81
人工单价		小计						656.93	2577.21	50.33	657.22
30 元/工日		未计价材料费									
清单项目综合单价（元/m³）								(656.93+2577.21+50.33+657.22)÷17.06=231.05			
材料费明细	主要材料名称、规格、型号					单位	数量	单价（元）	合价（元）	暂估单价（元）	暂估合价（元）
	其他材料费							—		—	
	材料费小计							—		—	

注：本案例报价采用企业定额，不使用省级或行业建设主管部门发布的计价定额，故可不填定额编号。

（3）由分部分项工程量清单合价=Σ分部分项清单工程量×综合单价，可以编制分部分项工程和单价措施项目清单与计价表（表 5-27）。

分部分项工程和单价措施项目清单与计价表 **表 5-27**

工程名称：某多层砖混结构住宅楼（建筑工程） 第 1 页 共 1 页

序号	项目编码	项目名称	项目特征描述	计量单位	工程量	金额（元）		
						综合单价	合价	其中
								暂估价
一、分部分项工程量清单								
1	010101003001	挖基础（沟槽）土方	1. 土壤类别：三类土 2. 挖土深度：1.6m 3. 弃土运距：200m 以内	m³	478.40	66.39	31760.98	

续表

序号	项目编码	项目名称	项目特征描述	计量单位	工程量	金额（元）		
						综合单价	合价	其中 暂估价
2	010401001001	砖基础	1. 垫层材料种类、厚度：C10 混凝土垫层、厚 100mm 2. 砖品种、规格、强度等级：MU10 机制红砖 3. 基础类型：大放脚带形砖基础 4. 砂浆强度等级：M5 水泥石灰砂浆	m^3	17.06	231.05	3941.72	
3	010505001001	有梁板	1. 混凝土种类：商品混凝土 2. 混凝土强度等级：C30	m^3	189.00	387.85	73303.65	
4	010506001001	直形楼梯	1. 混凝土种类：商品混凝土 2. 混凝土强度等级：C30	m^3	31.60	114.40	3615.04	
5	…	其他分项工程	含钢筋工程（略）				1071036.30	
分部分项工程工程量清单计价合计							1183657.69	
二、单价措施项目清单								
6	011701001001	综合脚手架	1. 建筑结构形式：砖混结构 2. 脚手架材质：钢管脚手架	m^2	1600.00	27.70	44320.00	
7	011702001001	基础模板	1. 基础类型：带形基础 2. 模板支撑类型：竹胶板木支撑	m^2	224.00	48.85	10942.40	
8	011702014001	有梁板模板	1. 模板支撑类型：竹胶板木支撑 2. 支撑高度：3.4m	m^2	1260.00	64.85	81711.00	
9	011702024001	楼梯模板	1. 模板支撑类型：木模板木支撑	m^2	31.60	126.61	4000.88	
10	011703001001	垂直运输机械	1. 建筑结构形式：砖混结构 2. 垂直运输机械种类：塔吊	m^2	1600.00	29.76	47616.00	
单价措施项目清单计价合计							188590.28	
（分部分项工程和单价措施项目清单计价）合计							1372247.97	

注：为计取规费等的使用，可在表中增设："定额人工费"。

问题二

对于总价措施项目清单的各措施项目，以“项”为计量单位，其费用计算可以采用费率法按有关规定综合取定，即以“项”计算的措施项目清单费＝措施项目计费基础×费率，据此可编制出总价措施项目清单与计价表（表5-28）。

总价措施项目清单与计价表 **表5-28**

工程名称：某多层砖混结构住宅楼（建筑工程） 第1页 共1页

序号	项目编码	项目名称	计算基础	费率（%）	金额（元）	调整费率（%）	调整后金额（元）	备注
1	011707001001	安全文明施工费	1183657.69	3.12	36930.12			
2	011707002001	夜间施工增加费	1183657.69	0.7	8285.60			
3	011707004001	二次搬运费	1183657.69	0.6	7101.95			
4	011707005001	冬雨季施工增加费	1183657.69	0.8	9469.26			
5	011707007001	已完工程及设备保护费	1183657.69	0.15	1775.49			
合计					63562.42			

编制人（造价人员）：××× 复核人（造价工程师）：×××

问题三

根据5.4节介绍的有关其他项目费的编制要求，可以将其他项目费的暂列金额、暂估价、计日工和总承包服务费分别计算出来，进而编制其他项目清单与计价汇总表（表5-29）。

其他项目清单与计价汇总表 **表5-29**

工程名称：某多层砖混结构住宅楼（建筑工程） 第1页 共1页

序号	项目名称	金额（元）	结算金额（元）	备注
1	暂列金额	300000.00		
2	暂估价	500000.00		
2.1	材料(工程设备)暂估价	—		材料暂估单价不计入总价
2.2	专业工程暂估价	500000.00		
3	计日工	4800.00		＝60×80＝4800元
4	总承包服务费	23000.00		＝500000×4%＋300000×1%＝23000元
合计		827800.00		—

注：材料（工程设备）暂估单价进入清单项目综合单价，此处不汇总。

问题四

（1）计算该工程应纳营业税、城市维护建设税、教育费附加和地方教育附加的综合税率。

$$综合税率（\%）=\frac{1}{1-3\%-(3\%\times7\%)-(3\%\times3\%)-(3\%\times2\%)}-1=3.48\%$$

（2）编制规费与税金项目计价表。

1）分部分项工程费＝1183657.69元

措施项目费＝188590.28＋63562.42＝252152.70元

$$其他项目费=827800.00元$$

$$分部分项工程费+措施项目费+其他项目费$$
$$=1183657.69+252152.70+827800.00=2263610.39元$$

2）规费=(分部分项工程费+措施项目费+其他项目费)×规费费率

=2263610.39×5%=113180.52元

3）税金=(分部分项工程费+措施项目费+其他项目费+规费)×税率

=(2263610.39+113180.52)×3.48%=2376790.91×3.48%=82712.32元

4）根据规费及税金的计算结果，可以编制规费、税金项目计价表（表5-30）。

规费、税金项目计价表 **表5-30**

工程名称：某多层砖混结构住宅楼（建筑工程） 第1页 共1页

序号	项目名称	计算基础	计算基数	计算费率（%）	金额（元）
1	规费	分部分项工程费+措施项目费+其他项目费	2263610.39	5.00	113180.52
2	税金	分部分项工程费+措施项目费+其他项目费+规费-按规定不计税的工程设备金额	2376790.91	3.48	82712.32
合计					

编制人（造价人员）：××× 复核人（造价工程师）：×××

注：本案例为简化计算，假定规费的计算基础为分部分项工程费、措施项目费和其他项目费之和，实际上按照《建设工程工程量清单计价规范》GB 50500—2013，规费中的社会保障费的计算基础为定额人工费，这点务必请读者注意。

（3）根据分部分项工程费、措施项目费、其他项目费、规费和税金的计算结果，可编制该住宅楼单位工程（建筑工程）投标报价汇总表（表5-31）。

单位工程投标报价汇总表 **表5-31**

工程名称：某多层砖混结构住宅楼（建筑工程） 第1页 共1页

序号	汇总内容	金额（元）	其中：暂估价（元）
1	分部分项工程	1183657.69	
1.1	挖基础（沟槽）土方	31760.98	
1.2	砖基础	3941.72	
1.3	有梁板	73303.65	
1.4	直形楼梯	3615.04	
1.5	其他分项工程	1071036.30	
2	措施项目	252152.70	
2.1	其中：安全文明施工费	36930.12	
3	其他项目	827800.00	
3.1	其中：暂列金额	300000.00	
3.2	其中：专业工程暂估价	500000.00	

续表

序号	汇总内容	金额（元）	其中：暂估价（元）
3.3	其中：计日工	4800.00	
3.4	其中：总承包服务费	23000.00	
4	规费	113180.52	
5	税金	82712.32	
投标报价合计=1+2+3+4+5		2459503.23	

5.6.2　编制安装工程计价综合案例

【例 5-3】根据【例 4-2】中电话机房照明系统中一回路图纸要求以及相关条件（照明工程相关费用见表 5-32、分部分项工程的统一编码见表 5-33），依据《建设工程工程量清单计价规范》GB 50500—2013 和《通用安装工程工程量计算规范》GB 50856—2013 完成：

问题一

根据上述相关费用，计算接地装置、配管和配线分项工程的工程量清单综合单价。

问题二

编制该工程分部分项工程量清单与计价表。

【问题解析】

本案例要求按照《建设工程工程量清单计价规范》GB 50500—2013 和《通用安装工程工程量计算规范》GB 50856—2013 规定，掌握编制电气照明单位工程的工程量清单计价的基本方法，以及掌握工程量计算方法。编制分部分项工程量清单计价表时，应与清单计价规范的规定进行接轨，即将主材费、小电器费等与制作、安装工程费组合到综合单价中。

照明工程相关费用表　　**表 5-32**

序号	项目名称	单位	安装费单价（元）					主　材	
			人工费	材料费	机械费	管理费	利润	单价（元）	损耗率
1	镀锌钢管Φ20 沿砖、混凝土结构、暗配	m	1.98	0.58	0.20	1.09	0.89	4.5	1.03
2	管内穿阻燃绝缘导线为 ZRBV1.5mm²	m	0.30	0.18	0.00	0.17	0.14	1.20	1.16
3	接线盒暗装	个	1.20	2.20	0.00	0.66	0.54	2.40	1.02
4	开关盒暗装	个	1.20	2.20	0.00	0.66	0.54	2.40	1.02
5	角钢接地极制作与安装	根	14.51	1.89	14.32	7.98	6.53	42.40	1.03
6	接地母线敷设	m	7.14	0.09	0.21	9.92	3.21	6.30	1.05
7	接地电阻测试	系统	30.00	1.49	14.52	25.31	20.71		
8	配电箱 MX	台	18.22	3.50	0.00	10.02	8.20	58.50	
9	荧光灯 4YG2-2 2×40	套	4	2.50	0.00	2.20	1.80	120.00	1.02

建设工程工程量清单计价规范编码 **表 5-33**

项目编码	项目名称	项目编码	项目名称
030204018	配电箱	030212001	电气配管（镀锌钢管Φ20 沿砖、混凝土结构、暗配）
030204019	控制开关	030212003	电气配线（管内穿阻燃绝缘导线 ZRBV1.5mm^2）
030204031	小电器（单联单控暗开关）	030213004	荧光灯 4YG2-2 2×40
030209001	接地装置		
030211008	接地装置电阻调整试验	030209002	避雷针装置

【答题要点】

问题一

列表编制电话机房电气照明分部分项工程量清单综合单价计算表。

（1）编制接地装置综合单价，见表 5-34。

分部分项工程量清单综合单价计算表 **表 5-34**

工程名称：电话机房电气照明　　计量单位：项

项目编码：030209001001　　工程数量：1

项目名称：接地装置　　综合单价：614.57 元/项

序号	工程内容	单位	工程数量	其中：（元）					合计（元）
				人工费	材料费	机械费	管理费	利润	
1	角钢接地极制作、安装	根	3	43.53	5.67	42.96	23.94	19.59	135.69
2	角钢接地极	根			131.02				131.02
3	接地母线敷设—40×4	m	16.42	117.24	1.48	3.45	64.37	52.71	239.25
4	镀锌扁钢—40×4	m	17.24		108.61				108.61
合　计（元）				160.77	246.78	46.41	88.31	72.30	614.57

（2）编制电气配管综合单价，见表 5-35。

分部分项工程量清单综合单价计算表 **表 5-35**

工程名称：电话机房电气照明　　计量单位：m

项目编码：030212001001　　工程数量：18.10m

项目名称：电气配管Φ20　　综合单价：11.71 元/m

序号	工程内容	单位	工程数量	其中：（元）					合计（元）
				人工费	材料费	机械费	管理费	利润	
1	电气配管（镀锌钢管Φ20 沿砖、混凝土结构、暗配）	m	18.10	35.84	10.50	3.62	19.73	16.11	85.80
2	镀锌钢管Φ20	m	18.64		83.88				83.88
3	接线盒安装	个	4	4.80	8.80	0.00	2.64	2.16	18.40
4	接线盒	个	4.08		9.79				9.79
5	开关盒安装	个	2	2.40	4.40	0.00	1.32	1.08	9.20
6	开关盒	个	2.04		4.90				4.90
合　计（元）				43.04	122.27	3.62	23.69	19.35	211.97

（3）编制电气配线综合单价，见表 5-36。

分部分项工程量清单综合单价计算表 **表 5-36**

工程名称：电话机房电气照明　　计量单位：m

项目编码：030212003001　　工程数量：42.20m

项目名称：电气配线　　综合单价：2.18 元/m

序号	工程内容	单位	工程数量	其中：（元）					合计（元）
				人工费	材料费	机械费	管理费	利润	
1	管内穿阻燃绝缘导线 ZR-BV1.5mm²	m	42.20	12.66	7.60	0.00	7.17	5.91	33.34
2	阻燃绝缘导线 ZRBV1.5mm²	m	48.95		58.74				58.74
合计（元）				12.66	66.34	0.00	7.17	5.91	92.08

问题二

编制电话机房电气照明工程的分部分项工程量清单与计价表（表 5-37）。

分部分项工程量清单与计价表 **表 5-37**

工程名称：电话机房电气照明

序号	项目编码	项目名称及特征描述	计量单位	工程数量	综合单价（元）	合价（元）
1	030204018001	配电箱	台	1	98.44	98.44
2	030209001001	接地装置（角钢接地极 3 根，接地母线 16.42m）	项	1	614.57	614.57
3	030211008001	接地装置电阻调整试验	系统	1	92.02	92.02
4	030212001001	电气配管（镀锌钢管Φ20 沿砖、混凝土结构、暗配）含接线盒 4 个，开关盒 2 个	m	18.10	11.71	211.95
5	030212003001	电气配线(阻燃绝缘导线 ZRBV1.5mm²)	m	42.20	2.18	92.00
6	030213004001	荧光灯 4YG2-2 2×40	套	4	128.90	515.60
合计						1624.59

复习思考题

1. 简述工程量清单计价的概念。

2. 简述工程量清单计价的意义和作用。

3. 简述工程量清单计价与传统定额计价的区别。

4. 根据《建设工程工程量清单计价规范》GB 50500—2013，简述工程量清单计价的依据及适用范围。

5. 简述工程量清单计价的程序及基本原理。

6. 根据《建设工程工程量清单计价规范》GB 50500—2013，简述招标控制价和投标报价的概念，两者的编制依据和内容有何区别？

7. 根据《建设工程工程量清单计价规范》GB 50500—2013，简述工程量清单综合单价的构成。

8. 简述工程量清单综合单价的组价方法。

6 电气安装工程施工图预算

6.1 建筑电气安装工程计量

6.1.1 建筑电气强电安装工程计量

1. 变配电装置工程计量

10kV 以下的变配电装置，通常划分为架空进线和电缆进线等方式。由于变配电装置进线方式不同，控制设备会有所不同，因此，工程量列项内容也就不尽相同。

(1) 变压器安装及其干燥

1) 变压器安装及其发生干燥时，根据不同容量分别按“台”计量，套用《全国统一安装工程预算定额》(简称《国安》) 第二册（篇）第一章“变压器”定额相应子目。

变压器安装定额亦适用于自耦式变压器、带负荷调压变压器以及并联电抗器的安装。电炉变压器的安装可按同电压、同容量变压器定额乘以系数 2 计算，整流变压器执行同电压、同容量变压器定额再乘以系数 1.6 计量。

变压器的安装定额中不包括如下内容：

① 变压器油的耐压试验、混合化验，无论是由施工单位自检，还是委托电力部门代验，均可按实际发生情况计算费用。

② 变压器安装定额中未包括绝缘油的过滤，发生时可按照变压器上铭牌标注油量，再加上损耗计算过滤工程量，计量单位为“t”。其计算式为：

$$油过滤数量=设备油量\times(1+损耗率) \quad (6\text{-}1)$$

③ 变压器安装中，没有包括变压器的系统调试，应另列项目，套用第二册（篇）第十一章“电气调试”定额相应子目。

2) 4000kVA 以上的变压器需吊芯检查时，按定额机械费乘以系数 2 计量。

(2) 配电装置安装

1) 断路器（QF）、负荷开关（QL）、隔离开关（QS）、电流互感器（TA）、电压互感器（TV）、油浸电抗器、电容器柜、交流滤波装置等的安装均按“台”计量，套用第二册（篇）第一章“变压器”定额相应子目。但需要注意，对于负荷开关安装子目，定额中包括了操动机构的安装，可以不另外计算工程量 。

2) 电抗器安装及其干燥均按“组”计量，分别套用相应定额子目。

3) 电力电容器安装按“个”计量。

4) 熔断器、避雷器、干式电抗器等安装均按“组”计量，每三相为一组。

① 上述熔断器是指高压熔断器安装（10kV 以内），定额套用第二册（篇）第二章“配电装置”相应子目。而对于低压熔断器安装可套用第二册（篇）第四章“控制设备及低压电气”有关定额子目，按“个”计量。

② 当阀式避雷器安装在杆上、墙上时，定额已经包括与相线连接的裸铜线材料，不

另计量。但是引下线要另行列项计算。定额套用第九章“防雷及接地装置”的接地线相应子目。

③ 避雷器安装定额中不包括放电记录和固定支架制作。放电记录和固定支架制作与安装可另外套用第十一章避雷器调试项目和第四章“控制设备及低压电气”的铁构件制作、安装项目。

④ 避雷器的调试可按“组”计算工程量，套用第二册（篇）第十一章“电气调整试验”定额相应子目。

5）高压成套配电柜和箱式变电站的安装以“台”计量，但未包括基础槽钢、母线及引下线的配置安装。

6）配电设备安装的支架、抱箍、延长轴、轴套、间隔板等，如在现场制作时，可以施工图纸为依据，并按“kg ”计量。执行本册（篇）第四章铁构件制作、安装定额或成品价。

7）配电设备的端子板外部接线，可按第二册（ 篇）第四章相应定额执行。

变配电系统图以及架空进线变配电装置如图 6-1（a）、（b）所示。

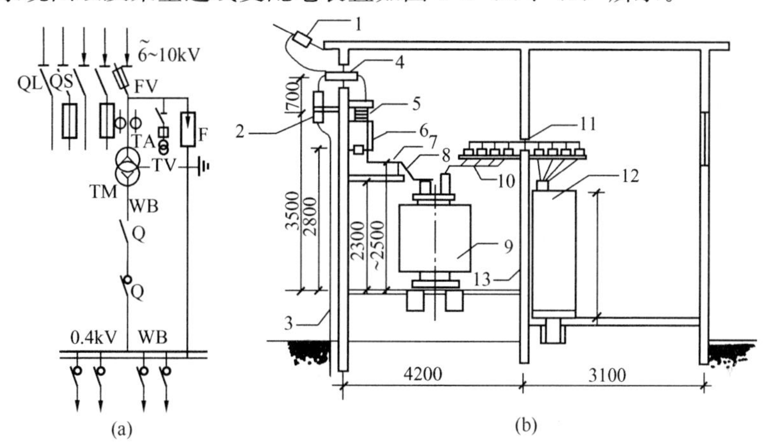

图 6-1 变配电系统与架空进线变配电装置

（a）变配电装置系统图；（b）架空进线变配电装置

1—高压架空引入线拉紧装置；2—避雷器；3—避雷器引下线；4—高压穿通板及穿墙套管；5—高压负荷开关 QL 或高压断路器 QF 或隔离开关 QS，均带操动机构；6—高压熔断器；7—高压支柱绝缘子及钢支架；8—高压母线 WB；9—电力变压器 TM；10—低压母线 WB 及电车绝缘子和钢支架；11—低压穿通板；12—低压配电箱（屏）AP、AL；13—室内接地母线

（3）杆上变压器的安装及其台架制作

1）杆上变压器安装可按变压器的容量（kVA）划分档次，以“台”计量。其工作内容包括：安装变压器、台架铁件安装、配线、接地等。

但不包括：变压器调试、抽芯、干燥、接地装置、检修平台以及防护栏杆的制作与安装。

杆上变压器安装套用第二册（篇）第十章“ 10kV 以下架空配电线路”定额相应子目。

2）杆上配电设备、跌开式保险、阀式避雷器、隔离开关等的安装可分别按“组”计量，按容量划分档次。而油开关、配电箱则分别按“台”计量。但进出线不包括焊（压）接线端子，发生时可另外列项计量。

3）杆上变压器的挖电杆坑土石方、立电杆等项目可按架空线路分部定额计算规则计量，并套用相应定额子目。

2. 母线及绝缘子安装工程计量

（1）10kV以下，悬式绝缘子安装按“串”计量。定额中包括绝缘子绝缘测试工作。其未计价材料有：绝缘子、金具、悬垂线夹等。悬式绝缘子安装是以单串考虑的，如果设计为双串绝缘子，则定额人工费乘以系数1.08计量。套用定额第二册（篇）“第三章”定额相应子目。

（2）支持绝缘子安装方式分户内、户外式，按照安装孔数划分档次，以“个”计量。

（3）进户悬式绝缘子拉紧支架，按一般铁构件制作、安装工程量计量，套用第二册（篇）第四章相应定额子目。

（4）穿通板制安其工程量按“块”计量，以不同材质分档，套用第二册（篇）第四章“控制设备及低压电器”相应定额子目。

（5）穿墙套管安装不分水平、垂直，定额按“个”计量。套用第二册（篇）第三章“母线、绝缘子”定额有关子目。

（6）母线（WB）安装工程量。

母线按刚度分类有：硬母线（汇流排）、软母线。

母线按材质分类有：铜母线（TMY）、铝母线（LMY）、钢母线（Ao）。

母线按断面形状分类有：带形、槽形、组合形。

母线按安装方式分类有：带形母线安装一片、二片、三片、四片；

组合母线2、3、10、14、18、26根等。

母线安装不包括支持（柱）绝缘子安装以及母线伸缩接头制安。套用第二册（篇）第三章相应定额；母线安装定额包括刷相色漆。

1）硬母线安装（带形、槽形等）以及带形母线引下线安装包括铜母排、铝母排分别以不同截面积按“m/单相”计算工程量。计算式为：

$$L_{母}=\Sigma（按母线设计单片延长米+母线预留长度） \quad (6-2)$$

硬母线预留长度见表6-1 。

硬母线安装预留长度（m/根） **表6-1**

序　号	项　　目	预留长度	说　　明
1	带形、槽形母线终端	0.3	从最后一个支持点算起
2	带形、槽形母线与分支线连接	0.5	分支线预留
3	带形母线与设备连接	0.5	从设备端子接口算起
4	多片重型母线与设备连接	1.0	从设备端子接口算起
5	槽形母线与设备连接	0.5	从设备端子接口算起

① 固定母线的金具亦可按设计量加损耗率计量。带形、槽形母线安装亦不包括母线钢托架、支架的制作与安装，其工程量可分别按设计成品数量执行第二册（篇）定额相应子目。但槽形母线与设备连接分别以连接不同的设备按“台”计量。

② 高压支持绝缘子安装按“个”或“柱”计量；低压母线电车瓷瓶绝缘子安装，按“个”计量；（通常发生在车间母线的安装工程上）而支、托架制作及安装按“kg”计量；以上各项分别套用相应定额子目。

③ 母线与设备相连，需焊接铜铝过渡端子，或安装铜铝过渡线夹或过渡板时，按“个”计量。按不同截面分档，套用第四章相应定额子目。母线伸缩接头亦按“个”计量。

2）重型母线安装包括铜母线、铝母线，分别按不同截面和母线的成品重量以“t”计量。

3）钢带形母线安装，按同规格的铜母线定额执行，不得换算。

4）低压（指 380V 以下）封闭式插接式母线槽安装分别按导体的额定电流大小以“m”计量，长度可按设计母线的轴线长度控制。分线箱以“台”为单位，分别以电流大小按设计数量计量。

5）母线系统调试（10kV 以下），详见本节 9，电气调试工程量计量。

6）软母线安装，指直接由耐张绝缘子串悬挂部分，可按软母线截面大小分别以“跨/三相”为单位。设计跨距不同时，不得调整。导线、绝缘子、线夹、弛度调节金具等可按施工图设计用量加定额规定的损耗率计算未计价材料用量。

7）软母线引下线，指由 T 型线夹或并钩线夹从软母线引向设备的连接线，可以“组”为单位，每三相为一组；软母线经终端耐张线夹引下（不经 T 型线夹或并钩线夹引下）与设备连接的部分均执行引下线定额，不得换算。

8）两跨软母线之间的跳引线（采用跳线线夹、端子压接管或并钩线夹连接的部分）安装，以“组”为单位，每三相为一组。不论两端的耐张线夹是螺栓式或压接式，均执行软母线跳线定额，不得换算。

9）设备连接线安装，是指两设备间的连接部分。不论引下线、跳线还是设备连接线，均应分别按导线的截面，三相为一组计量。

10）组合软母线安装，以三项为一组计量。跨距（包括水平悬挂部分和两端引下部分之和）系以 45m 以内考虑，跨度的长、短不得调整。导线、绝缘子、线夹、金具可按施工图设计用量加定额规定的损耗率计算。软母线安装预留长度见表 6-2。

软母线安装预留长度（m/根） **表 6-2**

项目	耐张	跳线	引下线、设备连接线
预留长度	2.5	0.8	0.6

3. 控制、继电保护屏安装工程计量

（1）高压控制台、柜、屏等安装按“台”计量，套用第四章相应定额子目。

（2）变配电低压柜、屏等，如果为变配电的配电装置时，可套用第四章“电源屏”子目；如果用在车间或其他作动力及照明配电箱时，可套用“动力配电箱”子目。

（3）落地式高压柜和低压柜安装柜的基座一般采用槽钢或角钢材料，其制作和安装工程量可按如下计算式：

$$L = 2(A + B) \tag{6-3}$$

式中 A——柜、箱长边，m；

B——柜、箱宽，m。

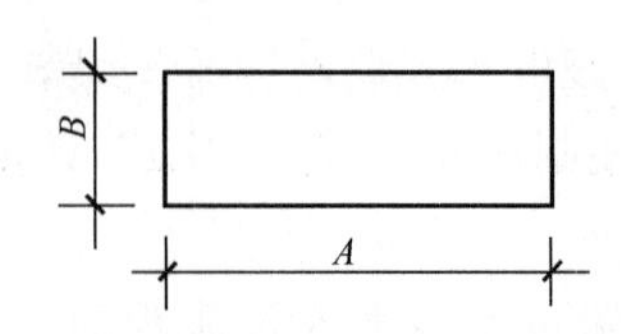

图 6-2　基础型钢周长示意图

基础型钢周长如图 6-2 所示。

1）槽钢或角钢基座的制作工程量按“kg”计量，套用第二册（篇）第四章有关子目。

2）槽钢或角钢基座的安装工程量按“kg”计量，套用第二册（篇）第四章有关子目。

3）箱、柜基座需要做地脚螺栓时，其地脚螺栓灌浆以及底座二次灌浆套用第一册（篇）第十三章“地脚螺栓孔灌浆”及“设备底座与基础间灌浆”定额子目。

（4）铁构件制作、安装按施工图设计尺寸，以成品重量“kg”为单位。

（5）动力、照明控制设备及装置安装。

1）配电柜、箱等安装，不分明、暗装以及落地式、嵌入式、支架式等安装方式，不分规格、型号，一律按“台”计量。定额套用第二册（篇）第四章有关子目。

① 成套动力、照明控制和配电用柜、箱、屏等不分型号、规格以及安装方式，可按“台”计量。其基座或支架的计算如前所述。进出配电箱的线头如果焊（压）接线端子时，可按“个”计量。

② 非成套箱、盘、板如果在现场加工时，如为铁配电箱时可列箱体制作项目，按“kg ”计量；木板配电箱制作根据半周长，按“套”计量；木配电盘（板）制作项目工程量按“m^2”计量。其安装项目工程量按“块”计量。以盘、板半周长划分档次，套用第二册（篇）第四章相应定额子目。

③ 配电屏安装保护网，工程量按“m^2”计量，套用第二册（篇）第四章相应定额子目。

④ 二次喷漆发生时，以“m^2”计量，套用第二册（篇）第四章相应定额子目。

2）箱、盘、板内电气元件安装。

① 电度表（Wh）按“个”计量。

② 各种开关（HK、HH、DZ、DW 等）按“个”计量。

③ 熔断器、插座等分别按“个”和“套”计量。如图 6-3 所示为电度表、插座图例，如图 6-4 所示为拉线开关、熔断器图例。

④ 端子板安装按“组”计量。其外部接线按设备盘、柜、台的外部接线以“个、头”为单位计量。如图 6-5 所示为接线端子板示意图，图 6-6 为接线端子示意图。

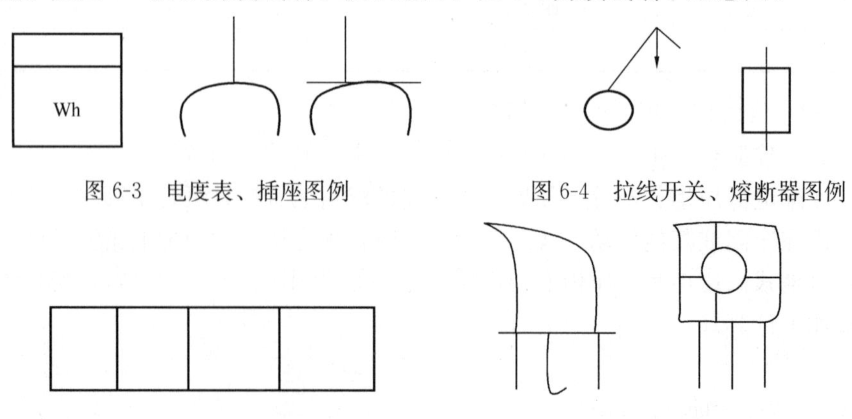

图 6-3　电度表、插座图例　　图 6-4　拉线开关、熔断器图例

图 6-5　接线端子板示意图　　图 6-6　接线端子示意图

3）柜、箱、屏、盘、板配线工程量按盘、柜内配线定额执行，以“m”计算长度，套用第二册（篇）第四章“控制设备”有关子目。其计算公式为：

$$L=\text{盘、柜半周长}\times\text{出线回路数} \tag{6-4}$$

盘、箱、柜的外部进出线预留长度可按表 6-3 计取。

4）配电板包铁皮，按配电板图示外形尺寸以“m^2”计算。

5）焊（压）接线端子定额只适用于导线，电缆终端头制作安装定额中已包括压接线端子，不再重复计量。

6）保护盘、信号盘、直流盘的盘顶小母线安装，可按“m”计算工程量。其计算式如下：

$$L=n\times\sum B+nl \tag{6-5}$$

式中 L——小母线总长；

n——小母线根数；

B——盘之宽；

l——小母线预留长度。

盘、箱、柜的外部进出线预留长度（m/根） **表 6-3**

序号	项目	预留长度	说明
1	各种箱、柜、盘、板、盒	高＋宽	盘面尺寸
2	单独安装的铁壳开关、自动开关、刀开关、启动器、箱式电阻器、变阻器	0.5	从安装对象中心算起
3	继电器、控制开关、信号灯、按钮、熔断器等小电器	0.3	从安装对象中心算起
4	分支接头	0.2	分支线预留

4. 电缆工程计量

电缆敷设形式有直接埋入土沟内，如图 6-7 所示；安放在沟内支架上，如图 6-8 所示；沿墙卡设，如图 6-9 所示；沿钢索敷设，如图 6-10 所示；吊在天棚上等。但无论采用何种敷设方式，10kV 以下的电力电缆和控制电缆敷设，均套用第二册（篇）第八章“电缆”定额相应子目。

对于 10kV 以下电力电缆的敷设，在套用定额时，特别应注意第八章说明关于章节系数的规定。

（1）10kV 以下电力电缆和控制电缆按延长米计量，不扣除电缆中间头及终端头所占长度。总长度为水平长度加垂直长度加预留长度等，如图 6-11 所示。电缆敷设端头预留长度见表 6-4。

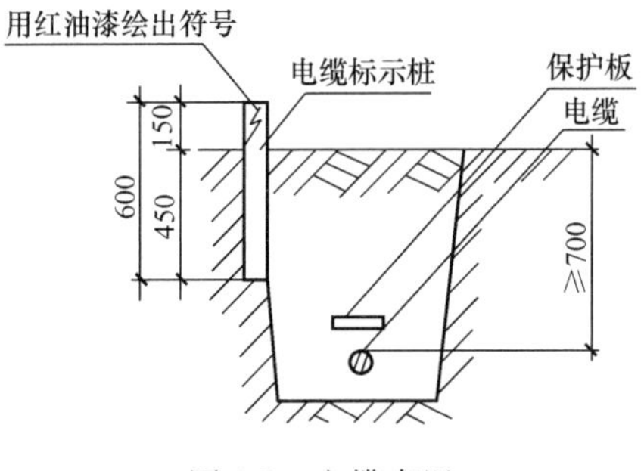

图 6-7 电缆直埋

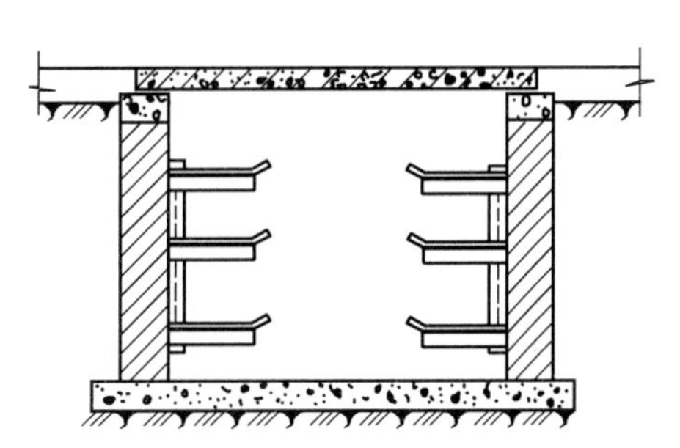

图 6-8 电缆在缆沟内支架上敷设

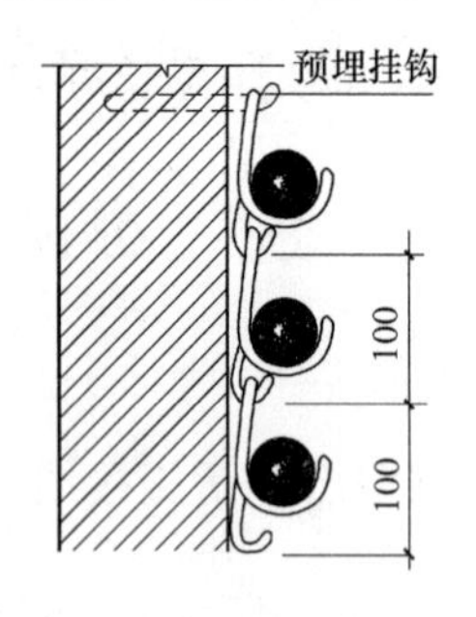

图 6-9 扁钢挂架沿墙敷设电缆

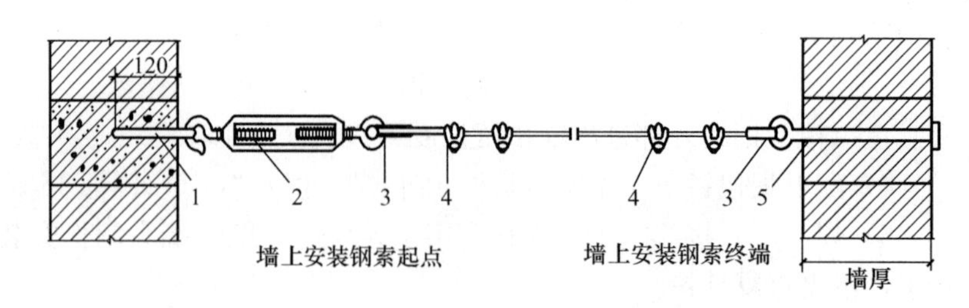

图 6-10 电缆沿钢索敷设示意图

1—耳环；2—花篮螺栓；3—心形环；4—钢索卡；5—耳环

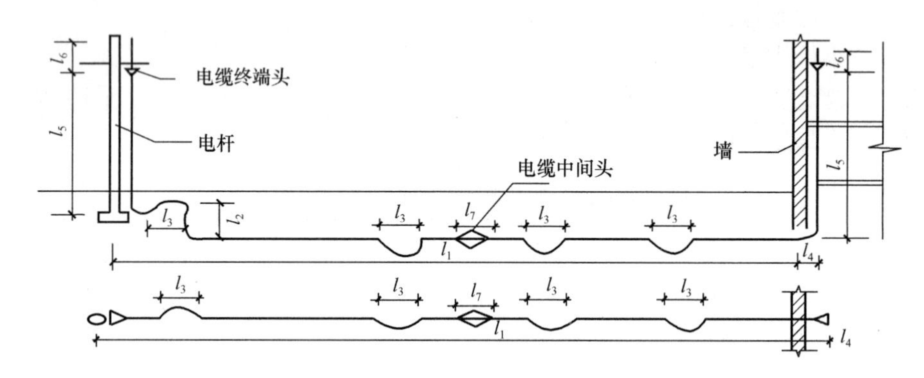

图 6-11 电缆长度组成示意图

工程量计算式为：

$$L=(l_1+l_2+l_3+l_4+l_5+l_6+l_7)\times(1+2.5\%) \tag{6-6}$$

式中 l_1——水平长度，m；

l_2——垂直及斜向长度，m；

l_3——余留（弛度）长度，m；

l_4——穿墙基及进入建筑物时长度，m；

l_5——沿电杆、沿墙引上（引下）长度，m；

l_6——电缆终端头长度，m；

l_7——电缆中间头长度，m；

2.5%——电缆曲折弯余系数。

电缆敷设端头预留长度表 **表 6-4**

序号	项目名称	预留长度（m）	说明
1	电缆进入建筑物处	2.0	规范规定最小值
2	电缆进入沟内或上吊架	1.5	规范规定最小值
3	变电所进线、出线	1.5	规范规定最小值
4	电力电缆终端头	1.5	检修余量最小值
5	电缆中间接头盒	两端各 2.0	检修余量最小值
6	电缆进入控制屏、保护屏及模拟盘等	高+宽	按盘面尺寸

续表

序号	项目名称	预留长度（m）	说明
7	电缆进入高压开关柜、低压配电盘、箱	2.0	柜、盘下进、出线
8	电缆至电动机	0.5	从电动机接线盒算起
9	厂用变压器	3.0	从地坪算起
10	电缆绕过梁柱等增加长度	按实计算	按被绕物的断面情况计算增加长度
11	电梯电缆与电缆架固定点	每处 0.5	规范规定最小值
12	电缆敷设弛度、波形弯度、交叉	2.5%	按电缆全长计算

（2）电缆直埋时，电缆沟挖填土（石）方量，如有设计图，可按图计算土（石）方量；如无设计图，可按表 6-5 计取。

电缆沟挖填土（石）方量计算表　　表 6-5

电缆根数		项目
1～2	每增 1 根	每米沟长挖土量（m^3/m）
0.45	0.153	

1）两根以内的电缆沟，上口宽度按 600mm、下口宽度按 400mm、深度按 900mm 计算，如图 6-12所示。

$$V=\frac{(0.6+0.4)\times 0.9}{2}=0.45m^3/m \quad (6\text{-}7)$$

2）每增加 1 根电缆，其沟底宽度增加 170mm，也就是每米沟长增加 0.153 m^3的土（石）方量。

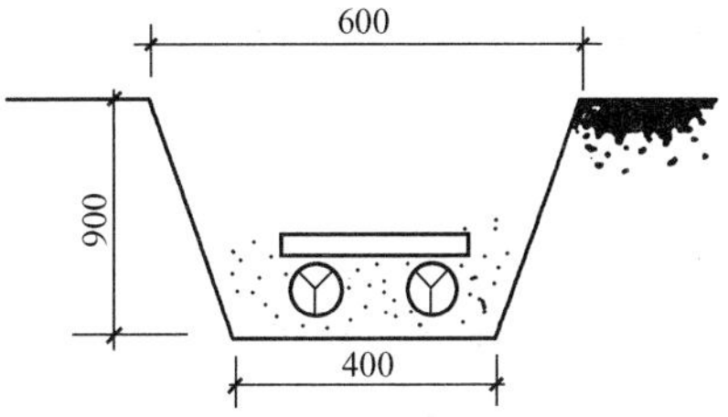

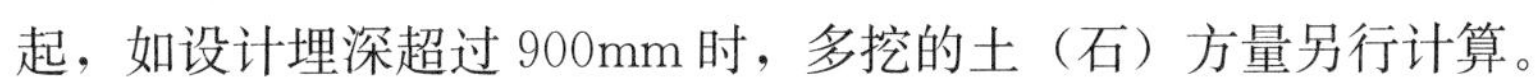

图 6-12　电缆沟

3）以上土（石）方量系按埋深从自然地坪算起，如设计埋深超过 900mm 时，多挖的土（石）方量另行计算。

电缆沟挖土（石）方工程量，可执行第二册（篇）第八章定额相应子目。

当开挖混凝土、柏油等路面的电缆沟时，按照设计的沟断面图计算土（石）方量，其计算式为：

$$V=H\cdot B\cdot L \quad (6\text{-}8)$$

式中　V——土（石）方开挖量；

H——电缆沟的深度；

B——电缆沟底宽；

L——电缆沟长度。

土（石）方挖、填方量套用第八章相应定额子目。

（3）电缆沟铺砂盖砖的工程量按沟长度，以“延长米”计量。

（4）电缆沟盖板揭盖，按每揭或每盖一次以“延长米”计算，若又揭又盖，则按两次计量。

（5）电缆保护管无论为引上或引下管、穿过沟管、穿公路管、穿墙管等一律按长度

“m”计量，根据管的材质（铸铁管、钢管）划分档次，定额套用第二册（篇）第九章相应子目。其埋地的土石方，如有施工图纸者，按图计算；如无施工图，可按沟深 0.9m，沟宽按最外边的保护管两侧边缘各增加 0.3m 工作面计算长度。电缆保护管除按设计规定长度计算外，遇有下列情况，应按以下规定增加保护管长度。

1）横穿公路，按路基宽两端各加 2m。如图 6-13 所示。

$$L=\text{路面宽}+4\text{m} \tag{6-9}$$

2）垂直敷设管口距地面增加 2m。

3）穿过建筑物外墙者，按基础外缘增加 1m。

4）穿过排水沟，按沟壁外缘以外两边各加 0.5m。如图 6-14 所示。

$$L=\text{沟外壁宽}+1\text{m} \tag{6-10}$$

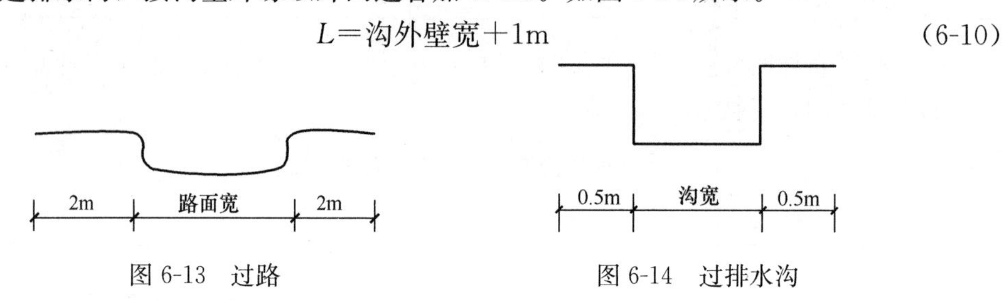

图 6-13　过路　　　　图 6-14　过排水沟

(6) 电缆终端头及中间接头均按“个”计量。中间头的计量通常按设计考虑，若无设计规定时，可按下式确定：

$$n=\frac{L}{l}-1 \tag{6-11}$$

式中　n——中间头的个数；

L——电缆设计敷设长度，m；

l——每段电缆平均长度，m。

l 可按下列参数取定：

1）1kV 以下电缆：

截面积 35mm^2 以内取　　600～700m；

截面积 120mm^2 以内取　　500～600m；

截面积 240mm^2 以内取　　400～500m。

2）10kV 以下电缆：

截面积 35mm^2 以内取　　300～350m；

截面积 120mm^2 以内取　　250～300m；

截面积 240mm^2 以内取　　200～250m。

(7) 电缆支架、吊架及钢索

1）电缆支架、吊架、槽架等制作安装，以“kg”为单位，执行“铁构件制作”定额。桥架安装，以“10m”为单位，不扣除弯头、三通、四通等所占长度。

2）吊电缆的钢索及拉紧装置，分别执行相应的定额子目。

3）钢索的计量长度，以两端固定点的距离为准，不扣除拉紧装置所占的长度。定额套用第二册（篇）第十二章“配管、配线”定额相应子目。

(8) 多芯电力电缆套定额时，按一根相线截面计量，不得将三根相线和零线截面相加计量，单芯电缆敷设可按同截面的多芯电缆敷设计量，再乘以定额规定系数。

(9) 电缆工地运输工程量按"t /km"计量，并根据定额规定，可将电缆折算成重量，然后套用运输定额，折算公式为：

$$Q=W+G \tag{6-12}$$

式中 Q——电缆折算总重量，t；

W——电缆理论重量，W=t/m×电缆长度；

G——电缆盘重，t；

运距是从电缆库房或现场堆放地算至施工点。

5. 配管、配线工程计量

(1) 配管配线系指从配电控制设备到用电器具的配电线路以及控制线路的敷设。工艺上分明配和暗配两种形式。各种配管应区别不同敷设方式、部位及管材材质、规格，以延长米计量。不扣除管接线箱（盒）、灯头盒、开关盒所占长度。其计算要领是从配电箱算起，沿各回路计算；同时应考虑按建筑物自然层进行划分。或者按照建筑形状分片计算。配管定额套用第十二章"配管、配线"有关子目。

1) 沿墙、柱、梁水平方向敷设的管（线），其长度与建筑物轴线尺寸有关，故应按相关墙、柱、梁轴线尺寸计量。如图 6-15 所示。

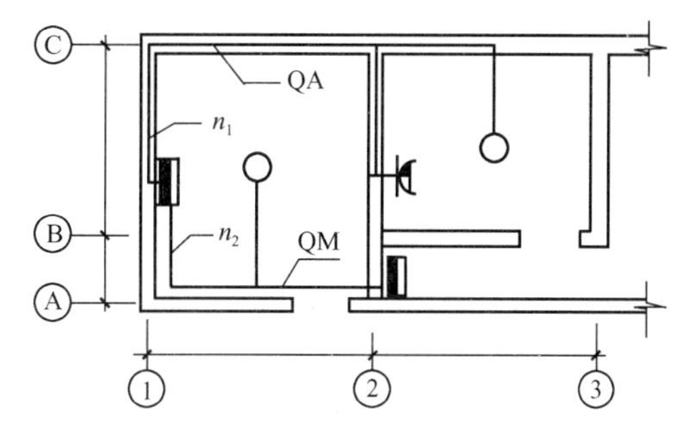

图 6-15 管线水平长度计量示意图

2) 如果在天棚内敷设，或者在地坪内暗敷，可用比例尺斜量，或按设计定位尺寸计量。注意，在吊顶内敷管按明敷项目定额执行。

3) 在预制板地面和楼面暗敷的管，可按板缝纵、横方向计量。

4) 沿垂直方向敷设的管线通常与箱、盘、板开关等的安装高度有关，也与楼层高度 H 有关。沿垂直方向引上引下的管线，其计算方法如图 6-16 所示。

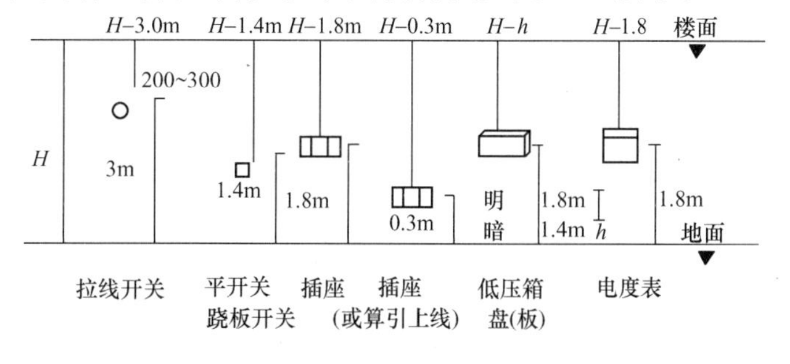

图 6-16 引下线管长度计算示意图

(2) 管内穿线分照明线路与动力线路，按不同导线截面，以单线延长米计量。照明线路中导线截面不小于 6mm² 时，按动力穿线执行，线路的分支接头线的长度已综合考虑在定额中，不再计算接头工程量。其计算式为：

$$管内穿线长度=(配管长度+导线预留长度)\times同截面导线根数 \tag{6-13}$$

(3) 钢索架设及拉紧装置、支架、接线箱（盒）等的制作、安装，其工程量另行计算，套第二册（篇）第十二章相应定额项目。

(4) 灯具、明暗开关、插销、按钮等的预留线，分别综合在有关定额中，不另计算以上预留线工程量。但配线进入开关箱、柜、板等的预留线，按表 6-6 规定长度预留，分别计入相应的工程量中。

(5) 配管接线箱、盒安装等的工程计量。

安装工程中，无论是明配或暗配线管，都将产生接线箱或接线盒（分线盒）以及开关盒等。

配线进入箱、柜、板预留长度表（m/根） **表 6-6**

序号	项目	预留长度	说明
1	各种开关箱、柜、板	高×宽	盘面尺寸
2	单独安装的铁壳开关，自动开关、刀开关、启动器、箱式电阻器、变阻器	0.5	从安装对象中心算起
3	由地面管子出口引至动力接线箱	1.0	从管口算起
4	电源与管内导线连接（管内穿线与硬母线接头）	1.5	从管口算起
5	出户线（进户线）	1.5	从管口算起

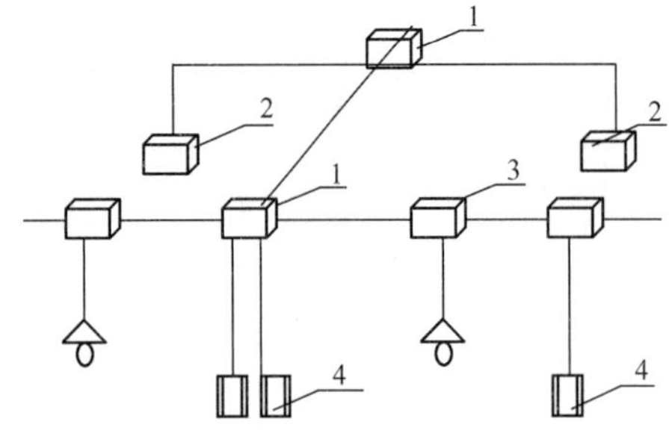

图 6-17 接线盒位置透视图

1—接线盒；2—开关盒；3—灯头盒；4—插座盒

灯头盒、插座盒等安装，均以“个”计量，且箱、盒均计算未计价材料。

接线盒通常布置在管线分支处或者管线转弯处。如图 6-17 所示，可参照此透视图位置计量盒的数量。当线管敷设超过以下长度时，可在其间增加接线盒：

1）对无弯的管路，不超过 30m。

2）两个拉线点之间有一个弯时，不超过 20m。

3）两个拉线点之间有两个弯时，不超过 15m。

4）两个拉线点之间有三个弯时，不超过 8m。

接线盒的安装工程量，应区别安装形式（明装、暗装、钢索上）套用相应定额子目。

(6) 导线同设备连接需焊（压）接线端子时，可按“个”计量。套用第二册（篇）第四章相应定额子目。

(7) 配线工程量的计量。

配线工程定额是按敷设方式、敷设部位以及配线规格进行划分的。

1）绝缘子配线，可划分为鼓形、针式以及蝶式绝缘子，按“单线延长米”计量，套第二册（篇）第十二章定额相应子目。当绝缘子配线沿墙、柱、屋架或者跨屋架、跨柱等敷设需要支架时，可按图纸或标准图规定，计量支架的重量，并套用相应支架制作、安装定额子目。绝缘子跨越需要拉紧装置时，可按“套”计量制安工程量，套用第二册（篇）第十二章定额相应子目。

2）槽板配线可分为木槽板（CB）配线、塑料槽板（VB）配线等材质，定额亦分两线式和三线式；根据敷设在不同结构以及导线的规格，按“线路延长米”计量。

3）塑料护套线配线无论何种形状，定额划分为二芯、三芯式，可按“单根线路延长米”计量。若沿钢索架设时，必须计算钢索架设和钢索拉紧装置两项，并套用相应定额子目。

4）线槽配线（GXC、VXC等）按导线规格划分档次，线槽内配线以“单线延长米”计量；线槽安装可按“节”计量；如需支架时，可另列支架制作和安装两个项目，套第二册第四章相应定额子目。

5）线夹配线工程量，应区别线夹材质（塑料、瓷质），按两线式、三线式，以及敷设在不同结构，并考虑导线规格，以“线路延长米”计量。

（8）车间滑触线（WT）安装工程计量。

1）角钢滑触线等安装按“m/单相”计量，定额套用第二册（篇）第七章相应子目。其计算式为：

$$滑触线长度=\sum（单相延长米+预留长度）\times 根数 \quad (6\text{-}14)$$

预留长度见表6-7 。

2）滑触线支架制作、安装，支架制作按“ kg”计算，套第四章相应定额子目；支架安装按“副”计量。以焊接和螺栓连接方式划分档次，套第七章定额相应子目。

3）滑触线及支架刷第二遍防锈漆，可套用第十一册（篇）相应定额子目。

4）滑触线指示灯安装可按“套”计量，套用第二册（篇）第七章相应定额子目

5）滑触线低压绝缘子安装按“个”计量，套用第二册（篇）第三章相应定额子目。

6）滑触线和支架的安装高度定额是按10m以下考虑的，当实际施工超过此高度时，可按第二册（篇）第七章定额说明规定计算操作超高增加费。

7）滑触线拉紧装置按“套”计量。

8）滑触线的辅助母线安装，执行“车间带形母线”安装定额项目。

滑触线安装附加和预留长度（m/根） **表6-7**

序号	项　目	预留长度	说　明
1	圆钢、铜母线与设备连接	0.2	从设备接线端子接口起算
2	圆钢、铜滑触线终端	0.5	从最后一个固定点起算
3	角钢滑触线终端	1.0	从最后一个支持点起算
4	扁钢滑触线终端	1.3	从最后一个固定点起算
5	扁钢母线分支	0.5	分支线预留
6	扁钢母线与设备连接	0.5	从设备接线端子接口起算
7	轻轨滑触线终端	0.8	从最后一个支持点起算
8	安全节能及其他滑触线终端	0.5	从最后一个固定点起算

6. 电机安装及其检查接线与干燥工程计量

《全国统一安装工程预算定额》将电机本体的安装工程量，放入第一册《机械设备安装工程》中，而对于电机的检查接线，可套用第二册《电气设备安装工程》第六章定额有关子目。并且在使用定额时，应注意要另列电机调试项目。

（1）发电机、调相机、电动机的电气检查接线

上述项目均以“台”计量。直流发电机组和多台一串的机组，按单台电机分别套定额。定额套用时，可按电机的容量划分档次。

（2）电机干燥

电机在安装之前，通常要测试绝缘电阻，如果测试不符合规定者，必须进行干燥。在第二册（篇）第六章“电机检查接线”定额中，除发电机和调相机外，均不包括电机干燥，发生时其工程量可按电机干燥定额另列项计量。电机干燥定额是按一次干燥所需的工、料、机消耗量考虑的，在特别潮湿的地方，电机需要进行多次干燥，可根据实际发生的干燥次数计算。在气候干燥、电机绝缘性能良好、符合技术标准而不需要干燥时，则不计算干燥费用。实行包干的工程，可参照如下比例，由有关各方协商决定。

1）低压小型电机 3kW 以下按 25%的比例考虑干燥；

2）低压小型电机 3kW 以上至 220kW 按 30%～50% 考虑干燥；

3）大、中型电机按 100%考虑一次性干燥。

（3）电机解体拆装检查

电机解体拆装检查定额，可根据需要选用。如果不需要解体时，只执行电机检查接线定额。

（4）电机安装

电机安装定额的界限划分是：单台电机重量在 3t 以下的为小型电机；单台电机重量在 3t 以上至 30t 以下的为中型电机；单台电机重量在 30t 以上的为大型电机。小型电机按电机类别和功率大小执行相应定额，大、中型电机不分类别一律按电机重量执行相应定额。

7. 照明器具安装工程计量

对于照明灯具，国家没有统一的标志，各厂家产品型号及其标志极不统一，给定额套用带来困难。因此，尽量套用与灯具相似的子目。一般灯具套用第二册（篇）第十三章“照明器具”有关子目，装饰灯具套用有关装饰灯具定额子目。灯具的种类、适用范围，详见定额第十三章的章说明中的具体规定。

灯具的组成有一般灯架、灯罩、灯座及其附件。常见灯具如图 6-18 所示，其安装方式见表 6-8。

灯具安装方式 **表 6-8**

安装方式		新符号	旧符号
吊式	线吊式	WP	X
	链吊式	C	L
	管吊式	P	G
吸顶式	一般吸顶式	R	D
	嵌入吸顶式		RD
壁装式	一般壁装式	W	B
	嵌入壁装式	R	RB

灯具安装工程量是以其种类、规格、型号、安装方式等进行划分，并且一律按“套”计量。定额包括灯具以及灯管（灯泡）的安装，对于灯具的未计价材料，可按各地区预算

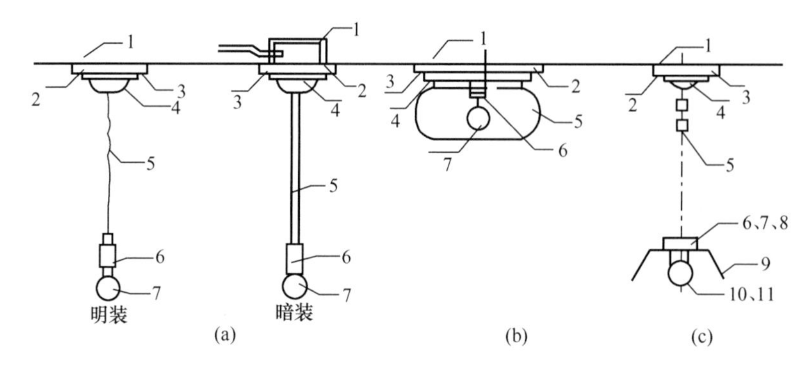

图 6-18 灯具组成示意图

(a) 吊灯 明装：1—固定木台螺栓；2—木台；3—固定吊线盒螺钉；4—吊线盒；5—灯线（花线）；6—灯头（螺口 E，插口 C）；7—灯泡

暗装：1—灯头盒；2—塑料台固定螺栓；3—塑料台；4—吊线盒；5—吊杆（吊链、灯线）；6—灯头；7—灯泡

(b) 吸顶 1—固定木台螺钉；2—木台；3—固定木台螺钉；4—灯圈（灯架）；5—灯罩；6—灯头座；7—灯泡

(c) 日光灯 1—固定木台螺钉；2—固定吊线盒螺栓；3—木台；4—吊线盒；5—吊线（吊链、吊杆、灯线）；6—镇流器；7—启辉器；8—电容器；9—灯罩；10—灯管灯脚（固定式、弹簧式）；11—灯管

价格为依据。其计算公式为：

灯具未计价材料价值＝灯具数量×定额消耗量×灯具单价＋灯泡(灯管)未计价材料价值　(6-15)

灯泡(灯管)未计价材料价值＝灯泡(灯管)数量×(1＋定额规定损耗率)×灯泡(灯管)单价　(6-16)

灯罩未计价材料价值＝灯罩数量×(1＋定额规定损耗率)×灯罩单价　(6-17)

其中灯泡（灯管）、灯罩（灯伞）等的损耗率见表 6-9。

灯泡（灯管）、灯罩（灯伞）损耗率　**表 6-9**

材料名称	损耗率（%）
白炽灯泡	3.0
荧光灯泡、水银灯泡	1.5
玻璃灯罩（灯伞）	5.0

(1) 普通灯具安装，定额中列入了吸顶灯和其他普通灯具两类，按“套”计算工程量。

其他普通灯具包括软线吊灯、链吊灯、防水吊灯、一般弯脖灯、一般壁灯、防水灯头、节能座灯头、座灯头等。定额中不包括吊线盒的价值，计算工程量时，应进行组装计价。软线吊灯未计价材料价值的计算公式为：

软线吊灯未计价材料价值＝吊线盒价值＋灯头价值＋灯伞价值＋灯泡价值　(6-18)

(2) 荧光灯具安装，可分为组装型和成套型两类。

1) 成套型荧光灯是指定型生产，并且成套供应的灯具，由于运输需要，散件出厂，在现场组装者。其安装方式有 C、P 等形式。吊链式成套荧光灯具安装项目中每套包括 2

根（共 3m 长）吊链和 2 个吊线盒。

2）组装型荧光灯是指不是工厂定型生产的成套灯具，而由市场采购的不同类型散件组装而成，或局部改装者，执行组装型定额。其安装方式有 C、P、R 等形式。应根据安装方式和灯管数量等分别套用相应定额。

在计算组装型荧光灯时，每套可计算一个电容器安装工程量项目，套用相应定额，并计算电容器的未计价材料价值。

（3）工厂灯及防水防尘灯安装，可分为两类：即工厂罩灯和防水防尘灯；工厂其他常用灯具安装，应区别不同安装形式按“套”计算工程量。

（4）医院灯具安装是指病房指示灯、病房暗脚灯、紫外线杀菌灯、无影灯等，应区别灯具种类按“套”计算工程量。

（5）路灯安装。该类灯具包括两种，即：大马路弯灯安装，一般臂长为 1200mm 左右；庭院路灯安装，应区别不同臂长灯具组装数量分别按“套”计量。

（6）装饰灯具的安装。

装饰灯具通常发生在宾馆、商场、影剧院、大饭店、高级住宅等建筑物装饰用场地。由于内容繁杂，型号亦不统一，在套定额时，要对照《国安》十三章后的附录“装饰灯具示意图集”选择子目。2000 年 3 月 17 日以后开始实施的《国安》对装饰灯具做了如下分类：

1）吊式艺术装饰灯具：蜡烛、挂片、串珠（穗）、串棒、吊杆、玻璃罩等样式；应根据不同材质、不同灯体垂吊长度、不同灯体直径等分别套用定额。

2）吸顶式艺术装饰灯具：串珠（穗）、串棒、挂片（碗、吊碟）、玻璃罩等样式；应根据不同材质、不同灯体垂吊长度、不同灯体几何形状等分别套用定额。

3）荧光艺术装饰灯具：组合荧光灯光带、内藏组合、发光棚灯、立体广告灯箱、荧光灯光沿等样式；应根据不同安装形式、不同灯管数量、不同几何尺寸、不同灯具形式等的组合，分别套用定额。

4）几何形状组合艺术灯具：繁星灯、钻石星灯、礼花灯、玻璃罩钢架组合灯、凸片灯、反射柱灯、筒形钢架灯、U 形组合灯、弧形管组合灯等样式；应根据不同固定形式、不同灯具形式的组合，分别套用定额。

5）标志、诱导装饰灯具：应根据不同安装形式的标志灯、诱导灯分别套用定额。

6）水下艺术装饰灯具：简易型彩灯、密封型彩灯、喷水池灯、幻光型灯等样式。

7）点光源艺术装饰灯具：筒灯、牛眼灯、射灯、轨道射灯等样式；应根据不同安装形式、不同灯体直径，分别套用定额。

8）草坪灯具：分立柱式、墙壁式。

9）歌舞厅灯具：分各种形式的变色转盘灯、雷达射灯、幻影转彩灯、维纳斯旋转彩灯、卫星（飞碟）旋转效果灯、多头转灯、滚筒灯、频闪灯、太阳灯、雨灯、歌星灯、边界灯、射灯、泡泡发生器、迷你满天星彩灯、迷你单立（盘彩）灯、多头宇宙灯、镜面球灯、蛇光管。

（7）照明线路附件安装

1）开关、按钮种类多样，如拉线开关、板式开关、密闭开关、一般按钮等。应区别其安装形式、开关按钮种类、单控或双控以及明装和暗装等按“套”计量。

2）插座安装定额中列入了普通插座和防爆插座两类，应区别电源相数、额定电流、插座安装形式、插座插孔个数以及明装和暗装，按“套”计量。

3）风扇安装，应区别风扇种类，以“台”计量，定额已包括调速器开关的安装。

4）安全变压器安装，按容量划分档，以“台”计量。至于支架的制作、安装可另列项计算后，套用第二册（篇）第四章相应定额子目。

5）电铃安装，按直径划分档次，以“套”计量。

6）门铃安装，应区别门铃安装形式，以“个”计量。

8. 防雷与接地装置工程计量

建筑物的防雷接地装置一般由接闪器、引下线和接地装置三部分组成。其作用是将雷电波通过这些装置导入大地，以确保建筑物免遭雷电袭击。如图6-19所示为高层建筑暗装避雷网的安装。其原理是利用建筑物屋面板内钢筋作为接闪器，再将避雷网、引下线和接地装置三部分组成一个大网笼，亦称为笼式避雷网。如图6-20所示是高层建筑为防止侧向雷击和采取等电位措施。建筑物从首层起，每三层设均压环一圈。如果建筑物全部是钢筋混凝土结构时，可将结构圈梁钢筋同柱内充当引下线的钢筋绑扎或焊接作为均压环；当建筑物为砖混结构但有钢筋混凝土组合柱和圈梁时，均压环的做法同钢筋混凝土结构。若没有组合柱和圈梁时，应每三层在建筑物外墙内敷设一圈φ12镀锌圆钢作为均压环，并与所有引下线连接。

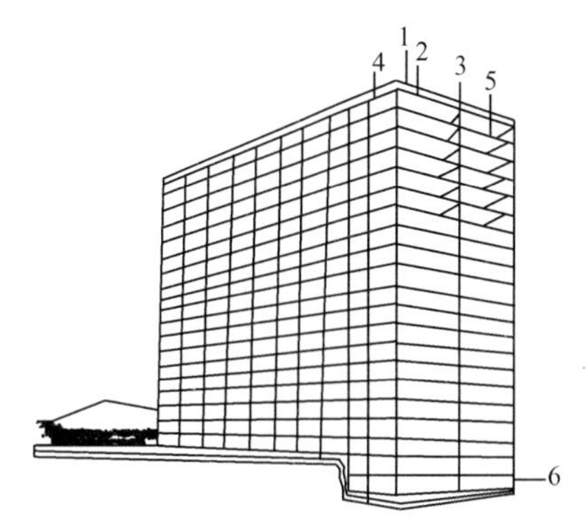

图6-19 框架结构笼式避雷网示意图

1—女儿墙避雷带；2—屋面钢筋；3—柱内钢筋；4—外墙板钢筋；5—楼板钢筋；6—基础钢筋

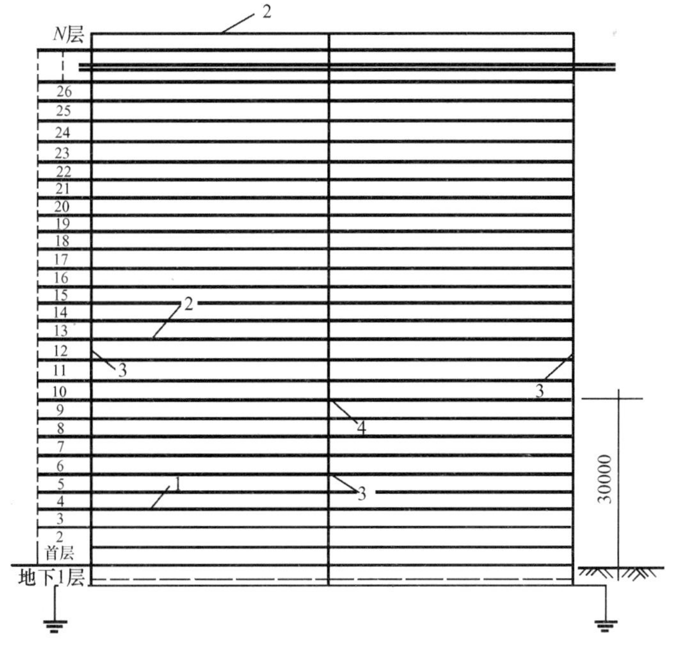

图6-20 高层建筑物避雷带（网或均压环）引下线连接示意图

1—避雷带(网或均压环)；2—避雷带(网)；3—防雷引下线；4—防雷引下线与避雷带(网或均压环)的连接处

防雷接地的三个组成部分，即接闪器（避雷针、避雷网、避雷带）、引下线和接地装置（接地体和接地母线），按照施工工艺的要求，要焊接为一体，形成闭合回路。2000 年《国安》已包括固定避雷网（避雷带）、引下线、接地母线的支持卡子的埋设工作。防雷接地部分可套用第二册（篇）第九章有关定额子目。高层建筑物屋顶的防雷接地装置应执行“避雷网安装”定额，电缆支架的接地线安装可执行“户内接地母线敷设”定额。

（1）避雷针安装根据不同的部位，定额中列入了安装在建筑物上和构筑物上、安装在烟囱及金属容器上等项目。图 6-21、图 6-22 分别为避雷针在山墙上和屋面上安装的大样图。一般避雷针的加工制作、安装工程量以“根”计量；独立避雷针安装按“基”计量；独立避雷针的加工制作应执行一般铁构件制作项目或按成品计量。半导体少长针消雷装置安装以“套”计量，按设计安装高度分别执行相应定额。装置本身由设备制造厂成套供货。

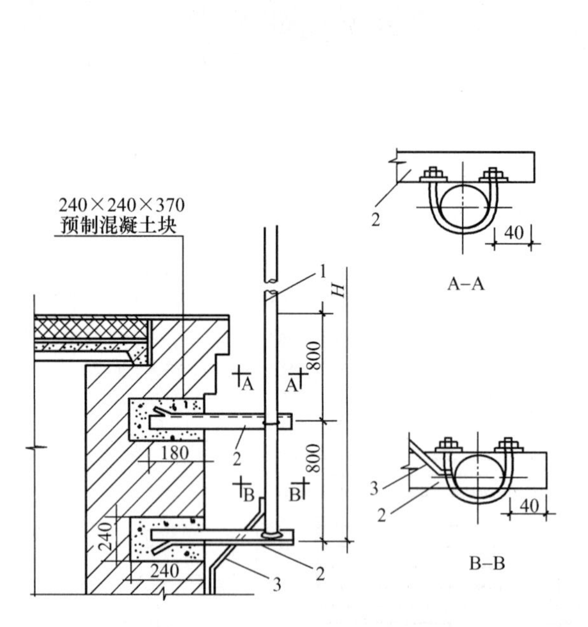

图 6-21 避雷针在山墙上安装

1—避雷针；2—支架；3—引下线

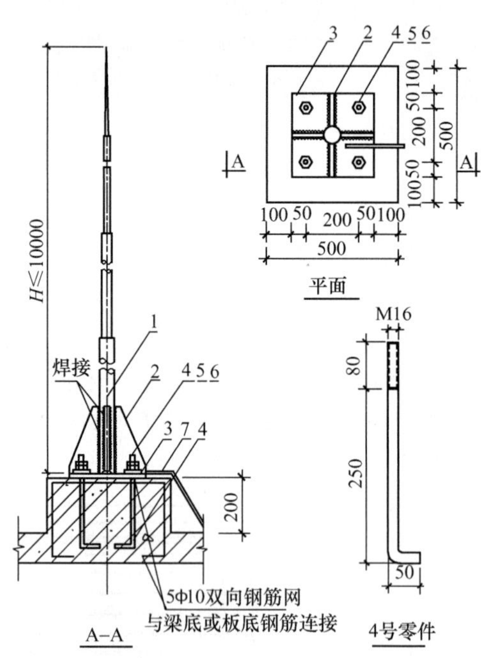

图 6-22 避雷针在屋面上安装

1—避雷针；2—肋板；3—底板；4—底脚螺栓；5—螺母；6—垫圈；7—引下线

（2）避雷网安装工程量按“延长米”计量。其计算式为：

$$避雷网长度（m）＝按图计算延长米×（1+3.9\%） \quad (6\text{-}19)$$

式中 3.9%——避雷网附加长度，即为避绕障碍物、转弯以及上下波动等接头所占长度。

（3）引下线敷设按照所利用的金属导体分别套用相应定额子目，仍以“延长米”计量。其计算式为：

$$引下线长度（m）＝按图计算延长米×（1+3.9\%） \quad (6\text{-}20)$$

当工程中利用建（构）筑物主筋作为引下线安装时，可按“m”计量，每一柱子内按焊接两根主筋考虑，如焊接主筋数超过两根时，可按比例调整。

（4）接地体制作安装。

1）接地母线敷设其材料通常采用不小于φ8的镀锌圆钢或δ不小于4mm、截面不小于48mm²的角钢组合。定额分户内和户外接地母线安装。如图6-23所示，即为户内接地母线与户外接地体的连接示意图。户外接地母线敷设系按自然地坪考虑的，包括地沟的挖填土和夯实工作，遇有石方、矿渣、积水、障碍物等情况时可列项另行计算。其计算式为：

$$接地母线长度（m）＝按图计算延长米×（1＋3.9\%）\quad (6\text{-}21)$$

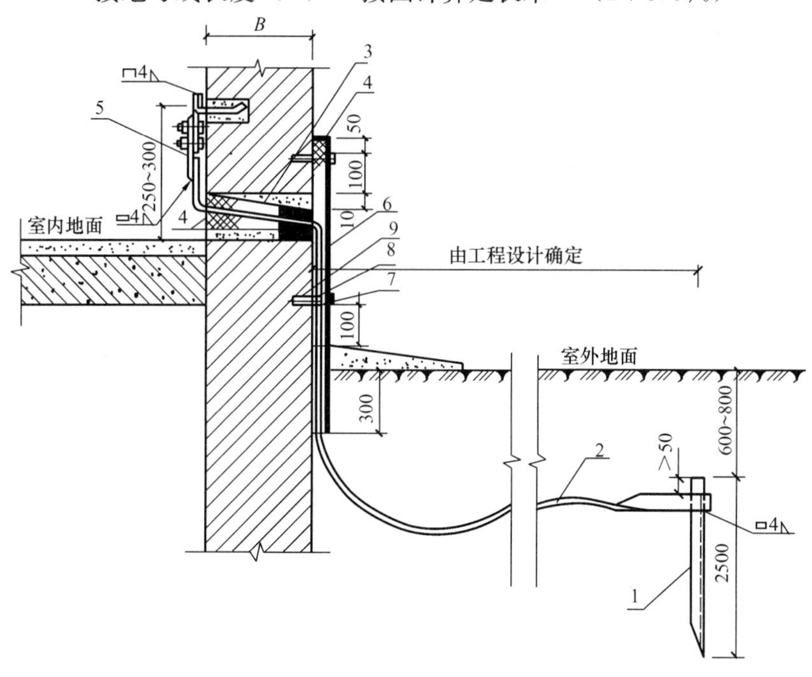

图6-23 户内接地母线与户外接地体的连接示意图

1—接地体；2—接地母线；3—套管；4—沥青麻丝；5—断接卡子；6—角钢；7—卡子；8—塑料胀锚螺栓；9—沉头木螺栓

2）接地极制安按“根”计量。其长度按设计长度计算。设计无规定时，每根长度可按2.5m计算未计价材料的价值。但要根据定额规定，以不同土质划分档次分别套用定额。如果设计有管帽时，管帽另按加工件计算。

（5）接地跨接线安装。当接地母线遇有障碍时，需要跨越，采用接头连接线相接即叫做跨接。接地跨接可按“处”计量。其出现的部位通常是在伸缩缝、沉降缝、吊车轨道、管道法兰盘接缝等处。至于金属线管和箱、盘、柜、盒等焊接的连接线，线管同线管连接管箍之处的连接线，定额已综合考虑，不再计算跨接。如图6-24所示即为接地跨接线连接图。

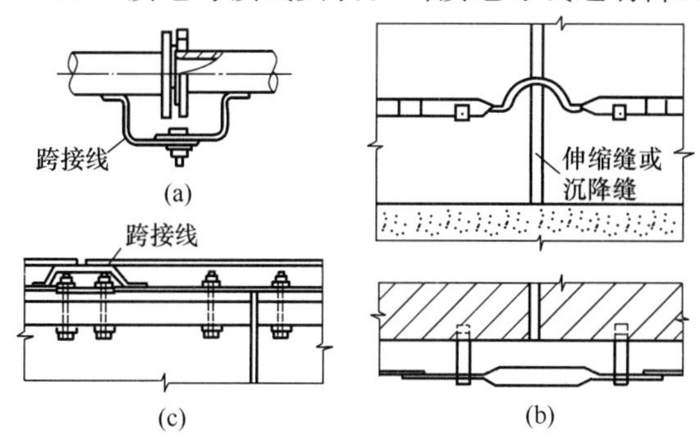

图6-24 接地跨接线连接示意图

（a）连接（法兰盘跨接）；（b）跨接线连接（过伸缩缝）；（c）在钢轨处跨接线连接

（6）均压环敷设以“m”为单位，定额主要考虑利用圈梁内主筋作均压环接地连线，焊接按两根主筋考虑，超过两根时，可按照比例调整。长度按设计需要作均压接地的圈梁中心线长度，以延长米计量。

（7）钢、铝窗接地按“处”计量。

（8）高层建筑六层以上的金属窗设计一般要求接地，可按设计规定接地的金属窗数进行设计。

（9）柱子主筋与圈梁按“处”计量，每处按两根主筋与两根圈梁钢筋分别焊接连接考虑，若焊接主筋和圈梁钢筋超过两根时，可按比例调整，需要连接的柱子主筋和圈梁钢筋“处”数按规定设计计量。

（10）断接卡子制作安装以“套”计量。可按设计规定装设的断接卡子数量计算。如图 6-25 所示即为明装引下线时，断接卡子安装图。

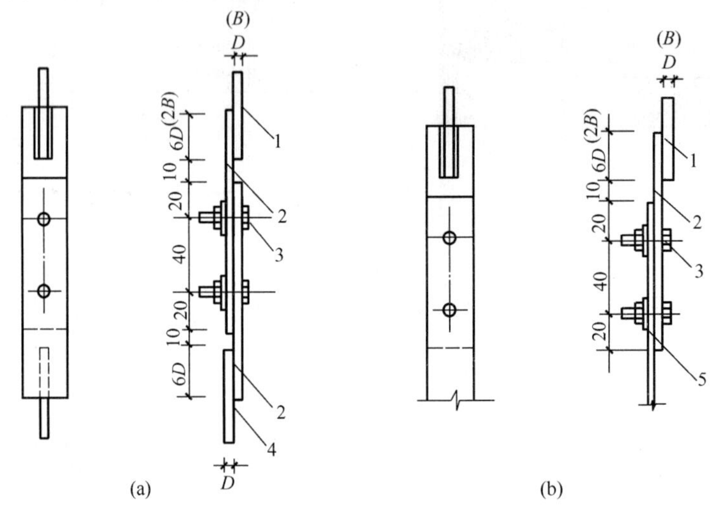

图 6-25 明装引下线断接卡子安装

（a）用于圆钢连接线；（b）用于扁钢连接线

D—圆钢直径；B—扁钢宽度

1—圆钢引下线；2—－25×4 扁钢，$L=90\times6D$ 连接板；3—M8×30 镀锌螺栓；

4—圆钢接地线；5—扁钢接地线

9. 电气调试工程计量

电气调试系统的划分以电气原理系统图为依据，电气设备元件的本体均包括在相应定额的系统调试内，不另行计算，但不包括设备的烘干以及由于设备元件缺陷造成的更换、修理等，也未考虑因设备元件质量低劣对调试工作造成的影响。定额系按新的合格设备考虑的，如果遇到上述情况，可另行计算。经过修配改或拆迁的旧设备调试，定额乘以系数 1.1。其中各工序的调整费用需单独计算时，可以按照表 6-10 所列比例计取。

电气系统调试套用第二册（篇）第十一章相应定额子目。

电气调试系统各工序的调整费用 **表 6-10**

项目 / 比率（%） / 工序	发电机系统	变压器系统	送配电设备系统	电动机系统
一次设备本体试验	30	30	40	30
附属高压二次设备试验	20	30	20	30
一次电流及二次回路检查	20	20	20	20
继电器及仪表试验	30	20	20	20

（1）变压器系统调试

以变压器容量（kVA）划分档次，按“系统”计量，且变压器系统调试以每个电压侧一台断路器为准，多出部分按相应电压等级的送配电设备系统调试的相应基价另行计量。干式变压器、油浸电抗器调试，执行相应容量变压器调试定额乘以0.8系数。电力变压器如有“带负荷调压装置”，调试定额乘以系数1.12。三卷变压器、整流变压器、电炉变压器调试按同容量的电力变压器调试定额乘以系数1.2计量。

三项电力变压器系统调试工作包括：变压器（TM），断路器（QF），互感器（TV、TA、隔离开关QS），风冷及油循环冷却系统装置，一、二次回路调试及变压器空载投入试验等工作。

该系统不包括的工作内容为：避雷器、自动装置、特殊保护装置、接地网调试。上述内容可另列项目后，套相应定额子目。

（2）送配电设备系统调试

送配电设备系统调试，适用于各种送配电设备和低压供电回路的系统调试。定额中列入了交流供电和直流供电两类，以电压等级划分档次，并按“系统”计量。

调试工作包括：自动开关或断路器、隔离开关、常规保护装置、电气测量仪表、电力电缆及一、二次回路系统调试，如图6-26所示。

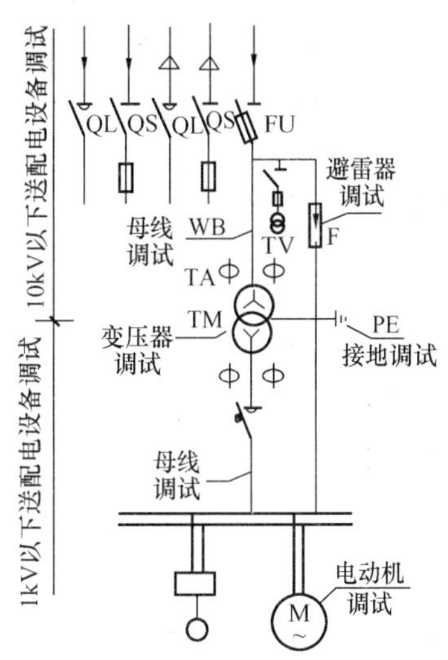

图6-26 电气调试系统示意图

1）1kV以下供电送配电设备系统调试，该子目适用于所有低压供电回路。

① 系统划分：凡供电回路中设有仪表（PA、PV、PT、PC、PS等）、继电器（KA、KD、KV、KT、KM等）、电磁开关（接触器KM、起动器QT等，不包括闸刀开关、电度表、保险器），均作为调试系统计算。反之，凡线路中不含调试元件者，均不作为一个独立调试系统计算。如民用楼房的供电，所设的分配电箱只装闸刀或熔断器装置，此时不作为独立单元的低压供电系统。因此，这种供电方式的回路不存在调试，只是回路接通的试亮工作。安装自动空气开关、漏电开关亦不计算调试费。

② 单独的电气仪表、继电器安装可执行第二册（篇）第四章控制、继电保护屏电气、仪表、小母线安装的相应项目，不计取调试费，所有仪表试验均已包括在系统调试费内，有些不作系统调试的一次仪表，只收取校验费，其费用标准可按校验单位的收费标准计算。

③ 送配电调试项目中的1kV以下子目适用于所有低压供电回路，如从低压配电装置至分配电箱的供电回路；但从配电箱至电动机的供电回路已包括在电动机的系统调试的项目之内。

2）10kV以下送配电设备系统调试，供电系统调试包括系统内的电缆试验、瓷瓶耐压等全套调试工作。供电桥回路中的断路器、母线分段断路器皆作为独立的系统计算调试费。送配电设备系统定额是按一个系统一侧配一台断路器考虑的，若两侧皆有断路器时，则按两个系统计量调试工程量。

（3）特殊保护装置调试

特殊保护装置调试，以构成一个保护回路为一套，其工程量按如下规定计算：

1）发电机转子接地保护，按全厂发电机共用一套考虑。

2）距离保护，按设计规定所保护的送电线路断路器台数计量。

3）高频保护，按设计规定所保护的送电线路断路器台数计量。

4）零序保护，按发电机、变压器、电动机的台数或送电线路断路器的台数计量。

5）故障录波器的调试，以一块屏为一套系统计量。

6）失灵保护，按设置该保护的断路器台数计量。

7）失磁保护，按所保护的电机台数计量。

8）变流器的断线保护，按变流器台数计量。

9）小电流接地保护，按装设该保护的供电回路断路器台数计量。

10）保护检查以及打印机调试，按构成该系统的完整回路为一套计量。

（4）自动投入、事故照明切换及中央信号装置调试

自动投入装置及信号系统调试，包括自动装置、继电器、仪表等元件本身以及二次回路的调试。具体规定如下：

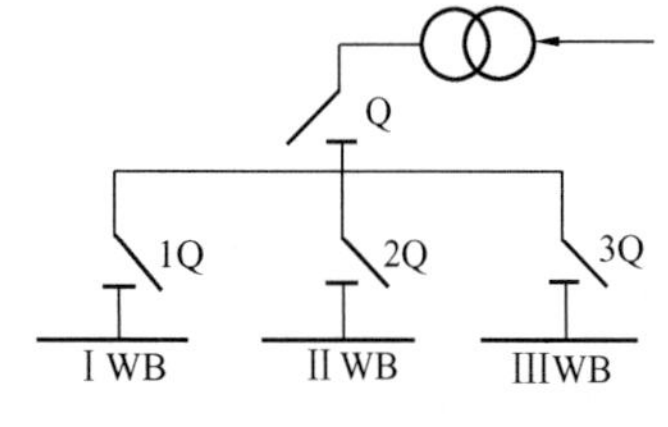

图 6-27　备用电源投入装置

1）备用电源自动投入装置调试，其系统的划分是按连锁机构的个数来确定备用电源自动投入装置的系统数。例如：一台变压器作为三段工作母线的备用电源时，可计量三个系统的自动投入装置的调试。如图 6-27 所示。

2）线路自动重合闸调试系统，可按所使用自动重合闸装置的线路中自动断路器的台数计量系统数量。

3）自动调频装置的调试，以一台发电机为一个系统计量。

4）同期自动装置调试，区分自动、手动，按设计构成一套能完成同期并车行为的装置为一个系统计量。

5）蓄电池及直流监视系统调试，一组蓄电池按一个系统计量。

6）事故照明切换装置调试，按设计能完成交、直流切换的一套装置为一个调试系统计算。

7）周波减负荷装置调试，凡有一个周波继电器，不论带几个回路，均按一个调试系统计算。

8）变送器屏以屏的个数计量。

9）中央信号装置调试，可按每一个变电所或配电室为一个调试系统计量。

（5）母线系统调试

母线系统调试可按电压等级划分档次，以“段”计量。其系统的划分定额规定，3～10kV 母线系统调试含一组电压互感器，1kV 以下母线系统调试定额不含电压互感器，适用于低压配电装置的各种母线（包括软母线）的调试。

以 TV 为一个系统计算的，调试工作内容包括：

母线耐压试验，接触电阻测量，电压互感器、绝缘监视装置的调试。不包括特殊保护装置以及 35kV 以上母线和设备的耐压试验。

1kV以下母线系统调试定额，适用于低压配电装置母线及电磁站的母线。而不适用于动力配电箱母线，动力配电箱至电动机的母线已经综合考虑在电动机调试定额中。

（6）防雷接地装置调试

防雷接地装置调试可按“组”或者“系统”计量。组和系统的划分如下：

1）接地极不论是由一根或两根以上组成的，均作为一次试验，计算一组调试费用。如果接地电阻达不到要求时，再打一根接地极者，此时，要再做试验，则可另计一次试验费，即再计算一组调试费。

2）接地网接地电阻的测定。一般的发电厂或变电站连为一体的母网，按一个系统计算；自成母网不与厂区母网相连的独立接地网，另按一个系统计算。大型建筑群各有自己的接地网（接地电阻值设计有要求），虽然在最后也将各接地网连在一起，但应按各自的接地网计算，不能作为一个网，具体应按接地网的试验情况而定。

3）避雷器及电容器的调试，可按每三相为一组计量；单个装设的亦按一组计量，上述设备如设置在发电机、变压器、输（配）电线路的系统或回路内，可按相应定额另计调试费用。

4）避雷针接地电阻测定，每一避雷针均有单独接地网（包括独立的避雷针、烟囱避雷针等），均按一组计算。

5）独立的接地装置按“组”计量。如一台柱上变压器有一独立的接地装置，即可按一组计量。

6）高压电气除尘系统调试，可按一台升压变压器、一台机械整流器及附属设备为一个系统计量，分别按除尘器面积范围执行定额。

（7）硅整流装置调试，按一套硅整流装置为一个系统计量。

（8）电动机调试

1）普通电动机的调试，分别按电机的控制方式、功率、电压等级，按“台”计量。

2）可控硅调速直流电动机调试按“系统”计量，其调试内容包括可控硅整流装置系统和直流电动机控制回路系统两个部分的调试。

3）交流变频调速电动机调试按“系统”计量，其调试内容包括变频装置系统和交流电动机控制回路系统两个部分的调试。

4）微型电机指功率在0.75kW以下的电机，不分类别以及交、直流，一律执行微电机综合调试定额，以“台”为单位。电机功率在0.75kW以上的电机调试应按电机类别和功率分别执行相应的调试定额。

10. 电梯电气安装工程计量

电梯电气安装工程量执行第二册（篇）第十四章“电梯电气装置”定额。该定额已包括程控调试。但不包括电源线路以及控制开关、电动发电机组安装、基础型钢和钢支架制作、接地极与接地干线敷设、电气调试、电梯喷漆、轿厢内的空调、冷热风机、闭路电视、步话机、音响设备、群控集中监视系统以及模拟装置等内容。

（1）交流手柄操纵或按钮控制（半自动）电梯电气安装工程量，应区别电梯层数、站数，按“部”计量。

（2）交流信号或集选控制（自动）电梯电气安装工程量，可区别电梯层数、站数，按“部”计量。

(3) 直流信号或集选控制（自动）快速电梯电气安装工程量，应区别电梯层数、站数，按“部”计量。

(4) 直流集选控制（自动）高速电梯电气安装工程量，应区别电梯层数、站数，按“部”计量。

(5) 小型杂物电梯电气安装工程量，应区别电梯层数、站数，以“部”计量。

(6) 电梯增加厅门、自动轿厢门及提升高度的工程量，应区别电梯形式、增加自动轿箱门数量、增加提升高度，分别按“个”、“延长米”计量。

11. 10kV以下架空配电线路工程计量

10kV以下架空配电线路可分为高压线路和低压线路两种，1kV以下的配电线路为低压线路。3～10kV的配电线路为高压线路。10kV以下架空输、配电线路划分如图6-28所示。其定额执行第二册（篇）第十章10kV以下架空配电线路相应子目。

架空线路主要由电线杆、金具、横担、绝缘子以及导线等组成。其电杆通常有木杆、混凝土杆以及铁塔架三种。横担的材质分木、铁和瓷三种。铁横担采用的较为普遍。

导线的排列与横担的组装密切相关。在高压线路中，通常采用三角排列或水平排列；在双回路线路同杆架设时，通常采用三角排列或垂直三角排列；在低压线路中，一般采用水平排列。如图6-29所示。

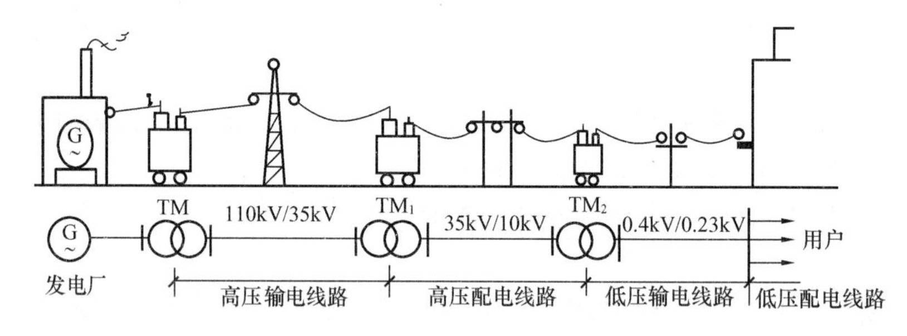

图6-28　10kV以下架空输、配电线路划分示意图

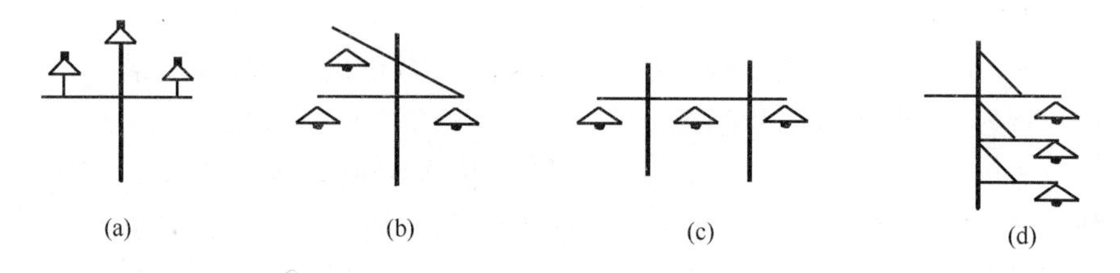

图6-29　导线排列与横担组装形式

(a) 三角形排列；(b) 扁三角排列；(c) 水平排列；(d) 垂直排列

(1) 工地运输，指定额内未计价材料从材料堆放地或工地仓库运至杆位上的工地运输。分人力和汽车运输，以“t·km”计量。运输对象多为架空线路中所需的电杆、导线、金具等线路器材。分别套用人力运输和汽车运输相应子目。其计算式如下：

$$工程运输量=施工图用量\times(1+损耗率) \tag{6-22}$$

$$预算运输量=工程运输量+包装物重量（不需要包装的可不计包装物重量） \tag{6-23}$$

运输重量可按表6-11的规定计取。

运输重量表　　表6-11

材料名称		单位	运输重量（kg）	备注
混凝土制品	人工浇筑	m^3	2600	包括钢筋
	离心浇筑	m^3	2860	包括钢筋
线材	导线	kg	$W\times1.15$	有线盘
	钢绞线	kg	$W\times1.07$	无线盘
木杆材料		m	500	包括木横担
金具、绝缘子		kg	$W\times1.07$	
螺栓		kg	$W\times1.01$	

注：1. W 为理论重量；

2. 未列入者均按净重量计量。

（2）杆基土（石）方工程量。

1）杆基土（石）方量按杆基施工图设计尺寸以“m^3”计算。其土（石）方量的计算式为：

$$V=\frac{h}{[6a\cdot b+(a+a_1)(b+b_1)+a_1\cdot b_1]} \tag{6-24}$$

式中 V——土（石）方体积，m^3；

h——坑深，m；

a（b）——坑底宽，m，a（b）=底拉线盘底宽+2×每边操作裕度；

$a_1(b_1)$——坑口宽，m，a_1（b_1）=a（b）+2×h×边坡系数。

施工操作裕度可按底拉线盘底宽每边增加0.1m。

2）杆坑土质可按一个坑的主要土质确定，如一个坑大部分为普通土，少量为坚土，则该坑全部按普通土计算。各类土质的放坡系数见表6-12。当冻土厚度大于300mm时，冻土层的挖方量按挖坚土定额乘以2.5系数计量。对于带卡盘的电杆坑，如果原计算的尺寸不能满足卡盘安装时，因卡盘超长而增加的土（石）方量另计。没有底盘、卡盘的电杆坑，挖方体积可按下式计算：

$$V=0.8\times0.8\times h \tag{6-25}$$

式中 h——坑深，m。

需要挖马道时，电杆坑的马道土（石）方量可按每坑0.2m^3计量。

各类土质的放坡系数　　表6-12

土质	普通土、水坑	坚土	松砂石	泥水、流砂、岩石
放坡系数	1∶0.3	1∶0.25	1∶0.2	不放坡

（3）杆体安装工程量。线路一次施工工程量是按5基以上电杆考虑的，如果5基以内者，其全部人工、机械费均乘以系数1.3。如图6-30所示为钢筋混凝土高、低压混杆各种附件装置示意图。

1）底盘、卡盘、拉线盘安装工程量按设计用量以“块”计量。安装位置如图6-30中的10、9和14所示。木杆根部防腐按“根”计量。未计价材料分别为混凝土底盘、卡盘、

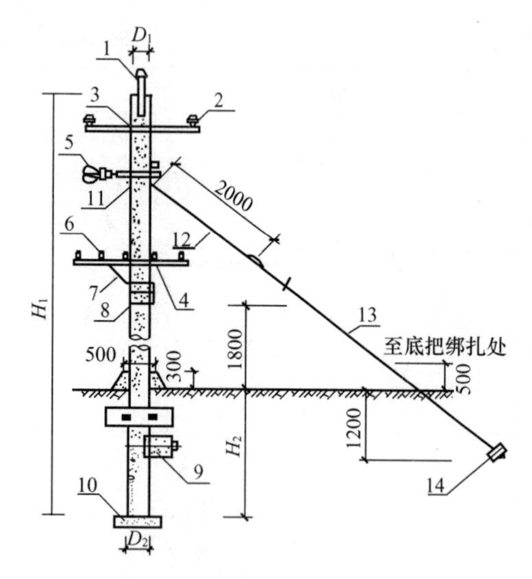

图 6-30 钢筋混凝土高、低压混杆装置示意图

1—高压杆头；2—高压针式绝缘子；3—高压横担；4—低压横担；5—高压悬式绝缘子；6—低压针式绝缘子；7—横担支撑；8—低压蝶式绝缘子；9—卡盘；10—底盘；11—拉线抱箍；12—拉线上把；13—拉线底把；14—拉线盘

拉线盘、拉线棒、抱箍、连接螺栓以及金具。

2）杆塔组立工程量，分为立单杆、接腿杆和撑杆三种，并以杆塔形式和杆高分档次，按“根”计量。未计价材料分别为木电杆、水泥接腿杆、撑杆、地横木、圆木、连接铁件以及螺栓。

3）水泥电杆焊接，按“一个焊口”计量。

4）横担安装。架空线路中的横担安装，定额分为 10kV 以下和 1kV 以下横担安装以及进户线横担安装三种类型。按其安装形式、不同截面分别按“组”或“根”计量。双横担安装，按相应定额基价乘以系数 2 计量。10kV 以下横担安装按不同材质分别套用定额；1kV 以下横担安装按二线、四线、六线制和单、双根以及瓷横担分别按“组”计量，套用相应定额子目；进户线横担以一端埋设式和两端埋设式不同安装方式和二线、四线、六线制分别按“根”计量，套用相应定额子目。未计价材料有横担、绝缘子、连接铁件以及螺栓。高压 10kV 内和低压 1kV 内横担安装位置如图 6-30 中的 3、4、7 所示。进户横担装置如图 6-31 所示。进户横担的工作内容包括测位、画线、打眼、钻孔、横担安装、装瓷瓶以及防水弯头。未计价材料为横担、绝缘子、防水弯头、支撑铁件以及螺栓。

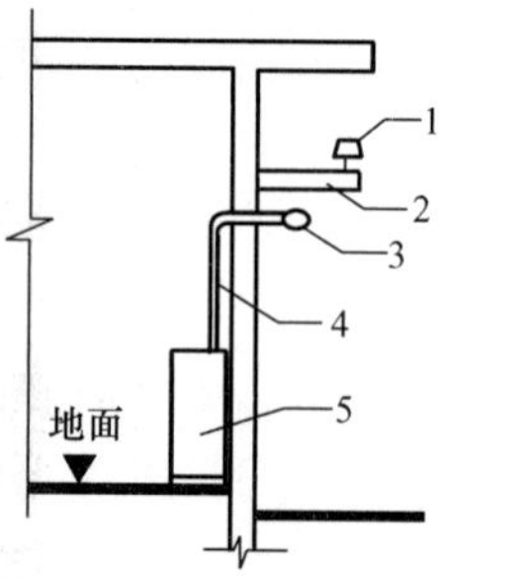

图 6-31 低压进户装置示意图

1—绝缘子；2—进户横担；3—防水弯头；4—进户线管；5—配电箱

（4）拉线制作安装工程量。拉线形式如图 6-32 所示，有：（a）普通拉线；（b）高低拉线；（c）立 Y 形拉线；（d）撑杆（戗杆）；（e）弓形拉线；（f）自身弓形拉线；（g）高桩（高搬桩、水平）拉线；（h）平 Y 拉线（V 形拉线）。

拉线制作安装工程量按施工图设计规定，区别不同形式，按“组”计量。定额按单根拉线计入，如果安装 V 形、Y 形或双拼形拉线时，按 2 根计量。拉线的未计价材料有拉线、金具和抱箍。

拉线长度按设计全根长度计量。

普通拉线长度的计算式为：

$$L = K \cdot H + A \tag{6-26}$$

式中 L——拉线长度，m；

K——三角函数 $\sin\theta$（θ 为拉线和电杆之间的夹角），见表 6-13。

H——拉线高度（由拉线装设点至地面的距离），可用杆高减埋地深度再减杆梢至拉线点距离，m；

A——拉线绑扎点需用长度之和，m。

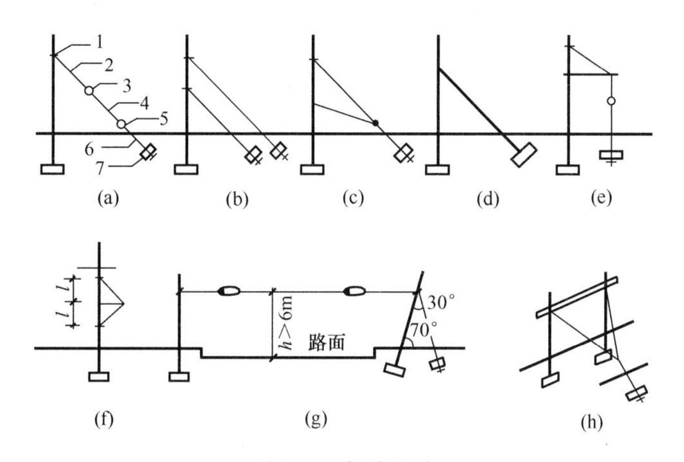

图 6-32　拉线形式

1—心形环；2—上把；3，5—角钢；4—中把；6—底把；7—拉线盘

计算拉线长度参考表　　　　**表 6-13**

拉线对电杆夹角 θ	$\sin\theta$	拉线坑与杆坑的距离
15°	1.035	杆高×0.268
30°	1.155	杆高×0.577
45°	1.414	杆高×1.000
60°	2.00	杆高×1.732

1）绑电杆所用拉线长度 1.50m；

2）绑地横木所用拉线长度 1.50m；

3）做拉线环所用拉线长度 1.20m；

4）绑瓷球所用拉线长度 1.20m。

水平拉线长度计算：

$$L = K \cdot H + A + l + 2 \text{（用拉线棒）}$$
$$= K \cdot H + 2 \times 1.2 + l + 2$$
$$= K \cdot H + l + 4.4 \text{（} l \text{ 一般取 15m）}$$
$$= K \cdot H + 15 + 4.4$$
$$= K \cdot H + 19.4 \qquad (6\text{-}27)$$

式中　l——水平拉线，电杆与高搬桩（电杆）的距离，通常取 15m，如果实际间距每增加 1m，则拉线长度也相应增加 1m。

V 形拉线长度计算：

$$L = (K \cdot H + A) \times 2 \qquad (6\text{-}28)$$

弓形拉线长度计算：

$$L = 2.12 + \text{（杆长－埋深长度＋拉线点至杆顶距离）} + A \qquad (6\text{-}29)$$

式中，拉线点至杆顶距离通常取 1.80m。

如果设计没有规定时，可按表 6-14 计取。

拉线长度计算表（m/根） 表 6-14

项目		普通拉线	V（Y）形拉线	弓形拉线
杆高（m）	8	11.47	22.94	9.33
	9	12.61	25.22	10.10
	10	13.74	27.48	10.92
	11	15.10	30.20	11.82
	12	16.14	32.28	12.62
	13	18.69	37.38	13.42
	14	19.68	39.36	15.12
水平拉线		26.47		

（5）导线架设工程量。导线架设分裸铝绞线、钢芯铝绞线、绝缘铝绞线等，可区别导线类型和不同截面按“km/单线”计量。

1）导线架设，工程量可按线路总长度和预留长度之和计量。未计价材料应另按规定的损耗率计取。其计算式如下：

$$导线长度=单根长度\times根数\times（1+导线损耗率） \quad (6\text{-}30)$$

导线单根长度（km）=图纸设计线路长度+转角预留长度+分支预留长度+导线弛度（按线路长度的1%计取）。即：

$$导线单根长度（km）=线路长度\times（1+1\%）+\sum预留长度 \quad (6\text{-}31)$$

其预留长度值见表 6-15。

导线预留长度（m/根） 表 6-15

项目名称		长度
高压（10kV 以下）	转角	2.5
	分支、终端	2.0
低压（1kV 以下）	分支、终端	0.5
	交叉、跳线、转角	1.5
与设备连接		0.5
进（接）户线		2.5

2）导线跨越，导线在架设中遇到障碍物需要跨越，如遇到电力线、通信线、公路、铁路、河流等障碍。在进行跨越架设时，包括越线架的搭、拆和运输以及因跨越障碍物，使施工难度增大而增加的工作量。可按“处”计量。每一跨越间距按 50m 以内考虑，50m<跨距<100m 者按 2 处计算，以此类推。在计算架线工程量时，不扣除跨越档的长度。

3）接户线架设，由高、低压线路接至建筑物第一个支持点之间的一段架空线，叫做接户线。经由接户线接入室内第一个配电设备的一段低压线路，叫做进户线。对于接户线的架设，可按照不同截面的导线，按单根“延长米”计量。如图 6-33 所示。接户线计算式为：

$$L_{接户}=n(根)\times[\sqrt{l^2+(h_2-h_1)^2}+2.5m（预留长度）] \quad (6\text{-}32)$$

进户横担安装如前述；进户管以及管中穿线，按室内配管配线规定计量。

6.1.2 建筑电气弱电安装工程计量

建筑弱电是建筑电气工程的重要组成部分。之所以称为弱电，是针对建筑物的动力、照明用电而言，人们通常将动力、照明等输送能量的电力称为强电，而将传输信号、进行信息交换的电能称为弱电。强电系统引入电能进入室内，再通过用电设备转换成机械能、热能和光能等。弱电系统则要完成建筑物内部以及内部同外部的信息传递和交换。

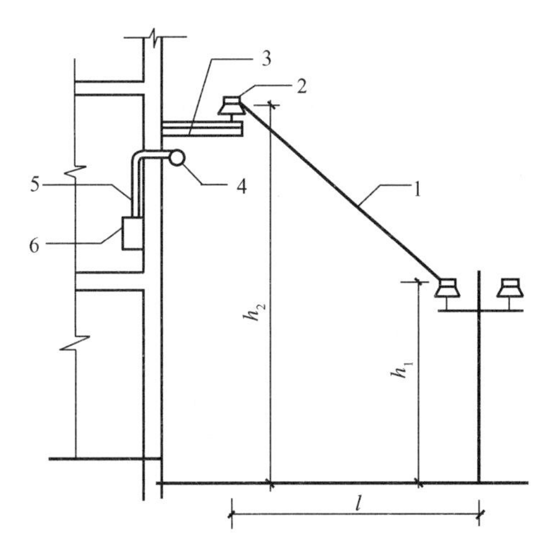

图 6-33 接户线及进户线

1—接户线；2—绝缘子；3—进户横担；4—防水弯头；5—进户线及线管；6—配电箱

随着信息产业与建筑产业的有机结合，"智能建筑"应运而生。智能建筑又称为 3A 建筑，是指建筑物集成了建筑设备楼宇自动化系统（Building Automation System，BAS）、办公自动化系统（Office Automation System，OAS）、通信自动化系统（Communication Automation System ，CAS）以及结构化综合布线系统（Premises Distribution System，PDS）形成标准化强电与弱电接口，并将计算机技术、通信技术、控制技术与建筑艺术有机结合，通过对设备的自动监控、对信息资源的管理和对使用者的信息服务以及同建筑优化组合，使之成为高功能、高效率、高舒适的现代化建筑。其组成和功能如图 6-34 所示。建筑弱电工程，可谓是一个集成系统，功能越来越多。目前，建筑弱电系统主要有：电话通

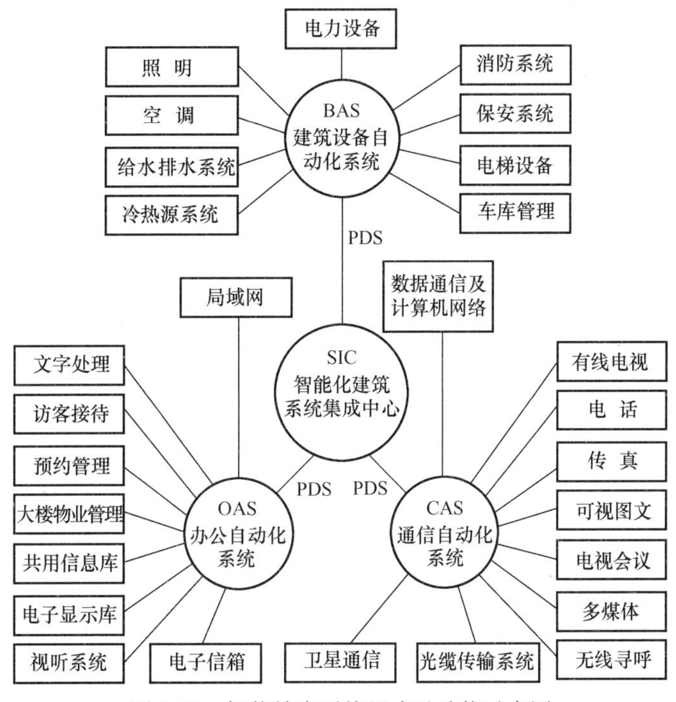

图 6-34 智能楼宇系统组成及功能示意图

信系统、共用天线有线电视系统、闭路电视监控系统、有线广播音响系统、火灾自动报警及自动消防系统、安全防范系统、综合布线系统等。对于弱电工程部分，在使用中可结合《计价规范》的规定并采用地方定额。

1. 室内电话管线工程计量

电话通信系统通常包括：中继线、交换机、交接箱、电话机和分线箱等内容。根据专业的划分，建筑安装单位通常只作室内电话管线的敷设，安装电话插座盒、插座。而电话、电话交换机的安装以及调试等工作原则上由电信工程安装单位施工。

（1）电话室内交接箱、分线盒、壁龛（端子箱、分线箱、接头箱）的安装

1）交接箱，对于不设电话站的用户单位，可以用一个箱同市话网站直接连接，再通过箱的端子分配到单位内部分线箱或分线盒中去，此箱就称为“交接箱”。安装时可采用明装或暗装形式。以“个”计量，按电话对数分档，箱、盒计算未计价价值。

2）壁龛，室内电话管线进入用户，或需转折、过墙、接头时采用分线箱（端子箱、接头箱）如为暗装时即称为壁龛。其箱体材料可用木质、铁质制作。

对于装设电话对数较少的盒称为接线盒或分线盒。壁龛、分线盒的安装按“个”计量。

（2）电话管线敷设

电话管线敷设分明敷、暗敷，按管径大小和管材分类按“米”计量。定额可按《国安》第二册或地方定额篇《电气设备安装工程》的第十二章配管配线工程执行。接线盒与分线盒的计算方法同动力照明线路。

如为沿墙布放双芯电话线时，工程量计量方法同照明、动力线路。如果采用电话电缆明敷，可套用定额第二册（篇）第十二章“塑料护套线明敷”子目。

（3）电话机插座安装

电话机插座无论接线板式、插口式等，不分明、暗，一律按“个”计量。但应计算一个插座盒的安装。插座安装定额可套用第二册（篇）第十三章相应子目。插座盒安装套用第二册（篇）第十二章相应子目。

2. 共用天线电视系统（CATV）工程计量

共用天线电视系统是由一组室外天线，通过输送网络的分配将许多用户电视接收机相连，传送电视图像、音响的系统。简称 CATV 系统，亦称为开路系统。人们将可传递各种音响、图像的系统称为闭路电视系统，简称 CCTV 系统。

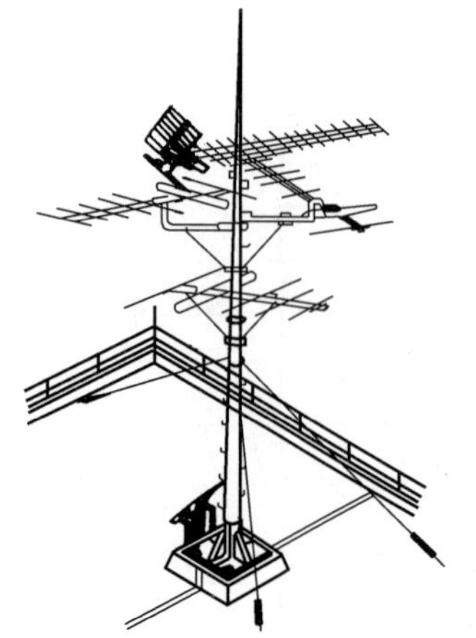

图 6-35 天线安装架设示意图

（1）天线架设

1）CATV 天线架设可按“套”计量。其工作内容包括：开箱检查、搬运、清洁、安装就位、调试等。天线的未计价材料包括天线本身、底座、天线支撑杆、拉线、避雷装置等。天线安装架设如图 6-35 所示。

2）卫星接收抛物面天线安装，可按直径分档次，以“副”计量。其工作内容包括：天线和天线架设、场内搬运、吊装、安装就位、调正方位及俯仰角、补漆、安装设备等。抛物面天线的未计价材料包括：天线架底座一套、底座与天

线自带架加固件一套、底座与地面槽钢加固件一套。

抛物面天线调试按“副”计量。

(2) 天线放大器（或称前置放大器）及混合器安装适宜安装在天线杆上，距天线 1.5～2.0m。它是密封的，能防风雨。放大器的电源在室内前端设备中，电源线就是用射频同轴电缆，这种电缆能兼容工频电流和射频电流。其工程量按“个”计量。

(3) 天线滤波器安装

天线滤波器安装以“个”计量。如图 6-36 所示为带通滤波器、天线放大器等安装位置图。

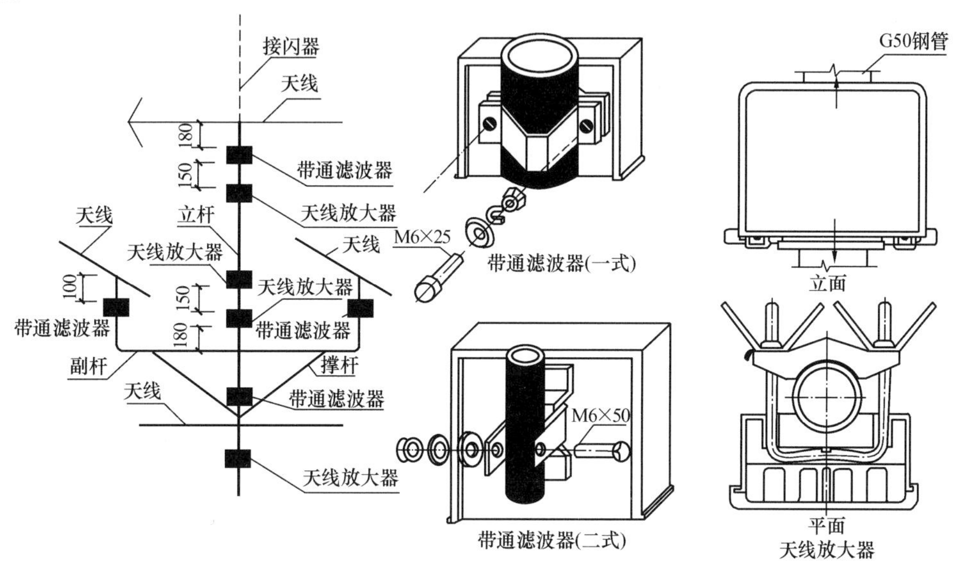

图 6-36 带通滤波器、天线放大器等安装位置图

(4) 主放大器、分配器、分支器等安装

插座或终端分支器工程量按“个”计量。共用天线电视系统中定额里列有各种单项器件的安装，除天线放大器、混合器外，还有二分配器、四分配器、二分支器、四分支器、宽频放大器、用户插座等项。其工程内容均包含本体安装、接线、调试等。其单项器件的安装均以“个”计量，适用于各种盘面的安装。如果在保护箱内安装，其箱体的制作安装费用可套用其他章节的子目。

(5) 用户共用器安装

用户共用器属于 CATV 系统的前端设备，通常由高、低频衰减器各一个，高、低频放大器各一个，稳压电源一个，混合器一个，四分配器一个等组成，安装在一个箱内。其安装方式分明装或暗装，暗装时应计算一个接线箱的安装，其方法和定额套用与照明线路相同。如果用户共用器由现场加工，所列工程量计量项目有：

1) 电器元件计算一次安装。

2) 计算箱体制作。

3) 计算箱体安装。

4) 计算箱内配线。

(6) 同轴电缆敷设

同轴电缆敷设按"m"计量。无论明敷、暗敷均与动力或照明线路的计算方法相同。如果为穿管敷设可以按管内穿线工程计量，套用配管、配线定额相应子目；如果在钢索上敷设，工程计量、列项以及套定额与照明线路在钢索上敷设相同。如图6-37所示为电缆电视系统图。

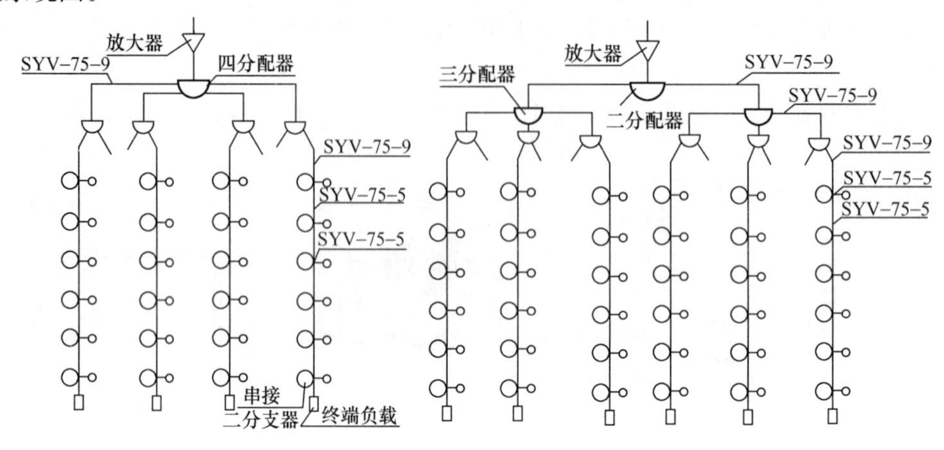

图6-37 电缆电视系统图

(7) CATV系统中的箱、盒、盘、板等的制作、安装工程计量与套用定额

CATV系统中的箱、盒、盘、板等工程量的计算方法与定额的套用可参照第二册（篇）有关子目。

(8) CATV系统调试

CATV系统调试指调试接收指标，除天线等调试以外，可以用户终端为准，按"户"计量。

3. 有线广播音响系统工程计量

有线广播音响系统是指工业企业和事业单位内部或某一建筑物（群）自成体系的独立的有线广播系统。任何一种广播音响系统，其基本组成均可概括为：节目源设备、放大和处理设备、传输线路和扬声器系统。建筑物的广播系统包括：有线广播、舞台音乐、背景音乐、扩声系统等，如图6-38所示为音频传输背景音乐与火灾广播系统图。

(1) 广播线路配管安装

其安装方式分明装和暗装两种，工程量计算方法和套用定额均与第二册（篇）照明、动力配管相同，但是要注意分线盒的安装和计量。

(2) 广播线路的明敷

广播线路的明敷，穿管敷设、槽板敷设计算方法和定额的套用均与第二册（篇）的照明、动力线路敷设相同。

(3) 广播线路中的箱、盒、盘、板的制作和安装

其工程计量方法和定额的套用均与第二册（篇）动力、照明工程相同。

(4) 广播设备安装

音响设备主要有传声器、电唱机、扩音机、声柱、功率放大器、前级增音机、转播接收机和声频处理设备等，多按设备容量分档次，按"台"、"套"计量。

(5) 扩音转接机安装

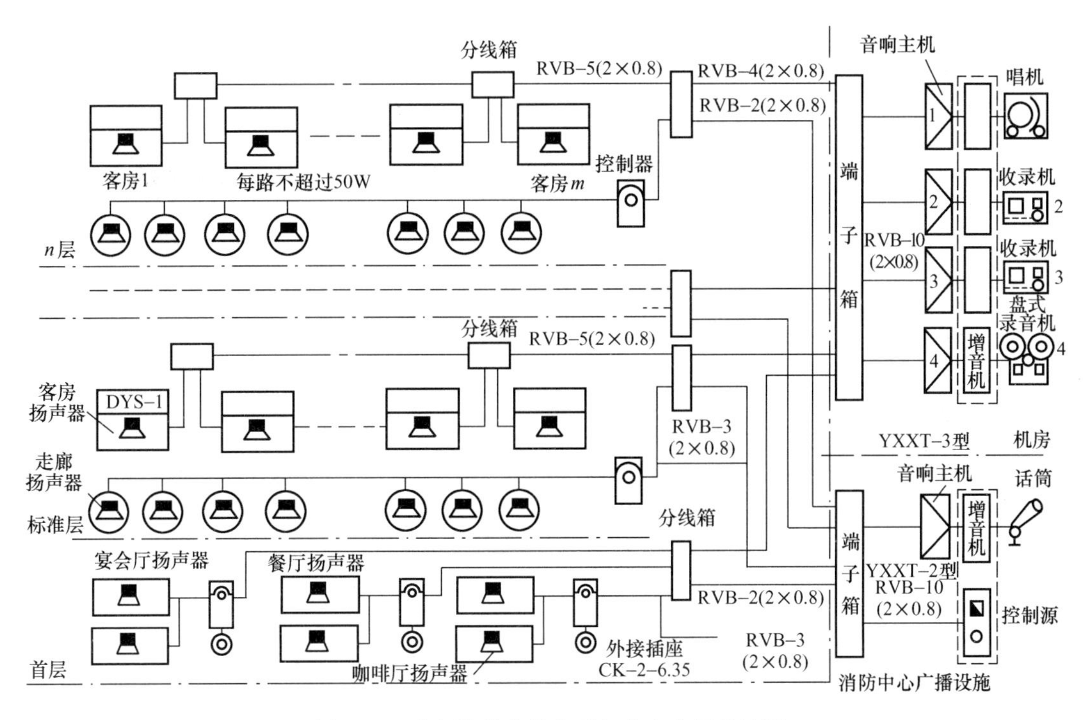

图 6-38　音频传输背景音乐与火灾广播系统图

按“部”计量。

（6）扬声器安装

无论是何种形式，其安装工程量一律按“只”计量。扬声器外接插座安装按“套”计量。

（7）扩音柱安装

扩音柱的安装按“部”计量。

（8）电子钟安装和调试

按“只”、“台”计量。

（9）线间变压器安装

按“个”计量。

（10）端子箱安装

按“台”计量。套用第二册（篇）第四章相应子目。

4. 建筑火灾自动报警及自动消防系统工程计量

该系统组成主要有报警系统、防火系统、灭火系统和火警档案管理四个部分。其火灾消防系统示意如图 6-39 所示。其配管配线工程量按图纸计量，无论是明敷或暗敷的计量与定额的套用方法，均与第二册（篇）动力和照明线路有关子目相同。

（1）火灾探测器安装。

点型探测器按线制的不同分为多线制与总线制，不分规格、型号、安装方式和位置，以“只”计量。探测器安装包括了探头和底座的安装和本体调试。红外线探测器均按“只”计量，定额套用第七册（篇）消防及安全防范设备安装工程定额有关子目。红外线探测器是成对使用的，计量时，一对为两只。定额中包括了探头支架安装和探测器的调

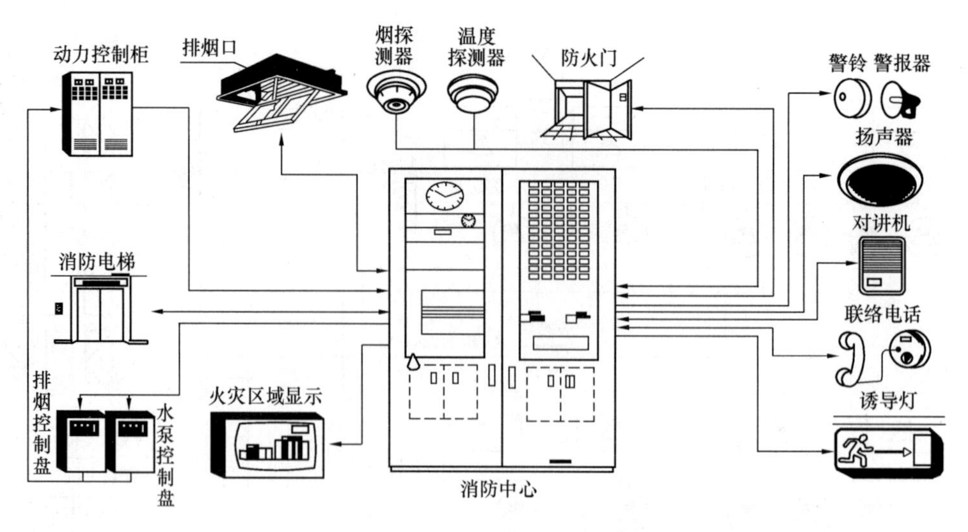

图 6-39 火灾消防系统联动示意图

试、对中。

火焰探测器、可燃气体探测器按线制的不同分为多线制和总线制两种，计量不分规格、型号、安装方式与位置，均以“只”计量。探测器安装包括了探头和底座的安装以及本体调试。

线型探测器的安装方式按环绕、正弦以及直线综合考虑，不分线制以及保护形式，以“m”计量。定额中未包括探测器连接的一只模块和终端，其工程量可按相应定额另行计量。定额套用第七册（篇）有关子目。

（2）火灾自动报警装置安装。

1）区域火灾报警控制器安装。

其安装方式一般有台式、壁挂式、落地式几种。壁挂式采用明装，安装在墙上时，底距地（楼）面不小于 1.5m，门、窗框边不小于 25cm。按线制的不同分多线制和总线制两种，在不同线制、不同安装方式中，按照“点”数的不同划分定额项目，以“台”计量。定额套用第七册（篇）有关子目。如果设在支架上，则另外计量支架，并且分别套用第二册（篇）第四章一般铁构件制作、安装定额子目。其多线制“点”是指报警控制器所带报警器件（探测器、报警按钮等）的数量。总线制“点”是指报警控制器所带的有地址编码的报警器件（探测器、报警按钮、模块等）的数量。如果一个模块带数个探测器，则只能计为一点。

2）联动控制器按线制的不同分多线制和总线制两种，其中又按安装方式不同分壁挂式和落地式。在不同线制、不同安装方式中按照“点”数的不同划分定额项目，以“台”计量。多线制“点”是指联动控制器所带联动设备的状态控制和状态显示的数量。总线制“点”是指联动控制器所带的有控制模块（接口）的数量。定额套用第七册（篇）有关子目。因落地式较多，故采用型钢做基础。定额分别套用第二册（篇）第四章一般铁构件制作、安装定额子目。

（3）按钮包括消火栓按钮、手动报警按钮、气体灭火起停按钮，以“只”计量。定额是按照在轻质墙体和硬质墙体上安装两种方式综合考虑，安装方式不同时，不得调整。

（4）控制模块（接口）是指仅能起控制作用的模块（接口），亦称为中继器，依据其给出控制信号的数量，分为单输出和多输出两种形式，不分安装方式，可按输出数量以“只”计量。

（5）报警模块（接口）不起控制作用，只起监视、报警作用，不分安装方式，以“只”计量。

（6）报警联动一体机按线制的不同分为多线制和总线制，其中又按其安装方式不同分为壁挂式和落地式。在不同线制、不同安装方式中按照“点”数的不同划分定额项目，以“台”计量。

多线制“点”是指报警联动一体机所带报警器件与联动设备的状态控制和状态显示的数量。

总线制“点”是指报警联动一体机所带的有地址编码的报警器件与控制模块（接口）的数量。

（7）重复显示器（楼层显示器）不分规格、型号、安装方式，按总线制与多线制划分，以“台”计量。

（8）远程控制器按其控制回路数以“台”计量。

（9）火灾事故广播中的功放机、录音机的安装按柜内以及台上两种方式综合考虑，分别以“台”计量。

（10）消防广播控制柜是指安装成套消防广播设备的成品机柜，不分规格、型号以“台”计量。

（11）火灾事故广播中的扬声器不分规格、型号，按吸顶式与壁挂式以“只”计量。

（12）广播分配器是指单独安装的消防广播用分配器（操作盘），以“台”计量。

（13）消防通信系统中的电话交换机按“门”数不同以“台”计量；通信分机、插孔是指消防专用电话分机与电话插孔，不分安装方式，分别以“部”、“个”计量。

（14）报警备用电源综合考虑了规格、型号，以“台”计量。

（15）消防中心控制台、自动灭火控制台、排烟控制盘、水泵控制盘等安装，套用定额第二册（篇）有关子目。即非标准箱、屏、台等制作、安装子目。

（16）消防系统调试。

消防系统调试包括：自动报警系统、水灭火系统、火灾事故广播、消防通信系统、消防电梯系统、电动防火门、防火卷帘门、正压送风阀、排烟阀、防火阀控制装置、气体灭火系统装置。

1）自动报警系统包括各种探测器、报警按钮、报警控制器组成的报警系统，区别不同点数以“系统”计量。其点数按多线制与总线制报警器的点数计量。

2）水灭火系统控制装置按照不同点数以“系统”计量。其点数按多线制与总线制联动控制器的点数计量。

3）火灾事故广播、消防通信系统中的消防广播喇叭、音箱和消防通信的电话分机、电话插孔，按其数量以“个”计量。

4）消防用电梯与控制中心间的控制调试以“部”计量。

5）电动防火门、防火卷帘门指可由消防控制中心显示与控制的电动防火门、防火卷帘门，以“处”计量，每樘为一处。

6）正压送风阀、排烟阀、防火阀以“处”计量，一个阀为一处。

（17）安全防范设备安装。

1）设备、部件按设计成品以“台”或“套”计量。

2）模拟盘以“m^2”计量。

3）入侵报警系统调试以“系统”计量，其点数按实际调试点数计量。

4）电视监控系统调试以“系统”计量，其头尾数包括摄像机、监视器数量之和。

5）其他联动设备的调试已考虑在单机调试中，其工程量不再另计。

5. 高层建筑电子联络系统安装工程计量

随着现代化高层建筑和超高层建筑的日益增多，尤其是智能住宅小区的开发建设，楼宇的安全防范系统越来越复杂。可采用安全电子联络系统。在高层建筑电子联络系统中，可分为传呼系统和直接对讲系统。直接对讲系统又可分为一般对讲系统和可视对讲系统。在楼宇内传呼系统需设置值班员，通过呼叫主机再接通用户应答器即可对话。如图 6-40 所示为高层住宅电子传呼对讲系统接线图。直接对讲系统，来客可直接按动主机面板的对应房号，主人的户机会发出振动铃声，双方对讲之后，主人通过户机开启楼层的大门，客人方可进入。可视对讲系统是当客人按动主机面板对应房号时，主人户机会发出振动铃声，而显示屏自动打开，显示出客人的图像，主人同客人对讲并确定身份后，主人可通过户机开锁键遥控大门的电控锁打开大门，客人进入大门后，闭门器就将大门自动关闭并锁好。如图 6-41 所示为一楼宇可视对讲系统示意图。

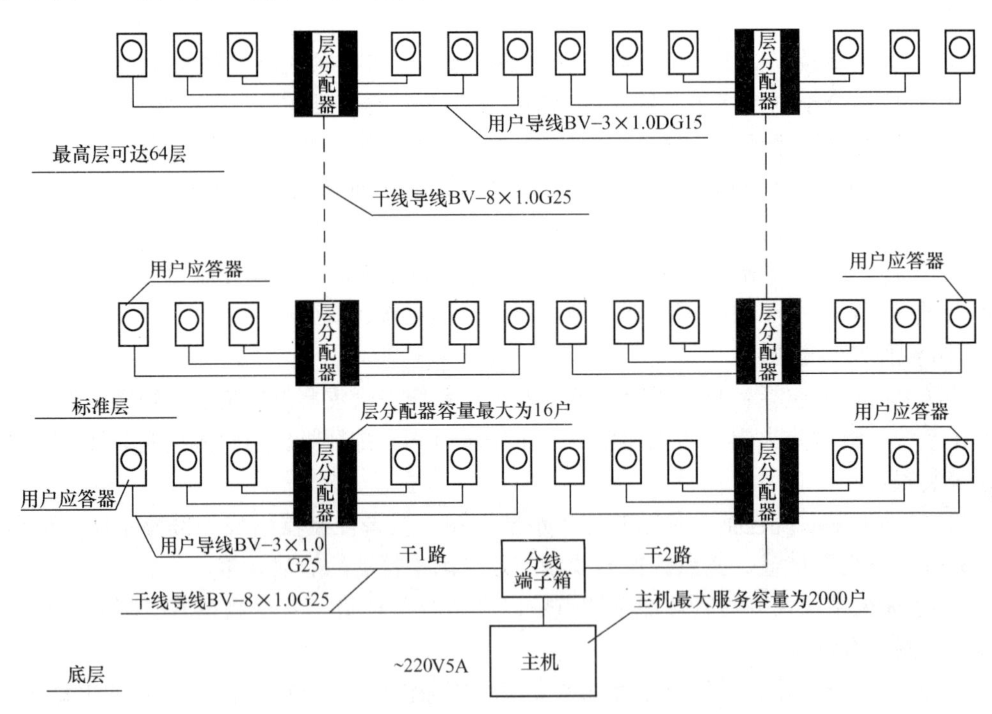

图 6-40 高层住宅电子传呼对讲系统接线图

（1）传呼（呼叫）主机安装，传呼主机通常安装在工作台上；而呼叫系统（不设值班员）的主机一般挂于墙上（明装）或墙上暗装。其安装工程量可按“台”或“套”计量。

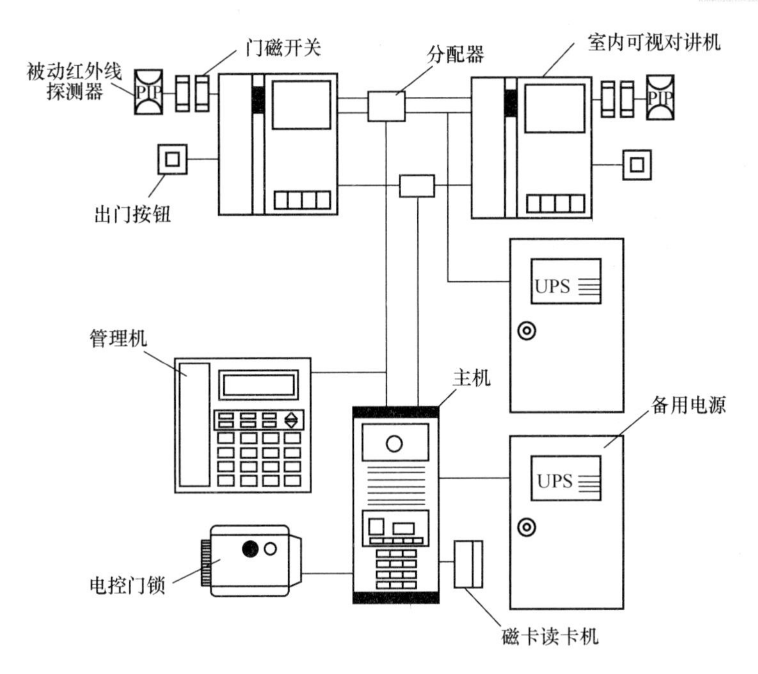

图 6-41 楼宇可视对讲系统示意图

在《国安》未颁布的情况下，可借用照明配电箱子目。

(2) 主机电源插座，按“套”计算，套用第二册（篇）有关定额子目。

(3) 主机同端子箱连接的屏蔽线，应考虑接入主机的预留长为主机的半周长以及与端子箱连接端预留 1m。

(4) 端子箱安装，不分明、暗均以“台”计量。套用第二册（篇）第四章相应子目。

(5) 层分配器、广播分配器的安装，按“台”计量，可套用第七册（篇）定额相应子目。

(6) 用户应答器安装，按“只”、“台”计量，借用第七册（篇）扬声器相应子目。

(7) 传呼系统调试，单机调试和系统调试按第十三册（篇）第九章定额执行。

(8) 管线的安装定额套用动力、照明配线定额子目。

(9) 电控锁、电磁吸力锁、可视门镜、自动闭门器、密码键盘、读卡器、控制器等安装可按“台”计量。

(10) 门磁开关、铁门开关等安装，无论何种规格、型号和安装位置，均按“套”计量。

(11) 可视对讲系统射频同轴电缆敷设按“m”计量。

(12) 可视对讲系统配电柜、稳压电源、UPS 不间断电源（以电容量分档）安装等均按“台”计量。

(13) 当不采用楼层分配器（端子箱），而用楼层解码板时其安装工程量按“套”计量。

6. 智能三表出户系统工程计量

高层住宅中，为便于物业管理和用户的需要而设置的三种表（冷水、热水和中水表，电度表和燃气表）称为智能三表出户系统。如图 6-42 所示为某高层住宅标准层三种表出户系统和可视对讲系统图。

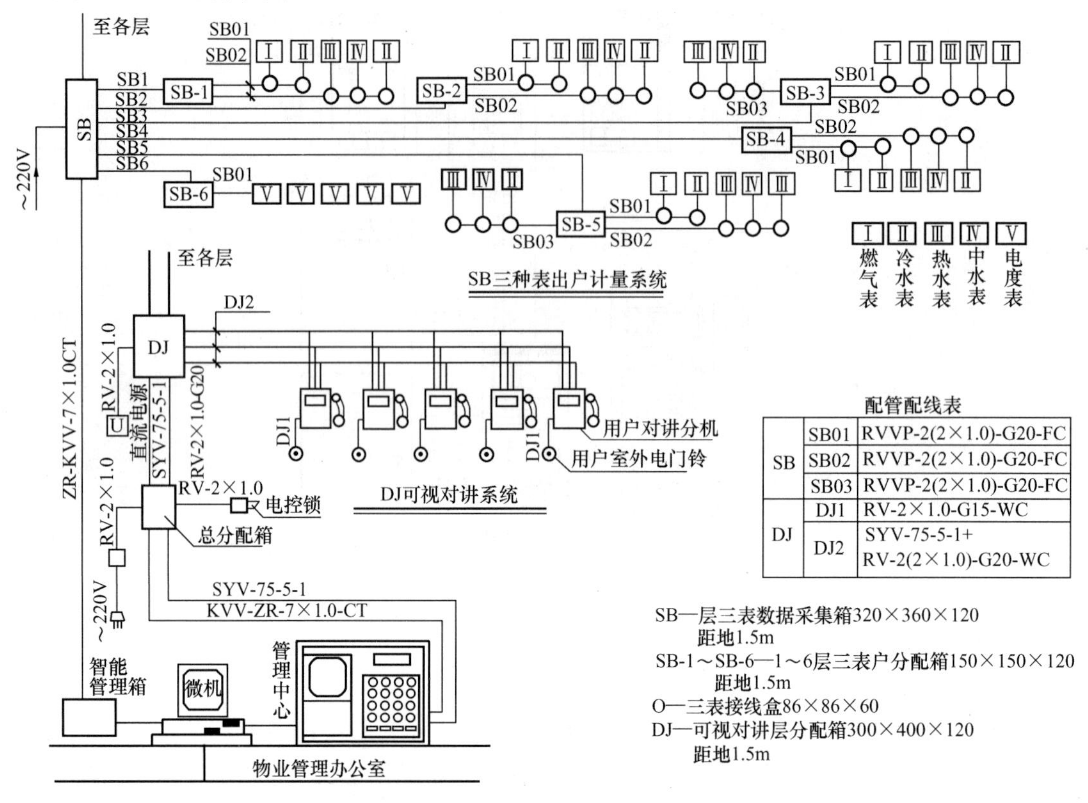

配管配线表

SB	SB01	RVVP-2(2×1.0)-G20-FC
	SB02	RVVP-2(2×1.0)-G20-FC
	SB03	RVVP-2(2×1.0)-G20-FC
DJ	DJ1	RV-2×1.0-G15-WC
	DJ2	SYV-75-5-1+ RV-2(2×1.0)-G20-WC

图 6-42 某高层住宅标准层三种表出户系统及可视对讲系统

(1) 三表出户系统中配管、配线安装计量方法和定额套用与动力照明系统相同。

(2) 三表住户管理器安装工程量按"台"计量，另立一个暗接线盒或暗接线箱安装项目。

(3) 智能三表（水表、电表、气表）安装分别采用先进的脉冲式表，并在表中附加一块微型程序控制器，整个系统便会具备小型数据库功能，对三表的用户（水、电、气）用量可录入、排序、分类，并具抄表、计费、打印的输出功能。三表按"个"计量。远传冷/热水表、远传脉冲电表、远传燃气表的安装，套用第十三册（篇）定额《建筑智能化系统设备安装工程》第四章"建筑设备监控系统安装工程"的多表远传系统相应子目。每个表计一个暗接线盒安装项目，套用第十三册（篇）或第二册（篇）定额相应子目。

(4) 层分配器（箱）、户分配器（箱）安装按"个"计量，同时还要列端子板外接线项目，按"10头"计量。

7. 综合布线系统工程计量

智能建筑是信息时代的产物，综合布线是智能建筑的中枢神经系统。智能建筑系统功能设计的核心是系统集成设计，智能建筑物内信息通信网络的实现，是智能建筑系统功能上系统集成的关键。智能化建筑通常具有的四大主要特征是：建筑物自动化（BA）、通信自动化（CA）、办公自动化（OA）和布线综合化（GC）。智能建筑与综合布线之间的关系是：综合布线是智能建筑的一部分，像一条高速公路，可统一规划、统一设计，将连接线缆综合布置在建筑物内。人们定义综合布线为具有模块化的、灵活性极高的建筑物内或建筑群之间的信息传输通道，是智能建筑的“信息高速公路”。它既可使语音、数据、图像设备和交换设备与其他信息管理系统相互连接，亦可使设备与外部通信网相互连接。综合布线的组成内容包括连接建筑物外部网络或电信线路的连线与应用系统设备之间的所有线缆以及相关的连接部件。该部件包括：传输介质、相关连接硬件（配线架、连接器、插座、插头、适配器）以及电气保护设备等。综合布线采用模块化结构时，可按照每个模块的作用，划分为 6 个部分，即设备间、工作区、管理区、水平子系统、干线子系统和建筑群干线子系统。以上又可概括为一间、二区和三个子系统。

综合布线通常采用星型拓扑结构。该结构所属的每个分支子系统均是相对独立的单元，换言之，每个分支子系统的改动不会影响到其他子系统，只要改变节点连接方式就可以使综合布线在星型、总线型、环型、树状型等结构之间进行转换。如图 6-43 所示为建筑物与建筑群综合布线结构示意图；如图 6-44 所示为综合布线和通信系统常用图例；如图 6-45 所示为综合布线系统图。

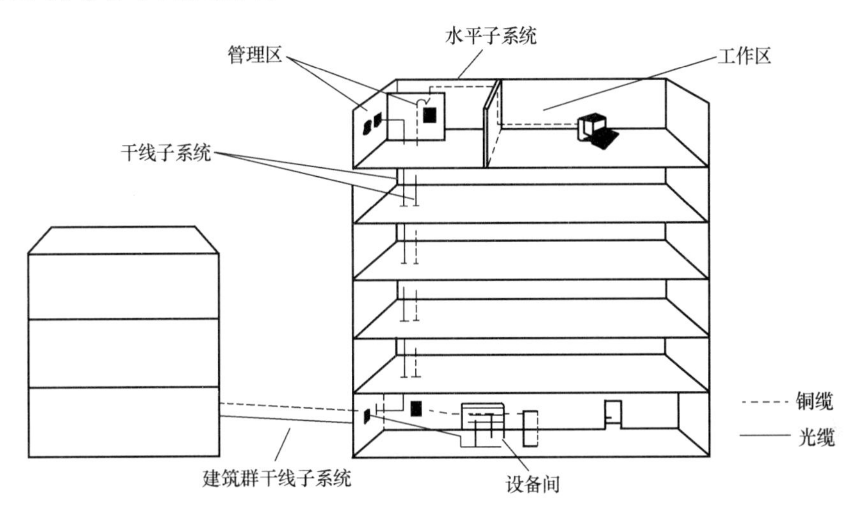

图 6-43　建筑物与建筑群综合布线结构示意图

（1）综合布线系统组成

1）设备间：设备间是楼宇放置综合布线线缆和相关连接硬件以及应用系统设备的场地。通常设在每幢大楼的第二或第三层。包括建筑物的入口区的设备或防雷电保护装置以及连接到符合要求的建筑物接地装置。

设备间主要设备有：电信部门的市话进户电缆、中继线、公共系统设备如程控电话交换主机（PBX）、计算机化小型电话交换机（CBX）、计算机主机等。设备间的硬件主要由线缆（光纤缆、双绞电缆、同轴电缆、一般铜芯电缆）、配线架、跳线模块以及跳线等构成。

2）工作区：放置应用系统终端设备的区域称为工作区。由终端设备连接到信息插座的连线（或接插软线）组成。采用接插软线在终端设备和信息插座之间搭接。如图 6-46 所示。

各终端设备通常有：电话机、计算机、传真机、电视机、监视器、传感器和数据终端

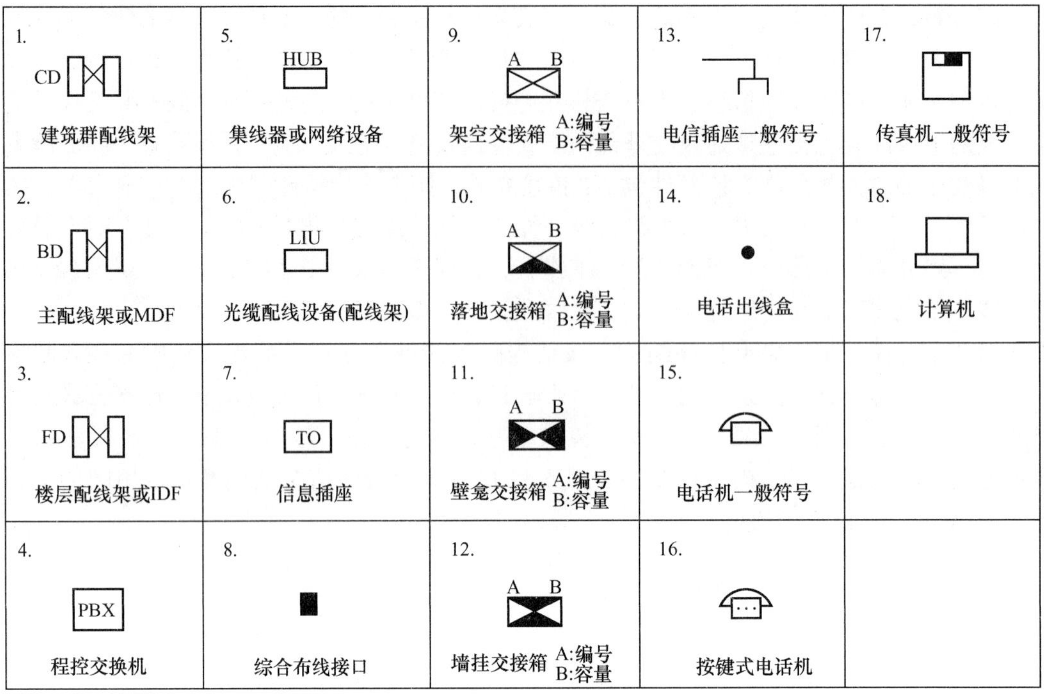

1. CD 建筑群配线架
2. BD 主配线架或MDF
3. FD 楼层配线架或IDF
4. PBX 程控交换机
5. HUB 集线器或网络设备
6. LIU 光缆配线设备(配线架)
7. TO 信息插座
8. 综合布线接口
9. A B 架空交接箱 A:编号 B:容量
10. A B 落地交接箱 A:编号 B:容量
11. A B 壁龛交接箱 A:编号 B:容量
12. A B 墙挂交接箱 A:编号 B:容量
13. 电信插座一般符号
14. 电话出线盒
15. 电话机一般符号
16. 按键式电话机
17. 传真机一般符号
18. 计算机

图 6-44　综合布线和通信系统常用图例

弱电竖井
F4
F3
F2
F1
IDF
HUB
LIU
主干光缆
大对数主干电缆
A
注:
1.电话机房，计算机房已定位。
2.水平布线及信息插座为全五类。
投资稍高一些，但使用非常灵活。
计算机房
服务器
工作站
光纤 MDF
......
HUB
电话交换机房
MDF
PBX
工作区
水平布线子系统
管理区
干线子系统
设备间

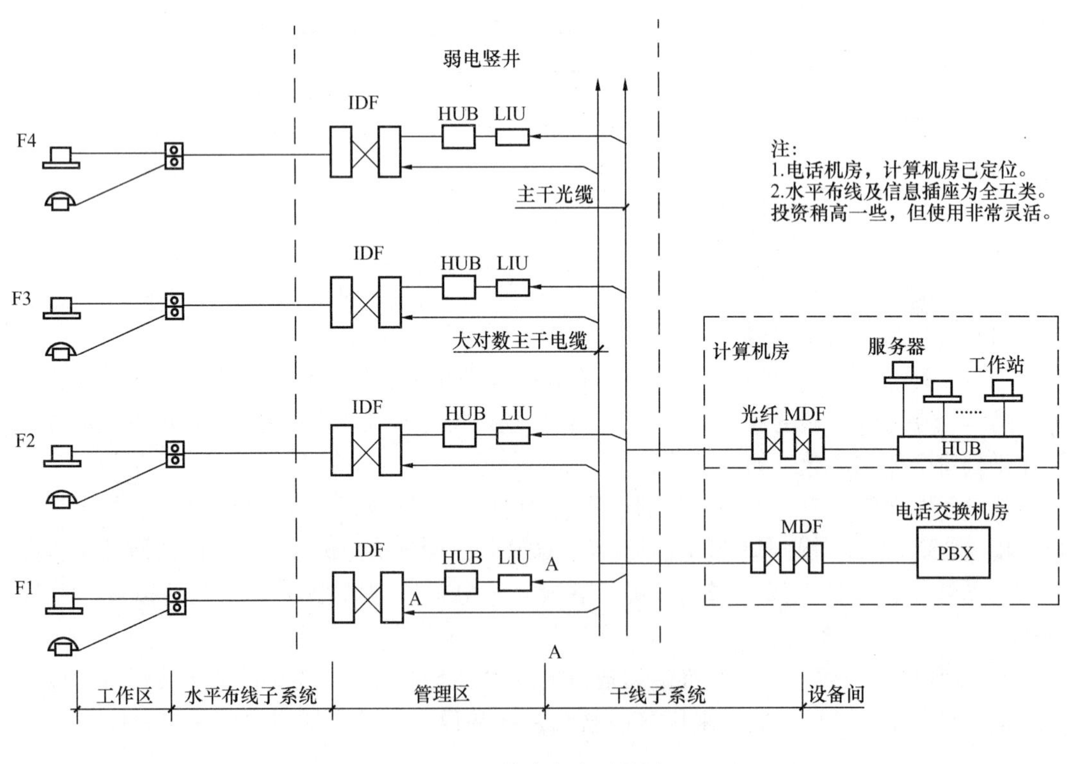

图 6-45　综合布线系统图

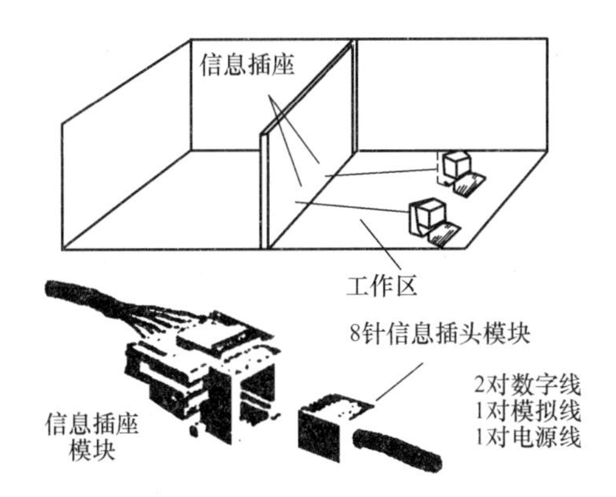

图 6-46 工作区

等。如图 6-47 所示。

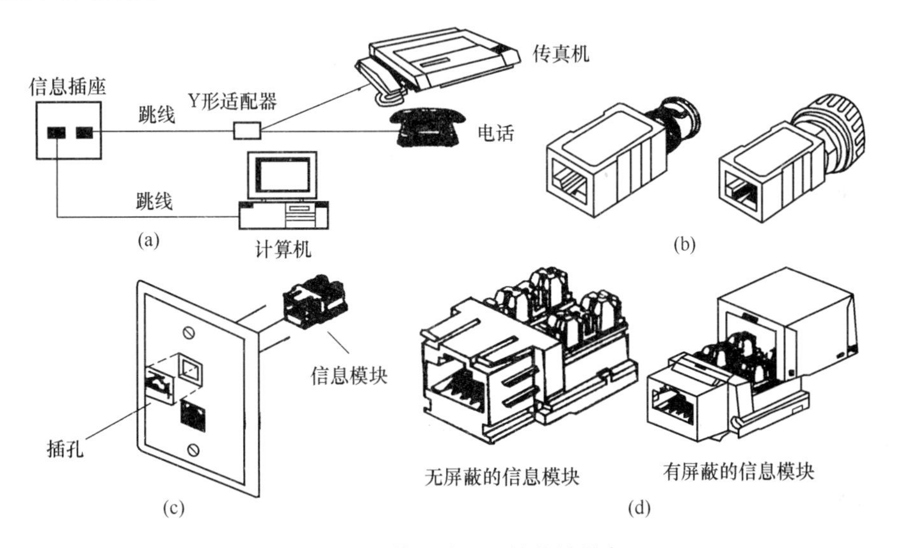

图 6-47 工作区应用系统终端设备

3）管理区：管理区在配线间或设备间的配线区域，采用交连和互连等方式来管理干线子系统和水平子系统的线缆。相当于电话系统中的层分线箱或分线盒作用。如图 6-48 所示。

管理区主要设备有：配线设备（双绞线配线架、光纤缆配线架）以及输入输出设备等。管理区子系统安装在配线间中，通常安装在弱电竖井中，如图 6-48 所示。

4）水平子系统：水平子系统是将干线子系统经楼层配线间的管理区连接到工作区之间的信息插座的配线（3、5 类线）、配管、配线架以及网络设备等

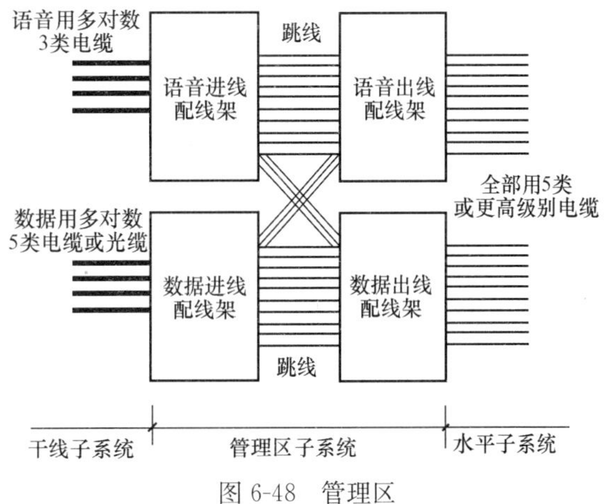

图 6-48 管理区

的组合体。水平子系统与干线子系统的区别是：水平子系统处在同一楼层上，线缆一端接在配线间的配线架上，另一端接在信息插座上。而干线子系统总是位于垂直的弱电间。如图 6-49 所示。

5）干线子系统：干线子系统是由设备间和楼层配线间之间的连接线缆组成。多采用大对数双绞电缆或光纤缆、同轴电缆等。两端分别接在设备间和楼层配线间的配线架上。如图 6-50 所示。

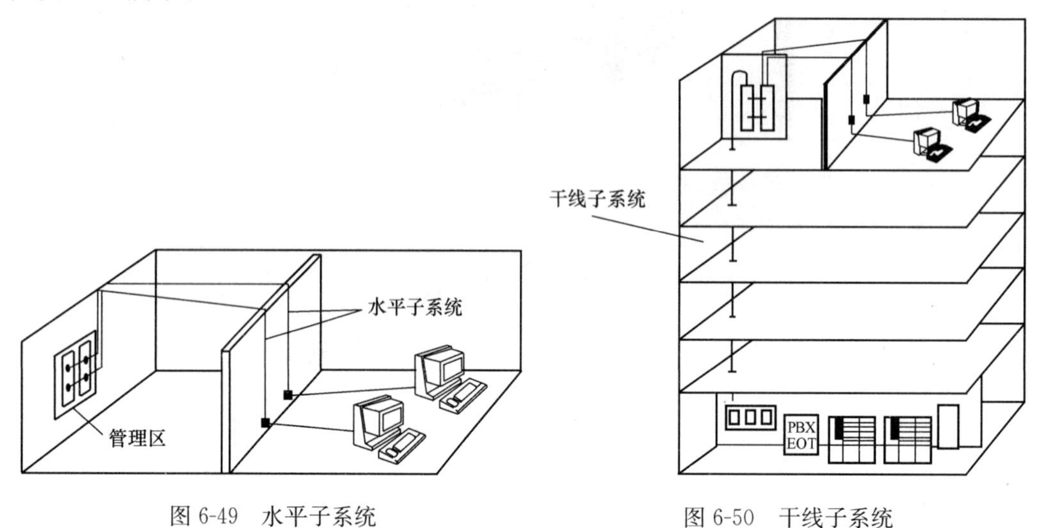

图 6-49　水平子系统　　　图 6-50　干线子系统

6）建筑群干线子系统：建筑群干线子系统是由连接各建筑物之间的线缆和相应配线设备等组成的布线系统。建筑群综合布线所需要的硬件，包括铜芯电缆、光纤缆、双绞电缆以及电气保护设备。建筑群干线子系统通常所涉及的设备有：电话、数据、电视系统装置及进入楼宇处线缆上设置的过流、过压的继电保护设备等。综合布线的各子系统与应用系统的连接关系如图 6-51 所示。

（2）综合布线系统工程计量

1）入户线缆敷设，无论采用架空、直埋或电缆沟内敷设，其安装工程量分别以线缆芯数分档，均按“m”计量。

2）光纤缆、同轴电缆等安装，以沿槽盒、桥架、电缆沟和穿管敷设及线缆线芯分类，按“延长米”计量。

3）双绞、多绞线缆安装，不论 3、5 类，只根据屏蔽和非屏蔽（STP、UTP）分类以缆线芯数分档，按“延长米”计量。

其入户时计算式：

$$\text{线缆长} = (\text{槽盒长} + \text{桥架长} + \text{线槽长} + \text{沟道长}) \times (1 + 10\%) + \text{线缆端预留长度 5m} \tag{6-33}$$

其室内安装时计算式：

$$\text{线缆长} = (\text{槽盒长} + \text{桥架长} + \text{线槽长} + \text{沟道长} + \text{配管长} + \text{引下线管长}) \times (1 + 10\%) + \text{线缆端预留长度 5m} \tag{6-34}$$

4）光纤缆中继段测试，以电话线路里的中继段为计算依托，按“段”计量。

5）光纤缆信息插座以单口、双口分档，按“个”计量。

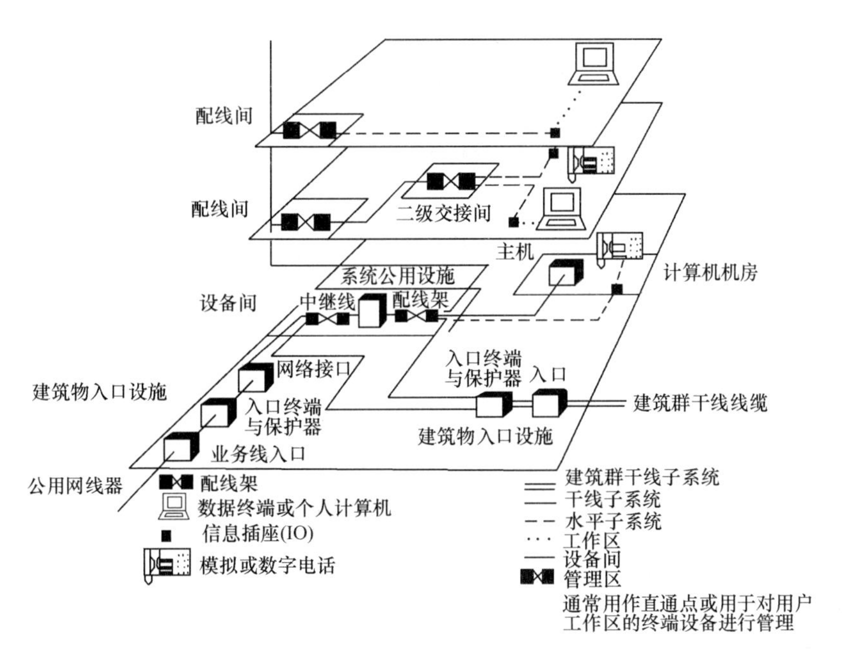

图 6-51 综合布线的各子系统与应用系统的连接关系

箱、盒、头、支架制作、安装等项目的工程计量与定额套用同电缆敷设分部工程计量。

其余终端设备如传真机、电话机等多按“台”、“部”等计量。线路电源如配电电源控制柜、箱、屏等按“台”计量。UPS 不间断电源安装按“个”计量。线路设备如插头、插座、适配器、中转器等均按“个”计量。信息插座模块安装按“块”计量。综合布线系统、防雷与接地保护系统、屏蔽与防静电接地系统等应分开计量，其方法和强电防雷与接地相同。系统调试可按当地定额规定执行。

6.2 建筑电气安装工程施工图预算编制实例

6.2.1 电气照明工程施工图预算编制实例

1. 工程概况

(1) 工程地址：该工程位于某市市区。

(2) 结构类型：工程结构为现浇混凝土楼板，一楼一底建筑，层高 3.2m，女儿墙 0.9m 高。

(3) 进线方式：电源采用三相五线制，进户线管为 G32 钢管，从－0.8m 处暗敷至底层配电箱，钢管长 12m 。

(4) 配电箱安装在距地面 1.8m 处，开关插座安装在距地面 1.4m 处。配电箱的外形尺寸（高×宽）为 500mm×400mm，型号为 XMR-10。

(5) 平面线路走向：均采用 BLV-500-2.5mm^2。两层建筑的平面图一样，详细尺寸如图 6-52 所示。

(6) 避雷引下线安装：－25×4 镀锌扁钢暗敷在抹灰层内，上端高出女儿墙 0.15m，

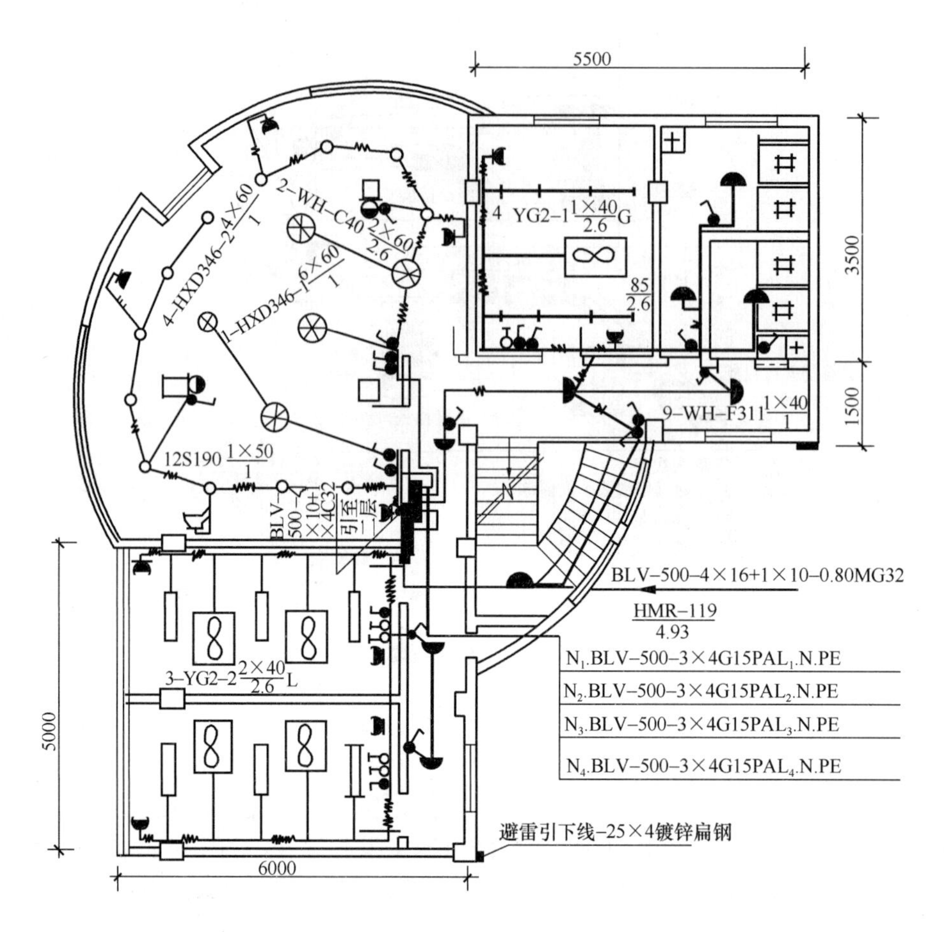

图 6-52 一、二层电气照明平面图 1∶100

下端引出墙边 1.5m，埋深 0.8m。

2. 采用定额及取费标准

施工单位为某国营建筑公司，工程类别为三类。采用现行《国安》和某市现行材料预算价格及部分双方认定的市场采购价格。

合同中规定不计远地施工增加费和施工队伍迁移费。

3. 编制方法

（1）在熟读图纸、施工方案以及有关技术、经济文件的基础上，计算工程量。注意从配电箱出线为 $4mm^2$，经过楼板后，使用接线盒，之后再改为 $2.5mm^2$ 的导线。工程量计算表见表 6-16。

（2）汇总工程量，见表 6-17。

（3）套用现行《国安》，进行工料分析，工程计价表见表 6-18。

（4）各地区可结合住建部 44 号文件精神，按照相应计费程序表计算直接工程费以及各项费用（略）。

（5）写编制说明（略）。

（6）自校、填写封面、装订施工图预算书（略）。

工程量计算表 **表 6-16**

单位工程名称：某建筑电气照明工程 共 页 第 页

序号	分项工程名称	单位	数量	计算式
1	进户管 G32	m	17.3	12(进户)＋0.8(埋地)＋1.8(一层)＋(3.2－1.8－0.5＋1.8)(一～二层)
2	N_1回路 G15	m	42.3	1＋(4.5＋3＋2＋7＋7＋3＋2＋2)(水平距离)＋(3.2－1.4)×6(垂直距离)＝42.3
3	管内穿线 BLV-16mm^2	m	62	(12＋0.8＋1.8＋0.5＋0.4) ×4
	10mm^2	m	26.3	(12＋0.8＋1.8＋0.5＋0.4)＋(3.2－1.8－0.5＋1.8)×4
	4mm^2	m	5.7	3.2－1.8－0.5＋1.8＋1×3
	2.5mm^2	m	279.8	[4.5＋3＋7＋(3.2－1.4)×6]×3＋(2＋7＋3＋2＋2)×4＝139.9 139.9×2(两层)
4	N_2回路 G15	m	61.6	1＋(4＋2＋2＋3＋2＋2＋2＋2)(水平距离)＋(3.2－1.4)×6(垂直距离)＝30.8 30.8×2(两层)
5	管内穿线 4mm^2	m	6	1×3×2(两层)
	2.5mm^2	m	202.8	(2＋2)×5＋(2＋2)×4＋[4＋3＋2＋2＋(3.2－1.4)×6]×3＝101.4 101.4×2(两层)
6	N_3回路 G15	m	135.6	1＋(2＋4＋4＋2＋6＋1＋7＋4.5＋4＋4＋2.5＋4＋2)＋(3.2－1.4)×11＝67.8 67.8×2(两层)
7	管内穿线 4mm^2	m	6	1×3×2(两层)
	管内穿线 2.5mm^2	m	400.8	[2＋4＋4＋2＋6＋1＋7＋4.5＋4＋4＋2.5＋4＋2＋(3.2－1.4)×11]×3＝200.4 200.4×2(两层)
8	N_4回路 G15	m	313.2	1＋(9＋7＋6＋2)×5＋2×5＋4＋(3.2－1.4)×12＝156.6 156.6×2(两层)
9	管内穿线 4mm^2	m	6	1×3×2(两层)
	2.5mm^2	m	457.6	(9＋7＋6＋4)×4＋[(2×5＋2×5)＋(3.2－1.4)×12]×3＝228.8 228.8×2(两层)
10	接线盒 146H_{50}	个	144	11(插座盒)＋36(灯头盒)＋25(开关盒)×2
11	配电箱 XMR-10	台	2	1×2(两层)
12	吊风扇安装	台	10	5×2(两层)
13	双管荧光灯	套	12	6×2(两层)

续表

序号	分项工程名称	单位	数量	计 算 式
14	单管荧光灯	套	8	4×2(两层)
15	半圆球吸顶灯	套	18	9×2(两层)
16	艺术灯安装	套	10	5×2(两层)
17	牛眼灯安装	套	24	12×2(两层)
18	单联暗开关	套	40	20×2(两层)
19	暗装插座	套	22	11×2(两层)
20	壁灯安装	套	4	2×2(两层)
21	调速开关安装	个	10	5×2(两层)
22	避雷引下线－25×4	m	18	9×2
23	预留线 BLV-4mm^2	m	3.6	(0.5+0.4)×4

工程量汇总表 **表 6-17**

单位工程名称：某建筑电气照明工程

序号	分 项 工 程 名 称	单位	数量	备 注
1	照明配电箱安装	台	2	500×400×180
2	吊风扇安装	台	10	L=1400
3	调速开关安装	个	10	
4	成套双管荧光灯安装	套	12	YG2-2
5	成套单管荧光灯安装	套	8	YG2-1
6	半圆球吸顶灯安装	套	18	WH-F311
7	艺术吸顶花灯安装	套	10	HXD_{346}-1
8	壁灯安装	套	4	WH-C40
9	牛眼灯安装	套	24	S-190
10	单联暗开关安装	套	40	YA86-DK_{11}
11	接线盒、开关盒安装	个	144	146H_{50}
12	钢管暗敷 G32	m	17.3	
13	钢管暗敷 G15	m	552.7	
14	管内穿线 BLV-16mm^2	m	62	
	管内穿线 BLV-4mm^2	m	23.7	
	管内穿线 BLV-2.5mm^2	m	1341	
15	接地引下线扁钢－25×4 敷设	m	19	
16	接地系统试验	系统	1	
17	低压配电系统调试	系统	1	

6.2.2 变配电工程施工图预算编制实例

1. 工程概况

(1) 工程地址：该工程位于重庆市市区。

表 6-18

工程计价表

单位工程名称：某建筑电气照明工程

定额编号	分项工程项目	单位	工程数量	单位价值			合计价值（综合单价价值）					未计价材料			
				人工费	材料费	机械费	人工费	材料费	机械费	企业管理费	利润	损耗	数量	单价	合价
2-264	照明配电箱安装	台	2	41.8	34.39		83.6	68.78		25.43	27.57		2	650	1300
2-1702	吊风扇安装	台	10	9.98	3.75		99.8	37.5		30.36	32.91		10	180	1800
2-1705	吊扇调速开关安装	10套	1	69.66	11.11		69.66	11.11		21.19	22.97		10	15	150
2-1589	成套双管荧光灯安装	10套	1.2	63.39	74.84		76.07	89.81		23.14	25.09	10.10	12.12	76.75	930.21
2-1591	成套单管荧光灯安装	10套	0.8	50.39	70.41		40.31	56.33		12.26	13.29	10.10	8.08	47.45	383.40
	40W荧光灯管	只											32	8	256
	法兰式吊链	m											60	3	180
2-1384	半圆球吸顶灯安装	10套	1.8	50.16	119.84		90.29	215.71		27.47	29.78	10.10	18.18	45	818.10
2-1436	艺术吸顶花灯安装	10套	1	400.95	321.70	4.28	400.95	321.70	4.28	121.97	132.23	10.10	10.10	1400	14140
2-1393	壁灯安装	10套	0.4	46.90	107.77		18.76	43.11		5.71	6.19	10.10	4.04	150	606
2-1389	牛眼灯安装	10套	2.4	21.83	58.83		52.39	141.19		15.94	17.28	10.10	24.24	31	751.44
2-1637	板式单联暗开关安装	10套	4	19.74	4.47		78.96	17.88		24.02	26.04	10.20	40.8	5	204
2-1673	暗插座 1.5A 以下安装	10套	2.2	33.90	14.93		74.58	32.85		22.69	24.60	10.20	22.44	8	179.52
2-1378	暗装开关盒、插座盒	10个	7.2	11.15	9.97		80.28	71.78		24.42	26.48	10.20	73.44	2.50	183.6
2-1377	暗装接线盒安装	10个	7.2	10.45	21.54		75.24	155.09		22.89	24.81	10.20	73.44	3.20	235.0
2-1011	钢管暗敷 G32	100m	0.173	215.71	92.29	20.75	37.32	15.97	3.59	11.35	12.31	103	17.82	5.80	103.35
2-1008	钢管暗敷 G15	100m	5.52	156.73	39.77	12.48	865.15	219.53	68.89	263.18	285.33	103	568.56	2.70	1535.11
2-1178	管内穿线 BLV-16mm²	100m	0.62	25.54	13.11	15.84	8.12	207.66		2.47	2.68	105	65.11	1.50	97.65
2-1170	管内穿线 BLV-4mm²	100m	0.24	16.25	5.51		3.9	1.32		1.19	1.29	110	26.4	0.5	13.2
2-1169	管内穿线 BLV-2.5mm²	100m	13.41	23.22	6.83		311.38	91.59		94.72	102.69	116	1555	0.4	622
2-744	避雷引下线－25×4	10m	1.9	4.18	3.57	2.85	7.94	6.78	5.42	2.42	2.62	10.5	19.95	0.6	11.97
2-886	接地装置调试	系统	1	232.2	4.64	252.0	232.2	4.64	252.0	70.64	76.60				
2-849	交流低压配电系统调试	系统	1	232.2	4.64	166.2	232.2	4.64	166.2	70.64	76.60				
	白炽灯泡 60W												80	1.20	96
	白炽灯泡 40W												30	1.00	30
	合计						2939.46	1814.97	5003.38	894.10	969.36				24530.7

注：该工程为三类工程，按重庆市现行安装工程费用定额的规定，企业管理费按人工费的30.42%计取，利润按人工费的32.98%计取。

（2）工程结构：某车间变配电所砖混结构，层高 6m，女儿墙 1m 高。所内有两台变压器，其中 1 号变压器为 S-800/10 型，2 号变压器为 S-1000/10 型。

（3）进线方式：电源采用高压 10kV 一次进线，分别采用电力电缆（ZLQ20-10kV-3×70mm²），由厂变电所直接埋地引入室内电缆沟，再沿墙接引到高压负荷开关（FN_3-10）。负荷开关和变压器高压侧套管的连接采用 LMY-40×4mm² 矩形母线。变压器低压侧出线采用 LMY-100×8mm² 矩形母线，采用支架架设，并分别引到配电室第 3 号和第 5 号低压配电屏，经刀开关和低压空气断路器接左、右两段母线，两段母线通过 4 号低压配电屏联络，形成单母线分段。左段母线上接 1 号、2 号低压馈电屏，右段母线上接 6、7、8 号低压馈电屏。

2. 编制依据

施工单位为某国营建筑公司，工程类别为一类。采用现行《国安》和该市现行材料预算价格或部分双方认定的市场采购价格。

合同中规定不计远地施工增加费和施工队伍迁移费。

3. 编制方法

（1）在熟读图纸、施工组织设计以及有关技术、经济文件的基础上，计算工程量。注意两台变压器均采用宽面推进方式，就位于变压器室基础台上。工程图如图 6-53～

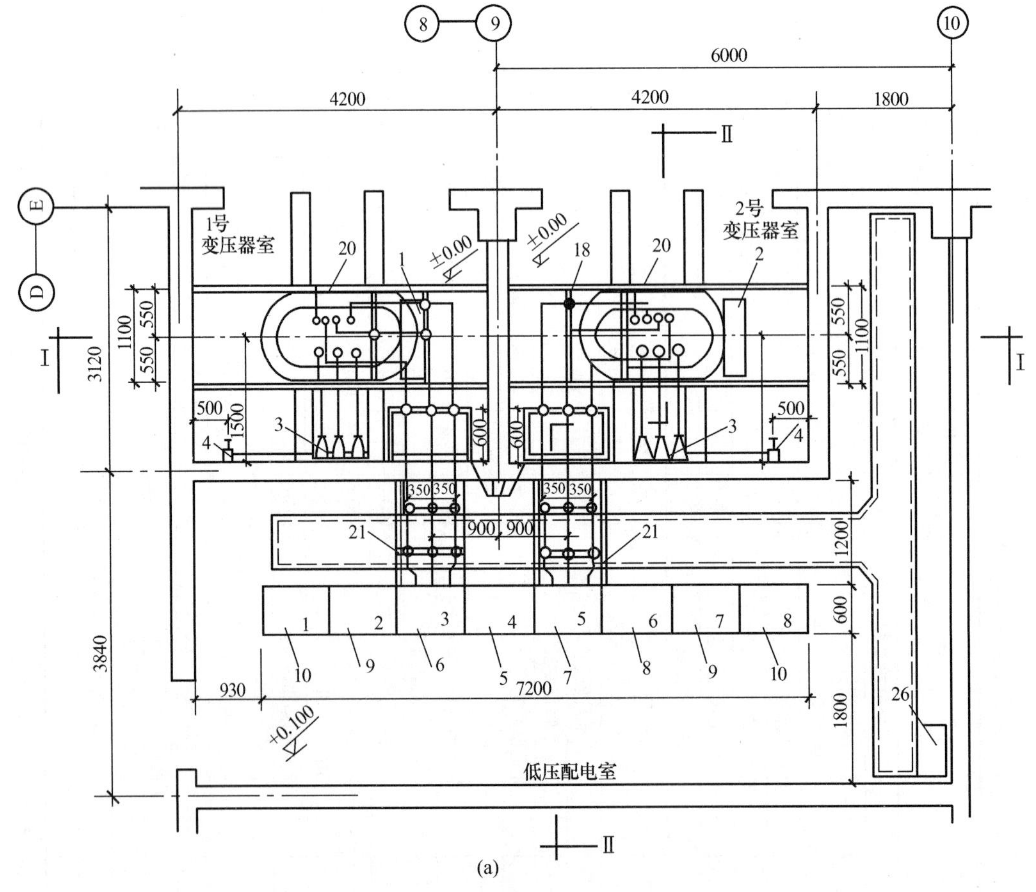

图 6-53　车间变电所平、剖面图（一）

（a）平面图

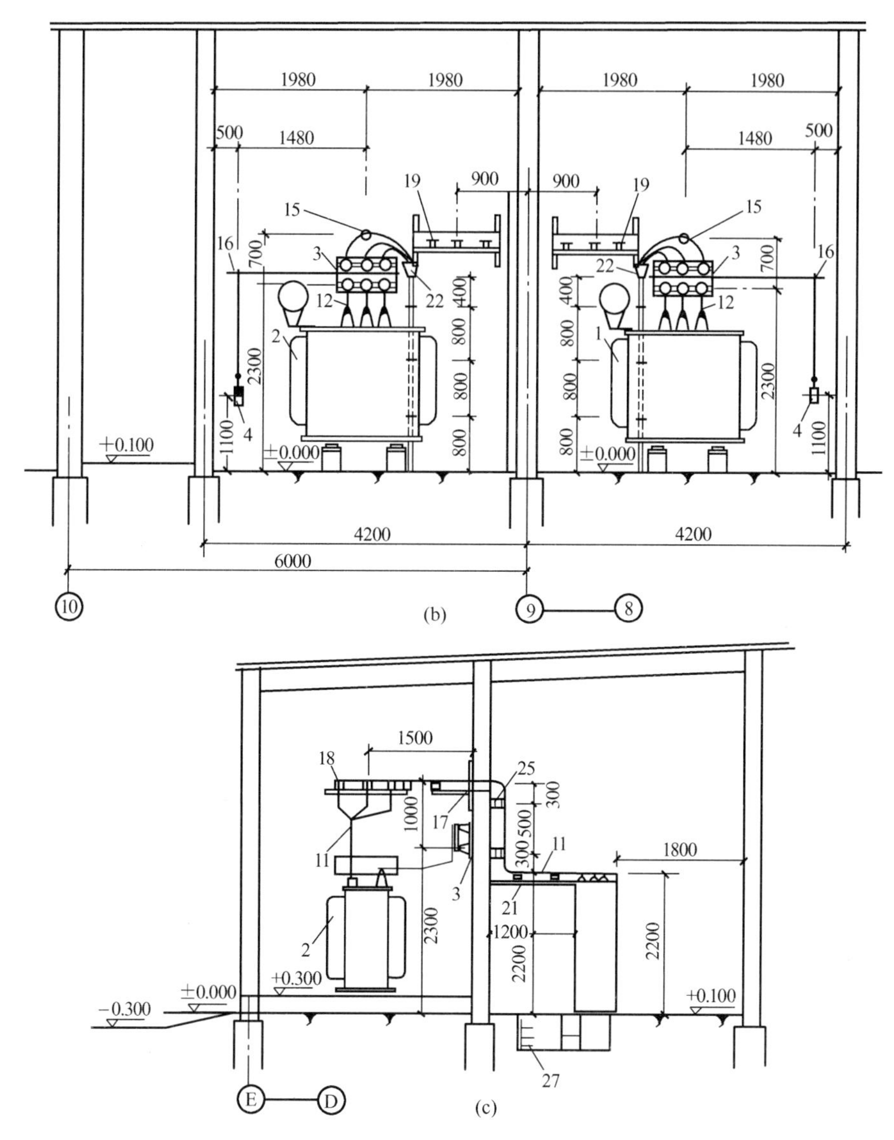

图 6-53 车间变电所平、剖面图（二）

（b）Ⅰ-Ⅰ剖面图；（c）Ⅱ-Ⅱ剖面图

图 6-61所示。室内电缆沟支架布置见表 6-19，工程量计算表见表 6-20。

（2）汇总工程量，见表 6-21。

（3）套用现行《国安》，进行工料分析，工程计价表见表 6-22。

（4）结合住建部 44 号文件精神，按照相应计费程序表计算直接工程费以及各项费用（略）。

（5）写编制说明（略）。

（6）自校、填写封面、装订施工图预算书（略）。

高压负荷开关安装在变压器室与配电室隔墙的正中（变压器室一侧），中心距侧墙面 1.98m，与变压器中心一致，安装高度为下边绝缘子中心距地 2.3m ，负荷开关的操动机构为 CS_3 型，与负荷开关安装在同一面墙上，安装高度为中心距地 1.1m ，距侧面墙的距

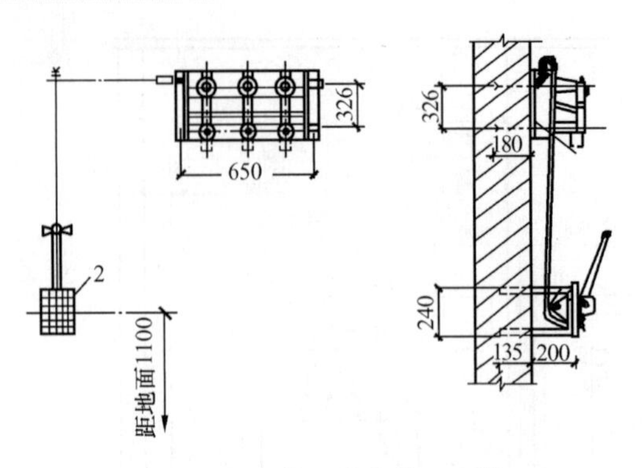

图 6-54 负荷开关在墙上安装

离为0.5m。安装标准见国家标准图集。如图 6-54 所示。

变电所低压母线由变压器低压侧引线，套管引上至 20 号桥架，随后转弯经过 17 号支架穿过过墙隔板进入低压配电室，再经过两个 25 号支架和 21 号桥架接至低压配电屏上的母线。

20 号桥架制作、安装。20 号桥形母线支架横梁长度为 3960mm，采用 L63×5；角钢埋设件采用 L63×5，长度为 250mm，每付 4 根；固定绝缘子角钢采用 L30×4，宽度为 1100mm ，每付 2 根。如图 6-55 所示。

17 号低压母线支架制作、支架安装位置处于母线过墙洞的下方，根据平面图标注的低压母线间距 350mm ，其支架宽度应为 1130mm，比墙洞宽度大 30mm，母线中心距地平面为 3300mm。支柱采用 L50×5，长度为 680mm，角钢支臂采用 L40×4，长度为 600mm ，角钢斜撑采用 L40×4，长度为 750mm。如图 6-56 所示。

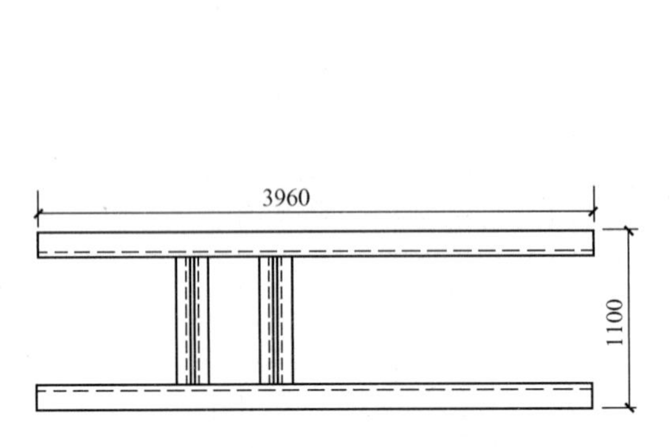

图 6-55 20 号母线桥形支架（L63×5）

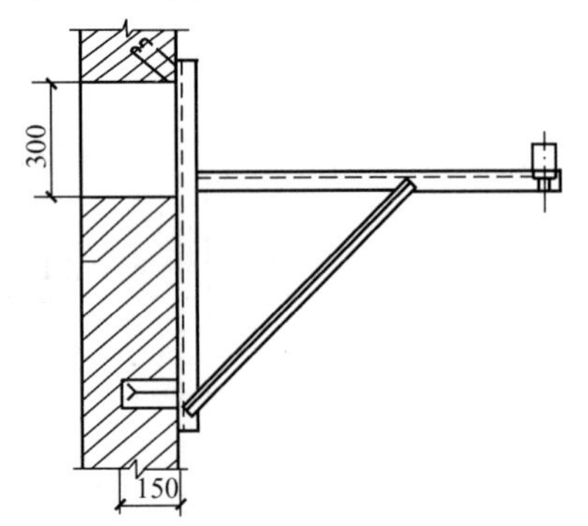

图 6-56 17 号低压母线支架安装示意图

19 号母线过墙夹板制作与安装。在过墙洞处要使用夹板将母线夹持固定，如图 6-57 所示。母线夹板采用厚 20mm 耐火石棉板制作，并分成上、下两部分，根据图纸标注的母线相间距离 350mm，则过墙洞应为 1100mm×300mm，而上、下两块夹板合并尺寸应为 1100mm×340mm。

安装方法是先在过墙洞两侧埋设固定夹板用的角钢支架，然后用螺栓将上、下夹板固定在角钢支架上，角钢支架选用 L50×5，长度为 400mm。螺栓规格为 M10×40。

25 号母线支架制作、安装。25 号母线支架有两个，安装在配电室和变压器室隔墙的配电室一侧，第一个支架安装高度为 2900mm，第二个支架安装高度为 2400mm，支架中心距⑨轴为 900mm，支架宽度为 900mm。安装时在墙上打洞，直接将支架埋在墙上。如图 6-58 所示。

母线连接通常采用焊接，接头部分可用螺栓连接。最后将连接好的母线放在母线支架上的瓷瓶夹板内，使用上、下夹板将母线固定于瓷瓶上。其形式如图 6-59 所示。

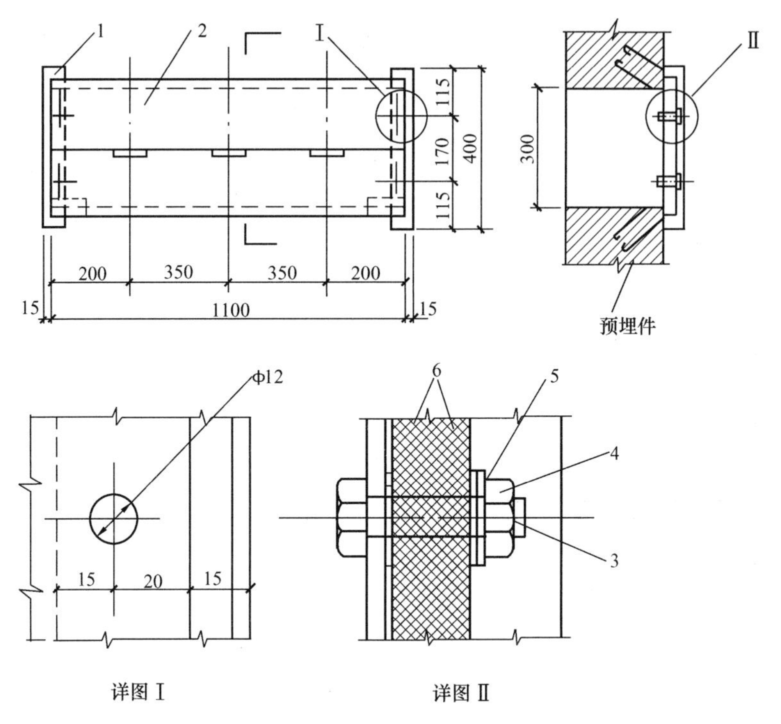

图 6-57　19 号母线过墙板安装

1—角钢支架；2—石棉板；3—螺栓；4—螺母；5—垫圈；6—垫圈

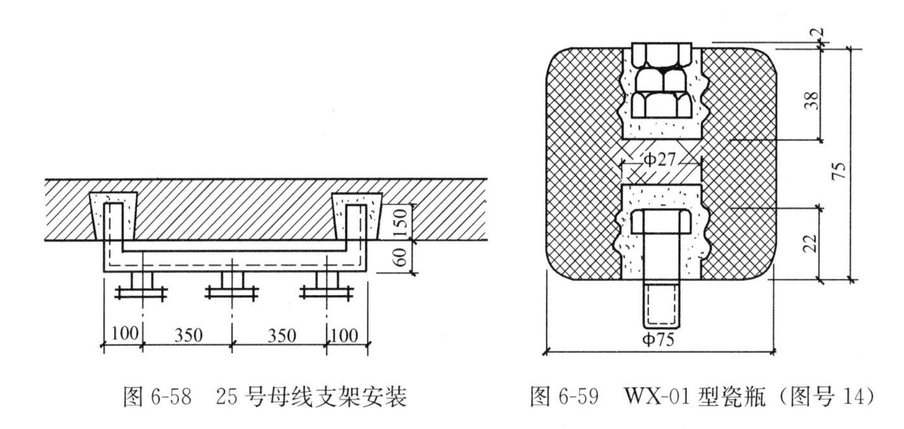

图 6-58　25 号母线支架安装　　　　图 6-59　WX-01 型瓷瓶（图号 14）

21 号母线桥形支架位于配电室，一端埋设于墙内，一端与低压配电屏连接，安装高度距地面 2200mm，材质采用 L50×5 角钢。如图 6-60 所示。

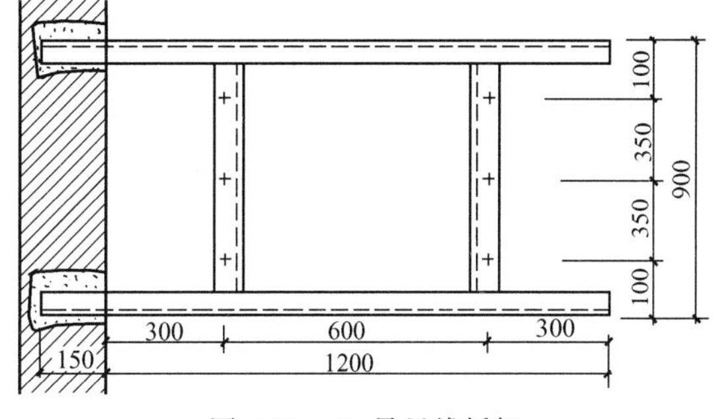

图 6-60　21 号母线桥架

该车间变电所高压进线电缆采用直埋方式由厂总降压变电所引来。电缆埋深不应小于 0.7m。电缆的上、下应铺设不小于 100mm 厚的软土或砂层，顶部盖上混凝土保护板，电缆沟内敷设。电力电缆在电缆沟内敷设时，通常采用电缆支架，支架间距为 1m，电缆首末两端以及转弯处应设置支架进行固定，一般根据电缆沟的长度计算电缆支架的数量。其支架采用角钢制作，如图 6-61 所示。主架用 L40×4，层架用 L30×4。支架层架最小距离为 150mm，最上层层架距沟顶为 150～200mm，最下层层架距沟底为 50～100mm。室内电缆沟支架布置规格见表 6-19。

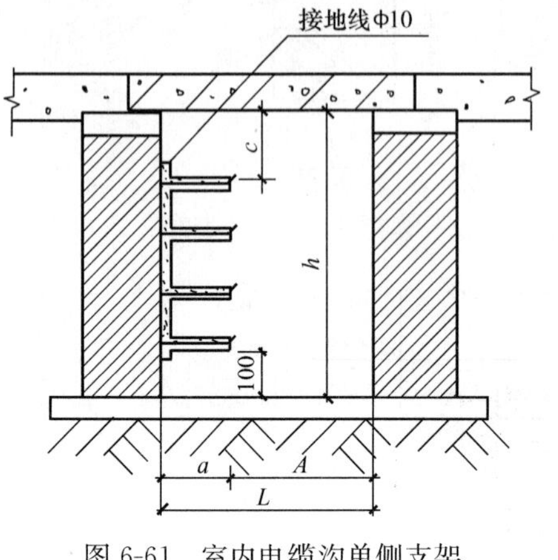

图 6-61 室内电缆沟单侧支架

室内电缆沟支架布置规格 表 6-19

沟宽（L）	层架（a）	通道（A）	沟深（h）
600	200	400	500
	300	300	
800	200	600	700
	300	500	
800	200	600	900
	300	500	

工程量计算表 表 6-20

单位工程名称：某车间变配电工程 共 页 第 页

序号	分项工程名称	单位	数量	计算式
1	三相电力变压器	台	2	1+1（图号为 1 和 2）
2	户内高压负荷开关	台	2	1+1 （图号为 3）
3	低压配电屏	台	7	图号为 6、7、8、9、10 共 7 台
4	低压配电屏(联络屏）	台	1	图号为 5
5	电车绝缘子	个	40	(14×2 台)+2 个/相×3 相×2 台 （图号为 14）
6	高压支柱绝缘子	个	2	1+1 （边相处，图号为 15）
7	低压母线穿墙板制安	块	4	2×2 （图号为 19）
8	信号箱安装	台	1	图号为 26
9	高压铝母线 LMY 敷设 －40×4	m	13.96	[1.5+0.326+0.5(预留）]×3 相×2 台=2.326×3 相×2 台(图号为 12）
10	低压铝母线 LMY 敷设 －100×8	m	49.83	立面 TM 中心至墙、1-1 剖面 穿墙 [1+0.4＋ 1.5 ＋(1.98－0.9) ＋0.24 瓷瓶支架 瓷瓶高 低压配电室 至中心 +0.06 +0.075＋(0.3×2+0.5)+1.2 +0.35 预留 +(0.3+0.5+0.5)]×3 相×2 台 =8.305×3 相×2 台(图号为 11)

续表

序号	分项工程名称	单位	数量	计　算　式
11	低压母线支架	kg	31.19	① 支臂 L40×4：0.6m×2 边×2 副×2.422kg/m= 5.81 ②支柱 L50×5：0.68m×2 边×2 副×3.77 kg/m=10.25 ③斜撑 L40×4：0.75m×2 边×2 副×2.422kg/m=7.27 ④固定绝缘子用 L30×4：1.1m×2 边×2 副×1.786 kg/m=7.86 Σ①+②+③+④=31.19(图号为 17)
12	低压母线过墙板用支架	kg	6.03	L50×5：0.4m×2 根/副×2 副×3.77kg/m
13	低压母线 25 号支架	kg	12.79	L40×4：2 个/台×2 台=4 个； 4×1.32m/个×2.422kg/m
14	低压母线 20 号桥形支架	kg	92.98	① 横梁 L63×5：3.96m×2 根/副×2 副×4.822kg/m=76.38 ② 固定绝缘子用角钢 L30×4： 1.1m−(2×0.063)m×2 根/副×2 副×1.786kg/m =6.96 查 88D263 ③角钢埋设件 L63×5：0.25m×4 根/副×2 副×4.822kg/m=9.64 Σ①+②+③=92.98
15	低压母线 21 号桥形支架	kg	36.43	① 横梁 L50×5：1.35m×2 根/副×2 副×3.77kg/m=20.36 ②固定绝缘子用角钢 L30×4： 0.9m×2 根/副×2 副×1.786kg/m =6.43 查 88D263 ③ 角钢埋设件 L63×5：0.25m×4 根/副×2 副×4.822kg/m=9.64 Σ①+②+③=36.43
16	电缆沟支架	kg	63.14	主体量　　　　　　首尾　转角 支架个数：(7.2+1+3.84+3.12)÷1 +　2　+2 +3(TM 转弯处)=22 个 94D164 ① 主架 L40×4：22 ×(0.5−0.2)m×2.422kg/m= 15.99 ② 层架 L30×4：22×4 个×0.3m/个×1.786kg/m=47.15 Σ①+②=63.14
17	高压负荷开关在墙上安装支架(FN_3-10)	kg	23.83	L50×5：88D263 [(0.49+0.59+0.4)×2+0.2]×2 副×3.77kg/m
18	手动操作机构在墙上安装支架(CS_3)	kg	9.41	① L40×4：88D263 0.902×2 根×2 副×2.422kg/m=8.74 ② —40×4：88D263 0.145×2 个×2 副×1.26kg/m=0.731 Σ①+②=9.41

续表

序号	分项工程名称	单位	数量	计　算　式
19	电缆终端头在墙上安装支架(NTN-33)	kg	1.99	① L30×4：93D165 0.35×2 副×1.786 kg/m=1.25 ② −30×4：93D165 (2×0.08+π*D*)×2 个×0.94kg/m=(0.16+3.14×0.074)×2 个×0.94kg/m=0.74 Σ①+②=1.99
20	电缆终端头制安	个	2	1+1
21	供电送配电系统调试	系统	2	1+1
22	母线系统调试	段	2	1+1
23	变压器系统调试	系统	2	1+1
24	接线端子安装	个	7	
25	其他			略

工程量汇总表　**表 6-21**

单位工程名称：某车间变配电工程

序号	分项工程名称	单位	数量	备　注
1	三相电力变压器安装	台	2	S-800/10 为 800kVA，图号为 1 S-1000/10 为 1000kVA，图号为 2
2	户内高压负荷开关安装	台	2	FN_3-10 400A，图号为 3
3	低压配电屏安装	台	7	图号为 6、7、8、9、10 共 7 台
4	低压联络屏安装	台	1	图号为 5
5	电车绝缘子安装	个	40	图号为 14
6	高压支柱绝缘子安装	个	2	图号为 15
7	低压母线穿墙板制安	块	4	图号为 19
8	高压铝母线 LMY 敷设−40×4	m	13.96	图号为 12
9	低压铝母线 LMY 敷设−100×8	m	49.83	图号为 11
10	中性铝母线 LMY 敷设−40×4	m	14	图号为 13
11	一般铁构件制作	kg	277.79	Σ11+…+19
12	一般铁构件安装	kg	277.79	
13	电缆终端头制安	个	2	图号为 22，NTN-33，10kV
14	供电送配电系统调试 10kV	系统	2	
15	母线系统调试 10kV	段	2	
16	母线系统调试 1kV	段	2	
17	变压器系统调试	系统	2	
18	低压配电系统调试 1kV	系统	2	
19	接线端子安装	个	7	

工程计价表

表 6-22

单位工程名称：某车间变配电工程

定额编号	分项工程项目	单位	工程数量	单位价值			合计价值（综合单价价值）					未计价材料			
				人工费	材料费	机械费	人工费	材料费	机械费	企业管理费	利润	损耗	数量	单价	合价
2-3	三相电力变压器安装	台	2	470.67	245.43	348.44	941.34	490.86	696.88	365.52	613.75			9000	18000
2-45	户内高压负荷开关安装 400A	台	2	64.09	163.36	8.92	128.18	326.72	17.84	49.77	83.57			6500	13000
2-240	低压配电屏安装	台	7	109.83	117.49	46.25	768.81	822.43	323.75	298.53	501.26			7300	51100
2-236	低压联络屏安装	台	1	110.06	118.86	46.25	110.07	118.86	46.25	42.74	71.77			7500	7500
2-108	电车绝缘子安装	个	40	19.74	74.10	5.35	789.60	2964	214	306.60	514.82			3.6	144
2-108	高压支柱绝缘子安装	个	2	19.74	74.10	5.35	39.48	148.20	10.7	15.33	25.74			9.0	18
2-352	低压母线穿墙板制安	块	4	52.02	66.50	5.35	208.08	266	21.40	80.80	135.67				
2-137	高压铝母线 LMY 敷设－40×4	10m	1.4	29.25	68.07	49.24	40.95	95.30	68.94	15.90	26.70		(kg) 6.05	13.5	81.68
2-138	低压铝母线 LMY 敷设－100×8	10m	4.98	41.80	70.66	68.68	208.16	351.89	342.03	80.83	135.72		(kg) 107.6	16.0	1722
2-137	中性铝母线 LMY 敷设－40×4	10m	1.4	29.25	68.07	49.24	40.95	95.30	68.94	15.90	26.70		(kg) 6.05	13.5	81.68
2-358	一般铁构件制作	100kg	2.78	250.78	131.9	41.43	697.17	366.68	115.18	270.71	454.56	105	291.9	2.8	817.32
2-359	一般铁构件安装	kg	2.78	163.0	24.39	25.44	453.14	67.80	70.72	175.95	295.45				
2-637	电缆终端头制安	个	2	48.76	276.62		97.52	553.24		37.87	63.58			155	310
2-850	供电送配电系统调试 10kV	系统	2	580.50	11.61	655.14	1161	23.22	1310.3	450.82	756.97				
2-849	低压配电系统调试 1kV	系统	2	232.2	4.64	166.12	464.4	9.28	332.24	180.33	41.99				
2-881	母线系统调试 10kV	段	2	510.84	10.22	937.88	1021.7	20.44	1875.8	396.7	666.2				
2-880	母线系统调试 1kV	段	2	139.32	2.79	192.92	278.64	5.58	385.84	108.2	181.67				
2-844	变压器系统调试	系统	2	1996.92	39.94	2660.36	3993.8	79.88	5320.8	1550.79	2604				
2-333	接线端子安装	个	7	11.61	210.84		81.27	1475.88		31.56	52.99			12	84
	合计						11524.3	8261.56	11221.61	4474.85	7253.11				92858.68

注：该工程项目为一类工程，按重庆市现行安装工程费用定额的规定，企业管理费按人工费的 38.83%计取，利润按人工费的 65.20%计取。

6.2.3 弱电工程施工图预算编制实例

1. 工程概况

（1）某弱电工程位于十层楼建筑中，该建筑层高 4m，位于重庆市。

（2）控制中心设在一层，设备安装在该层，安装方式为落地式，地沟出线后，引至线槽处，再垂直延伸到每层的电气元件，如图 6-62 所示。

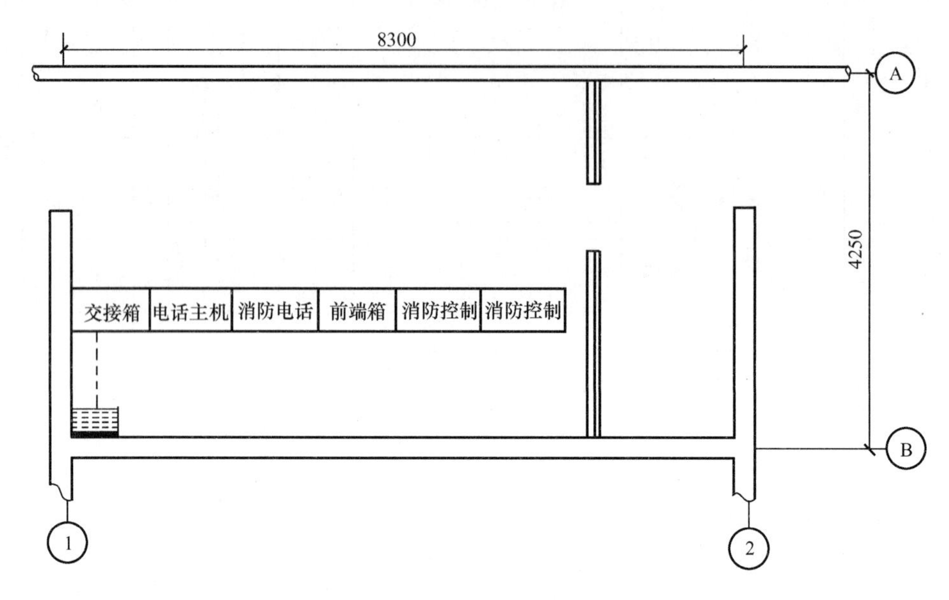

图 6-62 一层弱电控制中心

（3）平面布置线路，采用φ15的 PVC 管暗敷，火灾报警、电话、共用天线的配线均穿 PVC 管。垂直线路为线槽配线。如图 6-63 所示。

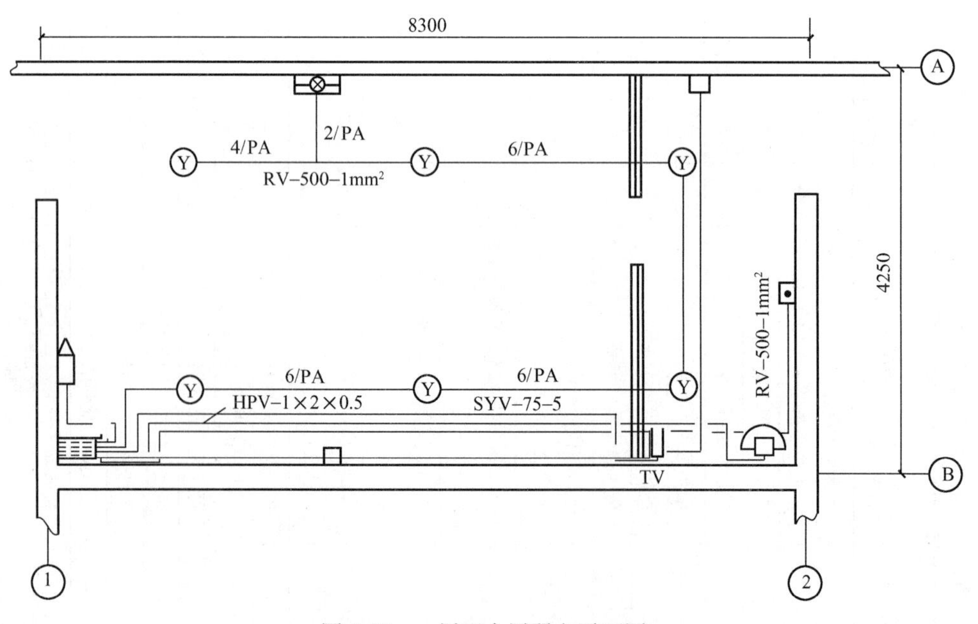

图 6-63 一层至十层弱电平面图

(4) 弱电中心分三大系统：火警系统、闭路电视系统以及电话通信系统（图 6-64～图 6-66)。图例如图 6-67 所示，主要设备材料参见表 6-23。

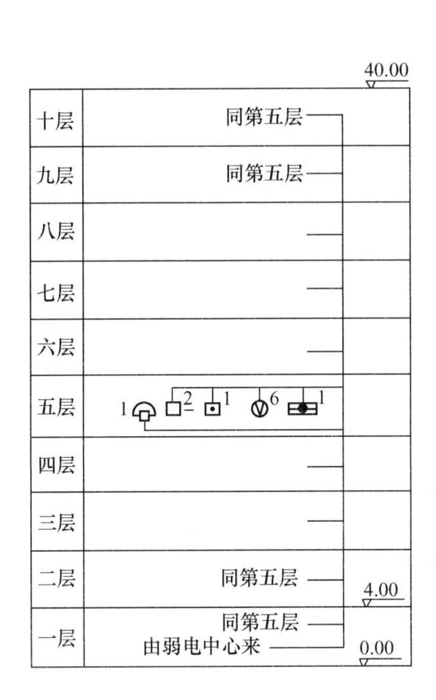

图 6-64 火警系统图

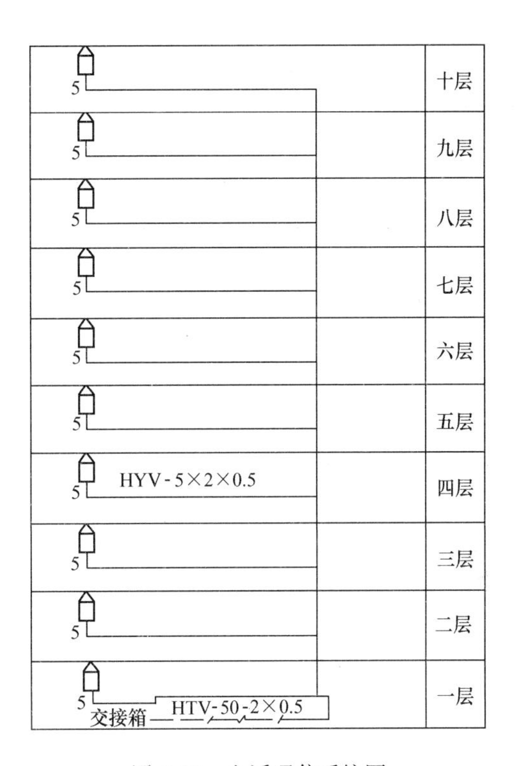

图 6-65 电话通信系统图

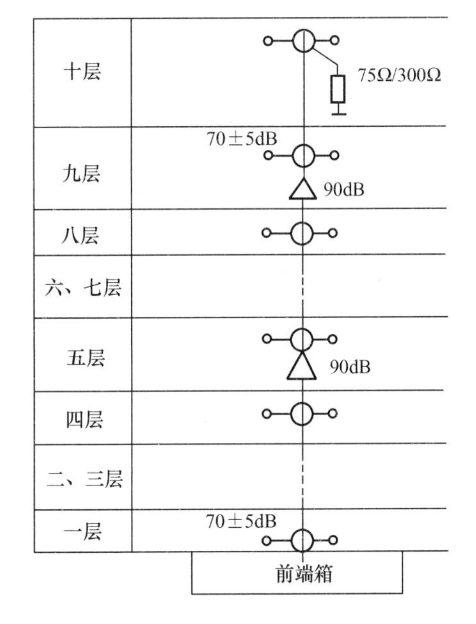

图 6-66 闭路电视系统图

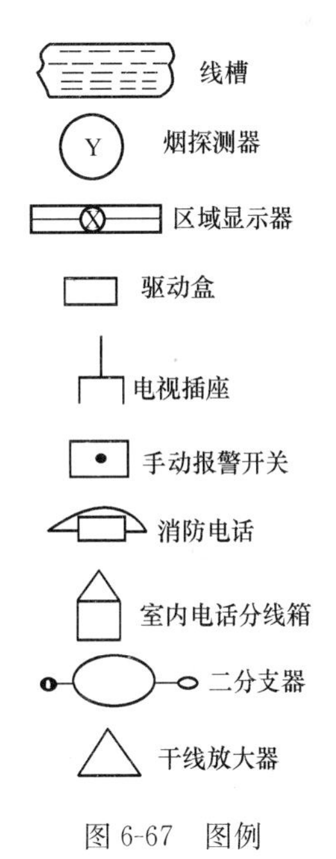

图 6-67 图例

(5) 感烟探测器、报警开关、驱动盒和火警电话均由弱电中心的消防控制柜控制。

(6) 电话设置程控交换机 1 台，500 门，每层设置 5 对电话分线箱 1 个，本楼用 50 门。

(7) 由地区电缆电视干线引至弱电中心前端箱，然后由地沟引分支电缆通过垂直竖向线槽至各用户。

主要设备材料表 **表 6-23**

名　称	型　号	规　格	单位	数量
消防控制柜	ZA1913	1800×1000	台	2
前端箱	喷塑	1800×1000	台	1
消防电话盘	ZA2721/ 40	1800×1000	台	1
程控交换机	JQS-31	1800×1000	台	1
电信交接箱	HJ-905	1800×1000	台	1
电视插座	E31VTV75		个	10
干线放大器	MKK-4027		个	
二分支器	TU_2/4A		个	
感烟探测器	ZA3011	编码底座配套	个	
报警开关	ZA3132		个	
现场驱动盒	ZA4221		个	
区域显示器	ZA3331		个	
火警电话	ZA2721		部	
线槽		200×75	m	
闭路同轴电缆	SYV-75-5	75Ω/300Ω	m	
通信电缆	HYV-50×2×0.5		m	
通信电缆	HYV-5×2×0.5		m	

2. 使用定额及取费标准

施工单位为某国营建筑公司，工程类别为一类。故采用重庆市现行安装工程单位基价表和该市现行材料预算价格。控制屏、交换机、火警电话等主要设备由业主自己采购。

合同规定不计远地施工增加费和施工队伍迁移费。

3. 编制方法

(1) 在熟读图纸、施工组织设计以及有关技术、经济文件的基础上，计算工程量。

由于土建每层有吊顶，管线敷于顶棚内，而探测器的安装要和土建的顶棚结合起来。区域显示器、报警开关、驱动器、火警电话均安装在距地面 1.5m 高的墙上。电视插座装在墙踢脚线上 200mm 处。室内电话分线箱装在距地面 2.2m 高的墙上。

工程量计算见表 6-24。

(2) 汇总工程量，见表 6-25。

(3) 套用现行定额，进行工料分析，工程计价表见表 6-26。

(4) 按照相应计费程序表计算直接工程费以及各项费用(略)。

(5) 写编制说明(略)。

(6) 自校、装订施工图预算书(略)。

工程量计算表 **表6-24**

单位工程名称:某建筑弱电工程 共 页 第 页

序号	分项工程名称	单位	数量	计算式
1	消防控制柜	台	2	
2	前端箱	台	1	
3	消防电话盘	台	1	
4	程控交换机	台	1	
5	电信交接箱	台	1	
6	室内电话分线箱	个	10	1×10(每层1个)
7	干线放大器	个	2	1+1(五层、九层各1个)
8	二分支器	个	10	1×10
9	感烟探测器	个	60	6×10(每层6个)
10	报警开关	个	10	1×10(每层1个)
11	现场驱动盒	个	20	2×10(每层2个)
12	区域显示器	个	10	1×10(每层1个)
13	火警电话	部	10	1×10(每层1部)
14	线槽200×75	m	40	垂直高度
15	闭路同轴	m	106	40+6+6×10(垂直+第一层出线+10层平面)
16	通信电缆 HYV-50×2×0.5	m	46	6+40(出线+垂直)
17	通信电缆 HYV-5×2×0.5	m	80	8×10(每层8m)
18	火警电线 RV-500-1mm^2	m	520	(8+2)×10(报警开关)+(7+4)×10(驱动器)+(8+3+4)×10(显示器)+(7+3+6)×10(感烟探测器)
19	Φ15敷设PVC管	m	500	[(2+2)(电话)+(8+3+7+2+8+8+2)(火警)+8(天线)]×10(每层相同)
20	终端电阻	个	10	
21	管内穿线 RV-500-1mm^2	m	1360	(8+2)×10×2+(7+4)×10×2+(8+3+4)×10×2+(7+3+6)×10×4

工 程 量 汇 总 表 **表 6-25**

单位工程名称：某建筑弱电工程

序号	分 项 工 程 名 称	单位	数量	备 注
1	消防控制柜	台	2	1800×1000(高×宽)
2	前端箱	台	1	1800×1000(高×宽)
3	消防电话盘	台	1	1800×1000(高×宽)
4	程控交换机	台	1	
5	电信交接箱	台	1	
6	室内电话分线箱	个	10	
7	感烟探测器	个	60	
8	报警开关	个	10	
9	现场驱动盒	个	20	
10	区域显示器	台	10	
11	火警电话	部	10	
12	线槽敷设 75×200	m	40	
13	同轴电缆敷设(线槽)	m	106	
14	线槽配线(HYV-50×2×0.5)	m	46	
15	Φ15 管子敷设 PVC	m	500	
16	管内穿线 RV-500-1mm^2	m	1880	
17	管内穿线 HYV-5×2×0.5	m	80	
18	干线放大器	个	2	
19	二分支器	个	10	
20	终端电阻	个	10	

工程计价表 **表 6-26**

单位工程名称：某建筑弱电工程

定额编号	分项工程项目	单位	工程数量	单位价值			合计价值（综合单价价值）					未计价材料			
				人工费	材料费	机械费	人工费	材料费	机械费	企业管理费	利润	损耗	数量	单价	合价
02-0263	弱电控制屏安装	台	4	104.66	120.44	51.45	418.64	481.76	205.8	162.56	272.95				
07-0063	安装交换机	台	1	600.80	153.95		600.8	153.95		233.26	391.72				
02-0264	电话分线箱安装	台	10	39.74	70.22		397.4	702.2		154.31	259.11		10	65	650
07-0064	火警电话安装	部	10	4.86	3.18		48.60	31.80		18.87	31.69				
02-1652 代	线路放大器安装	个	2	18.33	18.39		36.66	36.78		14.24	23.90	1.02	2.04	40	82
02-1652 代	线路二分支器安装	个	10	18.33	18.39		183.3	183.9		71.18	119.51	1.02	10.2	30	306
02-1377	线路终端电阻安装	10 个	1	9.94	22.69		9.94	22.69		3.86	6.48	10.2	10.2	2	20.4
07-023 代	调试接收指标	户	10	51.00	57.28	77.80	510.0	572.8	778.0	198.03	332.52				
07-0006	感烟探测器安装	个	60	13.03	4.50	0.78	781.8	270.0	46.8	303.57	509.73		60	300	18000
07-0488	区域显示器安装	台	10	271.80	53.66	57.96	2718.0	536.6	579.6	1055.40	1772.14	579.6	10	500	5000
07-0012 代	报警开关安装	个	10	18.99	6.70	1.23	189.9	67.0	12.3	73.74	123.82	1.01	10.1	20	202
02-0276	驱动盒安装	个	20	9.94	9.36	0.89	198.8	187.2	17.8	77.19	129.62	1.01	20.2	25	505
02-0206	线槽安装	10m	4	66.24	103.12	50.09	264.96	412.48		102.88	172.75	10.2	40.8	60	2448
02-1338	同轴电缆 SYV-75-5	100m	1.06	27.16	3.64		28.79	3.86		11.18	18.77	102	108.12	2	216
02-1337	线槽配线 HYV-50×2×0.5	100m	0.46	22.30	3.64		10.26	1.67		3.98	6.69	102	46.92	9.5	446
02-1097	Φ15 管子敷设 PVC	100m	5	99.14	6.57	30.84	495.7	32.85	154.2	192.48	323.20	106.7	533.5	2.4	1280
02-1169	管内穿线 RV-500-1mm^2	100m	18.8	22.08	5.99		415.1	112.61		161.18	270.65	116.0	2180.8	1.5	3271
02-1169	管内穿线 HYV-5×2×0.5	100m	0.8	22.08	5.99		17.66	4.79		6.86	11.51	92.8	74.24	3.5	260
合计							7326.31	3814.94	1794.5	2844.77	4776.76				32686

注：该工程项目为一类工程，按重庆市现行安装工程费用定额（2008 年）的规定，企业管理费按人工费的 38.83%计取，利润按人工费的 65.20%计取。

复 习 思 考 题

1. 变压器安装工程量怎样计量，如何套定额?
2. 母线安装工程量怎样计量，如何套定额?
3. 10kV 以下的架空进线和电缆进线，通常会发生哪些调试工作内容，怎样计量，如何套用定额?
4. 简述变配电所施工工艺流程，工程量常列哪些项目?
5. 简述防雷接地分部工程施工工艺流程，工程量常列哪些项目?
6. 简述 10kV 以下架空线路施工工艺流程，工程量常列哪些项目?
7. 简述电缆施工不同的敷设形式，工程量常列哪些项目?
8. 简述照明器具分部工程中灯具的安装形式，照明器具分部工程量常列哪些项目?
9. 简述一般灯具和装饰灯具的划分。
10. 何谓组装型、何谓成套型照明灯具，其工程量如何计量?
11. 配管、配线工程量如何计量?
12. 何谓进户线，何谓接户线，工程量如何计量?
13. 成套配电箱和非成套配电箱工程量如何计量，如何套用定额?
14. 导线预留长度通常发生在哪些部位，定额是如何规定的?
15. 简述接线盒、分线盒、开关盒、插座盒、灯头盒等工程量的计量规律。
16. 简述电梯安装工程量的计量。
17. 简述强电工程和弱电工程的区别。
18. 简述智能建筑的概念，简述智能建筑和综合布线的区别。
19. 建筑弱电系统主要有哪些?
20. 简述室内电话通信系统主要内容及工程量常列项目。
21. 简述共用天线电视系统（CATV）组成和常列工程项目以及工程量的计量。
22. 简述有线广播音响系统组成及常列工程项目以及工程量的计量。
23. 简述火灾自动报警系统、安全防范系统及自动消防系统组成及常列工程项目以及工程量的计量。
24. 简述综合布线系统组成及常列工程项目以及工程量的计量。

7 水、暖与燃气安装工程施工图预算

7.1 给水排水安装工程计量

7.1.1 室内给水、排水工程计量

1. 室内给水排水系统组成

（1）室内给水系统主要由以下六大部分组成，如图 7-1 所示。

1）进户管，亦称为引入管：是从室外管网引入室内进水管，与室内管道相连，直达水表位置的管段。此处通常设水表井（阀门井）。

2）水表节点（水表井）：用以计量室内给水系统总用水量。

3）室内给水管网：设有水平干管、立干管、支管等。

4）给水管道附件：阀门、水嘴、过滤器等。

5）升压和储水设备：水泵、水箱等。

6）消防设备：消火栓、喷淋管及喷淋头等。

（2）室内生活污水排水系统主要由六大部分组成，如图 7-2 所示。

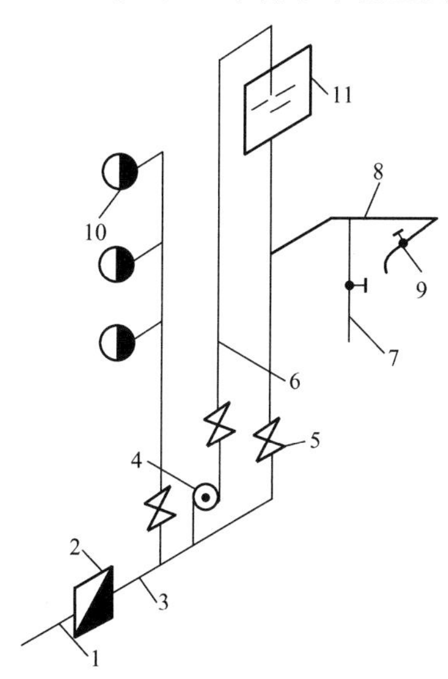

图 7-1 给水系统组成

1—引入管；2—水表井；3—水平干管；4—水泵；5—主控制阀；6—主干管；7—立支管；8—水平支管；9—水嘴及用水设备；10—消火栓；11—水箱

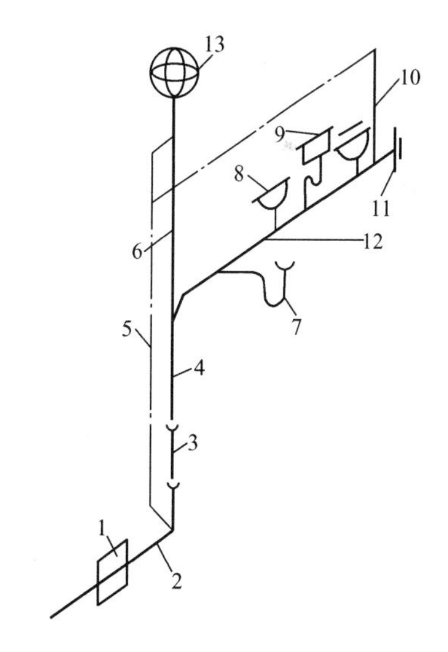

图 7-2 排水系统组成

1—检查井；2—排出管；3—检查口；4—排水立管；5—排气管；6—透气管；7—大便器；8—地漏；9—脸盆等用水设备；10—地面扫除口；11—清通口；12—排水横管；13—透气帽

1）污水收集器：包括便器、面盆等用水设备。

2）排水管网：包括排水立管、横管以及支管等。

3）透气装置：包括排气管、透气管、透气帽等。

4）排水管网附件：包括存水弯、地漏等。

5）清通装置：包括清扫口、检查口等。

6）检查井：用砖砌筑或预制成型的构筑物。

2. 室内给水管道工程计量

工程量计算顺序：从入口处算起，先主干，后支管；先进入，后排出；先设备，后附件。

工程量计算要领：通常按管道系统为单元，或以建筑段落划分计算。支管按自然层计算。

（1）工程量计算规则

1）以施工图所示管道中心线长度，按延长米计量，不扣除阀门、管件等所占长度。

2）室内外管道界线划分规定：

①入口处设阀门者以阀门为界，无阀门者以建筑物外墙皮1.5m处为界。

②与市政管道界线以水表井为界，无水表井者，以与市政管道碰头点为界。

（2）套定额

水暖工程预算大多套用第八册（篇）定额相应子目，但各册中亦有交叉，在使用中需要注意：

1）可按管道材质、接口方式和接口材料以及管径大小分档次，分别选套定额。

2）主材按定额用量计算，管件计算未计价值。

3）管道安装定额包括内容：

①管道及接头零件安装。

②水压试验或灌水试验。

③室内 DN32mm 以内钢管的管卡以及托钩制作和安装均综合在定额中。

④钢管包括弯管制作与安装（伸缩器除外），无论是现场摵制或成品弯管均不得换算。

⑤穿墙以及过楼板铁皮套管安装人工费。

4）管道安装定额不包括内容：

①镀锌铁皮套管制作按“个”计量，执行第八册（篇）相应定额子目。其安装项目已包括在管道安装定额中，不再另行计算。钢管套管制作、安装工料，按室外钢管（焊接）项目计算。

②管道支架制作安装，室内管道 DN32mm 以下的安装工程已包括在内，不再另行计算。DN32mm 以上者，以“kg”为计量单位，另列项计算。

③室内给水管道消毒、冲洗、压力试验，均按管道长度以“m”计量，不扣除阀门、管件所占长度。

④室内给水钢管除锈、刷油，按照管道展开表面积以“m^2”计量。其计算式为：

$$F=\pi DL \tag{7-1}$$

式中 F——管道外壁展开面积；

L——钢管长度；

D——钢管外径。

工程量计算可查阅第十一册（篇）《刷油、防腐蚀、绝热工程》附录九表。定额亦套用该册（篇）相应子目。

明装管道通常刷底漆 1 遍，其他漆 2 遍；埋地或暗敷部分的管道刷沥青漆 2 遍。

⑤室内给水铸铁管道除锈、刷油的工程量，可按管道展开面积以“m^2”计量。其计算式为：

$$F = 1.2\pi DL \tag{7-2}$$

式中 F——管外壁展开面积；

D——管外径；

L——钢管长度；

1.2——承插管道承头增加面积系数。

刷油可按设计图或规范要求计算，通常露在空间部分刷防锈漆 1 遍、调合漆 2 遍；埋地部分通常刷沥青漆 2 遍。

除锈、刷油定额选套第十一册（篇）《刷油、防腐蚀、绝热工程》相应子目。

3. 室内排水管道工程计量

室内排水管道工程量计算顺序和计算要领同室内给水管道工程计量。

（1）工程量计算规则

1）室内排水管道工程量计算规则同室内给水管道，仍以延长米计量。

2）室内外管道界线划分规定：

①室内外以出户第一个排水检查井或外墙皮 1.5m 处为界。

②室外管道与市政管道界线以室外管道与市政管道碰头井为界。

（2）套定额

1）可按管道材质、接口方式和接口材料以及管径大小分档次，选套相应定额。

2）主材按定额用量计算，管件计算未计价值。

3）管道安装定额包括内容：

铸铁排水管、雨水管以及塑料排水管均包括管卡以及托（吊）支架、透气帽、雨水漏斗的制作和安装；管道接头零件的安装。

4）管道安装定额不包括内容：

①承插铸铁室内雨水管安装，选套第八册（篇）《给排水、采暖、燃气工程》定额相应子目。

②室内排水管道除锈、刷油工程量，其计算方法和计算式同室内给水铸铁管道。按照规范的规定，裸露在空间部分排水管道刷防锈底漆 1 遍、银粉漆 2 遍；埋地部分通常刷沥青漆 2 遍，或刷热沥青 2 遍，选套第十一册（篇）定额相应子目。

③室内排水管道沟土（石）方工程量计算详见室内外给水排水管道土方工程计量。

④室内排水管道部件安装工程计量：

A. 地漏安装，可区别不同直径按“个”计量。如图 7-3 所示。

B. 地面扫除口（清扫口）安装，可区别不同直径按“个”计量。如图 7-4 所示。

C. 排水栓安装，分带存水弯和不带存水弯以及不同直径，按“组”计量。如图 7-5 所示。

4. 栓、阀及水表组等安装工程计量

（1）阀门安装一律按“个”计量。根据不同类别、不同直径和接口方式选套定额。法兰阀门安装，如仅是一侧法兰连接时，定额所列法兰、带帽螺栓以及垫圈数量减半。法兰阀（带短管甲乙）安装，按“套”计量，当接口材料不同时，可调整。

自动排气阀安装，定额已包括支架制作安装，不另计算；浮球阀安装，定额已包括了连杆以及浮球安装，不另计量。

（2）法兰盘安装，可分碳钢法兰和铸铁法兰，并根据接口形式（如焊接、螺纹接），以直径分档，按“副”计量。每两片法兰为一副。

（3）水表组成及安装，其工程量可按不同连接方式分带旁通管及止回阀，区别不同直径，螺纹水表以“个”计量；焊接法兰水表组以“组”计量。如图 7-6 所示。

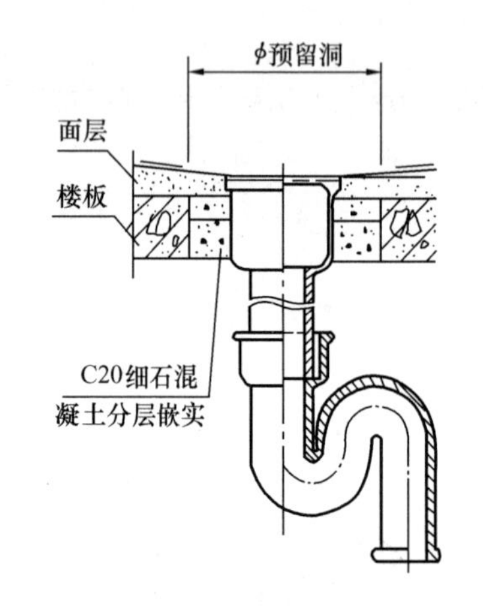

图 7-3　地漏示意图

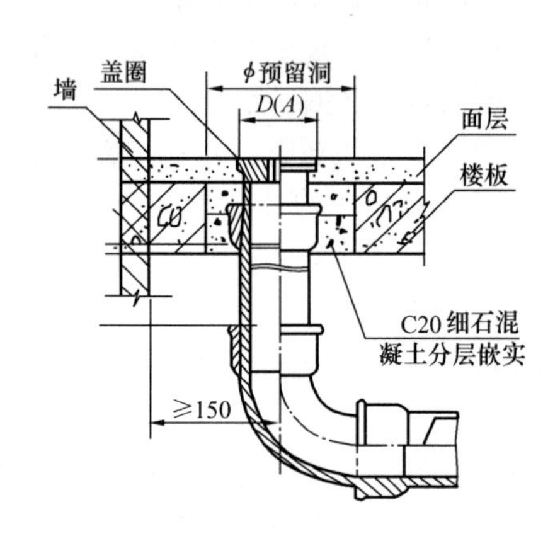

图 7-4　清扫口示意图

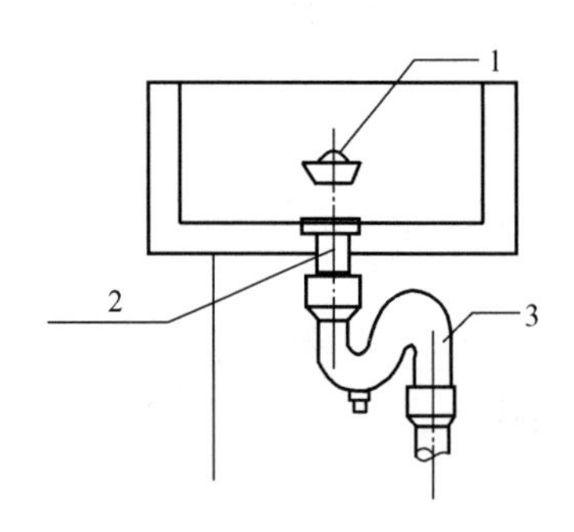

图 7-5　排水栓示意图

1—带链堵；2—排水栓；3—存水弯

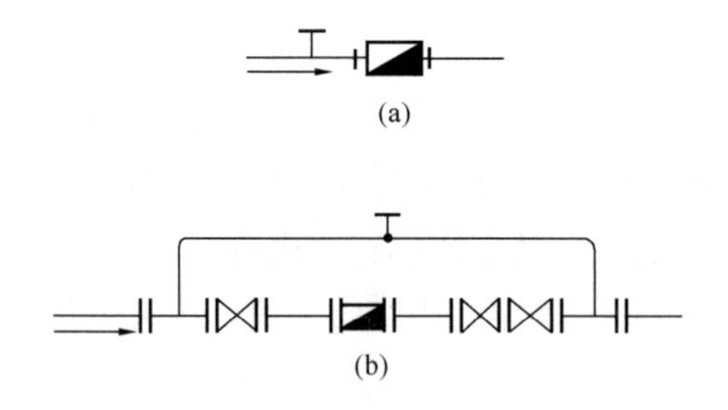

图 7-6　水表组成示意图

（a）螺纹连接水表；（b）法兰连接水表组

（4）消火栓安装。

1）室内单（双）出口消火栓安装，可根据不同出口形式和公称直径，以“套”计量。套用第七册（篇）有关子目。

其未计价材料包括：消火栓箱 1 个（铝合金、钢、铜、木）、水龙带架 1 套、水龙带 1 套、水龙带接口 2 个、水枪消防按钮 1 个等。如图 7-7 所示。

2）室外消火栓安装，可区分为地上式、地下式和不同类型，以“套”计量。套用第七册（篇）有关子目。如图 7-8、图 7-9 所示。

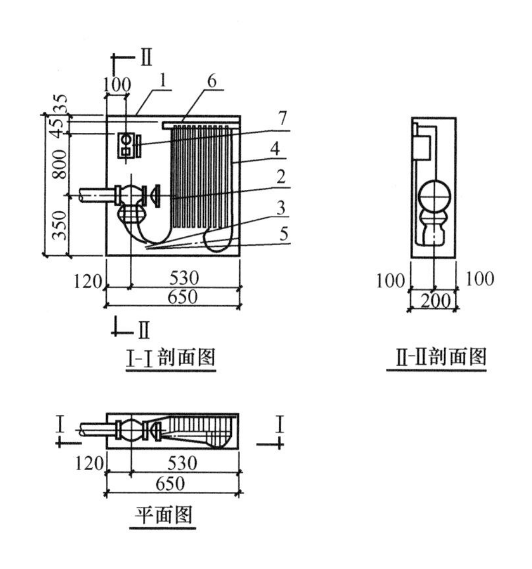

图 7-7 单栓室内消火栓安装图

1—消火栓箱；2—消火栓；3—水枪；4—水龙带；5—水龙带接口；6—水龙带挂架；7—消防按钮

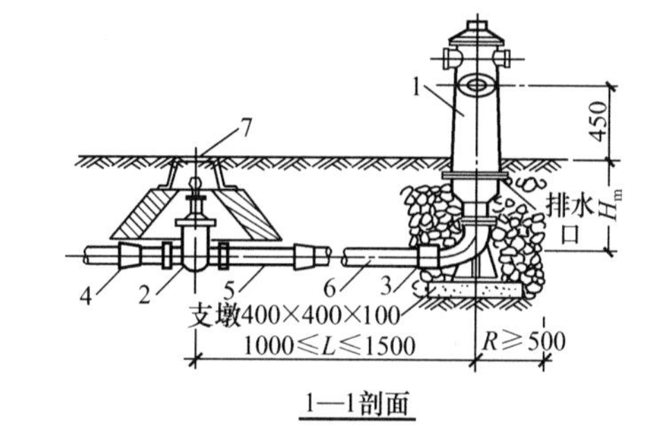

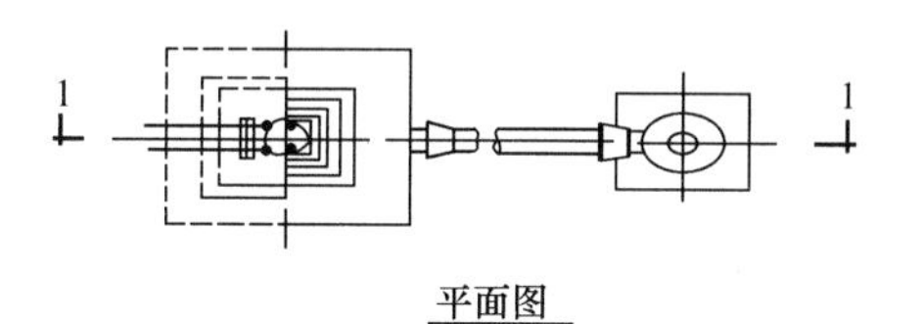

图 7-8 室外地上式消火栓安装图

1—地上式消火栓；2—阀门；3—弯管底座；4—短管甲；5—短管乙；6—铸铁管；7—阀门套筒

(5) 消防水泵接合器安装。

消防水泵接合器安装工程量，可根据不同形式和公称直径，分别以“套”计量。套用第七册（篇）有关子目。如图 7-10 所示。

(6) 水龙头安装。

水龙头安装工程量可按不同规格直径，以“个”计量。套用第八册（篇）相应子目。

(7) 浮标液面计、水塔、水池浮标及水位标尺制作安装。

1) 浮标液面计的安装工程量以“组”计量。套用第八册（篇）相应子目。

2) 水塔、水池浮标及水位标尺制作安装工程量，一律以“套”计量。套用第八册（篇）相应子目。

5. 卫生器具安装工程计量

卫生器具组成安装以“组”计量，定额按照标准图综合了卫生器具与给水管、排水管连接的人工与材料用量，不再另行计算。

(1) 盆类卫生器具安装

盆类卫生器具安装工程量界线的划分，通常是水平管和支管的交界处。

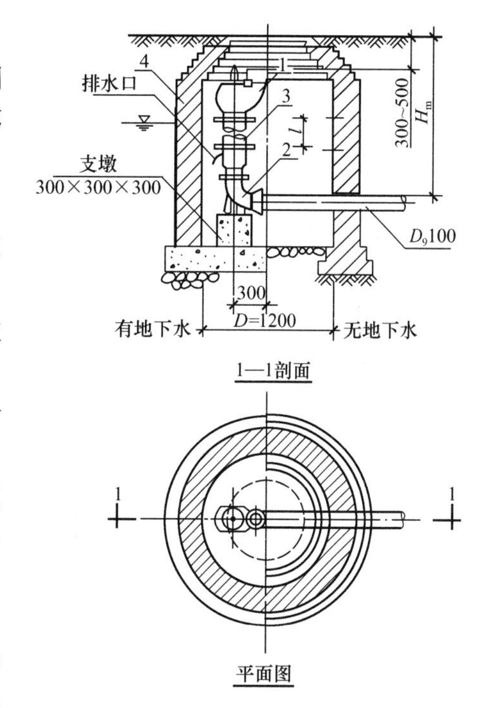

图 7-9 室外地下式消火栓安装图

1—地下式消火栓；2—消火栓三通；3—法兰接管；4—圆形阀门井

1) 浴盆、妇女卫生盆的安装，可区别冷热水和冷水带喷头以及不同材质，分别以

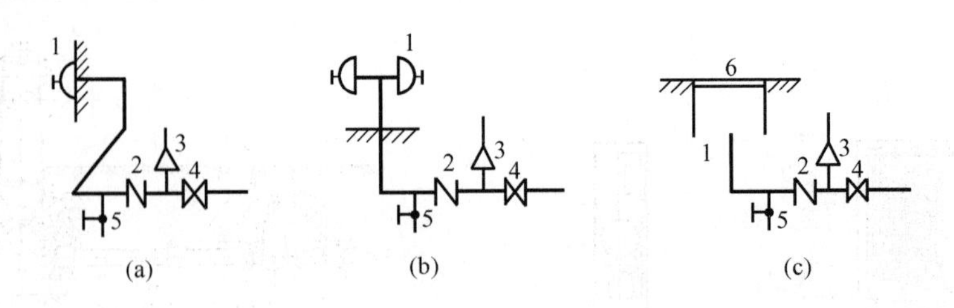

图 7-10 消防水泵接合器

(a) 墙壁式；(b) 地上式；(c) 地下式

1—消防接口；2—止回阀；3—安全阀；4—阀门；5—放水阀；6—井盖

“组”计量，如图 7-11 所示。但不包括浴盆支座以及周边砌砖、贴瓷砖工程量，可按土建定额执行。

2）洗涤盆、化验盆安装，可区别单嘴、双嘴以及不同开关，分别以“组”计量。如图 7-12 所示。

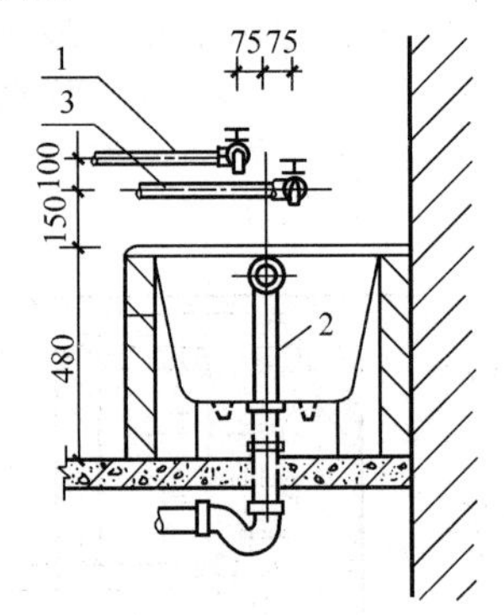

图 7-11 浴盆安装示意图

1—热水管；2—排水管；3—冷水管

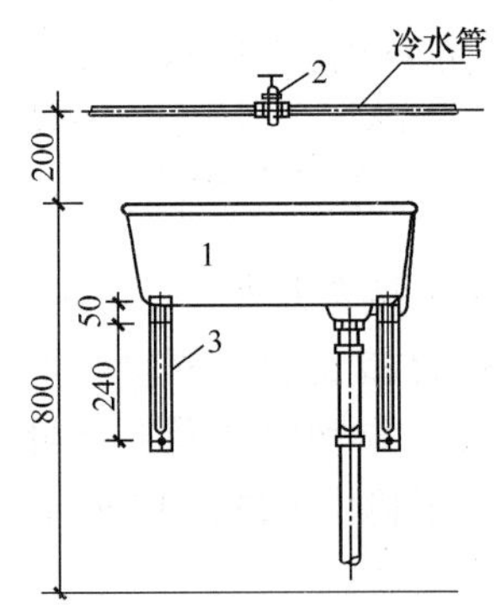

图 7-12 洗涤盆安装示意图

1—洗涤盆；2—水嘴；3—洗涤盆支架

3）洗脸盆、洗手盆安装，可区别冷水、冷热水和不同材质、开关，分别以“组”计量。如图 7-13 所示为双联混合龙头洗脸盆安装示意图。

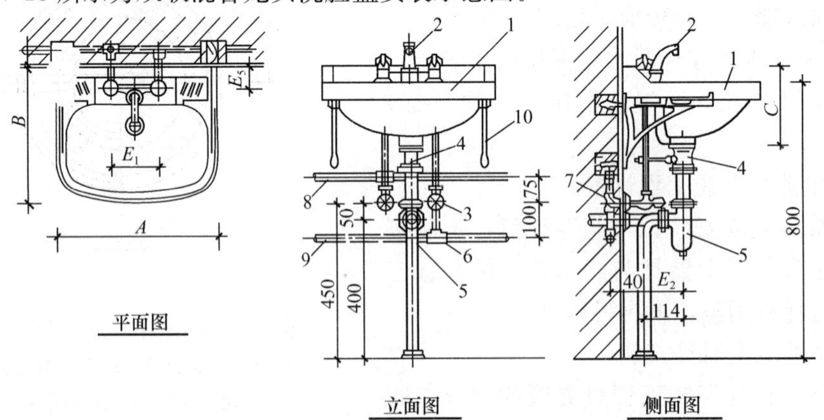

图 7-13 双联混合龙头洗脸盆安装示意图

1—洗脸盆；2—双联混合龙头；3—角式截止阀；4—提拉式排水装置；5—存水弯；6—三通；7—弯头；8—热水管；9—冷水管；10—洗脸盆支架

(2) 淋浴器组成与安装

可区别冷热水和不同材质，分别以“组”计量。如图 7-14 为双管成品淋浴器安装示意图。

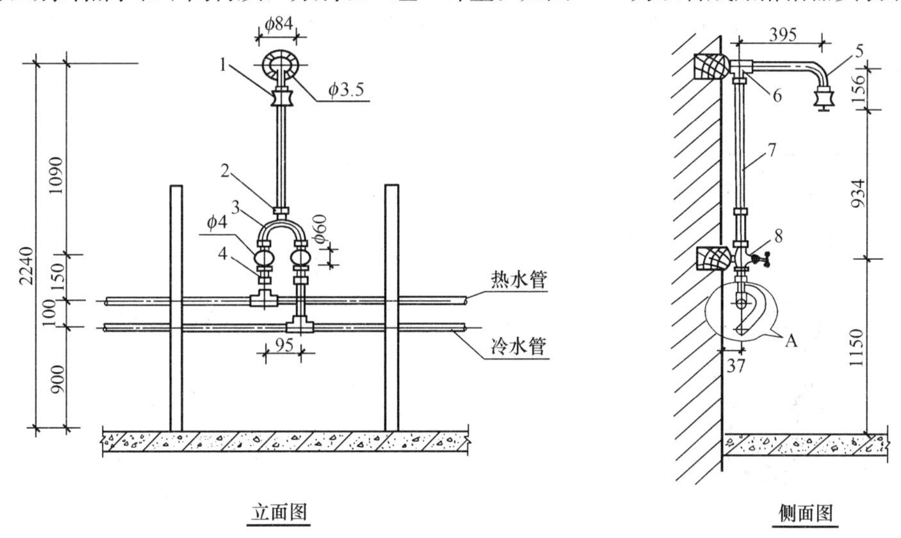

图 7-14 双管成品淋浴器安装示意图

1—莲蓬头；2—管锁母；3—连接弯；4—管接头；5—弯管；6—带座三通；7—直管；8—带座截止阀

(3) 大便器安装

1) 蹲式大便器安装

可根据大便器的不同形式以及冲洗方式、不同材质，以“套”计量。如图 7-15 所示，

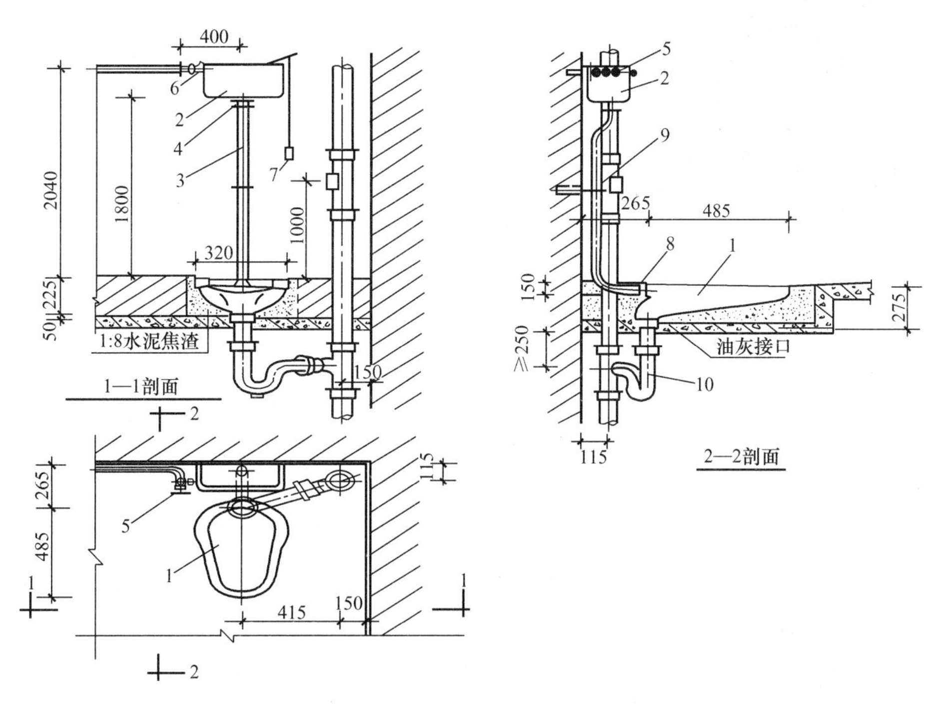

图 7-15 高水箱平蹲式大便器安装示意图

1—平蹲式大便器；2—高水箱；3—冲洗管；4—冲洗管配件；5—角式截止阀；
6—浮球阀配件；7—拉链；8—橡胶胶皮碗；9—管卡；10—存水弯

为高水箱蹲式大便器安装示意图。

2）坐式大便器安装

坐式低（带）水箱大便器安装仍以“套”计量。如图 7-16 所示，为带水箱坐式大便器安装示意图。

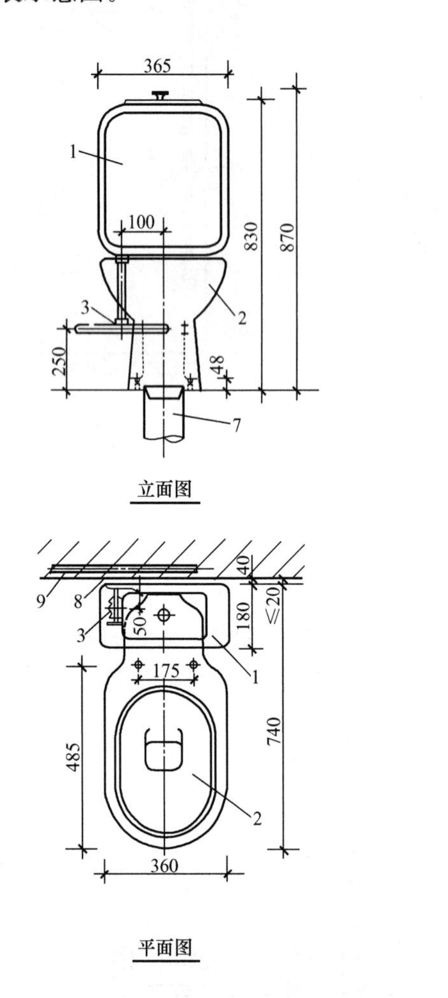

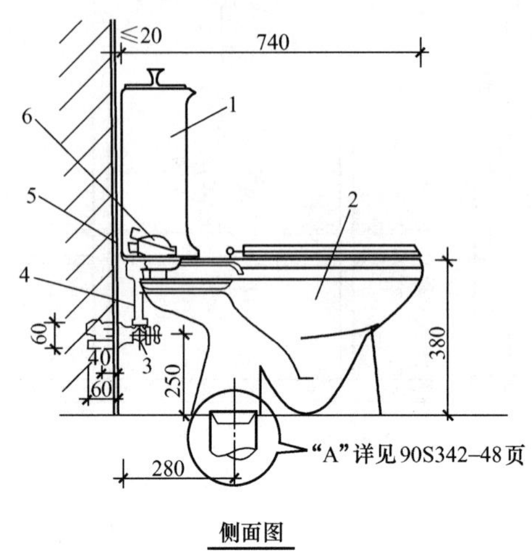

图 7-16 带水箱坐式大便器安装示意图

1—冲洗水箱；2—坐便器；3—角式截止阀；4—水箱进水管；5—水箱进水阀；6—排水阀；7—排水管；8—三通；9—冷水管

（4）小便器安装

可按不同形式（挂式、立式）和冲洗方式，以“套”计量，套用相应定额子目。如图 7-17、7-18 所示，分别为高水箱挂式自动冲洗和自闭式冲洗阀立式小便器安装示意图。

（5）大便槽自动冲洗水箱安装

可区别不同容积（升），分别以“套”计量，定额包括水箱拖架的制作安装，不再另外计算。如图 7-19 所示，为大便槽自动冲洗水箱安装示意图。

（6）小便槽安装

可分别列项计算工程量，其安装示意如图 7-20 所示。

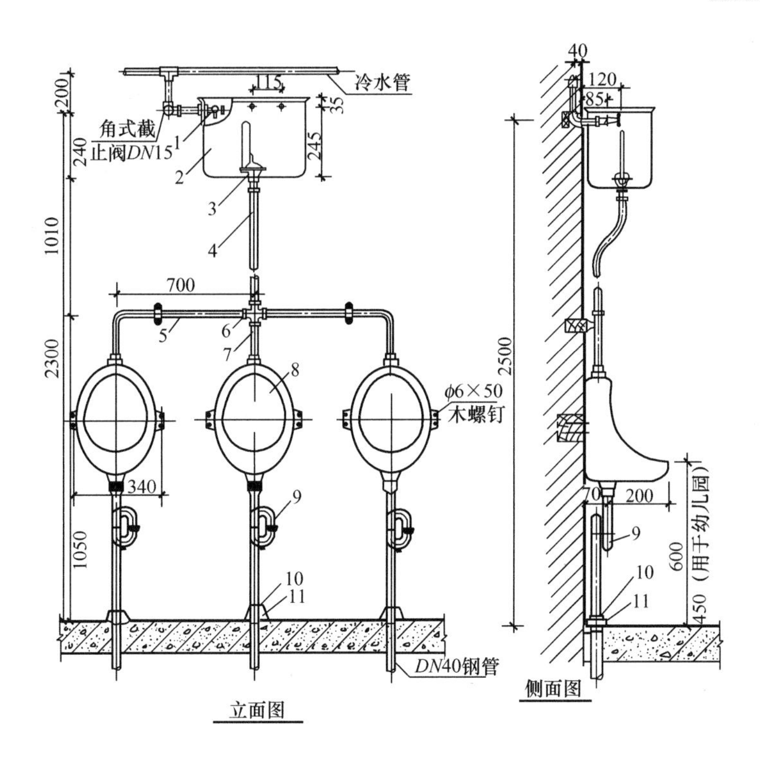

图 7-17 高水箱三联挂式自动冲洗小便器安装示意图

1—水箱进水阀；2—高水箱 ；3—皮膜式自动虹吸器；4—冲洗立管及配件；5—连接弯管；6—异径四通；7—连接管；8—挂式小便器；9—存水弯；10—压盖；11—锁紧螺母

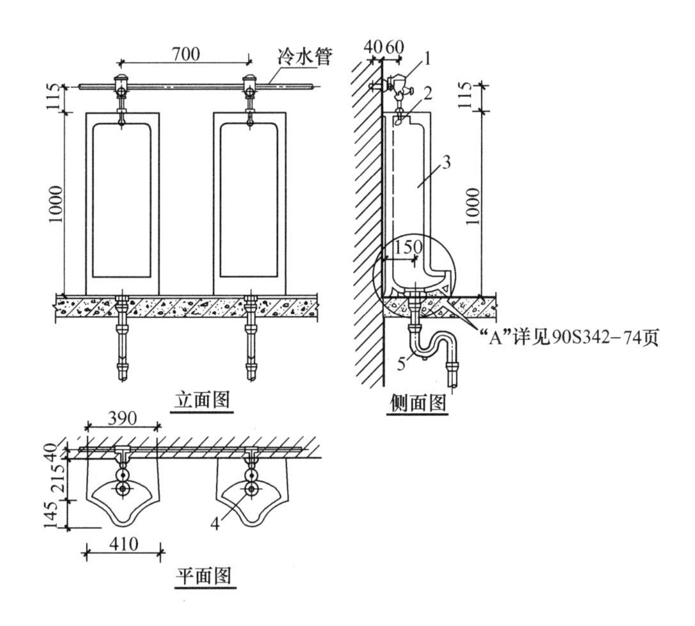

图 7-18 自闭式冲洗阀双联立式小便器安装示意图

1—延时自闭式冲洗阀；2—喷水鸭嘴；3—立式小便器；
4—排水栓；5—存水弯

1）截止阀按“个”计量，套阀门安装相应子目。

2）多孔冲洗管可按“m”计量，套小便槽冲洗管制安项目。

3）排水栓按“组”计量。

4）若设有地漏，则按“个”计量。

5）小便槽自动冲洗水箱安装工程量以“套”计量。

（7）盥洗（槽）台安装

盥洗（槽）台安装示意如图 7-21 所示。台（槽）身工程量计算套用土建定额。属于安装内容的通常有下列项目：

1）管道安装按“m”计算在室内给水排水管网工程中，套相应定额子目。

2）水龙头按“个”计量，计入给水分部工程中。

3）排水栓按“组”、地漏按“个”计量，分别计入排

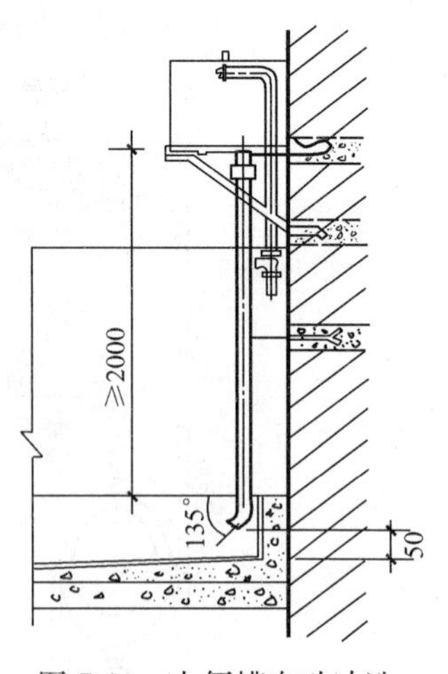

图 7-19 大便槽自动冲洗水箱安装示意图

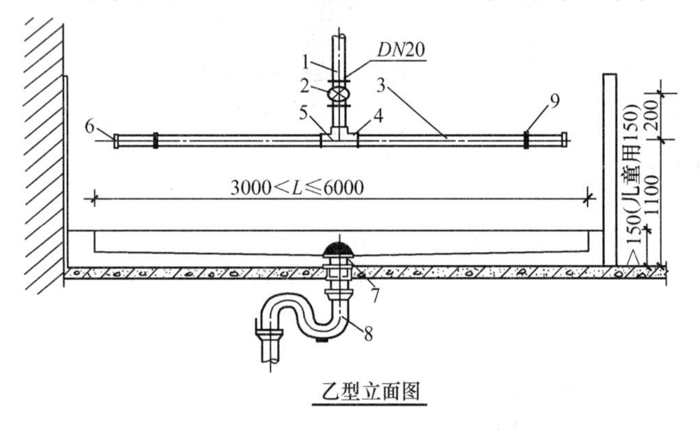

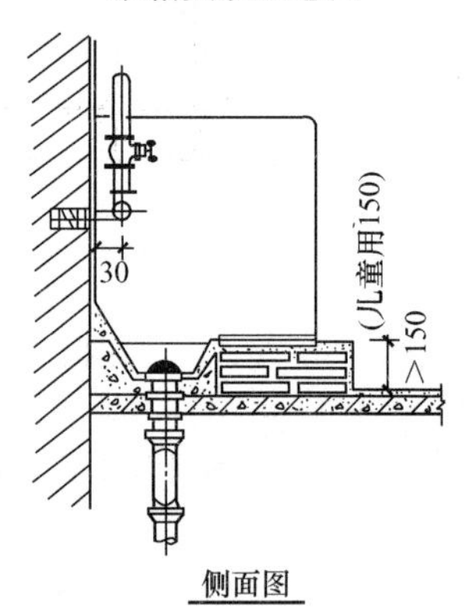

图 7-20 小便槽安装示意图

1—冷水管；2—截止阀；3—多孔管；4—补芯；5—三通；6—管帽；7—罩式排水栓；8—存水弯；9—铜皮

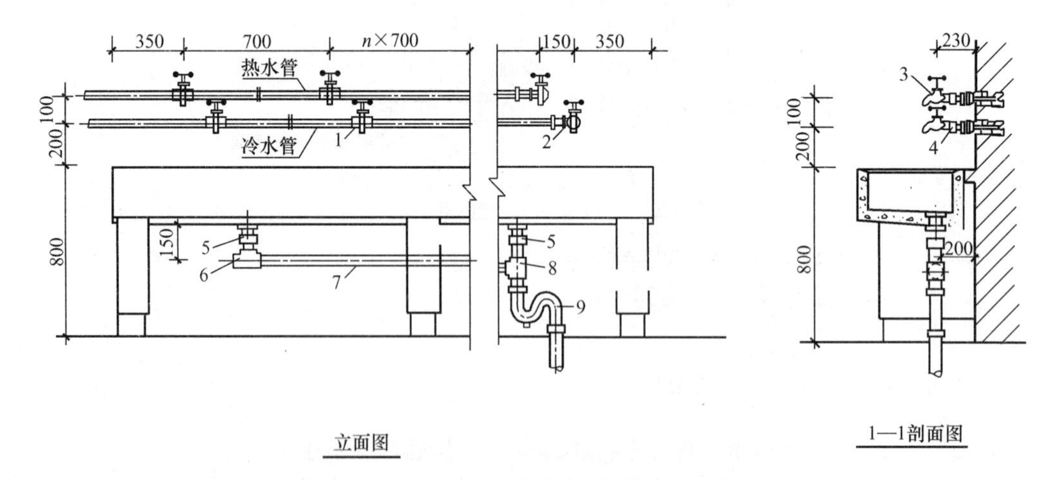

图 7-21 盥洗槽安装示意图

1—三通；2—弯头；3—水龙头；4—管接头；5—管接头；6—管塞；7—排水管；8—三通；9—存水弯

水分部工程中。

（8）水磨石、水泥制品的污水盆、拖布池、洗涤盆安装套土建定额。安装子目工程量列项与计量同（7）。

（9）开水炉安装

蒸汽间断式开水炉的安装工程量，可按其不同型号，以“台”计量。

（10）电热水器、电开水炉安装

电热水器的安装工程量，可根据不同安装方式（挂式和立式）和不同型号，分别以“台”计量。电开水炉的工程量亦按不同型号，以“台”计量。

（11）容积式热交换器安装

可按容积式热交换器不同型号，分别以“台”计量。但定额不包括安全阀、温度计、保温与基础砌筑，可按照设计用量和相应定额另列项计算。如图7-22为容积式热交换器安装示意图。

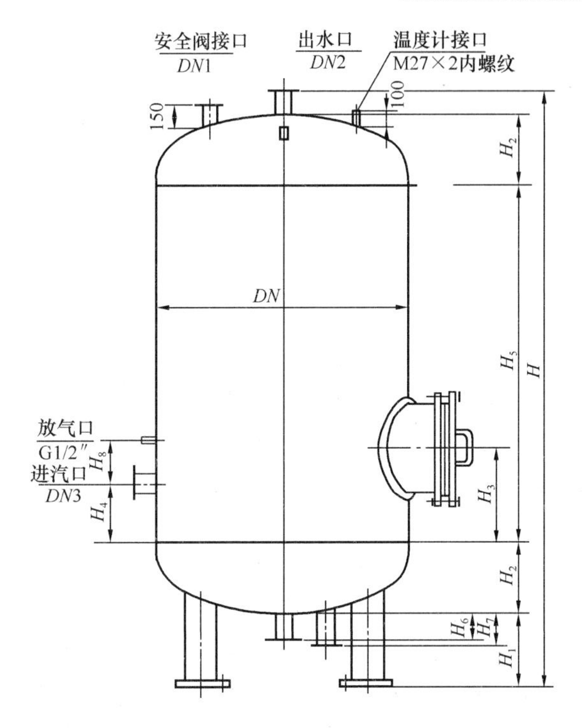

图7-22 容积式热交换器安装示意

（12）蒸汽—水加热器、冷热水混合器安装

1）蒸汽—水加热器的安装工程量以“套”计量，定额包括莲蓬头安装，但不包括支架制作、安装及阀门、疏水器安装，其工程量可按照相应定额另列项计算。

2）冷热水混合器的安装工程量可按照小型和大型分档，以“套”计量。定额中不包括支架制作、安装以及阀门安装，其工程量可另行列项。

（13）消毒器、消毒锅、饮水器安装

1）消毒器安装工程量可按湿式、干式和不同规格，以“台”计量。

2）消毒锅安装工程量可按不同型号，以“台”计量。

3）饮水器安装工程量以“台”计量，但阀门和脚踏开关工程量要另列项计算。

7.1.2 室外给水、排水工程计量

1. 室外给水管道范围划分、系统所属及工程计量

（1）范围划分：如图7-23所示。

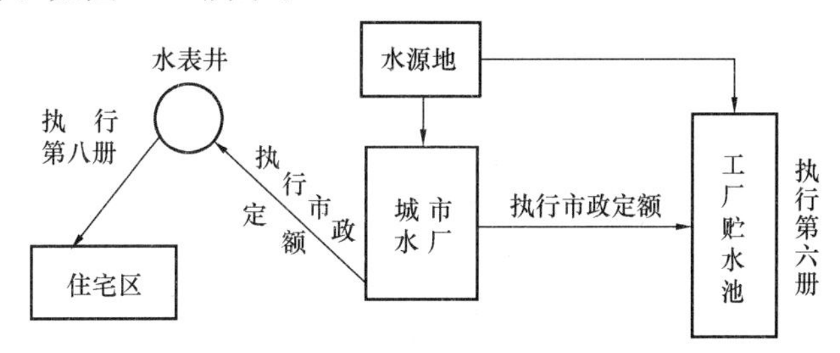

图7-23 室外给水管道范围

（2）系统所属：如图 7-24 所示。

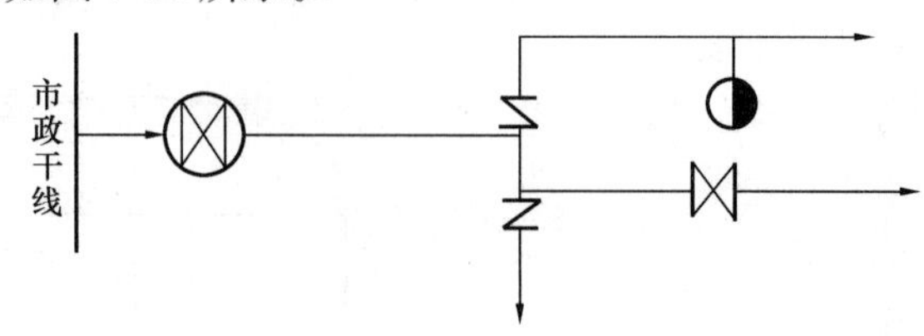

图 7-24 室外给水管道系统

（3）工程量计算规则。

1）以施工图所示管道中心线长度，按“m”计量，不扣除阀门、管件所占长度。

2）室内给水管道界线：从进户第一个水表井处，或外墙皮 1.5m 处，与市政给水干管交接处为界点。

（4）工程量常列项目。

1）阀门安装分螺纹、法兰连接，按直径分档，以“个”计量。

2）法兰盘安装以“副”计量。

3）水表安装工程计量，同室内给水管道水表安装。

4）室外消火栓、消防水泵接合器安装工程量如前述。

5）管道消毒、清洗，同室内给水管道安装工程计量。

2. 室外排水管道范围划分、系统所属及工程计量

（1）范围划分：如图 7-25 所示。

（2）系统所属：如图 7-26 所示。

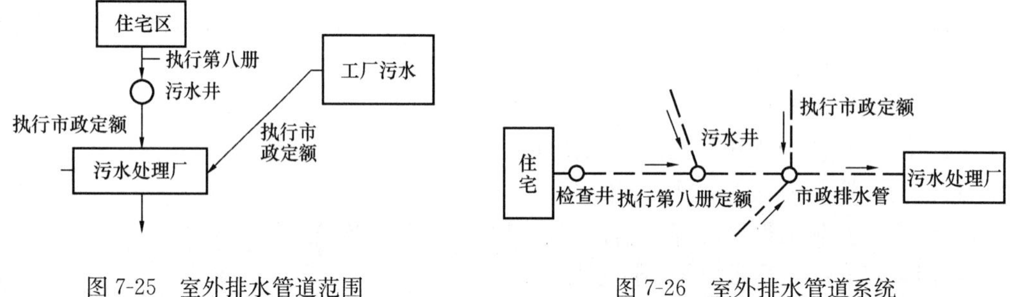

图 7-25 室外排水管道范围

图 7-26 室外排水管道系统

（3）工程量计算规则。

1）以施工图管道平面图和纵断面图所示中心线长度，按“m”计量，不扣除窨井、管件所占长度。

2）室外排水管道界线：从室内排出口第一个检查井，或外墙皮 1.5m 处，室外管道与市政排水管道碰头井为界点。

（4）工程量常列项目。

1）混凝土、钢筋混凝土管道，套土建定额。

2）污水井、检查井、窨井、化粪池等构筑物套土建定额。

3）室外排水管道沟、土（石）方工程量套土建定额。

4）承插铸铁排水管，可按不同接口材料以管径分档次，套第八册（篇）相应定额子

目。其余材质和不同连接方式的室外排水管道工程量计算以及定额套用同室内给水管道，只是分部工程子目不同。

3. 室内外给水、排水管道土（石）方工程计量

其土石方量可套用土建定额。

（1）管道沟挖土方，沟断面如图 7-27 所示。其土方量可按下式计算：

$$V = h(b + 0.3h)l \qquad (7\text{-}3)$$

式中　h——沟深，可按设计管底标高计算；

B——沟底宽；

L——沟长；

0.3——放坡系数。

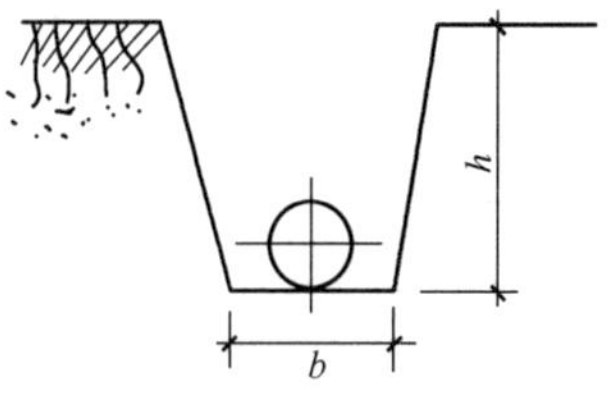

图 7-27　管道沟断面

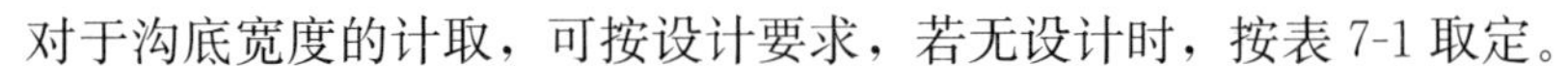

对于沟底宽度的计取，可按设计要求，若无设计时，按表 7-1 取定。

在计算管道沟土（石）方量时，对各种检查井、排水井以及排水管道接口加宽之处，多挖的土石方量不得增加。同时，铸铁给水管道接口处操作坑工程量必须增加，是按全部给水管道沟土方量的 2.5%计算增加量。

（2）管道沟回填土工程量。

1）DN500 以下的管沟回填土方量，不扣除管道所占体积。

2）DN500 以上的管沟回填土方量，可按照表 7-2 列出的数据，扣除管道所占体积。

管道沟底宽取值　　**表 7-1**

管径 DN（mm）	铸铁、钢、石棉水泥管道沟底宽（m）	混凝土、钢筋混凝土管道沟底宽（m）
50～75	0.60	0.80
100～200	0.70	0.90
250～350	0.80	1.00
400～450	1.00	1.30
500～600	1.30	1.50
700～800	1.60	1.80
900～1000	1.80	2.00

管道占回填土方量扣除表（m^3/m 沟长）　　**表 7-2**

管径 DN（mm）	钢管道占回填土方量	铸铁管道占回填土方量	混凝土、钢筋混凝土管道占回填土方量
500～600	0.21	0.24	0.33
700～800	0.44	0.49	0.60
900～1000	0.71	0.77	0.92

7.2　采暖供热安装工程计量

7.2.1　采暖供热系统基本组成及安装要求

1. 采暖系统组成

热水及蒸汽采暖系统通常由以下内容组成：

（1）热源：锅炉（热水或蒸汽）。

(2) 管网系统：供热以及回水、冷凝水管道。

(3) 散热设备：散热器（片）、暖风机。

(4) 辅助设备：膨胀水箱、集气罐、除污器、冷凝水收集器、减压器、疏水器等。

(5) 循环水泵。

如图 7-28 所示为热水采暖系统组成示意图。

2. 供热水系统组成

供热水系统组成内容如下：

(1) 水加热器以及自动调温装置。

(2) 管网系统：有供热水管和回水管。

(3) 供水器。

(4) 辅助设备：冷水箱、集气罐、除污器、疏水器等。

(5) 循环水泵。

供热水系统如图 7-29 所示。

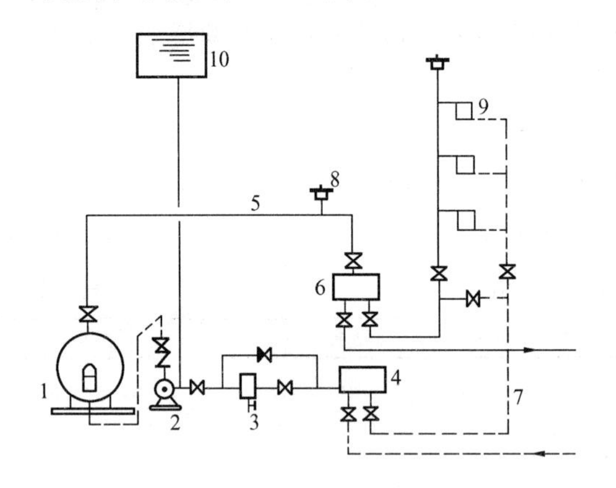

图 7-28 热水采暖系统

1—热水锅炉；2—循环水泵；3—除污器；4—集水器；5—供热水管；6—分水器；7—回水管；8—排气阀；9—散热片；10—膨胀水箱

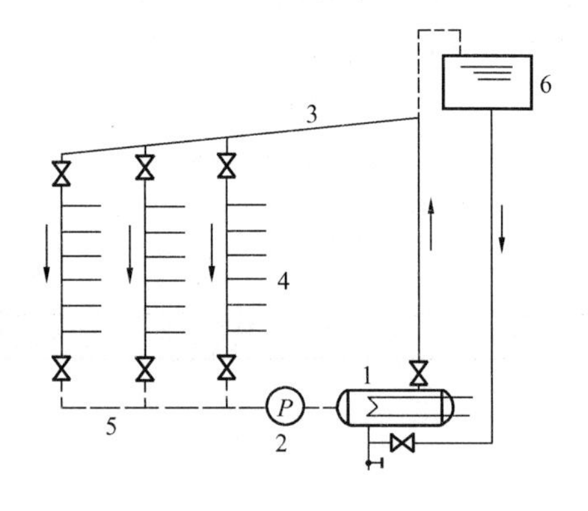

图 7-29 供热水系统

1—水加热器；2—循环水泵；3—供热水管；4—各楼层供水器；5—回水管；6—冷水箱

3. 采暖、供热管道安装要求

(1) 管道安装要求

管道在室内敷设，通常采用明敷，室外管道一般采用架空或地沟内敷设；对于管道的连接，干管采用焊接、法兰连接或螺纹连接。一般室内低压蒸汽采暖系统，当 $DN>32$mm 时，采用焊接或法兰连接，当 $DN\leqslant 32$mm 时，采用螺纹连接。

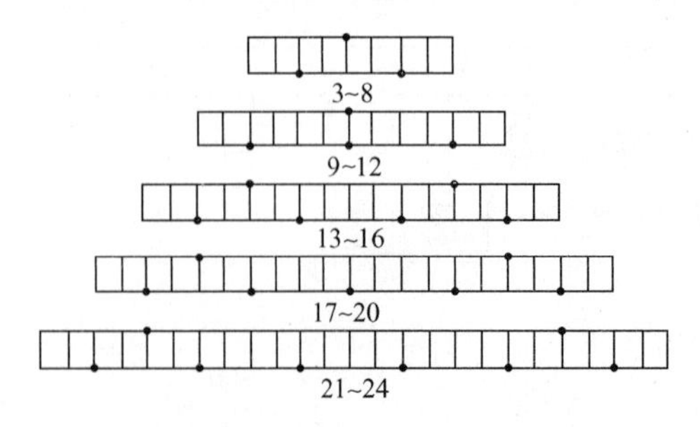

图 7-30 铸铁柱型散热器不带腿的托钩和固定卡数量与位置图

(2) 散热器（片）安装程序

散热器（片）安装程序为：组对→试压→就位→配管。

此外，散热片还要安装托钩或托架，其搭配数量如图 7-30、图 7-31 所示。

(3) 管道系统吹扫、试压和检查

管道系统用水试压，采用压缩空气吹扫或清水冲洗、蒸汽冲洗等方法吹扫和清洗。通常分隐蔽性试验和最终试验。待检查试验压力 P_s和系统压力 P 符合规定时，方可验收。

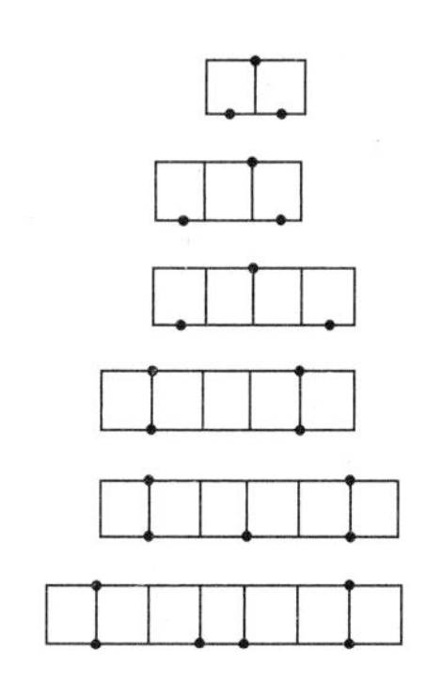

图 7-31 铸铁长翼型散热器托钩数量与位置图

(4) 管道支架、吊架制作和安装

采暖管道支架的种类，根据管道支架的作用、特点，可分为活动支架和固定支架。根据结构形式可分为托架、吊架、管卡。托、吊架多用于水平管道。支架埋于墙内不少于 120mm，可用角钢和槽钢等制作。支架的安装程序：下料→焊接→刷底漆→安装→刷面漆。

(5) 采暖、供热水管穿墙过楼板安装套管

采暖管道的套管一般分不保温、保温和钢套管三种。不保温套管的规格可按比采暖管大 1～2 号确定，不预埋；保温时采用的套管，其内径通常比保温外径大 50mm 以上；防水套管分刚性和柔性。套管的材质采用镀锌薄钢板或钢管。套管伸出墙面或楼板面 20mm。当使用镀锌薄钢板制作套管时，其厚度通常为 $\delta=0.5\sim0.75$mm。面积计量如下：

$$面积\ F = B \cdot L \tag{7-4}$$

式中 B——套管展开宽度，$B=$（被套管直径＋20）×π＋10（咬口）；

L——套管展开长度，$L=$楼板或墙厚＋40；

(6) 补偿器（伸缩器）制作安装要求

补偿器可在现场揻制或采用成品，其形式有波形补偿器、填料式套筒伸缩器。现场揻制的补偿器其制作安装程序如下：

揻制→拉紧固定→焊接→放松、油漆。

现场揻制补偿器形式如图 7-32 所示。

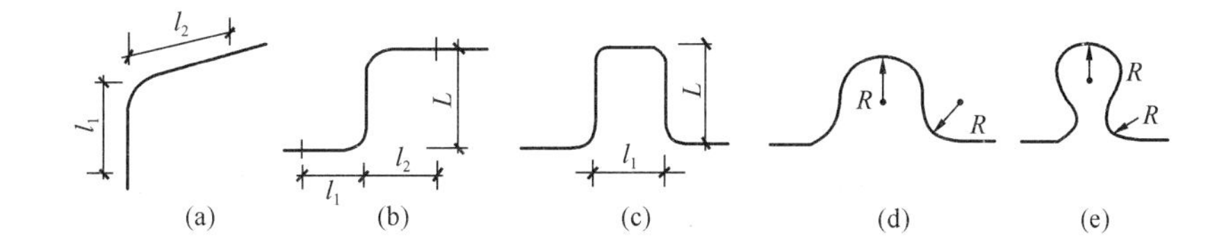

图 7-32 补偿器形式

(a) L 形；(b) Z 形；(c) U 形；(d) 圆滑 U 形；(e) 圆滑琵琶形

(7) 管道刷油、保温要求

1) 室内采暖、供热水管道刷油要求：

除锈→刷底漆（防锈漆或红丹漆）1 遍→银粉漆 2 遍。

2) 浴厕采暖、供热水管道刷油要求：

除锈→刷底漆 2 遍→刷银粉漆 2 遍（或耐酸漆 1 遍，或快干漆 2 遍）。

3) 散热器刷油一般要求：

除锈→刷底漆 2 遍→银粉漆 2 遍。

4) 保温管道要求：

除锈→刷红丹漆 2 遍→保温层安装以及抹面→保温层面刷沥青漆（或调合漆）2 遍。

(8) 减压器和疏水器

按设计要求，通常安装在采暖系统热入口处。

7.2.2 采暖、热水管道系统工程计量

1. 采暖、热水管道工程计量

采暖管道工程量计算顺序和计算要领同室内给水管道。

(1) 工程量计算规则

1) 以施工图所示管道中心线长度，按延长米计量，不扣除阀门、管件以及伸缩器等所占长度，但要扣除散热片所占长度。

2) 室内外管道界线划分规定：

①采暖建筑物入口设热入口装置者，以入口阀门为界，无入口装置者以建筑物外墙皮1.5m为界。

②室外系统与工业管道界线以锅炉房或泵站外墙皮为界。

③工厂车间内的采暖系统与工业管道碰头点为界。

④高层建筑内采暖管道系统与设在其内的加压泵站管道界线，以泵站外墙皮为界。

(2) 套定额

管道安装定额包括：管道摵弯、焊接、试压等工作。

1) 管道的支、吊、托架、管卡的制作与安装，室内采暖、供热水管道安装工程计量和定额套用与室内给水管道安装相同。

2) 穿墙、过楼板套管工程计量方法同给水工程。

3) 伸缩器安装另列项计量。

4) 定额中包括了弯管的制作与安装。

5) 管道冲洗工程计量与套定额同给水管道。

6) 钢管以及散热器除锈、刷油、保温工程量计算可查阅定额十一册（篇）附录九表中数据。并套该册（篇）相应定额。

2. 管道伸缩器安装工程计量

各种伸缩器（方形、螺纹法兰套筒、焊接法兰套筒、波形等伸缩器）制作安装工程量，均以“个”计量。方形伸缩器的两臂，按臂长的2倍合并在管道长度内计量。

3. 阀门安装工程计量

采暖管道工程中的阀门（螺纹、法兰）安装工程量均以“个”计量。同给水管道。

4. 低压器具的组成与安装工程计量

采暖、热水管道工程中的低压器具包括减压装置和疏水装置。

(1) 减压器组成与安装工程计量。

可按减压器的不同连接方式（螺纹连接、焊接）以及公称直径，分别以“组”计量。如图7-33、图7-34所示，分别为热水系统和蒸汽、凝结水管路的减压装置示意图。

(2) 疏水器装置组成与安装工程计量。

可按疏水器不同连接方式和公称直径，分别以“组”计量。疏水器装置组成如图7-35所示。

1) 图7-35（a）为疏水器不带旁通管。

2) 图7-35（b）为疏水器带旁通管。

3）图 7-35（c）为疏水器带滤清器，对于滤清器安装工程量可另列项计算，套用同规格阀门定额。

（3）单独安装减压阀、疏水器、安全阀可按同管径阀门安装定额套用，但应注意地方定额中系数的规定及其各自的未计价价值。如图 7-36 所示。

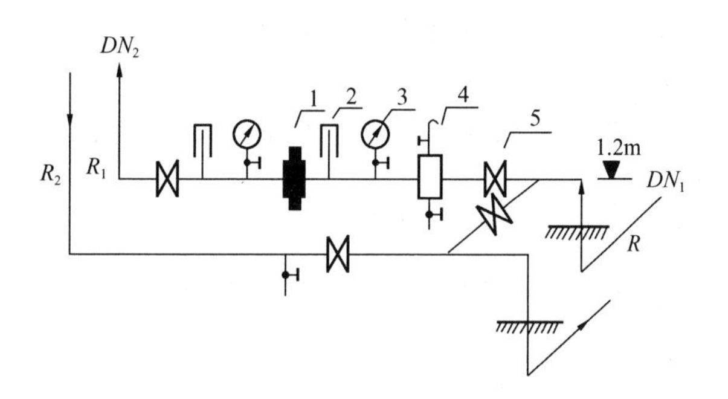

图 7-33 热水系统减压装置组成

1—调压板；2—温度计；3—压力表；4—除污器；5—阀门

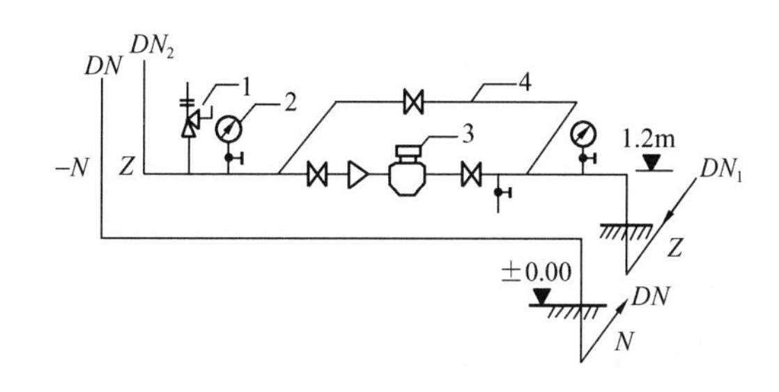

图 7-34 蒸汽、凝结水管路减压装置示意图

1—安全阀；2—压力表；3—减压阀；4—旁通管

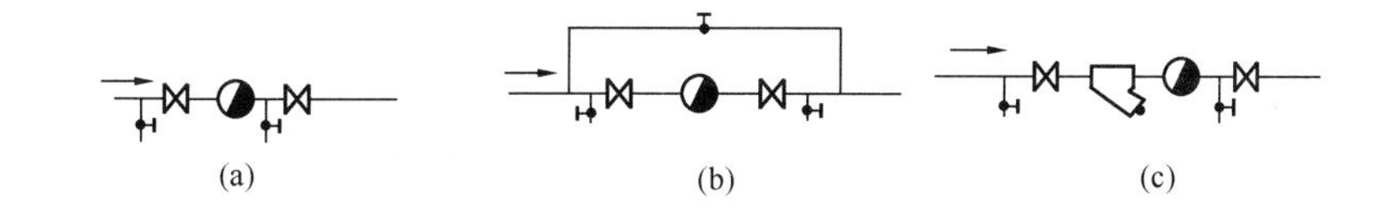

图 7-35 疏水器装置组成与安装

（a）疏水器不带旁通管；（b）疏水器带旁通管；（c）疏水器带滤清器

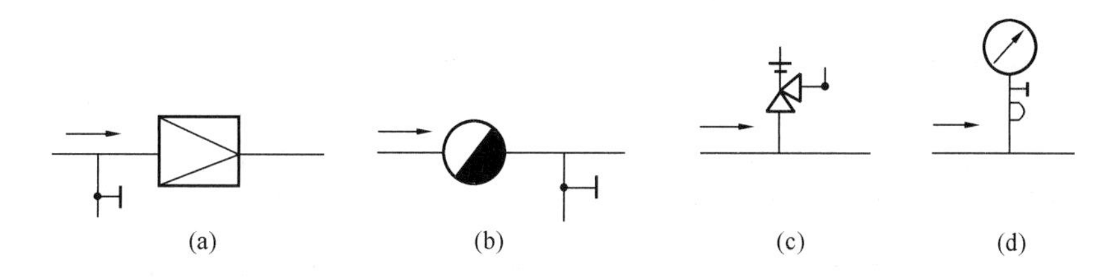

图 7-36 单独安装减压阀等

（a）减压阀；（b）疏水器；（c）安全阀；（d）弹簧压力表

5. 采暖器具安装工程计量

（1）铸铁散热器安装工程量（四柱、五柱、翼形、M132）均按“片”计量，定额中包括托钩制安。如图7-37所示。圆翼形按“节”计量。

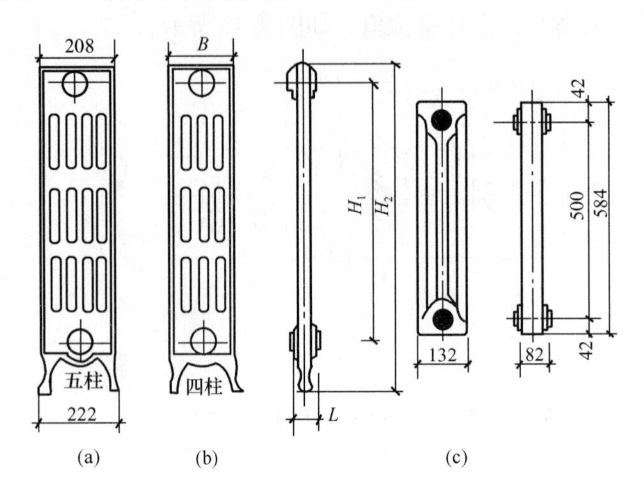

图7-37 铸铁柱型散热器

（a）五柱800；（b）四柱；（c）M132型

柱型挂装时，可套用M132型子目。柱型、M132型铸铁散热器用拉条时，另行计量拉条。

（2）光排管散热器制作安装工程量，可按排管长度“m”计量，根据管材不同直径并区分A、B型套相应定额。定额已包括联管长度，不再另行计量。如图7-38所示。

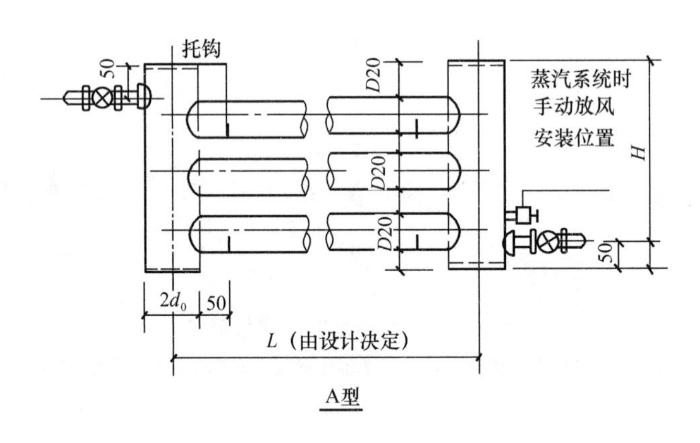

图7-38 光排管散热器

（3）钢制散热器安装工程量。

1）钢制闭式散热器，应区别不同型号，以“片”计量。如果主材不包括托钩者，托钩的价值另行计算。

2）钢制板式、壁式散热器分别按不同型号或重量以“组”计量。定额中已包括托钩安装的人工和材料。

3）钢制柱式散热器，应区别不同片数，以“组”计量。使用拉条时，拉条另行计量。

(4) 暖风机安装，可区别不同重量，以“台”计量。其支架另列项计量。

(5) 热空气幕安装工程量，可根据其不同型号和重量，以“台”计量。

6. 小型容器制作和安装工程计量

(1) 钢板水箱（凝结水箱、膨胀水箱、补给水箱）制作工程量，可按施工图所示尺寸，不扣除人孔、手孔重量，以“kg”计量。其法兰和短管水位计另套相应定额子目。圆形水箱制作，以外接矩形计算容积，套与方形水箱容积相同档次定额。

(2) 钢板水箱安装，可按国家标准图集水箱容重“m^3”，执行相应定额。各种水箱安装，均以“个”计量。

(3) 水箱中的各种连接管计入室内管网中。

(4) 水箱中的水位计安装，可按“组”计量。

(5) 水箱支架制作安装工程量。

1) 型钢支架，可按“kg”计算，套第八册（篇）相应定额子目。

2) 砖、混凝土、钢筋混凝土支架套土建定额。

(6) 蒸汽分汽缸制作、安装工程量分别以“kg”和“个”计量，套第六册（篇）相应定额子目。

(7) 集汽罐制作、安装工程量均按“个”计量，分别套第六册（篇）相应定额子目。

7. 采暖系统调试

采暖工程系统调试费，定额规定是按采暖工程人工费的15％计取，其中人工工资占20％，可作为计费基础。

7.3 消防及安全防范设备安装工程计量

7.3.1 自动喷水、雨淋喷水、消防水幕灭火设备安装

1. 喷水、雨淋、消防水幕灭火设备组成

上述三种灭火装置，均由管网供应的水经喷头进行喷水灭火。因此，系统通常由管网、洒水喷头、报警阀以及供水设备组成。

(1) 自动喷水灭火系统

该系统类型颇多，通常使用的有湿式、干式、干湿式、预作用自动喷水灭火系统以及派生物循环喷水灭火系统。图7-39即为预作用自动喷水灭火系统组成示意图。其系统由火灾探测系统控制的带预作用阀的闭式自动喷水灭火系统组成。该系统在预作用阀后的管道中充满低压缩气体（空气和氮气），当火灾发生时，火灾探测系统自动开启预作用阀，从而使管道充满水而成湿式系统。

(2) 雨淋喷水灭火系统

该系统使用开式喷头代替闭式喷头，其系统分为空管式以及充水式雨淋喷水灭火系统。图7-40为立式雨淋阀组成的雨淋喷水灭火系统组成示意图。火灾发生时，火灾探测器通过电磁阀，打开雨淋阀，管道充满水，雨淋的开式喷头喷水灭火，同时，水力警铃发出报警信号。

(3) 消防水幕灭火系统

该系统可将水喷成水帘幕状，用来冷却简易防火分隔物，提高其耐火性能，形成防火

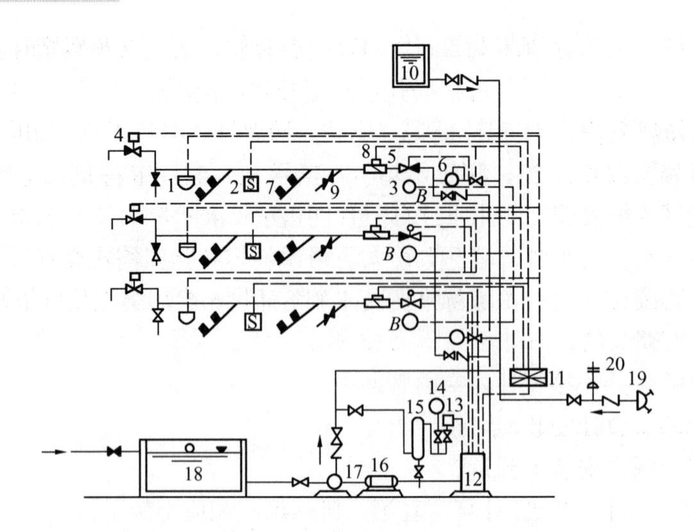

图 7-39 预作用自动喷水灭火系统

1—感温探测器；2—感烟探测器；3—报警装置；4—电磁排气阀；5—电动阀；6—预作用阀；7—喷头；8—水流报警器；9—补气阀；10—水箱；11—火灾收信机；12—火灾自控器；13—压力继电器；14—压力表；15—压力罐；16—电机；17—水泵；18—水池；19—水泵接合器；20—安全阀

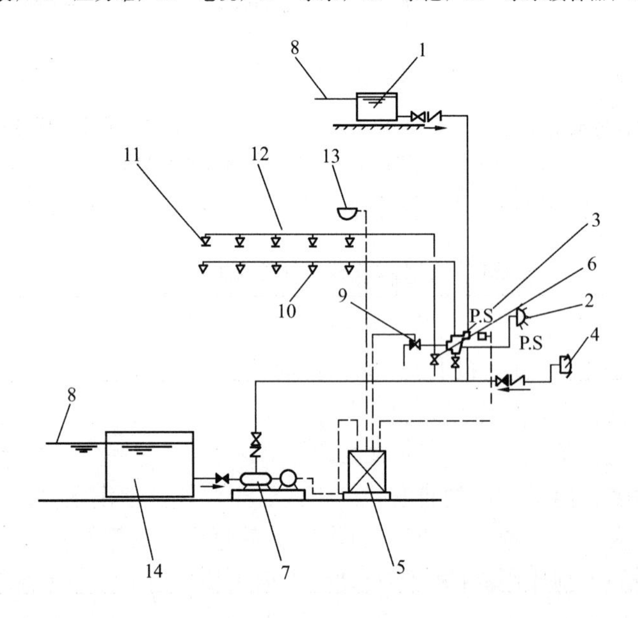

图 7-40 立式雨淋阀的雨淋喷水灭火系统

1—消防水箱；2—水力警铃；3—雨淋阀；4—水泵接合器；5—控制箱；6—手动阀；7—水泵；8—进水管；9—电磁阀；10—开式喷头；11—闭式喷头；12—传动管；13—火灾探测器；14—水池

水帘，阻止火焰通过开口部位。如图 7-41 所示，为消防水幕灭火系统示意图。系统主要由喷头、管网、控制设备和水源四部分组成。连接方式可采用螺纹或焊接。

2. 水灭火系统工程计量

镀锌钢管法兰连接定额，管件是按成品、弯头两端是按接短管焊接法兰考虑的，定额中包括直管、管件、法兰等全部安装工作内容，但管件、法兰以及螺栓的主材数量应按设计规定另行计量。

管道刷油、防腐套用第十一册（篇）《刷油、防腐蚀、绝热工程》相应定额。

（1）管道安装按设计管道中心线长度，以“m”计量。不扣除阀门、管件以及各种组件所占长度。主材数量可按定额用量计算。管件含量见表 7-3。

（2）镀锌钢管安装定额亦适用于镀锌无缝钢管，其对应关系见表 7-4。

（3）喷头安装按有吊顶、无吊顶分别以“个”计量。套用第七册（篇）第二章定额相应子目。几种常见喷头的构造外型如图 7-42 所示。

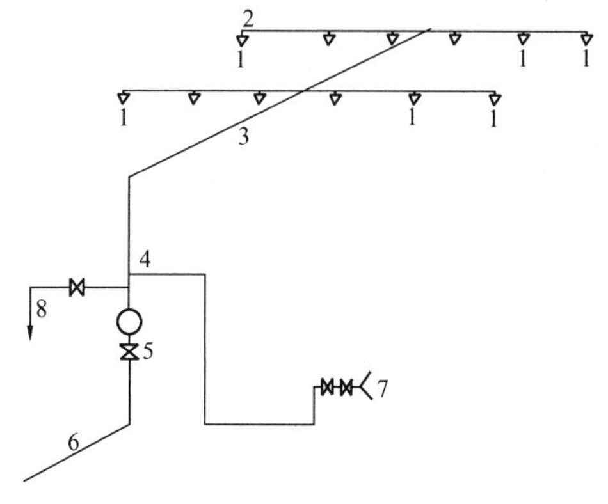

图 7-41 消防水幕系统

1—水幕喷头；2—分配支管；3—配水管；4—主管；5—控制阀；6—供水管；7—水泵接合器；8—放水管

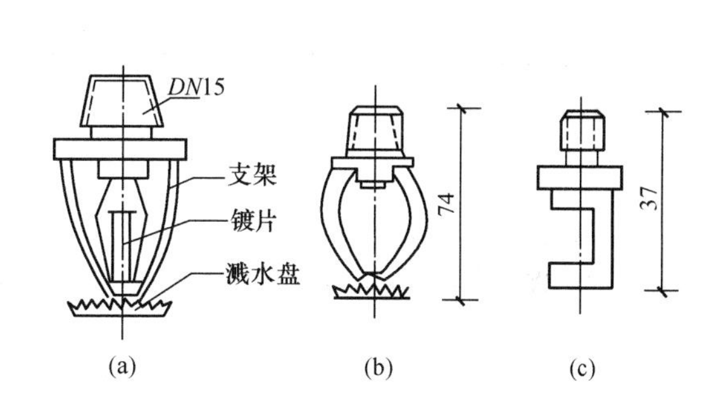

图 7-42 喷头构造外型示意图

（a）易熔合金闭式喷头；（b）开式喷头；（c）水幕喷头

镀锌钢管（螺纹连接）管件含量表（10m） **表 7-3**

项目	名称	公称直径（mm 以内）						
		25	32	40	50	70	80	100
管件含量	四通	0.02	1.20	0.53	0.69	0.73	0.95	0.47
	三通	2.29	3.24	4.02	4.13	3.04	2.95	2.12
	弯头	4.92	0.98	1.69	1.78	1.87	1.47	1.16
	管箍		2.65	5.99	2.73	3.27	2.89	1.44
	小计	7.23	8.07	12.23	9.33	8.91	8.26	5.19

镀锌钢管与镀锌无缝钢管对应关系表 **表 7-4**

公称直径（mm）	15	20	25	32	40	50	70	80	100	150	200
无缝钢管外径（mm）	20	25	32	38	45	57	76	89	108	159	

（4）报警装置安装按成套产品以“组”计量。其他报警装置适用于雨淋、干湿两用以及预作用报警装置，其安装执行湿式报警装置安装定额，其人工乘以系数 1.2。成套产品包括的内容详见《国安》计算规则第八章《消防及安全防范设备安装工程》。

（5）温感式水幕装置安装，按不同型号和规格以“组”计量。但给水三通至喷头、阀门间管道的主材数量按设计管道中心线长度另加损耗计算，喷头数量按设计数量另加损耗计算。

(6) 水流指示器、减压孔板安装，按不同规格均以“组”计量。

(7) 末端试水装置按不同规格以“组”计量。

(8) 集热板制作安装以“个”计量。

(9) 隔膜式气压水罐安装，区分不同规格以“台”计量。

(10) 管道支、吊架已综合支架、吊架以及防晃支架的制作安装，以“kg”计量。

(11) 自动喷水灭火系统管网水冲洗，区分不同规格，以“m”计量。

(12) 阀门、法兰安装，各种套管的制作安装，泵房间管道安装以及管道系统强度试验、严密性试验套用第六册（篇）《工业管道工程》相应定额。

(13) 消火栓管道、室外给水管道安装以及水箱制作安装套用第八册（篇）《给排水、采暖、燃气工程》相应定额。

(14) 各种消防泵、稳压泵等的安装以及二次灌浆，套用第一册（篇）《机械设备安装工程》相应定额。

(15) 各种仪表的安装、带电信信号的阀门、水流指示器、压力开关的接线、校线套第十册（篇）《自动化控制装置及仪表安装工程》相应定额。

(16) 各种设备支架的制作安装等，套用第五册（篇）《静置设备与工艺金属结构制作安装工程》相应定额。

(17) 管道、设备、支架、法兰焊口除锈刷油，套用第十一册（篇）《刷油、防腐蚀、绝热工程》相应定额。

(18) 系统调试套用第七册（篇）第五章相应定额。

7.3.2 气体消防灭火设备安装

气体消防灭火系统包括蒸汽灭火系统、二氧化碳灭火系统、卤代烷灭火系统以及烟雾灭火系统等。

1. 二氧化碳灭火系统

二氧化碳灭火主要为窒息作用，除此之外，还对火焰有一定的冷却作用。根据二氧化碳灭火的用途，分全充满二氧化碳、局部应用二氧化碳以及半固定式二氧化碳灭火系统等。如图 7-43 所示为全充满二氧化碳灭火系统。

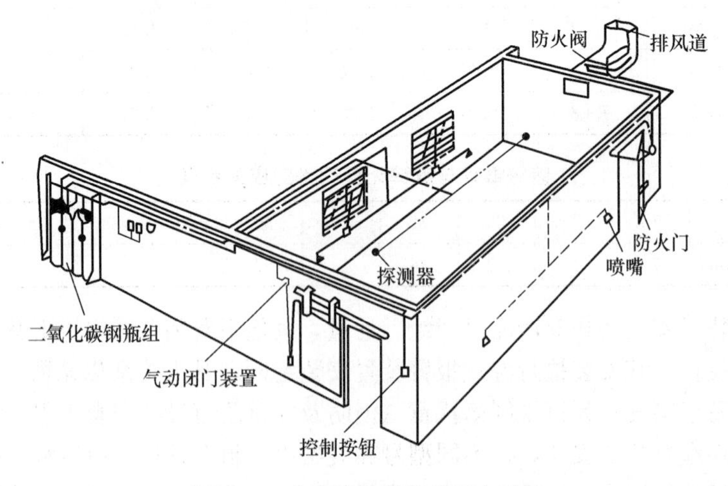

图 7-43 全充满二氧化碳灭火系统

该系统适用于无人居住的房间、地下室、能封闭的仓库以及工作人员在30s内可以离开的通信机房、贵重设备室等场所。

其系统通常由贮罐瓶、输气管、分配管、喷头以及报警启动设备等组成。

2. 卤代烷灭火系统

卤代烷是碳氢化合物中的氢原子被卤原子取代后生成的化合物，常用作灭火的卤代烷有 CF_2CIB_r（命名为1211）、CB_rF_3（命名为1301）等。卤代烷灭火系统，分全淹没卤代烷灭火系统、局部卤代烷应用系统和无固定配管的卤代烷灭火系统。如图7-44所示为全淹没卤代烷灭火系统。

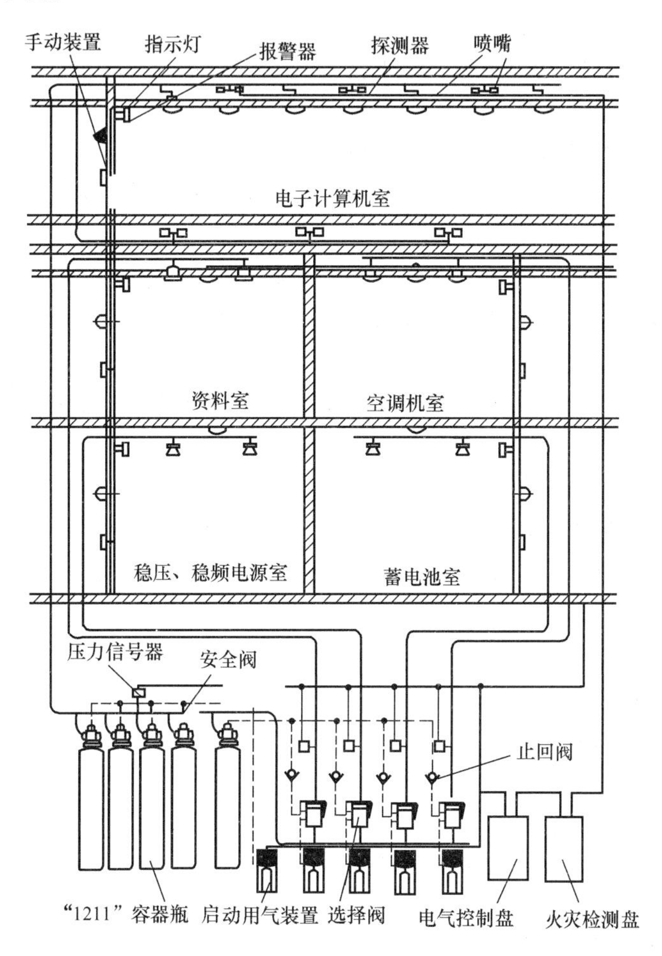

图7-44 全淹没卤代烷灭火系统

通常房间里设置固定的卤代烷喷头，起火后，由卤代烷贮罐向保护空间均匀地施放卤代烷灭火剂，从而使其达到灭火浓度，故称为全淹没卤代烷灭火系统。对于无人停留或室内工作人员在30s内可以撤离现场的场所，可以设置全淹没卤代烷灭火系统。

该系统由卤代烷喷射系统和控制监控设备两部分组成。其喷射系统由卤代烷喷头、输送管道、分配阀以及钢瓶等组成。

全淹没卤代烷灭火系统通常由火灾探测系统进行控制，但系统中设有手动启动设备。

3. 气体灭火系统工程计量

定额第七册（篇）第三章《气体灭火系统安装》仅适用于工业和民用建筑中设置的二氧化碳灭火系统、卤代烷1211灭火系统和卤代烷1301灭火系统的管道、管件、系统组件等的安装。

管道安装包括无缝钢管的螺纹连接、法兰连接、气动驱动装置管道安装以及钢制管件的螺纹连接。但无缝钢管螺纹连接不包括钢制管件连接内容，其工程量可按设计用量计算，再套用钢制管件连接定额。

无缝钢管法兰连接定额，管件是按成品、弯头两端是按接短管焊法兰考虑的，包括了直管、管件、法兰等预装和安装的全部内容，但管件、法兰以及螺栓的主材数量应按照设计规定另行计量。

（1）各种管道安装按设计管道中心线长度以“m”计量，不扣除阀门、管件以及各种组件所占长度，主材数量可按定额用量计量。

（2）钢制管件螺纹连接，可按不同规格以“个”计量。

（3）螺纹连接的不锈钢管、铜管以及管件安装工程量，可按无缝钢管和钢制管件安装相应定额乘以系数1.2。

（4）无缝钢管和钢制管件内外镀锌以及场外运输费用另行计量。

（5）气动驱动装置管道安装定额包括卡套连接件的安装，但卡套本身的价值可按设计用量另行计量。

（6）喷头安装可按不同规格以“个”计量。定额中包括管件安装以及配合水压试验安装拆除丝堵的工作内容。

（7）选择阀安装可按不同规格和连接方式分别以“个”计量。

（8）贮存装置安装可按贮存容器和驱动气瓶的规格（L），以“套”计量。其中包括灭火剂贮存容器和驱动气瓶的安装固定和支框架、系统组件（集流管、容器阀、单向阀、高压软管）、安全阀等贮存装置和阀驱动装置的安装以及氮气增加。二氧化碳贮存装置安装时，若不需增压，要扣除高纯氮气。

（9）二氧化碳称重检漏装置包括泄漏报警开关、配重、支架等，以“套”计量。

（10）系统组件包括选择阀、单向阀（含气、液）以及高压软管。试验可按水强度试验和气压严密性试验，分别以“个”计量。

（11）无缝钢管、钢制管件、选择阀安装以及系统组件试验均适用于卤代烷1211和1301灭火系统。对于二氧化碳灭火系统，可按卤代烷灭火系统相应安装定额乘以系数1.2。

（12）管道支、吊架的制作安装套用第七册（篇）第二章相应定额。

（13）不锈钢管、铜管以及管件的焊接和法兰连接，各种套管的制作安装，管道系统强度试验、严密性试验以及吹扫等套用第六册（篇）《工业管道工程》相应定额。

（14）管道以及支、吊架的防腐、刷油等套用第十一册《刷油、防腐蚀、绝热工程》相应定额。

（15）系统调试套用第七册（篇）第五章相应定额。

（16）电磁驱动器与泄漏报警开关的电气接线套用第十册（篇）《自动化控制装置及仪表安装工程》相应定额。

7.3.3 泡沫灭火设备安装

1. 泡沫灭火系统组成

泡沫灭火系统按泡沫药剂不同，可分为化学泡沫灭火系统和空气泡沫灭火系统。

因化学泡沫灭火系统投资费用高、操作复杂，已不常设计和使用。而空气泡沫灭火系统又根据泡沫药剂不同，可以分为普通蛋白泡沫、氟蛋白泡沫、抗溶性泡沫灭火系统，轻水泡沫灭火系统和高倍数泡沫灭火系统等。空气泡沫灭火系统又根据灭火方式，分为固定式空气泡沫灭火系统、半固定式空气泡沫灭火系统和移动式空气泡沫灭火系统。如图 7-45 所示，为固定式空气泡沫灭火系统示意图。其系统组成有消防水泵、消防水池、泡沫液罐、泡沫比例混合器、混合液管线、泡沫产生器（或泡沫室）或泡沫喷头等设备装置。

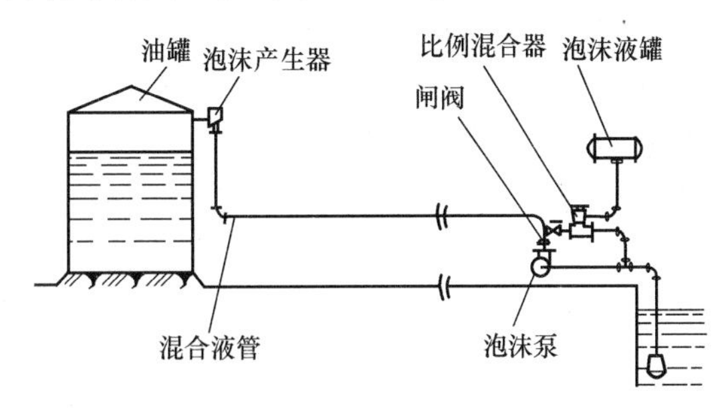

图 7-45　固定式泡沫灭火系统

固定式空气泡沫灭火系统，按水和泡沫的混合方法，可以分为若干种混合流程，详见有关施工工艺教材或建筑给水排水手册。

2. 泡沫灭火系统工程计量

第七册（篇）第四章定额只适用于高、中、低倍数固定式泡沫灭火系统的发生器以及泡沫比例混合器安装。

（1）泡沫发生器以及泡沫比例混合器安装中已包括整体安装、焊接法兰、单体调试和配合管道试压时隔离本体所消耗的人工和材料，但不包括支架的制作安装和二次灌浆的工作内容，其工程量可按相应定额另计。地脚螺栓按设备带来考虑。

（2）泡沫发生器安装按不同型号以“台”计量。法兰和螺栓可按设计规定另行计算。

（3）泡沫比例混合器安装可按不同型号以“台”计量。法兰和螺栓可按设计规定另行计算。

（4）泡沫灭火系统的管件、法兰、阀门、管道支架等的安装以及管道系统水冲洗、强度试验、严密性试验套用第六册（篇）《工业管道工程》相应定额。

（5）消防泵等机械设备安装以及二次灌浆套用第一册（篇）《机械设备安装工程》相应定额。

（6）除锈、刷油、保温等工程量套用第十一册（篇）《刷油、防腐蚀、绝热工程》相应定额。

（7）泡沫液贮罐、设备支架制作安装套用第五册（篇）《静置设备与工艺金属结构制作安装工程》相应定额。

（8）泡沫喷淋系统的管道组件、气压水罐、管道支吊架等安装工程量套用第八册（篇）第二章相应定额，并遵照有关规定执行。

（9）泡沫液充装是按生产厂在施工现场充装考虑的，若由施工单位充装时，可另行计量。

（10）油罐上安装的泡沫发生器以及化学泡沫室套用第五册（篇）《静置设备与工艺金属结构制作安装工程》相应定额。

(11) 泡沫灭火系统调试可按批准的设计方案另行计量。

7.4 室内民用燃气工程器具安装

7.4.1 室内民用燃气系统组成

室内民用燃气系统由进户管、户内管道、燃气表和燃气用具等组成。如图7-46所示。

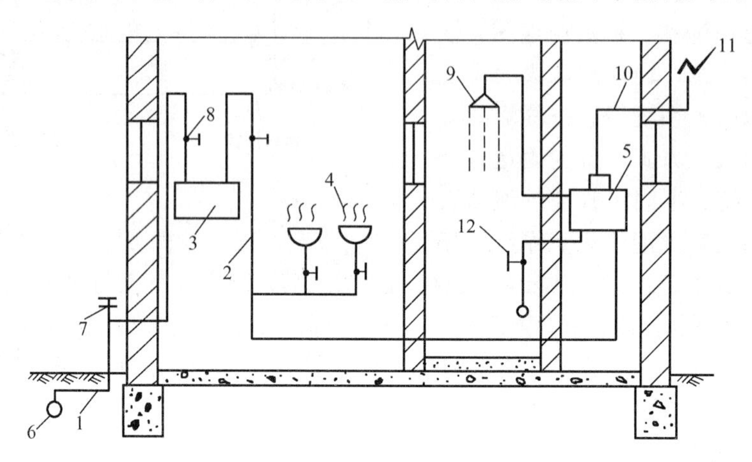

图7-46 室内民用燃气系统组成

1—进户管道；2—户内管道；3—燃气表；4—燃气炉灶；5—热水器；6—外网；7—三通及丝堵；8—开闭阀；9—莲蓬头；10—排烟管；11—伞形帽；12—冷水阀

7.4.2 室内民用燃气工程器具安装工程计量

1. 工程量计算规则

(1) 以施工图设计管道中心线长度，按"m"计量，不扣阀门、管件等所占长度。

(2) 室内外管道界线划分规定：

1) 从地下引入室内的管道以室内第一个阀门为界。

2) 从地上引入室内的管道以墙外三通为界。

3) 室外管道与市政管道以两者的碰头点为界。

2. 套定额

燃气工程项目大多套用第八册（篇）第七章定额相应子目，但各册中亦有交叉，在使用中需要注意：

(1) 可按管道材质、接口方式和接口材料以及管径大小分档次，分别选套定额。

(2) 管道安装定额包括内容：

1) 场内搬运，检查清扫，分段试压。

2) 管件制作（包括机械摵弯、三通）。

3) 室内托钩角钢卡制作和安装。

4) 燃气加热器具包括器具与燃气管终端阀门连接。

5) 除铸铁管外，管道安装中已包括管件安装和管件本身价值。承插铸铁管安装定额中未列出接头零件，其价值可按设计用量计量。

6）调长器以及调长器同阀门的连接，包括一副法兰安装，螺栓规格和数量以压力为0.6MPa的法兰装配，如果压力不同，可按照设计要求的数量、规格进行调整。

（3）管道安装定额不包括内容：

1）燃气表安装可按不同规格、型号分别以“块”计量，不包括表托、支架、表底垫层基础等，其工程量可按设计要求另行计量。

2）调长器以及调长器与阀门的安装分别按不同直径，以“个”计量，套相应定额。

3）燃气加热设备安装通常有开水炉、采暖炉、沸水器和热水器等，分别以“台”计量。

4）民用（公用）灶具等按不同用途规定型号，分别以“台”计量。

5）燃气嘴安装可按不同规格、型号和连接方式，分别以“个”计量。

7.5 水暖、燃气安装工程计量需注意事项

7.5.1 定额中的有关说明

1. 定额编制依据

本定额是根据国家现行有关产品标准、设计规范、施工及验收规范、技术操作规程、质量评定标准和安全操作规程编制的，亦参考了行业、地方标准以及有代表性的工程设计、施工资料和其他资料。除定额规定者外，均不得调整。

2. 水暖工程预算定额中几项费用的规定

（1）脚手架搭拆费按人工费的5%计算，其中人工工资占25%。脚手架搭拆费属于综合系数。

（2）采暖工程系统调整费可按采暖工程人工费的15%计算，其中人工工资占20%。

（3）高层建筑增加费，是指高度在6层或20m以上的工业与民用建筑，可按定额第八册（篇）说明中的规定系数计算。高层建筑增加系数属于子目系数。

（4）超高增加费，指操作物高度以3.6m划界，若超过3.6m，可按超过部分的定额人工费乘以系数，见表7-5。超高增加系数属于子目系数。

操作超高增加系数表 **表7-5**

标高±（m）	3.6～8	3.6～12	3.6～16	3.6～20
超高系数	1.10	1.15	1.20	1.25

（5）设置于管道间、管廊内的管道、阀门、法兰、支架安装，人工乘以系数1.3。

（6）当土建主体结构为现场浇筑采用钢模施工的工程内安装水、暖工程时，内外浇筑的人工乘以系数1.05，采用内浇外砌的人工乘以系数1.03。

7.5.2 水、暖、燃气安装工程与其他册（篇）定额之间的关系

（1）工业管道、生活与生产共用管道、锅炉房、泵房、高层建筑内加压泵房等管道，执行第六册（篇）《工业管道》相应定额。

（2）通冷冻水的管道（用于空调）执行第六册（篇）《工业管道》相应定额。

（3）各类泵、风机等执行第一册（篇）《机械设备安装工程》相应定额。

（4）仪表（压力表、温度计、流量计等）执行第十册（篇）《自动化控制仪表安装工

程》相应定额。

（5）消防喷淋管道安装，执行第七册（篇）定额相应子目。

（6）管道、设备刷油、保温等执行第十一册（篇）《刷油、防腐蚀、绝热工程》相应定额。

（7）采暖、热水锅炉安装，执行第三册（篇）《热力设备安装工程》相应定额。

（8）管道沟挖土石方以及砌筑、浇筑混凝土等工程可执行地方《建筑工程预算定额》。

7.6 给水排水、采暖及燃气安装工程施工图预算编制实例

7.6.1 某宿舍给水排水工程施工图预算编制

1. 工程概况

（1）工程地址：本工程位于重庆市市中区。

（2）工程结构：本工程建筑结构为砖混结构，3层，建筑面积2000m^2，层高3.2m。室内给水排水工程。

2. 编制依据

施工单位为某国营建筑公司，工程类别为二类。采用现行《国安》，以及重庆市现行间接费用定额和重庆市现行材料预算价格或部分双方认定的市场采购价格。

合同中规定不计远地施工增加费和施工队伍迁移费。

3. 编制方法

（1）在熟读图纸、施工组织设计以及有关技术、经济文件的基础上，计算工程量。工程图如图7-47～图7-49所示。工程量计算表见表7-6。

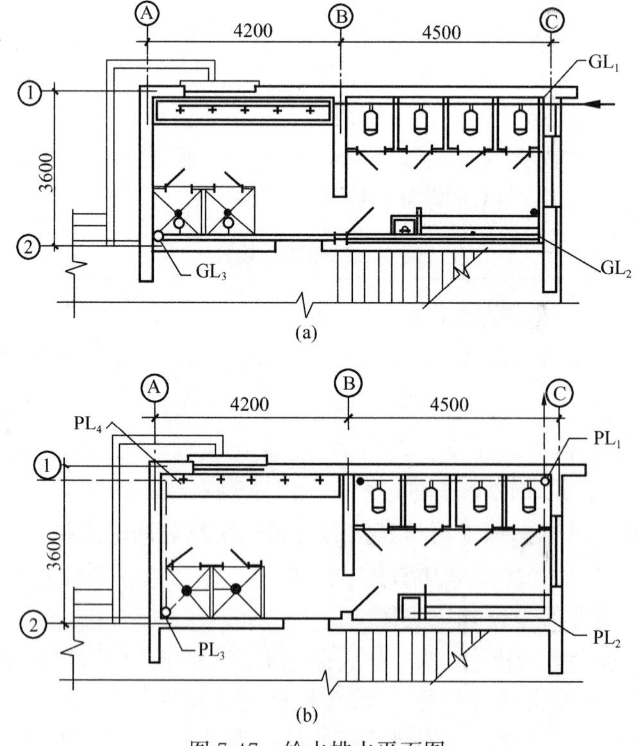

图7-47 给水排水平面图

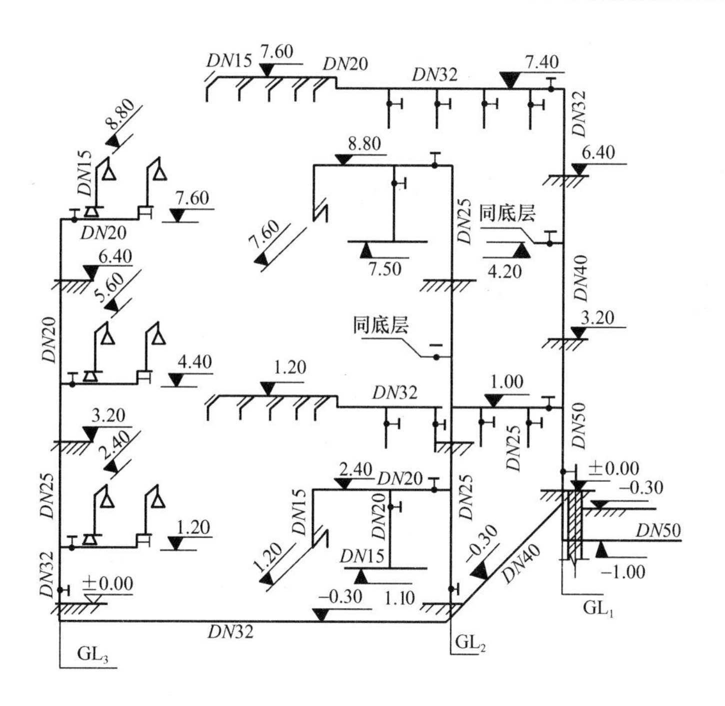

图 7-48 给水系统图

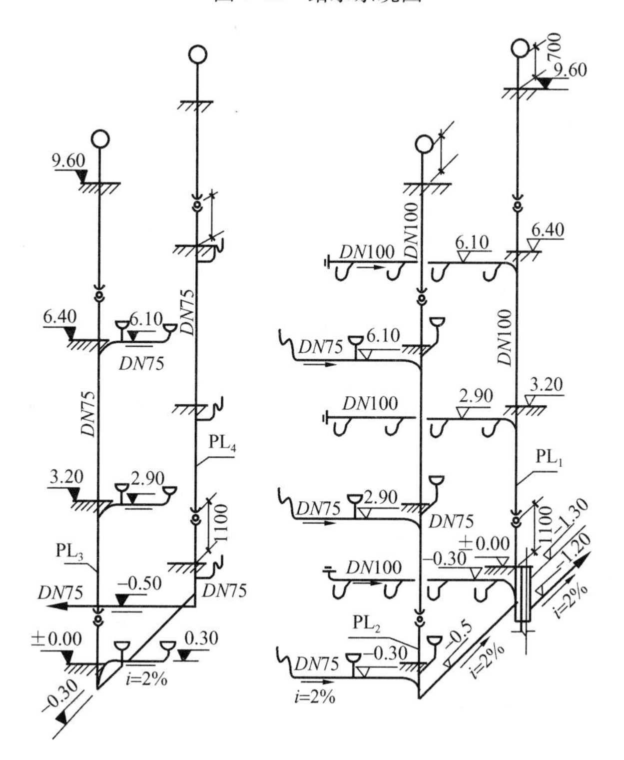

图 7-49 排水系统图

（2）汇总工程量，见表7-7。

（3）套用现行《国安》，进行工料分析，工程计价表见表7-8。

（4）按照计费程序表计算工程直接费以及各项费用（略）。

（5）写编制说明（略）。

（6）自校、填写封面、装订施工图预算书（略）。

工程量计算表 **表7-6**

单位工程名称：某宿舍给水排水工程 共 页 第 页

序号	分项工程名称	单位	数量	计算式	备注
1	承插排水铸铁管 *DN*100	m	32.74	①出户管：1.5+0.24+1.2 ②立管：9.6+0.7 ③水平管：(4.5+4×0.5)×3	PL_1
2	承插排水铸铁管 *DN*100	m	13.96	(Ⓒ轴)(3.6−0.24)+0.3+9.6+0.7	PL_2
3	承插排水铸铁管 *DN*75	m	20.93	(4.5/4×3+2×0.3)×3(层)+3×3=	PL_2支管
4	承插排水铸铁管 *DN*75	m	23.65	①出户管：(1.5+0.24)+(3.6−0.24)+0.3 ②立管：9.6+0.7 ③支管：(0.85+1.2+2×0.3)×3	PL_3
5	承插排水铸铁管 *DN*75	m	11.7	(9.6+0.7+0.5)+0.3×3	PL_4
6	地漏 *DN*75	个	15	2×3(PL_2)+2×3(PL_3)+1×3(PL_4)	
7	清扫口 *DN*100	个	3		
8	埋地管刷沥青漆	m²	5.90	[(1.5+0.24+1.2)+(4.5+4×0.5)+(3.6−0.24)+0.3+(4.5/4×3+2×0.3)]·π·*D*=17.08×3.14×0.11	$D=D_{内}+2\delta$
9	铸铁管刷银粉漆	m²	33.44	[32.78+13.95+15.53+22.80+12.7-17.08]×1.2π·*D*=80.68 ×1.2×3.14×0.11	$D=D_{内}+2\delta$
10	给水镀锌钢管 *DN*50	m	3.74	1.5(进户)+0.24(穿墙)+1(负标高)+1(阀门变径处)	GL_1
11	给水镀锌钢管 *DN*40	m	6.56	(4.2−1)+(3.6−0.24)	GL_1
12	给水镀锌钢管 *DN*32	m	16.7	(7.4−4.2)+4.5×3(层)	GL_1
13	给水镀锌钢管 *DN*20	m	10.83	[4.2−0.24×(墙厚)−0.35(距墙皮)]×3层	GL_1
14	给水镀锌钢管 *DN*15	m	3	0.2×5×3(层)	GL_1
15	给水镀锌钢管 *DN*25	m	9.1	8.8+0.3	GL_2
16	给水镀锌钢管 *DN*20	m	10.13	(4.5/4×3)×3(层)	GL_2
17	给水镀锌钢管 *DN*15	m	4.2	(1.2+0.2)×3(层)	GL_2
18	多孔冲洗管 *DN*15	m	10.13	(4.5/4×3)×3	GL_2
19	给水镀锌钢管 *DN*32	m	9.96	(4.2+4.5−0.24+0.3)+1.2	GL_3

续表

序号	分项工程名称	单位	数量	计　　算　　式	备注
20	给水镀锌钢管 *DN*25	m	3.2	4.4−1.2	GL_3
21	给水镀锌钢管 *DN*20	m	8	7.6−4.4+2×1.8×3(层)	GL_3
22	钢管冷热水淋浴器	组	6	2×3(层)	GL_3
23	阀门 *DN*50	个	1		
24	阀门 *DN*32	个	4	1×3+1	
25	阀门 *DN*25	个	1		
26	阀门 *DN*20	个	6	1×3+1×3	
27	手压延时阀蹲式便器	套	12	4×3	
28	水龙头	个	18	5×3+1×3	

工程量汇总表 **表 7-7**

单位工程名称：某宿舍给水排水工程

序号	分　项　工　程　名　称	单位	数量	备　　注
1	承插排水铸铁管 *DN*100	m	46.7	PL_1、PL_2
2	承插排水铸铁管 *DN*75	m	56.28	PL_2支管、PL_4、PL_3
3	地漏 *DN*75	个	15	PL_2、PL_3、PL_4
4	清扫口 *DN*100	个	3	
5	埋地管刷沥青漆	m^2	5.90	
6	铸铁管刷银粉漆	m^2	33.44	
7	给水镀锌钢管 *DN*50	m	3.74	
8	给水镀锌钢管 *DN*40	m	6.56	
9	给水镀锌钢管 *DN*32	m	26.66	GL_1、GL_3
10	给水镀锌钢管 *DN*25	m	12.30	GL_2、GL_3
11	给水镀锌钢管 *DN*20	m	28.96	GL_1、GL_2、GL_3
12	给水镀锌钢管 *DN*15	m	7.2	GL_1、GL_2
13	多孔冲洗管 *DN*15	m	10.13	GL_2
14	钢管冷热水淋浴器	组	6	GL_3
15	阀门 *DN*50	个	1	
16	阀门 *DN*32	个	4	
17	阀门 *DN*25	个	1	
18	阀门 *DN*20	个	6	
19	手压延时阀蹲式便器	套	12	
20	水龙头 *DN*15	个	18	

工程计价表 表 7-8

单位工程名称：某宿舍给水排水工程

定额编号	分项工程项目	单位	工程数量	单位价值(元)			合计价值(综合单价价值)(元)					未计价材料(元)			
				人工费	材料费	机械费	人工费	材料费	机械费	企业管理费	利润	损耗	数量	单价	合价
8-140	承插排水铸铁管 DN100(石棉水泥接口)	10m	4.67	80.34	298.34		375.19	1393.25		133.61	195.70	8.9	41.56	36.70	1525
	接头零件	10m	4.67									10.55	48.95	20.57	1007
8-139	承插排水铸铁管 DN75(石棉水泥接口)	10m	5.63	62.23	199.51		350.36	1123.24		124.76	182.75	9.3	52.36	28.00	1466
	接头零件	10m	5.63									9.04	50.90	15.99	814
8-448	铸铁地漏 DN75	10个	1.5	86.61	30.80		129.91	46.20		46.26	67.76	10	15	12.00	180
8-453	清扫口 DN100	10个	0.3	22.52	1.70		6.76	0.51		2.41	3.53	10	3	12.00	36
11-1	铸铁管人工除锈	$10m^2$	3.93	7.89	3.38		31.00	13.28		11.04	16.17				
11-202	铸铁埋地管刷沥青漆一遍	$10m^2$	0.59	8.36	1.54		4.93	0.91		1.76	2.57				
11-203	铸铁埋地管刷沥青漆二遍	$10m^2$	0.59	8.13	1.37		4.80	0.80		1.71	2.50				
11-198	铸铁管刷防锈漆一遍	$10m^2$	3.34	7.66	1.19		25.58	3.98		9.11	13.34				
11-200	铸铁管刷银粉漆一遍	$10m^2$	3.34	7.89	5.34		26.35	17.84		9.38	13.74				
11-201	铸铁管刷银粉漆二遍	$10m^2$	3.34	7.66	4.71		25.58	15.73		9.11	13.34				
8-92	给水镀锌钢管 DN50(螺纹连接)	10m	0.374	62.23	45.04	2.86	23.27	16.85	1.07	8.29	12.14	10.2	3.81	20.00	76.20
	接头零件	10m	0.374									6.51	2.43	5.87	14.29
8-91	给水镀锌钢管 DN40(螺纹连接)	10m	0.66	60.84	31.38	1.03	40.15	20.71	0.68	14.30	20.94	10.2	6.73	16.00	107.8
	接头零件	10m	0.66									7.16	4.73	3.53	16.70
8-90	给水镀锌钢管 DN32(螺纹连接)	10m	2.67	51.08	33.45	1.03	136.38	89.31	2.75	48.57	71.14	10.2	27.23	11.50	313.2
	接头零件	10m	2.67									8.03	21.44	2.74	58.75
8-89	给水镀锌钢管 DN25(螺纹连接)	10m	1.23	51.08	30.80	1.03	62.83	37.88	31.72	22.37	32.77	10.2	12.55	9.00	112.9

续表

定额编号	分项工程项目	单位	工程数量	单位价值(元)			合计价值(综合单价价值)(元)					未计价材料(元)			
				人工费	材料费	机械费	人工费	材料费	机械费	企业管理费	利润	损耗	数量	单价	合价
	接头零件	10m	1.23									9.78	12.03	1.85	22.26
8-88	给水镀锌钢管 *DN*20(螺纹连接)	10m	2.90	42.49	24.23		123.22	70.27		43.88	64.27	10.2	29.58	6.00	177.5
	接头零件	10m	2.90									11.52	33.40	1.14	38.09
8-87	给水镀锌钢管 *DN*15(螺纹连接)	10m	0.72	42.49	22.96		30.59	16.53		10.89	15.96	10.2	7.34	5.00	36.72
	接头零件	10m	0.72									16.37	11.79	0.8	9.43
8-456	多孔冲洗管 *DN*15	10m	1.01	150.7	83.06	12.48	152.21	83.89	12.61	54.20	79.40	10.2	10.3	5.00	51.50
	接头零件	10m	1.01									9	9.09	1.6	14.54
8-404	钢管冷热水淋浴器	10组	0.6	130.03	470.16		78.02	282.10		27.78	40.70				
	莲蓬	10组	0.6									10	6	4.5	27
8-410	手压延时阀蹲式便器	10套	1.2	133.75	432.44		160.5	518.93		57.15	83.72				
	瓷蹲式大便器	10套	1.2									10.10	12.12	160	1939
	大便器手压阀 *DN*25	10套	1.2									10.10	12.12	14.0	170
8-438	水龙头 *DN*15	10个	1.8	6.5	0.98		11.7	1.76		4.17	6.10	10.10	18.18	9.0	163.6
8-230	给水管道消毒冲洗	100m	0.96	12.07	8.42		11.59	8.08		4.13	6.05				
8-246	截止阀 *DN*50	个	1	5.80	9.26		5.8	9.26		2.07	3.03	1.01	1.01	62.0	62.62
8-244	截止阀 *DN*32	个	4	3.48	5.09		13.92	20.36		4.96	7.26	1.01	4.04	32.0	129.3
8-243	截止阀 *DN*25	个	1	2.79	3.45		2.79	3.45		0.99	1.46	1.01	1.01	20.0	20.2
8-242	截止阀 *DN*20	个	6	2.32	2.68		13.92	16.08		4.96	7.26	1.01	6.06	18.0	109.1
	合计						1847.35	3811.20	48.83	657.86	963.60				8699

注：该工程项目定为二类工程，按重庆市现行安装工程费用定额的规定，企业管理费按人工费的35.61%计取，利润按人工费的52.16%计取。

7.6.2 某医院办公楼热水采暖安装工程施工图预算编制

1. 工程概况

(1) 工程地址：本工程位于重庆市市中区。

(2) 工程结构：办公楼为二层砖混结构，层高 3.2m。室内采暖工程。

2. 编制依据

施工单位为某国营建筑公司，工程类别为一类。采用现行《国安》以及重庆市现行间接费用定额和现行材料预算价格或部分双方认定的市场采购价格。

合同中规定不计远地施工增加费和施工队伍迁移费。

3. 编制方法

(1) 在熟读图纸、施工组织设计以及有关技术、经济文件的基础上，计算工程量。工程图如图 7-50～图 7-52 所示。工程量计算表见表 7-9。

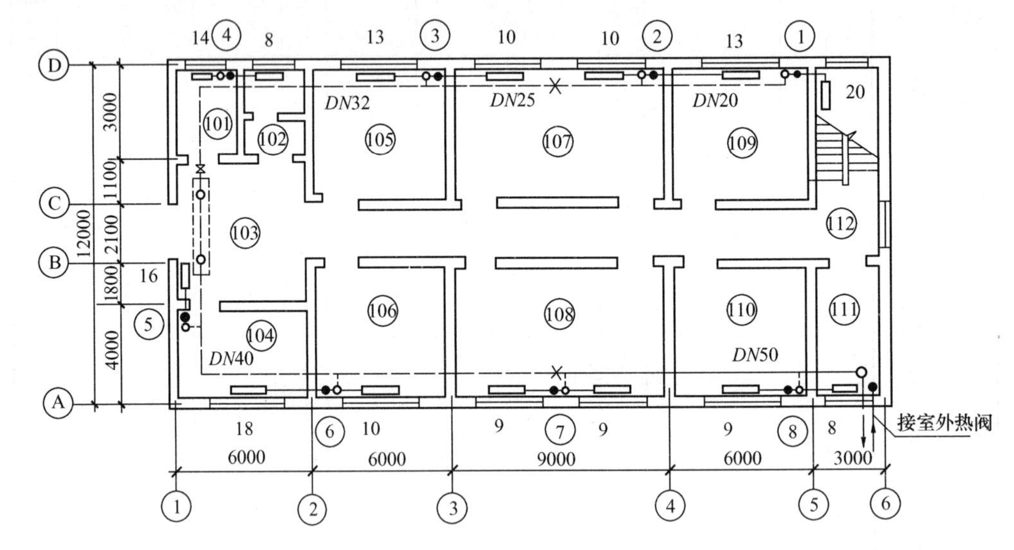

图 7-50 采暖一层平面图

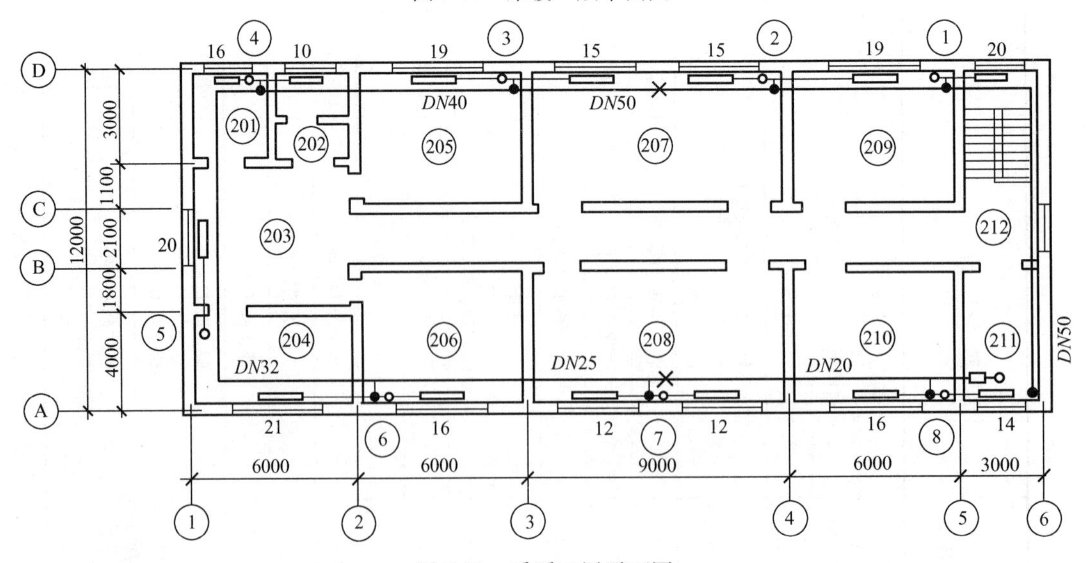

图 7-51 采暖二层平面图

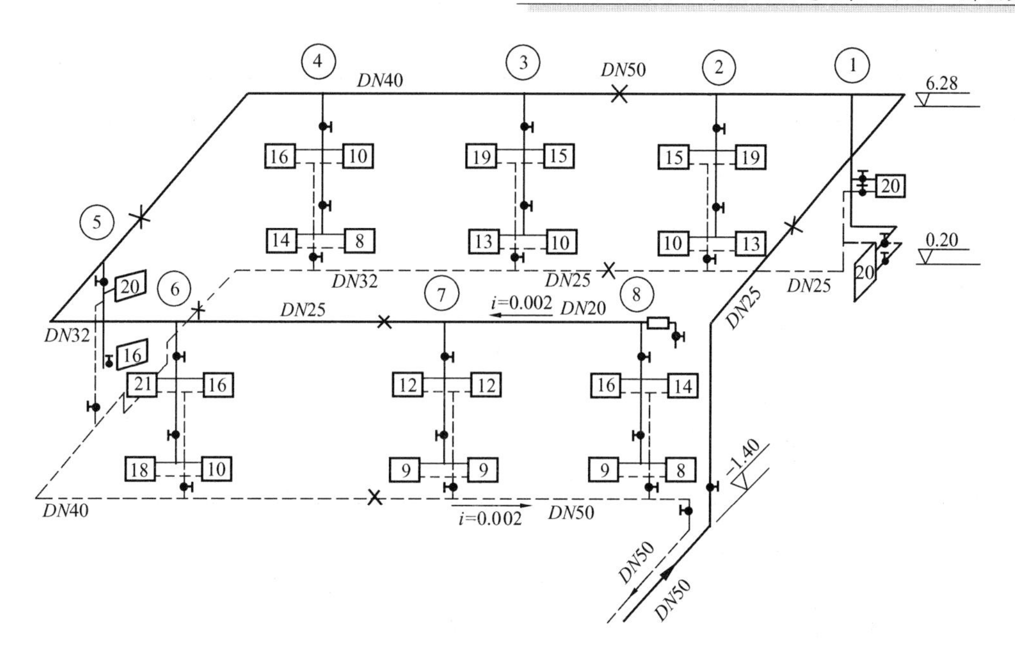

图 7-52 采暖工程系统图

工程量计算表 **表 7-9**

单位工程名称：某办公楼采暖工程 共 页 第 页

序号	分项工程名称	单位	数量	计 算 式	备注
1	钢管焊接 DN50	m	39.42	进户及室内：1.5+0.24+1.4+6.28+12+3+15	
2	钢管焊接 DN40	m	20.00	③～⑤：6×2+3+1.1+2.1+1.8	
3	钢管焊接 DN32	m	10.00	⑤～⑥等：4+6	
4	钢管焊接 DN25	m	10.50	⑥～⑦：6+4.5	
5	钢管焊接 DN20	m	10.50	⑦～⑧：4.5+6	
6	回水钢管焊接 DN50	m	27.14	出户及室内：1.5+0.24+1.4+3+6+15	
7	回水钢管焊接 DN40	m	21.00	⑥～④：6+12+3	
8	回水钢管焊接 DN32	m	9.00	④～③：3+6	
9	回水钢管焊接 DN25	m	9.00	③～②：9	
10	回水钢管焊接 DN20	m	7.50	②～①：6+1.5	
11	供、回水立管 DN15(螺纹连接)	m	66.14	(6.28−0.813−0.2+3.2−0.2)×8(组)	
12	散热片横连管 DN15(螺纹连接)	m	156.83	6×28(根)−392/2×0.057(厚)	
13	四柱 813 型散热片(有腿)	片	225.00		
14	四柱 813 型散热片(无腿)	片	167.00		
15	截止阀 DN15(螺纹连接)	个	27.00		
16	截止阀 DN50(螺纹连接)	个	2.00	1+1	供、回
17	穿墙钢套管 DN80	m	3.08	11(个)×(0.24+2×0.02)=11×0.28(m)	
18	穿墙钢套管 DN70	m	0.84	3(个)×0.28(m)	
19	穿墙钢套管 DN50	m	1.68	6(个)×0.28(m)	
20	穿墙钢套管 DN40	m	1.68	6(个)×0.28(m)	

续表

序号	分项工程名称	单位	数量	计　　算　　式	备注
21	穿墙钢套管 *DN*32	m	0.84	3(个)×0.28(m)	
22	穿墙钢套管 *DN*25	m	2.56	16(个)×(0.12+2×0.02)=16 个×0.16(m)	
23	集气罐Φ 150Ⅱ型安装	个	1.00		
24	管道除锈刷油	m^2	40.44	*DN*15 *DN*20 *DN*25 222.96×0.069+18×0.0879+19.50×0.1059 *DN*32 *DN*40 *DN*50 22×0.1413+38×0.1507+66.71×0.1885	
25	散热片除锈刷油	m^2	109.76	(225+167)×0.28(m^2/片)	
26	管道支架 L50×5	kg	19.22	15×0.34(m/个)×3.77(kg/m)	

(2) 汇总工程量，见表 7-10。

(3) 套用现行《国安》，进行工料分析，工程计价表见表 7-11。

(4) 按照计费程序表计算工程直接费以及各项费用（略）。

(5) 写编制说明（略）。

(6) 自校、填写封面、装订施工图预算书（略）。

工程量汇总表 **表 7-10**

单位工程名称：某办公楼采暖工程

序号	分项工程名称	单位	数量	备注
1	钢管焊接 *DN*50	m	66.56	
2	钢管焊接 *DN*40	m	41.00	
3	钢管焊接 *DN*32	m	19.00	
4	钢管焊接 *DN*25	m	19.50	
5	钢管焊接 *DN*20	m	18.00	
6	镀锌钢管 *DN*15（螺纹连接）	m	222.97	
7	四柱 813 型散热片（有腿）	片	225.00	225×7.99（kg/片）（有脚）=1797.8kg
8	四柱 813 型散热片（无腿）	片	167.00	167×7.55（kg/片）（无脚）=1260.9kg
9	截止阀 *DN*15（螺纹连接）	个	27.00	
10	截止阀 *DN*50（螺纹连接）	个	2.00	
11	穿墙钢套管	个	45.00	
12	集气罐Φ 150Ⅱ型安装	个	1.00	
13	管道除锈刷油	m^2	40.44	
14	散热片除锈刷油	m^2	109.76	
15	管道支架 L50×5	kg	19.22	
16				
17				
18				
19				

工程计价表 **表 7-11**

单位工程名称：某办公楼采暖工程

定额编号	分项工程项目	单位	工程数量	单位价值(元)			合计价值(综合单价价值)(元)					未计价材料(元)			
				人工费	材料费	机械费	人工费	材料费	机械费	企业管理费	利润	损耗	数量	单价	合价
8-111	钢管焊接 DN50	10m	6.66	46.21	11.10	6.37	307.76	73.93	42.42	119.60	200.66	10.2	67.93	16.00	1087
8-110	钢管焊接 DN40	10m	4.10	42.03	6.19	5.89	172.32	25.38	24.15	66.91	1112.35	10.2	41.82	12.70	531
8-109	钢管焊接 DN32	10m	1.9	38.55	5.11	5.42	73.25	9.80	10.30	28.44	47.76	10.2	19.38	10.50	204
8-109	钢管焊接 DN25	10m	1.95	38.55	5.11	5.42	75.17	9.97	10.57	29.19	49.01	10.2	19.89	8.00	159
8-109	钢管焊接 DN20	10m	1.80	38.55	5.11	5.42	69.39	9.20	9.76	26.94	45.24	10.2	18.36	5.50	101
8-87	镀锌钢管 DN15(螺纹连接)	10m	22.30	42.49	22.96		947.53	512.01		367.93	617.79	10.2	227.5	5.00	1138
8-491	四柱 813 型散热片(有腿)	10 片	22.50	9.61	78.12		216.30	1757.70		83.99	141.03	10.10	227.3	30	6819
8-490	四柱 813 型散热片(无腿)	10 片	16.70	14.16	27.11		236.47	452.74		91.82	154.18	10.10	168.7	27	4555
8-241	截止阀 DN15(螺纹连接)	个	27	2.36	2.11		63.72	56.97		24.74	41.55	1.01	27.27	18	491
8-246	截止阀 DN50(螺纹连接)	个	2	5.80	9.26		11.60	18.52		4.50	7.56	1.01	2.02	65	131
6-2972	穿墙钢套管 DN80	个	11	8.66	5.58	0.48	95.26	61.38	5.28	36.99	62.11	0.3m	3.3	26	86
6-2972	穿墙钢套管 DN70	个	3	8.66	5.58	0.48	25.98	16.74	1.44	10.09	16.94	0.3m	0.9	20	18
6-2971	穿墙钢套管 DN50	个	6	3.09	2.69	0.48	18.54	16.14	2.88	7.20	12.09	0.3m	1.8	16	29
6-2971	穿墙钢套管 DN40	个	6	3.09	2.69	0.48	18.54	16.14	2.88	7.20	12.09	0.3m	1.8	12.7	23
6-2971	穿墙钢套管 DN32	个	3	3.09	2.69	0.48	9.27	8.07	1.44	3.60	6.04	0.3m	0.9	10.5	10
6-2971	穿墙钢套管 DN25	个	16	3.09	2.69	0.48	49.44	43.04	7.68	19.20	32.24	0.3m	4.8	8.0	38
6-2896	集气罐Φ 150Ⅱ型制作	个	1	15.56	14.15	4.13	15.56	14.15	4.13	6.04	10.15	0.3m	0.3	45	14
6-2901	集气罐Φ 150Ⅱ型安装	个	1	6.27			6.27			2.44	4.09	1.00	1.00	65	65
11-1	管道人工除锈	$10m^2$	4.04	7.89	3.38		31.88	13.66		12.38	20.79				
11-7	散热片人工除锈	100kg	30.59	7.89	2.50	6.96	241.4	76.48	212.9	93.74	157.39				
11-51	管道刷底漆一遍	$10m^2$	4.04	6.27	1.07		25.33	4.32		9.84	16.52	1.47	5.94	6.00	36
11-56	管道刷银粉漆第一遍	$10m^2$	4.04	6.50	4.81		26.26	19.43		10.20	17.12	0.36	1.45	2.00	3.00
11-57	管道刷银粉漆第二遍	$10m^2$	4.04	6.27	4.37		25.33	17.66		9.84	16.52	0.33	1.33	1.50	2.00
11-198	散热片刷红丹漆一遍	$10m^2$	10.98	7.66	1.19		84.11	13.07		32.66	54.84	1.05	11.53	6.00	69
11-200	散热片刷银粉漆第一遍	$10m^2$	10.98	7.89	5.34		86.63	58.63		33.64	56.48	0.45	4.94	6.00	30
11-201	散热片刷银粉漆第二遍	$10m^2$	10.98	7.66	4.71		84.11	51.72		32.66	54.84	0.41	4.51	6.00	28
8-230	管道冲洗	100m	3.87	12.07	8.42		46.71	32.59		18.14	30.46				
8-178	钢管支架 DN50 内	100kg	0.019	235.45	194.20	224.26	4.47	3.69	4.26	1.74	2.91	106	2.01	2.80	6
	合计						3068.6	3394.33	340.1	1191.56	2000.75				15673

注：管接头零件的计算方法同 7.6.1。

该工程项目定为一类工程，按重庆市现行安装工程费用定额的规定，企业管理费按人工费的 38.83%计取，利润按人工费的 65.20%计取。

7.6.3 某住宅室内燃气管道安装工程施工图预算编制

1. 工程概况

(1) 工程地址：本工程位于重庆市。

(2) 工程结构：民用住宅六层砖混结构，层高 2.9m。室内民用燃气工程。

2. 编制依据

施工单位为某国营建筑公司，工程类别为一类。采用现行《国安》，以及重庆市现行间接费用定额和现行材料预算价格或部分双方认定的市场采购价格。

合同中规定不计远地施工增加费和施工队伍迁移费。

3. 编制方法

(1) 在熟读图纸、施工组织设计以及有关技术、经济文件的基础上，计算工程量。工程图如图 7-53～图 7-55 所示。工程量计算表见表 7-12。

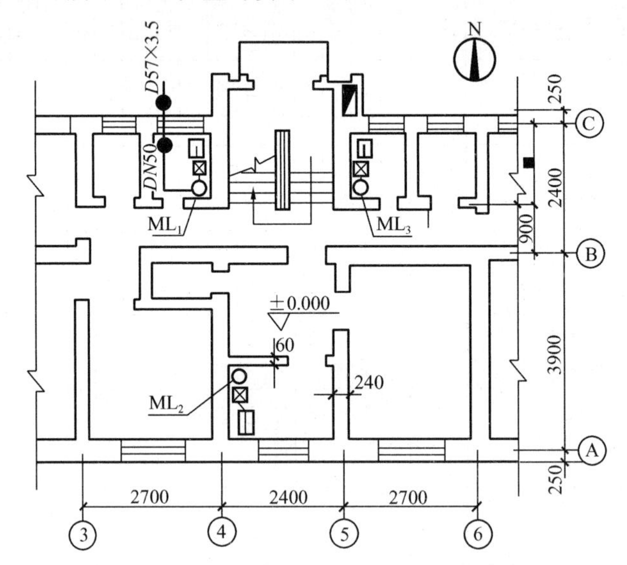

图 7-53 底层室内燃气管道平面图 1：100

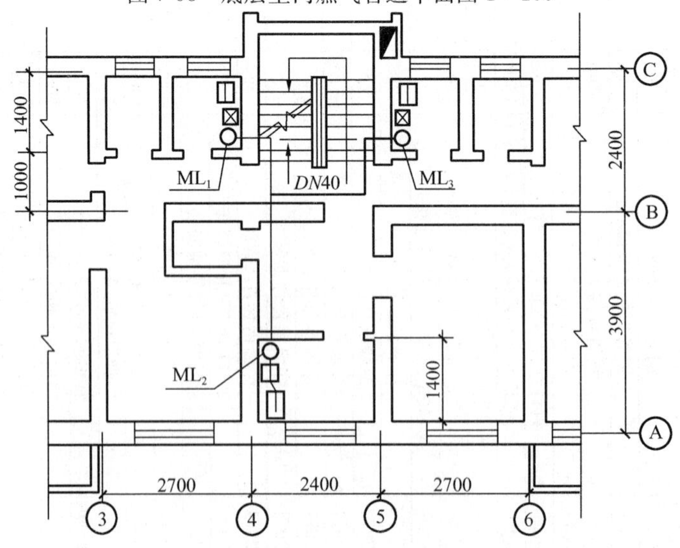

图 7-54 二～六层燃气管道平面图 1：100

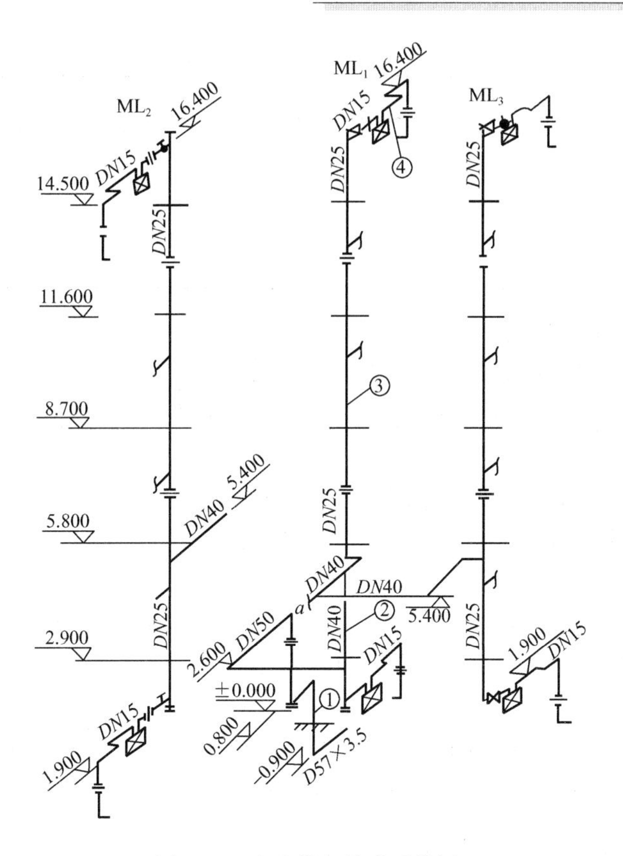

图 7-55　室内燃气管道系统图

工程量计算表 **表 7-12**

单位工程名称：某住宅室内燃气管道工程　　　　共　页　第　页

序号	分项工程名称	单位	数量	计　算　式	备注
1	室内无缝钢管螺纹连接 $D57\times3.5$	m	2.64	进户及室内：1.5+0.24+0.9	
2	室内镀锌钢管螺纹连接 $DN50$	m	4.56	水平　　　垂直 ③～④：(2.4−0.9−0.24)+0.7+2.6	连接 ML_1
3	室内镀锌钢管螺纹连接 $DN40$	m	40.70	水平　　　垂直 ④～⑤：6.2×6(层)+(5.4−1.9)	连接 ML_1、ML_2、ML_3
4	室内镀锌钢管螺纹连接 $DN25$	m	40.00	ML_1　　　ML_2、ML_3 (16.4−5.4)+(16.4−1.9)×2	
5	室内镀锌钢管螺纹连接 $DN15$	m	22.68	(2.4−0.9−0.24)×3(户/层)×6(层)	
6	燃气嘴安装 $DN15$	个	18	1×3(个/层)×6(层)	
7	燃气表安装	块	18	1×3(块/层)×6(层)	
8	民用灶具安装	套	18	1×3(套/层)×6(层)	

续表

序号	分项工程名称	单位	数量	计 算 式	备注
9	刚性套管安装 *DN*70	个	1		ML_1
10	刚性套管安装 *DN*40	个	15	5×3	ML_1、ML_2、ML_3

（2）汇总工程量，见表 7-13。

（3）套用现行《国安》，进行工料分析，工程计价表见表 7-14。

（4）按照计费程序表计算工程直接费以及各项费用（略）。

（5）写编制说明（略）。

（6）自校、填写封面、装订施工图预算书（略）。

由图 7-53～图 7-55 看出，在③轴与④轴以及Ⓒ轴墙北侧，有一标高为－0.90m，规格为 *D*57×3.5 的无缝钢管由北向南埋地敷设，邻近Ⓒ轴墙外表时，转弯垂直朝上敷设，穿出室外地面至标高为 0.8m 处，又转穿Ⓒ轴墙进入一层厨房，引入方式为低立管引入。室内管道为普通镀锌钢管，管径分别为 *DN*50、*DN*40、*DN*25、*DN*15，三根立管分别为 ML_1、ML_2、ML_3

施工内容包括管道连接、阀门安装、燃气表安装、燃气嘴安装等。

工程量汇总表 **表 7-13**

单位工程名称：某住宅室内燃气管道工程

序号	分项工程名称	单位	数量	备 注
1	室内无缝钢管螺纹连接 *D*57×3.5	m	2.64	
2	室内镀锌钢管螺纹连接 *DN*50	m	4.56	
3	室内镀锌钢管螺纹连接 *DN*40	m	34.50	
4	室内镀锌钢管螺纹连接 *DN*25	m	40.00	
5	室内镀锌钢管螺纹连接 *DN*15	m	22.68	
6	燃气嘴安装 *DN*15	个	18	
7	燃气表安装	块	18	
8	民用灶具安装	套	18	
9	刚性套管安装 *DN*70	个	1	
10	刚性套管安装 *DN*40	个	15	

表 7-14

工程计价表

单位工程名称：某住宅室内燃气管道工程

定额编号	分项工程项目	单位	工程数量	单位价值(元)			合计价值(综合单价价值)(元)					未计价材料(元)			
				人工费	材料费	机械费	人工费	材料费	机械费	企业管理费	利润	损耗	数量	单价	合价
8-595	室内无缝钢管螺纹连接 D57×3.5	10m	0.264	78.92	127.15	10.01	20.83	33.57	2.64	8.09	13.58	10.2	2.69 (13.23kg)	4.20	56
8-594	室内镀锌钢管螺纹连接 DN50	10m	0.456	64.09	81.45	5.77	29.23	37.14	2.63	11.35	19.06	10.2	4.65	20.00	93
8-593	室内镀锌钢管螺纹连接 DN40	10m	4.07	63.85	55.10	4.11	259.87	224.26	16.73	100.91	169.44	10.2	41.51	16.00	664.16
8-591	室内镀锌钢管螺纹连接 DN25	10m	4.00	50.97	30.95	2.39	203.88	123.8	9.56	79.17	132.93	10.2	40.8	9.00	36
8-589	室内镀锌钢管螺纹连接 DN15	10m	2.27	42.89	20.63	4.42	97.36	46.83	10.03	37.81	63.48	10.2	23.15	5.00	116
8-678	燃气嘴安装 DN15	10 个	1.8	13.00	0.68		23.40	1.22		9.09	15.26	10.00	18	15.00	270
8-621	燃气表安装	块	18	9.06	0.24		163.08	2.17		63.32	106.33	1.00	18	95.00	1710
8-657	民用灶具安装	套	18	5.80	2.50		104.4	45.0		40.54	68.07	1.00	18	200.0	3600
6-2946	刚性套管安装 DN70	个	1	17.41	32.19	9.56	17.41	32.19	9.56	6.76	11.35	4.02m	4.02	20.0	80
6-2945	刚性套管安装 DN40	个	15	14.63	25.95	8.13	219.45	389.25	121.1	85.21	143.08	3.26m	48.9	12.7	41
DN57 管件	10m	0.264										8.63 个	2.27	15	34
DN50 管件	10m	0.456										8.52 个	3.90	6.5	25
DN40 管件	10m	3.45										8.63 个	29.77	4.22	126
DN25 管件	10m	4.00										8.98 个	35.92	2.07	74
DN15 管件	10m	2.27										9.85 个	22.36	0.98	22
	合计						1138.91	935.43	172.25	442.25	742.58				6947.16

注：该工程项目定为一类工程，按重庆市现行安装工程费用定额的规定，企业管理费按人工费的 38.83%计取，利润按人工费的 65.20%计取。

复习思考题

1. 分别简述给水排水管道系统组成和工程计量规律，简述采暖管道系统组成和工程计量规律。
2. 简述给水水表组、消火栓、消防水泵接合器的组成和工程如何计量。
3. 热水采暖和蒸汽采暖过门地沟处理有什么不同，工程计量时应注意哪些问题。
4. 简述低压供暖器具的组成，简述疏水器的安装部位和工程如何计量。
5. 简述卫生器具的组成和工程如何计量。
6. 简述散热器种类和工程如何计量。
7. 在散热器安装时，什么情况下计算托钩，如何计量？
8. 简述自动喷水、雨淋喷水、消防水幕灭火设备组成和工程计量规律。
9. 火灾自动报警、自动消防等系统调试如何计量？
10. 简述燃气工程系统组成和工程量计算规律。
11. 圆形水箱如何计量，水箱的连接管通常有哪些，怎样计量？
12. 在管道工程中，定额对支架工程计量有什么规定？
13. 在管道工程中，定额对穿墙、穿楼板等套管工程计量有些什么规定？
14. 热水管道安装工程是否计算系统调试费，为什么？
15. 试述高层建筑增加费、层操作高度增加费、脚手架搭拆费以及采暖工程系统调整费如何计算。

8　通风、空调安装工程施工图预算

8.1　通风安装工程计量

8.1.1　通风工程系统组成

1. 送风（J）系统组成

送风系统组成如图 8-1 所示。

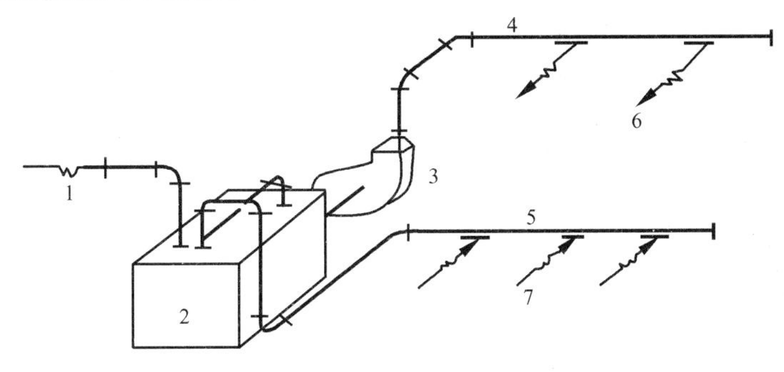

图 8-1　送风（J）系统组成示意图

1—新风口；2—空气处理室；3—通风机；4—送风管；5—回风管；6—送（出）风口；7—吸（回）风口

（1）新风口：新鲜空气入口。

（2）空气处理室：空气过滤、加热、加湿等处理。

（3）通风机：将处理后的空气送入风管内。

（4）送风管：将通风机送来的空气送到各个房间。管上安装有调节阀、送风口、防火阀、检查孔等部件。

（5）回风管：又称排风管，将浊气吸入管内，再送回空气处理室。管上安有回风口、防火阀等部件。

（6）送（出）风口：将处理后的空气均匀送入房间。

（7）吸（回、排）风口：将房间内浊气吸入回风管道，送回空气处理室进行处理。

（8）管道配件（管件）：弯头、三通、四通、异径管、法兰盘、导流片、静压箱等。

（9）管道部件：各种风口、阀、排气罩、风帽、检查孔、测定孔以及风管支、吊、托架等。

2. 排风（P）系统组成

排风系统组成如图 8-2 所示。

（1）排风口：将浊气吸入排风管内。有吸风口、排风口、侧吸罩、吸风罩等部件。

（2）排风管：输送浊气的管道。

（3）排风机：将浊气通过机械能量从排气管中排出。

（4）风帽：将浊气排入大气中，以防止空气倒灌并且防止雨水灌入的部件。

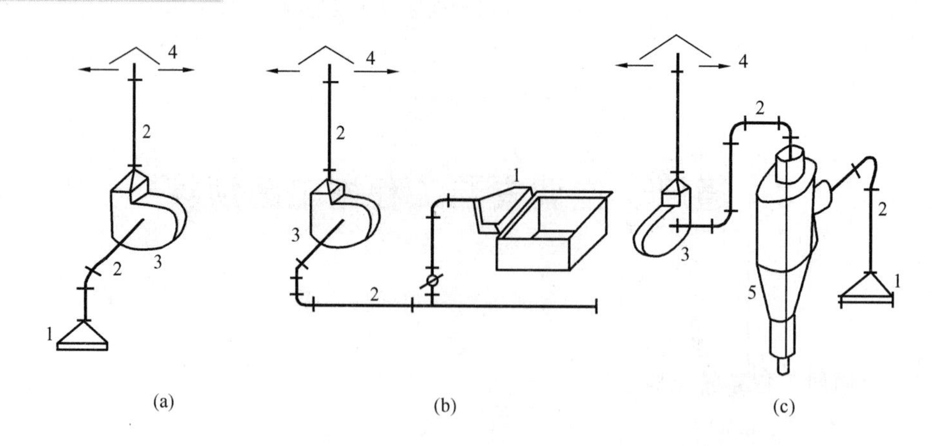

图 8-2　排风系统组成示意图

(a) P 系统；(b) 侧吸罩 P 系统；(c) 除尘 P 系统

1—排风口（侧吸罩）；2—排风管；3—排风机；4—风帽；5—除尘器

(5) 除尘器：用排风机的吸力将灰尘以及有害物吸入除尘器中，再将尘粒集中排出。

(6) 其他管件和部件等。

8.1.2　通风安装工程计量

1. 通风管道工程计量

(1) 风管制作安装及套定额

采用薄钢板、镀锌钢板、不锈钢板、铝板和塑料板等板材制作安装的风管工程量，以施工图图示风管中心线长度，支管以其中心线交点划分，按风管不同断面形状，以展开面积“m^2”计量。可按材质、风管形状、直径大小以及板材厚度分别套相应定额子目。不扣除检查孔、测定孔、送风口、吸风口等所占面积。亦不增加咬口重叠部分。风管制作安装定额包括：弯头、三通、变径管、天圆地方等配件（管件）以及法兰、加固框、吊、支、托架的制作安装。不包括部件所占长度，其部件长度取值可按表 8-1、表 8-2 计取。

密闭式斜插板阀长度　　**表 8-1**

型号	1	2	3	4	5	6	7	8	9	10	11	12	13	14	15	16	17	18	19	20	21	22	23	24
D	80	85	90	95	100	105	110	115	120	125	130	135	140	145	150	155	160	165	170	175	180	185	190	195
L	280	285	290	300	305	310	315	320	325	330	335	340	345	350	355	360	365	365	370	375	380	385	390	395
型号	25	26	27	28	29	30	31	32	33	34	35	36	37	38	39	40	41	42	43	44	45	46	47	48
D	200	205	210	215	220	225	230	235	240	245	250	255	260	265	270	275	280	285	290	300	310	320	330	340
L	400	405	410	415	420	425	430	435	440	445	450	455	460	465	470	475	480	485	490	500	510	520	530	540

注：D 为风管直径。

当计算了风管材质的未计价材料后，还要计算法兰以及加固框、吊、支、托架的材料数量，列入材料汇总表中。

风管制作安装定额中不包括：过跨风管的落地支架制安。其工程量可按扩大计量单位“100kg”计量。套用第九册（篇）《通风空调工程》定额第七章设备支架子目。

薄钢板风管中的板材，当设计厚度不同时可换算，但人工、机械不变。

各种风阀长度（mm） **表 8-2**

1	蝶阀			L=150mm													
2	止回阀			L=300mm													
3	密闭式对开多叶调节阀			L=210mm													
4	圆形风管防火阀			$L=D+240$mm													
5	矩形风管防火阀			$L=B+240$mm													
6	塑料手柄式蝶阀	型号		1	2	3	4	5	6	7	8	9	10	11	12	13	14
		圆形	D	100	120	140	160	180	200	220	250	280	320	360	400	450	500
			L	160	160	160	180	200	220	240	270	380	240	380	420	470	520
		方形	A	120	160	200	250	320	400	500							
			L	160	180	220	270	340	420	520							
7	塑料拉链式蝶阀	型号		1	2	3	4	5	6	7	8	9	10	11			
		圆形	D	200	220	250	280	320	360	400	450	500	560	630			
			L	240	240	270	300	340	380	420	470	520	580	650			
		方形	A	200	250	320	400	500	630								
			L	240	270	340	420	520	650								
8	塑料圆形插板阀	型号		1	2	3	4	5	6	7	8	9	10	11			
		圆形	D	200	220	250	280	320	360	400	450	500	560	630			
			L	200	200	200	200	300	300	300	300	300	300	300			
		方形	A	200	250	320	400	500	630								
			L	200	200	200	200	300	300								

注：D 为风管外径；A 为方形风管外边宽；L 为风阀长度；B 为风管高度。

1）圆形及矩形管。

$$F_{圆}=\pi \cdot D \cdot L \tag{8-1}$$

式中 $F_{圆}$——圆形风管展开面积，m^2；

D——圆形风管直径；

L——管道中心线长度。

矩形风管可按图示周长乘以管道中心线长度计量。

$$F_{矩}=2\ (A+B)\ L \tag{8-2}$$

式中 A、B——矩形风管断面的大边长和小边长；

$F_{矩}$——矩形风管展开面积，m^2。

2）当风管为均匀送风的渐缩管时，圆形风管可按平均直径，矩形风管按平均周长计量，再套用相应定额子目，且人工乘以系数 2.5。

如图 8-3 所示，主管和支管的展开面积分别为：

$$F_1=\pi \cdot D_1 \cdot L_1$$

$$F_2=\pi \cdot D_2 \cdot L_2$$

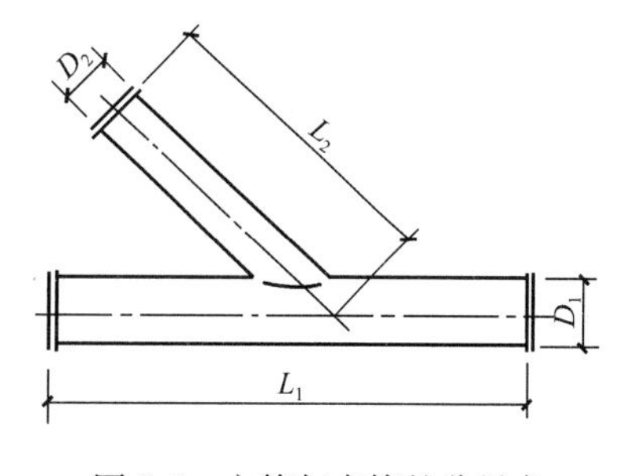

图 8-3 主管与支管的分界点

如图 8-4 所示的弯管三通，主风管、直支风管、

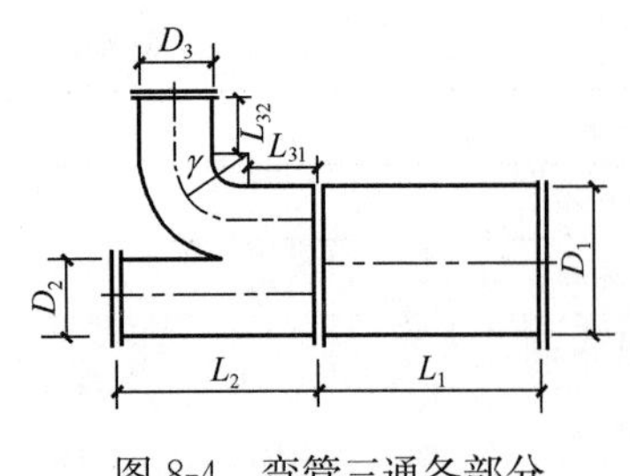

图 8-4 弯管三通各部分展开面积的计量

弯管支风管的展开面积分别为：

$$F_1 = \pi \cdot D_1 \cdot L_1$$

$$F_2 = \pi \cdot D_2 \cdot L_2$$

$$F_3 = \pi \cdot D_3 \cdot (L_{31} + L_{32} + r \cdot \theta)$$

式中 r——弯管的弯曲半径，m；

θ——弯曲弧度。

如图 8-5 所示，为渐缩风管均匀送风，其大端周长为 2（0.6+1.0）=3.2m，小端周长为 2（0.6+0.35）=1.9m，则平均周长为 $l_{均}$=1/2（3.2+1.9）=2.55m，故该风管的展开面积为：

$$F = l_{均} \cdot L = 2.55 \times 27.6 = 70.38\text{m}^2$$

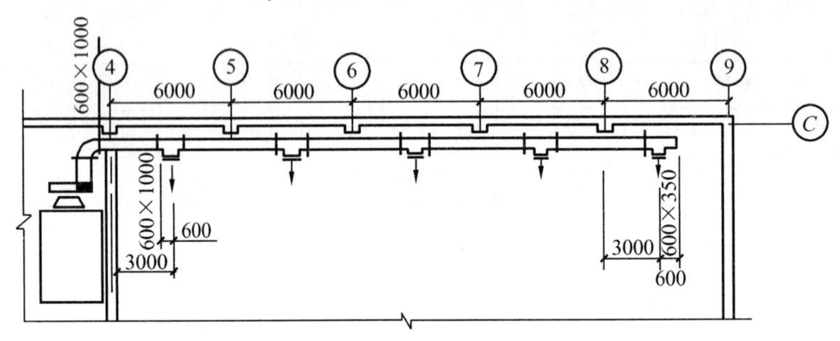

图 8-5 渐缩风管图

3）柔性软风管适用于由金属、涂塑化纤织物、聚酯、聚乙烯、聚氯乙烯薄膜、铝箔等材料制作的软风管。安装工程量按图示中心线长度以“m”计量。其阀门安装以“个”计量。

4）空气幕送风管制作安装，可按矩形风管断面平均周长计量，套相应子目，人工乘以系数 3.0。

其支架制作安装可另行计量，套相应子目。

（2）风管导流叶片的制作与安装

为了减少空气在弯头处的阻力损失，内弧形和内斜线矩形弯头的外边长不小于 50mm 时，弯管内应设导流叶片。其构造可分单、双叶片，如图 8-6 所示。风管导流叶片的制作安装工程量可按图示叶片的面积计量。

导流叶片面积计算式如下：

单叶片面积

$$F_{单} = r \cdot \theta \cdot B \tag{8-3}$$

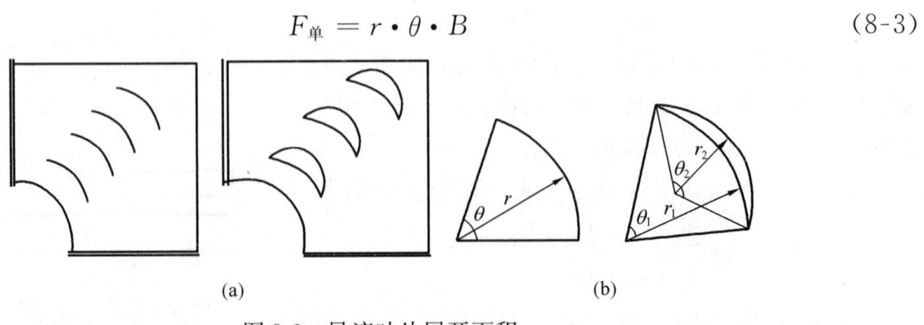

图 8-6 导流叶片展开面积

双叶片面积：

$$F_{双} = (r_1 \cdot \theta_1 + r_2 \cdot \theta_2)B \tag{8-4}$$

式中 r_1、r_2——内外叶片的弯曲半径，m；

θ_1、θ_2——内外叶片的弯曲弧度；

B——叶片宽度。

亦可按表8-3计算叶片面积。定额不分单、双和香蕉形双叶片均执行同一项目。

单导流叶片表面积表 **表8-3**

风管高 B（mm）	200	250	320	400	500	630	800	1000	1250	1600	2000
导流叶片表面积（m^2）	0.075	0.091	0.114	0.140	0.170	0.216	0.273	0.425	0.502	0.623	0.755

（3）软管（帆布接头）制作安装

为防止风机在运行中产生的振动和噪声经过风管传入各机房，一般在风机的吸入口或排风口或风管与部件的连接处设柔性软管。材质可用人造革、帆布、防火耐高温等材料。长度一般在150～200mm。

软管（帆布接头）制作安装，按图示尺寸以“m^2”计量（无图规定时，可考虑管周长×0.3m）。

（4）风管检查孔制作与安装

风管检查孔制作与安装可按扩大的计量单位“100kg”计量，亦可查国家标准图集T604，或第九册（篇）定额附录《国标通风部件标准重量表》。

（5）温度与风量测定孔制安

温度与风量测定孔制安，可按型号不同，以“个”计量，套相应定额子目。

2. 风管部件制作与安装工程计量

（1）阀类制作与安装

阀类制作工程量可按重量，以“100kg”计量。安装按“个”计量。对于标准部件的重量，可根据设计型号、规格查阅第九册（篇）《通风空调工程》附录中《国标通风部件标准重量表》进行计量。如果是非标准部件，则按重量计量。通常风管通风系统用阀类为：空气加热上旁通阀、圆形瓣式启动阀、圆形（保温）蝶阀、方形以及矩形（保温）蝶阀、圆形以及方形风管止回阀、密闭式斜插板阀、矩形风管三通调节阀、对开多叶调节阀、风管防火阀等，可查阅国标T101、T301、T302、T303、T309、T310、89T311、T356等图集。

（2）风口制作与安装

通风工程中风口制作工程量大部分按“100kg”扩大计量单位计量，安装工程量以“个”计量。通常按重量计量的风口有：带调节板活动百叶风口、单层百叶风口、双层百叶风口、三层百叶风口、连动百叶风口、矩形风口、风管插板风口、旋转吹风口、圆形直片散流器、矩形空气分布器、方形直片散流器、流线形散流器、单（双）面送风口、活动箅式风口、网式风口、135型单（双）层百叶风口、135型带导流片百叶风口、活动金属百叶风口等。

钢百叶窗以及活动金属百叶风口的制作按“m^2”计量，安装按“个”计量。

风口重量可查阅国标T202、T203、T206、T208、T209、T212、T261、T262、

CT211、CT263、J718等图集，或第九册（篇）定额附录《国标通风部件标准重量表》。

（3）风帽制作与安装

排风系统中，常见的风帽有伞形、筒形和锥形风帽，其形状如图8-7～图8-9所示。

风帽制作与安装工程量按扩大计量单位“100kg”，并查阅国标T609、T610、T611或第九册（篇）附录中《国标通风部件标准重量表》计量。

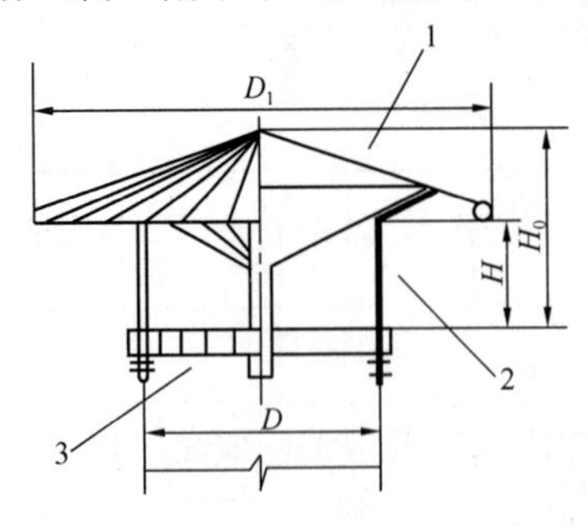

图8-7　伞形风帽

1—伞形罩；2—支撑；3—法兰

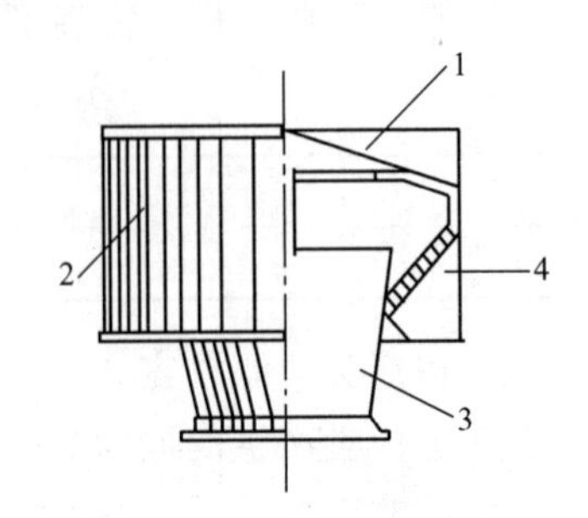

图8-8　筒形风帽

1—伞形罩；2—外筒；3—扩散管；4—支撑

（4）风帽泛水制作与安装

当风管穿过屋面时，为阻止雨水渗入，通常安装风帽泛水，其形状分圆形和方形两种，工程量分不同规格，按图示展开面积以“m^2”计量，如图8-10所示。

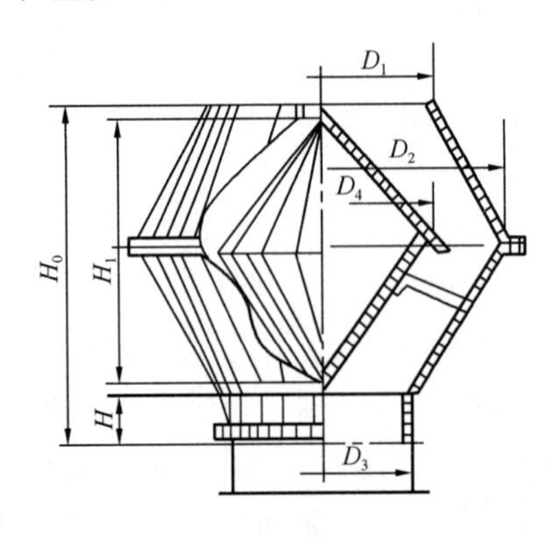

图8-9　锥形风帽

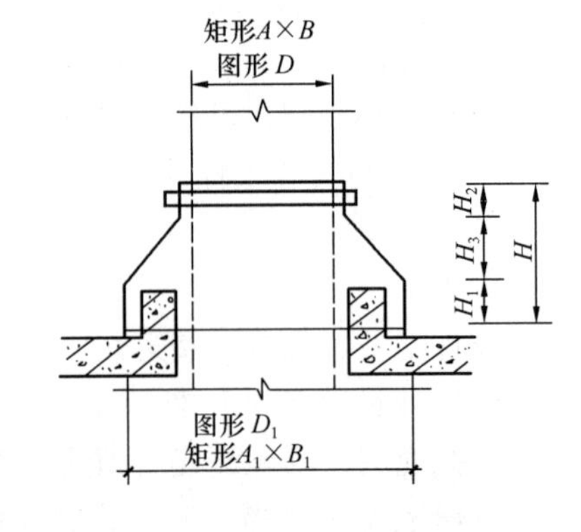

图8-10　风帽泛水

圆形展开面积：

$$F=\frac{(D_1+D)}{2}\pi H_3+D\pi H_2+D_1\pi H_1 \tag{8-5}$$

方、矩形展开面积：

$$F=[2(A+B)+2(A_1+B_1)]\div 2H_3+2(A+B)H_2+2(A_1+B_1)H_1 \tag{8-6}$$

式中，$H=D$或为风管大边长A；

$H_1\approx 100\sim 150$mm；$H_2\approx 50\sim 150$mm

（5）风管筝绳（牵引绳）

风管筝绳可按重量计量，套相应定额子目。

(6) 罩类制作与安装

罩类指通风系统中的风机皮带防护罩、电动机防雨罩等，其工程量可查阅国标 T108、T110 按重量计量。

侧吸罩、排气罩、吹（吸）式槽边罩、抽风罩、回转罩等可查阅第九册（篇）定额附录，按重量计量。

(7) 消声器制作与安装

消声器通常有阻性和抗性、共振性、宽频带复合式消声器等。如图 8-11、图 8-12 即为阻性和抗性消声器示意图。消声器制作与安装工程量可查阅国标 T701，按重量计量，套相应定额子目。

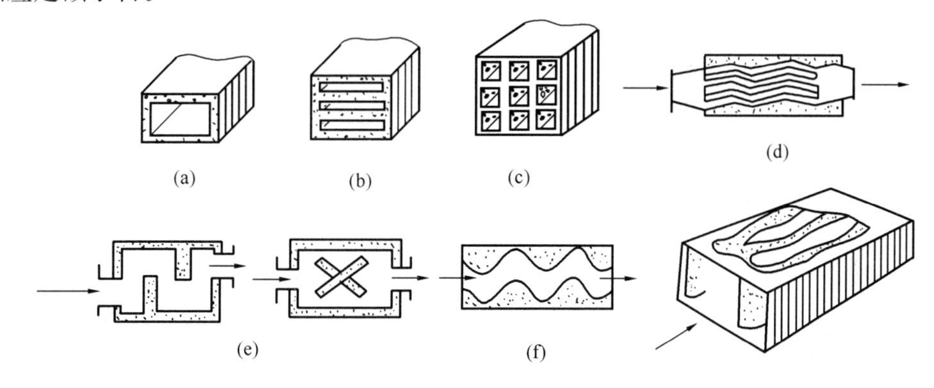

图 8-11　阻性消声器构造形式

(a) 管式；(b) 片式；(c) 蜂窝式；(d) 折板式；(e) 迷宫式；(f) 声流式

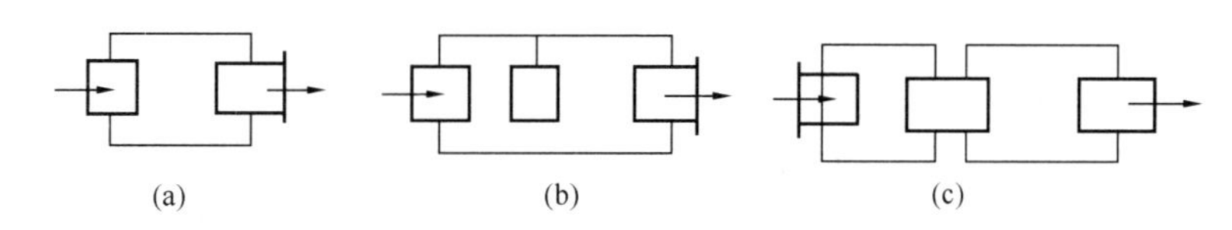

图 8-12　抗性消声器示意图

(a) 单节式；(b) 双节式；(c) 外接式

3. 空调部件及设备支架制作与安装工程计量

(1) 钢板密闭门制作与安装

分带视孔和不带视孔，其工程量分别按不同规格以“个”计量，套第九册（篇）相应定额子目。材料用量查阅国标 T704。保温钢板密闭门执行钢板密闭门项目，但材料乘以系数 0.5，机械乘以系数 0.45，人工不变。

(2) 钢板挡水板制作与安装

挡水板是组成喷水室的部件之一，通常由多个直立的折板（呈锯齿形）组成。亦有采用玻璃条组成的。其工程量可按空调器断面面积，以“m^2”计量。如图 8-13 所示。计算式为：

$$挡水板面积=空调器断面面积\times挡水板张数 \tag{8-7}$$

或

$$=A\times B\times张数 \tag{8-8}$$

按曲折数和片距分档，套相应定额子目。材料用量查阅国标 T704。

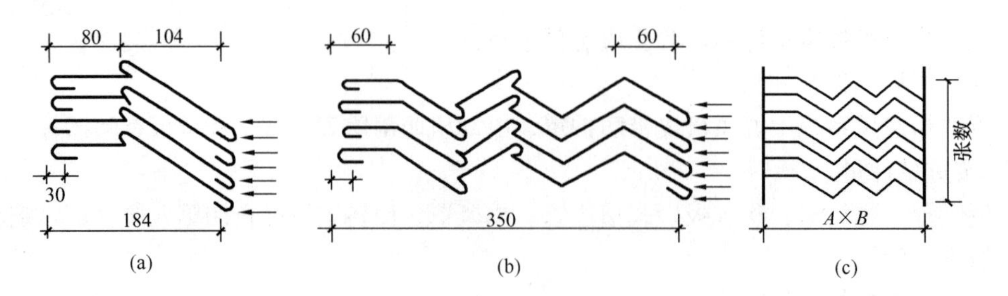

图 8-13 挡水板构造

(a) 前挡水板；(b) 后挡水板；(c) 工程量计算图

玻璃挡水板，可套用钢挡水板相应子目，但材料、机械均乘以系数 0.45。

(3) 滤水器、溢水盘制作与安装

可根据施工图示尺寸，查阅国标 T704，以扩大计量单位“100kg”计量。

(4) 金属空调器壳、电加热器外壳制作与安装

可按施工图示尺寸，以扩大计量单位“100kg”计量。

(5) 设备支架制作与安装

可根据施工图示尺寸，查阅标准图集 T616 等，以扩大计量单位“100kg”计量，按不同重量档次套相应定额子目。

清洗槽、浸油槽、晾干架、LWP 滤尘器等的支架制作与安装执行设备支架项目。

4. 通风机安装工程计量

通风机是通风系统的主要设备，在通风工程中采用的风机，一般按其作用和构造原理可分为离心式通风机和轴流式通风机两种。不论风机材质、旋转方向、出风口位置，其安装工程量可按设计不同型号以“台”计量。屋顶风机要单列项，分别套相应定额子目。

5. 通风机的减振台（器）安装工程计量

在运行之中的风机，因离心力的作用，会引起通风机的振动，为减少由于振动对设备和建筑结构的影响，通常在通风机底座支架与楼板或基础之间安装减振器，用以减弱振动。通常使用的减振器形式如图 8-14、图 8-15 所示。

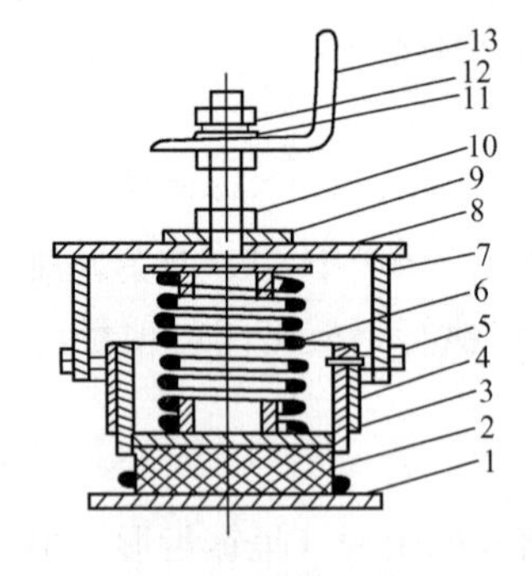

图 8-14 弹簧减振器

1—底座；2—橡胶；3—支座；4—橡胶；5—螺钉；6—弹簧；7—外罩；8—定位套；9—螺钉；10～12—螺母；13—把手

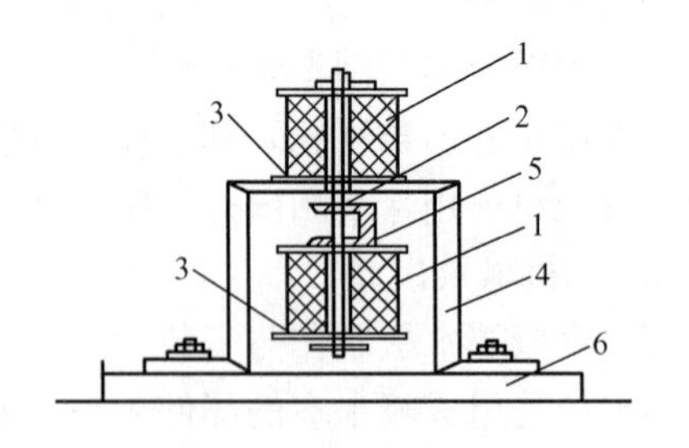

图 8-15 橡胶减振器

1—橡胶；2—螺杆；3—垫板；4—支架；5—基础支架；6—混凝土支墩

减振台（器）制作与安装工程量，未包括在风机安装中，可根据设计要求和《国安》

计算规则的精神并参照地方定额规定，按重量或按“个”计量。套用设备支架相应子目。

工业用通风机的安装，可按不同种类，以设备重量分档，计量单位为“台”计量。套用第一册（篇）《机械设备安装工程》第八章定额相应子目。

6. 除尘器安装工程计量

工业通风的排气系统中，为了排除含有各种粉尘和颗粒的气体，以防止污染空气或回收部分物料，需要对空气进行除尘，此类设备就是除尘器。

除尘器种类颇多，通常分为重力、惯性、离心、洗涤、过滤、声波和电除尘装置等，根据上述除尘器的不同装置构造原理制造出的除尘器很多，如水膜除尘器、旋风除尘器、布袋除尘器等。

除尘器安装工程量按不同重量，以“台”计量。但不包括除尘器制作，其制作另行计量。

除尘器安装工程量亦不包括支架制作与安装，支架可按扩大计量单位“100kg”计量。

除尘器规格、形式以及支架重量的计算可查阅国标 T501、T505、84T513、CT531、CT533、CT534、CT536、CT537、CT538、CT539、CT540 等图集。

8.2 空调安装工程计量

8.2.1 空调系统组成

空调系统必须满足的技术参数有温度、湿度、洁度、气体流动速度这“四度”的要求。就工艺要求而言，空调系统组成可作以下划分，即局部式供风空调系统、集中式空调系统和诱导式空调系统。

1. 局部式供风空调系统

该类系统只要求局部实现空气调节，直接用空调机组如柜式、壁挂式、窗式等即可达到预期效果。还可按要求，在空调机上加新风口、电加热器、送风管及送风口等。如图 8-16（b）所示。

2. 集中式空调系统

（1）单体集中式空调系统：该系统适于制冷量要求不大时使用，可在空调机组中配上风管（送、回）、风口（送、回）、各种风阀以及控制设备等。其设置形式是把各单体设备集中固定于一个底盘上，装在一个箱壳里而成。如图 8-16（a）所示。

（2）配套集中式制冷设备空调系统：当系统的制冷量要求大时，设备体积较大，故可将各单位设备集中安装在某个机房中，然后配风管（送、回）、风机、风口（送、回），各种风阀以及控制设备等。如图 8-17 所示。

（3）冷水机组风机盘管系统：是将个体的冷水机设备，集中安装于机房内，再配上冷水管（送、回）；冷凝器使用的冷却塔以及水池、循环水管道等；冷水管再连通风机盘管，加上空气处理机就形成一个系统。如图 8-18 所示。

3. 诱导式空调系统

实质上是一种混合式空调系统。是由集中式空调系统加诱导器组成。该系统是对空气进行集中处理，并利用诱导器实行局部处理后混合供风方式。诱导器用集中空调室来的一

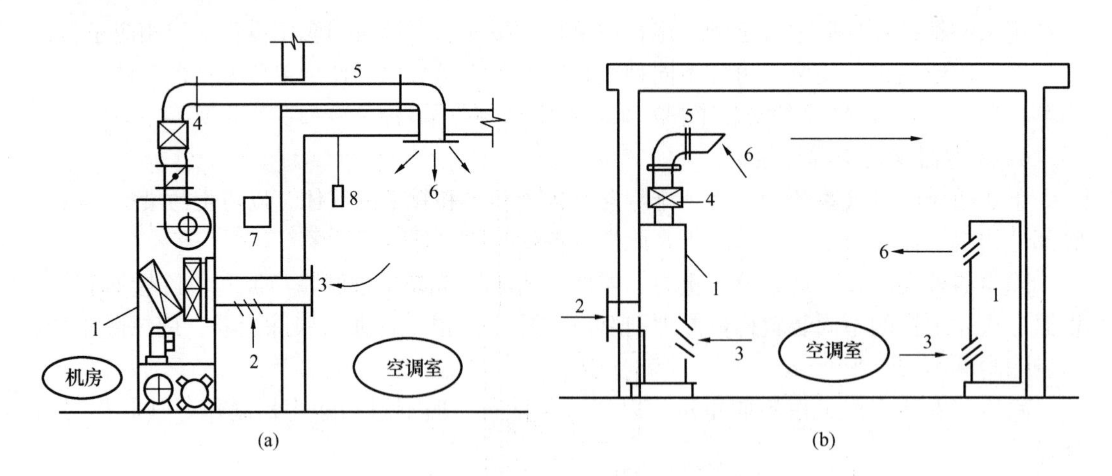

图 8-16 单体集中式及局部式供风空调系统

（a）单体集中式空调；（b）局部空调（柜式）

1—空调机组（柜式）；2—新风口；3—回风口；4—电加热器；5—送风管；6—送风口；7—电控箱；8—电接点温度计

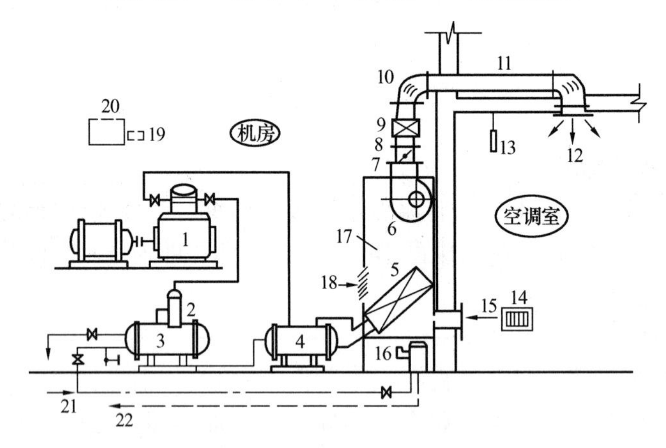

图 8-17 恒温恒湿集中式空调系统示意

1—压缩机；2—油水分离器；3—冷凝器；4—热交换器；5—蒸发器；6—风机；7—送风调节阀；8—帆布接头；9—电加热器；10—导流片；11—送风管；12—送风口；13—电接点温度计；14—排风口；15—回风口；16—电加湿器；17—空气处理室；18—新风口；19—电子仪控制器；20—电控箱；21—给水管；22—回水管

次风作诱导力，就地吸收室内回风（二次风）并经过处理同一次风混合后送出的供风系统。如图 8-19 所示，经过集中处理的空气由风机送至空调房间的诱导器，经喷嘴以高速射出，在诱导器内形成负压，室内空气（二次风）被吸入诱导器，一、二次风相混合后由诱导器风口送出。

8.2.2 空调系统安装工程计量

1. 空气加热器（冷却器）安装

空调系统中，空气加热器一般由金属管制成，主要有光管式和肋管式两大类。其构造形式如图 8-20、图 8-21 所示。安装工程量不分形式，一律按“台”计量。

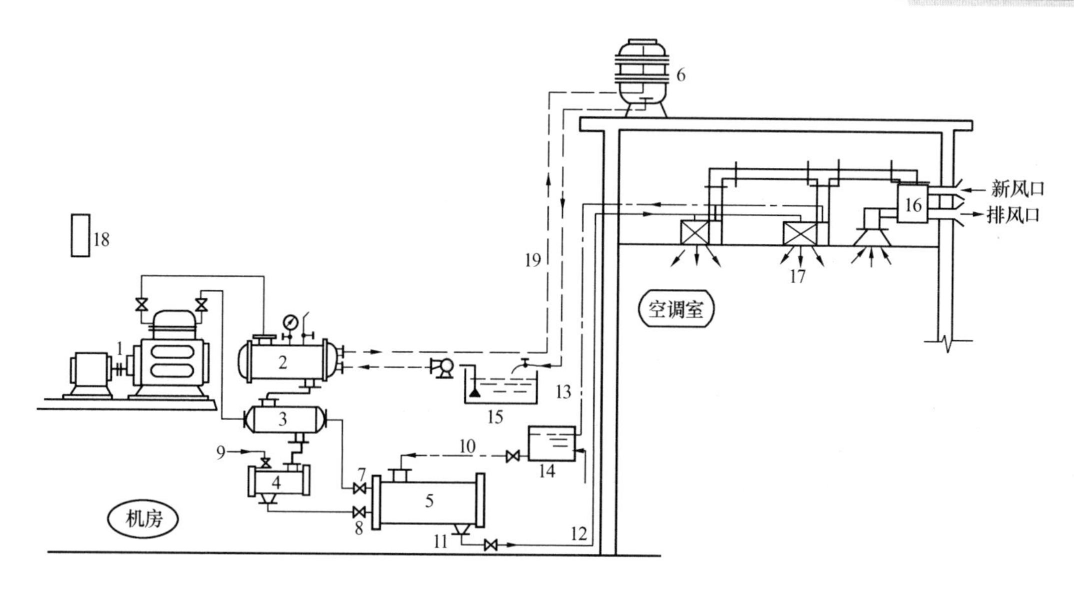

图 8-18 冷水机组风机盘管系统

1—压缩机；2—冷凝器；3—热交换器；4—干燥过滤器；5—蒸发器；6—冷却塔；7、8—电磁阀及热力膨胀阀；9—R_{22}入口；10—冷水进口；11—冷水出口；12—冷送水管；13—冷回水管；14—冷水箱；15—冷水池；16—空气处理机；17—盘管机及送风口；18—电控箱；19—循环水管

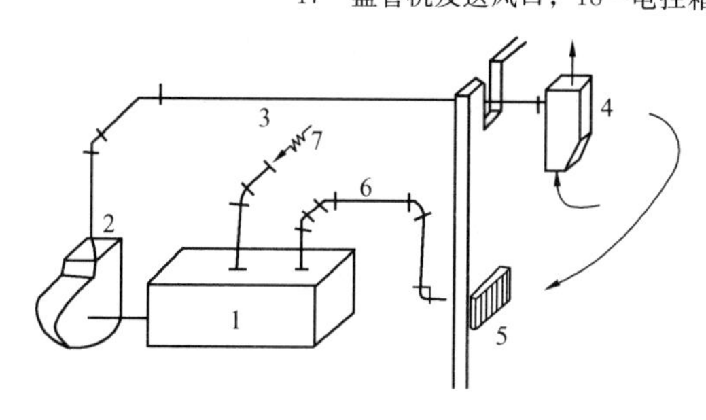

图 8-19 诱导式空调系统示意图

1—空气处理室；2—送风机；3—送风管；4—诱导器；5—回风口；6—回风管；7—新风口

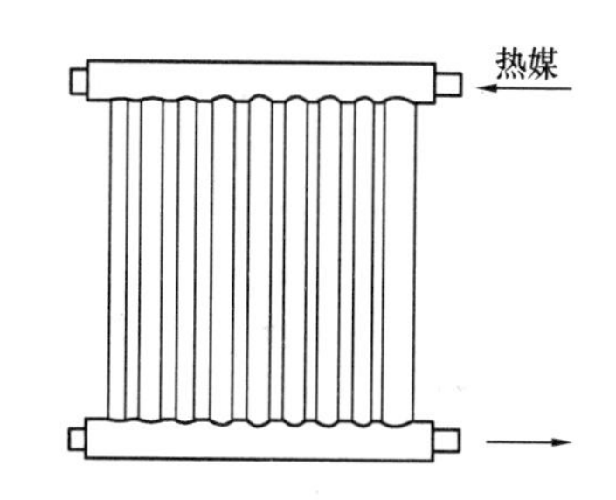

图 8-20 光管式加热器

2. 空调机安装

空调机又称空调器，通常把本身不带制冷的空调机（器），称为非独立式空调机（空调器、空调机组）。如装配式空调机、风机盘管空调器、诱导式空调器、新风机组以及净化空调机组等。本身带有制冷压缩机的空调设备称为独立式空调机。如立柜式空调机、窗台式空调机、恒温恒湿空调机等。

(1) 风机盘管空调器：由通风机、盘管、电动机、空气过滤器、凝水盘、送回风口等组成。构造如图 8-22 所示。安装工程量不分功率、风量、冷量和立、卧式，一律按“台”计量，并根据落地式和吊顶式分别套定额。

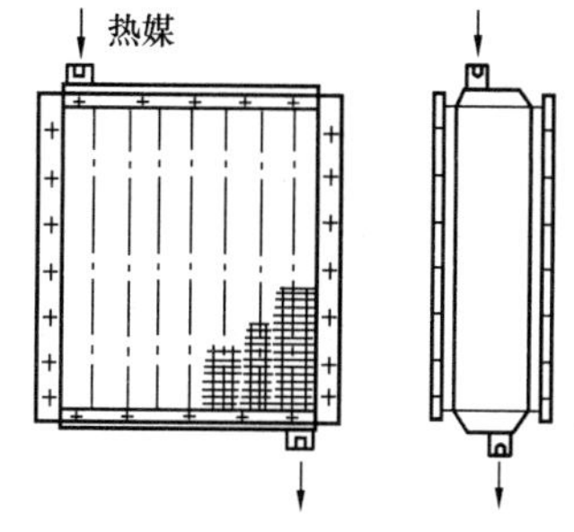

图 8-21 肋管式加热器

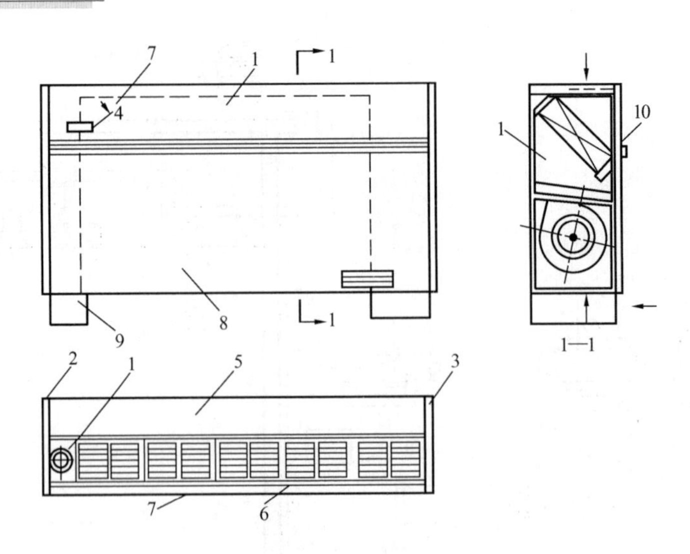

图 8-22 明装立式风机盘管

1—机组；2—外壳左侧板；3—外壳右侧板；4—琴键开关；5—外壳顶板；
6—出风口；7—上面板；8—下面板；9—底脚；10—保温层

风机盘管的配管安装工程量执行第八册（篇）《给排水、采暖、燃气工程》相应子目。

（2）装配式空调器：亦称组合式空调器，由进风段、混合段、加热段、过滤段、冷却段、回风段等分段组成，是以工艺和设计要求进行选配组装。如图 8-23 所示。其安装工程量以产品样品中的重量，并按扩大计量单位"100kg"计量。套第九册（篇）相应定额子目。

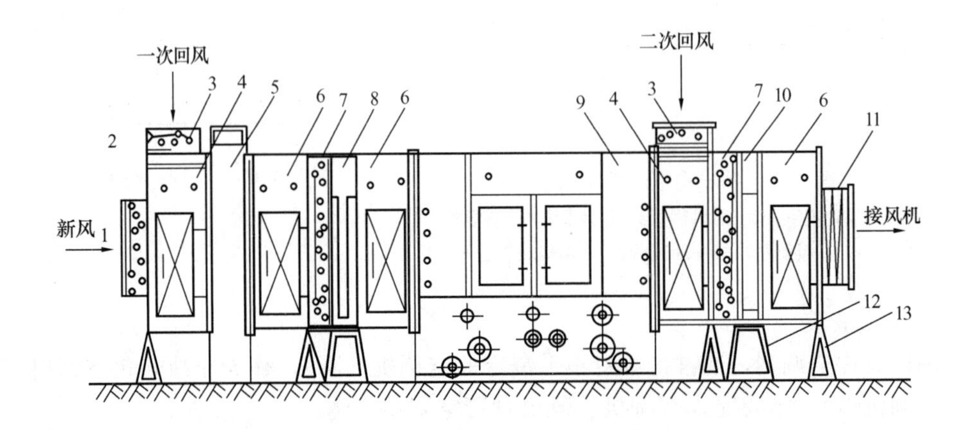

图 8-23 JW 型装配式空调器示意图

1—新风阀；2—混合室法兰；3—回风阀；4—混合室；5—过滤器；6—中间室；7—混合阀；
8—一次加热器；9—淋水室；10—二次加热器；11—风机接管；12—加热器支架；13—三角支架

（3）整体式空调器（冷风机、冷暖风机、恒温恒湿机组等）：不分立式、卧式、吊顶式，其工程量一律按"台"计量。并以重量分档，套第九册（篇）定额相应子目。如图 8-24 所示。

（4）窗式空调器：窗式空调器主要构造分三大部分，制冷循环部分有压缩机、毛细管、冷凝器以及蒸发器等，热泵空调器并带电磁换向阀；通风部分有空气过滤器、离心式通风机、轴流风扇、电动机、新风装置以及气流导向外壳等；电气部分有开关、继电器、温度控制开关等元器件，电热型空调器并带电加热器等。安装工程量按“台”计量。支架制安、除锈刷油、密封料及其木框和防雨装置等另行计量。

3. 静压箱安装

静压箱同空气诱导器联合使用，当一次风进入静压箱时，可保持一定静压，使得一次风由喷嘴高速喷出，诱导室内空气吸入诱导器中形成二次风，可达到局部空调的目的。静压箱安装工程量以扩大计量单位“$10m^2$”计算；诱导器安装执行风机盘管安装子目。其构造如图 8-25 所示。

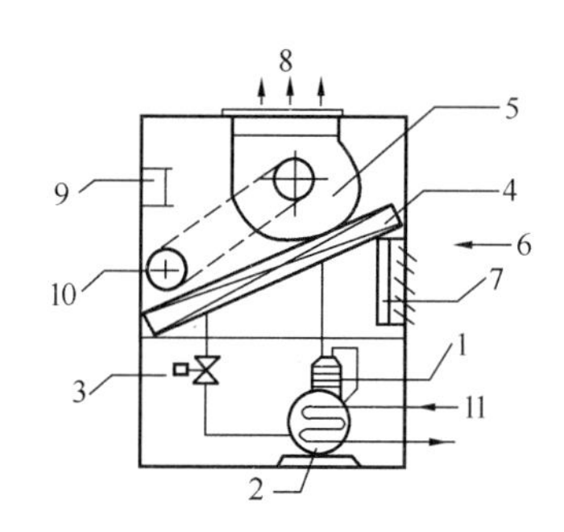

图 8-24 整体式空调器示意图

1—压缩机；2—冷凝器；3—膨胀阀；4—蒸发器；5—风机；6—回风口；7—过滤器；8—送风口；9—控制盘；10—电动机；11—冷水管

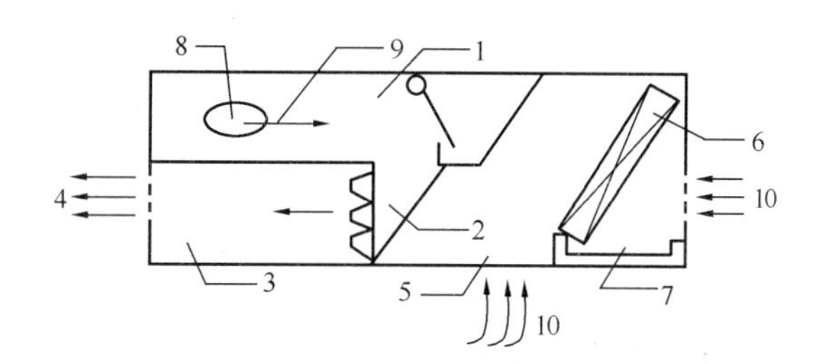

图 8-25 静压箱及诱导器示意图

1—静压箱；2—喷嘴；3—混合段；4—送风；5—旁通风门；6—盘管；7—凝结水盘；8—一次风连接管；9—一次风；10—二次风

4. 过滤器安装

过滤器是使含尘量不大的空气经过净化后进入空气的装置。根据使用功效不同，分高、中、低效过滤器。按照安装形式分立式、斜式、人字形式，安装工程量一律按“台”计量。过滤器的框架制作与安装按扩大计量单位“100kg”计算。套用第九册（篇）相应子目。除锈、刷油则套第十一册（篇）相应子目。

5. 净化工作台安装

为降低房间因超净要求造成的高造价，采取只是工作区保持要求的洁净度的方式，这就是净化工作台。其安装工程量按“台”计量。如图 8-26（a）所示。

6. 洁净室安装

洁净室亦称风淋室，按重量分档，以“台”计量。套用第九册（篇）相应子目。如图 8-26（b）所示。

7. 玻璃钢冷却塔安装

玻璃钢冷却塔通常出现在使用冷水机组风机盘管系统的顶部，安装工程量以冷却水量分档次，按“台”计量。套用第一册（篇）《机械设备安装工程》定额中冷却塔安装子目。

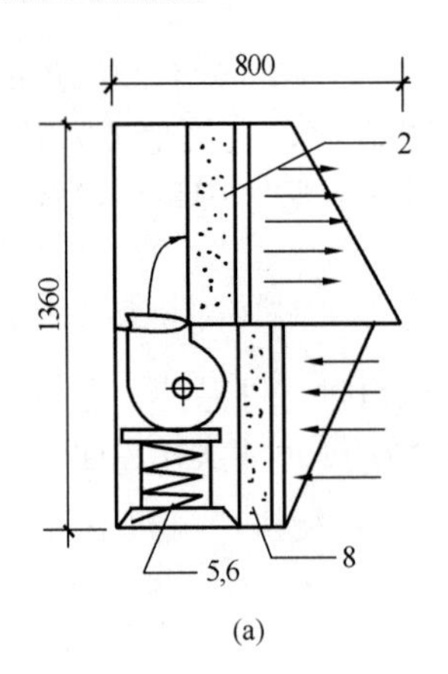

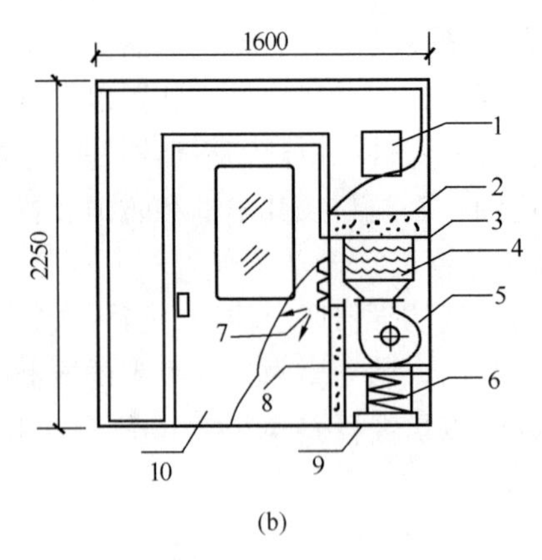

图 8-26　净化工作台与风淋室

（a）净化工作台；（b）风淋室

1—电控箱；2—高效过滤器；3—钢框架；4—电加热器；5—风机；6—减振器；
7—喷嘴；8—中效过滤器；9—底座；10—风淋室门

8.3　空调制冷设备安装工程计量

8.3.1　空调制冷设备

在空调系统中空气需要进行冷却处理，而冷源通常有两种：一种是天然冷源，如深井水、洞中冷空气、冬天储存的冰块等；而另一种则是人工冷源，通常采用冷剂制冷。使用冷剂制冷的方法有冷剂压缩制冷、冷剂喷射制冷、冷剂吸收制冷，工程中常用的是压缩冷剂制冷。制冷设备一般由工厂成套生产，如压缩机、分离器、蒸发器等。总之，产品包括制冷剂压缩机以及附属设备两大类。成套设备的安装方式通常有如下三种：

1. 单体安装式

将制冷设备配套安装在一个机房中，配上动力管线和控制装置，形成制冷系统，一般称为集中式空调。适用于大型空气调节系统。但其制冷机组的压缩机、冷凝器、蒸发器等皆为散件。

2. 整体安装式

将制冷设备安装在一个底盘上，装进箱体中，实行整体安装。如恒温恒湿空调机，柜式、窗式空调机等，如图 8-24 所示。

3. 分离组装式

制造时，制冷成套设备被分成几组，根据设计要求，装在几个底座上，形成若干个分机体箱。如空气处理室、分体式柜机、分段组装式空调器等，如图 8-23 所示。

8.3.2　制冷设备安装工程计量及套定额

设备安装要遵循的全过程基本如下所述，只是某环节有所不同，同时仍需遵循各自的安装规定。就制冷设备安装而言，要遵循的安装过程有：

准备工作→设备搬运→开箱清点→验收→基础→画线、定位→清洗组装→起吊安装→找平、找正→固定灌浆→试转、交验。

1. 制冷压缩机的安装

(1) 活塞式压缩机

活塞式V、W以及S(扇)型压缩机安装工程量均以“台”计量。不论采用何种制冷剂(NH_3、R_{11}、R_{12}、R_{22})都按重量分档次，定额套用第一册(篇)《机械设备安装工程》第十章相应子目。

定额规定V、W、S型以及扇型压缩机组、活塞式Z型3型压缩机是按整体安装考虑的，因此，机组的重量应包括主机、电动机、仪表盘以及附件和底座等。

活塞式V、W、S型以及扇型压缩机的安装是按单级压缩机考虑的，安装同类型双级压缩机时，可按相应定额的人工乘以系数1.40。

(2) 螺杆式制冷压缩机安装

螺杆式制冷压缩机安装工程量均以“台”计量。无论开启式、半开启式、封闭式等一律按重量分档次，定额套用第一册(篇)《机械设备安装工程》第十章相应子目。螺杆式制冷压缩机定额是按解体式安装制定的，因此，与主机本体联体的冷却系统、润滑系统、支架、防护罩等零件、附件的整体安装，安装后的无负荷试运转以及运转后的检查、组装、调整等均包括在定额中。但不包括电动机等的动力机械设备重量。电动机安装工程量可按重量分档，以“台”计量，套用定额第一册(篇)《机械设备安装工程》第十三章相应子目。

活塞式V、W、S型压缩机和螺杆式压缩机的安装，除定额第一册(篇)《机械设备安装工程》总说明的规定外，定额不包括如下内容：

1) 与主机本体联体的各级出入口第一个阀门外的各种管道、空气干燥设备及净化设备、油水分离设备、废油回收设备、自控系统及仪表系统的安装，以及支架、沟槽、防护罩等制作、加工。

2) 介质(制冷剂)的充灌。

3) 主机本体循环用油。

4) 电动机拆装、检查以及配线、接线等电气工程。

2. 附属设备的安装

(1) 冷凝器安装

冷凝器属于压力容器，按其冷却面积和不同形式，可分为立(卧)式壳管式冷凝器、淋水式冷凝器、蒸发式冷凝器几种类型。前者多用于大中型制冷系统。冷凝器安装工程量可按不同形式和冷却面积分档，以“台”计量。套用第一册(篇)《机械设备安装工程》定额第十四章相应子目。如图8-27所示为SN型淋水式冷凝器安装示意图。表8-4为SN-30～SN-90型淋水式冷凝器规格尺寸表。

淋水式冷凝器(SN-30～SN-90) **表8-4**

产品型号	组数	冷凝面积(m^2)	氨管接口(mm)			贮氨器		主要尺寸(mm)			重量(kg)
			d	d_1	d_2	l (mm)	容积(m^3)	A	B	C	
SN-30	2	30	50	20	15	1000	0.070	750	1225	160	1280
SN-45	3	45	70	25	15	1250	0.110	1300	1775	160	1912
SN-60	4	60	80	32	20	1800	0.153	1850	2825	160	2545
SN-75	5	75	80	32	20	2350	0.194	2400	2875	160	3160
SN-90	6	90	100	32	20	2950	0.235	2950	3425	178	3825

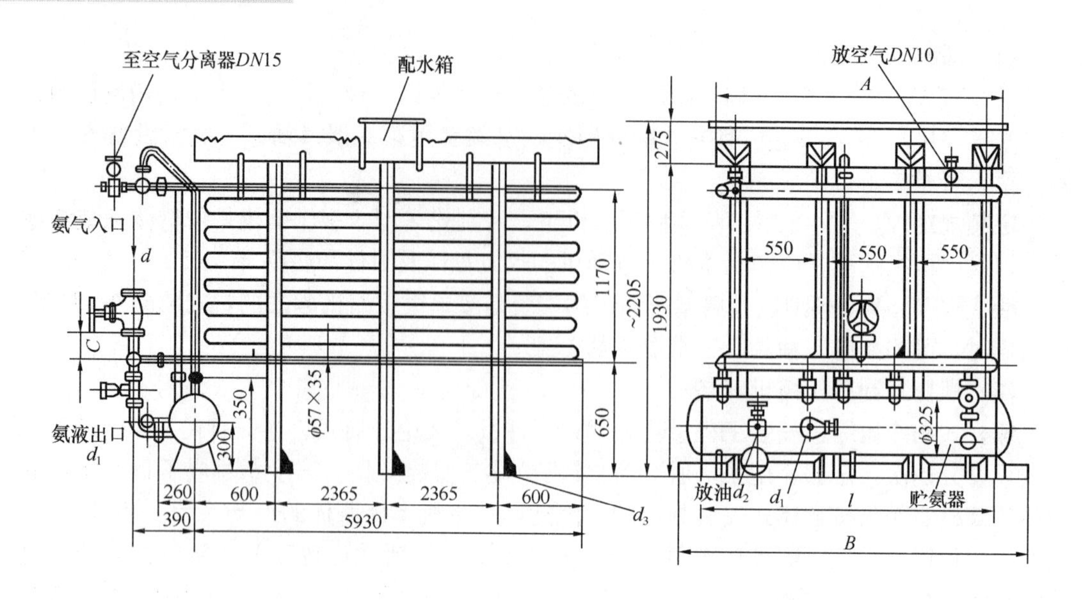

图 8-27 淋水式冷凝器（SN-30～SN-90）安装示意图

（2）蒸发器安装

根据冷库功能不同和被冷加工的产品要求，蒸发器或蒸发系统末端装置被设计成多种形式，有氨用、氟用吊顶式冷风机、落地式冷风机；有氨用、氟用的顶排管；有立管式盐水蒸发器、螺旋管式盐水蒸发器、卧式壳管式盐水蒸发器等。蒸发器安装工程量可按蒸发面积分档次，以“台”计量。套用第一册（篇）《机械设备安装工程》定额第十四章相应子目。如图 8-28 所示为 LZZ 型立管式盐水蒸发器安装示意图。表 8-5 为 LZZ-20～LZZ-90 立管式盐水蒸发器规格尺寸表。

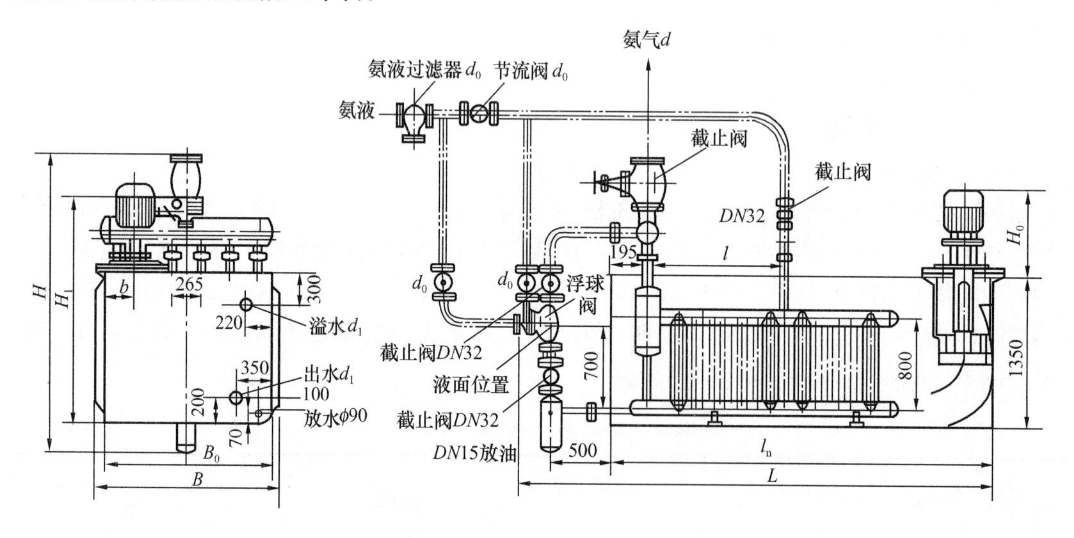

图 8-28 LZZ 型立管式盐水蒸发器安装示意图

（3）储液排液器、油水分离器安装

储液、排液器可按设备容积分档次，以“台”计量。油水分离器、空气分离器是以设备直径分档次，按“台”计量。套用第一册（篇）《机械设备安装工程》定额第十四章相应子目。

立管式盐水蒸发器（LZZ-20～LZZ-90） 表 8-5

型号	蒸发面积（m^2）	蒸发排管数	氨管接口（mm）		水管接口（mm）	水箱内净尺寸（mm）		外形尺寸（mm）				主要尺寸（mm）			重量（kg）
			d_0	d	d_1	l_0	B_0	L	B	H	H_1	l	b	H_0	
LZZ-20	20	2×10	15	65	90	3510	805	4345	931	2277	1857	1310	263	675	1970
LZZ-30	30	3×10	20	65	90	3510	845	4345	971	2277	1857	1310	263	675	2375
LZZ-40	40	4×10	20	80	90	3510	1065	4345	1191	2317	1857	1310	263	710	2850
LZZ-60	60	4×15	25	100	90	4810	1065	5645	1191	2369	1876	2130	263	710	3340
LZZ-75	75	5×15	25	100	110	4810	1330	5657	1480	2369	1876	2130	395	750	3955
LZZ-90	90	6×15	32	125	110	4810	1595	5657	1745	2479	1889	2130	395	750	4540

附属设备安装定额规定：

1）随设备带有与设备联体固定的配件（放油阀、放水阀、安全阀、压力表、水位表）等的安装。容器单体气密试验（包括装拆空气压缩机本体以及连接试验用的管道、装拆盲板、通气、检查、放气等）与排污。

2）空气分离塔本体以及本体第一个法兰内的管道、阀门安装；与本体联体的仪表、转换开关安装；清洗、调整、气密试验。

3）制冷设备各种容器的单体气密性试验与排污，定额是按一次性考虑的，如果技术规范或设计要求需要做多次连续试验时，则第二次试验可按第一次相应定额乘以调整系数0.9；第三次以及以上的试验，每次均按第一次的相应定额乘以系数0.75计量。

8.4 通风、空调、制冷设备安装工程计量需注意事项

8.4.1 定额中有关内容的规定

（1）软管接头使用人造革而不使用帆布者可换算。

（2）通风机安装项目中包括电动机安装，其安装形式包括A、B、C、D型，亦适用于不锈钢和塑料风机安装。

（3）设备安装项目的基价不包括设备费和应配套的地脚螺栓价值。

（4）净化通风管道以及部件制作与安装，其工程计量方法和一般通风管道相同，但需要套第九册（篇）第九章相应定额子目。

（5）净化管道与建筑物缝隙之间进行的净化密封处理，可按实计量。

（6）制冷设备和附属设备安装定额中未包括地脚螺栓孔灌浆以及设备底座灌浆，发生时，可按所灌混凝土体积量分档次，以“m^3”计量，套用地方定额。

（7）设备安装的金属桅杆以及人字架等一般起重机具，可按照需要安装设备的净重量（含底座、辅机）计算摊销费。其计算方法可按各地方定额规定执行。

（8）设备安装从设备底座的安装标高算起，如果超过地坪±10m时，则定额的人工和机械台班按表8-6系数调整。

设备安装超高增加系数 表 8-6

设备底座正负标高（m）	15	20	25	30	40	>40
调整系数	1.25	1.35	1.45	1.55	1.70	1.90

8.4.2 通风、空调、制冷工程同安装工程定额其他册（篇）的关系

（1）通风、空调工程的电气控制箱、电机检查接线、配管配线等可按第二册（篇）《电气设备安装工程》定额的规定执行。

（2）通风、空调机房的给水和通冷冻水的水管、冷却塔循环水管，执行第六册（篇）《工业管道工程》定额。

（3）使用的仪表、温度计的安装工程量可执行第十册（篇）《自动化控制装置及仪表安装工程》定额。

（4）制冷机组以及附属设备的安装执行第一册（篇）《机械设备安装工程》定额。

（5）通风管道等的除锈、刷油、保温防腐执行第十一册（篇）《刷油、防腐蚀、绝热工程》定额。

（6）设备基础砌筑、混凝土浇筑、风道砌筑和风道的防腐等执行《建筑工程预算定额》。

8.4.3 通风、空调、制冷工程有关几项费用的说明

（1）通风、空调工程定额中各章所列出的制作和安装均是综合定额，若需要划分出来，可按册（篇）说明规定比例划分。

（2）高层建筑增加费指高度在 6 层或 20m 以上的工业与民用建筑，属于子目系数，计算规定见第九册（篇）说明。

（3）操作超高增加费亦属子目系数，指操作物高度距楼地面 6m 以上的工程，按定额规定的人工费的百分比计量。

（4）脚手架搭拆费属于综合系数，可按单位工程全部人工费的百分比计量，其中人工工资占（%）部分作为计费基础。

（5）通风系统调整费属于综合系数，按系统工程人工费的百分比计量，其中人工工资占（%）部分作为计费基础。该调整费指送风系统、排风（烟）系统，包括设备在内的系统负荷试车费以及系统调试人工、仪器使用、仪表折旧、调试材料消耗等费用。但不包括空调工程的恒温、恒湿调试以及冷热水系统、电气系统等相关工程的调试，发生时另计。

（6）薄钢板风管刷油，仅外（或内）面刷油者，基价乘以系数 1.2；内外皆刷油者乘以系数 1.1。刷油包括风管、法兰、加固框、吊托支架的刷油工程。

（7）通风、空调、制冷脚手架与风管刷油、保温定额脚手架费用，不分别计取，可按“以主代次”的原则，即按通风工程定额中规定的脚手架系数计取。

8.5 通风、空调工程施工图预算编制实例

8.5.1 工程概况

（1）工程地址：本工程为重庆市某厂房。

（2）工程说明：本工程建筑结构为四层框架结构，开间 6m，层高 4.9m。通风工程在

厂房底层⑧～⑫轴线之间，工艺要求此处需要一定温度、湿度和洁净度的空气。该通风空调系统由新风口吸入新鲜空气，经新风管进入金属叠式空气调节器内，空气经处理后，由 δ 为 1mm 的镀锌钢板制成的分支五路风管，各支管端装有方形直流片式散流器，向房间均匀送风。风管用铝箔玻璃棉毡保温，其厚度 δ 为 100mm。风管用吊架吊在房间顶板上，安装在房间吊顶内。

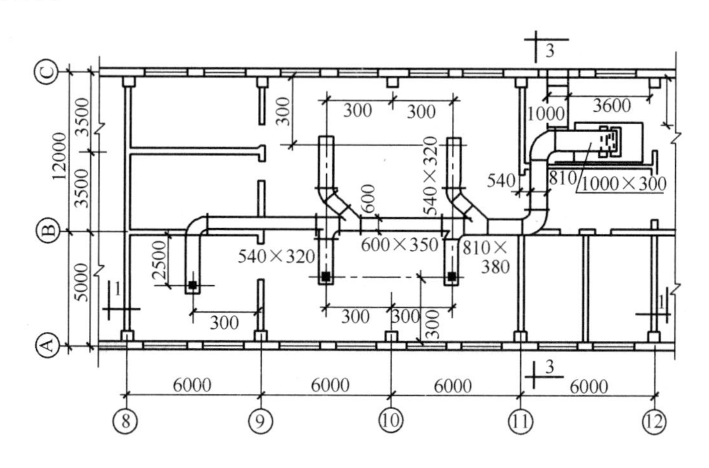

图 8-29 通风平面图

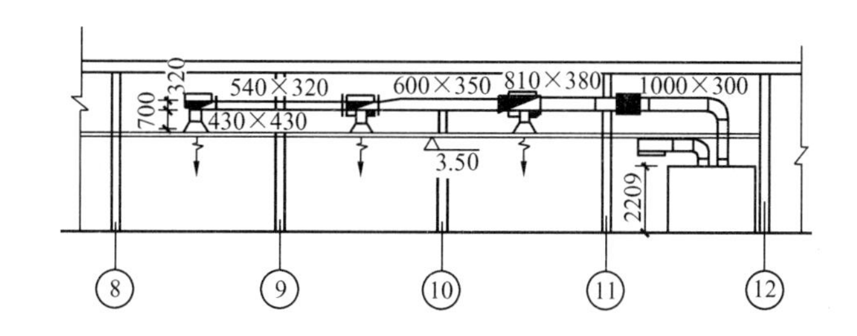

图 8-30 1-1 剖面图

叠式金属空气调节器分 6 个段室：风机段、喷雾段、过滤段、加热段、空气冷处理段、中间段等，其外形尺寸为 3342mm×1620mm×2109mm，共 1200kg，供风量为 8000～12000m^3/h。空气冷处理可由 FJZ-30 型制冷机组、冷风箱（3000mm×1500mm×1500mm）、两台泵 3BL-9（Q=45m^3/h，H=32.6m）与 DN100 及 DN70 的冷水管、回水管相连，供给冷冻水。空气的热处理可由 DN32 和 DN25 的管与蒸汽动力管以及凝结水管相连，供给热源。

8.5.2 编制依据

施工单位为某国营建筑公司，工程类别为二类。采用现行《国安》，以及重庆市现行间接费用定额和现行材料预算价格或部分双方认定的市场采购价格。

合同中规定不计远地施工增加费和施工队伍迁移费。

8.5.3 编制方法

（1）在熟读图纸、施工组织设计以及有关技术、经济文件的基础上，计算工程量。工程图如图 8-29～图 8-32 所示。工程量计算表见表 8-7。本例仅计算镀锌钢板通风管的制安、保温、叠式金属空气调节器的安装，通风管道的附件和阀等制安。而制冷机组的安装和供冷供热管网的安装、配电以及控制系统的安装，本例不述。

(2) 汇总工程量，见表 8-8。

(3) 套用现行《国安》，进行工料分析，工程计价表见表 8-9。

(4) 写编制说明（略）。

(5) 自校、填写封面、装订施工图预算书（略）。

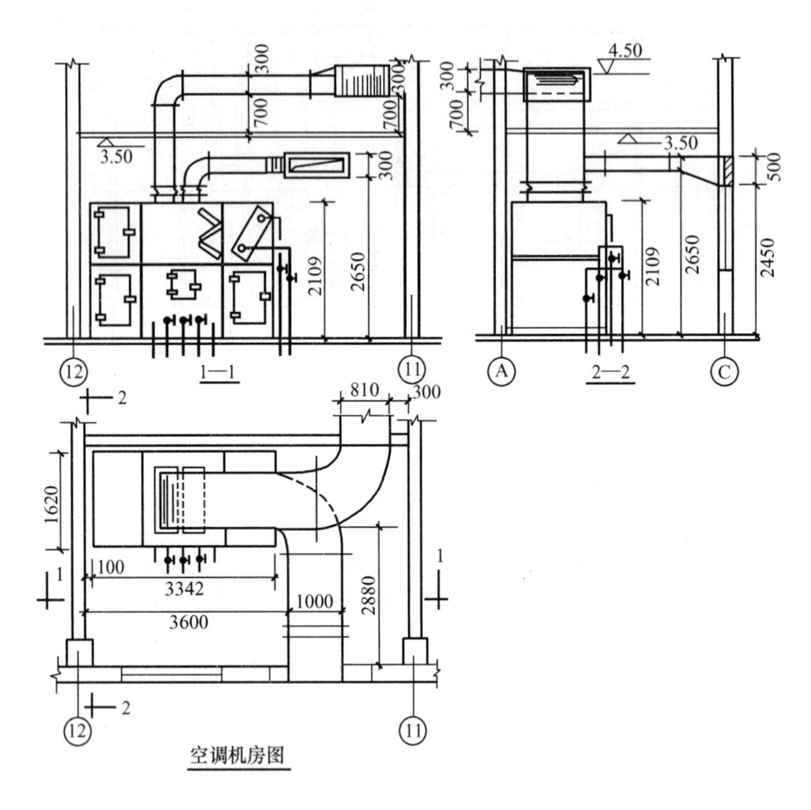

图 8-31 平面及剖面

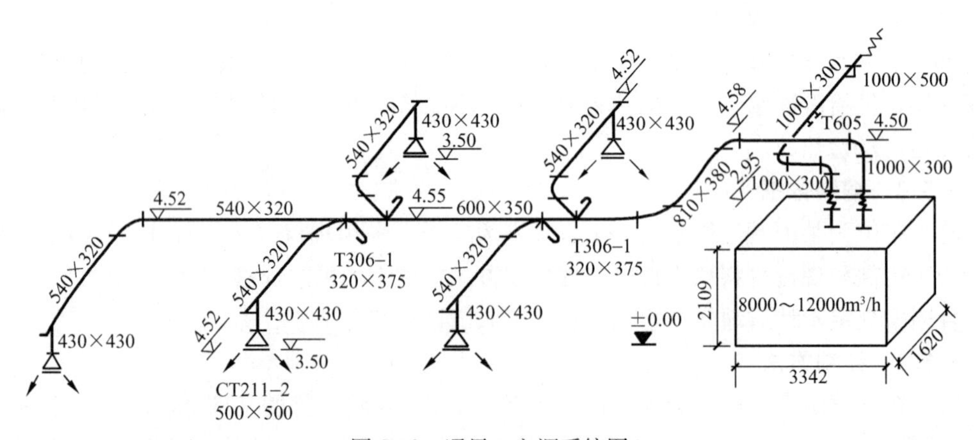

图 8-32 通风、空调系统图

工程量计算表 **表 8-7**

单位工程名称：某厂房通风空调工程 共 页 第 页

序号	分项工程名称	单位	数量	计 算 式	备注
1	叠式金属空气调节器	kg	1200	6×200	每段约 200kg，共 6 段
2	镀锌钢板矩形风管 δ=1mm	m²	55.75	主管：(1+0.3）×2×（3.5−2.209+0.7+0.3/2−0.2+4+1）+（0.81+0.38）×2×（3.5+3）+（0.6+0.35）×2×6 +（0.54+0.32）×2×（3+3+0.54/2)	
		m²	40.20	支管：(0.54+0.32）×2×（4+0.5+4 +0.5+0.43/2×2+3+0.5+3+0.5+0.43/2+2.5+0.43/2) +（0.43+0.43）×2×（5×0.7）+0.54×0.32×5	
		m²	16.05	新风管：(1+0.5）×2×0.8+（1+0.3）×2×(2.88-0.8+1/2+3.342/2+1/2+2.65−2.1 +0.3/2−0.2)	
	风管小计	m²	112.0		
3	帆布接头	m²	1.56	(1+0.3）×2×0.2×3	
4	钢百叶窗（新风口）	m²	0.5	1×0.5	
5	方形直片散流器	kg（个）	61.15（5）	500×500：5（个）×12.23（kg/个）	CT211-2
6	温度检测孔	个	2	1×2	T604
7	矩形风管三通调节阀	kg	13	320×375：4（个）×3.25（kg/个）	T306-1
8	铝箔玻璃棉毡风管保温 δ=100mm	m³	11.20	112×0.1	

工程量汇总表 **表 8-8**

单位工程名称：某厂房通风空调工程

序号	分项工程名称	单位	数量	备注
1	镀锌钢板矩形风管 δ=1mm	10m²	11.20	
2	叠式金属空气调节器	100kg	12	
3	帆布接头	m²	1.56	
4	钢百叶窗安装（新风口）	m²	0.5	
5	方形直片散流器安装	kg（个）	61.15（5）	
6	温度检测孔制安	个	2	
7	矩形风管三通调节阀安装	kg	13	
8	风管铝箔玻璃棉毡保温 δ=100mm	m³	11.20	

工程计价表

表 8-9

单位工程名称：某厂房通风空调工程

定额编号	分项工程项目	单位	工程数量	单位价值（元）			合计价值（综合单价价值）（元）					未计价材料（元）			
				人工费	材料费	机械费	人工费	材料费	机械费	企业管理费	利润	损耗	数量	单价	合价
9-6	镀锌钢板矩形风管 $\delta=1mm$	10m²	11.20	154.18	213.52	19.35	1726.82	2391.42	216.72	614.92	900.71				
	镀锌钢板	m²	11.20									11.38	127.46	34.00	4333.50
9-247	叠式金属空气调节器	100kg	12	45.05			540.60			192.51	281.98				
9-41	帆布接头	m²	1.56	47.83	121.74	1.88	74.62	189.91	2.94	26.57	38.92				
9-129	钢百叶窗安装 J718-1	m²	0.5	67.57	191.73	20.58	33.79	95.87	10.29	12.03	17.63				
9-148	方形直片散流器安装	个	5	8.36	2.58		41.80	12.90		14.89	21.80				
9-43	温度检测孔制安	个	2	14.16	9.20	322	28.32	18.40	6.44	10.09	14.77				
9-61	矩形风管三通调节阀安装	100kg	0.13	1022.14	352.51	336.90	132.88	45.83	43.80	47.32	69.31				
11-2009	风管铝箔玻璃棉毡保温 $\delta=100mm$	m³	11.20	20.67	25.54	6.75	231.50	286.04	75.60	82.44	120.75				
	玻璃棉毡 $\delta=25mm$	kg	11.20									1.03	11.54	1600	18458
	铝箔粘胶带	卷	11.20									2.00	22.4	22.00	493
	粘结剂	kg	11.20									10.00	112.0	20.00	2240
	合计						2810.33	3040.37	355.79	1000.8	1465.87				25524.5

注：该工程项目定为二类工程，按照重庆市现行安装工程费用定额的规定，企业管理费按人工费的35.61%计取，利润按人工费的52.16%计取。

复习思考题

1. 圆形风管和方形风管工程计量公式是如何规定的?
2. 渐缩管工程如何计量?
3. 软管（帆布接头）工程如何计量?
4. 风管检查孔制安工程如何计量?
5. 温度与风量测定孔制安工程量如何计量?
6. 风管部件通常指哪些，其制安工程量如何计量?
7. 通风机的减振台（器）安装工程量如何计量?
8. 装配式空调器安装工程量如何计量?
9. 风机盘管空调器安装、净化工作台安装工程量如何计量?
10. 静压箱安装工程量如何计量?
11. 过滤器安装工程量如何计量?
12. 诱导器安装工程量如何计量?
13. 制冷设备通常有哪些，其安装工程量如何计量?
14. 通风机通常有哪几种，其安装工程量如何计量?
15. 通风空调系统调试费包括哪些内容，其系统调试费如何计量?
16. 通风空调系统调试与通风空调系统“联动试车”是否相同，“联动试车”费如何计量?
17. 通风、空调、制冷脚手架与风管刷油、保温定额脚手架费用是否分别计取，怎样计取?
18. 制冷设备和附属设备安装定额中是否包括地脚螺栓孔灌浆以及设备底座灌浆，若发生时，如何计量?

9 工程量清单编制与投标案例

9.1 房屋建筑与装饰工程工程量清单编制案例

9.1.1 工程量清单计价模式下工程量的计算

根据《建设工程工程量清单计价规范》GB 50500—2013、《房屋建筑与装饰工程工程量计算规范》GB 50854—2013，工程量清单计价模式下的分部分项工程量计算规则大多与定额计价模式下的工程量计算规则相同，仅有极少数的清单项目计算规则与定额计算规则不同，毕竟清单项目的工程量所反映的是实体项目的净量，而不是实际发生量。至于这两者计算规则的详细区别，著者已在第5章工程量清单计价中做了较为深入的阐述，此处就不再重复了。值得注意的是，在本工程案例中，平整场地、挖沟槽土方、C30雨篷板的清单项目计算规则与定额计价的计算规则有所不同，其他清单项目计算规则基本上与定额计算规则相一致。平整场地、挖沟槽土方、C30雨篷板清单项目工程量的计算过程见表9-1所列。

平整场地、挖沟槽土方、雨篷清单项目工程量计算表 **表9-1**

序号	分项工程名称	单位	数量	计 算 式
1	平整场地	m^2	760.75	根据《房屋建筑与装饰工程工程量计算规范》GB 50854—2013，平整场地清单项目计算规则为：按设计图示尺寸以建筑物首层面积计算。而定额计算规则规定平整场地工程量按建筑物外墙外边线每边各加2m，以平方米计算。 故：$S_{平场}=S_{首层建筑面积}=760.75m^2$
2	挖沟槽土方	m^3	1420.46	根据《房屋建筑与装饰工程工程量计算规范》GB 50854—2013，挖沟槽土方的计算规则为：按设计图示尺寸以基础垫层底面积乘以挖土深度计算，不需要考虑工作面或者放坡。 $S_{垫层}=1.6\times15.2+3\times2.0\times15.2+2.3\times(12+1.6+0.85)+1.6\times(12+1.6-0.85)+2\times2.0\times27.2+1.6\times27.2+(1.6+2.0\times2)\times(42.6+3.2-2\times1.6-5\times1.8-2.3)+(1.6+2.0)\times(18+3.2-2\times1.6-2\times2.0)+(0.25+0.2)\times10.6=546.33m^2$ $V_{挖沟槽土方}=S_{垫层}\times H_{挖土深度}=546.33\times(2.9-0.3)=546.33\times2.6=1420.46m^3$
3	C30雨篷	m^3	2.29	根据《房屋建筑与装饰工程工程量计算规范》GB 50854—2013，雨篷清单项目计算规则为：按设计图示尺寸以墙外部分体积计算。包括伸出墙外的牛腿和雨篷反挑檐的体积。而定额计算规则规定雨篷按伸出外墙的水平投影水平投影面积计算，雨篷的反边按其高乘长，并入雨篷水平投影面积计算。 YP-1：$1.5\times3.65\times0.15+0.25\times0.1\times[3.65+2\times(1.5-0.1)]=0.98m^3$ YP-2：$4.8\times1.5\times0.15+0.25\times0.1\times[(4.8+2\times0.45)+(1.5-0.1)+(2.25-0.1)]=1.31m^3$ 合计：$2.29m^3$

9.1.2 编制分部分项工程量清单、措施项目清单、其他项目清单、规费及税金项目清单

业主根据《建设工程工程量清单计价规范》GB 50500—2013、《重庆市××厂××综合楼工程建筑、结构施工图纸》、施工现场实际情况等有关资料，填写编制招标工程量清单封面（表9-2）、招标工程量清单扉页（表9-3）、总说明（表9-4），并分别编制分部分项工程量清单（表9-5）、施工组织措施项目清单（表9-6）、施工技术措施项目清单（表9-7）、其他项目清单（表9-8）、暂列金额明细表（表9-9）、材料暂估单价表（表9-10）、专业工程暂估价表（表9-11）、计日工表（表9-12）、总承包服务费表（表9-13）、规费及税金项目清单（表9-14）。

招标工程量清单封面　　表9-2

重庆市××厂××综合楼　工程

招标工程量清单

招标人：　重庆市××厂

（单位盖章）

造价咨询人：重庆市××造价咨询有限公司

（单位盖章）

招标工程量清单扉页　　表9-3

重庆市××厂××综合楼　工程

招标工程量清单

招标人：重庆市××厂	造价咨询人：重庆市××造价咨询有限公司
（单位盖章）	（单位资质专用章）
法定代表人	法定代表人
或其授权人：×××	或其授权人：×××
（签字或盖章）	（签字或盖章）
编制人：×××	复核人：×××
（造价人员签字盖专用章）	（造价工程师签字盖专用章）
编制时间：2014年××月××日	复核时间：2014年××月××日

总说明 **表 9-4**

工程名称：重庆市××厂××综合楼工程 第1页 共1页

1. 工程概况：本工程为重庆市××厂××综合楼，总建筑面积为1521.50m²，结构类型为全现浇框架结构，地上两层，首层主要为车间用房，二层主要为开敞办公用房。室外标高－0.3m，檐口高度为7.0m，首层层高4.0m，二层层高3.0m。工程位于重庆市××区，交通运输便捷，运输工程材料可直接从城市主干道进入到施工现场内的临时道路。

2. 工程招标和分包范围：地基与基础工程、主体结构工程、屋面工程、楼地面工程、装饰工程等发包给具有相应资质的建筑公司承担，给水排水工程、暖通工程、电气工程等则由专业施工队来施工。

3. 工程量清单编制依据：本工程依据《建设工程工程量清单计价规范》GB 50500—2013、《房屋建筑与装饰工程工程量计算规范》GB 50854—2013及施工图纸计算工程量。

4. 工程质量、材料、施工等特殊要求：在达到各项验收标准的前提下，必须确保本工程质量合格。

5. 招标人自行采购材料的名称、规格型号、数量等：三大主材（钢材、水泥、锯材）。

6. 暂列金额：本工程考虑工程变更和不可预料的材料设备采购等暂列金额为22000元。

7. 其他：其他在实际施工过程中发生的项目，且在业主提供的工程量清单中未予以考虑，经发包人与承包人双方协商确定这部分按实发生的费用。

分部分项工程量清单 **表 9-5**

工程名称：重庆市××厂××综合楼（建筑、装饰工程）

序号	项目编码	项目名称	项目特征描述	计量单位	工程量	综合单价（元）	合价（元）	其中：材料暂估价（元）
			A.1 土方工程					
1	010101001001	平整场地	1. 土壤类别：三类土 2. 弃土运距：100m 3. 取土运距：100m	m²	760.75			
2	010101003001	挖沟槽土方	1. 土壤类别：三类土 2. 基础类型：条形基础 3. 垫层底宽：1.6～2.3m 4. 挖土深度：0.5m、2.1m、2.6m	m³	1420.46			
			A.3 回填					
3	010103001001	土方回填	1. 土质要求：天然黄土 2. 密实度要求：0.9 3. 夯填（碾压）：夯填	m³	1537.77			
			D.1 砖砌体					
4	010401008001	填充墙	1. 砖品种、规格、强度等级：MU15蒸压灰砂砖 2. 墙体类型：填充墙 3. 砂浆强度等级：M10水泥砂浆	m³	8.79			

续表

序号	项目编码	项目名称	项目特征描述	计量单位	工程量	综合单价（元）	合价（元）	其中：材料暂估价（元）
5	010401008002	填充墙	1. 砖品种、规格、强度等级：240×115×53MU10 页岩砖 2. 墙体类型：填充墙 3. 砂浆强度等级：M7.5 混合砂浆	m^3	7.56			
			D.2 砌块砌体					
6	010402001001	砌块墙	1. 砌块品种、规格、强度等级：加气混凝土砌块 2. 墙体类型：填充墙 3. 砂浆强度等级、配合比：M7.5 混合砂浆	m^3	178.74			
			E.1 现浇混凝土基础					
7	010501001001	垫层	1. 混凝土种类：商品混凝土 2. 混凝土强度等级：C15	m^3	54.63			
8	010501002001	带形基础	1. 混凝土种类：商品混凝土 2. 混凝土强度等级：C25	m^3	305.50			
9	010501003001	独立基础	1. 混凝土种类：商品混凝土 2. 混凝土强度等级：C25	m^3	46.49			
			E.2 现浇混凝土柱					
10	010502001001	矩形柱	1. 混凝土种类：商品混凝土 2. 混凝土强度等级：C30	m^3	99.18			
11	010502002001	构造柱	1. 混凝土种类：商品混凝土 2. 混凝土强度等级：C25	m^3	22.92			
			E.3 现浇混凝土梁					
12	010503005001	过梁	1. 混凝土种类：商品混凝土 2. 混凝土强度等级：C25	m^3	10.83			
			E.5 现浇混凝土板					
13	010505001001	有梁板	1. 混凝土种类：商品混凝土 2. 混凝土强度等级：C30	m^3	287.38			
14	010505007001	挑檐板	1. 混凝土种类：商品混凝土 2. 混凝土强度等级：C30	m^3	13.29			
15	010505008001	雨篷板	1. 混凝土种类：商品混凝土 2. 混凝土强度等级：C30	m^3	2.29			

续表

序号	项目编码	项目名称	项目特征描述	计量单位	工程量	综合单价（元）	合价（元）	其中：材料暂估价（元）
			E.6 现浇混凝土楼梯					
16	010506001001	直形楼梯	1. 混凝土种类：商品混凝土 2. 混凝土强度等级：C30	m^2	35.02			
			E.7 现浇混凝土其他构件					
17	010507001001	散水	1. 垫层材料种类、厚度：150mm厚5～40碎石灌M2.5混合砂浆 2. 面层厚度：50mm厚C20细石混凝土面层，撒1∶1水泥砂子压实赶光 3. 混凝土种类：商品混凝土 4. 混凝土强度等级：C20 5. 变形缝填塞材料种类：1∶1沥青砂浆	m^2	103.32			
18	010507001002	坡道	1. 垫层材料种类、厚度：150mm厚5～40碎石灌M2.5混合砂浆 2. 面层厚度：60mm厚混凝土面层 3. 混凝土种类：商品混凝土 4. 混凝土强度等级：C25 5. 变形缝填塞材料种类：1∶1沥青砂浆	m^2	5.48			
19	010507004001	台阶	1. 踏步高、宽：台阶一级宽 $b=300$mm，二级宽 $b=1500$mm，每级高 $h=150$mm 2. 混凝土种类：商品混凝土 3. 混凝土强度等级：C25	m^3	1.46			
			E.15 钢筋工程					
20	010515001001	现浇构件钢筋	钢筋种类、规格：HPB235 ф10以内	t	16.825			
21	010515001002	现浇构件钢筋	钢筋种类、规格：HRB335 ф10以上	t	18.436			

续表

序号	项目编码	项目名称	项目特征描述	计量单位	工程量	综合单价（元）	合价（元）	其中：材料暂估价（元）
			H.1　木门					
22	010801001001	木质门	1. 门类型：全板镶板木门 M1、M2、M5 2. 框外围尺寸：900mm×2100mm、2100mm×2700mm、800mm×2100mm 3. 骨架材料种类：硬木 4. 面层材料品种：实心硬木板	m^2	50.82			
			H.2　金属门					
23	010802001001	塑钢门	1. 门类型：塑钢门（全板）不带亮 M3、M4 2. 框外围尺寸：3600mm×3300mm、2400mm×3300mm	m^2	19.80			
			H.7　金属窗					
24	010807001001	塑钢窗	1. 窗类型：塑钢窗（单层）C1515、C1509、C1521、C4221 2. 框外围尺寸：1500mm×1500mm、1500mm×900mm、1500mm×2100mm、4200mm×2100mm	m^2	230.13			
			J.2　屋面防水及其他					
25	010902001001	屋面卷材防水	1. 卷材品种、规格：SBS 改性沥青卷材 2. 找平层：20mm 厚 1∶3 水泥砂浆找平 3. 保护层：20mm 厚 1∶2.5 水泥砂浆保护层 4. 嵌缝材料种类：防水嵌缝膏	m^2	870.22			
26	010902008001	屋面变形缝	1. 嵌缝材料种类：建筑油膏 2. 止水带材料种类：氯丁橡胶片 3. 盖缝材料：24 号镀锌薄钢板盖面	m	14.80			

续表

序号	项目编码	项目名称	项目特征描述	计量单位	工程量	综合单价（元）	合价（元）	其中：材料暂估价（元）
			J.3 墙面防水、防潮					
27	010903002001	墙面涂膜防水	1. 防水膜品种：高分子涂料 2. 涂膜厚度、遍数、增强材料种类：高分子涂料二布六涂 3. 找平层：25mm厚1∶3水泥砂浆找平层 4. 防护材料种类：20mm厚1∶2.5水泥砂浆保护层 5. 防水部位：卫生间地面、墙面（高1.8m）	m^2	279.02			
28	010903003001	墙面砂浆防潮	1. 防潮层做法：三层水泥砂浆防潮层，防水剂厚度30mm 2. 砂浆配合比：1∶2.5水泥砂浆 3. 外加剂材料种类：掺5%防水剂 4. 防潮部位：－0.06m	m^2	41.37			
29	010903004001	墙面变形缝	1. 嵌缝材料种类：建筑油膏 2. 止水带材料种类：氯丁橡胶片止水带 3. 盖缝材料：24号镀锌薄钢板盖面	m	36.00			
			K.1 保温、隔热					
30	011001001001	保温隔热屋面	1. 保温隔热材料品种、规格、厚度：150mm厚水泥珍珠岩块 2. 保温隔热方式：内保温 3. 保温隔热部位：屋面	m^2	870.22			
			L.1 整体面层及找平层					
31	011101003001	细石混凝土楼地面	1. 找平层厚度、砂浆配合比：水泥砂浆（特细砂）1∶2.5厚度20mm 2. 面层厚度、混凝土强度等级：120mm厚C20混凝土面层	m^2	552.14			

续表

序号	项目编码	项目名称	项目特征描述	计量单位	工程量	综合单价（元）	合价（元）	其中：材料暂估价（元）
			L.2 块料面层					
32	011102003001	块料楼地面	1. 找平层厚度、砂浆配合比：水泥砂浆（特细砂）1∶2.5厚度20mm 2. 粘合层厚度、砂浆配合比：20mm厚1∶2.5干硬性水泥砂浆粘合层，上洒1～2mm干水泥并洒清水适量 3. 面层材料品种、规格、品牌、颜色：普通地砖 4. 勾缝材料种类：水泥浆擦缝	m^2	153.39			
33	011102003002	块料楼地面	1. 找平层厚度、砂浆配合比：水泥砂浆（中砂）1∶2.5厚度20mm 2. 结合层：水泥砂浆结合层一道，水灰比0.4～0.5 3. 粘合层厚度、砂浆配合比：20mm厚1∶2.5干硬性水泥砂浆粘合层，上洒1～2mm厚干水泥并洒清水适量 4. 面层材料品种、规格、品牌、颜色：普通地砖 5. 勾缝材料种类：水泥浆擦缝	m^2	670.51			
			L.5 踢脚线					
34	011105003001	块料踢脚线	1. 踢脚线高度：100mm 2. 粘贴层厚度、材料种类：4mm厚纯水泥浆粘贴层（32.5级水泥中掺20%白乳胶） 3. 面层材料品种、规格、品牌、颜色：缸砖 4. 勾缝材料种类：水泥浆擦缝	m^2	48.48			

续表

序号	项目编码	项目名称	项目特征描述	计量单位	工程量	综合单价（元）	合价（元）	其中：材料暂估价（元）
			L.6 楼梯面层					
35	011106002001	块料楼梯面层	1. 找平层厚度、砂浆配合比：25mm厚1∶2.5水泥砂浆找平 2. 粘合层厚度、材料种类：20mm厚1∶2.5干硬性水泥砂浆粘合层，上洒1～2mm干水泥并洒清水适量 3. 面层材料品种、规格、品牌、颜色：普通地砖 4. 防滑条材料种类、规格：缸砖防滑条65mm 5. 勾缝材料种类：水泥浆勾缝	m^2	35.02			
			L.7 台阶装饰					
36	011107002001	块料台阶面	1. 结合层：水泥砂浆结合层一道，水灰比0.4～0.5 2. 面层材料品种、规格、品牌、颜色：普通地砖	m^2	9.72			
			M.1 墙面抹灰					
37	011201001001	墙面一般抹灰	1. 墙体类型：加气混凝土砌块填充墙 2. 底层厚度、砂浆配合比：9mm厚1∶1∶6水泥石灰砂浆打底扫毛 3. 中层厚度、砂浆配合比：7mm厚1∶1∶6水泥石灰砂浆中层 4. 面层厚度、砂浆配合比：5mm厚1∶0.3∶2.5水泥石灰砂浆罩面压光	m^2	1601.44			
			M.2 柱（梁）面抹灰					
38	011202001001	柱、梁面一般抹灰	1. 柱体类型：矩形框架柱 2. 底层厚度、砂浆配合比：9mm厚1∶1∶6水泥石灰砂浆打底扫毛 3. 中层厚度、砂浆配合比：7mm厚1∶1∶6水泥石灰砂浆中层 4. 面层厚度、砂浆配合比：5mm厚1∶0.3∶2.5水泥石灰砂浆罩面压光	m^2	199.24			

续表

序号	项目编码	项目名称	项目特征描述	计量单位	工程量	综合单价（元）	合价（元）	其中：材料暂估价（元）
M.4　墙面块料面层								
39	011204003001	块料墙面（卫生间墙裙）	1. 墙体类型：加气混凝土砌块填充墙 2. 墙裙高度：1.8m 3. 底层厚度、砂浆配合比：10mm 厚 1∶3 水泥砂浆打底扫毛 4. 中层厚度、砂浆配合比：8mm 厚 1∶0.15∶2 水泥石灰砂浆粘结层（加建筑胶适量） 5. 面层厚度、砂浆配合比：5mm 厚白瓷砖，白水泥擦缝	m^2	199.44			
M.10　隔断								
40	011210001001	木隔断	1. 骨架材料种类、规格：木龙骨基层 2. 隔板使用部位：浴厕隔断	m^2	79.77			
N.1　天棚抹灰								
41	011301001001	天棚抹灰	1. 基层类型：C30 钢筋混凝土 2. 抹灰材料种类：水泥砂浆抹灰 3. 装饰线条道数：三道线以内 4. 砂浆配合比：1∶2.5	m^2	1412.01			
P.1　门油漆								
42	011401001001	木门油漆	1. 门类型：全板镶板木门 2. 调合漆遍数：二遍 3. 油漆种类、遍数：磁漆二遍	m^2	101.64			
P.3　木扶手及其他板条、线条油漆								
43	011403001001	木扶手油漆	1. 扶手种类：硬木扶手 2. 调合漆遍数：二遍 3. 油漆种类、遍数：磁漆二遍	m	18.79			

续表

序号	项目编码	项目名称	项目特征描述	计量单位	工程量	综合单价（元）	合价（元）	其中：材料暂估价（元）
			P.7 喷刷涂料					
44	011407001001	墙面刷喷涂料	1. 基层类型：加气混凝土砌块外墙 2. 涂料品种：外墙 JH801 涂料	m^2	969.30			
			Q.3 扶手、栏杆、栏板装饰					
45	011503001001	金属扶手带栏杆、栏板	1. 扶手材料品种、规格：100×60 方钢管 2. 栏杆材料品种、规格：竖条式不锈钢管栏杆 3. 使用部位：靠墙护窗处	m	7.20			
46	011503002001	硬木扶手带栏杆、栏板	1. 扶手材料品种、规格：硬木扶手直形 100×60 2. 栏杆材料品种、规格：竖条式不锈钢管栏杆 3. 栏板材料种类、规格、品牌、颜色：硬木弯头 100×60	m	18.79			
			Q.5 浴厕配件					
47	011505001001	洗漱台	1. 材料品种、规格：大理石洗漱台 2. 支架、配件品种：大理石板、角钢固定	m^2	10.64			
			T.1 其他工程					
48	T.1.1	拖布池		个	6			
49	T.1.2	屋面上人孔		个	1			
	合计		—	—	—	—		

施工组织措施项目清单 **表 9-6**

工程名称：重庆市××厂××综合楼（建筑、装饰工程）

序号	项目名称	计算基础	费率（%）	金额（元）
1	环境保护费			
2	临时设施费			
3	夜间施工费			

续表

序号	项目名称	计算基础	费率（%）	金额（元）
4	冬雨季施工增加费			
5	二次搬运费			
6	已完工程及设备保护费			
7	工程定位复测、点交及场地清理费			
8	材料检验试验费			
合计		—	—	

注：本表适用于以“项”计价的措施项目。

施工技术措施项目清单 **表 9-7**

工程名称：重庆市××厂××综合楼（建筑、装饰工程）

序号	项目编码	项目名称	项目特征及主要工程内容	计量单位	工程量	综合单价（元）	合价（元）	其中：材料暂估价（元）
1	S.1	脚手架工程		项	1			
	011701001001	综合脚手架	1. 建筑结构形式：框架结构 2. 建筑高度：7.3m	m^2	1521.50			
2	S.2	混凝土模板及支架		项	1			
	011702002001	现浇混凝土矩形框架柱模板		m^2	916.42			
	011702003001	现浇混凝土矩形构造柱模板		m^2	175.09			
	011702005001	带形基础混凝土模板		m^2	124.06			
	011702005002	基础垫层混凝土模板		m^2	31.27			
	011702009001	过梁模板		m^2	128.92			
	011702014001	现浇混凝土有梁板模板		m^2	1800.15			
	011702022001	挑檐板模板		m^2	110.72			
	011702023001	雨篷板模板		m^2	17.72			
	011702024001	现浇混凝土直形楼梯模板		m^2	35.02			
	011702027001	其他构件（台阶）模板		m^2	9.72			

续表

序号	项目编码	项目名称	项目特征及主要工程内容	计量单位	工程量	综合单价（元）	合价（元）	其中：材料暂估价（元）
3	S.3	垂直运输		项	1			
	011703001001	建筑物垂直运输	1. 建筑结构形式：框架结构 2. 檐口高度：7.3m	m^2	1521.50			
4	S.7	安全文明施工“按实计算费用”		项	1			
合计			—	—	—	—		

注：本表适用于以综合单价形式计价的措施项目。

其他项目清单 **表 9-8**

工程名称：重庆市××厂××综合楼（建筑、装饰工程）

序号	项目名称	计量单位	金额（元）	备注
1	暂列金额	项	22000	明细详见表 9-9
2	暂估价	项	3000	
2.1	材料暂估价	项	—	明细详见表 9-10
2.2	专业工程暂估价	项	3000	明细详见表 9-11
3	计日工	项		明细详见表 9-12
4	总承包服务费	项		明细详见表 9-13
合计				—

注：材料暂估单价进入清单项目综合单价，此处不汇总。

暂列金额明细表 **表 9-9**

工程名称：重庆市××厂××综合楼（建筑、装饰工程）

序号	项目名称	计量单位	金额（元）	备注
1	工程变更	项	10000	
2	不可预料的材料设备采购	项	12000	
合计		22000		—

注：此表由招标人填写，如不能详列，也可只列暂定金额总额，投标人应将上述暂列金额计入投标总价中。

材料暂估单价表 **表 9-10**

工程名称：重庆市××厂××综合楼（建筑、装饰工程）

序号	材料名称、规格、型号	计量单位	单价（元）	备注
1	水泥普通水泥 32.5 级（袋装）	kg	0.38	
2	商品混凝土 C30	m^3	360	

续表

序号	材料名称、规格、型号	计量单位	单价（元）	备注
3	钢筋圆钢（直径 10mm 以内）、螺纹钢（直径 10mm 以上）	t	4350	
4	标准砖 240×115×53	千块	330	
5	锯材	m^3	1500	
6	特细砂　渠河砂	t	70	
7	混凝土砌块　加气混凝土轻质砌块	m^3	215	
8	塑钢窗　60 系列、产地重庆	m^2	215	
9	地面砖 800cm×800cm	m^2	55	

注：此表由招标人填写，投标人应将上述材料暂估单价计入工程量清单综合单价报价中。

专业工程暂估价表　　**表 9-11**

工程名称：重庆市××厂××综合楼（建筑、装饰工程）

序号	工程名称	工程内容	金额（元）	备注
1	品牌门窗安装专业工程	专业作业队安装品牌门窗	3000	

注：此表由招标人填写，投标人应将上述专业工程暂估价计入投标总价中。

计日工表　　**表 9-12**

工程名称：重庆市××厂××综合楼（建筑、装饰工程）

编号	项目名称	计量单位	数量	综合单价（元）	合价（元）
1	人工				
1.1	普工	工日	20		
1.2	技工	工日	15		
	人工小计		—	—	
2	材料				
2.1	混凝土	m^3	20		
2.2	钢筋	t	0.3		
	材料小计		—	—	
3	机械				
3.1	灰浆搅拌机 200L	台班	5		
	机械小计		—	—	
合计		—	—	—	

注：此表项目名称、数量由招标人填写；编制招标控制价时，单价由招标人按有关计价规定确定；投标时，单价由投标人自主报价，计入投标总价中。

总承包服务费 **表 9-13**

工程名称：重庆市××厂××综合楼（建筑、装饰工程）

序号	专业工程名称	项目价值（元）	服务内容	计算基础	费率（%）	金额
1	发包方发包水电安装工程	30000	施工现场协调管理	30000		
2	分包方使用总包方脚手架等临设	12000	提供分包方使用必要的临时设施	12000		
合计		—	—		—	

注：总承包服务费的计算基础为发包人发包的专业工程的造价或人工费。

规费及税金项目清单 **表 9-14**

工程名称：重庆市××厂××综合楼（建筑、装饰工程）

序号	项目名称	计算基础	计算标准（%）	金额（元）
1	规费	工程排污费＋养老保险费、失业保险费及医疗保险费、住房公积金、危险作业意外伤害保险		
1.1	工程排污费			
1.2	养老保险费、失业保险费及医疗保险费、住房公积金、危险作业意外伤害保险	分部分项工程量清单中的基价直接工程费＋施工技术措施项目清单中的基价直接工程费		
2	税金	分部分项工程费＋措施项目费＋其他项目费＋安全文明施工专项费＋规费		
合计		—	—	

9.2 房屋建筑与装饰工程工程量清单报价案例

9.2.1 编制依据

本工程根据招标文件和工程概况，编制依据如下：

(1)《建设工程工程量清单计价规范》GB 50500—2013、《房屋建筑与装饰工程工程量计算规范》GB 50854—2013。

(2)《重庆市建筑工程计价定额》CQJZDE—2008、《重庆市装饰工程计价定额》CQZSDE—2008。

(3)《重庆市建设工程费用定额》CQFYDE—2008。

(4) 2014 年 1 季度重庆市主城区建筑材料市场平均价格。

(5)《西南地区建筑标准设计通用图——西南 03J201 — 1、西南 04J312、西南 04J412、西南 04J517、西南 05G701》(2005 年)。

(6)《混凝土结构施工图平面整体表示方法制图规则和构造详图(现浇混凝土框架、剪力墙、梁、板)》11G101—1(2011 年)。

(7) 重庆市现行工程造价计算的有关规定及配套取费标准。

(8) 重庆市××厂××综合楼工程建筑、结构施工图纸,以及现场地质勘察资料。

9.2.2 编制说明

(1) 本工程量清单投标报价案例中综合单价是按照综合单价法计算得出。管理费、利润以人工费+材料费+机械费,即以直接费为计费基础时,根据《重庆市建设工程费用定额》CQFYDE—2008,可知本工程的费用标准适用于四类工程,相应地,本工程的管理费和利润的取费费率分别为 9.30%、2.80%。

(2) 本工程措施项目清单计价表中的"安全文明施工专项费用",根据重庆市城乡建设委员会发布的《重庆市建设工程安全文明施工措施费用计取及使用管理规定(渝文备[2011] 15 号)》予以计算,即以建筑面积为计算基础,按 11.30 元/m^2计取。组织措施费中的环境保护费、临时设施费、夜间施工费等措施费用的计算费率按照《重庆市建设工程费用定额》CQFYDE—2008 规定予以计取。

(3) 本工程规费的取费费率按照《重庆市建设工程费用定额》CQFYDE—2008 执行,取费费率为 4.87%。税金根据《重庆市城乡建设委员会关于调整建筑安装工程税金计取费率的通知》(渝建[2011] 440 号),调整后的建筑安装工程税金包括营业税、城市维护建设税、教育费附加及地方教育附加,对于纳税地点在市区的企业,其计取费率为 3.48%。

(4) 本工程的垂直运输设备采用自升式塔式起重机;基础开挖采用人工挖土方,按支挡土板的方式施工,人工运土的运距为 100m 内,土的类别为三类土。

(5) 本工程木门窗为预制厂加工制作,汽车运输,运距为 1km 以内。塑钢门、塑钢窗均由厂商直接将成品运至现场,并由专业作业队进行安装。搭设安全网,垂直封闭施工。

9.2.3 工程量清单报价案例

投标人根据业主提供的工程量清单、施工图纸及施工现场实际情况,参照地方建设主管部门颁发的消耗量定额,按照招标文件的规定,并结合企业自身的实力进行分部分项工程量清单、措施项目清单、其他项目清单的报价,计算和确定完成工程量清单中所列项目的全部费用。本工程案例中,投标人按照工程量清单计价格式,分别编制填写投标报价封面(表 9-15),投标报价扉页(表 9-16),投标报价总说明(表 9-17),建设项目投标报价汇总表(表 9-18),单项工程投标报价汇总表(表 9-19),单位工程投标报价汇总表(表 9-20),分部分项工程量清单计价表(表 9-21),施工组织措施项目清单计价表(表 9-22),施工技术措施项目清单计价表(表 9-23),其他项目清单计价汇总表(表 9-24),暂列金额明细表(表 9-25),材料暂估单价表(表 9-26),专业工程暂估价表(表 9-27),计日工表(表 9-28),总承包服务费计价表(表 9-29),规费、税金项目清单计价表(表 9-30),分部分项工程量清单综合单价分析表(表 9-31)、技术措施项目清单综合单价分析表(表 9-32)。

投标报价封面 表 9-15

<table>
<tr><td>
重庆市××厂××综合楼 工程
投 标 总 价

投标人：重庆市××建筑有限公司
（单位盖章）

2014 年××月××日
</td></tr>
</table>

投标报价扉页 表 9-16

<table>
<tr><td>
投标总价

招　　标　　人：重庆市××厂
工　程　名　称：重庆市××厂××综合楼工程
投标总价(小写)：1719670.65 元
（大写）：壹佰柒拾壹万玖仟陆佰柒拾元陆角伍分
投　　标　　人：重庆市××建筑有限公司
（单位盖章）
法 定 代 表 人
或 其 授 权 人：×××
（签字或盖章）
编　　制　　人：×××
（造价人员签字盖专用章）
编　制　时　间：2014 年××月××日
</td></tr>
</table>

投标报价总说明　　**表 9-17**

工程名称：重庆市××厂××综合楼工程

1. 工程概况：本工程为两层综合楼（首层主要为车间用房，二层主要为开敞办公用房），建筑面积为 1521.5m²，建筑高度为 7.3m，采用钢筋混凝土框架结构，柱下十字交叉钢筋混凝土条形基础。本工程建筑结构的安全等级为二级，设计使用年限为 50 年，建筑抗震设防类别为丙类，抗震设防烈度为 6 度。

2. 本工程建设地点位于重庆市××主城区，交通运输便捷，运输工程材料可直接从城市主干道进入到施工现场内的临时道路，主体结构工程所需混凝土采用商品混凝土泵送运输，工程地质条件较好，开挖沟槽土方不涉及施工排水降水问题。

3. 本工程的投标报价严格依照《建设工程工程量清单计价规范》GB 50500—2013、《重庆市建设工程费用定额》CQFYDE—2008、《重庆市建筑工程计价定额》CQJZDE—2008、《重庆市装饰工程计价定额》CQZSDE—2008 等规范文件，并根据《重庆市××厂××综合楼工程建筑、结构施工图纸》和施工现场实际情况，以及业主编制的分部分项工程量清单、措施项目清单、其他项目清单、规费及税金项目清单，进而结合本施工企业和重庆市建筑施工行业的施工技术水平及管理水平予以报价。

4. 工程量清单报价表中所填入的综合单价和合价，均包括人工费、材料费、施工机械使用费、企业管理费与利润，以及一定范围内的风险费用。

5. 根据《重庆市建设工程费用定额》CQFYDE—2008，本项目建筑装饰工程的费用标准适用于四类工程。

6. 本工程的单位工程费汇总表中的“安全文明施工专项费”已经在施工技术措施项目清单计价表中予以计取，安全文明施工专项费按照重庆市城乡建设委员会发布的《重庆市建设工程安全文明施工措施费用计取及使用管理规定（渝文备［2011］15 号）》予以计算。

7. 根据《重庆市建设工程费用定额》CQFYDE—2008，工程费用标准中“规费”费用标准未含工程排污费，工程排污费另按实计算。

建设项目投标报价汇总表　　**表 9-18**

工程名称：重庆市××厂××综合楼工程

序号	单项工程名称	金额（元）	其中		
			暂估价（元）	安全文明施工专项费（元）	规费（元）
1	重庆市××厂××综合楼工程	1719670.65	741957.49	17192.95	33176.25
合计		1719670.65	741957.49	17192.95	33176.25

单项工程投标报价汇总表　　**表 9-19**

工程名称：重庆市××厂××综合楼工程

序号	单项工程名称	金额（元）	其中		
			暂估价（元）	安全文明施工专项费（元）	规费（元）
1	重庆市××厂××综合楼工程（建筑、装饰工程）	1719670.65	741957.49	17192.95	33176.25
2	重庆市××厂××综合楼工程（安装工程）	不属于报价范围			
合计（结转至工程项目投标报价汇总表）		1719670.65	741957.49	17192.95	33176.25

单位工程投标报价汇总表 **表 9-20**

工程名称：重庆市××厂××综合楼工程（建筑、装饰工程）

序号	项目名称	金额（元）	其中：暂估价（元）
1	分部分项工程费	1296342.20	702691.39
1.1	土（石）方工程	180791.23	1279.54
1.2	砌筑工程	67554.68	34167.79
1.3	混凝土及钢筋混凝土工程	589377.28	473518.71
1.4	屋面及防水工程	72175.30	7068.58
1.5	防腐、隔热、保温工程	24487.99	
1.6	楼地面工程	181833.27	117907.66
1.7	墙、柱面工程	65164.61	10435.09
1.8	天棚工程	23566.45	5644.32
1.9	门窗工程	71643.76	52573.49
1.10	油漆、涂料、裱糊工程	16745.99	
1.11	其他工程	3001.64	96.21
2	措施项目费	290430.21	36266.10
3	其他项目费	41890.00	3000.00
4	安全文明施工专项费	—	—
5	规费	33176.25	
6	税金	57831.99	
投标报价合计=1+2+3+4+5+6（结转至单项工程投标报价汇总表）		1719670.65	741957.49

注：安全文明施工专项费已经包含在措施项目费中。

分部分项工程量清单计价表 **表 9-21**

工程名称：重庆市××厂××综合楼工程（建筑、装饰工程）

序号	项目编码	项目名称	项目特征描述	计量单位	工程量	综合单价（元）	合价（元）	其中：材料暂估价（元）
			A.1 土方工程					
1	010101001001	平整场地	1. 土壤类别：三类土 2. 弃土运距：100m 3. 取土运距：100m	m^2	760.75	7.23	5500.22	
2	010101003001	挖沟槽土方	1. 土壤类别：三类土 2. 基础类型：条形基础 3. 垫层底宽：1.6～2.3m 4. 挖土深度：0.5m、2.1m、2.6m	m^3	1420.46	94.77	134616.99	1279.54

续表

序号	项目编码	项目名称	项目特征描述	计量单位	工程量	综合单价（元）	合价（元）	其中：材料暂估价（元）
			A.3　回填					
3	010103001001	土方回填	1. 土质要求：天然黄土 2. 密实度要求：0.9 3. 夯填（碾压）：夯填	m^3	1537.77	26.45	40674.02	
			D.1　砖砌体					
4	010401008001	填充墙	1. 砖品种、规格、强度等级：MU15蒸压灰砂砖 2. 墙体类型：填充墙 3. 砂浆强度等级：M10水泥砂浆	m^3	8.79	381.76	3355.67	2021.26
5	010401008002	填充墙	1. 砖品种、规格、强度等级：240×115×53MU10页岩砖 2. 墙体类型：填充墙 3. 砂浆强度等级：M7.5混合砂浆	m^3	7.56	372.74	2817.91	1657.58
			D.2　砌块砌体					
6	010402001001	砌块墙	1. 砌块品种、规格、强度等级：加气混凝土砌块 2. 墙体类型：填充墙 3. 砂浆强度等级、配合比：M7.5混合砂浆	m^3	178.74	343.41	61381.1	30488.95
			E.1　现浇混凝土基础					
7	010501001001	垫层	1. 混凝土种类：商品混凝土 2. 混凝土强度等级：C15	m^3	54.63	448.25	24487.9	20060.14
8	010501002001	带形基础	1. 混凝土种类：商品混凝土 2. 混凝土强度等级：C25	m^3	305.50	426.54	130307.97	112179.6
9	010501003001	独立基础	1. 混凝土种类：商品混凝土 2. 混凝土强度等级：C25	m^3	46.49	435.18	20231.52	17071.13
			E.2　现浇混凝土柱					
10	010502001001	矩形柱	1. 混凝土种类：商品混凝土 2. 混凝土强度等级：C30	m^3	99.18	500.16	49605.87	36418.90
11	010502002001	构造柱	1. 混凝土种类：商品混凝土 2. 混凝土强度等级：C25	m^3	22.92	526.58	12069.21	8416.22

续表

序号	项目编码	项目名称	项目特征描述	计量单位	工程量	综合单价（元）	合价（元）	其中：材料暂估价（元）
			E.3　现浇混凝土梁					
12	010503005001	过梁	1. 混凝土种类：商品混凝土 2. 混凝土强度等级：C25	m^3	10.83	520.18	5633.55	3976.78
			E.5　现浇混凝土板					
13	010505001001	有梁板	1. 混凝土种类：商品混凝土 2. 混凝土强度等级：C30	m^3	287.38	444.62	127774.9	105525.94
14	010505007001	挑檐板	1. 混凝土种类：商品混凝土 2. 混凝土强度等级：C30	m^3	13.29	525.74	6987.08	4880.09
15	010505008001	雨篷板	1. 混凝土种类：商品混凝土 2. 混凝土强度等级：C30	m^3	2.29	347.1	794.86	688.97
			E.6　现浇混凝土楼梯					
16	010506001001	直形楼梯	1. 混凝土种类：商品混凝土 2. 混凝土强度等级：C30	m^2	35.02	125.4	4391.51	3025.73
			E.7　现浇混凝土其他构件					
17	010507001001	散水	1. 垫层材料种类、厚度：150mm厚5～40碎石灌M2.5混合砂浆 2. 面层厚度：50mm厚C20细石混凝土面层，撒1∶1水泥砂子压实赶光 3. 混凝土种类：商品混凝土 4. 混凝土强度等级：C20 5. 变形缝填塞材料种类：1∶1沥青砂浆	m^2	103.32	40.94	4229.92	2593.42
18	010507001002	坡道	1. 垫层材料种类、厚度：150mm厚5～40碎石灌M2.5混合砂浆 2. 面层厚度：60mm厚混凝土面层 3. 混凝土种类：商品混凝土 4. 混凝土强度等级：C25 5. 变形缝填塞材料种类：1∶1沥青砂浆	m^2	5.48	45.74	250.66	158.46
19	010507004001	台阶	1. 踏步高、宽：台阶一级宽 $b=300mm$，二级宽 $b=1500mm$，每级高 $h=150mm$ 2. 混凝土种类：商品混凝土 3. 混凝土强度等级：C25	m^3	1.46	477.82	697.62	536.11

续表

序号	项目编码	项目名称	项目特征描述	计量单位	工程量	综合单价（元）	合价（元）	其中：材料暂估价（元）
			E.15 钢筋工程					
20	010515001001	现浇构件钢筋	钢筋种类、规格：HPB235 ф10以内	t	16.825	5726.29	96344.83	75384.63
21	010515001002	现浇构件钢筋	钢筋种类、规格：HRB335 ф10以上	t	18.436	5726.29	105569.88	82602.59
			H.1 木门					
22	010801001001	木质门	1. 门类型：全板镶板木门 M1、M2、M5 2. 框外围尺寸：900mm×2100mm、2100mm×2700mm、800mm×2100mm 3. 骨架材料种类：硬木 4. 面层材料品种：实心硬木板	m²	50.82	134.47	6833.77	4085.1
			H.2 金属门					
23	010802001001	塑钢门	1. 门类型：塑钢门（全板）不带亮 M3、M4 2. 框外围尺寸：3600mm×3300mm、2400mm×3300mm	m²	19.80	131.26	2598.95	
			H.7 金属窗					
24	010807001001	塑钢窗	1. 窗类型：塑钢窗（单层）C1515、C1509、C1521、C4221 2. 框外围尺寸：1500mm×1500mm、1500mm×900mm、1500mm×2100mm、4200mm×2100mm	m²	230.13	270.33	62211.04	48488.39
			J.2 屋面防水及其他					
25	010902001001	屋面卷材防水	1. 卷材品种、规格：SBS改性沥青卷材 2. 找平层：20mm厚1∶3水泥砂浆找平 3. 保护层：20mm厚1∶2.5水泥砂浆保护层 4. 嵌缝材料种类：防水嵌缝膏	m²	870.22	64.84	56425.06	4908.08
26	010902008001	屋面变形缝	1. 嵌缝材料种类：建筑油膏 2. 止水带材料种类：氯丁橡胶片 3. 盖缝材料：24号镀锌薄钢板盖面	m	14.80	55.95	828.06	

续表

序号	项目编码	项目名称	项目特征描述	计量单位	工程量	综合单价（元）	合价（元）	其中：材料暂估价（元）
			J.3 墙面防水、防潮					
27	010903002001	墙面涂膜防水	1. 防水膜品种：高分子涂料 2. 涂膜厚度、遍数、增强材料种类：高分子涂料二布六涂 3. 找平层：25mm 厚 1∶3 水泥砂浆找平层 4. 防护材料种类：20mm 厚 1∶2.5 水泥砂浆保护层 5. 防水部位：卫生间地面、墙面（高 1.8m）	m^2	279.02	44.12	12310.36	1929.80
28	010903003001	墙面砂浆防潮	1. 防潮层做法：三层水泥砂浆防潮层，防水剂厚度 30mm 2. 砂浆配合比：1∶2.5 水泥砂浆 3. 外加剂材料种类：掺 5% 防水剂 4. 防潮部位：－0.06m	m^2	41.37	25.68	1062.38	230.70
29	010903004001	墙面变形缝	1. 嵌缝材料种类：建筑油膏 2. 止水带材料种类：氯丁橡胶片止水带 3. 盖缝材料：24 号镀锌薄钢板盖面	m	36.00	43.04	1549.44	
			K.1 保温、隔热					
30	011001001001	保温隔热屋面	1. 保温隔热材料品种、规格、厚度：150mm 厚水泥珍珠岩块 2. 保温隔热方式：内保温 3. 保温隔热部位：屋面	m^2	870.22	28.14	24487.99	
			L.1 整体面层及找平层					
31	011101003001	细石混凝土楼地面	1. 找平层厚度、砂浆配合比：水泥砂浆（特细砂）1∶2.5厚度 20mm 2. 面层厚度、混凝土强度等级：120mm 厚 C20 混凝土面层	m^2	552.14	124.65	68824.25	50379.54

续表

序号	项目编码	项目名称	项目特征描述	计量单位	工程量	综合单价（元）	合价（元）	其中：材料暂估价（元）
			L.2 块料面层					
32	011102003001	块料楼地面	1. 找平层厚度、砂浆配合比：水泥砂浆（特细砂）1∶2.5厚度 20mm 2. 粘合层厚度、砂浆配合比：20mm 厚 1∶2.5 干硬性水泥砂浆粘合层，上洒 1～2mm 干水泥并洒清水适量 3. 面层材料品种、规格、品牌、颜色：普通地砖 4. 勾缝材料种类：水泥浆擦缝	m^2	153.39	147.77	22666.44	15499.33
33	011102003002	块料楼地面	1. 找平层厚度、砂浆配合比：水泥砂浆（中砂）1∶2.5厚度 20mm 2. 结合层：水泥砂浆结合层一道，水灰比 0.4～0.5 3. 粘合层厚度、砂浆配合比：20mm 厚 1∶2.5 干硬性水泥砂浆粘合层，上洒 1～2mm 厚干水泥并洒清水适量 4. 面层材料品种、规格、品牌、颜色：普通地砖 5. 勾缝材料种类：水泥浆擦缝	m^2	670.51	103.92	69679.40	43128.93
			L.5 踢脚线					
34	011105003001	块料踢脚线	1. 踢脚线高度：100mm 2. 粘贴层厚度、材料种类：4mm 厚纯水泥浆粘贴层（32.5 级水泥中掺 20%白乳胶） 3. 面层材料品种、规格、品牌、颜色：缸砖 4. 勾缝材料种类：水泥浆擦缝	m^2	48.48	193.06	9359.55	4543.41

续表

序号	项目编码	项目名称	项目特征描述	计量单位	工程量	综合单价（元）	合价（元）	其中：材料暂估价（元）
			L.6 楼梯面层					
35	011106002001	块料楼梯面层	1. 找平层厚度、砂浆配合比：25mm厚1∶2.5水泥砂浆找平 2. 粘结层厚度、材料种类：20mm厚1∶2.5干硬性水泥砂浆粘合层，上洒1～2mm干水泥并洒清水适量 3. 面层材料品种、规格、品牌、颜色：普通地砖 4. 防滑条材料种类、规格：缸砖防滑条65mm 5. 勾缝材料种类：水泥浆勾缝	m^2	35.02	204.75	7170.35	3409.30
			L.7 台阶装饰					
36	011107002001	块料台阶面	1. 结合层：水泥砂浆结合层一道，水灰比0.4～0.5 2. 面层材料品种、规格、品牌、颜色：普通地砖	m^2	9.72	156.06	1516.90	947.15
			M.1 墙面抹灰					
37	011201001001	墙面一般抹灰	1. 墙体类型：加气混凝土砌块填充墙 2. 底层厚度、砂浆配合比：9mm厚1∶1∶6水泥石灰砂浆打底扫毛 3. 中层厚度、砂浆配合比：7mm厚1∶1∶6水泥石灰砂浆中层 4. 面层厚度、砂浆配合比：5mm厚1∶0.3∶2.5水泥石灰砂浆罩面压光	m^2	1601.44	22.17	35503.92	9322.32
			M.2 柱（梁）面抹灰					
38	011202001001	柱、梁面一般抹灰	1. 柱体类型：矩形框架柱 2. 底层厚度、砂浆配合比：9mm厚1∶1∶6水泥石灰砂浆打底扫毛 3. 中层厚度、砂浆配合比：7mm厚1∶1∶6水泥石灰砂浆中层 4. 面层厚度、砂浆配合比：5mm厚1∶0.3∶2.5水泥石灰砂浆罩面压光	m^2	199.24	23.45	4672.18	1112.77

续表

序号	项目编码	项目名称	项目特征描述	计量单位	工程量	综合单价（元）	合价（元）	其中：材料暂估价（元）
			M.4　墙面块料面层					
39	011204003001	块料墙面（卫生间墙裙）	1. 墙体类型：加气混凝土砌块墙 2. 墙裙高度：1.8m 3. 底层厚度、砂浆配合比：10mm厚1∶3水泥砂浆打底扫毛 4. 中层厚度、砂浆配合比：8mm厚1∶0.15∶2水泥石灰砂浆粘结层（加建筑胶适量） 5. 面层厚度、砂浆配合比：5mm厚白瓷砖，白水泥擦缝	m^2	199.44	89.88	17925.67	
			M.10　隔断					
40	011210001001	木隔断	1. 骨架材料种类、规格：木龙骨基层 2. 隔板使用部位：浴厕隔断	m^2	79.77	88.54	7062.84	
			N.1　天棚抹灰					
41	011301001001	天棚抹灰	1. 基层类型：C30钢筋混凝土 2. 抹灰材料种类：水泥砂浆抹灰 3. 装饰线条道数：三道线以内 4. 砂浆配合比：1∶2.5	m^2	1412.01	16.69	23566.45	5644.32
			P.1　门油漆					
42	011401001001	木门油漆	1. 门类型：全板镶板木门 2. 调合漆遍数：二遍 3. 油漆种类、遍数：磁漆二遍	m^2	101.64	47.65	4843.15	
			P.3　木扶手及其他板条、线条油漆					
43	011403001001	木扶手油漆	1. 扶手种类：硬木扶手 2. 调合漆遍数：二遍 3. 油漆种类、遍数：磁漆二遍	m	18.79	11.34	213.08	

续表

序号	项目编码	项目名称	项目特征描述	计量单位	工程量	综合单价（元）	合价（元）	其中：材料暂估价（元）
			P.7 喷刷涂料					
44	011407001001	墙面刷喷涂料	1. 基层类型：加气混凝土砌块外墙 2. 涂料品种：外墙 JH801 涂料	m²	969.30	12.06	11689.76	
			Q.3 扶手、栏杆、栏板装饰					
45	011503001001	金属扶手带栏杆、栏板	1. 扶手材料品种、规格：100×60 方钢管 2. 栏杆材料品种、规格：竖条式不锈钢管栏杆 3. 使用部位：靠墙护窗处	m	7.20	85.66	616.75	
46	011503002001	硬木扶手带栏杆、栏板	1. 扶手材料品种、规格：硬木扶手直形 100×60 2. 栏杆材料品种、规格：竖条式不锈钢管栏杆 3. 栏板材料种类、规格、品牌、颜色：硬木弯头 100×60	m	18.79	106.42	1999.63	
			Q.5 浴厕配件					
47	011505001001	洗漱台	1. 材料品种、规格：大理石洗漱台 2. 支架、配件品种：大理石板、角钢固定	m²	10.64	254.78	2710.86	
			T.1 其他工程					
48	T.1.1	拖布池		个	6	38.77	232.62	76.97
49	T.1.2	屋面上人孔		个	1	58.16	58.16	19.24
合计			—	—	—	—	1296342.20	702691.39

施工组织措施项目清单计价表 **表 9-22**

工程名称：重庆市××厂××综合楼（建筑、装饰工程）

序号	项目名称	计算基础	费率（%）	金额（元）
1	环境保护费	分部分项直接费+技术措施直接费	0.30	2043.71
2	临时设施费	分部分项直接费+技术措施直接费	1.70	11581.03
3	夜间施工费	分部分项直接费+技术措施直接费	0.67	4564.29
4	冬雨季施工增加费	分部分项直接费+技术措施直接费	0.52	3542.43
5	二次搬运费	分部分项直接费+技术措施直接费	0.80	5449.90
6	已完工程及设备保护费	分部分项直接费+技术措施直接费	0.15	1021.86
7	工程定位复测、点交及场地清理费	分部分项直接费+技术措施直接费	0.13	885.61
8	材料检验试验费	分部分项直接费+技术措施直接费	0.14	953.73
合计		—	—	30042.56

注：本表适用于以“项”计价的措施项目。

施工技术措施项目清单计价表 **表 9-23**

工程名称：重庆市××厂××综合楼（建筑、装饰工程）

序号	项目编码	项目名称	项目特征及主要工程内容	计量单位	工程量	综合单价（元）	合价（元）	其中：材料暂估价（元）
1	S.1	脚手架工程		项	1	12172.00	12172.00	
	011701001001	综合脚手架	1. 建筑结构形式：框架结构 2. 建筑高度：7.3m	m^2	1521.50	8.00	12172.00	
2	S.2	混凝土模板及支架		项	1	209463.04	209463.04	36266.10
	011702002001	现浇混凝土矩形框架柱模板		m^2	916.42	34.48	31595.77	5980.50
	011702003001	现浇混凝土矩形构造柱模板		m^2	175.09	59.88	10483.84	1058.85
	011702005001	带形基础混凝土模板		m^2	124.06	367.69	45613.68	9394.20
	011702005002	基础垫层混凝土模板		m^2	31.27	86.30	2698.72	1638.90
	011702009001	过梁模板		m^2	128.92	34.53	4451.35	1752.90
	011702014001	现浇混凝土有梁板模板		m^2	1800.15	56.73	102123.36	15432.30
	011702022001	挑檐板模板		m^2	110.72	69.10	7650.65	574.20
	011702023001	雨篷板模板		m^2	17.72	74.40	1318.28	99.00
	011702024001	现浇混凝土直形楼梯模板		m^2	35.02	91.08	3189.62	225.90
	011702027001	其他构件（台阶）模板		m^2	9.72	34.75	337.77	109.35
3	S.3	垂直运输		项	1	21559.66	21559.66	
	011703001001	建筑物垂直运输	1. 建筑结构形式：框架结构 2. 建筑高度：7.3m	m^2	1521.50	14.17	21559.66	
4	S.7	安全文明施工“按实计算费用”		项	1	17192.95	17192.95	
合计			—	—	—	—	260387.65	36266.10

注：本表适用于以综合单价形式计价的措施项目。

其他项目清单计价汇总表 **表 9-24**

工程名称：重庆市××厂××综合楼（建筑、装饰工程）

序号	项目名称	计量单位	金额（元）	备注
1	暂列金额	项	22000	明细详见 9-25
2	暂估价	项	3000	
2.1	材料暂估价	项	—	明细详见表 9-26
2.2	专业工程暂估价	项	3000	明细详见表 9-27
3	计日工	项	12030	明细详见表 9-28
4	总承包服务费	项	4860	明细详见表 9-29
合计		41890		—

注：材料暂估单价进入清单项目综合单价，此处不汇总。

暂列金额明细表 **表 9-25**

工程名称：重庆市××厂××综合楼（建筑、装饰工程）

序号	项目名称	计量单位	金额（元）	备注
1	工程变更	项	10000	
2	不可预料的材料设备采购	项	12000	
合计		22000		—

注：此表由招标人填写，如不能详列，也可只列暂定金额总额，投标人应将上述暂列金额计入投标总价中。

材料暂估单价表 **表 9-26**

工程名称：重庆市××厂××综合楼（建筑、装饰工程）

序号	材料名称、规格、型号	计量单位	单价（元）	备注
1	水泥　普通水泥 32.5 级（袋装）	kg	0.38	
2	商品混凝土 C30	m^3	360	
3	钢筋　圆钢（直径 10mm 以内）、螺纹钢（直径 10mm 以上）	t	4350	
4	标准砖 240×115×53	千块	330	
5	锯材	m^3	1500	
6	特细砂　渠河砂	t	70	
7	混凝土砌块　加气混凝土轻质砌块	m^3	215	
8	塑钢窗　60 系列、产地重庆	m^2	215	
9	地面砖　800cm×800cm	m^2	55	

注：此表由招标人填写，投标人应将上述材料暂估单价计入工程量清单综合单价报价中。

专业工程暂估价表 **表 9-27**

工程名称：重庆市××厂××综合楼（建筑、装饰工程）

序号	工程名称	工程内容	金额（元）	备注
1	品牌门窗安装专业工程	专业作业队安装品牌门窗	3000	

注：此表由招标人填写，投标人应将上述专业工程暂估价计入投标总价中。

计日工表 **表 9-28**

工程名称：重庆市××厂××综合楼（建筑、装饰工程）

编号	项目名称	计量单位	数量	综合单价（元）	合价（元）
1	人工				
1.1	普工	工日	20	80	1600
1.2	技工	工日	15	100	1500
	人工小计		—	—	3100
2	材料				
2.1	混凝土	m^3	20	360	7200
2.2	钢筋	t	0.3	4350	1305
	材料小计		—	—	8505
3	机械				
3.1	灰浆搅拌机 200L	台班	5	85	425
	机械小计		—	—	425
合计		—	—	—	12030

注：此表项目名称、数量由招标人填写；编制招标控制价时，单价由招标人按有关计价规定确定；投标时，单价由投标人自主报价，计入投标总价中。

总承包服务费计价表 **表 9-29**

工程名称：重庆市××厂××综合楼（建筑、装饰工程）

序号	专业工程名称	计算基础	服务内容	费率（%）	金额
1	发包方发包水电安装工程	30000	施工现场协调管理	15	4500
2	分包方使用总包方脚手架等临设	12000	提供分包方使用必要的临时设施	3	360
合计		—	—	—	4860

注：总承包服务费的计算基础为发包人发包的专业工程的造价或人工费，建筑工程按造价的3%计算，装饰、安装工程按人工费的15%计算。

规费、税金项目清单计价表 **表 9-30**

工程名称：重庆市××厂××综合楼（建筑、装饰工程）

序号	项目名称	计算基础	计算标准（%）	金额（元）
1	规费	工程排污费＋养老保险费、失业保险费及医疗保险费、住房公积金、危险作业意外伤害保险		33176.25
1.1	工程排污费			0
1.2	养老保险费、失业保险费及医疗保险费、住房公积金、危险作业意外伤害保险	分部分项工程量清单中的基价直接工程费＋施工技术措施项目清单中的基价直接工程费	4.87	33176.25
2	税金	分部分项工程费＋措施项目费＋其他项目费＋安全文明施工专项费＋规费	3.48	57831.99
合计		—	—	91008.24

注：1. 根据《重庆市建设工程费用定额》CQFYDE—2008，工程费用标准中“规费”费用标准未含工程排污费，工程排污费另按实计算。

2. 规费的取费费率按照《重庆市建设工程费用定额》CQFYDE—2008 执行，取费费率为 4.87%。

3. 税金根据《重庆市城乡建设委员会关于调整建筑安装工程税金计取费率的通知》（渝建［2011］440 号），调整后的建筑安装工程税金包括营业税、城市维护建设税、教育费附加及地方教育附加，对于纳税地点在市区的企业，其计取费率为 3.48%。

分部分项工程量清单综合单价分析表

表 9-31

工程名称：重庆市××厂××综合楼（建筑、装饰工程）

项目编码	011102003001	项目名称		块料楼地面					计量单位	m^2		综合单价		147.77
定额编号	定额名称	单位	数量	基价直接工程费				管理费		利润		风险费用	人、材、机价差	合价
				人工费	材料费	机械费	小计	费率（%）	金额	费率（%）	金额			
AI0011	楼地面垫层　混凝土　商品混凝土	10m^3	1.53	218.60	2528.54		2747.14	9.3	255.49	2.8	76.91		3647.04	6726.57
AI0014	找平层　水泥砂浆 1∶2.5 厚度 20mm　在混凝土或硬基层上	100m^2	1.53	299.11	535.33	29.99	864.43	9.3	80.39	2.8	24.2		1075.00	2044.03
AI0069	地面砖　楼地面　水泥砂浆　勾缝	100m^2	1.53	1228.27	6059.49	30.42	7318.18	9.3	680.59	2.8	204.91		5691.93	13895.62
合　计		1745.98	9123.36	60.41	10929.75	—	1016.47	—	306.02		10413.97	22666.22		

人工、材料、机械明细表

人工、材料及机械名称	单位	数量	基价单价	基价合价	市场单价	市场合价	备注
1. 人工							
综合工日	工日	69.839	25	1745.98	80	5587.12	
2. 材料							
（1）主要材料							
水	m^3	13.2533	2	26.51	3.5	46.39	

续表

人工、材料及机械名称	单位	数量	基价单价	基价合价	市场单价	市场合价	备注
商品混凝土 C30	m^3	15.6468	160	2503.49	360	5632.85	暂估价
水泥砂浆（特细砂）1∶1	m^3	0.1534	244.13	37.45	401.86	61.65	
水泥普通水泥 32.5 级（袋装）	kg	(134.6852)	0.25	33.67	0.38	(51.18)	暂估价
特细砂渠河砂	t	(0.1468)	25	3.67	70	(10.28)	暂估价
水	m^3	(0.0538)	2	0.11	3.5	(0.19)	
水泥砂浆（特细砂）1∶2.5	m^3	6.9793	153.08	1068.39	274.6	1916.52	
水泥普通水泥 32.5 级（袋装）	kg	(3343.0847)	0.25	835.77	0.38	(1270.37)	暂估价
特细砂渠河砂	t	(9.1080)	25	227.7	70	(637.56)	暂估价
水	m^3	(2.4428)	2	4.89	3.5	(8.55)	
素水泥浆普通水泥	m^3	0.3068	385.79	118.36	586.64	179.98	
水泥普通水泥 32.5 级（袋装）	kg	(472.1652)	0.25	118.04	0.38	(179.42)	暂估价
水	m^3	(0.1595)	2	0.32	3.5	(0.56)	
地面砖 800cm×800cm	m^2	140.3212	38	5332.21	55	7717.67	暂估价
（2）其他材料费							
其他材料费	元	—	—	36.98	—	36.98	
3. 机械							
灰浆搅拌机 200L	台班	1.0507	57.49	60.4	57.49	60.4	

注：为节省篇幅，本表仅以“L.2 块料面层”中的“块料楼地面（项目编码：011102003001）”为例，其他分部分项工程量清单综合单价分析表的编制方式同本表。

技术措施项目清单综合单价分析表

表 9-32

工程名称：重庆市××厂××综合楼（建筑、装饰工程）

项目编码	011702002001	项目名称		现浇混凝土矩形框架柱模板						计量单位	m^2	综合单价		34.48
定额编号	定额名称	单位	数量	基价直接工程费				管理费		利润		风险费用	人、材、机价差	合价
				人工费	材料费	机械费	小计	费率（%）	金额	费率（%）	金额			
AF0057	矩形柱周长 3m 以内现浇混凝土模板	$10m^3$	9.92	5850.43	7032.46	856.32	13739.21	9.3	1277.74	2.8	384.72		16194.41	31596.07
合计		5850.43	7032.46	856.32	13739.21	—	1277.74	—	384.72		16194.41	31596.07		

人工、材料、机械明细表

人工、材料及机械名称	单位	数量	基价单价	基价合价	市场单价	市场合价	备注
1. 人工							
综合工日	工日	234.0152	25	5850.38	80	18721.22	
2. 材料							
（1）主要材料							
锯材	m^3	3.987	850	3388.95	1500	5980.5	暂估价
组合钢模板	kg	653.9632	3.5	2288.87	4	2615.85	
支撑钢管及扣件	kg	288.3758	2.9	836.29	3.85	1110.25	
复合木模板	m^2	6.9327	15	103.99	15	103.99	
（2）其他材料费							
其他材料费	元	—	—	414.33	—	414.33	
3. 机械							
木工圆锯机Φ500	台班	0.3769	21.45	8.08	21.45	8.08	
汽车式起重机 5t	台班	1.1307	338.17	382.37	338.17	382.37	
载重汽车 6t	台班	1.7555	265.39	465.89	265.39	465.89	

注：为节省篇幅，本表仅以“技术措施项目清单”中的“现浇混凝土矩形框架柱模板（项目编码：011702002001）”为例，其他技术措施项目清单综合单价分析表的编制方式同本表。

9.2.4　工程量计算书

工程量计算书见表 9-33。

工程量计算表　　　　**表 9-33**

序号	分项工程名称	单位	数量	计　算　式
“三线一面”基数计算				
0	建筑面积	m^2	1521.50	一层：43.1×12.5+18.5×12=760.75m^2 二层：43.1×12.5+18.5×12=760.75m^2 合计：760.75+760.75=1521.50m^2
0.1	$L_{外}$	m	118.2	$L_{外}$=2×(43.1−0.1)+2×24.5−5×1.2−18×0.6=118.2m
0.2	$L_{中}$	m	117.2	$L_{中}$=$L_{外}$−4×0.25=118.2−4×0.25=117.2m
0.3	$L_{内}$	m	60.35	$L_{内}$=(18−0.4×2)+(8.7+0.35)×2−0.6×2+(12−2.5)+(6−2.5−0.05−0.35)×2+1.8+(2.1−0.35)+(2×3.7−0.4)=60.35m
土石方工程				
1	平整场地	m^2	1047.15	$L_{外边线}$=43.1+(18+0.5)+24.6+12.5+24.5+12.0=135.2m 故：$S_{平场}$=760.75+2×$L_{外边线}$+16=760.75+135.2×2+16=1047.15m^2
2	挖沟槽土方	m^3	1838.37	考虑混凝土基础施工每边需要增加 300mm 的工作面，同时采取支挡土板的方式开挖土方，故每边还得再增加 100mm，即垫层宽两边共增加 300×2+100×2=800mm。 ①轴：(1.4+0.2+0.8)×(12+2×1.5+0.2)×2.6=94.85m^3 ②、③、④轴：3×(1.8+0.2+0.8)×(12+2×1.5+0.2)×2.6=331.97m^3 ⑤、⑥轴：(2.1+0.2+0.8)×(12+1.5+0.85+0.1)×2.6+(1.4+0.2+0.8)×(12−0.85+1.5+0.1)×2.6=196.03m^3 ⑦、⑧轴：2×(1.8+0.2+0.8)×(24+2×1.5+0.2)×2.6=396.03m^3 ⑨轴：(1.4+0.2+0.8)×(24+2×1.5+0.2)×2.6=169.73m^3 Ⓐ轴：(1.4+0.2+0.8)×(42.6+2×1.5−2.4−2.8×3−3.1−2.8×2−2.4+0.2)×2.6=149.14m^3 Ⓑ、Ⓒ轴：2×(1.8+0.2+0.8)×(42.6+2×1.5−2.4−2.8×3−3.1−2.8×2−2.4+0.2)×2.6=347.98m^3 Ⓓ轴：(1.8+0.2+0.8)×(18+2×1.5−2.4−2.8×2−2.4+0.2)×2.6=78.62m^3 Ⓔ轴：(1.4+0.2+0.8)×(18+2×1.5−2.4−2.8×2−2.4+0.2)×2.6=67.39m^3 挖 L1 土方：2×(6−0.7)×(0.25+0.2+0.8)×0.5=6.63m^3 合计：94.85+331.97+196.03+396.03+169.73+149.14+347.98+78.62+67.39+6.63=1838.37m^3
3	支挡土板	m^2	1280.76	挡土板长 L=4×(12+3+0.2)+3×(24+3+0.2)+3×(42.6+3+0.2−2.4−2.8×3−3.1−2.8×2−2.4)+2×(18+3+0.2−2.4−2.8×2−2.4)+2×(6−0.7)=246.3m 挡土板面积 $S=2×L×H$=2×246.3×2.6=1280.76m^2

续表

序号	分项工程名称	单位	数量	计 算 式
4	土方回填	m^3	1537.77	基础回填：$V_{挖土}$－埋在室外地坪以下的基础体积[1]（包括基础垫层）＝1838.37－(46.49＋305.5＋54.63)＝1431.75m^3 室内回填：主墙间净面积×回填厚度 主墙间净面积 $S_{净}=S_{首}-L_{中}\times0.25-L_{内}\times0.2-35\times0.6^2=$ 760.75－117.2×0.25－60.35×0.2－35×0.36＝706.78m^2 室内回填＝$S_{净}$×(0.3－0.15)＝706.78×(0.3－0.15)＝106.02m^3 合计：1431.75＋106.02＝1537.77m^3
5	余土外运	m^3	300.60	余土外运体积＝挖土总体积－回填土总体积＝1838.37－1537.77＝300.60m^3
				脚手架工程
6	综合脚手架	m^2	1521.5	760.75×2＝1521.5m^2
				砌筑工程
7	M10水泥砂浆砌MU15蒸压灰砂砖	m^3	8.79	$L_{中}$×0.3×0.25＝117.2×0.3×0.25＝8.79m^3
8	M7.5混合砂浆砌MU15加气混凝土块	m^3	178.74	$S_{外墙}=L_{中}$×(7－2×0.12)－外墙窗洞口及M3、M4洞口面积＝117.2×(7－2×0.12)－(230.13＋19.8)＝542.34m^2 $S_{内墙}=L_{内}$×(7－2×0.12)－内墙门洞口面积[2]＝60.35×(7－2×0.12)－(11.34＋2×2.1×2.7＋2×0.8×2.1)＝381.93m^2 $V_{墙体}=S_{外墙}\times0.25+S_{内墙}\times0.2-V_{过梁}-V_{构造柱}$＝542.34×0.25＋381.93×0.2－(10.83－2×0.12－8×0.035)－22.92＝178.74m^3
9	M7.5混合砂浆砌1/2砖墙	m^3	7.56	L＝1.7×2＋2×(0.55＋0.8)＋(6－0.2－0.25)＝6.1＋5.55＝11.65m； $V_{砖墙}$＝[L×(7－2×0.12)－门洞面积]×0.12－门过梁体积 ＝[11.65×(7－2×0.12)－8×1.68]×0.12－8×0.035 ＝7.56m^3
				混凝土及钢筋混凝土工程
10	C25独立柱基	m^3	46.49	根据公式 $V=a\times b\times0.35+a_1\times b_1\times0.5+1/6\times0.15\times[a\times b+a_1\times b_1+(a+a_1)(b+b_1)]$ 即可计算出独立柱基的体积 角部独立柱基(底部截面：1.4×1.4)(4个)：$V_1=1.4^2\times0.35+0.7^2\times0.5+1/3\times0.15\times(1.4^2+0.7^2+1.4\times0.7)=1.10m^3$ 边部独立柱基(底部截面：1.8×1.4)(13个)： $V_2=1.8\times1.4\times0.35+0.7^2\times0.5+1/6\times0.15\times[1.8\times1.4+0.7^2+(1.8+0.7)\times(1.4+0.7)]=1.33m^3$ 中部独立柱基(底部截面：1.8×1.8)(12个)：$V_3=1.8^2\times0.35+0.7^2\times0.5+1/3\times0.15\times(1.8^2+0.7^2+1.8\times0.7)=1.63m^3$ 边部独立柱基(底部截面：2.1×1.4)(1个)： $V_4=2.1\times1.4\times0.35+0.7^2\times0.5+1/6\times0.15\times[2.1\times1.4+0.7^2+(2.1+0.7)\times(1.4+0.7)]=1.51m^3$ 中部独立柱基(底部截面：2.1×1.8)(2个)： $V_5=2.1\times1.8\times0.35+0.7^2\times0.5+1/6\times0.15\times[2.1\times1.8+0.7^2+(2.1+0.7)\times(1.8+0.7)]=1.85m^3$ 合计：$V=4\times1.10+13\times1.33+12\times1.63+1\times1.51+2\times1.85$ ＝46.49m^3

[1]基础体积、基础垫层的计算过程详见本表中混凝土及钢筋混凝土分部所示。

[2]门窗洞口面积、过梁体积计算过程详见本表中门窗工程分部、钢筋混凝土分部所示。

续表

序号	分项工程名称	单位	数量	计 算 式
11	C25 带形基础	m^3	305.50	由于本工程地基梁的断面有三种形式(底部宽度分别为 1.4m、1.8m、2.1m),其相应的断面积分别为: $S_1=1.4\times0.35+1/2\times(1.4+0.7)\times0.35+0.7\times0.5=0.9975m^2$ $S_2=1.8\times0.35+1/2\times(1.8+0.7)\times0.35+0.7\times0.5=1.1675m^2$ $S_3=2.1\times0.35+1/2\times(2.1+1.4)\times0.35+1.4\times0.5=1.6975m^2$ 由于地基梁的断面呈梯形状,现将各地基梁的断面全部折算为矩形形状,其高度都按 1m 进行折算,相应的其平均宽度分别为: $b_1=S_1/1.0=1.0m$;$b_2=S_2/1.0=1.17m$;$b_3=S_3/1.0=1.70m$ 由此,可进行 DL 体积的计算。 DL1:$V_1=0.9975\times15=14.96m^3$; DL2(3 个):$V_2=1.1675\times15=17.51m^3$; DL3:$V_3=1.1675\times(12+0.85+1.5)+0.9975\times(12-0.85+1.5)=36.98m^3$ DL4(2 个):$V_4=1.1675\times(24+3.0)=31.52m^3$ DL5:$V_5=0.9975\times(24+3.0)=26.93m^3$ DL6:$V_6=0.9975\times(42.6+3.0-2b_1-5b_2-b_3)=0.9975\times36.05=35.96m^3$ DL7:$V_7=1.1675\times(42.6+3.0-2b_1-5b_2-b_3)=1.1675\times36.05=42.09m^3$ DL8:$V_8=1.1675\times(42.6+3.0-2b_1-5b_2-b_3)=42.09m^3$ DL9:$V_9=1.1675\times(18+3.0-2b_1-2b_2)=1.1675\times16.66=19.45m^3$ DL10:$V_{10}=0.9975\times(18+3.0-2b_1-2b_2)=16.62m^3$ L1:$V_{11}=2\times(6-0.7)\times0.25\times0.5=1.33m^3$ 合计:$14.96+3\times17.51+36.98+2\times31.52+26.93+35.96+42.09+42.09+19.45+16.62+1.33=351.99m^3$ 由于独立柱基的体积已经包括在上面计算的总体积中,故尚需要扣除独立柱基的体积: $V_{DL}=351.99-46.49=305.50m^3$
12	C15 混凝土基础垫层	m^3	54.63	$S_{垫层}=1.6\times15.2+3\times2.0\times15.2+2.3\times(12+1.6+0.85)+1.6\times(12+1.6-0.85)+2\times2.0\times27.2+1.6\times27.2+(1.6+2.0\times2)\times(42.6+3.2-2\times1.6-5\times1.8-2.3)+(1.6+2.0)\times(18+3.2-2\times1.6-2\times2.0)+(0.25+0.2)\times10.6=546.33m^2$ $V_{垫层}=S_{垫层}\times h=546.33\times0.1=54.63m^3$
13	C30 矩形框架柱	m^3	99.18	本工程 KZ 的截面为变截面:基顶(-1.8m)~3.96m 为 600mm×600mm,3.96m~7.0m 为 500mm×500mm,框架柱的根数为 35 根。故框架柱的体积:$V=35\times[0.6^2\times(3.96+1.80)+0.5^2\times(7.0-3.96)]=99.18m^3$
14	C25 构造柱	m^3	22.92	本工程构造柱的断面有两种形式,即截面为 250mm×300mm(16 个)和 200mm×300mm(20 个)。 1 层:$9\times0.25\times(0.24+0.6)\times(4-0.12)+10\times0.2\times(0.24+0.6)\times(4-0.12)=13.85m^3$ 2 层:$7\times0.25\times(0.24+0.6)\times(3-0.12)+10\times0.2\times(0.24+0.6)\times(3-0.12)=9.07m^3$ 合计:$22.92m^3$

续表

序号	分项工程名称	单位	数量	计 算 式
15	C25 过梁	m^3	10.83	M-1 过梁：6×(0.9+2×0.2)×0.2×0.24=0.37m^3 M-2 过梁：4×(0.9+2×0.2)×0.2×0.24=0.48m^3 M-3 过梁：1×(3.6+2×0.2)×0.25×0.24=0.24m^3 M-4 过梁：1×(2.4+2×0.2)×0.25×0.24=0.17m^3 M-5 过梁：10×(0.8+2×0.2)×0.12×0.24=0.35m^3 C1515 过梁：42×(1.5+2×0.2)×0.25×0.24=4.79m^3 C1509 过梁：2×(1.5+2×0.2)×0.25×0.24=0.23m^3 C1521 过梁：3×(1.5+2×0.2)×0.25×0.24=0.34m^3 C4221 过梁：14×(4.2+2×0.2)×0.25×0.24=3.86m^3 合计：10.83m^3
16	C30 现浇有梁板	m^3	287.38	(1) 3.96m 层框架梁、梁、现浇板混凝土计算如下： KL1(2 根)：2×0.3×(0.66−0.12)×(12−0.35×2−0.6)=2×0.162×10.7=3.47m^3 KL2(3 根)：3×0.3×(0.6−0.12)×(12−0.35×2−0.6)=3×0.144×10.7=4.62m^3 KL3：0.162×(24−0.7−0.6×3)=0.162×21.5=3.48m^3 KL4：0.144×(24−0.7−0.6×3)=3.10m^3 KL5：0.162×(18−0.7−0.6×2)=0.162×16.1=2.61m^3 KL6：0.144×16.1=2.32m^3 KL7：0.144×16.1=2.32m^3 KL8：0.144×16.1=2.32m^3 KL9：0.162×16.1=2.61m^3 KL10：0.162×21.5=3.48m^3 KL11(2 根)：2×0.144×21.5=6.19m^3 KL12(2 根)：2×0.162×21.5=6.97m^3 LL1(7 根)：7×0.25×(0.5−0.12)×(6−0.05−0.15) =7×0.095×5.8=3.86m^3 LL2(8 根)：8×0.2×(0.4−0.12)×(3.5−0.125−0.05) =8×0.056×3.325=1.49m^3 LL3：0.095×(24−0.05−0.05−0.3×3)=2.19m^3 LL4：0.056×(3.8−0.125−0.05)=0.20m^3 LL5：0.095×(12−0.15−0.05−0.3)=0.095×11.5=1.09m^3 LL6：0.25×(0.45−0.12)×(18−2.5−0.125−0.05−0.6) =1.21m^3 LL7：0.095×(12−0.15−0.05−0.3)=0.095×11.5=1.09m^3 LL8：0.095×(18−0.05×2−0.3×2)=0.095×17.3=1.64m^3 3.96m 层现浇板混凝土： [(24+0.5)×(12+0.5)+(18+0.5)×(24+0.5)−(LT1+LT2)]×板厚=(759.5−35.02)×0.12=86.94m^3 3.96m 层现浇有梁板混凝土合计：143.20m^3 (2) 7.00m 层屋面框架梁、梁、现浇板混凝土计算如下： WKL1(2 根)：2×0.144×(12−0.3−0.25−0.5)=3.15m^3

续表

序号	分项工程名称	单位	数量	计　算　式
16	C30 现浇有梁板	m^3	287.38	WKL2(3 根)：3×0.25×(0.6－0.12)×10.95＝0.12×10.95＝3.94m^3 WKL3：0.144×(24－0.5－0.5×3)＝0.144×22＝3.17m^3 WKL4：0.12×22＝2.64m^3 WKL5：0.144×(18－0.5－0.5×2)＝0.144×16.5＝2.38m^3 WKL6：0.12×16.5＝1.98m^3 WKL7：0.144×16.5＝2.38m^3 WKL8：0.144×16.5＝2.38m^3 WKL9：0.144×16.5＝2.38m^3 WKL10：0.144×(24－0.25×2－0.5×3)＝0.144×22＝3.17m^3 WKL11(2 根)：2×0.144×22＝6.34m^3 WKL12(2 根)：2×0.144×22＝6.34m^3 LL1(7 根)：7×0.095×(6－0.05－0.125)＝3.87m^3 LL2(8 根)：8×0.056×3.325＝1.49m^3 LL3：0.095×(24－0.05×2－0.25×3)＝2.20m^3 LL4：0.056×3.625＝0.20m^3 LL5：0.095×11.5＝1.09m^3 LL6：0.0825×(18－2.5－0.125－0.05－0.6)＝1.21m^3 LL7：0.095×11.5＝1.09m^3 LL8：0.095×(18－0.05×2－0.3×2)＝1.64m^3 7.00m 层现浇屋面板：[(24＋0.5)×(12＋0.5)＋(18＋0.5)×(24＋0.5)]×0.12＝759.5×0.12＝91.14m^3 7.00m 层现浇有梁板混凝土合计：144.18m^3 3.96m 层、7.00m 层现浇有梁板混凝土合计：287.38m^3
17	C30 直形楼梯	m^2	35.02	LT1：(3.3＋1.6＋0.25)×(2×1.5＋0.15)＝16.22m^2 LT2：(3.3＋1.6＋0.25)×(2×1.75＋0.15)＝18.80m^2 合计：35.02m^2
18	C30 挑檐	m^3	13.29	($L_{外边线}$＋4×0.8)×0.8×0.12＝(135.2＋4×0.8)×0.8×0.12＝13.29m^3
19	C30 雨篷	m^2	17.72	YP-1：1.5×3.65＋(3.65＋2×1.5)×0.25＝7.14m^2 YP-2：4.8×1.5＋0.45×2.25＋(4.8＋2×0.45＋2.25＋1.5)×0.25＝10.58m^2 合计：17.72m^2
20	C25 台阶	m^3	1.46	(4.25＋0.3＋0.25)×(1.5＋0.3)＋(1.5＋0.3＋0.6)×(0.3＋0.4－0.25)＝4.8×1.8＋2.4×0.45＝9.72m^2 $V_{台阶}=S_{台阶}\times h$＝9.72×0.15＝1.46m^3
21	C25 散水	m^2	103.32	($L_{外边线}$＋4×0.8－3.65－4.8－0.4×2)×0.8＝(135.2＋3.2－3.65－4.8－0.8)×0.8＝103.32m^2
22	C25 坡道	m^2	5.48	(3.3＋0.25＋0.1)×1.5＝5.48m^2

续表

序号	分项工程名称	单位	数量	计 算 式
23	现浇钢筋 Φ10以内 （圆钢）	t	16.825	由于钢筋工程的工程量计算较为烦琐，且耗时费力。考虑到篇幅有限，在这里以KL3、KZ3为例，介绍钢筋工程量的计算过程。 KL3 1)上部纵筋：Φ25(4根，均为通长筋) $l_{aE}=31d$；$l_{lE}=1.2l_{aE}=1.2\times31d=37d$ 4×[24−0.7+2×(0.4l_{aE}+15d)(考虑锚固)+2l_{lE}(考虑搭接)]=4×[24−0.7+2×(0.4×31×0.025+15×0.025)+2×37×0.025]=106.08m 2)2Φ25的上部第二排纵筋(非通长，在离支座$l_n/4$处阶段) 3×2×(2×l_n/4+b)=3×2×(2×1/4×5.4+0.6)=19.8m 3)上部纵筋：4Φ22(仅在离端支座的1/4l_n区域才有) 2×4×(l_n/4+0.4l_{aE}+15d)=8×(5.35/4+0.4×31×0.022+15×0.022)=15.52m 4)下部纵筋为全跨相同(均为4Φ25) 4×[2×(5.35+0.4×31d+15d+31d)+2×(5.4+31d+31d)]=4×[2×(5.35+0.4×31×0.025+15×0.025+31×0.025)+2×(5.4+31×0.025+31×0.025)]=110.08m 5)KL侧面纵向受扭钢筋(4Φ12) =4×[2×(5.35+0.4×31d+15d+31d)+2×(5.4+31d+31d)] =97.56m 6)箍筋Φ8@100/150(2) 单个箍筋长：2×[(0.3−0.025×2)+(0.66−0.025×2)+11.87×0.008]=1.91m 箍筋个数： 加密区个数8×(1.5×0.66/0.1+1)=88个 非加密区个数2×[(5.35−1.5×0.66×2)/0.15+1]+[2×(5.4−1.5×0.66×2)/0.15+1]=94个 箍筋总长：(94+88)×1.91=347.62m 小计：Φ25 (106.08+19.8+110.08)×3.85=908.45kg Φ22 15.52×2.980=46.25kg Φ12 97.56×0.888=86.63kg Φ8 347.62×0.395=137.31kg KZ3 1)−1.80～3.96m角部纵筋4Φ32 4×[3.96+1.80+(0.5l_{aE}+0.05+0.2)]=26.02m 2)−1.80～3.96mb边、h边中部筋16Φ28 16×(3.96+1.80+0.5)=100.16m 3)3.96～7.00m纵筋12Φ25 12×[1.5l_{aE}+(7−0.12−3.96)+(0.5l_{aE}+12d)]=12×(1.5×31×0.025+2.92+0.5×31×0.025+12×0.025)=57.24m 4)箍筋Φ10@100、Φ8@100 Φ10@100：根数(3.96+1.80)/0.1=58个 每个长2×(0.53+0.53+11.87×0.01)=2.36m
	现浇钢筋 Φ10以上 （螺纹钢筋）：	t	18.436	

续表

序号	分项工程名称	单位	数量	计 算 式
				Φ8@100：根数(7−3.96−0.035)/0.1=31个 每个长2×(0.43+0.43+11.87×0.008)=1.91m 小计：Φ32 26.02×6.31=164.19kg Φ28 100.16×4.83=483.77kg Φ25 57.24×3.85=220.37kg Φ10 58×2.36×0.617=84.45kg Φ8 31×1.91×0.395=23.39kg 限于篇幅，其他KZ、KL、XB钢筋工程量的计算过程在本处就不再一一赘述了。经过计算校核，本工程所有DL、KZ、KL、XB、LT等的钢筋工程量汇总结果为： 现浇钢筋Φ10以内(圆钢)：16.825t 现浇钢筋Φ10以上(螺纹钢筋)：18.436t
				屋面及防水工程
24	屋面SBS卷材防水	m^2	870.22	$S_{屋面板}+S_{挑檐板}$=[(24+0.5)×(12+0.5)+(18+0.5)×(24+0.5)]+($L_{外边线}$+4×0.8)×0.8=759.5+(135.2+4×0.8)×0.8=759.5+110.72=870.22m^2
25	卫生间涂膜防水	m^2	279.02	卫生间1 地面：3.4×5.8−1.8×0.2−(2.7+2×0.8)×0.1=18.93m^2 墙裙面(1.8m高)：[(3.4+5.8)×2−2×1.5−1.0]×1.8+2×1.8×1.8+2×1.8×(2.7+0.8)=45m^2 卫生间2 地面：5.95×3.7−3.7×0.2−(5.95−1.6−0.2)×0.1=20.86m^2 墙裙面(1.8m高)：[(5.95+3.7)×2−2×1.5−2×0.8]×1.8+2×1.8×3.7+2×1.8×(5.95−1.6−0.2)=54.72m^2 合计：2×(18.93+45+20.86+54.72)=279.02m^2
26	砂浆防潮层	m^2	41.37	$L_{中}$×0.25+$L_{内}$×0.2=117.2×0.25+60.35×0.2=41.37m^2
27	屋面变形缝	m	14.8	12.5+2×0.8+0.7=14.8m
28	墙体变形缝	m	36.0	2×12.0+2×6.0=36.0m
29	屋面保温层	m^3	130.53	0.15×[759.5+(135.2+4×0.8)×0.8]=0.15×870.22=130.53m^3
				楼地面工程
30	一层混凝土车间地面	m^2	552.14	8.6×6.05+12.25×12+18.5×(18−0.25)+2.35×(12−0.25)−8×0.6^2=552.14m^2
31	一层100mm厚C10混凝土垫层(所有部位)	m^3	70.55	一层室内净面积：759.5−$L_{中}$×0.25−$L_{内}$×0.2−35×0.6^2=759.5−117.2×0.25−60.35×0.2−35×0.36=705.53m^2 一层室内净面积×垫层厚度=705.53×0.1=70.55m^3
32	100mm厚C10混凝土垫层(车间部位)	m^3	55.21	一层车间地面面积×垫层厚度=552.14×0.1=55.21m^3

续表

序号	分项工程名称	单位	数量	计算式
33	卫生间普通地砖	m^2	79.58	卫生间 1：3.4×5.8－1.8×0.2－(2.7＋2×0.8)×0.1＝18.93m^2 卫生间 2：5.95×3.7－3.7×0.2－(5.95－1.6－0.2)×0.1＝20.86m^2 合计：2×(18.93＋20.86)＝79.58m^2
34	块料楼梯面层（另加 25mm 厚 1∶2.5 水泥砂浆找平层）	m^2	35.02	LT1：(3.3＋1.6＋0.25)×(2×1.5＋0.15)＝16.22m^2 LT2：(3.3＋1.6＋0.25)×(2×1.75＋0.15)＝18.80m^2 合计：35.02m^2
35	块料楼地面（另加 25mm 厚 1∶2.5 水泥砂浆找平层）	m^2	744.32	一层室内净面积：759.5－$L_{中}$×0.25－$L_{内}$×0.2－35×0.6^2＝759.5 759.5－117.2×0.25－60.35×0.2－35×0.36＝705.53m^2 2×705.53－552.14（车间）－35.02（楼梯）－79.58（卫生间）＝744.32m^2 其中，一层块料楼地面：705.53－552.14＝153.39m^2 二层块料楼地面：705.53－35.02＝670.51m^2
36	块料踢脚线	m^2	48.48	踢脚线长度：2×($L_{外墙内边线}$＋2×$L_{内}$)＋6×(0.24＋0.2)＋2×$\sqrt{3.3^2+2.0^2}$＝2×(117.2－4×0.25＋2×60.5)＋2.64＋2×3.86＝484.76m 踢脚板面积：＝484.76×0.10＝48.48m^2
37	防滑条	m	71.5	1.5×11×2＋1.75×11×2＝71.5m
38	块料台阶面	m^2	9.72	(4.25＋0.3＋0.25)×(1.5＋0.3)＋(1.5＋0.3＋0.6)×(0.3＋0.4－0.25)＝4.8×1.8＋2.4×0.45＝9.72m^2
39	金属扶手带栏杆	m	7.20	金属扶手：4.2＋2×1.5＝7.20m 金属栏杆：(4.2＋3.0)/0.11＝66 个，每个长 1.05m，66×1.05＝69.30m
40	硬木扶手带栏杆	m	18.79	硬木扶手：2×2×$\sqrt{3.3^2+2.0^2}$＋1.8＋1.55＝18.79m 金属栏杆：11×2×2＋(1.8＋1.55)/0.11＝75 个，每个长 1.05m，75×1.05＝78.75m
墙柱面工程				
41	内墙面抹灰	m^2	1601.44	$L_{外墙内边线}$×(7－0.12×2)＋2×$L_{内}$×(7－0.12×2) ＝(117.2－4×0.25)×(7－0.12×2)＋2×60.35×(7－0.12×2) ＝1601.44m^2
42	柱面抹灰	m^2	199.24	[0.7×5＋18×(0.7＋0.6)＋3×(0.7＋0.6)＋8×0.24]×(4－0.12)＋[0.5×5＋18×(0.5＋0.5)＋3×(0.5＋0.5)＋8×0.2]×(3－0.12)＝199.24m^2

续表

序号	分项工程名称	单位	数量	计 算 式
43	卫生间墙裙	m^2	199.44	卫生间1 墙裙面(1.8m高)：[(3.4+5.8)×2−2×1.5−1.0]×1.8+2×1.8×1.8+2×1.8×(2.7+0.8)=45m^2 卫生间2 墙裙面(1.8m高)：[(5.95+3.7)×2−2×1.5−2×0.8]×1.8+2×1.8×3.7+2×1.8×(5.95−1.6−0.2)=54.72m^2 合计：2×(45+54.72)=199.44m^2
44	隔断	m^2	79.77	[1.3×2+(1.8−0.8)×2+1.3×4+(1.8−0.8)×2]×(7−2×0.12)=79.77m^2
				天棚工程
45	天棚抹灰	m^2	1412.01	LT1：1.6×3.65+$\sqrt{3.3^2+2.0^2}$×1.75×2=19.35m^2 LT2：1.6×3.15+$\sqrt{3.3^2+2.0^2}$×1.5×2=16.62m^2 2×705.53−35.02+19.35+16.62=1412.01m^2
				门窗工程
46	镶板木门	m^2	50.82	M-1：6×0.9×2.1=11.34m^2 M-2：4×2.1×2.7=22.68m^2 M-5：10×0.8×2.1=16.8m^2 合计：50.82m^2
47	塑钢门	m^2	19.80	M-3：1×3.6×3.3=11.88m^2 M-4：1×2.4×3.3=7.92m^2 合计：19.80m^2
48	塑钢窗	m^2	230.13	C1515：42×1.5×1.5=94.5m^2 C1509：2×1.5×0.9=2.7m^2 C1521：3×1.5×2.1=9.45m^2 C4221：14×4.2×2.1=123.48m^2 合计：230.13m^2
				油漆涂料工程
49	镶板木门油漆	m^2	101.64	2×50.82=101.64m^2
50	木扶手油漆	m	18.79	2×2×$\sqrt{3.3^2+2.0^2}$+1.8+1.55=18.79m
51	外墙喷刷JH801涂料	m^2	969.30	($L_{外边线}$−0.2)×(7+0.3−0.12) =(135.2−0.2)×7.18=969.30m^2
				其他工程
52	洗漱台	m^2	10.64	[(5.5+0.8)×2×0.35+1.3×0.35×2]×2=10.64m^2
53	拖布池	个	6	每层有2个卫生间，共设有3个拖布池，2×3=6个
54	屋面上人孔	个	1	1个

9.2.5 施工图纸

重庆市××厂××综合楼建筑、结构施工图纸如图 9-1～图 9-13 所示。

1. 建筑施工图纸目录

建筑施工图纸目录见表 9-34。

重庆市××厂××综合楼建筑施工图目录 **表 9-34**

序号	图　　号	名　　称
1	建施 01	建筑设计说明
2	建施 02	一层平面图
3	建施 03	二层平面图
4	建施 04	南、北、东立面图，A-A 剖面图
5	建施 05	西立面，B-B 剖面图
6	建施 06	屋顶排水平面图

2. 建筑设计说明

建筑设计说明

（1）本工程为重庆市××厂××综合楼，其建筑施工图纸根据甲方提供的地勘资料及现行规范设计而成。

（2）本设计标高以 m 为单位，其余尺寸以 mm 为单位。

（3）本工程的室内外高差为 300mm，建筑面积为 1521.5m^2，两层，建筑高度为 7.3m。

（4）楼地面：一层车间地面为 100mm 厚 C10 混凝土垫层，120mm 厚 C20 混凝土面层；一层办公室、楼梯、二层办公室均为 30mm 厚普通地砖楼地面，水泥浆擦缝（参见西南 04J312-3183a）。厕所楼地面做法参见西南 04J312-3182a。

（5）内抹灰：内墙面抹灰为 1∶0.3∶2.5 水泥石灰砂浆刷乳胶漆（参见西南 04J515-4-N05），天棚抹灰为 1∶0.3∶3 水泥砂浆抹灰刷乳胶漆（参见西南 04J515-13-P06）。

（6）外墙装饰：外墙涂刷 JH801 涂料。

（7）屋面防水等级为二级，做法为 20mm 厚 1∶3 水泥砂浆找平，SBS 改性沥青卷材防水，20mm 厚 1∶2.5 水泥砂浆保护层。卫生间地面及墙面采用涂膜防水。

（8）门窗工程：办公室、卫生间均为镶板木门，底层入口处门为外开平塑钢；外窗均为塑钢窗，中空玻璃，带纱窗。

（9）卫生间墙裙：贴 5mm 厚白瓷砖，白水泥擦缝（裙高 1.8m）；踢脚线：缸砖踢脚线（高 100m）。

3. 门窗明细表

门窗明细表见表 9-35。

门窗明细表　　表 9-35

序号	类别	门窗名称	宽度（mm）	高度（mm）	数量	备注
	门					
1		M-1	900	2100	6	
2		M-2	2100	2700	4	
3		M-3	3600	3300	1	
4		M-4	2400	3300	1	
5		M-5	800	2100	10	
	窗					
1		C1515	1500	1500	42	
2		C1509	1500	900	2	
3		C1521	1500	2100	3	
4		C4221	4200	2100	14	

4. 结构施工图纸目录

结构施工图纸目录见表 9-36。

重庆市××厂××综合楼结构施工图目录　　表 9-36

序号	图　　号	名　　称
1	结施 01	结构设计总说明
2	结施 02	基础平面图
3	结施 03	DL1，2，9，10 详图
4	结施 04	DL3，4，5，6，7，8 详图
5	结施 05	二层结构平面布置图
6	结施 06	屋面结构平面布置图
7	结施 07	一层顶板配筋图
8	结施 08	二层顶板配筋图
9	结施 09	楼梯配筋图

5. 结构设计说明

结构设计总说明

(1) 工程概况

本工程为两层综合楼，采用钢筋混凝土框架结构，柱下十字交叉钢筋混凝土条形基础。

（2）建筑结构的安全等级及设计使用年限

建筑结构的安全等级：二级

设计使用年限：50 年

建筑抗震设防类别：丙类

抗震设防烈度：6 度

（3）设计依据

建筑结构荷载规范 GB 50009—2012

建筑地基基础设计规范 GB 50007—2011

建筑抗震设计规范 GB 50011—2010

混凝土结构设计规范 GB 50010—2010

砌体结构设计规范 GB 50003—2011

重庆建筑地基基础设计规范 DBJ 50—047—2006

混凝土结构施工图平面整体表示方法制图规则和构造详图（现浇混凝土框架、剪力墙、梁、板） 11G101—1（2011 年）

（4）材料

1）混凝土

基础垫层 C15

基础 C25

柱、梁、板 C30

砌体墙构造柱、圈梁、过梁 C25

2）钢筋

HPB300； HRB335

受拉钢筋的最小锚固长度 l_a，混凝土保护层厚度按 11G101—1 第 33 页执行。

梁的下部纵向钢筋接长在支座范围内接头，梁的上部纵向钢筋可选择在跨中 1/3 跨度范围内接长，禁止在支座处接长。

3）框架填充墙

±0.000 以上采用加气混凝土砌块、M7.5 混合砂浆砌筑；

±0.000 以下采用 250mm 厚 MU15 蒸压灰砂砖、M10 水泥砂浆砌筑。

砌体与构造柱之间应按构造要求设置拉结筋。

6. 统一构造要求

（1）钢筋混凝土现浇板

1）板的底部钢筋，短跨钢筋置于下排，长跨钢筋置于上排。板底钢筋应伸至支座中心线，且不小于 5d。

2）板内分布筋凡详图未注明者为Φ 6@200。

3）板上孔洞应预留施工时，各工种必须根据各专业图纸配合土建预留全部孔洞尺寸，当孔洞尺寸不大于 300mm 时，洞边不再另加钢筋，钢筋绕过洞边不得截断；当洞口尺寸大于 300mm，并且不大于 1000mm 时，应按图纸要求，加设洞边附加钢筋。

4）悬挑构件（雨篷、阳台等），上部受拉钢筋应严格保证有效高度，混凝土强度达到

100%后方可拆模。

（2）梁

1）次梁上筋应置于主梁上筋之上，钢筋位置应安放准确，确保钢筋的受力高度及保护层厚度，主梁与次梁底标高相同时，次梁下筋应置于主梁下筋之上，次梁底标高相同时，短向次梁的钢筋应位于下侧。

2）施工图中仅画出断面的梁，其上下钢筋均应按规定锚入支座。

3）当梁跨度不小于4000mm时，应按施工验收规范起拱。

（3）柱

配合建施图预留门窗过梁插筋。

（4）填充墙、隔墙

1）填充墙、内隔墙的材料及平面位置详见建施图，未经设计同意不得随意改变。

2）墙体沿框架柱或构造柱全高每隔500mm设2Φ6拉筋，拉筋沿全长贯通。

3）在墙转角处，墙端部（没有框架柱），大房间内外墙交接处以及沿墙长每隔3000mm左右设构造柱一个，$b \times h$=墙厚×300，配筋为4Φ12，Φ6@200，设拉结筋。

4）墙高超过4000mm时，在墙高的中部或门洞顶部设圈梁一道，$b \times h$=墙厚×200，配筋为Φ6@200，外墙在窗台处设圈梁一道，$b \times h$=墙厚×200，配筋为4Φ12，Φ6@200。未注明门窗洞口过梁断面为墙厚×240，配筋为上部筋2Φ12，下部筋3Φ14，Φ8@200。

5）墙长超过5000mm时，墙顶与板底或梁底应按西南05G701（一）第33页7大样连接。构造柱、填充墙、隔墙应与梁底或板底斜砌顶紧。

6）门宽不小于2400mm的门洞两边设构造柱，$b \times h$=墙厚×300，配筋4Φ12，Φ6@200。构造柱同墙高，柱内钢筋锚入上下梁（或基础梁）或楼板内，设拉结筋。

7）所有构造柱插筋，拉结筋均应预留。

（5）基础梁

平法表示参见11G101—3。

7. 其他

配合建筑、水、暖、电各专业进行预留施工。

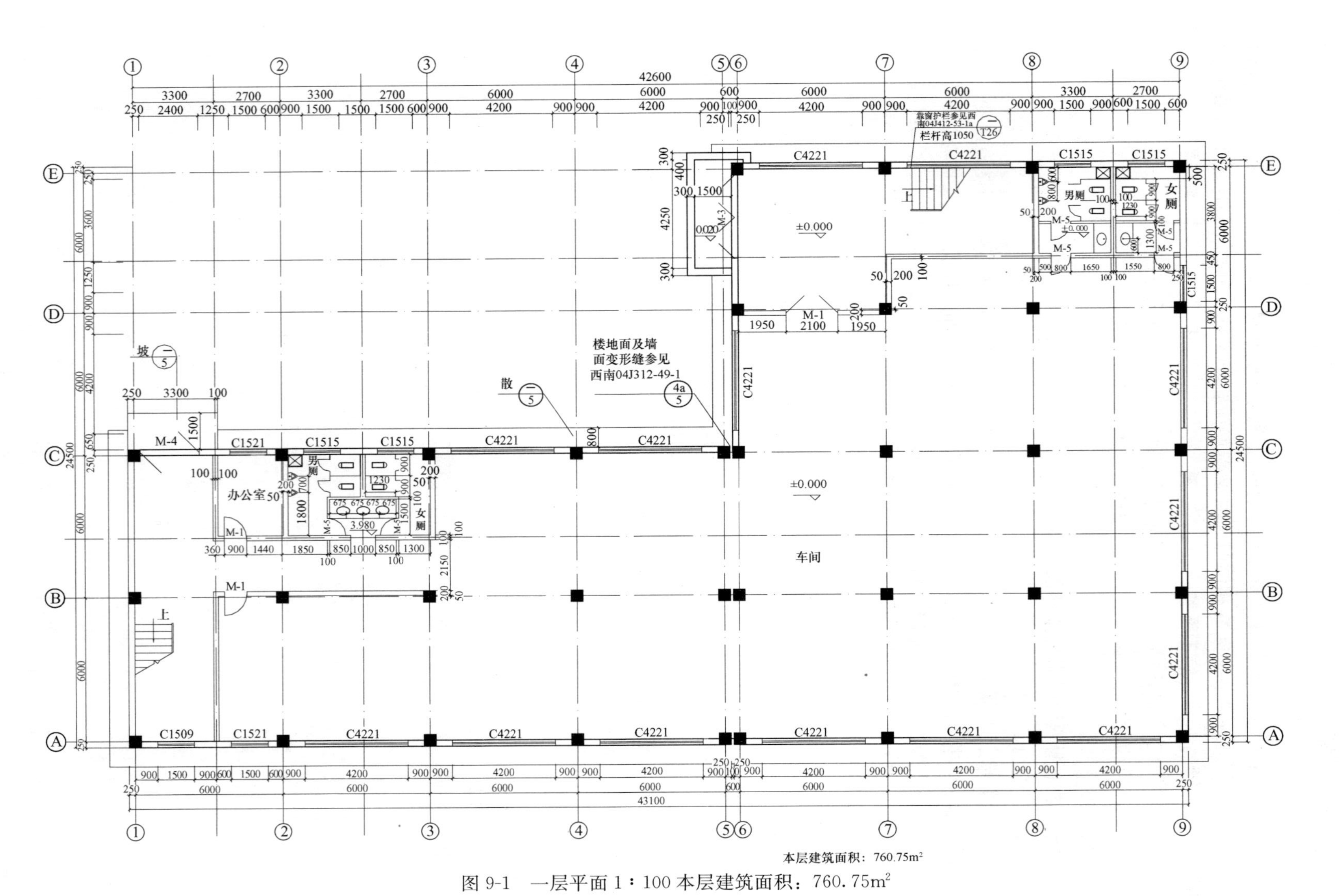

图 9-1 一层平面 1：100 本层建筑面积：760.75m²

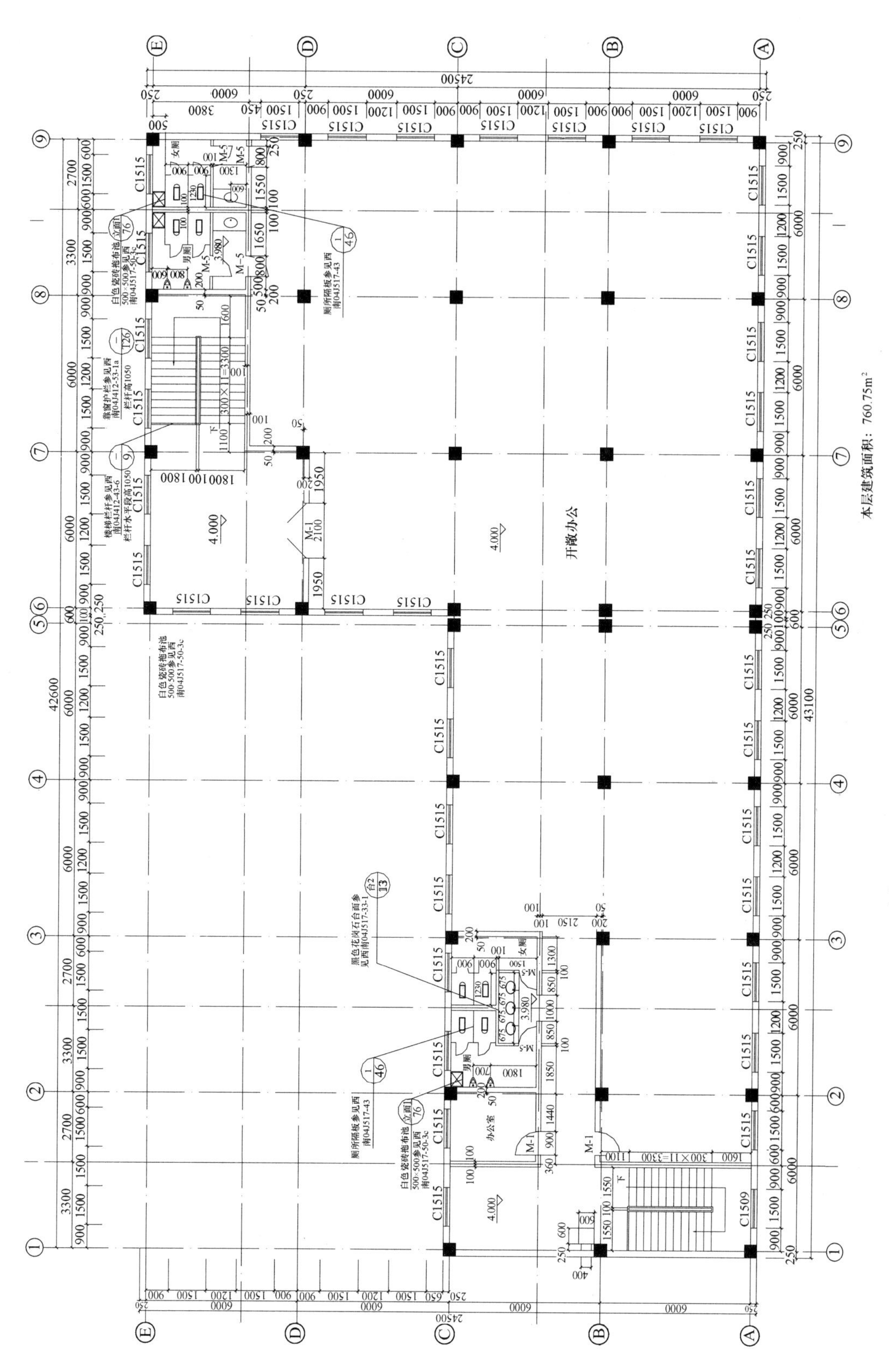

图 9-2　二层平面 1：100 本层建筑面积：760.75m²

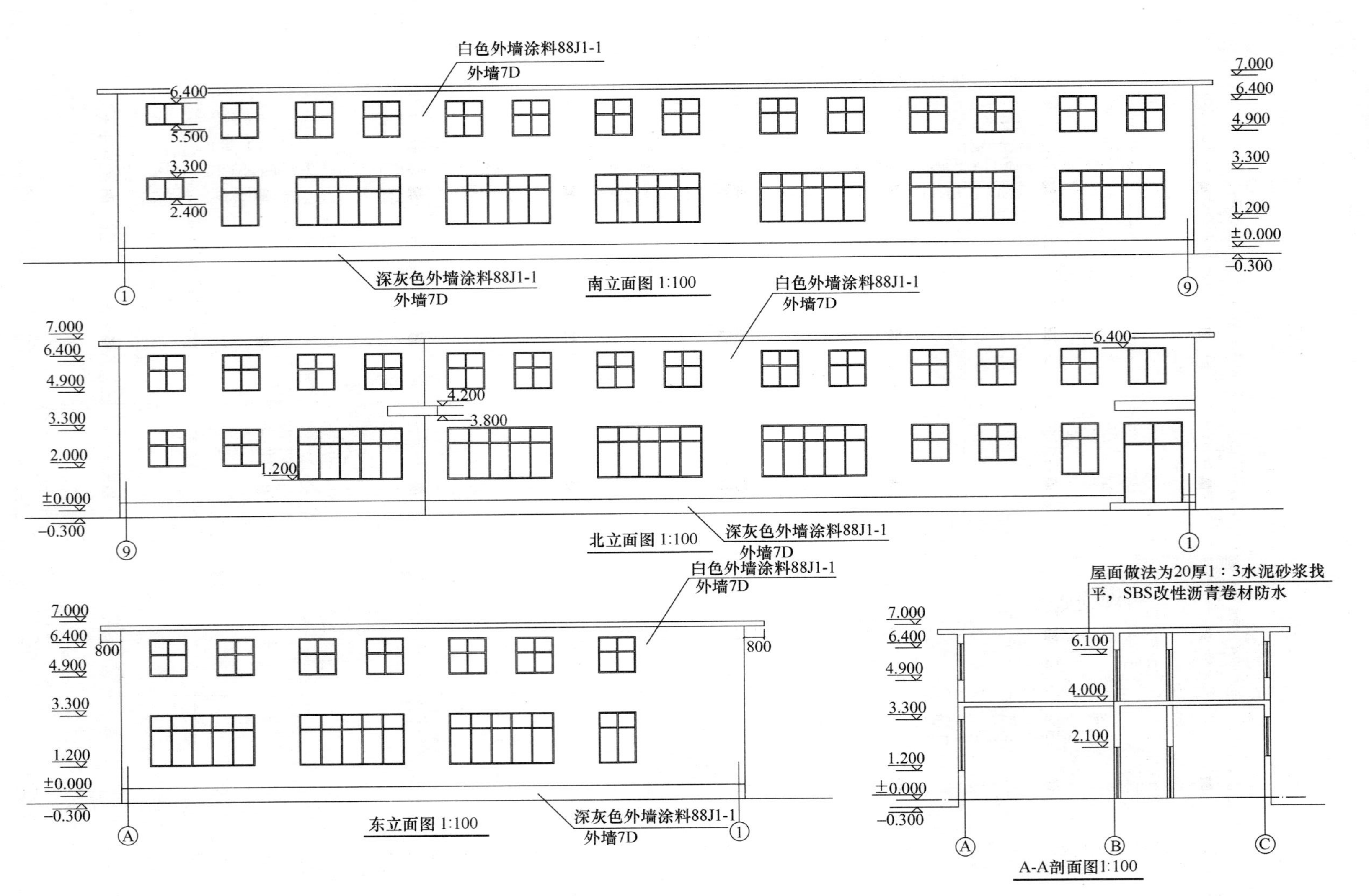

图 9-3 南、北、东立面图，A-A 剖面图

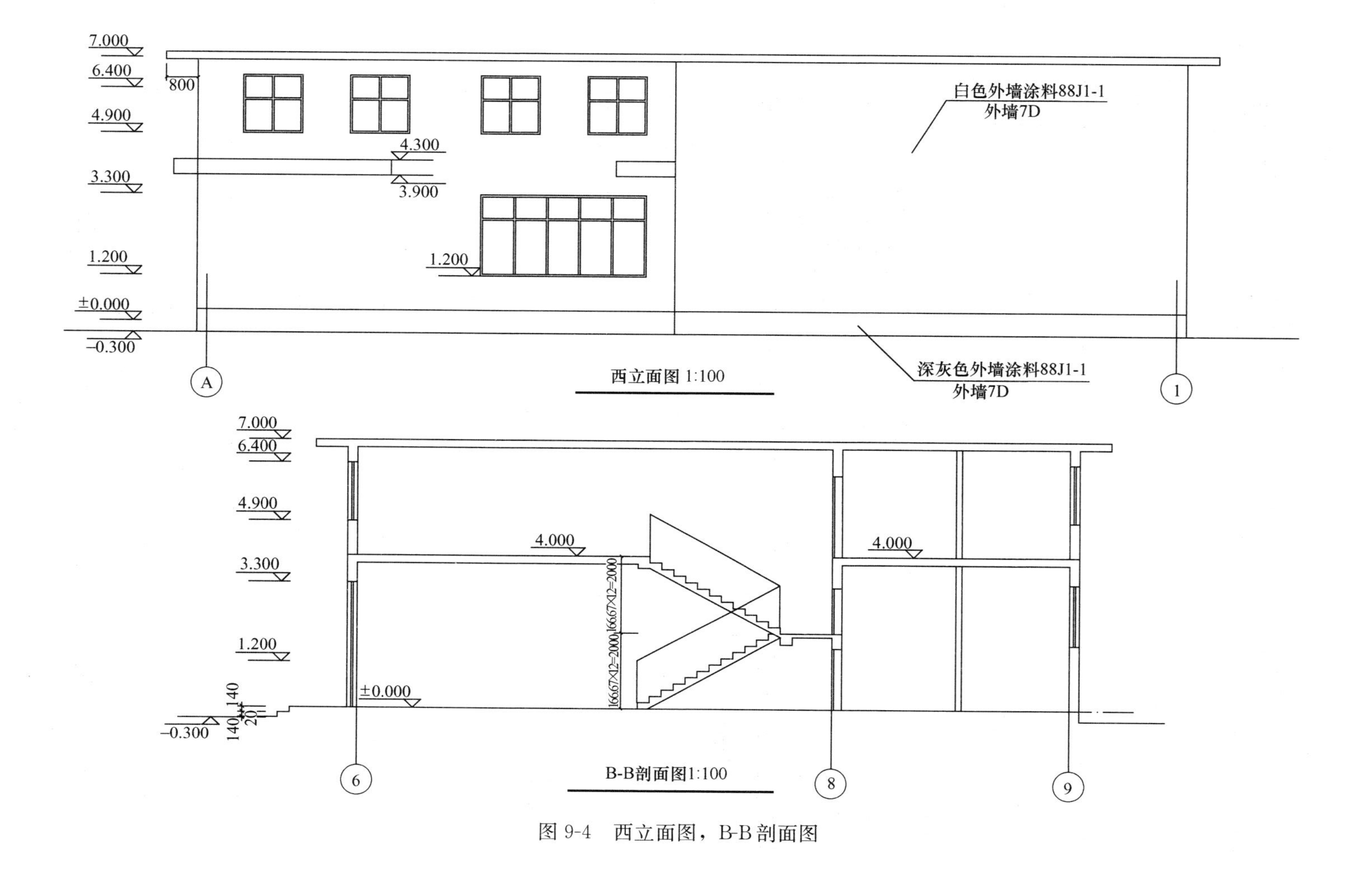

图 9-4 西立面图，B-B剖面图

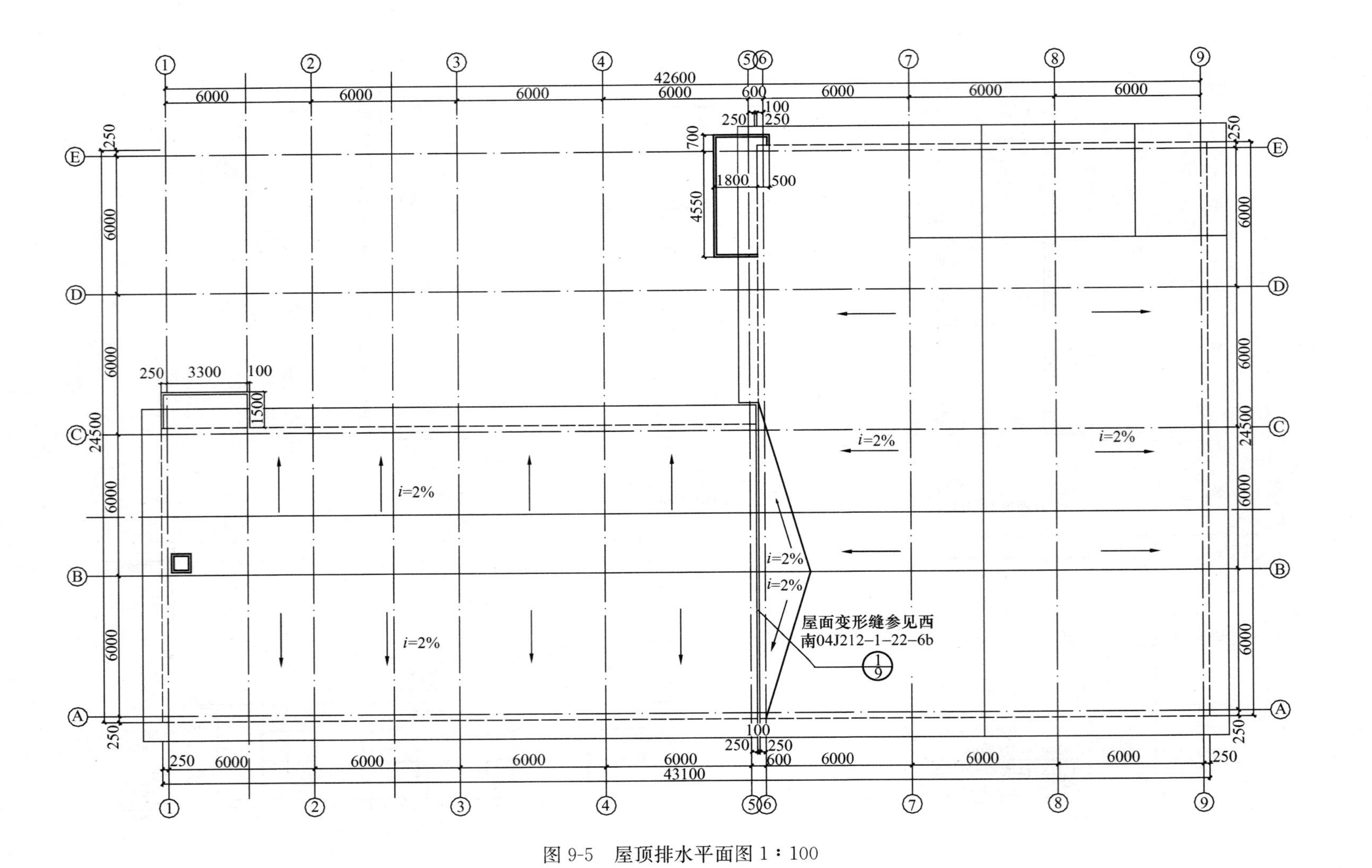

图 9-5 屋顶排水平面图 1：100

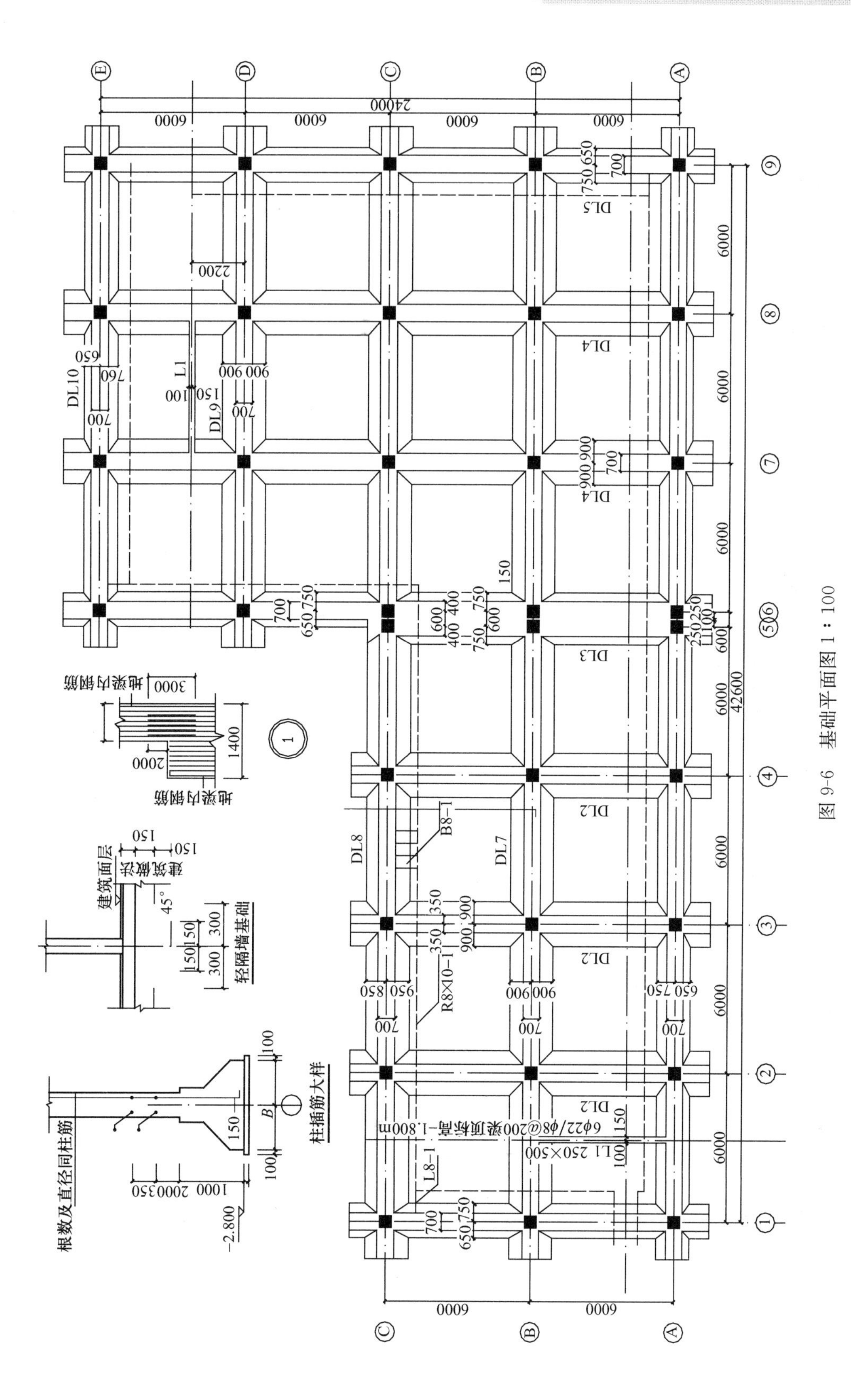

图 9-6 基础平面图 1∶100

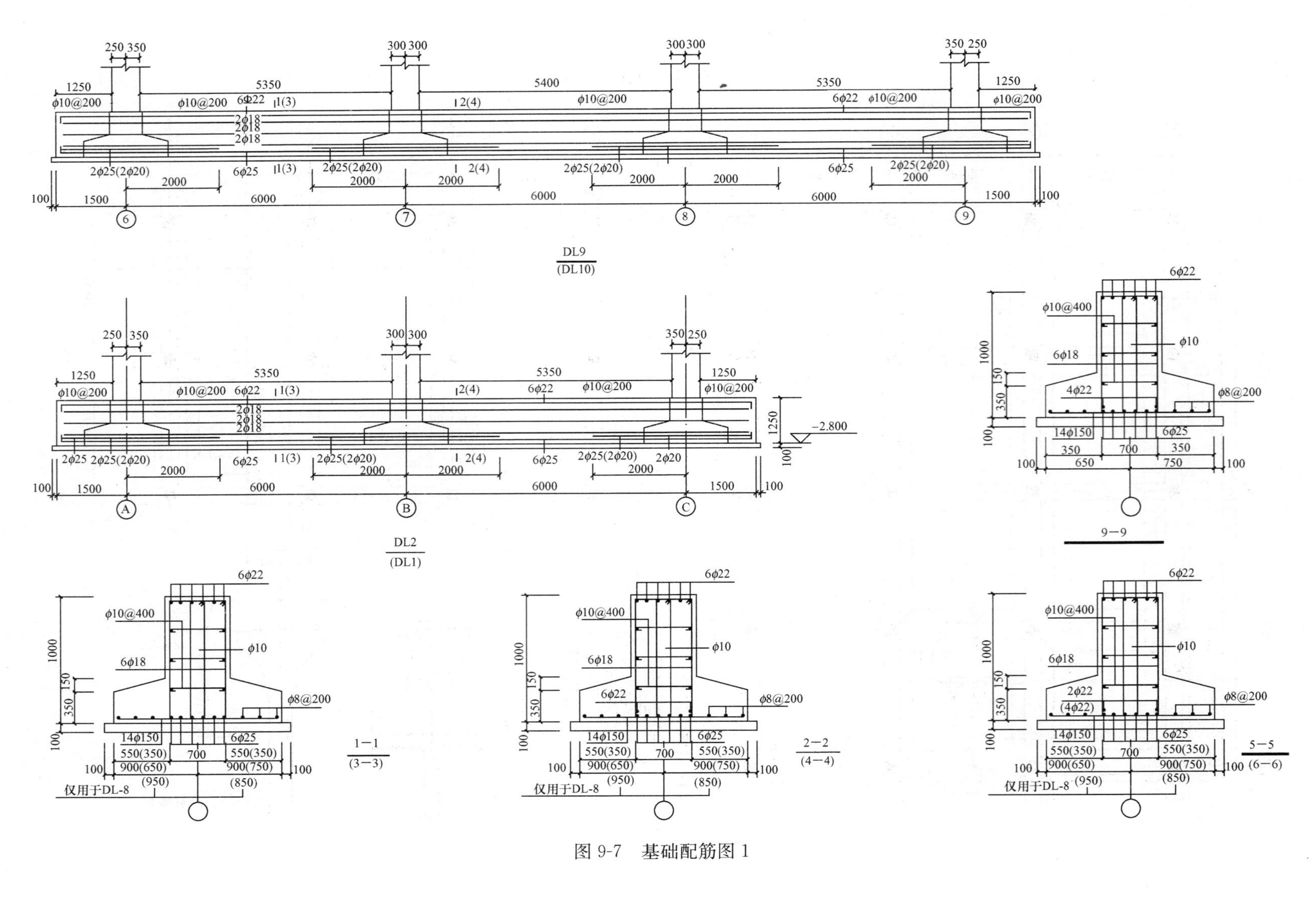

图 9-7 基础配筋图 1

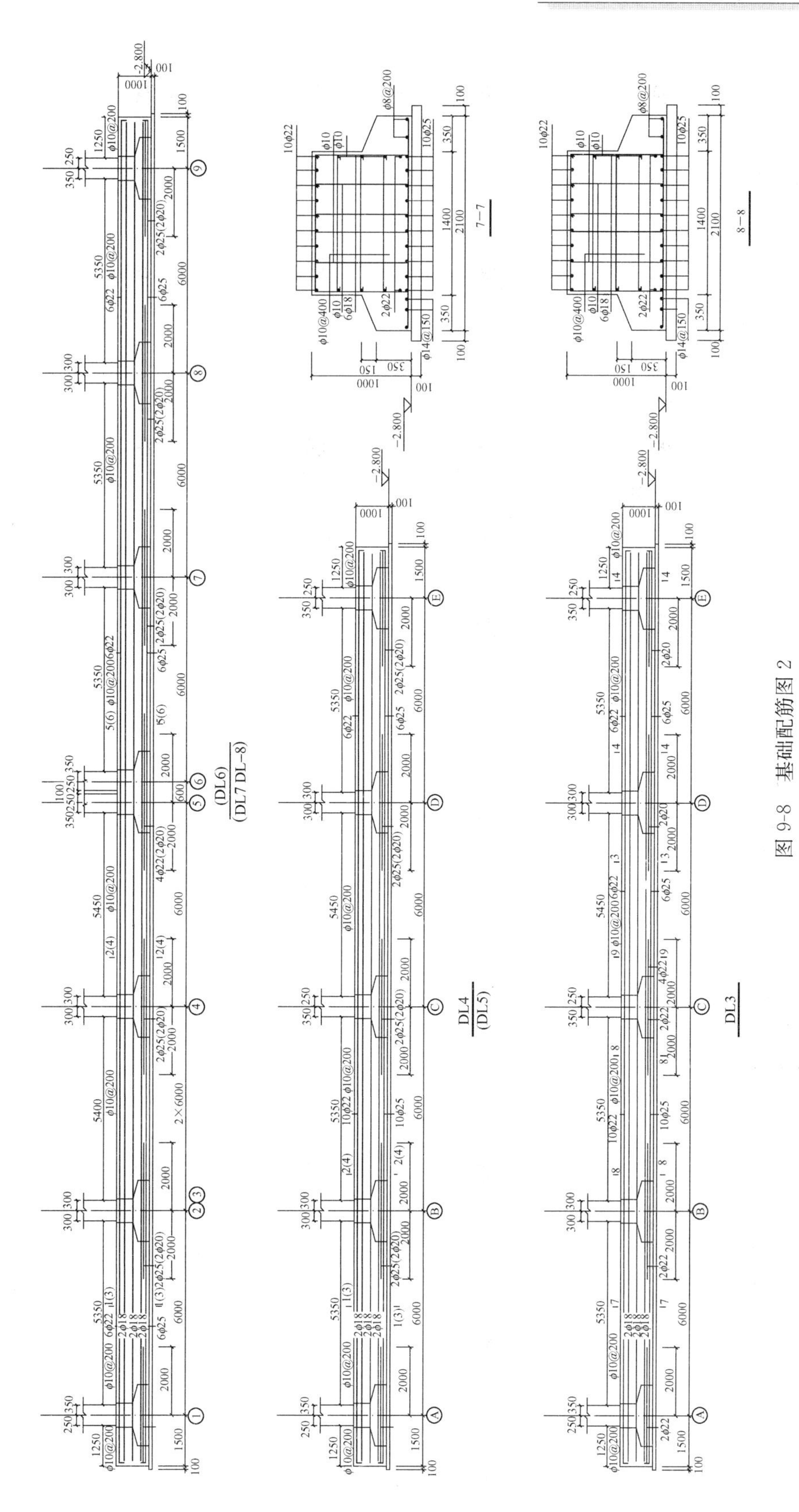

图 9-8 基础配筋图 2

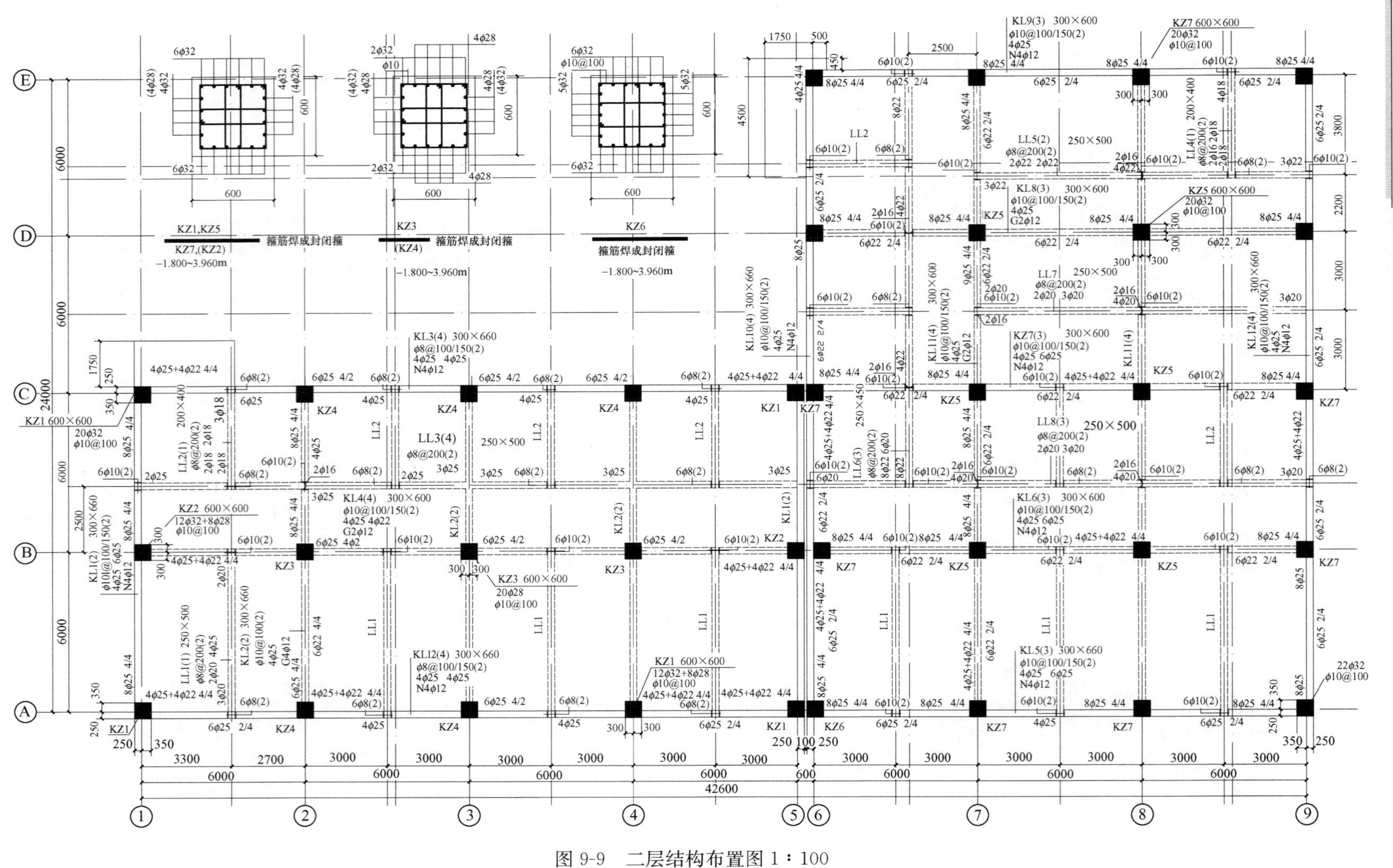

图 9-9 二层结构布置图 1：100

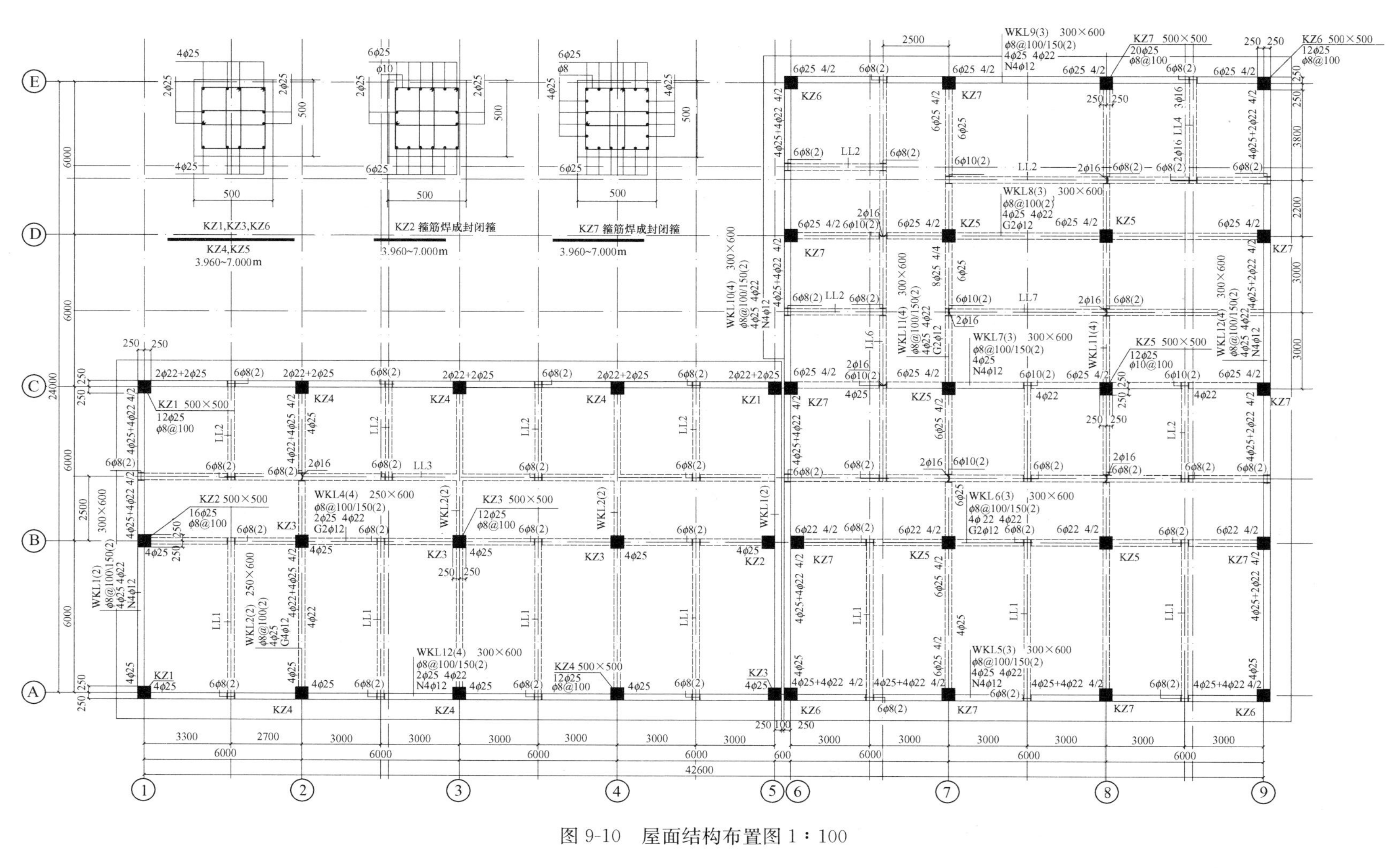

图 9-10 屋面结构布置图 1：100

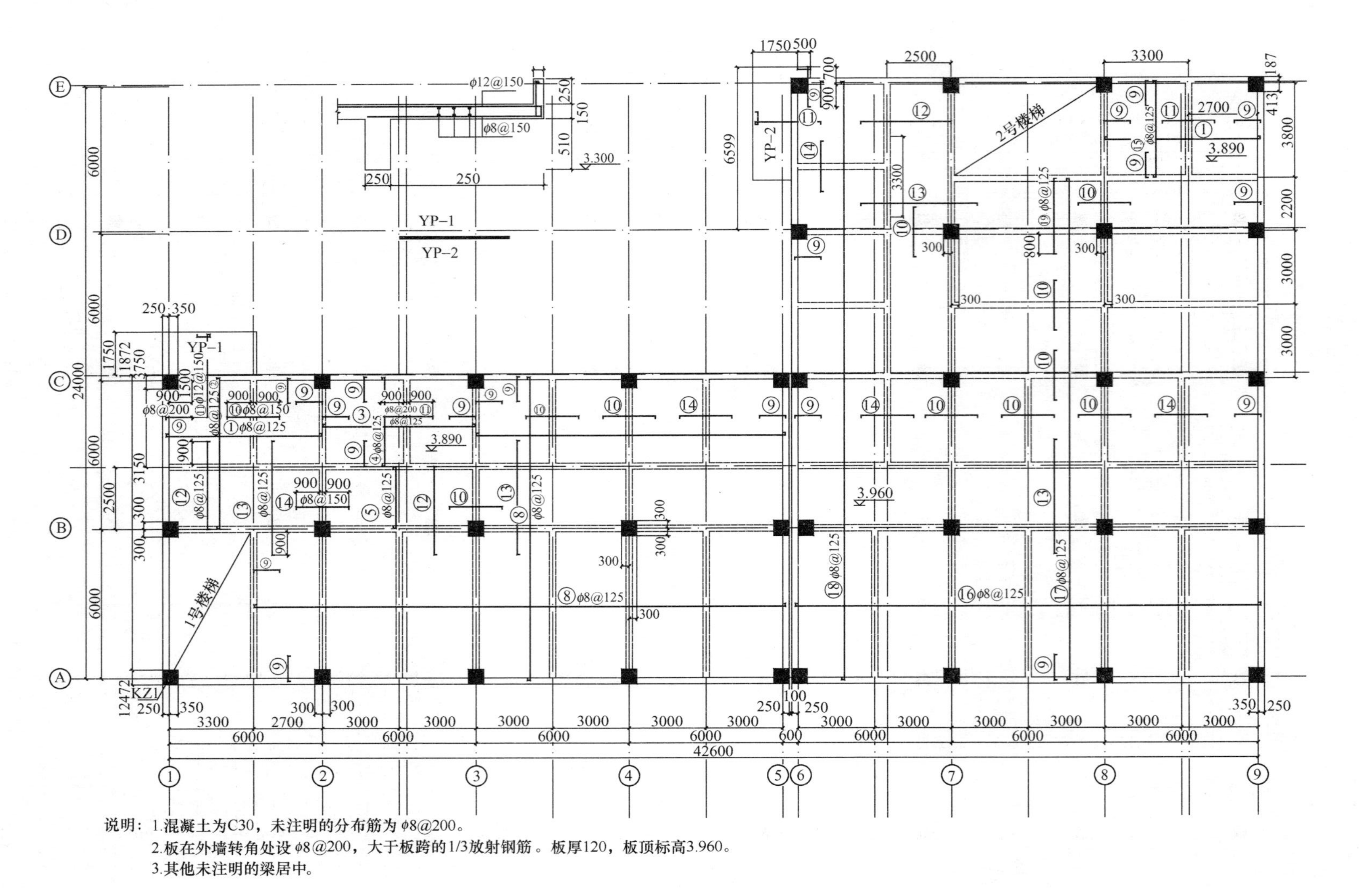

说明：1.混凝土为C30，未注明的分布筋为 φ8@200。

2.板在外墙转角处设 φ8@200，大于板跨的1/3放射钢筋。板厚120，板顶标高3.960。

3.其他未注明的梁居中。

图 9-11 一层顶板配筋图 1：100

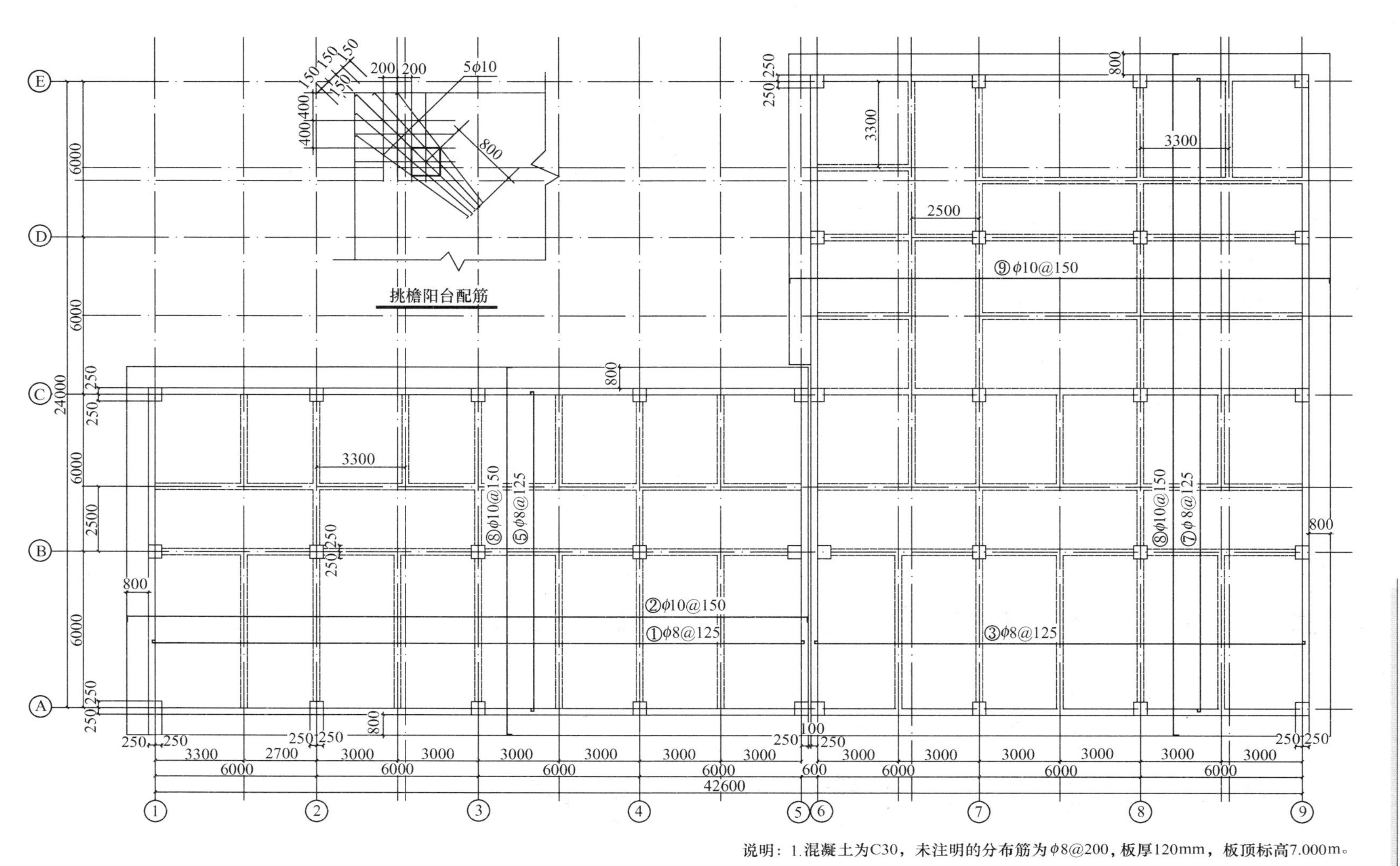

说明：1.混凝土为C30，未注明的分布筋为φ8@200，板厚120mm，板顶标高7.000m。

图 9-12 二层顶板配筋图 1∶100

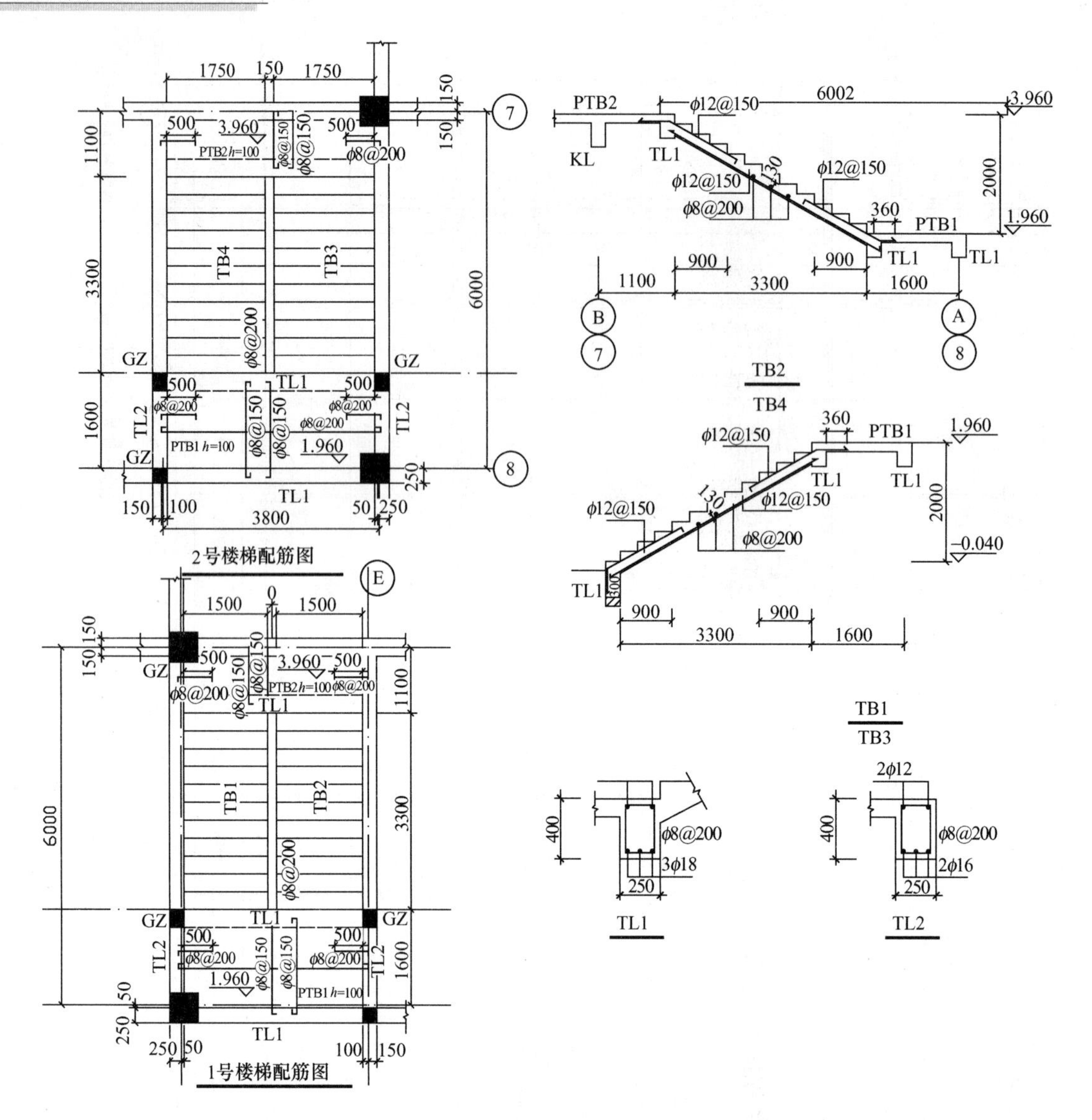
2号楼梯配筋图
1号楼梯配筋图
TB2
TB4
TB1
TB3
TL1
TL2
PTB1
PTB2
KL
GZ
φ12@150
φ8@200
φ8@150
3φ18
2φ12
2φ16
6002
3.960
1.960
-0.040

图 9-13　楼梯配筋图

10 设计概算的编制

10.1 设计概算概述

10.1.1 设计概算的概念

设计概算是初步设计阶段，确定工程从筹建到交付使用所发生的全部建设费用的经济文件。其编制依据为初步设计（或扩大初步设计）图纸、概算定额（或概算指标）、设备清单、费用标准等技术经济资料。

10.1.2 设计概算的作用

设计概算在整个工程项目的建设过程中起着极为重要的作用，现分述如下：

1. 设计概算是编制建设项目投资计划、确定和控制建设项目投资的依据

根据国家现行规定，建设项目年度投资计划的编制，确定计划投资总额及其构成，都必须以批准的初步设计概算为依据，未经批准的建设项目初步设计及概算，不能列入建设项目年度投资计划。经批准的建设项目设计投资总额是该建设项目投资的最高限额。

2. 设计概算是签订贷款合同的依据

建设项目投资人（业主）和银行，必须根据批准的项目设计概算和年度投资计划签订贷款合同，并严格实行监督控制，未经主管部门批准银行不得贷款。

3. 设计概算是控制施工图设计和施工图预算的依据

建设项目投资人（业主）和设计单位，必须按照批准的初步设计和总概算进行施工图设计，使其施工图预算不得突破设计概算，从而严格控制工程造价。

4. 设计概算是评价设计技术经济合理性和选择最佳设计方案的依据

设计概算是建设项目设计技术经济合理性的综合体现，并据此对不同设计方案进行分析比较，是选择最佳设计方案的依据。

5. 设计概算是考核建设项目投资效果的依据

建设项目投资人（业主）通过设计概算与施工图预算和竣工决算的对比，可分析和考核建设项目投资效果，验证设计概算的准确性，并有利于加强设计概算的管理和工程造价的控制。

10.1.3 设计概算的组成内容

设计概算可分为单位工程概算、单项工程综合概算以及建设项目总概算三个层次。设计概算文件包括建设项目概算编制说明、总概算书、单项工程综合概算书、单位工程概算书、工程建设其他费用概算、主要材料与设备需用表等组成内容。即建设项目总概算由一个或若干个单项工程综合概算、工程建设其他费用、预备费等内容组成；单项工程综合概算由若干个单位建筑工程概算和若干个设备及安装工程概算等内容组成。具体组成内容分述如下：

1. 单位工程概算

单位工程概算是初步设计（或扩大初步设计）阶段，依据所达到设计深度的单位工程

设计图纸、概算定额（或概算指标）以及有关费用标准等技术经济资料编制的单位工程建设费用文件。它是单项工程综合概算的组成部分，也是编制单项工程综合概算的主要依据。单位工程概算按工程性质的不同，其内容组成分为建筑工程概算和设备及安装工程概算两大类。建筑工程概算的内容包括土建工程概算、装饰装修工程概算、给水排水及采暖工程概算、通风及空调工程概算、电气照明工程概算、弱电工程概算、特殊构筑物工程概算等；设备及安装工程概算的内容包括机械设备及安装工程概算、电气设备及安装工程概算以及工具、器具及生产家具购置费概算等。

2. 单项工程综合概算

单项工程综合概算是指确定建设项目中各单项工程所需建设费用的经济文件。单项工程综合概算是建设项目总概算的主要组成部分，由单项工程中各单位工程概算的逐个编制与汇总组成。因此，单项工程综合概算的组成内容，主要包括建筑工程概算、设备及安装工程概算和工程建设其他费用概算等（不编制总概算时列入）。

3. 建设项目总概算

建设项目总概算是指确定整个建设项目从筹建到竣工验收所需全部建设费用的经济文件。建设项目总概算的组成内容，主要由各单项工程综合概算、工程建设其他费用概算、预备费等汇总编制而成。

10.1.4 设计概算的编制原则和编制依据

1. 设计概算的编制原则

设计概算的编制原则应是严格执行国家建设方针和经济政策；完整、准确地反映设计内容；结合拟建工程实际，反映工程所在地价格水平。总之，设计概算应体现技术先进，经济合理，简明、适用。概算造价要控制在投资估算范围内。

2. 设计概算的编制依据

设计概算的编制依据为经批准的可行性研究报告以及投资估算、设计图纸等资料；有关部门颁布的现行概算定额、概算指标、费用定额以及有关取费标准；人工、设备材料预算价格、造价指数等；有关合同、协议以及其他相关资料等。

10.2 单位工程设计概算的编制

10.2.1 单位工程设计概算的编制步骤

单位工程设计概算的编制步骤与施工图预算的编制步骤基本相同。其编制的具体步骤如下：

1. 熟悉设计文件，了解施工现场情况

熟悉施工图纸等设计文件，掌握工程全貌，明确工程结构形式和特点；调查了解施工现场的地形、地貌和施工作业环境。

2. 收集有关基础资料

收集和掌握的基础资料，包括建设地区的工程地质、水文气象、交通运输条件、材料设备来源地点及价格等。

3. 熟悉定额资料

设计概算一般可以利用概算定额进行编制，也可以利用概算指标进行编制，有时还可以利用综合预算定额进行编制等。因此，概算编制人员应熟悉有关的定额资料。

4. 列出扩大分项工程项目，计算工程量

首先将单位工程划分成若干个与定额子目相对应的扩大分项工程项目，然后按照概算工程量计算规则计量。

5. 套用定额，计算直接费

将计算后的概算工程量，分别列入工程概算表内，再套用相对应的概算定额（或概算指标），然后再计算定额直接费。

6. 计算各项费用，确定工程概算造价

按照各地区制定的费用定额计算各项费用，将计算的各项费用汇总，就得到工程概算造价。

7. 概算技术经济指标的计算与分析

根据确定的设计概算造价，分别计算单方造价（元/m^2）、单方消耗量（人工、材料和机械台班）等技术经济指标，同时加以分析比较，以供需要。

10.2.2 建筑工程设计概算的编制方法

建筑工程概算的编制方法主要包括扩大单价法、概算指标法、类似工程概算法等。

1. 扩大单价法

扩大单价法的概算编制程序如下：

（1）根据初步设计图纸或扩大初步设计图纸以及概算工程量计算规则，计算工程量。

（2）根据工程量和概算定额基价，计算直接费。

（3）将直接费乘以间接费率和计划利润率，计算间接费（有些地区的概算规定为综合费用）和计划利润。

（4）将计算得到的直接费、间接费以及计划利润相加，就得到土建工程设计概算。

（5）将概算价值除以建筑面积，可求出单方造价指标，即：

单位工程概算的单方造价＝单位工程概算造价/单位工程建筑面积　　(10-1)

（6）进行概算工料分析，并计算出人工、材料的总消耗量。

此法适于在初步设计达到一定深度，建筑结构较为明确时采用。

2. 概算指标法

如果设计深度不够，不能准确计量，并且工程采用的技术较为成熟、又有类似概算指标可加以利用时，可采用概算指标编制工程概算。

所谓概算指标指采用建筑面积、建筑体积或万元等单位，以整幢建筑物为对象而编制的指标。其数据来源于各种已建的建筑物预算或结算资料，也就是用已建建筑物的建筑面积或每万元除以所需的各种人工费、材料获得。

因为概算指标是按照整幢建筑物的单位建筑面积表示的价值或单方消耗量，它比概算定额更为扩大、综合，故按照概算指标编制设计概算更简化，但精确度较差。

以单位建筑面积工料消耗量概算指标为例，其概算公式如下：

每 m^2 建筑面积人工费＝指标规定的人工工日数×当地日工资标准　　(10-2)

每 m^2 建筑面积主要材料费＝Σ（指标规定的主要材料消耗量×当地材料预算单价）　　(10-3)

每 m^2 建筑面积直接费＝人工费＋主要材料费＋其他材料费＋机械费　　(10-4)

$$每\ m^2 建筑面积概算单价=直接费+间接费+材料价差+计划利润+税金 \tag{10-5}$$

$$则设计工程概算价值=设计工程建筑面积\times 每\ m^2 概算单价 \tag{10-6}$$

如果初步设计的工程内容与概算指标规定的内容有某些差异，可对原概算指标进行修正，用修正后的概算指标编制概算。其方法是，从原指标的单位造价中减去应换出的设计中不含的结构构件单价，再加入应换入的设计中包含而原指标中不包含的结构构件单价，就可得到修正后的单位造价指标。概算指标修正公式如下：

$$单位建筑面积造价修正概算指标=原造价概算指标单价-换出结构构件的数量\times 单价+换入结构构件的数量\times 单价 \tag{10-7}$$

3. 类似工程概算法

如果工程设计对象同已建或在建工程项目类似，结构特征上亦基本相同，此时可采用类似工程预、结算资料来计算设计工程的概算价值。此方法称为类似工程概算法。

这是用类似工程的预、结算资料，根据编制概算指标的方法，求出单位工程的概算指标，再按照概算指标法编制设计工程概算。

采用此方法时，要考虑设计对象同类似工程的差异，再用修正系数加以修正。如果设计对象与类似工程的结构构件有部分不相同时，必须增减这部分的工程量，之后再求出修正后的总概算造价。

采用此法编制概算的公式如下：

$$工资修正系数（K_1）=拟建工程地区人工工资标准/类似工程所在地区人工工资标准 \tag{10-8}$$

$$\begin{array}{c}材料预算价格\\修正系数\ K_2\end{array}=\frac{\Sigma(类似工程各主要材料消耗量\times 拟建工程地区材料预算价格)}{类似工程主要材料费用} \tag{10-9}$$

$$\begin{array}{c}机械使用费\\修正系数\ K_3\end{array}=\frac{\Sigma(类似工程各主要机械台班数量\times 拟建工程地区机械台班单价)}{类似工程主要机械台班使用费} \tag{10-10}$$

$$间接费修正系数(K_4)=拟建工程地区间接费率/类似工程地区的间接费率 \tag{10-11}$$

$$综合修正系数(K)=人工工资比重\times K_1+材料费比重\times K_2+机械费比重\times K_3+间接费比重\times K_4 \tag{10-12}$$

$$\begin{array}{c}工程概算\\总造价\end{array}=\begin{array}{c}拟建工程的\\建筑面积\end{array}\times\begin{array}{c}类似工程的预\\算单方造价\end{array}\times\begin{array}{c}综合修正\\系数(K)\end{array}\pm\begin{array}{c}结构增\\减值\end{array}\times\left(\begin{array}{c}1+修正后的\\间接费率\end{array}\right) \tag{10-13}$$

10.2.3 设备安装工程概算的编制方法

设备安装工程概算的编制方法有预算单价法、扩大单价法、设备价值百分比法和综合吨位指标法等方法。

1. 预算单价法

当初步设计具有一定的深度，且有详细的设备清单时，可直接按照安装工程预算定额单价编制设备安装工程概算，其概算编制程序与安装工程施工图预算基本相同。

2. 扩大单价法

当初步设计深度不够时，设备材料清单亦不完备，仅有主体设备或成套设备以及主要材料时，可采用主体设备、成套设备的综合扩大安装单价来编制概算。

【例 10-1】某厂车间变电所拟建 SLZ7-5000/35 型变压器 2 台，综合扩大单价为 95 元/kVA，计算概算投资费用为多少？

【解】 95/10000(万元/kVA)×5000(kVA)×2=95.00 万元

3. 设备价值百分比法

又称为安装设备百分比法，是在设计深度不够，只有设备出厂价而无详细规格、重量时，安装费可以按照所占设备费的百分比计算。百分比即为安装费率，可由主管部门指定或由设计单位根据已完类似工程确定。此方法多用于价格波动不大的定型产品和通用设备产品，计算公式为：

设备安装费=设备原价×安装费率（%） (10-14)

【例 10-2】某厂车间一通用设备，设备无详细资料，设备原价 3 万元，安装费率为 2%，求此设备的安装费是多少？

【解】 30000×2%=600 元

4. 综合吨位指标法

当初步设计提供的设备清单有规格和设备重量时，可采用综合吨位指标编制概算，其指标可由主管部门或设计院根据已完类似工程资料确定。这种方法多用于设备价格波动较大的非标准设备和引进设备的安装工程概算。计算公式为：

设备安装费=设备吨位×每吨设备安装费指标（元/t） (10-15)

【例 10-3】某厂引进设备规格、重量有详细清单，其重量为 5t，每吨设备安装费指标为 200 元/t，求此设备的安装费是多少？

【解】 5×200=1000 元

10.2.4 设备购置费概算的编制

设备购置费由设备原价和设备运杂费两项组成。

国产标准设备原价可根据设备型号、规格、性能、材质数量以及附带的配件，向制造厂家询价或向设备、材料信息部门查询或按照主管部门规定的现行价格逐项计算。非主要标准设备和工器具、生产家具的原价可按照主要标准设备原价的百分比计算，百分比指标按照主管部门或地区有关规定执行。详细内容见工程造价的确定与控制相关教材中有关设备及工、器具购置费用的构成章节的介绍。

国产非标准设备原价在编制设计概算时可按照下列两种方法确定：

1. 非标准设备台（件）估价指标法

根据非标设备的类别、重量、性能、材质等情况，以每台设备规定的估价指标计算，即：

非标准设备原价=设备台班×每台设备估价指标（元/台） (10-16)

2. 非标准设备吨重估价指标法

根据非标准设备的类别、性能、质量、材质等情况，以某类设备所规定吨重估价指标计算，即：

非标准设备原价=设备吨重×每吨重设备估价指标（元/t） (10-17)

设备运杂费按照有关规定的运杂费率计算，即：

设备运杂费=设备原价×设备运杂费率（%） (10-18)

10.3 单项工程综合概算的编制

单项工程综合概算是以其所对应的建筑工程概算表和设备安装概算表为基础汇总编制的。当建设项目只有一个单项工程时，单项工程综合概算实际上就是总概算，还应包括工程建设其他费用、建设期贷款利息、预备费等概算。

10.3.1 综合概算编制说明

编制说明是单项工程综合概算书的组成部分，包括以下内容：

(1) 工程概况。说明该单项工程的建设地址、建设规模、资金来源等。

(2) 编制依据。说明综合概算编制的设计文件、定额、费用计算标准等。

(3) 编制范围。说明综合概算所包括以及未包括的工程和费用情况。

(4) 投资分析。说明按费用构成或投资性质分析各项工程和费用占总投资的比例。

(5) 编制方法。利用预算单价法、扩大单价法、设备价值百分比法等。

(6) 主要材料和设备数量。说明主要建筑材料（钢材、木材、水泥）及设备的数量等。

(7) 其他需要说明的问题。

10.3.2 综合概算的内容

由于综合概算（书）是反映建设项目中某一单项工程所需全部建设费用的综合性技术经济文件，因此它所包括的内容有：

(1) 建筑工程概算费用。包括一般土建工程、给水排水工程、暖通工程、电气照明工程、弱电工程等概算费用。

(2) 设备及安装工程概算费用。包括工艺以及土建设备购置费、工器具购置费和设备安装工程费用。

(3) 工程建设其他费用概算。包括土地使用费、与项目建设有关的其他费用以及与未来企业生产经营有关的其他费用。详细内容见工程造价的确定与控制相关教材中有关工程建设其他费用构成章节的介绍。

(4) 技术经济指标。技术经济指标是综合概算表中一项非常重要的内容，它反映出各专业新建工程单位产品的投资额，说明单位的生产和服务能力以及设计方案的经济合理性和可行性。单项工程综合概算表见表10-1。

机械装配车间综合概算表 **表10-1**

序号	单位工程和费用名称	概算价值：万元					技术经济指标：元/m²			占总投资(%)
		建筑工程费	设备购置费	工、器具购置费	工程建设其他费用	合计	单位	数量	单位造价(元)	
一	建筑工程	262.00			1.75	263.75	m²	4256		61.16
1	一般土建工程	212.81			1.25	214.06	m²	4256	502.96	49.64
2	给水排水工程	5.13				5.13	m²	4256	12.05	1.19
3	通风工程	21.33				21.33	m²	4256	50.12	4.95

续表

序号	单位工程和费用名称	概算价值：万元					技术经济指标：元/m²			占总投资（%）
		建筑工程费	设备购置费	工、器具购置费	工程建设其他费用	合计	单位	数量	单位造价（元）	
4	工业管道工程	0.65				0.65	m²	58.50	111.11	0.15
5	设备基础工程	14.08				14.08	m²	402.25	350.03	3.26
6	电气照明工程	8.00			0.50	8.50	m²	4256	19.97	1.97
	…									
二	设备及安装工程		130.95	35.56		167.51				38.84
1	机械设备及安装		113.31	34.71		148.02	t	427.25	3464.48	34.32
2	动力设备及安装		17.64	1.85		19.49	kW	343.78	566.98	4.52
	…									
	总计	262.00	130.95	36.56	1.75	431.26				100

10.3.3 综合概算的编制

1. 编制依据

经过校审后的相应单项工程的所有单位工程概算。如果不编制总概算的建设项目，还必须编制工程建设其他费用概算。

2. 编制步骤

（1）经计算后将有关单位工程概算价值逐项填入综合概算表内。

（2）计算工程建设其他费用概算，列入综合概算表内（编总概算时，可不列此项）。

（3）将上述费用相加，可求出单项工程综合概算价值。

（4）按规定计算间接费、计划利润和税金等费用。

（5）将单项工程综合概算价值与间接费、计划利润和税金相加，就得到单项工程综合概算造价。

（6）计算各项技术经济指标。

（7）填写编制说明。

10.4 建设项目总概算的编制

建设项目总概算是确定建设项目全部建设费用的总文件，它包括建设项目从筹建到竣工验收交付使用的全部建设费用。其内容包括各单项工程综合概算、工程建设其他费用、建设期贷款利息、预备费、经营性项目的铺底流动资金、编制说明和总概算表等。

10.4.1 总概算编制说明

概算编制说明的编写，主要应说明以下问题：

1. 工程概况

工程概况应说明该建设项目的生产品种、规模、公用工程及厂外工程的主要情况，并说明该建设项目总概算所包括的工程项目与费用，以及不包括的工程项目与费用。

2. 编制依据

编写时应说明建设项目总概算的编制依据。它们主要包括该建设项目中各单项工程综合概算、工程建设其他费用及基本预备费，以及该建设项目的设计任务书、初步设计图纸、概算定额或概算指标、费用定额（含各种计费费率）、材料设备价格信息等有关文件和资料。

3. 编制方法

说明该建设项目总概算采用何种方法编制，并在编制说明中表述清楚。

4. 投资分析与费用构成

主要针对各项投资的比例进行分析，并与同类建设工程比较，分析其投资情况，从而说明建设项目的设计是否经济合理。

5. 主要材料与设备的需用数量

编制说明中还应说明建筑安装工程主要材料（钢材、木材、水泥）以及主要机械设备和电气设备的需用数量。

6. 其他有关问题的说明

其他有关问题的说明，主要指有关编制文件与资料以及其他需要说明的问题等。

10.4.2 总概算表的内容

总概算表的内容，主要由“工程费用项目”和“工程建设其他费用项目”两大部分组成。把这两大部分合计以后，再列出“预备费用项目”，最后列出“回收资金”项目，计算汇总后就可得出该建设项目总概算造价。现以工业建设项目为例，分述如下：

1. 工程费用项目

（1）主要生产项目和辅助生产项目

1）主要生产工程项目，根据建设项目的性质和设计要求确定；

2）辅助生产工程项目，如机修车间、电修车间、木工车间等。

（2）公用设施工程项目

1）给水排水工程，如全厂房、水塔、水池及室外管道等；

2）供电及电信工程，如全厂变电及配电所、广播站、输电及通信线路等；

3）供气和采暖工程，如全厂锅炉房、供热站及室外管道等；

4）总图运输工程，如全厂码头、围墙、大门、公路、铁路、通路及运输车辆等；

5）厂外工程，如厂外输水管道、厂外供电线路等。

（3）文化、教育工程

如子弟学校和图书馆等。

（4）生活、福利及服务性工程

如住宅、宿舍、厂部办公室、浴池和医务室等。

2. 其他工程费用项目

（1）工程建设其他费用。

（2）预备费。

（3）回收资金。

10.4.3 建设项目总概算编制实例

1. 建设项目概况

(1) 建设项目名称

××市××工业园区××总厂

(2) 相关的各项数据

该总厂各单项工程概算造价等相关数据统计如下：

1) 主要生产厂房项目：7400万元，其中建筑工程概算2800万元，设备购置费概算3900万元，安装工程费700万元；

2) 辅助生产项目：4900万元，其中建筑工程费1900万元，设备购置费2600万元，安装工程费400万元；

3) 公用工程：2200万元，其中建筑工程费1320万元，设备购置费660万元，安装工程费220万元；

4) 环境保护工程项目：660万元，其中建筑工程费330万元，设备购置费220万元，安装工程费110万元；

5) 总图运输工程项目：330万元，其中建筑工程费220万元，设备购置费110万元；

6) 服务性工程项目：建筑工程费160万元；

7) 生活福利工程项目：建筑工程费220万元；

8) 厂外工程项目：建筑工程费110万元；

9) 工程建设其他费用：400万元。

(3) 各项计费费率规定

1) 基本预备费费率为10%；

2) 建设期内每年涨价预备费费率为6%；

3) 贷款年利率为6%(每半年计利息一次)；

4) 固定资产投资方向调节税税率为5%。

(4) 工期及建设资金筹集

该建设项目建设工期为2年，每年建设投资相等。建设资金筹集为：第一年贷款5000万元，第二年贷款4800万元，其余为自筹资金。

2. 建设项目总概算编制要求

(1) 试计算与编制该建设项目总概算(即计算该建设项目固定资产投资概算)。

(2) 按照规定应计取的基本预备费、涨价预备费、建设期贷款利息和固定资产投资方向调节税，在计算后将其费用名称和计算结果填入总概算表内。

(3) 完成该建设项目总概算表的填写与编制。

3. 建设项目总概算表的填写

根据上述该建设项目概况、相关的各项数据和总概算的编制要求，进行总概算的填写与编制。其总概算表填写见表10-2。

4. 预备费的计算

预备费概算包括基本预备费和建设期涨价预备费。现分别计算如下：

(1) 基本预备费的计算

基本预备费指在编制概算时，不可预见的工程费用，包括初步设计增加费、地基局部处理费、预防突发事故措施费及隐蔽工程检查必要时的挖掘修复费等费用，按照国家现行规定，基本预备费的计算是以建筑安装工程费用、设备及工器具购置费用和工程建设其他费用三者之和为计取基础，乘以基本预备费费率即可得到基本预备费。其计算式如下：

基本预备费＝(7060＋7490＋1430＋400)×基本预备费费率

＝16380×10％

＝1638 万元

建设项目固定资产投资总概算表 **表 10-2**

单位：万元

序号	工程费用名称	概算价值					占固定资产投资比例（%）
		建筑工程费用	设备购置费用	安装工程费用	其他费用	合计	
1	工程费用	7060	7490	1430		15980	75.14
1.1	主要生产项目	2800	3900	700		7400	
1.2	辅助生产项目	1900	2600	400		4900	
1.3	公用工程项目	1320	660	220		2200	
1.4	环境保护工程项目	330	220	110		660	
1.5	总图运输工程项目	220	110			330	
1.6	服务性工程项目	160				160	
1.7	生活福利工程项目	220				220	
1.8	厂外工程项目	110				110	
2	工程建设其他费用				400	400	1.88
	小计（1+2）	7060	7490	1430	400	16380	
3	预备费				3292	3292	15.48
3.1	基本预备费				1638	1638	
3.2	涨价预备费					1654	
4	投资方向调节税				984	984	4.62
5	建设期贷款利息				612	612	2.88
6	合计	7060	7490	1430	5288	21268	

注：投资方向调节税目前国家已取消，可不计取此项费用。

（2）涨价预备费的计算

指建设项目在建设期内由于各种价格因素的变动，对工程造价影响的预测预留费，包括因人工、材料、机械、设备的价差发生，建筑安装工程费和工程建设其他费用进行调整，以及利率、汇率调整等所增加的费用。

涨价预备费的测算方法，可根据国家规定的投资综合价格指数，按估算年份价格水平的投资额为基数，采用复利方法计算。其计算式如下：

$$PF = \sum_{t=1}^{n} I_t[(1+f)^t - 1] \tag{10-19}$$

式中 PF——涨价预备费；

n——建设期年份数；

I_t——建设期内第 t 年的投资额，包括建筑安装工程费用、设备及工器具购置费、工程建设其他费用和基本预备费 ；

f——年投资价格上涨率。

涨价预备费$=[(16380+1638)/2][(1+6\%)^1-1]+[(16380+1638)/2][(1+6\%)^2-1]$

$=540.54+1113.51$

$=1654$ 万元

（注：建设期为 2 年，每年建设投资相等，故除以 2）

（3）建设预备费概算的计算

建设预备费概算＝建设基本预备费概算＋建设期涨价预备费概算

＝1638＋1654

＝3292 万元

5. 建设期贷款利息的计算

建设期贷款利息，包括向国内银行和其他非银行金融机构贷款、出口信贷、外国政府贷款、国际商业银行贷款及在境内外发行的债券等在建设期间内应偿付的借款利息，实行复利计算。

（1）当贷款总额一次性贷出且利率固定时，其计算式如下：

$$F = P(1+i)^n$$

则：
$$贷款利息 = F - P \tag{10-20}$$

式中 P——一次性贷款金额；

F——建设期还款时的本利和；

i——年利率；

n——贷款期限。

（2）当总贷款分年均衡发放时，建设期利息的计算可按当年借款在年中支用考虑，即当年贷款按半年计息，上年贷款按全年计息。计算式如下：

$$Q_j = (P_{j-1} + 1/2A_j)i \tag{10-21}$$

式中 Q_j——建设期第 j 年应计利息；

P_{j-1}——建设期第（$j-1$）年末贷款累计金额与利息累计金额之和；

A_j——建设期第 j 年贷款金额；

i——年利率。

（3）建设期贷款利息的计算。

由于该建设项目的贷款是分年均衡发放的，故可按照上述（2 ）中的计算方法进行计算，具体计算如下：

年实际贷款利率 $i'=[1+(6\%/2)]^2-1=6.09\%$

则：第一年贷款利息$=1/2\times5000(A_j=1)\times6.09\%=152.25$ 万元

第二年贷款利息$=(P_1+1/2A_2)i'$

$=(5000+152+1/2\times4800)\times6.09\%$

$=459.91$ 万元

式中，P_1为第一年建设期贷款累计金额与利息累计金额之和(即5000＋152＝5152万元)，A_2为第二年贷款金额4800万元。

故：建设期贷款利息＝152.25＋459.91

＝612.16万元

复习思考题

1. 简述设计概算的概念、作用和组成内容。
2. 何谓单位工程设计概算？
3. 何谓单项工程综合概算？
4. 何谓建设项目总概算？
5. 简述单位工程设计概算的编制步骤。
6. 建设工程设计概算的编制方法有哪几种？
7. 设备安装工程概算的编制方法有哪几种？
8. 设备购置费概算的编制方法有哪几种？
9. 简述单项工程综合概算的编制内容、依据和步骤。
10. 简述建设项目总概算的编制内容、步骤、项目划分及其相关税费的计算。

11　工程结算和竣工决算

11.1　工程竣工结算

11.1.1　工程结算

工程结算是指项目竣工后，承包方按照合同约定的条款和结算方式，向业主结清双方往来款项。工程结算在项目施工中通常需要发生多次，一直到整个项目全部竣工验收，还需要进行最终建筑产品的工程竣工结算，从而完成最终建筑产品的工程造价的确定和控制。以下主要阐述工程备料款、工程价款和完工后的结算（工程竣工结算）。

11.1.2　工程价款结算的方式

按照现行规定，我国工程价款结算根据不同情况，可以采取多种方式。

1. 按月结算

采取旬末或月中预支，月终结算，竣工后清算的办法。即每月月末由承包方提出已完工程月报表以及工程款结算清单，交现场监理工程师审查签证并经过业主确认后，办理已完工程的工程价款月终结算。跨年度竣工的工程，在年终进行工程盘点，办理年度结算。目前，我国建安工程项目中，大多采用按月结算的办法。

2. 竣工后一次结算

当建设项目或单位工程全部建安工程建设期在12个月以内时，或工程承包合同价值在100万元以下者，可采取工程价款每月月中预支，竣工后一次性结算的方式。

3. 分段结算

对当年开工，但当年不能竣工的单项工程或单位工程，可按工程形象进度，划分不同阶段进行结算。分段结算可按月预支工程款，分段划分标准由各部门、自治区、直辖市、计划单列市规定。

4. 目标结算

是在工程合同中，将承包工程内容分解成不同的控制界面，以业主验收控制界面作为支付工程价款的前提条件，换言之，是将合同中的工程内容分解为不同的验收单元，当承包商完成单元工程内容并经业主验收后，业主支付构成单元工程内容的工程价款。

在目标结算方式下，承包商要得到工程款，必须履行合同约定的质量标准完成界面内的工程内容，否则承包商会遭受损失。

目标结算方式中，对控制界面的设定应明确描述，以便量化和质量控制，同时也要适应项目资金的供应周期和支付频率。

11.1.3　工程预付款及其计算

我国目前工程承发包中，大多工程实行包工包料，即承包商必须有一定数量的备料周转金。通常在工程承包合同中，会明确规定发包方（甲方）在开工前拨付给承包方（乙方）一定数额的工程预付备料款。该预付款构成承包商为工程项目储备主要材料、构件所需要的流动资金。

我国《建筑工程施工合同（示范文本）》规定，甲乙双方应当在专门条款内约定甲方向乙方预付工程款的时间和数额，开工后按约定的时间和比例逐次扣回。预付时间应不迟于约定的开工日期前7天。甲方不按约定预付，乙方在约定预付时间7天后向甲方发出要求预付的通知，甲方收到通知后仍不能按要求预付，乙方可在发出通知后7天停止施工，甲方应从约定应付之日起向乙方支付应付款的贷款利息，并承担违约责任。

原建设部颁布的《建设工程施工招标文件范本》中明确规定，工程预付款仅用于乙方支付施工开始时与本工程有关的费用。如乙方滥用此款，甲方有权立即收回。在乙方向甲方提交金额等于预付款数额（甲方认可的银行开出）的银行保函后，甲方按规定的金额和规定的时间向乙方支付预付款，在甲方全部扣回预付款之前，该银行保函将一直有效。当预付款被甲方扣回时，银行保函金额相应递减。

1. 预付备料款的限额

预付备料款的限额可由以下主要因素决定：主要材料（包括外购构件）占工程造价的比重；材料储备期；施工工期。

对于施工企业常年应备的备料款限额，可按下列公式计算：

$$\text{备料款限额}=\frac{\text{年度承包工程总值}}{\text{年度施工日历天数}}\times\text{主要材料所占比重}\times\text{材料储备天数} \tag{11-1}$$

一般情况下，建筑工程不得超过当年建安工作量（包括水、电、暖）的30%；安装工程按年安装工程量的10%、材料所占比重较大的安装工程按年计划产值的15%左右拨付。

实际工程中，备料款的数额，亦可根据各工程类型、合同工期、承包方式以及供应体制等不同条件来确定。如工业项目中钢结构和管道安装所占比重较大的工程，其主要材料所占比重比一般安装工程高，故备料款的数额亦相应提高。

2. 备料款的扣回

由于发包方拨付给承包方的备料款属于预支性质，在工程进行中，随着工程所需主要材料储备的逐步减少，应以抵充工程价款的方式陆续扣回。其扣款方式有两种：

（1）可从未施工工程尚需要的主要材料以及构件的价值相当于备料款数额时起扣，从每次结算工程价款中，按材料比重扣抵工程价款，在竣工前全部扣清。备料款起扣点按下式计算：

$$T=P-\frac{M}{N} \tag{11-2}$$

式中 T——起扣点，即预付备料款开始扣回时的累计完成工作量金额；

M——预付备料款的限额；

N——主材比重；

P——承包工程价款总额。

N(主材比重)＝主要材料费÷工程承包合同造价

（2）《建设工程施工招标文件范本》中明确规定，在乙方完成金额累计达到合同总价的10%后，由乙方开始向甲方还款，甲方从每次应付给的金额中，扣回工程预付款，甲方至少在合同规定的完工期前三个月将工程预付款的总计金额按逐次分摊的办法扣回，当甲方一次付给乙方的余额少于规定扣回的金额时，其差额应转入下一次支付中作为债务结转。甲方不按规定支付工程预付款，乙方按《建筑工程施工合同（示范文本）》第 21 条享有权利。

11.1.4 工程进度款的支付

建安企业在工程施工中，按照每月形象进度或者控制界面等完成的工程数量计算各项费用，向业主办理工程进度款的支付（即中间结算）。

以按月结算为例，现行的中间结算办法是，施工企业在旬末或月中向业主提出预支工程款账单，预支一旬或半月的工程款，月终再提出工程款结算账单和已完工程月报表，收取当月工程价款，并通过银行结算，按月进行结算，并对现场已完工程进行盘点，有关资料要提交监理工程师和建设单位审查签证。多数情况下，是以施工企业提出的统计进度月报表为支取工程款的凭证，即工程进度款。其支付步骤如图 11-1 所示。

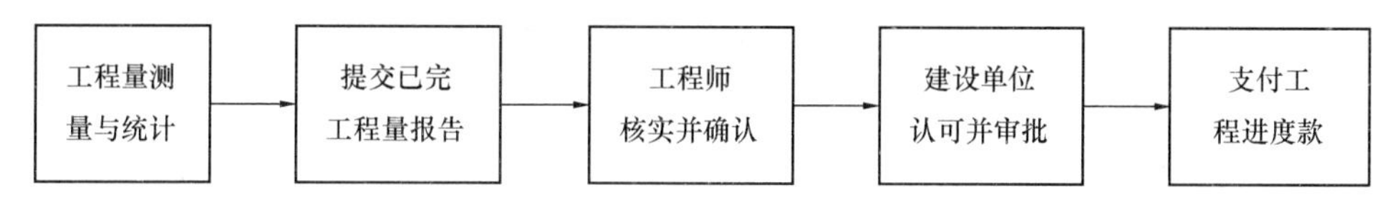

图 11-1 工程进度款支付步骤

工程进度款支付过程中，需遵循如下要求：

1. 工程量的确认

参照 FIDIC 条款的规定，工程量的确认应做到：

（1）乙方应按约定的时间，向工程师提交已完工程量的报告。工程师接到报告后 7 天内按设计图纸核实已完工程量（以下称计量），并在计量前 24 小时通知乙方，乙方为计量提供便利条件并派人参加。乙方不参加计量，甲方自行进行，计量结果有效，作为工程价款支付的依据。

（2）工程师收到乙方报告后 7 天内未进行计算，从第 8 天起，乙方报告中开列的工程量即视为已被确认，作为工程价款支付的依据。工程师不按约定时间通知乙方，使乙方不能参加计量，计量结果无效。

（3）工程师对乙方超出设计图纸范围或因自身原因造成返工的工程量，不予计量。

2. 合同收入的组成

财政部制定的《企业会计准则——建造合同》中对合同收入的组成内容进行了解释。合同收入包括两部分内容：

（1）合同中规定的初始收入，即建造承包商与客户在双方签订的合同中最初商定的合同总金额，构成合同收入的基本内容。

（2）因合同变更、索赔、奖励等构成的收入，这部分收入并不构成合同双方在签订合同时已在合同中商定的合同总金额，而是在执行合同过程中由于合同变更、索赔、奖励等原因而形成的追加收入。

3. 工程进度款支付

《建筑工程施工合同（示范文本）》中对工程进度款支付作了如下规定：

（1）工程进度款在双方计量确认后 14 天内，甲方应向乙方支付工程进度款。同期用于工程上的甲方供应材料设备的价款以及按约定时间甲方应按比例扣回的预付款，同期结算。

(2) 符合规定范围的合同价款的调整，工程变更调整的合同价款及其他条款中约定的追加合同价款，应与工程进度款同期调整支付。

(3) 甲方超过约定的支付时间不付工程进度款，乙方可向甲方发出要求付款通知，甲方收到乙方通知后仍不能按要求付款，可与乙方协商签订延期付款协议，经乙方同意后可延期支付。协议需明确延期支付时间和从甲方计量签字后第 15 天起计算应付款的贷款利息。

(4) 甲方不按合同约定支付工程进度款，双方又未达成延期付款协议，导致施工无法进行，乙方可停止施工，由甲方承担违约责任。

11.1.5 工程保修金（尾留款）的预留

按规定，工程项目总造价中需预留一定比例的尾款作为质量保修金，等到工程项目保修期结束时最后拨付。对于尾款的扣除，通常采取两种方法：

(1) 当工程进度款拨付累计额达到该建筑安装工程造价的一定比例（一般为 95%～97%）时，停止支付，预留造价部分作为尾留款。

(2) 我国颁布的《建设工程施工招标文件范本》中规定，尾留款（保留金）的扣除，可以从甲方向乙方第一次支付的工程进度款开始，在每次乙方应得的工程款中扣留投标书附录中规定金额作为保留金，直至保留金总额达到投标书附录中规定的限额为止。

11.1.6 工程竣工结算及其审查

1. 工程竣工结算的含义及要求

工程竣工结算指施工企业按照合同规定的内容全部完成所承包的工程，经验收质量合格，并符合合同要求之后，对照原设计施工图，根据增减变化内容，编制调整预算，作为向发包单位进行最终工程价款结算。

《建筑工程施工合同（示范文本）》中对竣工结算作了如下规定：

(1) 工程竣工验收报告经甲方认可后 28 天内，乙方向甲方递交竣工结算报告和完整的结算资料，甲乙双方按照协议书约定的合同价款及专用条款约定的合同价款调整内容，进行工程竣工结算。

(2) 甲方收到乙方递交的竣工结算报告及结算资料后 28 天内进行核实，给予确认或提出修改意见。甲方确认竣工结算报告后通知经办银行向乙方支付工程竣工结算价款。乙方收到竣工结算价款后 14 天内将竣工工程交付甲方。

(3) 甲方收到竣工结算报告及结算资料后 28 天内无正当理由不支付工程竣工结算价款，从第 29 天起按乙方同期向银行贷款利率支付拖欠工程价款的利息，并承担违约责任。

(4) 甲方收到竣工结算报告及结算资料后 28 天内不支付工程竣工结算价款，乙方可以催告甲方支付结算价款。甲方在收到竣工结算报告及结算资料后 56 天内仍不支付的，乙方可以与甲方协议将该工程折价，也可以由乙方申请人民法院将该工程依法拍卖，乙方就该工程折价或者拍卖的价款优先受偿。

(5) 工程竣工验收报告经甲方认可后 28 天内，乙方未能向甲方递交竣工结算报告及完整的结算资料，造成工程竣工结算不能正常进行或工程竣工结算价款不能及时支付，甲方要求交付工程的，乙方应当交付；甲方不要求交付工程的，乙方承担保管责任。

(6) 甲乙双方对工程竣工结算价款发生争议时，按争议的约定处理。

对当年开工、当年竣工的工程，只需要办理一次性结算。跨年度的工程，在年终办理一次年终结算，将未完工程结转到下一年度，此时竣工结算等于各年度结算的总和。

办理工程价款竣工结算的一般公式为：

$$\text{竣工结算工程价款}=\text{预算(或概算)或合同价款}+\text{施工过程中预算或合同价款调整数额}-\text{预付及已结算工程价款} \qquad (11\text{-}3)$$

2. 工程竣工结算的编制原则

(1) 已具备结算条件：竣工图纸完整无误，竣工报告及所有验收资料完整无误。业主或委托工程建设监理单位对结算项目逐一核实，是否符合设计及验收规范要求，不符合不予结算，需返工的，应返工后结算。

(2) 实事求是，正确确定造价。乙方要有对国家负责的态度认真编制竣工结算。

3. 工程竣工结算的作用

(1) 工程竣工结算可作为考核业主投资效果，核定新增固定资产价值的依据。

(2) 工程竣工结算亦可作为双方统计部门确定建安工作量和实物量完成情况的依据。

(3) 工程竣工结算还可作为造价部门经建设银行终审定案，确定工程最终造价，实现双方合同约定的责任依据。

(4) 工程竣工结算可作为承包商确定最终收入，进行经济核算，考核工程成本的依据。

4. 工程竣工结算的编制依据

(1) 原施工图预算及其工程承包合同。

(2) 竣工报告和竣工验收资料，如基础竣工图和隐蔽资料等。

(3) 经设计单位签证后的设计变更通知书、图纸会审纪要、施工记录、业主委托监理工程师签证后的工程量清单。

(4) 预算定额及其有关技术、经济文件。

5. 工程竣工结算的编制内容

(1) 工程量增减调整。这是编制工程竣工结算的主要部分，即所谓量差，就是说所完成的实际工程量与施工图预算工程量之间的差额。量差主要表现为：

1) 设计变更和漏项。因实际图纸修改和漏项等而产生的工程量增减，该部分可依据设计变更通知书进行调整。

2) 现场工程更改。实际工程中施工方法出现不符、基础超深等均可根据双方签证的现场记录，按照合同或协议的规定进行调整。

3) 施工图预算错误。在编制竣工结算前，应结合工程的验收和实际完成工程量情况，对施工图预算中存在的错误予以纠正。

(2) 价差调整。工程竣工结算可按照地方预算定额或基价表的单价编制，因当地造价部门文件调整发生的人工、计价材料和机械费用的价差均可以在竣工结算时加以调整。未计价材料则可根据合同或协议的规定，按实调整价差。

(3) 费用调整。属于工程数量的增减变化，需要相应调整安装工程费的计算；属于价差的因素，通常不调整安装工程费，但要计入计费程序中，换言之，该费用应反映在总造价中；属于其他费用，如停窝工费用、大型机械进出场费用等，应根据各地区定额和文件规定，一次结清，分摊到工程项目中去。

6. 工程竣工结算的编制方式

（1）以施工图预算为基础编制竣工结算。对增减项目和费用等，经业主或业主委托的监理工程师审核签证后，编制的调整预算。

（2）包干承包结算方式编制竣工结算。这种方式实际上是按照施工图预算加系数包干编制的竣工结算。依据合同规定，若未发生包干范围以外的工程增减项目，包干造价就是最终结算造价。

（3）以房屋建筑面积造价为基础编制竣工结算。这种方式是双方根据施工图和有关技术经济资料，经计算确定出每平方米造价，在此基础上，按实际完成的面积数量进行结算。

（4）以投标的造价为基础编制竣工结算。如果工程实行招、投标时，承包方可对报价采取合理浮动。通常中标一方根据工期、质量、奖惩、双方所承担的责任签订工程合同，对工程实行造价一次性包干。合同所规定的造价就是竣工结算造价。在结算时只需将双方在合同中约定的奖惩费用和包干范围以外的增减工程项目列入，并作为“合同补充说明”进入工程竣工结算。

7. 工程价款与工程竣工结算编制实例

【例 11-1】某施工单位承包某工程项目，甲乙双方签订的关于工程价款的合同内容如下：

（1）建筑安装工程造价为 660 万元，建筑材料及设备费占施工产值的比重达 60%。

（2）工程预付款为建筑安装工程造价的 20%。工程实施后，工程预付款从未施工工程尚需的建筑材料及设备费相当于工程预付款数额时起扣，从每次结算工程价款中按材料和设备占施工产值的比重抵扣工程预付款 ，竣工前全部扣清。

（3）工程进度款逐月计算。

（4）工程质量保证金为建筑安装工程造价的 3%，竣工结算月一次扣留。

（5）建筑材料和设备价差调整按当地工程造价管理部门有关规定执行（按当地工程造价管理部门有关规定，上半年材料和设备价差上调 10%，在 6 月份一次调增）。

工程各月实际完成产值见表 11-1 所列。

各月实际完成产值（万元） **表 11-1**

月份	2 月	3 月	4 月	5 月	6 月
完成产值	55	110	165	220	110

问题：

（1）通常工程竣工结算的前提是什么？

（2）工程价款结算的方式有哪几种？

（3）该工程的工程预付款、起扣点为多少？

（4）该工程 2 月至 5 月每月拨付工程款为多少，累计工程款为多少？

（5）6 月份办理工程竣工结算，该工程结算造价为多少，甲方应付工程结算款为多少？

（6）该工程在保修期间发生屋面漏水，甲方多次催促乙方修理，乙方一再拖延，最后甲方另请施工单位修理，修理费 1.5 万元，该项费用如何处理？

分析要点：

本实例主要考核工程结算方式、按月结算工程款的计算方法、工程预付款的起扣点的计算；要求结合本实例，对工程结算方式、工程预付款和起扣点的计算、按月结算工程款的计算方法和工程竣工结算等内容进行全面、系统的学习掌握。

【解】（1）工程竣工结算的前提条件是承包商按照合同规定的内容全部完成所承包的工程，并符合合同要求，经相关部门联合验收质量合格。

（2）工程价款的结算方式主要包括按月结算、分段结算、竣工后一次结算和目标结算等方式。

（3）工程预付款金额为：660×20%=132万元

$$\text{起扣点：}T=P-\frac{M}{N}=660-\frac{132}{60\%}=440\text{ 万元}$$

即当累计完成产值为440万元时，开始扣回工程预付款。

（4）各月拨付工程款为：

2月：甲方拨付给乙方的工程款55万元，累计工程款55万元

3月：甲方拨付给乙方的工程款110万元，累计工程款=55+110=165万元

4月：甲方拨付给乙方的工程款165万元，累计工程款=165+165=330万元

5月：工程预付款应从5月份开始起扣，因为5月份累计实际完成的施工产值为

$$330+220=550\text{ 万元}>T=440\text{ 万元}$$

$$\text{5月份应扣回的工程预付款}=(550-440)\times60\%=66\text{ 万元}$$

$$\text{5月份甲方拨付给乙方的工程款}=220-66=154\text{ 万元}$$

$$\text{累计拨付工程款}=330+154=484\text{ 万元}$$

（5）工程结算总造价为：

$$660+660\times60\%\times10\%=699.6\text{ 万元}$$

甲方应付工程结算款为：

$$699.6-484-(699.6\times3\%)-132=62.612\text{ 万元}$$

（6）1.5万元维修费应从乙方（承包商）的质量保证金中扣除。

【例11-2】以施工图预算为基础编制工程竣工结算。

某厂房电气照明、防雷工程，从项目分析表增减调整得到该单位工程人工费、计价材料费、机械费和未计价材料费汇总数据，见表11-2。

工程结算直接费增减调整表（元） **表11-2**

序号	项目名称	人工费合价	计价材料费合价	机械费合价	未计价材料费合价
一	原预算审定直接费	8416.01	16901.16	2969.44	271597.19
二	结算调增直接费	3128.43	6235.62	1229.86	50056.82
三	结算调减直接费	−776.78	−1165.14	−118.73	−30225.74
∑合计=(一+二+三)		10767.66	2197.64	4080.57	291428.28

【解】将以上数据带入计费程序表中，其计算方法同施工图预算。

8. 工程竣工结算的审查

工程竣工结算审查是竣工结算阶段的一项重要工作。审查工作通常由业主、监理公司

或审计部门把关进行。审核内容通常有以下几方面：

（1）核对合同条款。主要审查工程竣工是否验收合格，竣工内容是否符合合同要求，结算方式是否按合同规定进行，套用定额、计费标准、主要材料调差等是否按约定实施。

（2）审查隐蔽资料和有关签证等是否符合规定要求。

（3）审查设计变更签证是否符合手续程序，是否加盖公章。

（4）根据施工图核实工程量。

（5）审核各项费用计取是否准确。主要从费率、计算基础、价差调整、系数计算、计费程序等方面着手进行。

11.2　工程竣工决算

11.2.1　建设项目竣工决算和分类

建设项目竣工决算指在竣工验收交付使用阶段，由建设单位编制的建设项目从筹建到竣工投产或使用全过程的全部实际支出费用的经济文件。该文件是竣工验收报告的重要组成部分。

国家规定，所有新建、扩建、改建和恢复项目竣工后均要编制竣工决算。根据建设项目规模的大小，可分大、中型建设项目竣工决算和小型建设项目竣工决算两大类。

施工企业在竣工后，也要编制单位工程（或单项工程）竣工成本决算，用作预算和实际成本的核算比较，以便总结经验，提高管理水平。但两者在概念和内容上存在着不同。

11.2.2　竣工决算的作用

1. 竣工决算是国家对基本建设投资实行计划管理的重要手段

根据国家基本建设投资的规定，在批准基本建设项目计划任务书时，可依据投资估算来估计基本建设计划投资额。在确定基本建设项目设计方案时，可依据设计概算决定建设项目计划总投资最高数额。在施工图设计时，可编制施工图预算，用以确定单项工程或单位工程的计划价格，同时规定其不得超过相应的设计概算。因此，竣工决算可反映固定资产计划完成情况以及节约或超支原因，从而控制投资费用。

2. 竣工决算是竣工验收的主要依据

我国基本建设程序规定，对于批准的设计文件规定的工业项目经负荷运转和试生产，生产出合格产品，民用项目符合设计要求，能够正常使用时，应及时组织竣工验收工作，并全面考核建设项目，按照工程不同情况，由验收委员会或小组进行验收。

3. 竣工决算是确定建设单位新增固定资产价值的依据

竣工决算时需要详细计算建设项目所有的建筑工程费、安装工程费、设备费和其他费用等新增固定资产总额及流动资金，以作为建设管理部门向企、事业使用单位移交财产的依据。

4. 竣工决算是基本建设成果和财务情况的综合反映

建设项目竣工决算包括项目从筹建到建成投产（或使用）的全部费用。除了采用货币形式表示基本建设的实际成本和有关指标外，同时包括建设工期、工程量和资产的实物量以及技术经济指标，并综合了工程的年度财务决算，全面反映了基本建设的全部建设成果和财务状况等主要情况。

11.2.3 竣工决算的编制依据

竣工决算的编制依据主要有：

（1）建设项目计划任务书和有关文件。

（2）建设项目总概算书以及单项工程综合概算书。

（3）建设项目设计图纸以及说明，其中包括总平面图、建筑工程施工图、安装工程施工图以及相关资料。

（4）设计交底或者图纸会审纪要。

（5）招投标标底、工程承包合同以及工程结算资料。

（6）施工记录或者施工签证以及其他工程中发生的费用记录，如工程索赔报告和记录、停（交）工报告等。

（7）竣工图以及各种竣工验收资料。

（8）设备、材料调价文件和相关记录。

（9）历年基本建设资料和历年财务决算及其批复文件。

（10）国家和地方主管部门颁布的有关建设工程竣工决算的文件和有关资料。

11.2.4 竣工决算的内容

竣工决算的内容包括竣工决算报告说明书、竣工财务决算报表、工程竣工图和工程造价比较分析四部分。其中，前两部分又称建设项目竣工财务决算，是竣工决算的核心内容和主要组成部分。

1. 竣工决算报告说明书

竣工决算报告说明书概括了竣工工程建设成果和经验，是全面考核分析工程投资与造价的书面总结，也是竣工决算报告的重要组成部分，主要内容如下：

（1）建设项目概况及评价。

（2）会计财务的处理、财产物资情况及债权债务的清偿情况。

（3）基建结余资金等的上交分配情况。

（4）主要财务和技术经济指标的分析、计算情况。

（5）基本建设项目管理以及决算中存在的问题与建议。

（6）需要说明的其他事项。

2. 竣工财务决算报表

根据国家财政部于2002年9月出台的财建［2002］394号关于《印发基本建设财务管理规定》的通知以及财基字［1998］498号文《基本建设项目竣工财务决算报表》和《基本建设项目竣工财务决算报表填表说明》的通知，建设项目竣工财务决算报表格式有建设项目竣工财务决算审批表；大、中型建设项目概况表；大、中型建设项目竣工财务决算表；大、中型建设项目交付使用资产总表；建设项目交付使用资产明细表等（略）。小型建设项目竣工财务决算报表包括建设项目竣工财务决算审批表；小型建设项目竣工财务决算总表；建设项目交付使用资产明细表等。

3. 工程竣工图

工程竣工图是真实记录和反映各种建筑物、构筑物等情况的技术文件，它是工程交工验收、维护、改建和扩建的依据，是国家的重要技术档案。对竣工图的要求是：

（1）根据原施工图未变动的，由施工单位在原施工图上加盖“竣工图”图章标志后，即可作为竣工图。

（2）施工过程中尽管发生了一些设计变更，但可以将原施工图加以修改补充作为竣工图的，可以不重新绘制，由施工单位负责在原施工图（必须是新蓝图）上注明修改的部分，并附以设计变更通知单和施工说明，加盖“竣工图”图章标志后作为竣工图。

（3）凡结构形式改变、工艺变化、平面布置改变、项目改变以及有其他重大改变时，不宜再在原施工图上修改、补充者，应重新绘制改变后的竣工图。属设计原因造成的，由设计单位负责重新绘制；属施工原因造成的，由施工单位负责重新绘制；属其他原因造成的，由建设单位自行绘制或委托设计单位绘图。施工单位负责在新图上加盖“竣工图”图章标志，并附以记录和说明，作为竣工图。

（4）为满足竣工验收和竣工决算需要，应绘制能反映竣工工程全部内容的工程设计平面示意图。

4. 工程造价比较分析

在竣工决算报告中必须对控制工程造价所采取的措施、效果及其动态的变化进行认真的比较分析，总结经验教训。批准的概算是考核工程造价的依据，分析时，可先对比整个项目的总概算，然后将建安工程费、设备工器具费和工程建设其他费用逐一与竣工决算表中所提供的实际数据和相关资料及批准的概算、预算指标、实际的工程造价进行对比分析，以确定竣工项目造价是超支还是节约，并在对比的基础上，总结经验，找出超支和节约的具体环节及其原因，提出改进措施。实际工作中，主要分析以下内容：

（1）主要实物工程量。对于实物工程量出入比较大的情况，必须查明原因。

（2）主要材料消耗量。考核主要材料消耗量，要按照竣工决算表中所列明的三大材料实际超概算的消耗量，查明是在工程的哪个环节超出量最大，再进一步查明超耗的原因。

（3）考核建设单位管理费、措施费和间接费的取费标准。建设单位管理费、措施费和间接费的取费标准必须符合国家和各地有关规定，将竣工决算报表中所列建设单位管理费与概预算中的建设单位管理费进行对比分析，依次查明多列或漏列的费用项目，确定其费用偏差数额，并分析其原因所在。

11.2.5 竣工决算书的编制步骤和方法

1. 收集、整理和分析有关资料

收集和整理出一套较为完整、准确的相关资料，是编制竣工决算的必要条件。在工程进行的过程中应注意保存和收集资料，在竣工验收阶段则要系统地整理出所有技术资料、工程结算经济文件、施工图纸和各种变更与签证资料，分析其准确性。

2. 清理各项账务、债务和结余物资

在收集、整理和分析资料过程中，应注意建设工程从筹建到竣工投产（或使用）的全部费用的各项账务、债权和债务的清理，既要核对账目，又要查点库存实物的数量，做到账物相等、相符；对结余的各种材料、工器具和设备要逐项清点核实，妥善管理，且按照规定及时处理、收回资金；对各种往来款项要及时进行全面清理，为编制竣工决算提供准确的数据依据。

3. 填写竣工决算报表

依照建设项目竣工决算报表的内容，根据编制依据中有关资料进行统计或计算各个项目的数量，并将其结果填入相应表格栏目中，完成所有报表的填写。这是编制工程竣工决算的主要工作。

4. 编写建设工程竣工决算说明书

根据建设项目竣工决算说明的内容、要求以及编制依据材料和填写在报表中的结果编写说明。

5. 上报主管部门审查

建设项目竣工决算的文件，由建设单位负责组织人员编制，在竣工建设项目办理验收使用一个月之内完成。

以上编写的文字说明和填写的表格经核对无误，可装订成册，即可作为建设项目竣工文件，并报主管部门审查，同时把其中财务成本部分送交开户银行签证。竣工决算在上报主管部门的同时，抄送设计单位，大、中型建设项目的竣工决算还需抄送财政部、建设银行总行和省、市、自治区财政局和建设银行分行各一份。

建设项目竣工决算编制的一般程序如图 11-2 所示。

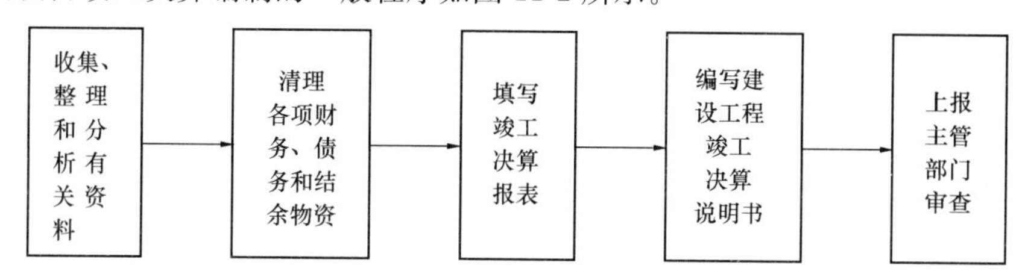

图 11-2 建设项目竣工决算编制程序

11.2.6 新增资产的确定

竣工决算是办理交付使用财产价值的依据，因此，正确核定新增资产的价值，不但有利于建设项目交付使用后的财务管理，而且还可作为建设项目经济后评价的依据。

1. 新增资产的分类

根据财务制度和企业会计准则的新规定，新增资产可按照资产的性质分为固定资产、流动资产、无形资产、递延资产和其他资产五大类。

（1）固定资产

固定资产指使用期限超过一年，单位价值在规定标准以上，并且在使用过程中保持原有物质形态的资产，包括房屋以及建筑物、机电设备、运输设备、工具器具等。不同时具备以上两个条件的资产为低值易耗品，应列入流动资产范围内，如企业自身使用的工具、器具、家具等。

（2）流动资产

流动资产指可以在一年内或超过一年的一个营业周期内变现或者运用的资产，包括现金以及各种存货、应收及预付款项等。

（3）无形资产

无形资产指企业长期使用但没有实物形态的资产，包括专利权、著作权、非专利技术、商誉等。

（4）递延资产

递延资产指不能全部计入当年收益，应当在以后年度内分期摊销的费用。

（5）其他资产

其他资产指具有专门用途，但不参加生产经营的经国家批准的特种物质、银行冻结存款和冻结物质、涉及诉讼的财产等。

2. 新增固定资产价值的确定

(1) 新增固定资产的含义

新增固定资产亦称交付使用的固定资产，是投资项目竣工投产后所增加的固定资产价值，是以价值形态表示的固定资产投资最终成果的综合性指标。其内容包括：

1) 已经投入生产或交付使用的建筑安装工程造价。

2) 达到固定资产标准的设备工器具的购置费用。

3) 增加固定资产价值的其他费用，包括土地征用以及迁移补偿费、联合试运转费、勘察设计费、项目可行性研究费、施工机构迁移费、报废工程损失、建设单位管理费等。

(2) 新增固定资产价值的核算

新增固定资产是工程建设项目最终成果的体现，核定其价值和完成情况，是加强工程造价全过程管理工作的重要方面。单项工程建成后，经过有关部门验收鉴定合格，正式移交生产或使用，即应计算其新增固定资产价值。一次性交付生产或使用的工程一次计算新增固定资产价值，分期分批交付生产或使用的工程，应分期分批计算新增固定资产价值。计算时应注意以下几种情况：

1) 新增固定资产价值的计算应以单项工程为对象。

2) 对于为提高产品质量、改善劳动条件、节约材料消耗、保护环境而建设的附属辅助工程，只要全部建成，正式验收或交付使用后就要计入新增固定资产价值。

3) 对于单项工程中不构成生产系统，但能独立发挥效益的非生产性工程，如住宅、食堂、医务所、托儿所、生活服务网点等，在建成并交付使用后，也要计算新增固定资产价值。

4) 凡购置达到固定资产标准不需要安装的设备、工器具，应在交付使用后计入新增固定资产价值。

5) 属于新增固定资产的其他投资，应随同受益工程交付使用时一并计入。

(3) 交付使用财产成本计算

交付使用财产的成本应按照如下内容计算：

1) 建筑物、构筑物、管道、线路等固定资产的成本包括：建筑工程成本；应分摊的待摊投资。

2) 动力设备和生产设备等固定资产的成本包括：需要安装设备的采购成本；安装工程成本；设备基础支柱等建筑工程成本或砌筑锅炉以及各种特殊炉的建设工程成本；应分摊的待摊投资。

3) 运输设备及其他不需要安装的设备、工具、器具、家具等固定资产一般仅计算采购成本，不分摊“待摊投资”。

(4) 待摊投资的分摊方法

增加固定资产的其他费用，如果是属于整个建设项目或两个以上单项工程的，在计算新增固定资产价值时，应在各单项工程中按照比例分摊。在分摊时，什么费用应由什么工程负担，又有具体的规定。一般情况下，建设单位管理费按建筑工程、安装工程、需要安装设备价值总额按比例分摊；土地征用费、勘察设计费则只按照建筑工程造价分摊。

【例 11-3】 某建设项目及其第一车间的建筑工程费、安装工程费、需安装设备费以及应摊入费用见表 11-3 所列，试计算第一车间新增固定资产价值。

建设项目及第一车间的建筑工程费、安装工程费、需安装设备费以及应摊入费用　　表 11-3

项目名称	建筑工程（万元）	安装工程（万元）	需安装设备（万元）	建设单位管理费（万元）	土地征用费（万元）	勘察设计费（万元）
建设项目竣工决算	2000	800	1200	60	120	40
第一车间竣工决算	400	200	400			

【解】 分摊费用计算过程如下：

$$\text{应分摊的建设单位管理费}=\frac{400+200+400}{2000+800+1200}\times 60=15\ \text{万元}$$

$$\text{应分摊的土地征用费}=\frac{400}{2000}\times 120=24\ \text{万元}$$

$$\text{应分摊的勘察设计费}=\frac{400}{2000}\times 40=8\ \text{万元}$$

第一车间新增固定资产价值 $=(400+200+400)+(15+24+8)=1047$ 万元

3. 流动资产价值的确定

（1）货币性资金

货币资金就是现金、银行存款和其他货币资金（包括外埠存款、还未收到的在途资金、银行汇票和本票等资金），一律按照实际入账价值核定计入流动资产。

（2）应收及预付款项

应收及预付款项包括应收票据、应收账款、其他应收款、预付货款和待摊费用。通常情况下，应收以及预付款项按企业销售商品、产品或提供劳务时的实际成交金额入账核算。

（3）各种存货应当按照取得时的实际成本计价

存货的形成，主要有外购和自制两个途径。外购的，可按照买价加运输费、装卸费、保险费、途中合理损耗、入库前加工、整理及挑选费用以及缴纳的税金等计价；自制的，可按制造过程中的各项实际支出计价。

4. 无形资产价值的确定

无形资产指企业长期使用但没有实物形态的资产，包括专利权、商标权、著作权、土地使用权、非专利技术、商誉等。无形资产的计价，原则上应按照取得时的实际成本计价。企业取得无形资产的途径不同，所发生的支出不一样，无形资产的计价也不相同。新财务制度按照如下原则来确定无形资产的价值。

（1）无形资产的计价原则

1）投资者将无形资产作为资本金或者合作条件投入的，按照评估确认或合同协议约定的金额计价。

2）购入的无形资产，按照实际支付的价款计价。

3）企业自创并依法申请取得的，可按照开发过程中的实际支出计价。

4）企业接受捐赠的无形资产按照发票账单所持金额或者同类无形资产市场价作价。

5）无形资产计价入账后，应在其有限使用期内分期摊销。

（2）无形资产的计价方法

1）专利权的计价。专利权分自创和外购两类。自创专利权，其价值为开发过程中的实际支出，主要包括专利的研究开发费用、专利登记费用、专利年费和法律诉讼费等各项费用。专利转让时（包括购入和卖出），其费用主要包括转让价格和手续费。由于专利是具有专有性并能带来超额利润的生产要素，因而其转让价格不按照其成本估价，而是根据其所能带来的超额收益估价。

2）非专利技术的计价。如该技术是自创的，通常不得作为无形资产入账，自创过程中发生的费用，新财务制度允许作当期费用处理，原因是非专利技术自创时难以确定是否成功，这样处理符合稳定性原则。购入非专利技术时，应由法定评估机构确认后再进一步估价，一般通过其生产的收益估价，其思路同专利权的计价方法。

3）商标权的计价。若是自创的，尽管商标设计、制作注册和保护、广告宣传都花费一定的费用，但其一般不作为无形资产入账，而是直接作为销售费用计入当期损益。只有当企业购入和转让商标时，才需要对商标权计价。商标权的计价一般根据被许可方新增的收益来确定。

4）土地使用权的计价。根据取得土地使用权的方式，计价有两种情况：一是业主向土地管理部门申请土地使用权并为之支付一笔出让金，在这种情况下，应作为无形资产进行核算；二是业主获得土地使用权是原先通过行政划拨的，此时就不能作为无形资产核算，只有在将土地使用权有偿转让、出租、抵押、作价入股和投资，按规定补交土地出让价款时，才能作为无形资产核算。

5. 递延资产价值的确定

递延资产是指不能全部计入当年损益，应在以后年度内分期摊销的各项费用，包括开办费、租入固定资产的改良支出等。

（1）开办费的计价

开办费指在筹建期间发生的费用，包括筹建期间人员工资、办公费、培训费、差旅费、印刷费、注册登记费以及不计入固定资产和无形资产构建成本的汇兑损益、利息等支出。根据新财务制度的规定，除了筹建期间不计入资产价值的汇兑净损失外，开办费从企业开始经营月份的次月起，按照不短于五年的期限平均摊入管理费用。

（2）以经营租赁方式租入的固定资产改良工程支出的计价

应在租赁有效期限内分期摊入制造费用或者管理费用中。

6. 其他资产价值的确定

其他资产包括特准储备物资等，主要以实际入账价值核算。

复习思考题

1. 何谓工程结算？
2. 工程价款结算有哪几种方式？
3. 工程预付备料款的计算受哪些因素制约？
4. 工程备料款的起扣点如何计算？

5. 简述工程进度款的支付步骤。
6. 简述工程竣工结算的编制原则。
7. 简述工程竣工结算的作用 。
8. 简述工程竣工结算的编制依据。
9. 简述工程竣工结算的含义及编制内容。
10. 简述工程竣工结算编制方式。
11. 简述建设项目竣工决算含义及分类。
12. 简述建设项目竣工决算的作用。
13. 简述建设项目竣工决算的编制依据。
14. 简述建设项目竣工决算的内容。
15. 简述建设项目竣工决算编制程序。
16. 简述新增固定资产价值是如何确定的。

12　工程量清单报价中模糊数学的应用

工程量清单报价是承包商进行市场竞争，承接工程的重要环节，对承包商能够中标及中标后的盈利情况起着至关重要的作用。工程量清单报价作为工程投标的核心环节，是业主选择中标者的主要标准，同时也是业主和承包商就工程标价进行承包合同谈判的基础，对承包商的投标起着决定性作用。倘若报价过高，则可能失去中标机会；反之，若报价过低，即使中标，也可能给工程带来亏本的风险。为此，运用模糊数学的原理和方法快速估算工程造价，无疑为工程量清单报价提供了一种科学、合理、快捷的报价方法。

12.1　概　　述

12.1.1　投标报价方法述评

随着我国“十二五”规划时期城市化、工业化进程的不断推进，工程承发包市场的竞争态势也愈演愈烈。而投标报价作为招投标竞争中的关键一环，进行正确的报价决策，快速制定合理而又具有竞争力的报价显得尤为重要。现有研究表明，常用的投标报价计算方法主要有两种：一种是最原始、应用最普遍的工程量计算报价法，另一种则为将相应的数学方法引入到投标报价的计算过程。

1. 工程量计算报价法

投标人根据招标文件中业主提供的工程量清单、施工图纸及施工现场实际情况，按照企业定额，结合企业自身实力，综合考虑投标形式和企业策略进行工程量清单报价。工程量计算报价法的主要优点在于计算准确可靠，投标风险小，因而是当前普遍采用的方法。但其不足之处是计算工作量大、花费时间长，投标企业很难在短时间内准确地作出报价。

2. 投标报价计算中数学方法的应用

随着现代科学技术的迅猛发展，特别是概率论、统计学等应用数学的推广普及，使得现代数学手段在报价实践中得到了科学运用。科学的报价决策并非主观地抬高或降低标价总额，也不是简单地运用不平衡报价法来调整报价项目的单价，而是通过系统地组织、分析和整理过去的经验数据，来制定一种以相对低价中标并由此带来利润的标价和中标概率的最优组合，从而使承包商获得最大的预期利润。

投标报价问题的建模研究长期以来一直集中在对经验数据的处理和预期利润的估价方法上，投标报价决策模型的发展也一直集中在对这个方法的改进完善上。1956 年，Friedman 提出了第一个投标报价模型——Friedman 模型，该模型基于概率论和数理统计，开创了将概率统计方法运用于报价决策模型的先河。以后有许多学者在 Friedman 模型的基础上提出了改进的报价模型，但他们的理论基础都是概率统计论。20 世纪 90 年代以来，许多学者又逐渐发展出基于人工智能的报价决策模型，主要包括人工神经网络（ANN）、基于专家系统（ES）和基于案例推理（CBR）等几种类型。当前，基于博弈论的报价模型研究也是个热点，国内郝丽萍、伍智勇等根据工程投标竞争活动中的典型博弈特征，运用博弈论和概率论方法对工程竞标报价行为予以诠释。然而，这些报价预测方法都具有一定的局限性，见表 12-1 所列。

几种报价预测方法的局限性比较一览表　　表 12-1

报价方法	局　限　性
直觉分析法	易受不完备信息和个人喜好影响，无法有效解决复杂问题
概率方法	需要花费大量时间精力收集数据，考虑因素较为单一
层次分析法	不适合解决复杂问题，主观性较大
博弈分析法	尚处于理论探讨阶段，考虑因素较为单一
人工神经网络	对算出的结果无法做出合理解释
基于案例推理	需要收集大量历史案例，尚处于理论探讨阶段

通过对上述报价方法的局限性进行比较，考虑到建设工程造价的复杂性、随机波动性、模糊性等特点，本章介绍运用模糊数学方法，借助计算机，合理确定工程造价，为建设单位控制成本和承包单位投标报价提供决策依据和理论支持。

12.1.2　工程造价快速估算的意义

工程造价快速估算是指利用已建类似工程的造价资料和市场变化信息，对拟建工程投资费用所作的一种预期估计或预测。当前，国内外工程造价计价常采用概算、预算编制方法和扩大指标估算法，报价工作量大，报价工作持续时间较长。而且，尽管做出的报价是一个确定数值，但由于影响工程造价的因素多，各因素又面临多种不确定性，致使工程造价计算误差大。

因此，为应对工程造价呈现出的随机波动性和模糊性等特点，突破工程造价估算时间长、工作量大的瓶颈制约，以现代数学——模糊数学为手段，应用概率统计推断方法，结合专家丰富的工程经验进行工程造价快速估算，已逐渐成为国际上工程造价快速估算的主流趋势。

12.1.3　工程造价快速估算的基本原理和公式推导

1. 基本原理

鉴于建设工程本身具有单件性、多样性、复杂性、地域性等特点，从根本上讲，不存在两个完全一模一样的工程，但同类工程中总会在某些方面比较类似。换言之，在许多已竣工的建设工程之间，存在着某种不同程度的相似性。工程造价快速估算的基本原理，就是建立在建设工程的相似性基础之上。

对于某个要估算的建设工程（称之为待估工程），可以从数目繁多的已知工程造价的建设工程（称之为典型工程）中找出与之最相似的若干工程。然后，利用这若干个与待估工程最相似工程（称之为相似工程）的造价作为原始资料，在此基础上利用估价模型估算出待估工程造价。

2. 公式推导

根据指数平滑法的基本思想，可以推导出工程造价快速估算公式。

（1）指数平滑法基本思想

指数平滑法是以假定预测值同预测期相邻的若干观察期数据有密切关系为基础的，它只用一个平滑系数 α，一个最接近预测期的观察期数据 X_t 和前一期的预测值 F_t 就可进行指数平滑计算。预测值 F_{t+1} 是当期实际值 X_t 和上期预测值 F_t 不同比例加权之和。其特点是首先进一步加强了观察期近期观察值对预测值的作用，对不同时间的观察值施予不同的权数，加大了近期观察值的权数，使预测值能够迅速反映市场的实际变化。其次对于观察值所赋予的权数有伸缩性，可以取不同的平滑系数 α 值以改变权数的变化速率。因此，运用指数平滑法，可以选择不同的 α 值来调节时间序列观察值的修匀程度（即趋势变化的平稳程度），应用比较广泛。其计算式为：

$$F_{t+1} = \alpha X_t + (1-\alpha)F_t \tag{12-1}$$

式中 F_{t+1}——对 $t+1$ 期的预测值；

α——平滑系数，$0<\alpha<1$；

F_t——第 t 期的预测值；

X_t——第 t 期的实际值。

关于初始值 F_1：当历史数据相当多（≥50）时，可以取 $F_1=X_1$，因为初始值 X_1 的影响将被逐步平滑掉；当历史数据较少时，可取 $\overline{X}$ 作为 F_1。

（2）公式推导

令 n 个典型工程与待估工程的贴近度（相似程度）为 a_i，$i=1, 2, \cdots, n$；从大到小排成一个有序数列，记为：a_1，a_2，…，a_n，且 $1\geqslant a_1\geqslant a_2\geqslant\cdots\geqslant a_n\geqslant 0$；相应地，$n$ 个典型工程的单方造价依次为：E_1，E_2，…，E_n。其含义为：与待估工程最相似（贴近度最大）的典型工程的单方造价为 E_1，次相似的为 E_2，最不相似的为 E_n，其他典型工程的单方造价依此类推。

设第 i 个相似工程的单方造价预测值为：E_i^*，第 $i-1$ 个相似工程的单方造价预测值为：E_{i-1}^*，将 E_i^* 视作 F_t，E_i 视作 X_t，故根据指数平滑法的基本公式式（12-1）可以得出：

$$E_{i-1}^* = a_iE_i + (1-a_i)E_i^*$$

依此类推展开，则可以得到待估工程造价的预测值为：

$$\begin{aligned} E^* &= a_1E_1 + (1-a_1)E_1^* \\ &= a_1E_1 + (1-a_1)[a_2E_2 + (1-a_2)E_2^*] \\ &= \cdots\cdots \\ &= a_1E_1 + (1-a_1)a_2E_2 + (1-a_1)(1-a_2)a_3E_3 + \cdots \\ &\quad + (1-a_1)(1-a_2)\cdots(1-a_{n-1})a_nE_{n-1} \\ &\quad + (1-a_1)(1-a_2)\cdots(1-a_n)E_n^* \end{aligned} \tag{12-2}$$

式中，E_n^* 为初始预测值，可以取 n 个典型工程单方造价的算术平均值 $\overline{E}$，也即：

$$E_n^* = \overline{E} = \frac{1}{n}\sum_{i=1}^{n}E_i \tag{12-3}$$

由于对权重的赋予不同，相似程度越大的工程对待估工程的影响也就越大，并且通过上述推导公式的观察，显而易见，公式中 E_i 的权重呈级数递减，其衰减程度亦逐渐增大。为考虑问题简便，可以近似地以权重最大的三个典型工程来估测待估工程单方造价，相应地上面所推导的待估工程造价的估算公式可以简化为：

$$\begin{aligned} E^* = {} & a_1E_1 + a_2(1-a_1)E_2 + a_3(1-a_1)(1-a_2)E_3 \\ & + \frac{1}{3}(1-a_1)(1-a_2)(1-a_3)(E_1+E_2+E_3) \end{aligned} \tag{12-4}$$

式（12-4）即为建设工程造价快速估算的基本公式，可以以此公式为基础建立工程造价快速估算的模糊数学模型。

12.1.4 工程造价快速估算的数学模型

以预测技术中的预测方法——指数平滑法为理论依据，结合模糊数学的相关理论方法，可以建立工程造价快速估算的数学模型。基本方法如下：

设已知 n 个典型工程，记为：A_1，A_2，…，A_i，…，A_n，$i=1，2，…，n$

用 T 表示工程特征集合，此集合以概括描述工程的构造和结构特征并能充分说明问题为原则。常取：

T=｛结构特征，基础形式，层数层高，建筑组合，装饰材料，楼地面做法，屋面工程，……｝设典型工程的工程特征有 m 个特征元素，则可将 T 记为：

$$T = \{t_1, t_2, \cdots, t_j \cdots, t_m\}, j = 1,2,\cdots,m$$

第 i 个典型工程的模糊子集集合用查德（Zedeh）记号记为：

$$T_i = t_{i1}/t_1 + t_{i2}/t_2 + \cdots + t_{ij}/t_j$$

式中　T_i——第 i 个典型工程对于集合 T 的模糊子集；

t_j——影响工程造价的特征元素名称；

t_{ij}——已知第 i 个典型工程影响工程造价的第 j 个特征元素所对应的隶属函数值（隶属度）。

这样，待估工程对应的工程特征的模糊子集可以记为：

$$T_0^* = t_1^*/t_1 + t_2^*/t_2 + \cdots + t_j^*/t_j$$

式中　t_j^*——待估工程第 j 个特征元素所对应的隶属函数值（隶属度）。

隶属函数值的确定通常是根据经验或统计定出“工程项目单方造价（或工料机消耗量）统计表”，并结合工程具体情况参考主观赋予集合中各元素的模糊关系系数即隶属函数值。

根据预测技术中的指数平滑法等有关理论推导出待估工程造价估算公式为：

$$E_x = \lambda\Big[a_1E_1 + a_2(1-a_1)E_2 + a_3(1-a_1)(1-a_2)E_3 + \frac{1}{3}(1-a_1)(1-a_2)(1-a_3)(E_1+E_2+E_3)\Big] \quad (12\text{-}5)$$

式中　E_x——待估工程的单方造价；

a_1，a_2，a_3——待估工程与所取的三个典型工程的贴近度，根据择近原则，取贴近度大的三个典型工程为估算基础，并满足从大到小顺序，即 $a_1 \geqslant a_2 \geqslant a_3$；

E_1，E_2，E_3——与 a_1，a_2，a_3 相对应的三个典型工程的单方造价（或工料机消耗量）；

λ——调整系数。

待估工程与典型工程之间只是相似，不完全相同，也就是说两者之间存在差异，这个差异不仅表现在工程特征之间的差异，而且还表现为构成工程造价的费用随时间的变化而造成的差异，因而应对预估值进行调整。通常，调整系数 λ 可由如下经验公式加以确定：

$$\lambda = 1 + \frac{1}{m}\Big[1.8\Big(\frac{T_{估}}{T_{a1}} - 1\Big) + 0.8\Big(\frac{T_{估}}{T_{a2}} - 1\Big) + 0.4\Big(\frac{T_{估}}{T_{a3}} - 1\Big)\Big] \quad (12\text{-}6)$$

式中　　m——工程模糊集合中特征元素个数；

$T_{估}$——待估工程的模糊关系系数（隶属函数值）；

T_{a1}，T_{a2}，T_{a3}——与 a_1，a_2，a_3 相对应的典型工程模糊关系系数。

各工程的模糊关系系数 $T_i=\Sigma t_{ij}/\max\Sigma t_{ij}$，其取值范围为[0，1]。$i=1$，2，…，$n$，$n+1$；$j=1$，2，…，$m$。

因此，根据上述公式可以分别计算待估工程的单方造价 E_x、调整系数 λ，因而待估工程总造价的确定也就迎刃而解。

$$E_{TX}=M\cdot E_x \tag{12-7}$$

式中　E_{TX}——待估工程总造价的估算值；

M——待估工程规模（建筑面积）。

12.2 隶属函数值的选择与确定

12.2.1 选择的区间与方法

模糊关系系数（隶属函数值），也叫隶属度，实质上是各主要因素中不同种类、规格的“工程特征元素”对总造价的影响系数。如果把各个典型工程和待估工程看成是主要因素集上的模糊集合，则模糊关系系数就是相应的主要因素隶属于这个模糊集合的隶属度。

工程模糊集合各个特征元素的模糊关系系数（隶属函数值），通常是根据经验或者统计数据，并结合工程具体情况，由专家主观赋予。确定隶属函数值的基本原则为：越费时、费工、费料、费钱的工程特征元素，其系数就越大。

通过统计几十个工程的每平方米建筑面积直接费用，按比例在[0,1]区间内用数理统计的方法分别确定各项目（工程特征元素）系数，从而建立“单方直接费用统计表”（表12-2）因而可以将其作为确定隶属函数值的参考依据。

方法是：在选好同类型已建的4～6个典型工程中，互相轮流拟作待估工程，并在每个工程集合的相同元素找出比较的基准，通常选取较复杂的、费用较高的工程特征元素作为比较基准，取其隶属函数值为1，其他工程特征元素以此为基准，在闭区间[0,1]中参考“单方直接费用统计表”，结合工程具体情况，根据经验主观赋予元素隶属函数值，再利用估算公式式（12-6），检验各已知典型工程的可靠性，从而建立“工程模糊关系系数表”。

工程项目单方直接费用统计表　　　　**表12-2**

项目	系数				
基础	预制柱	灌注桩	筏式基础	独立基础	砖砌基础
	1	0.65	0.5	0.4	0.2
		1	0.8	0.65	0.3
			1	0.8	0.4
墙体	有剪力墙	无剪力墙		有保温墙	无保温墙
	1	0.8		1	0.8
	全小间	全大间			
	1	0.7			

续表

项目	系　　数				
层数	框架十～十二	框架七～九	砖混六、四	砖混五	
	1	0.7	0.55	0.5	
		1	0.8	0.75	
			1	0.95	
层高	5.4m	3.6m	3.2m		
	1	0.7	0.6		
		1	0.85		
房间组合（住宅）	二室一厅	二室二厅	三室一厅		
	1	0.85	0.75		
		1	0.85		
内装饰	木楞吊顶棚	粉刷加漆	砂底纸筋面		
	1	0.6	0.4		
		1	0.7		
	墙面贴壁纸	粉刷加漆	砂底纸筋面		
	1	0.8	0.5		
		1	0.6		
外装饰	锦砖面层	水刷石	水泥砂浆	原浆勾缝	
	1	0.25	0.15	0.05	
		1	0.55	0.3	
			1	0.6	
楼地面	现浇	空心板二浇层	空心板		
	1	0.8	0.5		
	木地板	瓷砖	水磨石	水泥砂浆加漆	水泥砂浆
	1	0.7	0.4	0.2	0.1
		1	0.6	0.3	0.15
			1	0.5	0.25
				1	0.5
屋面	增加炉渣混凝土	增加架空层	水泥砂浆二毡三油		
	1	0.65	0.55		
		1	0.85		
窗材料	钢	木			
	1	0.9			

注：1. 表内小于1的数值应按具体情况调整。

2. 未列项目可参照确定。

12.2.2 隶属函数值的确定

隶属函数值的确定过程，本质上说应该是客观的，但事实上还没有一个完全客观的评定标准。在许多情况下，常常是初步确定粗略的隶属函数值，然后通过“学习”和实践检验，逐步修改及完善，而实践效果正是检验和调整隶属函数值的依据。

确定隶属函数值的具体步骤为：

（1）找出同类型已建4～6个典型工程，并列出工程模糊集合中各特征元素名称。

（2）通常以较复杂、费用较高的工程特征元素作为比较基准，令其隶属函数值为1，其他各元素再分别与该基准元素相比较，在闭区间［0,1］内参考“工程项目单方直接费用统计表”，结合工程具体情况，根据经验赋予元素隶属函数值，初步建立“工程模糊关系系数表”。

（3）轮流计算各已知典型工程之间的贴近度，并从大到小依次排序，取其对应的单位工程集合中模糊关系系数 T_{a1}，T_{a2}，T_{a3}。

（4）分别计算各典型工程的调整系数 λ 。

（5）逐一检验各典型工程的可靠性，确定各特征元素的最终隶属函数值。

1）将任意典型工程作为待估工程，根据上述公式轮流计算各典型工程的单方直接费。

2）将计算出来的各典型工程单方直接费与各自对应的典型工程实际竣工决算的单方直接费进行比较，看是否满足精度要求。倘若能够满足精度要求，则认为“工程模糊关系表”的隶属函数值为最终隶属函数值，可以作为估测待估工程单方直接费的依据。反之，如果不能够满足精度要求，则认为是某工程集合中元素的模糊关系系数赋予不当，应做局部调整重算，直到能满足精度要求为止。

12.2.3 工程造价快速估算的计算步骤

1. 列出工程特征元素，确定工程特征集合

首先根据各典型工程及待估工程的实际特征，列出工程集合中能够概括性地描述该工程有代表性的特征元素，确定工程特征集合。

2. 确定模糊关系系数，建立同类结构“对比工程模糊关系系数表”

参照“工程项目单方直接费用统计表”，结合工程实际情况赋予集合中各工程特征元素的模糊关系系数。之后，确定隶属函数值（t_j），再算出 Σt_j ，令 Σt_j 值最大的模糊关系系数为1，其他各工程的模糊关系系数为与最大的1相比所占的比例，在闭区间［0,1］内取值。

3. 检验“对比工程模糊关系系数表”，即检验所选典型工程的可靠性

（1）列出各典型工程的模糊子集。

（2）轮流计算各典型工程的贴近度。

模糊数学中可以用来度量两个模糊子集的相似程度一般有三种方法：格贴近度、海明贴近度、欧几里得贴近度。两个模糊子集的贴近度越大，说明它们之间的相似程度越好。由于每一种贴近度都有各自的偏差性，不能笼统地比较优劣，应根据具体问题做出合适选择。考虑到格贴近度计算较为简便，适合手工计算这一特点，因此本文拟用北京师范大学汪培庄教授提出的“贴近度”公式进行计算。

1）模糊子集之间的运算。

设 $\underline{A}$、$\underline{B}$ 是论域 U 上两个模糊子集，$\underline{A}$ 和 $\underline{B}$ 的内积（$\underline{A}\otimes\underline{B}$）是先从两个元素的隶属度中取较小的值为运算结果，再在结果中取较大的值为最后运算结果，也即 $A\otimes\underline{B}$ 表示

“最小值中的最大值”。

$\underset{\sim}{A}$ 和 $\underset{\sim}{B}$ 的外积（$\underset{\sim}{A}\odot\underset{\sim}{B}$）是先从两个元素的隶属度中取较大的值为运算结果，再在结果中取较小的值为最后运算结果，也即 $\underset{\sim}{A}\odot\underset{\sim}{B}$ 表示“最大值中的最小值”。

例如：$\underset{\sim}{A}=1/t_1+1/t_2+0.85/t_3+0.9/t_4+0.6/t_5$

$\underset{\sim}{B}=1/t_1+0.95/t_2+0.85/t_3+0.8/t_4+0.85/t_5$

$\underset{\sim}{A}$ 和 $\underset{\sim}{B}$ 的内积（$\underset{\sim}{A}\otimes\underset{\sim}{B}$）$=(1\wedge 1)\vee(1\wedge 0.95)\vee(0.85\wedge 0.85)\vee(0.9\wedge 0.8)\vee(0.6\wedge 0.85)$

$=1\vee 0.95\vee 0.85\vee 0.8\vee 0.6$

$=1$

$\underset{\sim}{A}$ 和 $\underset{\sim}{B}$ 的外积（$\underset{\sim}{A}\odot\underset{\sim}{B}$）$=(1\vee 1)\wedge(1\vee 0.95)\wedge(0.85\vee 0.85)\wedge(0.9\vee 0.8)\wedge(0.6\vee 0.85)$

$=1\wedge 1\wedge 0.85\wedge 0.9\wedge 0.85$

$=0.85$

2）贴近度计算。

设 $\underset{\sim}{A}$、$\underset{\sim}{B}$ 是论域 U 上的两个模糊子集，它们的贴近度计算公式为：

$$a=(\underset{\sim}{A},\underset{\sim}{B})=\frac{1}{2}[\underset{\sim}{A}\otimes\underset{\sim}{B}+(1-\underset{\sim}{A}\odot\underset{\sim}{B})] \tag{12-8}$$

对于前面的例子，可以求得贴近度：

$$(\underset{\sim}{A},\underset{\sim}{B})=\frac{1}{2}[1+(1-0.85)]=0.575$$

（3）按照择近原则选取排在前面三个的贴近度 a_1，a_2，a_3，且依次排序使其满足 $a_1\geqslant a_2\geqslant a_3$，以及与其相对应的三个典型工程的单方直接费 E_1，E_2，E_3。

（4）分别计算各典型工程的调整系数 λ 值。

（5）第一次精度检验。

分别求出各典型工程的单方造价，将求出的结果与相应的典型工程实际竣工决算的单方造价进行比较，检验估测精度是否符合要求。倘若能够符合要求，则说明典型工程各元素所定元素的隶属度可靠；如果不能够满足精度要求，则要对所定元素的隶属度作适当的局部调整，重新检验精度，直至满足精度要求为止，最后确定“对比工程模糊关系系数表”。

4. 根据最后确定的“对比工程模糊关系系数表”，用上述步骤估算待估工程的单方造价或工料消耗量

5. 第二次精度检验，也即检验待估工程的可靠性

将上述方法求得的待估工程单方造价或工料消耗量作为已知量，引入典型工程行列，分别将各典型工程的单方造价或工料消耗量作为未知量并对其进行估算，根据工程造价快速估算公式，求出各典型工程的单方造价或工料消耗量。重复上述步骤，再次检验各典型工程的精度。

工程造价快速估算的具体计算步骤如图 12-1 所示，该图清晰地反映了工程造价快速估算的基本思路和工作流程。

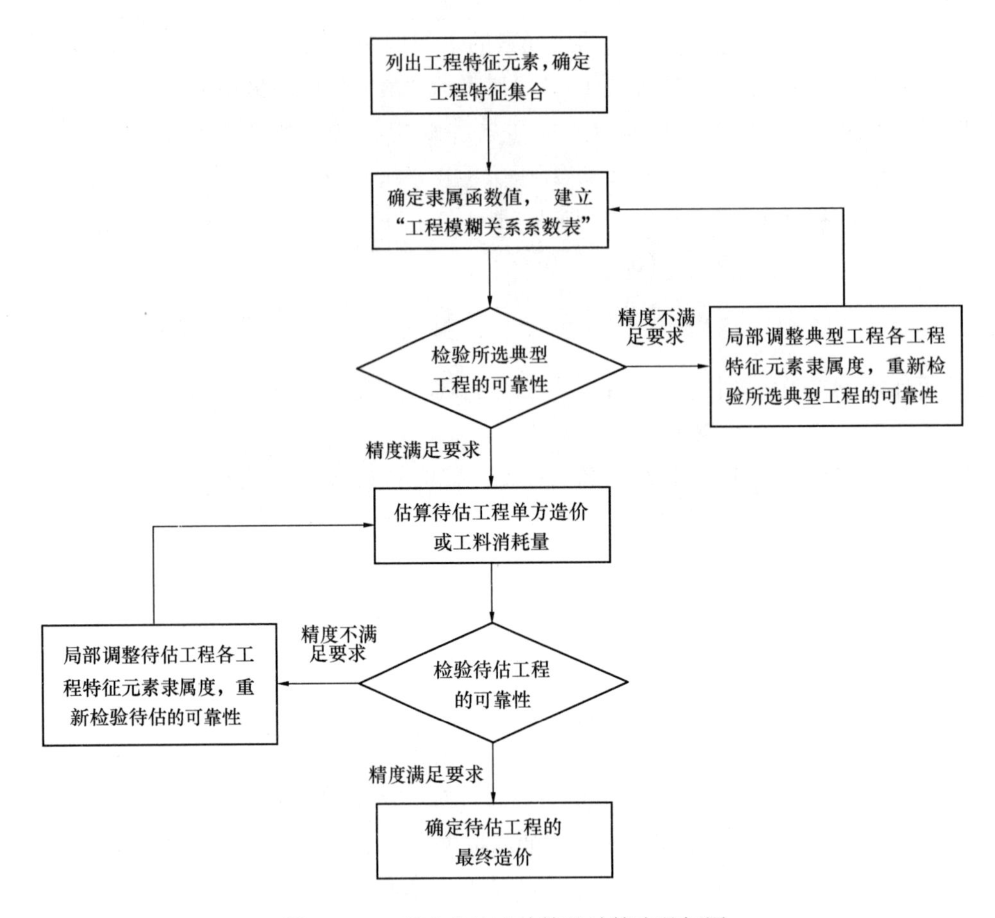

图 12-1 工程造价快速估算的计算步骤框图

12.3 工程造价快速估算应用实例分析

12.3.1 工程概况

重庆市某工程造价咨询机构受重庆某建筑公司委托，拟对重庆市沙坪坝区某公司家属住宅楼进行造价估算，以满足投标报价的需要。根据施工图纸及有关资料分析，该家属住宅楼工程为六层砖混结构，人工挖孔桩及砖砌条基，外装饰为涂料，内装饰为普通粉刷、水泥砂浆楼地面，三室一厅、双阳台的大房间，门窗为木门、塑钢窗。

由于投标报价时间紧迫，现采用 12.1 节、12.2 节介绍的工程造价快速估算方法对该家属楼工程估算工程造价。根据待建工程实际情况和专家意见，选取重庆市沙坪坝区自 2001 年以来已建好的与此待建工程的工程特征相似的四栋住宅楼 A、B、C、D 作为典型工程，并以此四栋住宅楼的工程造价资料作为估算依据，结合待估工程 X 实际情况估算工程造价。A、B、C、D 四个典型工程和待估工程 X 的有关工程资料见表 12-3所列。

砖混结构对比工程模糊关系系数表　　　　表 12-3

代号	工程名称	基础		层数		内装饰		外装饰		门窗工程		房间组合		Σt_j / T_i	单方造价（元/m²）	建筑面积（m²）	备注
		说明	t_1	说明	t_2	说明	t_3	说明	t_4	说明	t_5	说明	t_6				
A	住宅	砖砌条基	0.5	5层	0.95	普通粉刷水泥砂浆地面	1	贴面砖	1	木门铝合金窗	0.8	三室一厅单阳台小房间	0.9	5.15/0.88	640	2550	已建典型工程
B	住宅	下部混凝土上部砖条基	0.7	5层	0.95	普通粉刷水泥砂浆地面	1	贴面砖	1	木门铝合金窗	0.8	二室一厅单阳台	0.8	5.25/0.9	655	1950	
C	住宅	下部筏基上部砖基	0.9	6层	1	普通粉刷水泥砂浆地面	1	混合砂浆抹面	0.6	木门塑钢窗	1	三室一厅双阳台大房间	1	5.5/0.94	685	3600	
D	住宅	人工挖孔桩及砖砌条基	1	6层	1	普通粉刷水泥砂浆地面	1	建筑涂料	0.85	木门塑钢窗	1	二室一厅单阳台小房间	0.7	5.55/0.95	690	2880	
待估工程 X																	
X	住宅	人工挖孔桩及砖砌条基	1	6层	1	普通粉刷水泥砂浆地面	1	建筑涂料	0.85	木门塑钢窗	1	三室一厅双阳台大房间	1	5.85/1	待求	3800	待估工程

12.3.2　列出工程特征元素，确定工程特征集合

根据典型工程和待估工程的具体工程情况，列出在工程特征集合中能够概括性地描述该工程有代表性的特征元素。本工程的工程特征集合 T 含有 6 个特征元素（$m=6$），分别为基础、层数、内装饰、外装饰、门窗工程、房间组合。工程特征集合记为：$T=$｛基础，层数，内装饰，外装饰，门窗工程，房间组合｝。

12.3.3　确定隶属函数值，建立"对比工程模糊关系系数表"

按照 12.2 节介绍的隶属函数值的确定方法，确定出各工程特征元素的隶属函数值（t_j），并计算出各典型工程及待估工程的 Σt_j，将计算结果反映在"对比工程模糊关系系数表"上（表 12-3）。详细计算过程如下：

对于典型工程 A：$\sum_1^m t_{Aj} = 0.5+0.95+1+1+0.8+0.9 = 5.15$

对于典型工程 B：$\sum_1^m t_{Bj} = 0.7+0.95+1+1+0.8+0.8 = 5.25$

对于典型工程 C：$\sum_1^m t_{Cj} = 0.9+1+1+0.6+1+1 = 5.5$

对于典型工程 D：$\sum_1^m t_{Dj} = 1+1+1+0.85+1+0.7 = 5.55$

对于待估工程 X：$\sum_1^m t_{Xj} = 1+1+1+0.85+1+1 = 5.85(\max \Sigma t_j)$

由于 $\sum_{1}^{m} t_{Xj} = 5.85$ 为Σt_j 中的最大值，故令 $T_X = 1$

$$T_A = \frac{5.15}{5.85} = 0.88$$

$$T_B = \frac{5.25}{5.85} = 0.9$$

$$T_C = \frac{5.5}{5.85} = 0.94$$

$$T_D = \frac{5.55}{5.85} = 0.95$$

12.3.4 检验所选典型工程的可靠性

1. 列出各典型工程的模糊子集，用查德（Zedeh）记号记为：

$$T_A = 0.5/t_1 + 0.95/t_2 + 1/t_3 + 1/t_4 + 0.8/t_5 + 0.9/t_6$$

$$T_B = 0.7/t_1 + 0.95/t_2 + 1/t_3 + 1/t_4 + 0.8/t_5 + 0.8/t_6$$

$$T_C = 0.9/t_1 + 1/t_2 + 1/t_3 + 0.6/t_4 + 1/t_5 + 1/t_6$$

$$T_D = 1/t_1 + 1/t_2 + 1/t_3 + 0.85/t_4 + 1/t_5 + 0.7/t_6$$

2. 检验各典型工程的可靠性

（1）检验典型工程 A 的可靠性

1）分别计算典型工程 A 与其他各典型工程 B、C、D 的贴近度：

根据贴近度计算公式 $(A,B) = \frac{1}{2}[A \otimes B + (1 - A \odot B)]$ 即可求出。

$$\begin{aligned} A \otimes B &= (0.5 \wedge 0.7) \vee (0.95 \wedge 0.95) \vee (1 \wedge 1) \vee (1 \wedge 1) \\ &\quad \vee (0.8 \wedge 0.8) \vee (0.9 \wedge 0.8) \\ &= 0.5 \vee 0.95 \vee 1 \vee 1 \vee 0.8 \vee 0.8 = 1 \end{aligned}$$

$$\begin{aligned} A \odot B &= (0.5 \vee 0.7) \wedge (0.95 \vee 0.95) \wedge (1 \vee 1) \wedge (1 \vee 1) \\ &\quad \wedge (0.8 \vee 0.8) \wedge (0.9 \vee 0.8) \\ &= 0.7 \wedge 0.95 \wedge 1 \wedge 1 \wedge 0.8 \wedge 0.9 = 0.7 \end{aligned}$$

$$\begin{aligned} \text{贴近度：}(A,B) &= \frac{1}{2}[A \otimes B + (1 - A \odot B)] \\ &= \frac{1}{2} \times [1 + (1 - 0.7)] = 0.65 \quad \cdots\cdots ① \end{aligned}$$

∵ $T_B = 0.90$

$$\begin{aligned} A \otimes C &= (0.5 \wedge 0.9) \vee (0.95 \wedge 1) \vee (1 \wedge 1) \vee (1 \wedge 0.6) \\ &\quad \vee (0.8 \wedge 1) \vee (0.9 \wedge 1) \\ &= 0.5 \vee 0.95 \vee 1 \vee 0.6 \vee 0.8 \vee 0.9 = 1 \end{aligned}$$

$$\begin{aligned} A \odot C &= (0.5 \vee 0.9) \wedge (0.95 \vee 1) \wedge (1 \vee 1) \wedge (1 \vee 0.6) \\ &\quad \wedge (0.8 \vee 1) \wedge (0.9 \vee 1) \\ &= 0.9 \wedge 1 \wedge 1 \wedge 1 \wedge 1 \wedge 1 = 0.9 \end{aligned}$$

$$\begin{aligned} \text{贴近度：}(A,C) &= \frac{1}{2}[A \otimes C + (1 - A \odot C)] \\ &= \frac{1}{2} \times [1 + (1 - 0.9)] = 0.55 \end{aligned}$$

∵ $T_C = 0.94$ ……③

$$A \otimes D = (0.5 \wedge 1) \vee (0.95 \wedge 1) \vee (1 \wedge 1) \vee (1 \wedge 0.85) \vee (0.8 \wedge 1) \vee (0.9 \wedge 0.7) = 0.5 \vee 0.95 \vee 1 \vee 0.85 \vee 0.8 \vee 0.7 = 1$$

$$A \odot D = (0.5 \vee 1) \wedge (0.95 \vee 1) \wedge (1 \vee 1) \wedge (1 \vee 0.85) \wedge (0.8 \vee 1) \wedge (0.9 \vee 0.7) = 1 \wedge 1 \wedge 1 \wedge 1 \wedge 1 \wedge 0.9 = 0.9$$

贴近度：$(A,D) = \frac{1}{2}[A \otimes D + (1 - A \odot D)] = \frac{1}{2} \times [1 + (1 - 0.9)] = 0.55$

∵ $T_D = 0.95$ ……②

需要说明的是：此处贴近度（A，D）与贴近度（A，C）相等，考虑 $T_D = 0.95 > T_C = 0.94$，故将贴近度（A，D）排在贴近度（A，C）的前面（即当两者的贴近度相等时，按照 T_i 值的大小进行排序），后面计算过程中的贴近度排序出现类似情况也按此方式处理。

2）对贴近度从大到小依次排序，相应的典型工程单方造价，以及 a_1，a_2，a_3 相对应的典型工程的模糊关系系数 T_{a1}、T_{a2}、T_{a3}：

$$a_1 = 0.65,\quad E_1 = 655,\quad T_{a1} = 0.9$$
$$a_2 = 0.55,\quad E_2 = 690,\quad T_{a2} = 0.95$$
$$a_3 = 0.55,\quad E_3 = 685,\quad T_{a3} = 0.94$$

3）计算调整系数 λ 值：

$$\lambda = 1 + \frac{1}{m}\left[1.8\left(\frac{T_{估}}{T_{a1}} - 1\right) + 0.8\left(\frac{T_{估}}{T_{a2}} - 1\right) + 0.4\left(\frac{T_{估}}{T_{a3}} - 1\right)\right]$$
$$= 1 + \frac{1}{6} \times \left[1.8 \times \left(\frac{0.88}{0.9} - 1\right) + 0.8 \times \left(\frac{0.88}{0.95} - 1\right) + 0.4 \times \left(\frac{0.88}{0.94} - 1\right)\right] = 0.979$$

4）估测典型工程 A 的单方造价：

$$E_A^* = \lambda[a_1E_1 + a_2(1-a_1)E_2 + a_3(1-a_1)(1-a_2)E_3 + \frac{1}{3}(1-a_1)(1-a_2)(1-a_3)(E_1+E_2+E_3)]$$
$$= 0.979 \times [0.65 \times 655 + 0.55 \times (1-0.65) \times 690 + 0.55 \times (1-0.65) \times (1-0.55) \times 685 + 1/3(1-0.65)(1-0.55)(1-0.55)(655+690+685)]$$
$$= 651.89 \text{ 元}/m^2$$

精度检验：$\frac{651.89 - 640}{640} \times 100\% = 1.858\% < 5\%$ （可靠）

（2）同理检验典型工程 B 的可靠性

1）分别计算典型工程 B 与其他各典型工程 A、C、D 的贴近度：

贴近度：$(B,A) = (A,B) = 0.65$ …… ①

$$B \otimes C = (0.7 \wedge 0.9) \vee (0.95 \wedge 1) \vee (1 \wedge 1) \vee (1 \wedge 0.6) \vee (0.8 \wedge 1) \vee (0.8 \wedge 1) = 0.7 \vee 0.95 \vee 1 \vee 0.6 \vee 0.8 \vee 0.8 = 1$$

$$B \odot C = (0.7 \vee 0.9) \wedge (0.95 \vee 1) \wedge (1 \vee 1) \wedge (1 \vee 0.6)$$

$$\wedge(0.8\vee 1)\wedge(0.8\vee 1)$$

$$=0.9\wedge 1\wedge 1\wedge 1\wedge 1\wedge 1=0.9$$

贴近度：$(B,C)=\frac{1}{2}[B\otimes C+(1-B\odot C)]$

$$=\frac{1}{2}\times[1+(1-0.9)]=0.55 \quad \cdots\cdots③$$

$$B\otimes D=(0.7\wedge 1)\vee(0.95\wedge 1)\vee(1\wedge 1)\vee(1\wedge 0.85)$$

$$\vee(0.8\wedge 1)\vee(0.8\wedge 0.7)$$

$$=0.7\vee 0.95\vee 1\vee 0.85\vee 0.8\vee 0.7=1$$

$$B\odot D=(0.7\vee 1)\wedge(0.95\vee 1)\wedge(1\vee 1)\wedge(1\vee 0.85)$$

$$\wedge(0.8\vee 1)\wedge(0.8\vee 0.7)$$

$$=1\wedge 1\wedge 1\wedge 1\wedge 1\wedge 0.8=0.8$$

贴近度：$(B,D)=\frac{1}{2}[B\otimes D+(1-B\odot D)]$

$$=\frac{1}{2}\times[1+(1-0.8)]=0.6 \quad \cdots\cdots②$$

2）依次排序：

$$a_1=0.65,\quad E_1=640,\quad T_{a1}=0.88$$

$$a_2=0.6,\quad E_2=690,\quad T_{a2}=0.95$$

$$a_3=0.55,\quad E_3=685,\quad T_{a3}=0.94$$

3）计算调整系数 λ 值：

$$\lambda=1+\frac{1}{6}\times\left[1.8\times\left(\frac{0.9}{0.88}-1\right)+0.8\times\left(\frac{0.9}{0.95}-1\right)+0.4\times\left(\frac{0.9}{0.94}-1\right)\right]=0.997$$

4）估测典型工程 B 的单方造价：

$$E_B^*=0.997\times[0.65\times 640+0.6\times(1-0.65)\times 690+0.55\times(1-0.65)\times(1-0.6)\times 685+1/3(1-0.65)(1-0.6)(1-0.55)(640+690+685)]$$

$$=653.99\ 元/\mathrm{m}^2$$

精度检验：$\frac{653.99-655}{655}\times 100\%=-0.154\%<5\%$ （可靠）

(3)同理检验典型工程 C 的可靠性

1)分别计算典型工程 C 与其他各典型工程 A、B、D 的贴近度：

贴近度：$(C,A)=(A,C)=0.55$

$\because\ T_A=0.88$ ……③

贴近度：$(C,B)=(B,C)=0.55$

$\because\ T_B=0.9$ ……②

$$C\otimes D=(0.9\wedge 1)\vee(1\wedge 1)\vee(1\wedge 1)\vee(0.6\wedge 0.85)$$

$$\vee(1\wedge 1)\vee(1\wedge 0.7)$$

$$=0.9\vee 1\vee 1\vee 0.6\vee 1\vee 0.7=1$$

$$C\odot D=(0.9\vee 1)\wedge(1\vee 1)\wedge(1\vee 1)\wedge(0.6\vee 0.85)$$

$$\wedge(1\vee 1)\wedge(1\vee 0.7)$$

$=1\wedge 1\wedge 1\wedge 0.85\wedge 1\wedge 1=0.85$

贴近度：$(C,D)=\frac{1}{2}\times[1+(1-0.85)]=0.575$ ……①

2）依次排序：

$$a_1=0.575,\quad E_1=690,\quad T_{a1}=0.95$$
$$a_2=0.55,\quad E_2=655,\quad T_{a2}=0.9$$
$$a_3=0.55,\quad E_3=640,\quad T_{a3}=0.88$$

3）计算调整系数 λ 值：

$$\lambda=1+\frac{1}{6}\times\left[1.8\times\left(\frac{0.94}{0.95}-1\right)+0.8\times\left(\frac{0.94}{0.9}-1\right)+0.4\times\left(\frac{0.94}{0.88}-1\right)\right]=1.007$$

4）估测典型工程 C 的单方造价：

$$E_C^*=1.007\times[0.575\times 690+0.55\times(1-0.575)\times 655+0.55\times(1-0.575)\times(1-0.55)\times 640+1/3(1-0.575)(1-0.55)(1-0.55)(690+655+640)]$$
$$=678.84\text{ 元}/\text{m}^2$$

精度检验：$\frac{678.84-685}{685}\times 100\%=-0.899\%<5\%$ （可靠）

（4）同理检验典型工程 D 的可靠性

1）分别计算典型工程 D 与其他各典型工程 A、B、C 的贴近度：

贴近度：$(D,A)=(A,D)=0.55$ ……③

贴近度：$(D,B)=(B,D)=0.6$ ……①

贴近度：$(D,C)=(C,D)=0.575$ ……②

2）依次排序：

$$a_1=0.6,\quad E_1=655,\quad T_{a1}=0.9$$
$$a_2=0.575,\quad E_2=685,\quad T_{a2}=0.94$$
$$a_3=0.55,\quad E_3=640,\quad T_{a3}=0.88$$

3）计算调整系数 λ 值：

$$\lambda=1+\frac{1}{6}\times\left[1.8\times\left(\frac{0.95}{0.9}-1\right)+0.8\times\left(\frac{0.95}{0.94}-1\right)+0.4\times\left(\frac{0.95}{0.88}-1\right)\right]=1.023$$

4）估测典型工程 D 的单方造价：

$$E_D^*=1.023\times[0.6\times 655+0.575\times(1-0.6)\times 685+0.55\times(1-0.6)\times(1-0.575)\times 640+1/3(1-0.6)(1-0.575)(1-0.55)(655+685+640)]$$
$$=676.08\text{ 元}/\text{m}^2$$

精度检验：$\frac{676.08-690}{690}\times 100\%=-2.017\%<5\%$ （可靠）

结论：通过对上述计算结果进行分析，典型工程 A、B、C、D 的单方造价估算精度都比较高，误差均在±5%范围以内。显然，已知典型工程的模糊关系系数完全可靠，可将其作为经验资料估算新的同类结构工程单方造价。

12.3.5 估算待估工程的单方造价

根据经过检验的典型工程模糊关系系数（表 12-3），用上述步骤和方法估算待估工程 X 的单方造价。

(1) 列出典型工程 A、B、C、D 和待估工程 X 的模糊子集，用查德（Zedeh）记号表示：

$$\left.\begin{aligned} T_A &= 0.5/t_1 + 0.95/t_2 + 1/t_3 + 1/t_4 + 0.8/t_5 + 0.9/t_6 \\ T_B &= 0.7/t_1 + 0.95/t_2 + 1/t_3 + 1/t_4 + 0.8/t_5 + 0.8/t_6 \\ T_C &= 0.9/t_1 + 1/t_2 + 1/t_3 + 0.6/t_4 + 1/t_5 + 1/t_6 \\ T_D &= 1/t_1 + 1/t_2 + 1/t_3 + 0.85/t_4 + 1/t_5 + 0.7/t_6 \end{aligned}\right\} \text{已建典型工程}$$

$$T_X = 1/t_1 + 1/t_2 + 1/t_3 + 0.85/t_4 + 1/t_5 + 1/t_6 \quad \text{（拟建待估工程）}$$

(2) 分别计算待估工程 X 与典型工程 A、B、C、D 的贴近度

$$\begin{aligned} X \otimes A &= (1 \wedge 0.5) \vee (1 \wedge 0.95) \vee (1 \wedge 1) \vee (0.85 \wedge 1) \\ &\quad \vee (1 \wedge 0.8) \vee (1 \wedge 0.9) \\ &= 0.5 \vee 0.95 \vee 1 \vee 0.85 \vee 0.8 \vee 0.9 = 1 \end{aligned}$$

$$\begin{aligned} X \odot A &= (1 \vee 0.5) \wedge (1 \vee 0.95) \wedge (1 \vee 1) \wedge (0.85 \vee 1) \\ &\quad \wedge (1 \vee 0.8) \wedge (1 \vee 0.9) \\ &= 1 \wedge 1 \wedge 1 \wedge 1 \wedge 1 \wedge 1 = 1 \end{aligned}$$

贴近度：$(X,A) = \frac{1}{2} \times [1 + (1-1)] = 0.5$

$$\begin{aligned} X \otimes B &= (1 \wedge 0.7) \vee (1 \wedge 0.95) \vee (1 \wedge 1) \vee (0.85 \wedge 1) \\ &\quad \vee (1 \wedge 0.8) \vee (1 \wedge 0.8) \\ &= 0.7 \vee 0.95 \vee 1 \vee 0.85 \vee 0.8 \vee 0.8 = 1 \end{aligned}$$

$$\begin{aligned} X \odot B &= (1 \vee 0.7) \wedge (1 \vee 0.95) \wedge (1 \vee 1) \wedge (0.85 \vee 1) \\ &\quad \wedge (1 \vee 0.8) \wedge (1 \vee 0.8) \\ &= 1 \wedge 1 \wedge 1 \wedge 1 \wedge 1 \wedge 1 = 1 \end{aligned}$$

贴近度：$(X,B) = \frac{1}{2} \times [1 + (1-1)] = 0.5$

$\because \quad T_B = 0.9$ ……③

$$\begin{aligned} X \otimes C &= (1 \wedge 0.9) \vee (1 \wedge 1) \vee (1 \wedge 1) \vee (0.85 \wedge 0.6) \\ &\quad \vee (1 \wedge 1) \vee (1 \wedge 1) \\ &= 0.9 \vee 1 \vee 1 \vee 0.6 \vee 1 \vee 1 = 1 \end{aligned}$$

$$\begin{aligned} X \odot C &= (1 \vee 0.9) \wedge (1 \vee 1) \wedge (1 \vee 1) \wedge (0.85 \vee 0.6) \\ &\quad \wedge (1 \vee 1) \wedge (1 \vee 1) \\ &= 1 \wedge 1 \wedge 1 \wedge 0.85 \wedge 1 \wedge 1 = 0.85 \end{aligned}$$

贴近度：$(X,C) = \frac{1}{2} \times [1 + (1-0.85)] = 0.575$

$\because \quad T_C = 0.94$ ……②

$$\begin{aligned} X \otimes D &= (1 \wedge 1) \vee (1 \wedge 1) \vee (1 \wedge 1) \vee (0.85 \wedge 0.85) \\ &\quad \vee (1 \wedge 1) \vee (1 \wedge 0.7) \\ &= 1 \vee 1 \vee 1 \vee 0.85 \vee 1 \vee 0.7 = 1 \end{aligned}$$

$$\begin{aligned} X \odot D &= (1 \vee 1) \wedge (1 \vee 1) \wedge (1 \vee 1) \wedge (0.85 \vee 0.85) \\ &\quad \wedge (1 \vee 1) \wedge (1 \vee 0.7) \end{aligned}$$

$= 1 \wedge 1 \wedge 1 \wedge 0.85 \wedge 1 \wedge 1 = 0.85$

贴近度：$(X,D) = \frac{1}{2} \times [1 + (1 - 0.85)] = 0.575$

∵ $T_D = 0.95$ ……①

（3）依次排序

$$a_1 = 0.575,\ E_1 = 690,\quad T_{a1} = 0.95$$
$$a_2 = 0.575,\ E_2 = 685,\quad T_{a2} = 0.94$$
$$a_3 = 0.5,\quad E_3 = 655,\quad T_{a3} = 0.9$$

（4）计算调整系数 λ 值

$$\lambda = 1 + \frac{1}{6} \times \left[1.8 \times \left(\frac{1}{0.95} - 1\right) + 0.8 \times \left(\frac{1}{0.94} - 1\right) + 0.4 \times \left(\frac{1}{0.9} - 1\right)\right] = 1.032$$

（5）估测待估工程 X 的单方造价

$$E_X^* = 1.032 \times [0.575 \times 690 + 0.575 \times (1 - 0.575) \times 685 + 0.5 \times (1 - 0.575) \times (1 - 0.575) \times 655 + 1/3(1 - 0.575)(1 - 0.575)(1 - 0.5)(690 + 685 + 655)]$$
$$= 706.31 \text{ 元}/\text{m}^2$$

12.3.6 检验待估工程的可靠性

将所求得的待估工程 X 的单方造价（$E_X^* = 706.31$ 元/m²）作为已知量，重复上述步骤，再次检验各典型工程的可靠性。

1. 再次检验典型工程 A 的可靠性

（1）分别计算典型工程 A 与其他典型工程 B、C、D 及待估工程 X 的贴近度

贴近度：(A，B)=0.65 ……①

贴近度：(A，C)=0.55 ……③

贴近度：(A，D)=0.55 ……②

贴近度：(A，X)=(X，A)=0.5

（2）依次排序

$$a_1 = 0.65,\quad E_1 = 655,\quad T_{a1} = 0.9$$
$$a_2 = 0.55,\quad E_2 = 690,\quad T_{a2} = 0.95$$
$$a_3 = 0.55,\quad E_3 = 685,\quad T_{a3} = 0.94$$

（3）计算调整系数 λ 值

$$\lambda = 1 + \frac{1}{6} \times \left[1.8 \times \left(\frac{0.88}{0.9} - 1\right) + 0.8 \times \left(\frac{0.88}{0.95} - 1\right) + 0.4 \times \left(\frac{0.88}{0.94} - 1\right)\right] = 0.979$$

（4）估测典型工程 A 的单方造价

$$E_A^* = 0.979 \times [0.65 \times 655 + 0.55 \times (1 - 0.65) \times 690 + 0.55 \times (1 - 0.65) \times (1 - 0.55) \times 685 + 1/3(1 - 0.65)(1 - 0.55)(1 - 0.55)(655 + 690 + 685)]$$
$$= 651.89 \text{ 元}/\text{m}^2$$

精度检验：$\frac{651.89 - 640}{640} \times 100\% = 1.858\% < 5\%$ （可靠）

2. 同理再次检验典型工程 B 的可靠性

（1）分别计算典型工程 B 与其他典型工程 A、C、D 及待估工程 X 的贴近度

贴近度：(B，A)=0.65 ……①

贴近度：$(B, C)=0.55$ ……③

贴近度：$(B, D)=0.6$ ……②

贴近度：$(B, X)=(X, B)=0.5$

（2）依次排序

$$a_1=0.65,\quad E_1=640,\quad T_{a1}=0.88$$
$$a_2=0.6,\quad E_2=690,\quad T_{a2}=0.95$$
$$a_3=0.55,\quad E_3=685,\quad T_{a3}=0.94$$

（3）计算调整系数 λ 值

$$\lambda=1+\frac{1}{6}\times\left[1.8\times\left(\frac{0.9}{0.88}-1\right)+0.8\times\left(\frac{0.9}{0.95}-1\right)+0.4\times\left(\frac{0.9}{0.94}-1\right)\right]=0.997$$

（4）估测典型工程 B 的单方造价

$$E_B^*=0.997\times[0.65\times640+0.6\times(1-0.65)\times690+0.55\times(1-0.65)\times(1-0.6)\times685+1/3(1-0.65)(1-0.6)(1-0.55)(640+690+685)]$$
$$=653.99\text{元}/m^2$$

精度检验：$\frac{653.99-655}{655}\times100\%=-0.154\%<5\%$ （可靠）

3. 同理再次检验典型工程 C 的可靠性

（1）分别计算典型工程 C 与其他典型工程 A、B、D 及待估工程 X 的贴近度

贴近度：$(C,A)=0.55$

贴近度：$(C,B)=0.55$ ……③

贴近度：$(C,D)=0.575$ ……②

贴近度：$(C,X)=(X,C)=0.575$ ……①

（2）依次排序

$$a_1=0.575,\quad E_1=706.31,\quad T_{a1}=1$$
$$a_2=0.575,\quad E_2=690,\quad T_{a2}=0.95$$
$$a_3=0.55,\quad E_3=655,\quad T_{a3}=0.9$$

（3）计算调整系数 λ 值

$$\lambda=1+\frac{1}{6}\times\left[1.8\times\left(\frac{0.94}{1}-1\right)+0.8\times\left(\frac{0.94}{0.95}-1\right)+0.4\times\left(\frac{0.94}{0.9}-1\right)\right]=0.984$$

（4）估测典型工程 C 的单方造价

$$E_C^*=0.984\times[0.575\times706.31+0.575\times(1-0.575)\times690+0.55\times(1-0.575)\times(1-0.575)\times655+1/3(1-0.575)(1-0.575)(1-0.55)(706.31+690+655)]$$
$$=684.27\text{元}/m^2$$

精度检验：$\frac{684.27-685}{685}\times100\%=-0.107\%<5\%$ （可靠）

4. 同理再次检验典型工程 D 的可靠性

（1）分别计算典型工程 D 与其他典型工程 A、B、C 及待估工程 X 的贴近度

贴近度：$(D,A)=0.55$

贴近度：$(D,B)=0.6$ ……①

贴近度：$(D,C)=0.575$ ……③

贴近度：$(D,X)=(X,D)=0.575$ ……②

（2）依次排序

$$a_1=0.6,\quad E_1=655,\quad T_{a1}=0.9$$
$$a_2=0.575,\quad E_2=706.31,\quad T_{a2}=1$$
$$a_3=0.575,\quad E_3=685,\quad T_{a3}=0.94$$

（3）计算调整系数 λ 值

$$\lambda=1+\frac{1}{6}\times\left[1.8\times\left(\frac{0.95}{0.9}-1\right)+0.8\times\left(\frac{0.95}{1}-1\right)+0.4\times\left(\frac{0.95}{0.94}-1\right)\right]=1.011$$

（4）估测典型工程 D 的单方造价

$$E_D^*=1.011\times[0.6\times655+0.575\times(1-0.6)\times706.31+0.575\times(1-0.6)\times(1-0.575)\times685+1/3(1-0.6)(1-0.575)(1-0.575)(655+706.31+685)]$$
$$=679.08\text{元}/\text{m}^2$$

精度检验：$\frac{679.08-690}{690}\times100\%=-1.583\%<5\%$　（可靠）

结论：通过将待估工程 X 的单方造价（$E_X^*=706.31$ 元/m^2）作为已知量，对典型工程的可靠性进行第二次检验，典型工程 A、B、C、D 的单方造价估算精度仍然比较高，估算误差均在±5%范围以内。显然，待估工程的单方造价（$E_X^*=706.31$ 元/m^2）具有较强的可靠性。

12.3.7　确定待估工程的最终造价

待估工程总造价的估算值：

$$E_{TX}=M\cdot E_x=3800\times706.31=268.40\text{万元}$$

综上计算分析可知，重庆市沙坪坝区某公司家属住宅楼的工程总造价估算值为 268.66 万元。

复习思考题

1. 何谓工程造价快速估算，进行工程造价快速估算具有哪些意义？
2. 简述工程造价快速估算的基本原理。
3. 简述工程造价快速估算的数学模型。
4. 在计算待估工程的单方造价时，为什么要引入调整系数 λ，λ 应如何确定？
5. 隶属函数值应如何计算，在确定各特征元素的最终隶属函数值之前，为什么需要逐一检验各典型工程的可靠性？
6. 何谓典型工程的贴近度，如何计算典型工程的贴近度？
7. 在计算待估工程的单方造价之后，为什么需要进行二次精度检验，第一次精度检验与第二次精度检验主要有哪些差异？
8. 应如何对所选典型工程的贴近度进行排序，当存在两个贴近度的大小一样时，应如何处理？
9. 试结合本章所讲的工程造价快速估算的原理、方法，针对一个具体的工程实例进行快速估价。

参 考 文 献

[1] 中华人民共和国住房和城乡建设部．建设工程工程量清单计价规范 GB 50500—2013. 北京：中国计划出版社，2013.

[2] 中华人民共和国住房和城乡建设部标准定额研究所．建设工程计价计量规范辅导．北京：中国计划出版社，2013.

[3] 中华人民共和国住房和城乡建设部．房屋建筑与装饰工程工程量计算规范 GB 50854—2013. 北京：中国计划出版社，2013.

[4] 中华人民共和国住房和城乡建设部公告(第 269 号). 住房和城乡建设部关于发布国家标准《建筑工程建筑面积计算规范》的公告．北京：中国计划出版社，2013.

[5] 中国建设工程造价管理协会．建设工程造价管理相关文件汇编．北京：中国计划出版社，2013.

[6] 全国造价工程师执业资格考试培训教材编审委员会．建设工程造价案例分析(2014 修订). 北京：中国城市出版社，2014.

[7] 中华人民共和国住房和城乡建设部标准定额司．全国统一安装工程预算工程量计算规则 GYD_{GZ}—201—2000. 北京：中国计划出版社，2000.

[8] 谭大璐．工程估价(第二版)．北京：中国建筑工业出版社，2005.

[9] 武育秦．装饰工程定额与预算(第二版). 重庆：重庆大学出版社，2006.

[10] 何天祺．供暖通风与空气调节(第一版). 重庆：重庆大学出版社，2002.

[11] 吴心伦．安装工程造价(第四版). 重庆：重庆大学出版社，2006.

[12] 杨光臣．建筑电气工程识图・工艺・预算．北京：中国建筑工业出版社，2006.

[13] 从培经．工程项目管理．北京：中国建筑工业出版社，2012.

[14] 景星蓉．管道工程施工与预算(第二版). 北京：中国建筑工业出版社，2005.

[15] 景星蓉．建筑设备安装工程预算(第二版). 北京：中国建筑工业出版社，2014.

[16] 孙加保等．建筑工程预算与工程量清单计价(第一版). 哈尔滨：黑龙江科学技术出版社，2003.

[17] 全国造价工程师执业资格考试培训教材编审委员会．工程造价计价与控制．北京：中国计划出版社，2006.

[18] 全国造价工程师执业资格考试培训教材编审委员会．工程造价管理基础理论与相关法规．北京：中国计划出版社，2006.

[19] 丁士昭．工程项目管理．北京：中国建筑工业出版社，2006.

[20] 任宏．建设工程成本计划与控制．北京：高等教育出版社，2006.

[21] 从培经．实用工程项目管理手册．北京：中国建筑工业出版社，2005.

[22] 成虎．工程项目管理．北京：中国建筑工业出版社，2009.

[23] 中国工程项目管理知识体系编委会．中国工程项目管理知识体系．北京：中国建筑工业出版社，2003.

[24] 章先仲．建设项目建设程序实务手册．北京：知识产权出版社，2002.

[25] 邢燕燕．工程造价．北京：中国电力出版社，2004.

[26] 程鸿群．工程造价管理．武汉：武汉大学出版社，2004.

[27] 郑君君．工程估价．武汉：武汉大学出版社，2004.

[28] 许焕兴．工程造价．大连：东北财经大学出版社，2003.
[29] 陈建国．工程计量与造价管理．上海：同济大学出版社，2001.
[30] 中国建筑标准设计研究院．03G101—1—4. 北京：中国计划出版社，2003.
[31] 中国建筑标准设计研究院．综合布线系统工程设计施工图集 02X101—3. 北京：中国计划出版社，2002.
[32] 中国建筑西南设计研究院．多层砖房抗震构造图集　西南 03G601. 北京：中国计划出版社，2003.
[33] 中国建筑西南设计研究院．钢筋混凝土过梁　西南 03G301(一)(二). 北京：中国计划出版社，2003.
[34] 中国建筑西南设计研究院．西南地区建筑标准设计通用图　西南 J 合订本(1)～(2). 北京：中国计划出版社，2005.
[35] 李希伦．建设工程工程量清单计价编制实用手册．北京：中国计划出版社，2003.
[36] 王建明等．通风空调安装工程预算一点通．安徽：安徽科学技术出版社，2001.
[37] 重庆市建设工程造价管理总站．重庆市建筑工程消耗量定额．北京：中国建材工业出版社，2013.
[38] 重庆市建设工程造价管理总站．重庆市装饰工程消耗量定额．北京：中国建材工业出版社，2013.
[39] 重庆市建设工程造价管理总站．重庆市建设工程消耗量定额综合单价．北京：中国建材工业出版社：2013.
[40] 原电子工业部．全国统一安装工程施工仪器仪表台班费用定额 GFD—201—1999. 北京：中国计划出版社，2000.
[41] 原机械工业部．全国统一安装工程预算定额 GYD—201—2000～GYD—211—2000(第一册～第十一册). 北京：中国计划出版社，2000.
[42] 重庆市建设工程造价管理总站．安装工程消耗量定额工程量计算规则．北京：中国建材工业出版社，2013.
[43] 重庆市建设工程造价管理总站．重庆市安装工程消耗量定额一～十一册．北京：中国建材工业出版社，2013.
[44] 重庆市建设工程造价管理总站．重庆市安装工程消耗量定额综合单价(上、中、下册). 北京：中国建材工业出版社，2013.
[45] 中华人民共和国建设部．给水排水制图标准．北京：中国计划出版社，2002.
[46] 中华人民共和国建设部．通风与空调工程施工质量验收规范．北京：中国计划出版社，2002.
[47] 中华人民共和国建设部．暖通空调制图标准．北京：中国计划出版社，2002.
[48] 辽宁省建设厅．建筑给水排水及采暖工程施工质量验收规范．北京：中国建筑工业出版社，2002.
[49] 山西省建设厅．屋面工程技术规范 GB 50345—2004. 北京：中国建筑工业出版社，2004.
[50] 谭德精等．工程造价确定与控制．重庆：重庆大学出版社，2008.
[51] 孙震．建筑工程概预算与工程量清单计价．北京：人民交通出版社，2003.
[52] 住房和城乡建设部、财政部关于印发《建筑安装工程费用项目组成》的通知(建标[2013]44 号).
[53] 《建筑工程施工发包与承包计价管理办法》(中华人民共和国住房和城乡建设部 2014 年第 16 号令).
[54] 住房和城乡建设部、国家工商行政管理总局制定《建设工程施工合同(示范文本)》GF—2013—0201(建市[2013] 56 号).
[55] 中国建设监理协会．建设工程投资控制(第四版). 北京：中国建筑工业出版社，2013.

[56] 全国造价工程师执业资格培训教材编审委员会．建设工程计价．北京：中国计划出版社，2014.

[57] 中国建筑标准设计研究院．混凝土结构施工图平面整体表示方法制图规则和构造详图(现浇混凝土框架、剪力墙、梁、板)11G101—1. 北京：中国计划出版社，2011.

[58] 王祯显，廖小建，杜晓玲．工程造价快速估算新方法及其应用．北京：中国建筑工业出版社，1998.

[59] 杜晓玲，廖小建．工程量清单及报价快速编制技巧与实例．北京：中国建筑工业出版社，2002.

[60] 吴元元．基于模糊数学与人工神经网络的投标报价决策系统．天津大学硕士学位论文，2003.

[61] 黎诚．模糊数学在建筑工程造价测算中的应用[J]. 有色金属设计，2002(3).

[62] 王潇洲．工程造价动态快速预测的模糊数学方法[J]. 基建优化，2001(2).

[63] 周小军，漆文邦，王杨科．运用模糊数学原理估算水利水电工程的成本．云南水力发电，2006(3).

[64] 杜晓玲．关于工程量清单的研究[J]. 建筑经济，2001(4).